U0336542

吉林省基层气象台站简史

吉林省气象局　编

气象出版社
China Meteorological Press

内容简介

本书全方位、多角度地反映了建国 60 年来吉林省气象事业的发展变化,真实记录了全省各级(省级、市州级、县市级)气象事业的发展进程、机构历史沿革、气象业务发展、职工队伍建设、法制建设、文化建设、台站基本建设等情况,是一部具有留存价值的台站史料,同时也是一本进行台站史教育的教科书。

图书在版编目(CIP)数据

吉林省基层气象台站简史/吉林省气象局编. —北京:
气象出版社,2009.11
ISBN 978-7-5029-4871-9

Ⅰ.吉… Ⅱ.吉… Ⅲ.①气象台-史料-吉林省②气象
站-史料-吉林省 Ⅳ.P411

中国版本图书馆 CIP 数据核字(2009)第 208148 号

Jilinsheng Jiceng Qixiangtaizhan Jianshi

吉林省基层气象台站简史

吉林省气象局　编

出版发行:气象出版社
地　　址:北京市海淀区中关村南大街 46 号　　　　邮政编码:100081
总 编 室:010-68407112　　　　　　　　　　　　发 行 部:010-68409198
网　　址:http://www.cmp.cma.gov.cn　　　　　　E-mail: qxcbs@263.net
责任编辑:白凌燕　黄红丽　　　　　　　　　　　终　　审:赵同进
封面设计:燕　彤　　　　　　　　　　　　　　　责任技编:吴庭芳
印　　刷:北京中新伟业印刷有限公司
开　　本:787 mm×1092 mm　1/16　　　　　　　印　　张:27
字　　数:700 千字　　　　　　　　　　　　　　彩　　插:4
版　　次:2009 年 11 月第 1 版　　　　　　　　　印　　次:2009 年 11 月第 1 次印刷
印　　数:1~2000　　　　　　　　　　　　　　　定　　价:80.00 元

《吉林省基层气象台站简史》编委会

主　　任：秦元明

副主任：李本厚

委　　员：马宏滨　李显志　李彦良　王大铁

《吉林省基层气象台站简史》编写组

主　　编：秦元明

副主编：李本厚

成　　员：李彦良　王大铁　安承椿　姜敏杰

　　　　　郭树森　冯贵良　杭　彤　崔桂兰

　　　　　窦广生　刘秀花　刘　敏　李德恒

　　　　　武立杰

总　序

　　2009 年是新中国成立 60 周年和中国气象局成立 60 周年,中国气象局组织编纂出版了全国气象部门基层气象台站简史,卷帙浩繁,资料丰富,是气象文化建设的重要成果,是一项有意义、有价值的工作,功在当代,利在千秋。

　　60 年来,气象事业发展成就辉煌,基层气象台站面貌发生翻天覆地的变化。广大气象干部职工继承和弘扬艰苦创业、无私奉献,爱岗敬业、团结协作,严谨求实、崇尚科学,勇于改革、开拓创新的优良传统和作风,以自己的青春和智慧谱写出一曲曲事业发展的壮丽篇章,为中国特色气象事业发展建立了辉煌业绩,值得永载史册。

　　这次编纂基层气象台站简史,是建国以来气象部门最大规模的史鉴编纂活动,历史跨度长,涉及人物多,资料收集难度大,编纂时间紧。为加强对编纂工作的领导,中国气象局和各省(区、市)气象局均成立了编纂工作领导小组和办公室,制定了编纂大纲,举办了培训班,组织了研讨会。各省(区、市)气象局编纂办公室选调了有较高文字修养、有丰富经历的人员从事编纂工作。编纂人员全面系统地收集基层气象台站各个发展阶段的文字、图片和实物等基础资料,力求真实、客观地反映台站发展的历程和全貌。我谨向中国气象局负责这次编纂工作的孙先健同志及所有参与和支持这项工作的同志们表示衷心感谢。

　　知往鉴来,修史的目的是用史。基层气象台站史是一座丰富的宝库。每个气象台站的发展史,都留下了一代代气象工作者艰苦奋斗、爱岗敬业的足迹,他们高尚的精神和无私的奉献,将永远给我们以开拓进取的力量。书中记载的天气气候事件及气象灾害事例,是我们认识气象灾害规律、发展气象科学难得的宝贵财富。这套基层气象台站简史的出版,对于弘扬优良传统和作风,挖掘和总结历史经验,促进气象事业科学发展,必将发挥重要的指导和借鉴作用。

中国气象局党组书记、局长　郑国光

2009 年 10 月

前言(代序)

今年是新中国成立 60 周年,也是中国气象局成立 60 周年,60 年来我国气象事业取得了辉煌的成就,这是值得大书而特书的大事。为庆祝新中国成立 60 周年,展示中国气象事业的发展成就,中国气象局组织编写了《全国基层气象台站简史》一书。作为《全国基层气象台站简史》的分卷——《吉林省基层气象台站简史》全面系统地总结了吉林省气象事业的发展成果,该书的编纂出版,是吉林省气象部门的一件值得庆贺的大事。

盛世修志。《吉林省基层气象台站简史》充分反映了新中国成立以来,我省气象事业在几乎空白的基础上,从创业到兴旺的发展岁月,从落后到先进的建设历程。特别是在改革开放以来的三十年,气象事业取得了空前的发展,已经拥有了气象卫星、数字雷达、通信网络、大气探测、计算技术和一整套的现代气象业务体系。《吉林省基层气象台站简史》真实地记录了我省气象事业的发展历程,阅读该书,可以让我们受到鼓舞,受到激励。

《吉林省基层气象台站简史》用雄辩的事实再一次证明了"科学技术是第一生产力"和"发展是硬道理"的正确论断。随着气象科学技术的发展,气象工作在推动经济社会发展、保障人民群众福祉安康中的作用日益显著。回顾历史,展望未来,就是为了总结历史的经验,推动事业更快更好的发展,使气象事业在为全面建设小康社会的伟大事业中,发挥更大的作用。

吉林省气象局对该书的编撰工作高度重视,专门成立了编纂机构,明确了基层台站撰稿人员。各台站认真进行资料搜集,全面查阅了历史档案和技术资料;省气象局几位退休老同志严把编审关;编校人员反复加工修改。经过紧张细致地工作,仅用了 3 个多月的时间,就完成了从撰写到定稿的全过程,得以在国庆 60 周年之际付印出版。在此,对在该书编撰出版中付出辛勤劳动的同志们,表示衷心的感谢。

吉林省气象局局长 秦元明

二〇〇九年九月二十日

1983年，邓小平同志视察天池气象站，并同全体职工合影

2007年8月7日，吉林省省长韩长赋视察通榆县气象局

中国气象局局长郑国光视察四平市气象局

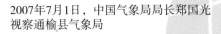

2007年7月1日，中国气象局局长郑国光视察通榆县气象局

2005年7月19日，中国气象局局长秦大河视察延边州气象局

2005年7月22日，中国气象局局长秦大河、长春市市长祝业精为新组建的长春市气象局揭牌

2007年9月24日，中国气象局副局长王守荣视察安图县二道气象局

中国气象局副局长矫梅燕视察松原市气象局

1983年9月，国家气象局副局长章基嘉视察柳河县气象局并与职工合影留念

吉林省气象局局长秦元明到前郭尔罗斯蒙古族自治县气象局检查指导工作

1959年的吉林省气象局办公楼

1991年建成的吉林省
气象局办公楼

白城市气象局雷达塔楼

2008年建成的长春市气象探测中心新办公楼

蛟河市气象局新办公楼

双辽市气象局新办公楼

双阳区气象局现貌

洮南市气象局现貌

2008年8月新建成的通化县气象局气象预警中心办公楼

图们市气象局新貌

延边农试站新办公楼

延吉市气象局新办公楼

永吉县气象局新办公楼

榆树市气象局新办公楼

镇赉县气象局新办公楼

精神文明

1998年2月，中国气象局副局长刘英金、吉林省副省长杨庆才到省局主持吉林省精神文明建设先进系统挂牌仪式

吉林市气象局全国气象部门廉政文化示范点揭牌仪式

榆树市气象局全国精神文明建设工作先进单位揭牌仪式

第二十七届全国青少年气象夏令营开营式

全省气象部门第三届职工运动会

气象服务

2007年第六届亚冬会气象新闻发布会

第六届亚冬会气象服务现场

为农博会提供气象保障

火箭人工增雨

飞机人工增雨

1995年遭到水灾的桦甸市气象局

1995年辉南县遭遇百年一遇的特大洪水，观测场被冲毁

2007年3月4-5日，辽源市普降大到暴雪

2007年3月4日，通化出现有历史记录以来最强的一场降雪过程，平均降雪量43.8毫米，平均雪深35.2厘米

2006年6月5日，柳河县降冰雹，最大直径75毫米，最大平均重量37克

2008年秋，双阳区部分乡、镇遭遇严重冰雹灾害

2008年6月28日，德惠市朝阳乡遭受冰雹袭击的农田

2007年5月30日到6月24日，梅河口市降水仅0.2毫米，出现严重旱情

吉林省基层气象台站分布图

图例：

★ 省　会
☆ 市州驻地
甸 地面基准站
函 地面基本站
○ 地面一般站
囹 农气基本站
囹 农气一般站
囹 雷达观测站
囿 日射观测站
囿 高空观测站
甿 酸雨观测站

目 录

总序
前言（代序）

吉林省气象台站概况 ……………………………………………………（1）

    天气气候与灾害防御 ……………………………………………（1）

    基层气象台站概况 ………………………………………………（2）

长春市气象台站概况 ……………………………………………………（9）

    长春市气象局 ………………………………………………………（11）

    长春国家基准气候站 ……………………………………………（14）

    农安县气象局 ………………………………………………………（22）

    双阳区气象局 ………………………………………………………（28）

    榆树市气象局 ………………………………………………………（34）

    九台市气象局 ………………………………………………………（40）

    德惠市气象局 ………………………………………………………（46）

吉林市气象台站概况 ……………………………………………………（53）

    吉林市气象局 ………………………………………………………（55）

    永吉县气象局 ………………………………………………………（60）

    蛟河市气象局 ………………………………………………………（65）

    磐石市气象局 ………………………………………………………（72）

    桦甸市气象局 ………………………………………………………（78）

    舒兰市气象局 ………………………………………………………（84）

    磐石市烟筒山气象站 ……………………………………………（90）

    吉林市城郊气象局 ………………………………………………（94）

    吉林市北大湖滑雪场气象站 ……………………………………（98）

延边朝鲜族自治州气象台站概况 ································ (100)

延边朝鲜族自治州气象局 ································ (107)

敦化市气象局 ································ (111)

汪清县气象局 ································ (118)

和龙市气象局 ································ (124)

延吉市气象局 ································ (130)

珲春市气象局 ································ (136)

安图县二道气象站 ································ (142)

长白山天池气象站 ································ (147)

安图县气象局 ································ (153)

龙井市气象局 ································ (159)

图们市气象局 ································ (165)

汪清县罗子沟气象站 ································ (170)

延边朝鲜族自治州农业气象试验站 ················ (174)

四平市气象台站概况 ································ (179)

四平市气象局 ································ (183)

双辽市气象局 ································ (190)

梨树县气象局 ································ (197)

公主岭市气象局 ································ (205)

伊通满族自治县气象局 ································ (212)

梨树县孤家子气象站 ································ (220)

通化市气象台站概况 ································ (225)

通化市气象局 ································ (227)

梅河口市气象局 ································ (233)

集安市气象局 ································ (240)

通化县气象局 ································ (248)

柳河县气象局 ································ (255)

辉南县气象局 ································ (262)

白城市气象台站概况 ································ (269)

白城市气象局 ································ (273)

大安市气象局 ································ (280)

通榆县气象局 ································ (287)

洮南市气象局 ································ (294)

镇赉县气象局 ································ (301)

辽源市气象台站概况 ································· (311)

　　辽源市气象局 ····························· (314)

　　　辽源市气象局观测站 ··················· (320)

　　东丰县气象局 ····························· (322)

松原市气象台站概况 ································· (330)

　　松原市气象局 ····························· (334)

　　　松原市气象局观测站 ··················· (341)

　　乾安县气象局 ····························· (342)

　　前郭尔罗斯蒙古族自治县气象局 ··········· (351)

　　长岭县气象局 ····························· (359)

　　扶余县气象局 ····························· (367)

白山市气象台站概况 ································· (375)

　　白山市气象局 ····························· (377)

　　抚松县东岗国家基准气候站 ··············· (382)

　　临江市气象局 ····························· (387)

　　靖宇县气象局 ····························· (395)

　　长白朝鲜族自治县气象局 ················· (401)

　　抚松县气象局 ····························· (408)

　　江源区气象局 ····························· (414)

附录 ··· (418)

吉林省气象台站概况

　　吉林省地处欧亚大陆东岸,我国东北地区中部,北起北纬 46°18′,南至北纬 40°52′;西起东经 121°38′,东至东经 131°19′。属温带大陆性季风气候区。省内地形错综复杂,西部为广阔的松辽平原,中部为丘陵地带,东部为长白山区,它的主峰白云峰为我国东北地区的第一高峰。特殊的地理环境,形成了吉林省特有的气候特征。

天气气候特点与灾害防御

　　气候概况　　吉林省属于温带大陆性季风气候,四季分明,雨热同季,春季干燥风大,夏季高温多雨,秋季天高气爽,冬季严寒漫长。全省 1961—2008 年的年平均气温为 4.8℃,中西部平原地区一般为 5℃~6℃,南部为 6℃~7℃,中部低山丘陵地区一般为 3℃~4℃,东部山区为 2℃~3℃,长白山天池一带为−7℃~−8℃,是全省气温最低的地方。春季(3—5 月)全省平均气温为 5℃~9℃;夏季(6—8 月)全省平均气温为 20℃~23℃;秋季(9—11 月)全省平均气温为 5℃~8℃;冬季(12—2 月)全省平均气温为−16℃~−9℃。全省极端最高气温可达 40℃,一般出现在西部平原地区;极端最低气温可达−45℃,一般出现在中部低山丘陵地区。全省 1961—2008 年平均年降水量为 620 毫米,最多的年份可达 790 毫米,最少的年份只有 447 毫米。全省平均降水量以夏季为最多,约占全年降水量的 64%;春、秋季次之,分别约占 17% 和 16%;冬季最少,仅占 3%。全省平均日照时数为 2500 小时左右。

　　灾害性天气　　吉林省的主要灾害性天气有干旱、洪涝、低温冷害、寒潮霜冻、冰雹、大风等。中西部平原地区以干旱和洪涝为主,东部山区以低温冷害为主。其中,干旱对农牧业生产的危害极大,造成农作物的大幅度减产、草原退化、土壤沙漠化,据统计,1951—2000 年期间,严重的春旱达 13 年,严重的夏秋旱也达 13 年,发生的平均频率为 26%;暴雨是造成洪涝的主要原因,40 年间,松花江流域发生洪水受灾面积超过 20 万公顷的年份达 16 年,其次是饮马河、东辽河、嫩江、洮儿河、拉林河、辉发河等流域,上述江河洪涝灾害面积之和约占全省洪涝面积的 84%;低温冷害对东部山区和丘陵地区的水稻生产危害极大,20 世纪 50—80 年代共发生全省性的严重低温冷害 5 次,平均每 5 年 1 次,20 世纪 80 年代以来,由于全球气候变暖,吉林省的气温明显上升,低温冷害已很少发生;寒潮霜冻是春秋季农业生产的主要灾害性天气之一,40 年间,共发生寒潮日 195 天,平均每年 4.9 次;冰雹是突发性的局地灾害性天气,全省每年平均降雹 87 站次,据省民政厅统计,1983—1992 年期间,每年平均受雹灾的面积约 50 余万公顷,平均减产粮食 2 亿多千克;大风和沙尘暴在 20 世纪 80 年代之前出现的次数比较多,危害较大,20 世纪 80 年代以来已大为减少。

基层气象台站概况

1. 基层气象台站沿革

台站建设　1908 年,日本关东厅观测所在长春设置了气象观测支所,这是吉林省最早的有气象记录的气象站,至今已有 100 年历史;1933 年又在四平设立了气象观测所。伪满中央气象台于 1936 年至 1944 年期间,先后在延吉等地设立气象观测所 10 余处及部分雨量观测站,并于 1937 年从日本关东厅观测所接收了长春、四平气象观测站。解放战争时期,大部分气象观测所已停止工作。1948 年吉林省解放后,又开始重新筹建,到中华人民共和国成立时,已有长春、四平、吉林、公主岭、通化、白城等气象站开展工作。

新中国成立后,吉林省的气象事业得到了迅速发展,到 1960 年全省基层气象台站总数已达 71 个;从 20 世纪 60 年代至 80 年代初,台站设置不断有所调整,1985 年以后台站的总数基本稳定。到 2008 年,全省基层气象台站,有市(州)气象局(台)9 个、县(市)气象局(站)55 个,其中按业务分工,有地面气象观测站 55 个、农业气象观测站(含农业气象试验站)48 个、探空站 3 个、天气雷达站 5 个、辐射观测站 2 个、酸雨观测站 12 个。1960—1985 年全省基层气象台站的变迁见表 1。

1960—2008 年全省基层台站变迁情况

年份	台	站	总数	当年新建	当年撤销
1960	7	64	71	长春市台、磐石烟筒山站、图们站	
1961	7	64	71	怀德站	吉林左家
1962	7	50	57		14 个站(站名略)
1963—1968	7	50	57		
1969	8	78	86	内蒙古划入 1 台、28 站	
1970—1972	8	78	86		
1973	8	79	87	敦化市额穆站	
1974	8	79	87		
1975	8	80	88	通化县站	
1976	8	81	89	图们市站	
1977	8	82	90	永吉县站	
1978	8	82	90		

续表

年份	台	站	总数	当年新建	当年撤销
1979	7	54	61		内蒙古划回1台、28站
1980	7	54	61		
1981	7	55	62	浑江市站	
1982—1984	7	55	62		
1985	7	54	61		敦化市额穆站
1986	8	53	61	浑江市站升格为浑江市局(台)	抚松县站
1987—1991	8	53	61		
1992	9	53	62	松原局(台)	
1993—2006	9	53	62		
2007	9	55	64	江源县站、抚松县站	
2008	9	55	64		

管理体制　　1950年至1953年期间,气象部门由军队建制,吉林省气象台(站)归东北军区气象处领导,后期吉林省军区成立气象科,直接领导吉林省的气象部门。1953年8月1日按照中央军委和政务院的转建命令,气象部门改为政府建制,设省农业厅气象科。1954年9月省政府决定,将省农业厅气象科提格为省气象局,属省政府建制。1958年1月省委、省人民委员会决定,将全省基层气象台站的干部和财务管理下放到各县(市)人民委员会领导,气象业务仍归省气象局领导。1963年7月省人民委员会又决定,从8月1日起将全省基层气象台站收归省气象局统一领导。1970年12月省革委会和省军区联合通知决定:"全省气象部门实行党的一元化领导和半军事化管理。"1973年7月省革委会和省军区决定,省、地、县三级气象部门仍归同级革委会建制。1980年7月省政府决定,从1980年7月1日起省以下气象部门实行省气象局和地方政府双重领导,以省气象局领导为主的管理体制。这个管理体制一直持续到现在。

人员结构　　据1985年统计:全省气象部门的职工总人数为880人,其中大专以上学历136人,中专学历299人;工程师106人,助理工程师338人。截至2008年12月31日统计:全省气象部门职工的总人数为1288人,其中正研级专业技术人员7人,副研级143人,工程师529人;具有博士学位的2人,硕士学位的30人,本科学历的577人,大专学历的360人,中专学历的147人。

2. 气象业务沿革

①地面气象观测业务

地面气象观测站网设置的调整　　1985年以来,吉林省气象局根据不同的自然地理区域,不同天气、气候特点和服务工作的需要,对地面气象观测站网的设置作了必要的调整(见表2)。

1985 年以来地面气象观测站网设置概况(单位:个)

年份	国家基准气候站	国家基本站	国家一般站	总数
1985		25	29	54
1986	1	24	28	53
1987	2	23	28	53
1991	3	22	28	53
1992	4	21	28	53
2007	4	26	25	55
2008	4	26	25	55

注:表内不连续的年份是该年站网设置没有变化。

地面气象观测站网任务的调整 1985 年吉林省地面气象观测站共分为两类:一类是国家基本天气站网;另一类是国家一般气候站网。1986 年撤销了抚松县的一般气候站。1988 年经国家气象局批准,将天池气象站由国家基本站改为季节性观测的国家基本站;将汪清罗子沟气象站的国家基本站的任务和汪清县气象站的一般气候站的任务互相对调。1993 年长白县气象站引进意大利全套自动化气象站设备,于 1994 年 8 月 1 日起投入准业务化运作。1995 年经中国气象局批准,永吉、磐石县气象站由一般站调整为基本站;吉林、磐石县烟筒山气象站由基本站调整为一般站。

国家基准气候站的建设 1982 年,根据国家气象局的安排,按照建设国家基准气候站的要求,经过全面勘察,逐点审查,经国家气象局审批,选定长春、白城、敦化、抚松东岗气象站拟建国家基准气候站。于 1987 年 1 月 1 日起,长春、敦化国家基准气候站正式开展工作,其中长春国家基准气候站于 1990 年 9 月 20 日被首批列入世界气象组织组建的基准气候站网站点。1990 年 12 月 31 日起,白城国家基准气候站正式开展工作;1992 年 1 月 1 日起,抚松东岗国家基准气候站正式开展工作。至此,吉林省全面完成了国家基准气候站网的建设任务。

②高空气象观测业务

吉林省共有 3 个高空气象观测站,即长春、延吉、临江。1989 年 9 月之前均为一级无线电探空站,其中长春气象站每日进行 2 次探空、3 次雷达测风观测;延吉、临江每日进行 2 次探空、2 次雷达测风观测。1989 年 9 月,国家气象局决定,对高空气象探测站进行重新分类。按照国家气象局 1990 年 8 月 14 日通知,长春基准气候站从 1991 年 1 月 1 日起停止 02 时的雷达测风,由 2 次探空、3 次雷达测风,改为 2 次探空、2 次雷达测风;延吉、临江的观测任务不变。三站均属二级探空站,是全国高空气象探测站网的组成部分。

③农业气象观测业务

农业气象观测业务在“文革”期间基本上被迫停止。在中央气象局的部署下,于 1979 年重新组建农业气象基本观测站网,分国家和省(区、市)两级农业气象基本站。1985 年全省农业气象观测站网由属于国家农业气象基本观测站的榆树、白城、延吉 3 个农业气象试验站,农安、桦甸、吉林九站、敦化、通化、长岭、扶余、梨树、梅河口等 9 个气象站和属于省农业气象基本站的长春、通化、四平等 3 个气象站组成,另外,还有 33 个省农业气象一般站。1990 年和 1993 年又分别作了两次调整(详见表3)。

1985 年以来全省农业气象观测站网设置概况(单位:个)

年代	农业气象站					农业气象试验站
	国家基本站	省基本站	省一般站	发报站网		
				国家农业气象发报站	省农业气象发报站	
1985	12	3	33	18	28	3
1986	12	3	32	18	28	3
1990	15	12	20	21	25	3
1993	15	7	26	22	24	3
2008	15	7	26	22	24	3

注:表内不连续的年份是该年站网设置没有变化。

④天气雷达观测业务

全省目前开展业务的天气雷达共有 5 部,其中长春、白城、白山为多普勒天气雷达,延边、通化为 713 天气雷达。

⑤气象卫星云图接收业务

吉林省气象台、长春市气象局和 8 个市级气象局都通过 VSAT 通信网络接收国家气象卫星中心播发的"风云 2 号"卫星云图业务,同时,白城、松原、四平、白山、延边、辽源等 6 个市级气象局还保留了卫星云图接收设备,可直接接收"风云 2 号"卫星云图。

⑥日射观测业务

全省有长春、延吉两个日射观测站,按照国家气象局 1989 年 11 月下发的有关规定,日射观测站分为三级,将长春基准气候站定为二级日射观测站;将延吉气象站定为三级日射观测站,都是全国太阳辐射观测站网的组成部分。

⑦酸雨观测业务

1989 年以前,吉林省的酸雨观测是由省气象科学研究所因科研工作的需要而开展的。1989 年 7 月国家气象局决定,酸雨观测由科研正式纳入气象台站的日常观测业务,1990 年 11 月起,长春、四平酸雨观测站正式成立,并列入全国特种观测站网。1996 年增至 4 个,1997 年增至 12 个,其中国家级 4 个、省级 8 个。

⑧天气预报业务

1958 年开始,县级气象站先后开展了天气预报业务,并开展服务工作。20 世纪 60—70 年代,县站天气预报属于补充订正预报,即在省、市气象台天气形势预报的基础上,结合本地天气变化的实况作出的。当时中央气象局规定,补充订正预报以"听、看、谚、地、资、商、用、管"八字措施为主要工作方法。进入 20 世纪 80 年代以后,相继开展了天气预报技术方法的改革,先后推广应用了统计预报方法、MOS 预报方法、专家系统等技术方法。进入 20 世纪 90 年代以后,随着先进技术和先进设备的不断引进,逐渐形成了以中央气象台和省气象台提供的数值预报产品、天气形势分析以及气象卫星云图等实时气象信息的基础上,结合本地的技术方法,形成了比较完整的县站预报的技术方法,在为当地的气象服务工作中,发挥了积极作用。

⑨业务现代化建设

1983 年 2 月国家气象局决定吉林省气象部门作为全国气象部门省以下业务现代化建设的试点。省局党组决定成立由 12 人组成的领导小组,制定了《吉林省气象业务现代化系统工程规划》,《规划》将各项业务分解为相互有机联系又相对独立的子系统,包括天气预报、微机应用、气象通信、气象探测、气象管理、气候资料、气象服务、农业气象、人工影响天气、人才开发、气象情报、气象技术装备等 12 个子工程,并组织付之实施。经过一年多的实践,取得了预期的效果,促进了吉林省气象业务现代化建设的进程。1984 年 12 月 16—25 日在长春召开的全国气象局长会议上,国家气象局颁发嘉奖令,表彰吉林省气象局和全省各级气象部门在实现气象业务现代化工作中所做的努力,并授予"勇于探索,勇于开拓,继续发挥气象现代化的先锋作用"的奖旗。

3. 省级主要气象业务

天气预报　吉林省气象台的天气预报业务主要有短时临近天气预报、短期天气预报、灾害性天气预警信号的发布;负责向全省基层气象台站提供天气预报指导产品,组织全省性的天气会商,提供中、短期天气预报、短时天气预报、精细化天气预报、灾害性天气落区预报。

气候分析和气候预测　吉林省气候中心负责全省基层气象台站气候资料的审核、预处理、整编、出版;定期和不定期地发布气候信息和气候分析,包括各种气候公报、季度的气候分析、年度的农业气候评价,以及面向社会开展气候资料和信息服务等;气候预测业务主要开展年度和农业季节的气温、降水的趋势预测和农作物的产量预报等。

卫星遥感　吉林省气象科学研究所利用 EOS/MODIS 卫星资料接收处理系统和 DVB-S 卫星数据广播接收处理系统接收的卫星资料,主要开展自然灾害和生态环境变化的监测、农作物生长状况的监测、旱涝灾情的监测、森林草原火灾的监测等。

4. 气象服务

气象服务体系的建立　从 20 世纪 80 年代开始,在省、市、县气象部门逐步建立起与国民经济建设相适应的气象服务体系,即坚持以为各级政府防灾减灾的决策服务为重点,努力加强公众气象服务,全面开展专业专项服务、气象资料信息服务、气象科技扶贫服务,以及人工增雨和防雷减灾服务等。

【气象服务的典型事例】　1991 年 7 月下旬,全省降水特多,平均同比多 140%,21—23 日全省有 17 个县(市)降了大暴雨,有 8 个县(市)降水量超过 200 毫米;旬末再次出现大暴雨,降水量超过 100 毫米的有 30 个县(市),其中第二松花江流域平均降水量超过 200 毫米,是历史同期平均的 2.7 倍。全省 56 座大中型水库超汛限水位,11 条河流洪水泛滥,灾情严重。当时,丰满水库放流量已达 3000 立方米/秒,水库水位仍在猛涨,已超限 2～3 米,对水库大坝造成了严重威胁。7 月 31 日,李鹏总理亲自打电话给省领导,询问丰满水库的汛情,指示注意确保大坝安全;国家防总几次电告省防汛指挥部,要求丰满水库加大放流到 4000 立方米/秒。当时,如果再加大放流 1000 立方米/秒,将有 6 万居民被迫转移,几万亩①农田被淹,同时,其下游黑龙江省的洪灾将严重加剧,哈尔滨市的安全将受到威胁。在这决策的关键时刻,在8月3日上午召开的防汛特别会议上,省领导要求气象部门拿出决策性的意见,省气象台经过认真研究,并与基层气象台站进行了广泛的会商,做出了"未来10天没有明显降水,无台风影响"的预报,并提出丰满水库不再加大放流,白山水库停止泄洪的建议。与会领导和专家采纳了这个建议,做出了相应的决定。天气实况表明,8月份全省出现了历史上少见的高温少雨的天气,全月的平均降水量仅45毫米。决策服务的正确,不仅确保了大坝的安全,由于没有加大放流量而多发电的经济价值达1300万元,下游也免遭了洪水的灾害。

1998年汛期,吉林省西部遭遇特大洪涝灾害,7月6日至8月16日的40天里,白城、四平地区平均降水量比常年同期分别多111%和58%,致使13个县(市)中有140多个乡镇受灾。8月10日嫩江、洮儿河汛情极为紧张,省气象台和白城市气象局派出流动气象台,开展现场气象服务,向省委、省政府汇报未来5天仍有强降水的预报,并以《抗灾救灾气象专报》《天气公报》等及时向省领导及有关部门提供气象预报和情报信息。在洪水回落的过程中,利用卫星遥感系统跟踪监测洪涝情况,为抗灾救灾提供信息。省委、省政府授予省气象局"抗洪抢险模范集体"的光荣称号,省气象科学研究所、白城市气象局、镇赉县气象局分别被国家科技部、中国气象局评为先进集体;8名同志分别被省委、省政府、国家科技部、中国气象局评为"抗洪抢险先进个人",有7个单位、13人受到当地党委、政府的表彰。

吉林省是林业大省,由于全省各级气象台站十分重视森林防火的气象服务工作,在森林防火期间,不仅努力做好天气预报,还积极开展气象卫星遥感监测火险火情,为林业管理部门提供了准确可靠的森林火险信息,为吉林省连续15年消除重大森林火灾做出了贡献。省气象台、省气象科学研究所、通化市气象局、吉林市气象局、白山市气象局等单位先后14次被国家林业部、吉林省政府等省部级单位评为"森林防火先进单位",23人被评为"森林防火先进个人"。

5.台站综合管理

党建与精神文明建设 据2009年统计,全省气象部门共有81个党支部,8个党总支,2个机关党委,在职职工党员665名,占职工总数的52%,达到所有基层台站都有党员,都有党的组织。近4年来,全省气象部门基层党组织先后获得县级以上地方党组织授予先进党组织称号的共144次、优秀党员204人次。

到2008年为止,全省气象台站已全部建成地级市以上的文明单位,包括全国精神文明建设先进单位1个、省级文明单位3个、省级精神文明建设先进单位15个、地级文明单位和精神文明建设先进单位36个。其中,1998年省政府授予全省气象部门为"精神文明建设先进系统"。2005年中央文明委、国务院纠风办授予省气象局"全国创建文明行业活动示范点"单位称号。2006年省政府授予省气象局为"全省文明单位"。通化市气象局连续十余年被市委以上党委评为先进党组织,两次被省委评为先进党组织。在气象文化建设活动中,四平市气象局、吉林市气象局、德惠市气象局、镇赉县气象局等4个基层台站被中国

---

① 1亩=1/15公顷,下同。

气象局评为全国气象部门文明台站标兵。

法规建设 1996 年 9 月 26 吉林省政府颁布实施《吉林省气象管理条例》,这是吉林省第一部地方性气象法规。2005 年 1 月 1 日又进一步修改为《吉林省气象条例》,并颁布实施。吉林市政府于 2005 年 1 月 29 日颁布实施《吉林市气象灾害防御条例》。省气象局依据《条例》依法行政,先后出台了有关施放气球、观测场地保护、防雷管理等规范性文件 20 余个。2000 年《中华人民共和国气象法》实施以来,松原、辽源、延边、吉林、白城等市(州)政府相继制定和颁布实施了与《中华人民共和国气象法》配套的地方性法规 10 部。

《中华人民共和国气象法》实施以来,省、市、县气象部门共配备专(兼)职执法人员 193 人,参加各种法律法规培训 1200 余人次。据 2007 年统计,各级气象部门依法行政执法及与人大、安监、教育等部门联合执法检查 4111 人次,依法查处了擅自发布气象信息、擅自施放气球、破坏气象观测环境、不符合雷电防护要求等违反气象法规的行为。

长春市气象台站概况

长春,吉林省省会,全省政治、经济、科技和文化中心。位于东北松辽平原腹地,幅员20604 平方千米,市辖榆树、农安、德惠、九台 4 个县(市)和 6 个城区,截至 2008 年 9 月末,长春市总人口为 751 万。

气象工作基本情况

历史沿革 现有城区气象站 2 个,县(市)气象站 4 个。其中 1908 年 11 月 20 日建立长春气象观测支所,隶属于日本关东厅。新中国成立后设立气象站,于 1987 年 1 月定为国家基准气候站,气象情报参与全球气象资料交换。榆树于 1956 年建站;德惠、农安、九台 1957 年建站;双阳 1959 年建站,1995 年 8 月双阳撤县设区,双阳县气象站改为双阳区气象站,2005 年 10 月升为正处级单位。

管理体制 1973 年前,管理体制经历了从军队建制到地方政府管理、再到地方政府和军队双重领导的演变;1973—1979 年为地方同级革委会领导,业务接受气象部门指导;1980 年实行气象部门和地方政府双重领导,以上级气象部门为主的管理体制至今。

人员状况 2008 年末,基层台站定编 80 人,现有 80 人。其中高级工程师 2 人,工程师 30 人;大学本科学历 32 人,大专学历 17 人。

党建与精神文明建设 基层台站有党支部 6 个,党员 31 人。各党支部定期对党员开展党性党风党纪教育,对党员和党的积极分子进行党的基础知识培训。2003 年 6 月台站开始推行局(站)务公开。每年各台站与市气象局党组签定党风廉政责任书,开展党风廉政宣传教育月活动。基层台站中有 2 人 3 届/次当选县(市)人大代表,其中 1 人为常委参政;10 人 24 届/次当选政协委员,其中 1 人作为县政协常委参政议政。2004 年各台站之间结成精神文明共建对子;榆树局省内与镇赉局、跨省与黑龙江五常市气象局结为精神文明共建对口单位,开展创建交流活动。2005 年起开展标准化台站建设和气象文化建设。2006 年开展文明台站标兵创建活动。2005 年榆树局被中国气象局命名为"全国气象部门局务公开先进单位"和"全国气象工作先进单位"。2005 年、2008 年榆树局连续 2 次被中央文明委命名为"精神文明建设工作先进单位";1998 年德惠市气象局被省气象局评为"精神文明建设标兵单位",2007 年被省精神文明建设指导委员会命名为"2006—2007 年度文明单位",2008年被中国气象局评为"2006—2008年度全国气象部门文明台站标兵";双阳区气象局被省精神文明建设指导委员会命名为"2006—2007年度精神文明建设工作先进单位";长春国家基准气候站、九台市气象局、农安县气象局为市级"文明单位"。榆树、德惠、双阳市气象局分别通过了省气象局标准化台站考核验收。

气象法规建设 1997年长春市双阳区和农安县人民政府办公室分别下发了《关于保护气象探测环境的函》;1998年、1999年长春市双阳区、农安县政府办公室分别下发了《关于开展防雷设施安全检测工作的通知》;1998年、1999年德惠、榆树市、农安县人民政府办公室分别下发了《关于加强雷电防护管理工作的通知》;1999年德惠市、农安县人民政府办公室分别下发了《关于加强各类新建工程防雷设施设计施工规范化管理的通知》;2001年榆树市政府办公室下发了《关于做好人工防雹工作的通知》;2002年九台局和九台市安全生产委员会联合下发了《关于加强雷电灾害防御确保安全生产的通知》;2006年又联合下发了《关于加强施放氢气球活动的管理办法》;2008年榆树市政府印发《榆树市气象灾害应急预案》等有关文件。

主要业务范围

地面观测 现有地面观测站6个,其中国家基准气候站1个,基本站2个,一般站3个。2006年起,分三期建立加密自动气象站127个,其中六要素站8个,四要素站43个,两要素站76个。

长春国家基准气候站,承担地面、高空、辐射、酸雨、大气成分、闪电定位、紫外线等观测任务。双阳、农安气象站2007年由国家一般站升为国家基本站,24小时职守。九台、德惠、榆树气象站为国家一般站,08—20时职守。6个气象站都承担航危报观测发报任务。

农业气象观测 1989年国家气象局统一调整了农业气象观测站网,确定榆树站为国家农业气象二级试验站,农安、双阳站为国家一级农业气象站,九台站为省农业气象基本站,长春、德惠站为省农业气象一般站。

高空气象探测 长春国家基准气候站1951年11月16日起开始使用经纬仪进行高空探测业务。主要探测从地面至35000米高空大气层的压温湿情况。1974年1月1日测风设备改用701雷达;2004年1月1日开始701雷达、C波段测风雷达并用。

自动气象站 2002年7月长春国家基准气候站率先建成CAWS600SE-Ⅰ型自动气象站,2003年1月1日投入业务使用,现仍与人工观测双轨运行。2003年其他5个县(市、区)站建成DYYZⅡB型自动气象站,2004年5月投入业务试运行,2006年1月起正式进入单轨业务运行。

天气预报 基层台站1958年开展单站补充订正预报,1966年改为单站预报。1972年后开始采用统计、MOS、专家系统等预报方法;20世纪90年代后逐步开始应用气象卫星、天气雷达等现代化技术设备监测天气变化。1999年5月起人机交互分析处理系统MI-CAPS(V1.0、2.0、3.0版)相继投入业务使用。2006年统一安装使用市县可视会商系统,并开始接收市气象台指导预报。

气象服务 各台站1959年起利用有线广播向公众播报常规短期预报,以书面形式发布旬、月、季、年预报。20世纪80年代开始使用电话对外开展专业气象服务,1987年建成甚高频发射塔,滚动播出天气预报,为乡镇及粮库等专业用户服务。20 世纪 90 年代中期建成电视天气预报制作系统,开展影视服务。2000 年相继购置"121"天气预报电话自动答询设备,方便了人们随时了解和应用天气预报。2006 年 4 月起直接登陆省气象台服务器,调用预报资料开展信息服务。2007 年开通移动通信短信预警平台,以手机短信形式为各级领导发送灾害天气预警信号,提高了气象灾害预警信号的发布时效,为领导部署防灾抗灾提供快捷服务。

人工影响天气 农安县气象局 1994 年,榆树市气象局 1998 年开始布设"三七"高炮、火箭炮开展人工增雨、防雹作业。2008 年长春市政府投资 220 万元,各县(市、区)财政也分别投资建立防雹网。2008 年 4 月各台站与市气象局共同组建了人工影响天气流动作业队伍,采用"三七"高炮、车载火箭等进行人工增雨、消雹作业。到 2008 年底共有高炮 20 门,火箭车 15 辆,固定火箭架 26 个,移动火箭架 15 个。2008 年作业 206 次,增雨目标区面积 17546 平方千米,防雹作业面积 2256.9 平方千米,消耗炮弹 2276 发、火箭弹 160 枚。

防雷服务 2000 年各基层台站成立防雷办,对区域内高层建筑物防雷设施进行防雷安全检测。2001 年开始全面开展建筑物防雷设施设计安装工作。2002 年开展对新建建筑物防雷监审工作。

长春市气象局

机构历史沿革

机构设置与管理体制 建国初期长春市没有气象机构,1958 年 12 月开始设立市级气象机构并经历了多次变革。

长春市气象局根据授权承担长春市行政区域内气象工作的政府行政管理职能,依法履行气象主管机构的各项职责。目前,市气象局内设 4 个职能处室,下设 4 个直属事业单位。

长春市气象机构沿革情况

变动时间	批准文件	机构名称	管理体制(隶属)
1958.12.02	长编字第 845 号	长春市水文气象总站	市水利局
1960.08.16	长编从字第 503 号	长春市气象处(台)	市水利局
1963.07.13	吉编崔字第 343 号	市气象台与省气象台合并	双管,省气象局为主
1963.12.03	省编委〔63〕编事字第 219 号	市气象台定为省直属单位	省气象局
1966.04.01		德惠地区气象台	省气象局
1968.08.29	省气象系统革命委员会成立日	地区气象台与省气象台合并	省革委会气象组
1970.12.18	吉军发(70)164 号、吉革发(70)123 号	长春市革命委员会气象台	军地双管,军队为主
1973.05.20	长发(1973)12 号	长春市气象局(台)	市革委会农林办
1980.07	吉政发(1980)125 号	气象部门体制上收	双管,省气象局为主

变动时间	批准文件	机构名称	管理体制(隶属)
1986.06.01	(86)吉气发 11 号	省市台并,长春市气象管理处	省气象局
1987.01.16	(87)吉气人发 2 号	长春市气象局	双管,省气象局为主
1990.11.03	吉气字(1990)第 41 号	长春市气象管理局	省气象局
1991.03.20	吉气人字(1991)5 号	吉林省长春气象管理局	省气象局
2005.06.30	吉气发〔2005〕87 号	长春市气象局	双管,省气象局为主

人员状况 局机关有公务员编制 20 人,实有 20 人。其中大学本科学历 16 人,大专学历 4 人。局直属事业编制 26 人(不含市气象探测中心),实有 26 人。其中高级工程师 4 人,工程师 8 人;大学本科学历 19 人,大专学历 4 人。

主要领导变更情况

姓名	职务	任职时间
冯世高	副处长	1960.06—1966.04
朱霞光	台长	1960.06—1966.04
刘文元	台长	1970.12—1973.04
柳仁春	党组副书记、副局长	1974.02—1978.02
柳仁春	党组书记、局长	1978.02—1978.10
刘振兴	党组书记、局长	1978.12—1980.08
孙守昆	副局长主持工作	1980.08—1981.11
孙守昆	党组书记、局长	1981.11—1983.09
安殿来	副处长主持工作	1984.02—1985.01
安殿来	党组副书记、副局长	1985.01—1985.10
安殿来	党组书记、局长	1985.10—1987.10
郭平果	副局长	1987.09—1990.12
郭平果	党组副书记、副局长	1990.12—1991.11
郭平果	党组书记、局长	1991.11—1996.05
张克选	党组书记、局长	1996.05—2005.06
李振声	党组书记、局长	2005.06—2008.09
朱其文	党组书记、局长	2008.09—

注:"文化大革命"期间部分领导人任职不详。

气象业务与服务

1. 气象业务

1960 年建立市气象台,负责天气预报的制作和发布。预报方法主要有天气图方法、气候学方法、天气概率和数理统计方法。1963 年、1968 年、1986 年 3 次经历与省气象台合并。2005 年 6 月市气象局恢复组建后重新设立市气象台,2005 年 7 月构建了气象资料网络共享、省市和市县天气会商系统,承担区域内公众天气预报,短期气候预测,中、短期和短时天气预报警报,关键性、灾害性、转折性天气预报。2006 年 1 月开始为基层台站制作 7 天指导预报。2008 年初,安装气象卫星资料接收系统,建立了数据资料库;购建风云 2 号卫星云图接收处理系统,实现了卫星云图的实时接收;2008 年 3 月建立气象综合监控和预报预警工作站,实现了集天气实况监控、天气预报制作、灾害性天气预警为一体的综合业务应用系统;2008 年 8 月 Micaps 3.0 投入业务使用;2008 年 10 月开始发布未来 5 天精细化预报。天气预报从最初的主观定性预报逐步发展为采用卫星云图、气象雷达、计算机系统等先进工具制作的客观定量定点精细化天气预报。

2. 气象服务

建成了由天气预报、气候预测、旱涝监测与预报、雷电防御、农业气象与生态、气候资源开发等气象服务体系。

公益服务 20 世纪 80 年代前主要采用报纸、广播等开展气象预报服务。20 世纪 90 年代后增加了电视、声讯电话、LED 电子显示和互联网等气象服务。2006 年开通"长春气象兴农网"。2007 年 6 月向社会发布台风、暴雨、暴雪、寒潮、大风、沙尘暴、高温、干旱、雷电、冰雹、霜冻、大雾、霾、道路结冰等气象灾害预警信号。

决策服务 决策服务主要包括为市政府提供农业生产年景气象分析预报、重要气象情报、作物产量监测预测预报、天气气候综合评估、天气气候预报预测、重大天气实况报告、农业生产气象条件分析与预测、重大气象灾害报告等。20 世纪 70 年代主要采用书面发送的办法为领导机关服务。2005 年重新组建市气象台后,除发送《气象信息》《重要气象信息》外,还利用手机短信方式发送预警信息,为市领导提供快捷服务。2006 年 6 月新建市区 5 千米、郊区 10 千米加密自动气象观测站并投入使用,为领导机关提供精细化气象情报服务。

专业专项服务 专业气象服务涉及工业、农业、能源、交通、林业、水利、建筑、国土资源、环保、旅游等部门。为 2007 年亚冬会,2008 奥运会火炬传递、农博会、消夏节等重大社会活动提供气象服务。突发公共事件紧急响应气象保障服务也得到发展。

3. 人工影响天气服务

2008 年 1 月 10 日市委印发长发〔2008〕1 号文件,支持建立人工增雨防雹作业指挥系统。2008 年 3 月 30 日市政府批准出资 295 万元建设该项目。市气象局承建了由机动增雨防雹作业队伍、人工增雨防雹作业指挥平台和县(市、区)防雹作业网组成的人工增雨防雹作业指挥系统。系统建成后作业指挥平台由市气象局管理运行,机动增雨防雹作业队伍在全市范围内统一调度指挥,实时实施增雨、防雹作业,及时缓解和解除旱情、雹灾对长春地区农作物的影响,受到各级政府和农民的好评。2008 年榆树、德惠和农安县(市)政府主要领导先后到长春市气象局送牌匾和感谢信。

2005 年长春市气象局被市政府评为防汛抗洪先进集体;3 名同志被评为先进个人。2007 年在第六届冬季运动会气象服务保障中,长春市气象局被省委省政府记集体三等功;1 人被记个人三等功。长春市气象局被市政府评为 2008 年"长春市增产 30 亿斤粮食工程特殊贡献单位";1 人被评为先进个人。

党建与精神文明建设

1982 年 2 月长春市气象局建立党总支,现有党支部 7 个(不含市气象探测中心),党员 48 人。2006 年 1 月开始实行党务公开,并开展连续三年的标准化党支部创建活动。

2006—2008 年度机关党支部连续 3 次被市直机关党工委命名为先进基层党组织。2004 年起实行局政务公开，每年开展党风廉政宣传教育月活动。2005 年起开始实施以《气象文化建设发展纲要》为主要内容的气象文化建设，大力弘扬气象人精神，培养和宣传了身边爱岗敬业的先进典型。2006 年起在机关开展以"学习型、文明型、廉洁型、服务型、节约型"为主要内容的"五创"活动。2006 年 5 月与白山市气象局结成精神文明建设对口共建单位，每年互往一次开展创建交流活动。建立了包括学习、工作、管理等 18 项制度。设有书报阅览室、健身活动室，购置了台球、乒乓球、棋牌类器材，开展经常性活动。局机关分别在 1999—2000 年度、2001—2002 年度、2003—2004 年度被省直机关党工委命名为市级文明单位；在 2005—2006 年度、2007—2008 年度被市委市政府命名为精神文明建设工作先进单位。

气象执法机构及社会管理

执法机构　2005 年 12 月 22 日根据吉气函〔2005〕37 号文件成立长春市气象行政执法支队，负责长春市施放气球的管理，2008 年 7 月将施放气球行政执法职能委托市行政执法局组织实施。2006 年 9 月 27 日省气象局〔2006〕12 号会议纪要决定，成立市防雷办和气象行政执法机构，负责长春市的气象行政执法工作。

社会管理　长春市气象主管机构具有防雷管理、施放气球管理、人工影响天气管理、气象预报发布与刊播管理、气象装备与探测环境管理、涉外气象探测和资料管理等职能。

2008 年的长春市气象局

长春国家基准气候站

长春市位于北纬 43°05′～45°15′，东经 124°18′～127°02′。长春属于北温带半湿润大陆性气候，冬季寒冷，春秋两季干旱多风，夏季雨量充沛，一年四季气候分明。长春国家基准气候站位于长春市绿园区西环城路 5235 号，已有百年历史，是一个包括国家基准气候站、高空探测二级站、农业气象一般站的综合气象台站。

中国气象局、省政府和省气象局十分重视和关怀长春国家基准气候站的工作和建设,邹竞蒙、郑国光、李黄、孙先健、刘淑莹、宋玉发、秦元明等领导同志,曾多次来站检查和指导工作。

机构历史沿革

1. 历史沿革

长春国家基准气候站的前身长春气象站始建于 1908 年 11 月 20 日,位于长春市西广场西一条 11 号,当时台站名为长春气象观测支所,1936 年 9 月迁至长春南岭,1956 年 1 月迁至现址,即北纬 43°54′,东经 125°13′,观测场海拔高度 236.8 米,区站号为 54161,1987 年 1 月 1 日经国家气象局审批,正式列为国家基准气候站。1990 年被首批列入世界气象组织组建的 WMO 基准气候站网点。2005 年 7 月后作为长春市气象局的直属单位,更名为长春市气象探测中心。

2. 管理体制

新中国成立前 清光绪 34 年,即 1908 年 11 月 20 日,长春观测支所建立时,隶属于日本关东厅;1933 年 11 月 1 日至 1946 年 12 月 31 日站名改为新京中央观象台,其中 1933 年 11 月 1 日至 1945 年 8 月 15 日隶属于伪满洲国中央观象台,1946 年 6 月 1 日—1946 年 12 月 31 日隶属于国民政府水利委员会,1947 年 1 月 1 日至 1948 年 5 月 30 日隶属长春交通部东北气象办事处。

新中国成立后 1949 年 10 月 1 日至 1953 年 10 月 7 日隶属于东北军区和吉林省军区气象科;1953 年 10 月 8 日至 1954 年 9 月 10 日隶属于吉林省农业厅直属气象科;1954 年 9 月 11 日至 1955 年 5 月 31 日隶属于吉林省气象局;1955 年 6 月 1 日至 1957 年 12 月 31 日属于长春市农村工作部代管;1958 年 1 月 1 日至 1960 年 5 月 31 日属于双重管理,干部和财务管理归长春市人民委员会领导,气象业务归吉林省气象局管理;1960 年 6 月 1 日至 1963 年 7 月 31 日隶属长春市气象处;1963 年 8 月 1 日至 1970 年 12 月 17 日属于双重管理,气象业务归吉林省气象局管理,行政、思想教育归长春市人民委员会领导;1970 年 12 月 18 日至 1973 年 7 月 11 日,根据革委会和省军区以革[70]123 号、吉军发[70]164 号文联合通知决定,全省气象部门实行党的一元化领导和半军事化管理,属于军政双管,以军队管理为主;1973 年 7 月 12 日至 1980 年 6 月 30 日隶属于长春市革委会农林办公室;1980 年 7 月 1 日至 1983 年 2 月 10 日属于吉林省气象局、长春市政府双重领导,以部门领导为主;1083 年 2 月 11 日至 1986 年 5 月 31 属于长春市气象局、长春市政府双重领导;1986 年 6 月 1 日至 1987 年 1 月 5 日隶属于长春市气象管理局;1987 年 1 月 6 日至 1990 年 11 月 2 日属于长春市气象局、长春市政府双重领导;1990 年 11 月 3 日至 2005 年 6 月 30 日隶属于长春气象管理局;2005 年 7 月 1 日至今属于长春市气象局、长春市政府双重领导,以部门领导为主。

3. 人员状况

建站初期的人员状况已无从考查。目前,长春国家基准气候站总人数为 30 人,在职 23 人,退休 7 人,其中在职人员中,党员 7 人;高级工程师 1 人,工程师 15 人,助理工程师 7

人;大学本科学历 10 人,大专学历 6 人,中专学历 7 人;站内在职职工 50 岁以上 6 人,40～
49 岁 9 人,30～39 岁 6 人,30 岁以下 2 人,平均年龄为 43.3 岁。

名称及主要负责人变更情况

(台)站名称	(台)站长	任职时间
长春气象台、长春气象站	曹殿永	1949.01—1952.02
长春气象站	赵心如	1952.02—1952.04
长春气象台、长春气象站	谭占福	1952.04—1956.02
长春气象站	隋玉祯	1956.07—1958.09
吉林省气象局观象台	曹殿永	1958.09—1960.04
吉林省气象局观象台	叶 震	1960.08—1960.09
吉林省气象局观象台	孔庆有	1960.09—1961.06
长春市气象处观测站	刘树礼	1962.11—1964.08
长春市气象观测站 长春市气象站	张玉金	1964.08—1965.09
长春市气象站 吉林省气象台革委会	张文恒	1965.10—1969.02
吉林省气象台革委会 长春市革命委员会气象台	张玉金	1969.03—1974.03
长春市革命委员会气象站、 长春市气象站	董 凯	1974.03—1980.01
长春市气象站	方 灿	1980.01—1980.12
长春市气象站	姜学忠	1981.01—1984.03
长春市气象站	姚思详	1984.04—1985.11
长春市气象站 长春国家基准气候站	高继才	1985.11—1993.07
长春国家基准气候站	尹文斌	1993.07—1996.05
长春国家基准气候站	于宝忱	1996.06—2008.01
长春国家基准气候站	张 波	2008.01.22—

气象业务与气象服务

1. 气象业务

①地面气象观测

地面气象观测主要业务是地面气象要素的观测、编发气象报告、记录处理。

观测时次 由 1949 年 12 月 1 日开始每日 02、06、10、14、18、22 时 6 次观测与统计。到 1954 年 12 月 1 日增加 05、11、17、23 时 4 次补充观测。于 1958 年建立了辐射一级观测站,1959 年 1 月 1 日正式开始观测。1963 年 1 月 1 日更改为 4 次基本定时观测和四次补充定时观测。1973 年 1 月 1 日开始夜间守班。1987 年 1 月 1 日正式命名为长春国家基准气候站,开始每日 24 次基准气候观测。1990 年 1 月被列入全球基准气候站网点。

地面观测项目 长春国家基准气候站现行由常规的云、能见度、天气现象、气温、气压、湿度、风向、风速、降水、雪深、日照、蒸发(小型)、地温(地面、浅层、深层),增加了大型蒸发、雪压、冻土、电线积冰。2003 年起开展了露天温度、柏油路面温度、草面温度特种观测及发报任务。

发报内容及时次 1949 年 1 月起至 1993 年 11 月止承担 0—24 时固定航空危险报发报任务,发往地有沈阳、哈尔滨、朝鲜平壤、长春民航台、8369 部队、东北区域气象中心、靖宇、通化等地。1949 年 12 月 1 日起拍发 02、08、14、20 时 4 次绘图报。1954 年 12 月 1 日起增加拍发 05、11、17、23 时 4 次辅助绘图报。1984 年 4 月 1 日开始编发重要天气报。2005 年 4 月 16 日起开展了日照时数及蒸发量实况的发报任务。2005 年 10 月 1 日至 2007 年 6 月 30 日每年 4 月至 10 月每天 08—16 时向长春龙嘉机场拍发航空危险报,2007 年 7 月 1 日开始改为每天 06—16 时向长春龙嘉机场拍发航空危险报。从建站开始至 1989 年 2 月,每天所有的电报,都要通过电话传给电信局,再转发给省气象局及沈阳区域气象中心。1989 年 3 月开始使用电传机发报。进入 20 世纪 90 年代,随着 9210 工程的发展,1997 年与省气象局之间布设 X.25 局域网,并开始使用网络传输电报,2000 年使用分组交换网。2002 年随着自动气象站的建成,所有数据及电报通过 GGRS 无线网络模块传送至省气象网络中心,再传至中国气象局,实现了气象资料传输的网络化、自动化。目前,长春国家基准气候站还建成了 VPN 备份网络系统。2008 年 6 月 1 日起执行新的重要天气报发报项目,由原有的大风、龙卷、冰雹、雪深、雨凇、(累积)降水,增加了雷暴、雾、霾、沙尘暴、浮尘发报项目。

气象记录报表 1950 年 1 月 1 日到现在,每月编制并上报基本地面气象观测记录月报表(气表-1)。温度、湿度自记记录月报表(气表-2),自 1954 年 8 月开始编制并上报,至 1965 年 12 月停报;气压自记记录月报表(气表-2),自 1954 年 8 月开始编制并上报,至 1959 年 12 月停报;地温记录月报表(气表-3)和日照日射记录月报表(气表-4),自 1954 年 1 月开始编制并上报,至 1960 年 12 月停报;地温记录年报表(气表-23)和日照日射记录年报表(气表-24),自 1954 年开始编制并上报,至 1961 年停报;降水自记记录月报表(气表-5),自 1954 年 1 月开始编制并上报,至 1979 年 12 月停报,相应年报表(气表-25)自 1954 年开始编制并上报,至 1979 年停报;风向风速自记记录月报表(气表-6),自 1954 年 8 月开始编制并上报,至 1979 年 12 月停报,相应记录年报表(气表-26)自 1955 年开始编制并上报,至 1979 年停报;冻土记录月报表(气表-7)自 1958 年 12 月开始编制并上报,至 1959 年 4 月停报,1959 年 12 月又开始编制并上报至 1960 年 12 月停报;电线结冰记录月报表(气表-8)自 1954 年 11 月开始编制并上报,至 1956 年 3 月停报;基本地面气象观测记录年报表(气表-21)自 1954 年开始编制并上报至今;辐射记录月报表(气表-33)自 1959 年开始编制并上报至今。

从建站起,地面气象月报,气象年报,一直采用手工抄写方式编制,一式 3 份,分别报送国家气象局、省气象局气候资料室各 1 份,本站留底 1 份。直到 1992 年开始采用微机输入制作打印报表,向上级气象部门报送磁盘。随着业务软件的发展,1998 年开始结束了人工输入报表,业务软件直接完成文件转换,形成报表文件,并且能进行简单的审核。2003 年报表传输实现网络化,直接向省气象局气候资料室传送初审的原始数据文件、报表文件。采用光盘、U 盘、微机硬盘三重备份方式保存资料档案。

自动化气象站 2002 年 7 月建成了 CAWS600SE-Ⅰ型自动气象站,于 2003 年 1 月 1 日正式投入业务运行,并且一直保持人工和自动 24 次定时观测双轨观测业务。

　　区域自动气象站　自 2006 年 7 月开始共监测、管理并维护区域自动气象站 46 个。其中观测温度、降水的两要素自动气象站 32 个;观测温度、降水、风向、风速的四要素自动气象站 13 个;观测温度、湿度、降水、风向、风速、气压的六要素自动站 1 个。分布于长春市区及周边乡镇,包括长春龙嘉国际机场,站点间隔 5 千米～15 千米。

　　②高空气象探测

　　1951 年 11 月 16 日开始高空气象观测(简称探空),当时水银槽高度 246 米,经纬仪高度 246.3 米;后于 1955 年 1 月 1 日迁站后,水银槽高度 222.3 米,经纬仪高度 216 米;于 1957 年 3 月 1 日迁至现址,水银槽高度 239 米,经纬仪高度 239 米;1974 年 1 月 1 日更改为水银槽高度 238.5 米,观测场高度 238.5 米,雷达天线高度 250 米,经纬仪高度 239 米。

　　观测时次　1951 年 11 月 16 日开始每日 11 时和 23 时经纬仪测风;1955 年 1 月 11 日变更为 08 时经纬仪测风、无线电探空和 20 时经纬仪单测风;1957 年 8 月 1 日开始 08、20 时经纬仪测风无线电探空及 02 时经纬仪单测风;1974 年 1 月 1 日开始 08、20 时 701 雷达综合测风和 02 时经纬仪单测风;1981 年 5 月 1 日开始 08、20 时 701 雷达综合测风和 02 时 701 雷达单独测风;1990 年 1 月 1 日开始 08、20 时雷达综合测风,取消了 02 时雷达单独测风,一直沿用至今。

　　编报与报表　高空气候月报于 1957 年 4 月 1 日开始编发,高空特性层报于 1955 年 1 月 11 日开始编发,一直至今。高空风记录月报表(高表-1)自 1951 年开始编制并上报至今;高空压、温、湿记录月报表(高表-2)自 1955 年开始编制并上报至今。

　　技术设备　1951 年 11 月 16 日开始使用经纬仪测风;1955 年开始使用"四九"型探空仪观测高空温、湿度;1967 年 9 月 1 日更换为"五九"型探空仪;1974 年 1 月 1 日测风设备改成 701 雷达;2004 年 1 月 1 日开始 701 雷达、C 波段测风雷达并用,以 701 雷达为主。2004 年 1 月 1 日起 707 电子探空仪、"五九"型探空仪并用。1951 年 1 月 16 日开始用制氢缸制氢;1976 年改成电解水制氢;1979 年又变更为制氢缸制氢;1984 年开始用压缩氢至今。

　　③特种观测

　　紫外线观测　2005 年 4 月 1 日正式开始对紫外线进行观测,观测仪器自动定时采集数据,每天 08 时由值班员录入前一天数据、14 时录入当天数据并上传至吉林省专业气象台。仪器型号为:LF2000 型太阳辐射数据记录仪。

　　大气成分观测　2007 年 3 月 6 日正式开始大气成分观测,观测项目:空气中黑碳气溶胶浓度和空气中不同粒径的颗粒物质量浓度、数浓度。每天向中国气象局大气成分中心自动发报 25 次、上传数据文件 73 份,每天 08 时前人工输入前一天的质控信息文件并上传。

　　闪电定位仪观测　2007 年 6 月 1 日正式开始大气闪电观测,并向中国气象信息中心传输数据记录

　　酸雨观测　1990 年 1 月 1 日正式开展酸雨观测业务,主要任务有:测试降水样品的 PH 值和电导率 K 值、每月上报酸雨月报表、1991 年开始每年均参加国家酸雨观测业务考核,考核时间一般定在 3—4 月之间。1990 年 1 月 1 日至 2001 年 8 月 31 日使用仪器为:测量 PH 值仪器为 PHS-3 型 PH 计,电极为玻璃电极 231 型、干簧电极 232 型;测量电导率仪器为 DDS-11A 型电导率仪,电极为光亮(或铂黑)电极 DJS-1 型。2002 年 9 月 1 日正式启用新的测量仪器,测量 PH 值仪器:雷磁 PHS-3B 型精密 PH 计;电极为 E-201-C9 型复合电

极、T811 型测温探头。测量电导率仪器：雷磁 DDS-307 型数字式电导率仪；电极为 DJS-1C 型光亮（或铂黑）电极，电极常数在 1.0 左右。2003 年开始开展了全国酸雨监测网业务质量考核。2005 年 8 月 25 日开始试用安装酸雨观测业务软件 OSMAR2005。2005 年 9 月 1 日开始进行酸雨观测资料的实时上传，从而实现日、月数据自动上传，取消了人工抄写月报表。2006 年 1 月 1 日正式开始执行《酸雨观测业务规范》。2007 年 1 月 1 日开始试行酸雨观测业务规章制度，开展了酸雨观测业务创优质竞赛活动，实行了酸雨观测业务持证上岗制度。2008 年 7 月 1 日中国气象科学院大气成分中心在本站开展现场观测质量样品测量试验。

④农业气象观测

长春国家基准气候站在 1958—1960 年期间是农业气象基本站，观测项目有农田土壤湿度、马铃薯、黄瓜的生长发育期；1959 年观测的农作物有甘蓝、水黄瓜、白菜、萝卜、谷子、大豆、马铃薯、旱黄瓜、高粱、苞米；1960 年观测的农作物目有马铃薯、黄瓜、茄子、甘蓝、秋白菜。1961 年、1962 年、1963 年、1965 年只测量土壤湿度。1964 年、1966 年至 1977 年农业气象业务中断。1978 年起开始农业气象一般站观测业务。2007 年 1 月 1 日正式开始进行生态物候项目观测。生态观测主要有土壤风蚀观测，每旬末观测发报；地下水位观测，每旬末早晨（或上午）测量发报一次，日降水量≥10 毫米或过程降水量≥10 毫米结束后，次日加测加报一次；大气降尘观测，每月降尘总量测定在月初第一天进行，有沙尘天气过程应加测日降尘总量；物候观测项目是全年观测动物家燕；木本植物观测有杏和旱柳；草本植物观测有车前和蒲公英。

2. 天气预报和气象服务

2007 年 4 月起开始开展天气预报气象服务工作，主要制作短期预报和旬、月天气预报。使用 MICAPS 软件，借助市台指导预报，参加市台天气会商和气象决策服务工作。

2007 年 4 月 1 日开始启动对绿园区政府的气象服务工作，同年 5 月 1 日成立气象服务科，现主要承担的气象服务工作有两方面。一是每周一至周五向绿园区政府信息科、区防汛指挥部发布每日天气预报；二是旬末向绿园区政府、绿园区委办公室、区防汛指挥部发旬天气预报，月底发布下月天气预报，遇重大灾害性天气及时发布天气预警，汛期发布雨情实况报等。

法规建设与管理

法规建设　自 2000 年 1 月 1 日《中华人民共和国气象法》实施以来，长春国家基准气候站依据中国气象局《气象探测环境和设施保护办法》拟定的《关于长春国家基准气候站气象探测环境保护技术规定的备案》，于 2005 年 7 月 20 日正式被长春市规划局批准，有效地加大了气象环境和设施的保护力度。2005 年 1 月 1 日起实施的《吉林省气象条例》、吉林省人民政府颁布的《吉林省人民政府贯彻落实国务院关于加快气象事业发展若干意见的实施意见》（吉政〔2006〕23 号）、以及长春市人民政府在 2006 年 11 月 20 日颁布的《长春市人民政府关于加快气象事业发展的实施意见》，都为执行气象法规提供了有力的依据。2005 年责令对有影响探测环境的院内出租户（制砖厂、废品收购站等）全部清除。2008 年 9 月与长春市气象局联合执行气象法律，对影响探测环境的阳光嘉年华小区楼控制了建筑高度。

管理　加强站务公开，在 2007 年 7 月 31 日业务办公楼等基础设施修建工程项目建设中采用公开招标方式,基础设施综合改善等所需费用,严格按国家有关规定实施,项目建设专款专用。财务收支情况每年公示一次,干部任用、职工晋职、晋级等均采用了公开竞选、竞聘制度。健全了内部规章管理制度,长春国家基准气候站制定内部工作管理综合制度,主要内容包括干部责任分工制度、业务值班管理制度、奖惩制度、会议制度等。

党建与精神文明建设

党建工作 1982年正式成立独立党支部,当时党支部书记姜学忠,有党员7名;1984年3月至1993年7月,党支部书记高继才;1993年7月至1996年5月,党支部书记尹文斌,有党员6名;1996年6月至2008年1月,党支部书记于宝忱;2008年2月至今,党支部书记张波,有党员7名。自2000年以来,党支部共发展党员4名。

2003年4月8日长春市气象管理局下发了《长春气象管理局党风廉政建设制度》,每年与长春市气象局党组签定党风廉政责任书,站内开展了党风廉政建设教育月活动,站内职工积极参加。组织经常性的政治理论学习,提高全体职工的政治素质。

精神文明建设 1993年,全体职工动手在气象站院内栽松树70棵、果树20棵,美化了户外环境。1996年又在院内重新栽果树30棵,建花坛6个。1997年全体气象职工自己动手修建了篮球场、排球场等户外运动场地。2003年自筹资金建立了图书阅览室和职工健身活动室,购置了乒乓球台、跑步机、台球、象棋等文化娱乐设施。2006年由省气象局投资36万元在站院内建了网球场,可供全体气象职工文体活动。另外,职工每两年都参加一次全省气象部门或市直机关组织的运动会。

在每年的"3·23"世界气象日,长春国家基准气候站均与长春市相关单位、学校、媒体联系,进行气象方面的宣传报道。

荣誉 长春市国家基准气候站1997年被省气象局授予"精神文明先进单位",同时被长春市绿园区评为"环境绿化先进单位";1997—2003年被省直团工委授予"青年文明号"集体;1999年被省气象局授予全省气象系统"精神文明标兵单位";1997年、1998年、2000—2003年、2006年被市气象管理局评为"目标管理先进单位",2004年、2008年被市气象局评为"目标管理优秀达标单位";2007年被长春市气象局授予"学习型、文明型、廉洁型、服务型、节约型机关创建先进单位"。于宝忱同志1986年、1988年、1989年被中共长春市人民政府直属机关工委评为"优秀党员";1998年、2003年被省气象局机关党委评为"优秀党员";2007年赵永涛同志被长春市机关党委评为"优秀党员"。

1991年至2008年,地面气象观测共有11人次荣获中国气象局"质量优秀测报员"称号。1991年至2008年,高空探测共有22人次荣获中国气象局"质量优秀测报员"称号。

台站建设

自1957年从长春市南岭搬迁到长春市绿园区西环城路5235号,占地面积51359平方米,观测场地25米×25米,办公楼占地360平方米。1985年在原业务楼东北侧80米处新建二层办公楼,建筑面积470平方米。1995年开始重新修整业务楼,1998年又进行了翻新加盖,在原业务楼东侧接建292平方米的三楼,建筑面积达652平方米,是地面观测、高空探测、气象服务的综合业务楼。2007年由中国气象局投资36万重新修建了锅炉房;同年由中国气象局投资143万在旧办公楼的西侧新建了三层办公楼,建筑面积994平方米。

1993—2008年,长春国家基准气候站对院内全面进行整改。2002年由省气象局投资5万元对院内道路进行第一次硬化600平方米。

1985年以来基本建设投资状况

年份	项目建设	资金来源	投资金额(万元)
1985	办公楼、锅炉房建设	吉林省气象局	14.0
1988	氢气室建设	吉林省气象局	2.0
1995—1998	C波段测风雷达及改善办公环境	中国气象局	22.8
2001	供暖设施改造	吉林省气象局	11.0
2002	院内道路建设	吉林省气象局	5.0
2003	锅炉房改造	吉林省气象局	13.4
2004	基础设施综合改造(供电设备、供水设施、排污设施改造、道路维修)	吉林省气象局	30.9
2006	省局职工文体设施网球场建设	中国气象局 吉林省气象局	36.0
2006	简易库房建设	长春市气象局 吉林省气象局	30.0
2007	综合办公楼建设	中国气象局	143.0
2008	新建锅炉房、车库	中国气象局 长春市气象局	60.9

1909年在长春市西广场建立的观象台

1950 年在长春市南岭建立的气象培训队旧址

20 世纪 70 年代的长春国家基准气候站

2008 年建成的新办公楼

农安县气象局

农安县隶属吉林省长春市,位于松辽平原腹地(东经 124°31′～125°45′,北纬 43°55′～
44°55′)。县城所在地农安镇曾为夫余国都城,史称"黄龙府",曾是辽金时期我国北方的政
治军事重镇,迄今已有 2000 多年的历史。以抗金英雄岳飞的誓言"直抵黄龙府,与诸君痛
饮耳"和"五四"运动领导人李大钊的诗句"何当痛饮黄龙府,高筑神州风雨楼"而闻名于世。
1889 年,清政府在黄龙府设县治,改称农安县。

机构历史沿革

历史沿革 1957 年,根据中央气象局"县县有站"的要求,在县城西农场筹建吉林省农
安县气候站,并于当年 11 月 1 日开始正式观测记录。1959 年 1 月和县水文站合并,改为农
安县中心水文气象站。11 月,站址因粮库建房影响,迁移到宝塔街一委八组,即南关大队
附近。1964 年 1 月,站名又改回吉林省农安县气候站。1966 年 4 月 1 日,根据吉林省气象

局(66)吉气管字 004 号文件,站名改为吉林省农安县气象站。1971 年 1 月 1 日,站名改为农安县革命委员会气象站。1980 年站名重新改为吉林省农安县气象站,并确定为县科局级单位。1988 年 2 月增设吉林省农安县气象局,局站合一,一个机构,两个牌子。2001 年,气象站周围的环境已不能适应气象探测环境要求,搬迁到现在的位置,即农安县农安镇长安村附近。观测场位置为北纬 44°23′,东经 125°9′,海拔高度 170.2 米。

管理体制 1957 年至 1958 年底,由地方政府直接领导,气象业务由省气象局管理。1959 年 1 月,管理体制下放,气候站和县水文站合并,属县人民委员会建制,由县水利局代管,业务指导为长春市水文气象总站。1964 年 1 月,管理体制上收,隶属吉林省气象局领导,党团组织归地方。1971 年 1 月由县武装部和县革命委员会双重领导,以军管为主。1973 年管理体制由军政双管改为县革委会建制,由县农业局代管。1978 年改由县革委会办公室领导,同年划归县农工部领导,1980 年全国实行机构改革,管理体制上收,改为部门和地方双重领导,以部门领导为主的管理体制,一直延续至今。

人员状况 1957 年建站时只有 3 人。2008 年定编 13 人,现有在职职工 10 人,聘用 1 人,其中,大学学历 5 人,大专学历 4 人,中专及以下学历 2 人;中级技术职称 2 人,初级技术职称 8 人;50～55 岁 3 人,40～49 岁 1 人,40 岁以下 7 人。

主要负责人变更情况

姓名	职务	任职时间
李裕樵	站长	1957 年 9 月—1992 年 4 月
李成业	副局长(主持工作)	1992 年 4 月—1993 年 1 月
李占龙	局长	1993 年 2 月—2006 年 6 月
李万金	局长	2006 年 7 月—2007 年 6 月
刘琼伟	局长	2007 年 7 月—

气象业务与服务

1. 气象业务

①地面观测业务

农安县的气象事业历史悠久,早在 1907 年(光绪 33 年),档案资料中就有温度的记载,1910 年(宣统 2 年)存有温度、降水、日照、暴风的记录。1930 年(民国 19 年),农安农事试验场开始了气候观测,并保存了 2 年不完整资料。直到 1957 年建站,开始了正规的气象观测,延续至今。

观测时次 1957 年 11 月 1 日至 1959 年 12 月 31 日期间,每日进行 01、07、13、19 时 4 次观测。1960 年 1 月 1 日起,改为 08、14、20 时 3 次定时观测。1971 年 6 月 30 日改为 02、08、14、20 时 4 次定时观测,夜间守班。1973 年 4 月 1 日开始夜间不守班。1989 年 1 月 1 日改为 08、14、20 时 3 次定时观测,夜间不守班。2007 年 1 月 1 日业务体制改革,由国家一般气象站升格为国家气象一级站,由 3 次观测改为 02、05、08、11、14、17、20、23 时 8 次定时观测,昼夜守班。

观测项目　观测项目有云、能见度、天气现象、气压、气温、湿度、风向风速、降水、雪深、日照、蒸发、地温,2007年4月18日开始增加草温和雪温观测。

发报内容及时次　1957—1959年,向用报单位拍发预约危险天气通报。1959—2000年,拍发小天气图报。2001—2006年拍发加密天气报,2007—2008年拍发天气报。小图报、加密报以及天气报的发报内容基本相同,主要内容有云、能见度、天气现象、气压、气温、露点温度、风向风速、降水、雪深、地温等。1958—2006年,拍发雨量加报。1984—2007年每年的4月1日—9月30日向吉林省气象台不定时拍发大风、龙卷、冰雹、累积降水、雨凇等重要天气报。2008年5月31日20时起,重要天气报改为全年拍发,同时增加视程障碍现象和雷暴等发报项目。2005年4月16日起每天08时30分至09时之间进行日照及蒸发量实况的发报工作。1957年至2008年期间,承担拍发航危天气报任务,航空报有固定拍发和预约拍发两种,使用单位较多,变更频繁,主要向双城、双辽、拉林、长春、公主岭、吉林等拍发航危天气报。

气象记录报表　1957年11月1日起每月编制月报表,包括气表-1(基本地面气象观测记录月报表)、气表-2(气压、温度、湿度等自记记录月报表)、气表-3(地温记录月报表)、气表-4(日照日射自记记录月报表)、气表-5(降水自记记录月报表)、气表-6(风向风速自记记录月报表)、气表-7(冻土记录月报表)。相应的年报表有气表-21、22、23、24、25、26、27。1960年3月气表-2取消。1961年1月1日起气表-3、气表-4、气表-7并入气表-1,相应的年报表也并入气表-21。1980年1月1日起,气表-5、气表-6并入气表-1,相应的年报也并入气表-21。迄今为止,只编制气表-1(月报表)和气表-21(年报表),分别向省局、市局各报送1份,单位留存1份,其中年报表报国家局1份。1991年开始利用微机编制月报表和年报表。2006年1月起,通过网络向市局传输原始资料,停止报送纸质报表。

自动气象站　2003年10月DYYZ-Ⅱ型自动气象站建成,11月1日—12月31日试运行,2004年1月1日正式投入业务运行。平行观测第一年,以人工站为主,2005年自动气象站平行观测第二年,以自动站为主。2006年1月1日起,正式进入自动站单轨业务运行,同时不再保留压、温、湿、风自记仪器,只有云、能见度、天气现象保留人工观测。自动站观测项目包括温度、湿度、气压、风向、风速、降水、地温、草面(雪面)温度等。观测项目全部采用仪器自动采集、记录,替代了人工观测。

区域自动气象站　2006—2008年,由气象部门和地方政府共同投资,分3批次在黄金、万金塔、新阳、小城子、合隆、三盛玉、宋家屯、孙家园子建成两要素DYYZ-Ⅱ(RT)型号自动站8个,观测温度、降水。在三宝、新农、波罗湖、青山口、柴岗、巴吉垒、烧锅、太平池、鲍家、华家建成四要素DYYZ-Ⅱ(RTF)型号自动站10个,观测温度、降水、风向、风速。在龙王、哈拉海建成六要素DYYZ-Ⅱ(L)型号自动站2个,观测温度、湿度、降水、风向、风速、气压。自动站数据每分钟采集一次,通过无线通讯网络将数据上传到省局和国家局。

现代化观测系统　1956—1974年,地面气象观测仪主要为苏制产品,1974年以后全部使用国产仪器。1971年1月,由电接风向风速计取代维尔达测风器。1984年4月配备了PC-1500袖珍计算机,主要用于编发地面电报。1985年1月购买了华克8800微型计算机,用于报表制作及天气预报。1985年还配备了甚高频无线电通话机,用于传送电报。2003年10月,DYYZ Ⅱ型自动站建成并开始试运行后,数据全部自动采集、记录。2004年

6月局域网连成,采用局域网自动传输气象资料、编发电报等,气象资料的传输初步实现网络化、自动化。

②农业气象业务

农业气象观测 1957年开始进行农业气象观测,1989年国家进行站网调整,列为国家一级农业气象观测发报站,主要开展作物观测、土壤水分观测和物候观测。生育状况观测的农作物有大豆、高粱、谷子、玉米等,现在观测的作物是玉米、向日葵。物候观测的木本植物有榆树、杨树,草本植物有洋铁叶子、蒲公英,动物有家燕、蛙等。2005年6月5日,安装了土壤水分自动观测站,9月正式进行人工站和自动站土壤水分的对比观测。2007年7月1日启动了生态气象观测,建立了生态观测场,增加旱柳、杏、车前的物候观测,地下水位的特种观测。土壤湿度测定分固定地段(0～100厘米)、作物地段(0～50厘米)、普查地段(10、15、20、30厘米)3种。

发报内容及时次 常年拍发农业气象旬报,主要内容包括基本气象要素、农业气象要素、灾害及地方补充4段,3—5月期间向省气象台编发农业气象候报,2—10月期间向省台编发土壤湿度加测报。

农业气象报表 农业气象报表有农气表-1、农气表-21、农气表-3各一式4份,向国家气象局、省气象局、地(市)气象局各报送1份,本站留底本1份。

③天气预报

短期天气预报 1958年开展单站补充订正预报,在收听省台天气预报的基础上,再根据本地的天、物观测指标,作出补充订正预报。1972年开展数理统计预报。1982年配备117气象传真机,接收北京和日本传真图,利用传真图表独立分析判断本地天气变化。1984年配备无毒123收片机,直接接收日本东京和中国北京的数值天气预报传真图,1995年9月,配备终端设备,通过图形工作站调用省局服务器中的卫星云图和传真图等。1998年10月,建立并使用气象卫星综合应用业务系统(简称9210工程),该工程以VSAT技术为基础,采用卫星通信、计算机网络、分布式数据库、程控交换等技术,建立卫星通信和地面通信相结合、以卫星通信为主的现代化气象信息网络系统,实现气象信息的中高速网络化传输和共享。1999年5月地面卫星单收小站建成并正式使用,利用Micaps1.0调用资料。2004年5月启用Micaps2.0。2004年6月,配备了剑鱼二代PRO电视天气预报制作系统。2006年4月,在长春市气象台的指导下,业务软件不断更新,通过网络直接收看新一代天气雷达图、预警信息,并由省局统一安装了省、市、县可视会商系统。2008年10月,启用Micaps3.0与Micaps2.0并行使用,天气预报业务初步形成了运用上级气象台的数值预报产品、MOS预报、专家系统预报方法,以及卫星云图、天气雷达等综合技术系统相结合的预报体系。

中、长期天气预报 1982年开始制作中、长期天气预报,中期天气预报主要是制作3～5天预报,长期天气预报主要是3—10月期间的旬(月)预报、3—10月年景趋势预报、6—8月汛期预报、9—10月秋季预报。中期天气预报主要是天气过程预报,长期天气预报主要是气候趋势预报。技术方法初期以统计预报为主,随着计算机技术的发展,逐步转为以数值预报为主。

2. 气象服务

公众气象服务 1958年4月起,在县有线广播站设立了天气预报节目,播报气象信息,同时开展全县性以粮库晒粮、菜农户外定植为重点的春季公众公益气象服务,确保了晒粮任务的顺利完成,减少了菜农户外定植的损失。农业生产季节重点做好灾害性天气预报的广播。1997年配备了多媒体电视天气预报制作系统,与县广播电视局合作,将自制节目录像带送电视台播放。1997年,电视天气预报制作系统升级为非线性编辑。1998年模拟"121"天气预报自动答询电话投入使用,后升级为"12121"电话自动答询系统。

决策气象服务 每年3月初,及时向当地政府提供年度年景天气趋势预报,作为县领导安排全县农作物品种和种植面积的参考。另一种决策服务预报是突发性灾害性天气预报(如大到暴雨、初霜冻、冰雹等),及时向县委、县政府汇报,以便及时组织防灾减灾。

专业专项气象服务 1984年开展有偿气象服务,1985年10月1日,根据国务院办公厅《转发国家气象局关于气象部门开展有偿服务和综合经营的报告的通知》(国办发〔1985〕25号)文件精神,有偿服务工作逐步开展。利用传真、邮寄、警报系统、声讯、影视、手机短信等手段,面向各行业开展专业专项气象服务,每年签订有偿服务合同10余份。

人工影响天气 农安县的人工影响天气工作开展较早,1976年开始用"三七"高炮进行人工增雨作业。1994年正式开展人工防雹增雨工作,成立了农安县人工防雹增雨办公室,负责全县21个乡镇的人工防雹、人工增雨工作。共布设"三七"火炮6门,火箭炮15部。1994年以来,由县、乡政府和农民集资累计投入防雹增雨费用265万元,而1994年至2000年7月中,累计减少冰雹灾害损失近3.2亿元。

防雷工作 防雷减灾工作开始于1998年8月。2000年1月1日《中华人民共和国气象法》实施,明确了气象部门的雷电防护管理和检测等职责,气象部门开始将防雷减灾工作纳入正常业务范围。成立了农安县雷电防护管理办公室及农安县防雷检测中心,负责全县防雷检测工作的同时还负责全县企事业单位防雷设施的检测、检查工作及新建、扩建建筑物的防雷设计审核和竣工验收工作。1998—2008年,每年对全县各大企事业单位、机关、学校等高层建筑物的防雷设施进行安全检测、检查。对存在防雷安全隐患的单位限期整顿,杜绝了重大雷电灾害的发生。对年检合格的单位核发防雷检测报告。

风力发电 1985年,风能发电试验工作在农安县气象站进行,7月中旬安装了FD-1.5型100瓦和FD-4型2千瓦风力发电机。2008年,国家投资的风力发电设备在农安永安建成,农安县气象局负责资料调研和招商引资等工作。

法规建设与管理

气象法规建设 1997年,农安县政府办公室下发农府办《关于保护气象探测环境的函》,明确阐明气象探测的重要性,气象探测环境保护得到地方政府的重视,气象工作纳入县政府目标责任制考核体系。2008年,绘制了《农安县气象局观测环境保护规划图》,为气象观测环境保护提供重要依据。

1999年,农安县政府办公室下发《农安县人民政府办公室关于加强雷电防护管理工作的通知》(农府办明电〔1999〕1号)和《农安县人民政府办公室关于开展防雷设施检测工作的通知》(农府办〔1999〕20 号),以及《农安县人民政府办公室关于加强各类新建工程防雷设施设计施工规范化管理的通知》(农府办〔1999〕30 号)等有关文件,规范和加强了农安县雷电防护设施的管理,要求对各单位的防雷设施进行安全检测。2005 年起,每年 3 月和 6月开展气象法律法规和安全生产宣传教育活动

社会管理 2004 年 9 月,气象局入驻县政务大厅,设立审批窗口,承担气象行政审批职能,制定行政审批规章制度和流程图。对气象行政审批办事程序、气象服务内容、服务承诺、气象行政执法依据、服务收费依据及标准等采取通过政务大厅气象局窗口、发放宣传单、公示等方式向社会公开。负责全县企事业单位的防雷设施检测、检查工作及新建、扩建建筑物的防雷设计审核和竣工验收工作。

党建与精神文明建设

党建 1971 年以前只有 1 名党员,组织生活与县主管部门一起活动。1971 年增至 5人,成立了气象站第一个党支部,书记是军代表秦永高,副书记李裕樵(站长)。1972 年有党员 7 名,支部书记任子学。历届支部书记分别为任子学、李裕樵、董友、李成业、李军清、李占龙、李明哲。1980—1984 年,连续 4 年被评为县直机关先进党支部。目前,共有党员 4人,支部书记李明哲。

精神文明建设 农安县气象局在抓好业务工作的同时,不断强化领导班子建设。1978年 12 月,李裕樵同志代表全站出席了全国气象部门"双学"代表大会,受到党和国家领导人的接见。同年,农安县气象局被省革命委员会评为气象工作先进单位,荣获锦旗一面。2001 年开展文明机关创建活动。2004 年购置了大量书籍,设立了图书室,丰富职工的业余生活。2006 年开展学习"八荣八耻"活动,单位普及"十准"、"十不准"文明用语。2008 年以迎接北京奥运会为契机,组织奥运杯知识竞赛、拔河、羽毛球、乒乓球比赛等文体活动。元旦联欢把老同志请来,一是汇报工作,二是听取老同志意见,增进新老同志的团结。2003—2004 年度、2005—2006 年度、2007—2008 年度连续被市委、市政府命名为"文明单位"。

荣誉 1958—2008 年,农安县气象局共获集体荣誉 60 余项。2003—2004 年度,农安县气象局被省委、省政府授予"文明单位"称号。2005—2006 年度、2007—2008 年度连续被省委、省政府授予"文明单位"称号。

参政议政 1986—1996 年,谢殿才同志、许海峰同志为农安县第七、八届政协委员。2006 年至今,刘琼伟同志为农安县第十一届政协常委。

台站建设

农安县气象局原址是一栋平房,2001 年因县城城市规划,征得省、市气象局领导同意,迁移到目前的位置,气象观测环境有了保障。气象局现占地面积 8000 平方米,办公楼一栋513 平方米。设立了职工食堂,职工的工作、生活条件都得到改善。

2002 年至 2008 年,分期分批对院内的环境进行了绿化改造,栽种了树墙、果树,规划整修了观测场甬路,每年春季在甬路两侧栽种花草,院内种植蔬菜。院外大门两侧修建了

花坛,栽种了鲜花,美化了气象局院内外的环境。

1995 年的农安县气象局

2006 年的农安县气象局

双阳区气象局

长春市双阳区位于松辽平原东南部,吉林省的东部山地到中部平原的过渡地带。境跨东经 125°26′ 至 126°00′,北纬 43°16′ 至 43°56′。全区总面积 1677 平方千米,辖 8 个乡(镇、街)133 个行政村。人口 38 万。双阳属于中温带半湿润大陆性季风气候区,四季分明,春季干燥多风,夏季温热多雨,秋季秋高气爽,冬季寒冷漫长。由于雨热同季,光照充足,对发展农业生产十分有利。

机构历史沿革

历史沿革 长春市双阳区气象站,始建于 1958 年 12 月,当时称为双阳县水文气象中心站,1959 年 1 月 1 日开始正式观测记录,地址在双阳县双阳镇西岭"郊外",北纬 43°31′,东经 125°38′,观测场海拔高度为 230.1 米。1964 年 1 月 1 日,与水文站分开,站名更名为双阳县气候站。1965 年 1 月 1 日迁移站址,即北纬 43°30′,东经 125°39′,观测场海拔高度 234.3 米。1966 年 2 月更名为双阳县气象站。1988 年 1 月,双阳县气象站改制为双阳县气象局,局站合一。1995 年 8 月双阳县撤县设区,双阳县气象局更名为长春市双阳区气象局。2002 年 1 月 1 日,站址迁至现址,长春市双阳区云山街于家村二社,即北纬 43°33′,东经 125°38′,观测场海拔高度 219.5 米。2007 年之前为国家气象观测一般站,2007 年 1 月 1 日改为国家气象观测一级站,2008 年 12 月 31 日改为国家气象观测基本站。

管理体制 1959 年 1 月 1 日建立双阳县水文气象中心站,隶属于双阳县人民委员会,业务由长春市水文气象总站领导。1964 年 1 月直属吉林省气象局。1971 年改为双阳县革命委员会和双阳县人民武装部双重领导,以人民武装部为主。1973 年改由双阳县革命委员会领导,业务工作由上级气象部门领导。1980 年体制改革,实行气象部门和地方政府双重领导,以气象部门为主的管理体制,这种管理体制一直延续至今。

名称及主要负责人变更情况

名称	时间	负责人
双阳县水文气象中心站	1958.12—1961.11	谭　贵
	1961.11—1963.12	潘省三
双阳县气候站	1964.01—1966.01	潘省三
双阳县气象站	1966.02—1971.12	潘省三
	1972.01—1974.03	李青春
	1974.03—1974.10	刘展祥
	1974.10—1980.10	王升海
	1980.10—1984.02	马云兴
	1984.02—1988.01	邓文才
双阳县气象局	1988.01—1994.02	邓文才
	1994.02—1995.08	孙福元
长春市双阳区气象局	1995.08—1996.07	孙福元
	1996.07—2008.09	沈瑞武
	2008.09—	赵立民

人员状况　1959年建站初期,定编5人,其中站长1人,观测员4人。1970年人员增加至8人。1980年定编14人,实际人数13人。现在编制13人,实际在编12人,临时工作人员2人。现有在职职工14人中,大学本科学历4人,大专学历6人;高级专业技术人员1人,中级专业技术人员5人,初级专业技术人员6人;党员5人;50～60岁5人,40～49岁3人,40岁以下有6人。

气象业务与气象服务

1. 气象业务

①地面气象观测

观测项目　云、能见度、天气现象、气压、温度、湿度、降水、地温、积雪、蒸发、日照、冻土。

观测时次　从1959年1月1日开始,每天进行02、08、14、20时4次定时地面气象观测,夜间不守班。1966年3月1日改为08、14、20时3次定时观测,夜间不守班。1970年8月1日改为02、08、14、20时4次定时观测,夜间不守班。1971年6月30日改为4次观测,夜间守班。1973年4月1日改为4次观测,夜间不守班。1989年1月1日改为3次观测,夜间不守班。2007年1月1日由国家气象一般站升级为国家气象一级站,由3次观测改为02、05、08、11、14、17、20、23时8次定时观测,昼夜守班。

发报内容及时次　1959年3月至1984年12月31日向省气象台拍发小天气图报、降水量报;1964年1月1日至1991年12月向长春民航、吉林机场、空军东风、公主岭、二台子、蛟河机场、8369部队等拍发预约航危报;1982年至1983年每年6月1日至8月31日拍发强天气实验报;1984年4月1日至9月向省气象台拍发降水、大风、龙卷风、冰雹等重要天气报;1988年至2000年每年4月1日至9月30日每日08、14、20时向省气象台拍发小天气图报;2001年3月1日起改为全年每日3次拍发加密天气报;2005年10月开始每年4月1日至10月31日每日08时至16时向长春机场拍发固定航危报;2006年12月31日后停止拍发天气预报加密报,改发每日8次天气报;2008年5月31日20时起,除05时的24小时降水量组外,重要天气报的发报项目均为全年拍发,同时增加视程障碍现象和雷暴等发报项目。定时天气报的内容有云、能见度、天气现象、气压、气温、露点温度、风向风速、降水、雪深、地温、冻土、日照、蒸发等。

1985年以前,气象电报的编制和拍发,都是手工操作和通过当地的邮电部门,1985年1月1日起使用PC-1500型袖珍计算机取代了人工编报,提高了测报质量和工作效率。1988年使用甚高频无线电通讯设备拍发气象电报。2004年6月局域网建成,采用局域网自动编报传输气象电报。

气象记录报表 1959年1月起,编制基本地面气象观测记录月报表(气表-1)和年报表(气表-21),一直至今;1959年1月—1960年12月编制日照、日射记录月报表(气表-4)和冻土记录月报表(气表-7),以及相应的年报表(气表-24)、(气表-27);1959年5月—1960年2月编制气压自记记录月报表(气表-2);1959年8月—1960年2月编制温度、湿度自记记录月报表(气表-2)以及相应的年报表(气表-22);1959年6月—1979年12月编制降水自记记录月报表(气表-5)和年报表(气表-25);1973年3月—1979年12月编制风向、风速自记记录月报表(气表-6)和年报表(气表-26)。上述月报表(气表-2、4、5、6、7)均先后并入气表-1内,同时,相应的年报表(气表-22、24、25、26、27)也并入气表-21内。至此,从1980年起只编制气表-1(月报表)和气表-21(年报表)。气象记录月报表分别上报省气象局气候资料室、市气象局各1份,本站留底1份,年报表增加1份上报国家气象局。从1991年开始用微机打印气象报表,向上级气象部门报送磁盘。2006年1月起,通过网络向市气象局传输原始资料,停止报送纸质报表

自动气象站 2003年10月24日,DYYZ-Ⅱ自动气象站建成。2004年自动气象站平行观测第一年,使用地面观测新规范。2004年6月,局域网建成。2005年自动气象站平行观测第二年。2006年1月1日自动气象站正式投入业务,单轨运行。自动站观测项目包括温度、湿度、气压、风向、风速、降水、地温、草面温度等。全部采用仪器自动采集、记录,替代了人工观测。

区域自动气象站 2006年11月在山河、鹿乡、奢岭、双阳、二中、齐家建成两要素区域自动站5个,黑顶子建成四要素区域自动站1个;2007年7月又接管省人工影响天气办公室承建的石溪、大营、奢岭3个两要素区域自动站;2008年7月在新安、太平建成四要素区域自动站2个。

②农业气象

农业气象观测 农业气象工作是长春市双阳区气象局的基本气象业务之一,属于国家农业气象基本站,1989年农业气象观测发报站网调整中,列为国家一级农业气象观测发报站。观测的农作物为玉米和大豆,观测的品种为当地主推品种。在作物观测的同时,每年3月中旬至11月中旬,每隔10天进行一次土壤湿度测定,测定深度为100厘米,每10厘米

深取一个土样,共取 4 个重复。在玉米、大豆各发育普遍期,还要进行 50 厘米深土壤湿度测定,计算土壤含水率、土壤水分储存量、土壤有效含水量。1990 年以来,开展对垂柳、玫瑰、车前、蒲公英、家燕、蛙等动植物物候期的观测,积累物候观测资料。1993 年 7 月 7 日,农业气象观测执行新的规范。2007 年开始进行地下水位特种观测。

发报内容和时次 常年向中国气象局、省、市气象局拍发农业气象旬(月)报,主要内容包括:基本气象要素、农业气象要素、灾情、产量及地方补充等五段。

农业气象报表 农业气象观测记录的报表每年制作一次,分别上报国家气象局和省、市气象局。

③天气预报

短期天气预报 主要依据每天收集到的北京、日本东京、欧洲等地的各种传真图。另外,每天抄收省、市台气象趋势和预报意见,以及近省台的预报意见,结合县站的气象要素和历史资料,进行图面分析,筛选因子,建立各种预报模式(晴雨、大风、暴雨、寒潮等),预报员运用自己的经验与观测情况,进行综合分析判断,得出预报数据。

中期天气预报 20 世纪 80 年代初,通过传真接收中央气象台、省台的旬、月天气预报,再结合分析本地气象资料、短期天气形势、天气过程的周期变化等制作旬、月天气预报。

长期天气预报 主要运用数理统计方法和常规气象资料图表及天气谚语、韵律关系等方法,做出具有本地特点的补充订正预报。长期预报主要有春播预报、汛期预报、年度预报、秋季预报。

2. 气象服务

公众气象服务 建站初期,每天通过县广播站向公众提供天气预报和气象信息;1997年开始,通过当地电视台播出天气预报;2000 年购置了"12121"天气预报自动咨询电话设备,增加了公益服务的途径。

决策气象服务 为了及时、准确地为地方政府领导服务,每年 3 月初,报送年景预报和春播期大田播种期预报。3—9 月期间每旬、月做出趋势预报,按时上报。5 月上报汛期天气预报,在预报将有灾害性天气等重大天气发生率时,局主要领导亲自向有关领导汇报,为领导指导抗灾救灾提供气象依据。同时,定期和不定期地向区委、区政府有关领导、区抗旱防汛指挥部、各乡(镇、街)领导提供雨情、墒情、灾情,以及农业气象评价、气象分析、农事建议等气象信息。

专业专项气象服务 自 1985 年至 1999 年长期对农村十六个乡镇、十七个粮库、三个砖厂和四林场等企业,以及粮食局、农业局、保险公司以高频广播手段进行专业有偿服务。2000 年 5 月至 2007 年 12 月以"121"气象信息咨询系统为主要气象专业有偿服务手段,对农、林、水利、交通、金融、厂矿企业等部门进行有偿气象服务。

人工影响天气 长春市双阳区人工影响天气工作始于 20 世纪 70 年代,当时利用化肥和锯末子燃烧进行人工防霜,只是在农村小面积进行。20 世纪 80 年代起,吉林省人工影响天气办公室利用飞机在全省范围内进行增雨和防雹作业,双阳区气象局密切配合。2004年 3 月由省降雨办配备流动作业的增雨防雹车和火箭发射架等设备,2004 年 5 月 2 日,进行了一次人工增雨作业,效果显著,得到双阳区委、区政府领导的高度赞扬,双阳区电视台在新闻节目中连续 3 天报道。2009 年 7 月建成固定火箭防雹点 3 个,流动车载火箭防雹设备 1 套。

防雷减灾 为减少雷电灾害造成的损失,双阳区气象局于 1998 年开展防雷减灾工作。2000 年成立了长春市双阳区雷电防护管理办公室,下设防雷设施检测中心,对双阳区内的各大企事业、机关、学校等高层建筑物的防雷设施安全检测,通过检测,对不合格的单位提出整改意见,填写检测报告,并发年检证。2000 年以来,被检测单位达 158 个。2001 年开始对双阳区新建建筑物防雷设施的设计、施工和防雷专业工程的设计与施工进行审核和竣工检测验收。经过几年的防雷安全管理,双阳区内的雷击现象明显减少。

法规建设与管理

气象法规建设 长春市双阳区人民政府 1997 年下发了《关于保护气象探测环境的函》(长双府办函〔1997〕3 号),明确地阐明气象探测的重要性,使气象探测环境保护得到地方政府的重视。1998 年长春市双阳区人民政府办公室下发了《关于开展防雷设施安全检测工作的通知》(长双府办〔1998〕22 号),规范了防雷市场的管理,提高防雷工程的安全性,使防雷减灾工作走向正轨。2008 年成立了长春市双阳区气象局行政审批办公室,审批内容包括防雷装置设计审核和竣工验收、建设项目大气环境影响评价使用气象资料审查,以及升放无人驾驶自由气球或者系留气球活动的审批。

社会管理 根据《中华人民共和国气象法》的规定,气象观测场地的环境必须受到保护,为此探测环境已在区政府、区规划局、土地局、区建设局等单位备案,切实保护了观测环境。行政审批实行审批政务公开,制定了行政审批各种规章制度和流程图。

党建与精神文明建设

1. 党建工作

党支部组织建设 1972 年 1 月,双阳县气象站组建党支部,第一任支部书记是李青春,当时只有 3 名党员。支部重视组织发展工作,1987 年以来,先后发展了 5 名同志入党。现在长春市双阳区气象局共有党员 8 名,其中离退党员 3 名。历届支部书记分别是李青春、王升海、马云兴、陈良、邓文才、孙福元、沈瑞武、赵立民。

党风廉政建设 支部注重把党员的思想政治工作与业务工作紧密结合,从小事抓起,从日常工作做起,把发挥党员作用落实到每项日常工作中。认真落实党风廉政建设目标责任制,积极开展廉政教育和廉政文化建设活动,努力建设文明机关、和谐机关、廉洁机关。深入开展"为人民服务、树行业新风"示范窗口创建活动。1990 年邓文才同志被县直机关党委评为优秀党员,1994—1996 年、2001—2004 年王明学同志被区直机关党委评为"优秀党员"。

2. 精神文明建设

深入开展精神文明创建工作,做到政治学习有制度、文体活动有场所、职工生活丰富多彩。大力弘扬"艰苦创业、爱岗敬业、求实科学、团结协作、无私奉献"的气象人精神。近几年,改造了地面观测场,建设了综合业务值班平台,制作了局务公开展示板、学习园地、法制宣传栏等,各种业务规章制度上墙。建设了职工图书阅览室,购买了多种体育器材,活跃了职工的文化生活。实施环境美化,绿化和花园式台站的建设。提高了气象职工的生活质量,全力落实离退休职工的政治和生活待遇。

3.荣誉

1996 年被评为双阳区"精神文明先进单位";2002 年被评为长春市"文明单位";2006年被评为吉林省"精神文明先进单位"。1978 年张洪清被评为全省气象系统"先进工作者";1989 年王明学被省气象局授予"模范干部"称号;1993 年王明学被国家气象局授予"质量优秀测报员"称号;2001 年,邓晓艳、马丽洁 2 人被中国气象局授予质量"优秀测报员"称号。

参政议政 1984—1989 年,邓文才同志为双阳县第十、十一届人民代表大会代表、常委;1984—1992 年,张洪清同志为双阳县第五、六、七届政协委员;1993—1998 年,高有权同志为双阳县(区)第八、九届政协委员;2002—2008 年,邓晓艳同志为双阳区第二、三届政协委员。

台站建设

长春市双阳区气象局原址是一栋平房,1997 年经省气象局同意,新建了一栋高标准的办公、住宅综合楼。根据城市规划的需要,双阳区气象局观测站需要迁移,经省、市局的同意,于 2002 年迁站于现址办公和观测,观测环境得到了彻底改善。气象局现占地面积12510 平方米,办公楼一栋 567.65 平方米。2002 年到 2008 年,省气象局共投资 41 万元,双阳区气象局分期分批对院内的环境进行了绿化改造,规划整修了道路,在庭院内修建了花坛,栽种了多种果树和风景树,绿化率达到 40%,修建了一条长 60 米,宽 4.2 米的水泥混凝土道路,院内硬化 800 平方米,使气象局院内变成了风景秀丽的花园。2007 年被省气象局评为标准化气象台站达标单位。

1978 年站貌

双阳区气象局现貌

榆树市气象局

榆树市位于吉林省中北部,地处长春、吉林、哈尔滨三市构成的三角区中心,幅员 4722 平方千米,耕地 436 万亩。总人口 127 万, 24 个乡镇, 4 个市区街道办事处, 388 个行政村。榆树市是我国重要的商品粮基地县(市)之一。

机构历史沿革

历史沿革 1956 年 12 月,经吉林省气象局批准,在榆树县榆树镇西门外(郊外)建立榆树气候站,观测场位于北纬 44°49′,东经 126°31′,海拔高度 215.6 米。1958 年 3 月,榆树气候站改为吉林省榆树县农业气象试验站。1959 年根据吉林省气象局文件指示,体制下放,成立榆树水文气象总站。1966 年 4 月,榆树水文气象总站改名为吉林省榆树县气象站。1971 年 3 月更名为榆树县革命委员会气象站。1979 年 5 月,更名为吉林省榆树县气象站。1980 年,经吉林省气象局批准,站址迁到榆树镇西北郊外,观测场位于东经 126°32′,北纬 44°50′,海拔高度 204.0 米。同年成立长春市榆树农业气象试验站。1981 年管理体制上收,成立榆树县气象局,局站合一。1990 年 12 月 26 日榆树撤县设市,更名为榆树市气象局。2007 年 1 月 1 日迁址到科铁公路 395 千米 392 米处(道北),观测场位于北纬 44°51′,东经 126°31′,海拔高度 196.5 米。

管理体制 1956 年 12 月—1958 年 3 月,体制隶属吉林省气象局。1958 年 3 月—1963 年 8 月,体制下放到地方政府,隶属榆树县政府。1963 年 8 月—1970 年,体制上收,隶属吉林省气象局。1970 年体制下放到县革委会和县人武部,实行军政双重领导,以军队为主的管理体制。1973 年—1980 年 11 月转为县革委会管理,业务仍由部门管理。1980 年 11 月体制上收,改为部门和地方双重管理,由部门领导为主的管理体制,这种管理体制一直延续至今。

人员状况 1956 年建站时仅有职工 3 人。2007 年定编 11 人。现有职工 12 人,聘用 4 人。在职人员 16 人中,大学本科以上学历 5 人,大专学历 6 人,中专学历 1 人;高级技术职称 1 名,中级技术职称 6 名,初级技术职称 4 名。

名称及主要负责人变更情况

名称	时间	负责人
吉林省榆树县农业气象试验站	1958.11—1960.02	孙海庭
榆树县水文气象总站	1960.02—1966.04	陈 忠
吉林省榆树县气象站	1966.04—1970.05	刘树礼
吉林省榆树县气象站	1970.05—1971.03	程广富
榆树县革命委员会气象站	1971.03—1974.01	程广富
榆树县革命委员会气象站	1974.01—1979.05	李亚彬
吉林省榆树县气象站(与农试站合署)	1979.05—1980.12	李亚彬
榆树县气象局	1981.01—1991.10	赵凤阁

名称	时间	负责人
榆树市气象局	1991.11—1992.05	张铁林
榆树市气象局	1992.06—1998.04	王润峰
榆树市气象局	1998.04—	徐学军

气象业务与气象服务

1. 气象业务

①地面气象观测

观测内容 地面观测业务自 1956 年 12 月 1 日始,观测项目有云、能见度、天气现象、气压、气温、湿度、风向风速、降水、雪深、日照、蒸发、地温、冻土等。

观测时次 1956 年 2 月 1 日—1960 年 6 月 31 日,每天进行 01、07、13、19 时 4 次观测,日界为 19 时。1960 年 7 月 1 日—1988 年 12 月 31 日,每天进行 02、08、14、20 时 4 次观测,日界为 20 时。1989 年 1 月 1 日后改为 08、14、20 时 3 次观测。夜间不守班。

发报内容及时次 1957 年 1 月 1 日—1989 年期间承担拍发航危天气报的任务,使用单位较多,变更频繁,曾先后向长春、沈阳、拉林、蛟河等机场拍发预约航危报。1958 年 6 月起,向省、市气象台拍发雨量加报、雨量实况报。1984 年 4 月 1 日—9 月向省台拍发降水、大风、龙卷、冰雹等重要天气报。1988—2000 年,每年的 4 月 1 日—9 月 30 日,在 08、14、20 时 3 次定时观测后向省气象台拍发小天气图报。2000 年后拍发绘图天气报。定时天气报的内容有云、能见度、天气现象、气压、气温、露点温度、风向风速、降水、雪深、地温、冻土、日照、蒸发等。2008 年 5 月 31 日 20 时起,除 05 时的 24 小时降水量组外,重要天气报的项目均为全年拍发,同时增加视程障碍现象和雷暴等发报项目。

气象报表 1956 年 12 月 1 日至今,每月编制月报表,包括基本地面气象观测记录月报表(气表-1)、温度、湿度自记记录月报表(气表-2)(该报表自 1965 年 12 月停报)、气压自记记录月报表(气表-2)(该报表自 1960 年 3 月停报)。1957 年 5 月—1980 年 1 月,编制降水自记记录月报表(气表-5)。1973 年 4 月—1980 年 1 月编制风向风速自记记录月报表(气表-6)。每年年初,编制上年度相应的年报表气表-21、22、25、26,其中气表-22、气表-25、气表-26 也随气表-2、气表-5、气表-6 的停止编制而停止。1980 年后,只编制气表-1(月报表)和气表-21(年报表),分别向省局、市局各报送 1 份,单位留存 1 份,其中年报表加报国家局 1 份。1991 年开始利用微机编制月报表和年报表。2006 年 1 月起,通过网络向市局传输原始资料,停止报送纸质报表。

自动气象站 2004 年 1 月 1 日—2005 年 12 月 31 日,DYYZ II 型自动站建成并开始试运行。自动气象站观测的项目有气压、气温、湿度、风向风速、降水、地温、草温等,全部采用仪器自动采集、记录。2006 年 1 月 1 日,自动气象站正式投入业务运行。

区域自动气象站 2006—2008 年由气象部门和地方政府共同投资,分 3 批在八号、青山、闵家、土桥、保寿、向阳、恩育、怀家、城发等 9 个乡镇安装了温度、降水两要素中尺度加密气象站;在五棵树、秀水、黑林、新立、新庄、育民、先锋、向阳、太安、弓棚等 10 个乡镇安装了温度、降水、风向、风速四要素中尺度加密气象站。自动站每分钟采集一次探测数据,通过无线通讯网络将数据上传到省局和国家局。

②农业气象

农业气象观测　1957 年开始进行农业气象观测,1985 年国家进行站网调整,属国家级农业气象基本站,1989 年列为国家一级农业气象观测发报站,二级农业气象试验站。曾开展的生育状况观测的农作物有大豆、高粱、谷子、玉米等,现在观测的作物是玉米、大豆。物候观测的木本植物有榆树、杨树、旱柳,草本植物有车前、蒲公英,动物有家燕、蛙等。土壤湿度测定分固定地段、作物地段、普查地段 3 种,测定深度在 0～100 厘米之间,因地段、时间和上级业务部门要求而异。

2007 年 1 月开始进行生态物候项目观测,除了原有的酸雨观测、土壤水分观测、自然物候观测外,增加了地下水位监测、土壤风蚀、大气干尘降观测,并按新的技术规定执行。

发报内容及时间　常年拍发农业气象旬报,内容主要包括基本气象要素、农业气象要素、灾害和地方补充四段,向北京、沈阳、哈尔滨、长春等气象台发报,现在主要向省台发报。3—5 月期间向省台编发农业气象候报,2—10 月期间向省台编发土壤湿度加测报。

农业气象报表　每年编制 1 次,主要有农气表-1、农气表-2、农气表-3,均一式 3 份,上报省局、市局各 1 份,本局留存 1 份。

农业气象试验与研究　1979 年,根据吉林省编制委员会〔1979〕161 号文件成立长春市榆树农业气象试验站,当年主要进行了征地、购置仪器等筹备工作。1982 年起开始农业气象试验工作,同气象局合署办公。成立试验站以来,围绕当地农业生产需求,围绕玉米、大豆、谷子、高粱、马铃薯、陆稻、蔬菜等作物开展田间试验,并进行分析总结玉米适时早播等农业气象指标在生产中得到推广应用。1982 年完成榆树县农业气候资源和农业气候区划报告。1984 年,《玉米适时早种的气象指标探讨》文章在《吉林气象》上刊登。1986 年,张铁林主持完成的《长春地区风能资源分析及风能发电试验初探》论文,获东北四省区首届农村新能源学术交流会优秀论文二等奖。1988 年,《玉米高产、稳产栽培适用技术》一文被编入《气象科技应用技术选编》。张铁林主持的《烤烟栽培实用技术》项目获长春市政府科技推广竞赛项目一等奖;2007—2008 年和省气象台合作,开展东北玉米低温冷害监测技术研究,《温度对玉米生长发育和产量的影响》一文在生态学杂志 2009 年第 2 期上发表。

③天气预报

短期天气预报　1958—1967 年制作单站补充天气预报方法,以收听省市气象台天气形势预报为主,结合本地天气实况和老农看天经验。1968—1969 年因"文革"被迫停止。1970 年恢复预报业务,开始学习和运用统计预报方法,1974 年组建预报组,1981 年配备117 型传真机,1984 年改为 123 型收片机,接收北京、日本传真广播。1982 年起开始使用模式(MOS)预报方法,建立了暴雨、大风、霜冻等专家系统预报方程。1999 年,气象卫星预报产品单收站设备投入使用,利用 Micaps1.0 调用预报用各种资料,可随时接收上级气象部门发布的高空、地面天气形势和预报指导产品,提高了天气预报的水平。2004 年 5 月,启用 Micaps2.0 作预报。2008 年 10 月,启用 Micaps3.0 与 Micaps2.0 并行使用。2006 年起,通过网络接收新一代天气雷达灾害天气预警信息,同年开始灾情直报软件的应用。全省统一安装可视会商系统,在汛期全区进行预报会商。

中期天气预报 20世纪80年代后,通过传真接收中央气象台、省气象台的旬、月天气趋势预报,再结合本地气象资料、短期天气形势及天气过程的周期演变等制作旬天气过程趋势预报。

长期天气预报 长期天气预报在20世纪70年代中期开始起步。20世纪80年代,为适应预报工作发展需要,省、市气象局组织力量,多次会战,运用气象资料图表及天气谚语、韵律关系等数理统计方法,建立一整套长期天气预报的特征指标和方法,在省、市气象台长期天气预报的基础上,做出具有本地特点的补充订正预报,这套预报方法一直沿用至今。长期预报主要有春季(3—5月)预报、汛期(6—8月)预报、秋季(9—10月)预报、年度预报。

2. 气象服务

榆树地处松辽平原中部,属大陆性季风气候,适合发展农业,是全国重要商品粮基地之一。据历史记载,灾害天气频发,主要有旱、涝、大风、冰雹、低温冷害、寒潮与霜冻等。榆树市气象局坚持把气象服务作为工作重点,把公众气象服务、决策气象服务、专业气象服务融入到当地经济社会发展和人民群众生产生活。

公众气象服务 1985年之前主要是为城乡居民生活以及国民经济各部门日常组织生产提供常规、定时服务,以短期天气预报为主。1959年起榆树县广播站每天定时播出榆树天气预报。根据各单位安排生产的需要,以书面形式发布旬、月、季、年天气预报。1997年由市政府投资购置了电视天气预报节目制作设备,10月在榆树电视台正式开播。2000年气象局购买了"12121"天气预报电话自动答询设备,5月投入运行,开辟9个信箱,以满足用户对天气预报的需求。

决策气象服务 为了及时、准确地为地方政府领导指挥生产服务,气象局每年把春播服务和汛期服务作为重点工作来抓。为一次播好种,一次拿全苗和汛期安全渡汛,气象局及时为领导提供天气预报,提出措施建议,供领导安排生产参考。每年3月初,发布年景预报和春播期大田播种期预报。春播时期,农业气象人员定期下乡测定不同地块的土壤墒情并进行旱情分析,为市领导指挥春播生产提供依据。每年汛期,及时为市政府领导和防汛等部门提供雨情,为安全渡汛提供决策依据。2007年开始通过移动通信短信平台,以手机短信方式向全市各级领导发送灾害天气预警信号,提高了气象灾害预警信号的发布时效。

专业专项气象服务 1984年开始起步,到1985年两年共签订服务合同69份。1986年开始,设专人从事专业气象服务工作,购置了甚高频警报发射机,为用户安装了气象警报接收机。1986—1987年,两年内与用户签订服务合同78份,收费1.5万元。1988—1989年,安装了48米高的通讯铁塔,为用户共安装了132台气象警报接收机,每天定时为用户广播天气预报等服务内容,服务用户遍及工业、农业、消防、交通、粮食和红砖生产等行业,收费6.5万元。

人工影响天气 1998年,成立榆树市人工影响天气办公室,办公室设在气象局。至2006年,全市形成由16门"三七"高炮、8门火箭组成的防雹减灾作业网络。设备、人员、经费由所在乡镇负责,气象局负责日常管理和作业指挥。每当出现干旱天气时,气象局都利用火箭和高炮配合省里增雨飞机开展作业。2007年6月以来,榆树出现了历史上罕见的干旱灾害,降水量之少,土壤含水量之低是1956年有气象记录以来的极值。2008年4月20日,70%的农田还在等雨种地,干旱形势极其严重。气象局抓住4月22日和5月2日两次降雨过程的有利时机,组织8部增雨火箭实施人工增雨作业,为全市解除旱情、及时播种做出贡献。榆树市委、市政府为榆树市气象局发了嘉奖令,奖励市气象局人民币8万元。

雷电防护 1998年开始进行防雷减灾工作。2000年以来,每年对粮食、加油站、高层建筑、通讯基站等100多个单位的防雷设施进行检测,对不合格单位提出整改意见。2003年,新建建筑物的防雷装置设计审核和竣工验收等行政许可审批纳入榆树市政务大厅,开始对新、改、扩建建筑物防雷设施进行图纸审核和跟踪检测,到2008年年底共跟踪检测、验收88个建筑项目。对全市120栋中小学校的彩钢瓦屋面、学生教室和办公室安装了防直击雷设施。

气象科普宣传 每年的"3·23"世界气象日,利用电视、横幅、宣传材料等方式进行防雷、防雹等气象知识宣传。在"12·4"普法宣传日,进行气象法等法律法规宣传普及工作。2007年印发《了解气候,应用气候》气象日宣传材料5000份。

法规建设和管理

气象法规建设 2000年《中华人民共和国气象法》的实施,明确了气象部门对雷电防护的管理和检测职责,开始将防雷工作纳入正常业务范围。1999年,榆树市人民政府办公室下发《关于加强雷电防护管理工作的通知》(榆政办〔1999〕10号),成立榆树市雷电防护管理领导小组,办公室设在气象局。将新改(扩)建项目的防雷审批纳入市政府政务大厅,气象局下设避雷检测中心。2005年4月,为保护气象探测环境,绘制了《榆树市气象观测环境保护控制图》,将保护气象探测环境的有关资料送到市政府和城建局等部门进行备案,为气象观测环境保护提供重要依据,现站址探测环境保持良好。2008年9月榆树市政府印发《榆树市气象灾害应急预案》(榆政办〔2008〕42号)。2008年完成《探测环境保护专业规划》编制。

2001年6月5日,榆树市政府办公室下发《关于做好人工防雹工作的通知》(榆政办〔2001〕19号),气象局开始对全市的人工影响天气工作实施管理。

政务管理 榆树气象局对气象行政审批办事程序、气象服务内容、服务承诺、气象行政执法依据、服务收费依据及标准等,采取通过室内公示栏等方式向社会公开。干部任用、财务收支、目标考核、基础设施建设、工程招投标等内容则采取职工大会或在局公示栏张榜等方式向职工公开。财务每季度公示1次,年底对全年收支、职工奖金福利发放、住房公积金等向职工详细说明。干部任用、职工晋职、晋级等及时向职工公示或说明。

规章制度建设 1988年开始,气象局每年制定百分管理办法,对单位各项工作进行目标管理。1998年后,每年制定下发工作目标、日常工作管理和奖惩办法,对日常工作情况进行考核,在月底和季度末进行分析总结,布置下一步工作。坚持用精细化制度来规范和管理各项工作,制订《榆树市气象局加强机关精细化管理若干规定》,规范了气象业务、服务、依法行政、精神文明建设、党建和后勤等工作,具体工作落实到岗,分工到人,任务与奖金补贴挂钩。

党建与精神文明建设

党建工作 建站初期站内没有党员。1958 年体制下放到地方后,由当地主管部门调派党员来站工作,1958—1969 年先后参加林业局党支部和良种场党支部。1970 年—1971 年 4 月,气象站和榆树县体育委员会同编为一个党支部。1971 年 5 月成立了气象站第一个党支部,程广富任书记。1974 年 1 月—1980 年 12 月、1981 年 1 月—1991 年 10 月、1991 年 11 月—1998 年 3 月、1998 年 4 月—2008 年 12 月,先后由李亚彬、赵凤阁、王润峰、徐学军任党支部书记。现有党员 5 人。1988 年以来,党支部先后 6 次被榆树市直属机关党委评为先进党支部。2001 年被榆树市委评为先进党支部,同年被长春市委评为先进基层党组织,2003 年被榆树市委评为先进党支部。

精神文明建设 根据气象部门的特点,每年把 4、5 月份定为学习月,学习内容包括气象专业知识、各级工作要点、工作规划、计算机业务、气象法规、国际形势等方面的知识。每年汛期结束后,组织职工到省内外比较好的县(市)局进行参观学习,对照找差距,弥补不足。2006 年开始和镇赉县气象局开展结对共建活动。2007 年开始和黑龙江省五常市气象局结对,围绕业务交流、气象文化等内容开展共建活动。每年都把 9 月份定为活动月,开展气象文化建设,开展专题活动,有时把职工家属请来,举行运动会或联欢会,对家属支持和理解气象工作表示感谢。重要节日,活动室成了职工载歌载舞的场所,上演的是自编自演的节目,说的是单位的事,赞扬的是熟知的人,外来团队也联欢其中。每年"七一"和"元旦",把退休老同志请来,向他们汇报工作,听取他们的意见

荣誉 1958 年被中央气象局授予"全国建设社会主义先进单位";2000—2001 年度、2002—2003 年度被吉林省人民政府授予"精神文明建设先进单位";2002 年被吉林省文明办命名为"行业规范化服务示范点";2005 年被中央精神文明建设指导委员会授予"全国精神文明建设工作先进单位";2006 年被人事部、中国气象局授予"全国气象工作先进集体";同年被中国气象局授予"全国气象部门局务公开先进单位";2008 年被中国气象局授予"全国气象部门局务公开示范单位"。8 人次被国家气象局授予"全国质量优秀测报员"称号;25 人次受长春市政府和省气象局以上部门奖励。

参政议政 1984—1989 年,张铁林同志为榆树县第十届人大代表。1997 至今,张铁林同志为榆树市第九届、十届、十一届政协委员。

台站建设

基本建设 榆树气象局现址占地面积 4.9 万平方米,办公楼及附属用房 1260 平方米,办公楼三层,其外墙正面用蘑菇石和塑铝板装修,楼顶造型,采取现代工艺防寒。供暖、供水、供电、车库、通讯等设施完备,单独设立图书室、活动室、卫生间、食堂、业务平台及值班休息室,并进行了装修。近两年逐年增设和更换了计算机、电视机、电视天气预报制作设备、小型天气雷达、人工影响天气通讯设施、空调、发电机等办公设施,现代化设备比较齐全,现有工作用车 3 台。前后庭院硬化面积 740 平方米,修筑围墙 1020 延长米。2007 年春开始实施美化绿化工程,绿化面积达到 5000 平方米。健身场地、甬路、花池、鱼池应有尽

有。2005年被省气象局评为"标准化台站"达标单位。

基本建设投资 1986年以来,榆树局围绕台站基础设施建设争取国家投资98.3万元,地方投资71万,自筹22.68万,合计投资191.98万元。

基本建设投资情况

年份	项目	投资部门	投资金额(万元)
1986	职工住宅	部门投资	6
1988—1992	修缮庭院办公设施	自筹资金	3.48
1993	职工住宅	部门投资	11.5
1994—1995	购买办公用车和办公楼地面改造	自筹资金	4.2
1997	天气预报制作设备	地方投资	21
1998	办公设施改造和维修	部门投资	4
2001	供电设施改造	部门投资	3
2003	道路改造	部门投资	8
2004	修建围墙和办公楼屋面防水	部门投资	16
2006	新址办公楼建设	部门投资	49.8
2006—2008	吉林省中尺度加密自动站建设	地方投资	20
2007—2008	单位标准台站建设	自筹资金	15
2008	小型天气雷达	地方投资	30

建于1980年的榆树市气象局办公楼

榆树市气象局新办公楼

九台市气象局

1670年,清政府为保护满族在东北的发祥地,实行封禁政策,修筑柳条边墙,沿边墙走向设置了许多边台,九台因位于从北数第九个边台而得名。九台市地处松辽平原向中部丘陵过渡地带,共有15个乡镇,3个办事处,310个行政村,人口85万,面积3100平方千米,耕地面积16万公顷。九台市属于长春市所辖的县级市,位于东经125°48′~126°30′,北纬

43°51′～44°32′,1932 年设治建县,1988 年 8 月 1 日撤县设市。

机构历史沿革

历史沿革 抗日时期,日本帝国主义出于军事和经济侵略的需要,于 1936 年至 1942 年期间,在九台、土门岭两地设立气象观测所。1954 年在九台县营城子镇建立营城煤矿气候站,后改为九台气候站,并于 1956 年 12 月停止观测。1957 年 7 月在九台县西北重建九台县气候站,1957 年 11 月 1 日正式开始工作。1988 年 2 月更名为九台县气象局,1988 年 8 月 1 日由于九台县撤县设市,更名为吉林省九台市气象局,局站合一,一个机构,两块牌子。地理位置为北纬 44°10′,东经 125°48′,属国家一般站。

管理体制 1957 至 1958 年由地方政府直接领导,气象业务由部门管理。1959 年 1 月,九台县气象站和县水文站合并办公,隶属于九台县人民委员会建制,由水利局代管,站名为九台县水文气象中心站,业务指导为长春市水文气象总站。1963 年 8 月,气象部门管理体制上收,隶属吉林省气象局领导,党团组织归地方领导,参加水利局支部活动,站名为九台县气候站。1966 年 4 月 1 日站名改为吉林省九台县气象站。1969 年 7 月与水文站合并办公。1971 年气象部门管理体制下放,九台县气象站由县人民武装部和县革命委员会双重领导,以军队领导为主,站名为九台县革命委员会气象站。1973 年气象管理体制由军政双重领导改为县革命委员会建制,由县农业局代管。1978 年由县革命委员会办公室领导,按局级待遇。1980 年气象部门管理体制上收,改为部门和地方政府双重领导,以部门领导为主的管理体制,这种体制一直延续至今。

人员状况 1957 年建站,当时只有 2 人。现有在职职工 17 人,其中在编 13 人,聘用 4 人;大学学历 6 人,大专 2 人,中专 2 人;工程师 2 人,助理工程师 5 人;50～55 岁 3 人,40～49 岁 4 人,40 岁以下 9 人。

名称及主要负责人变更情况

名称	时间	负责人
九台县气候站	1957—1959	刘永昌
九台县水文气象中心站	1959.01—1959.11	侯兴武
九台县水文气象中心站	1960.09—1965.12	邸风午
九台县气象站	1965.12—1970.01	袁立刚
九台县气象站	1970.02—1971.06	朴鲁述
九台县革命委员会气象站	1971.07—1973.11	王效民
九台县革命委员会气象站	1973.11—1974.09	朴鲁述
九台县革命委员会气象站	1974.09—1976.11	李井胜
九台县革命委员会气象站	1976.11—1978.03	赵国才
九台县气象站	1978.04—1979.12	杨绍君
九台县气象站	1980.01—1984.01	李开胜
九台县气象站	1984.01—1988.02	高卫东
九台市气象局	1988.03—1991.09	高卫东
九台市气象局	1991.10—2005.10	张波
九台市气象局	2005.10—	赵秉霖

气象业务与气象服务

1. 气象业务

①地面气象观测

观测时次 1957 年 11 月 1 日—1960 年 6 月期间,每日进行 01、07、13、19 时 4 次观测,夜间不守班。1960 年 7 月—1988 年 12 月,每天 02、08、14、20 时 4 次观测,夜间不守班,1989 年 1 月至现在为每日 08、14、20 时 3 次观测,夜间不守班。

观测项目 云、能见度、天气现象、气压、气温、湿度、风向风速、降水、雪深、日照、蒸发、地温等,

发报内容及时次 1957 年 11 月至今,分别向吉林、长春、拉林、蛟河等单位预约拍发航空报。1984 年 12 月 31 日之前通过邮局向省、市气象台拍发小天气图报、降水报、重要天气报。1985 年安装甚高频电话,通过甚高频电话向省、市台发送小天气图报。当出现危险天气时,5 分钟内向所有需要航空报的单位拍发危险天气报,内容有暴雨、大风、雷暴、冰雹等。2005 年 4 月 16 日起,每天 08:30—9:00 进行日照及蒸发量实况的传送。

气象记录报表 1957 年 11 月起编制和报送气象记录报表,包括基本地面气象记录月报表(气表-1)、气压、温度、湿度自记记录月报表(气表-2)、降水量自记记录月报表(气表-5)、风向风速自记记录月报表(气表-6),以及相应的年报表,包括气表-21、气表-22、气表-25。1960 年 3 月起,气表-2 并入气表-1,相应的年报表也并入气表-21。1980 年 11 月起,气表-5 和气表-6 并入气表-1,相应的年报表也并入气表-21。至此,从 1980 年起只编制气表-1 和气表-21。月报表分别向省、市气象局报送 1 份,单位留存 1 份;年报表除报送省、市气象局外,加报国家气象局 1 份。1985 年 1 月开始使用微机编制报表。2006 年 1 月通过网络向市局传输原始资料,停止报送纸质报表。

自动气象站 2006 年 1 月九台市气象局自动气象站试运行,2008 年 1 月 1 日正式开始投入业务。

区域自动气象站 2006 年乡镇自动气象站陆续建设,九台市政府分两次共投入 24 万元,分 3 期,共建 14 个区域自动气象站。一期有兴隆、石头口门、其塔木、卡伦、城子街,二期有上河湾、春阳、二道沟、沐石河,三期有高家窝棚、卢家、莽卡、西营城、波泥河。其中六要素站 2 个,四要素站 5 个,两要素站 7 个。省降雨办筹建的 3 个两要素自动气象站由九台市气象局代管。

②农业气象

农业气象观测 1957 年开始农业气象观测工作。观测项目主要有作物发育期、土壤湿度。1988 年开始成为吉林省省级农业气象台基本站,继续观测作物发育期、自然物候和土壤水分。土壤水分观测包括固定地段土壤水分观测,观测时间为每年 2 月 28 日至土壤冻结;辅助地段土壤水分观测,观测时间为每年 2 月 28 日至 5 月 31 日;土壤湿度加测地段土壤水分观测,观测时间为每年 2 月 28 日至土壤冻结。2006 年增加了生态与农业气象观测,观测项目有地下水位,自然物候。水稻观测项目包括各发育期观测、生长状况测定、产量结构分析、农业气象灾害、病虫害的观测和调查、主要田间工作记载。自然物候观测包括

木本植物旱柳、紫丁香、杏,草本植物车前子、蒲公英,以及动物家燕、白蝴蝶。

发报内容和时次 常年拍发农业气象旬(月)报,内容主要包括基本气象要素、农业气象要素、气象灾害及地方补充四段。3—5月期间向省气象台编发农业气象候报。2—10月期间向省气象台编发土壤湿度加测报。

农业气象报表 农业气象报表有农气表-1、农气表-21和农气表-3各一式4份,分别报送国家气象局、省气象局、市气象局和本局留底1份。

③天气预报

短期天气预报 九台县天气预报开始于1958年,做单站补充天气预报,主要以收听省、市气象台天气形势预报,结合本站资料图表和群众经验制作天气预报。1972年以后,逐步开展数理统计预报、MOS预报、专家系统等技术方法。1982年配备了117型气象传真机,直接接收北京和日本的传真资料。1995年9月配备了终端设备,直接调用省气象局的卫星云图和传真图。1998年10月建立并使用气象卫星综合应用业务系统,实现气象信息的中高速网络化传输和气象信息的共享。1999年建成地面卫星单收站,并投入预报业务。2006年由省气象局统一安装了省、市、县可视会商系统。天气预报业务初步形成了运用上级气象台的数值预报产品、本站的MOS预报和专家系统预报方法,以及卫星云图、天气雷达等综合技术系统。

中、长期天气预报 1985年,通过传真机接收中央气象台、省气象台的旬、月天气预报,再结合分析本地气象资料、天气过程的同期性变化等制作3~5天和旬的中期天气过程预报。长期预报主要有:春季气候预测(3—5月),夏季气候预测(6—8月)、秋季气候预测(9—10月)、冬季气候预测(11—2月),以及年景气候趋势预测(3—10月)。长期气候趋势预报主要运用数理统计方法和上级气象台的数值预报产品和常规气象资料图表等技术方法。

2. 气象服务

公众气象服务 1985年之前主要通过广播电台和邮寄旬报的方式发布气象信息。1985年建立了气象警报系统,面向有关粮库、土矿、砖厂等企业每天早、中、晚3次播出天气预报、警报信息。1996年10月配备了多媒体电视天气预报制作系统,九台市气象局与九台市广播电视局合作,在电视台播放九台市气象台制作的天气预报节目。1998年模拟"121"投入使用。2000年改为数字"12121"自动答询系统。为了有效应对突发气象灾害,提高气象预警信号发布速度,避免和减轻气象灾害造成的损失,九台市气象局与九台市应急办、九台市广播电视局共同商定,在电视台、广播电台适时加播重大气象信息,提高防御气象灾害的能力。在服务内容中增加了火险等级预报、人体舒适度预报、紫外线指数预报、空气污染气象条件预报、穿衣指数预报等。

决策气象服务 1985年以前通过电话或邮寄方式向市委、市政府提供决策气象服务,1985年以后逐步开展《重大天气报告》、《春季干旱预测》、《汛期5—9月天气形势分析》等决策服务产品。2006年7月,为了更及时准确地为市、乡镇领导服务,通过移动、联通网络开通了气象短信平台,以手机短信方式向全市各级领导发送气象信息,传递重大转折性、灾害性气象信息,通过政府网向各有关单位发送旬、月报,以及各种气象预警信息。

专业专项服务 1985 年 3 月,遵照国务院办公厅《转发国家气象局关于气象部门开展有偿服务和综合经营的报告的通知》(国办发〔1985〕25 号)文件精神,专业有偿服务开始起步,为全市各乡镇、农业站提供句、月、季预报,主要以邮寄方式,通过天气预警系统为各粮库、土矿、砖厂等企业提供有针对性的天气预报,以后又通过手机短信平台、网络等先进科技手段将气象信息发送到服务单位手中。

人工影响天气 2005 年 4 月九台市人工影响天气办公室成立,挂靠九台市气象局。配备人工增雨车一辆,人工增雨发射装置一套。2008 年起,人工影响天气的实施,由长春市气象局统一调度。

防雷减灾 1998 年开展防雷减灾工作,成立九台市避雷设施检测中心,由一位副局长牵头,全员参加。将防雷工程从设计、施工到竣工验收全部纳入气象管理范畴。2000 年逐步开展建筑物防雷装置工程图纸审核、设计、竣工验收、计算机信息系统等防雷安全检查。2003 年九台市气象局被列为市安全委员会成员,负责对炸药库等高危行业的防雷设施进行检查,对不符合规定的单位和个人进行整改,为全市各粮库、国税局、政务大厅、加油站、银行等部门设计防雷工程,还定期对液化气站、加油站、鞭炮库等进行防雷检查。

法规建设与管理

气象法规建设 2000 年以来,九台市气象局认真贯彻《中华人民共和国气象法》、《吉林省气象条例》等法规,2000 年起,每逢"世界气象日"都开展气象法律法规和安全生产的宣传活动。2005 年 10 月成立气象行政执法大队,2006—2008 年气象执法十余次。2006 年 8 月,九台市气象局与九台市安全监督管理局联合下发《关于加强施放氢气球活动的管理办法》,由于九台市境内有龙嘉国际机场,因此九台市气象局重点加强氢气球的管理,对无证施放、不经审批释放的两家庆典公司进行了处罚,有效地遏制了九台市氢气球管理市场混乱的局面,保障了飞行安全。2007 年,一家建筑公司在九台市气象局观测场西南盖一栋民用住宅楼,由于高度过高,影响日照观测的准确性,九台市气象局在长春市气象局执法大队的配合下,依据《中华人民共和国气象法》中的保护大气探测环境的法规,进行了干预,最后开发商将原计划六层楼改为四层楼。2008 年 4 月九台市气象局执法大队会同长春市气象局执法大队到龙嘉矿业行政执法,因为其新建办公楼的避雷设施工程用的是无资质的单位验收,对无资质单位进行了处罚,使得防雷设施验收市场得到规范。

社会管理 2003 年九台市气象局进入九台市政府行政大厅,承担气象行政审批职能,规范天气预报发布和传播,加强氢气球施放管理。对气象行政审批办事程序,气象服务内容、服务承诺、气象行政执法依据、服务收费依据及标准等内容向社会公示,2004 年九台市政府印发《九台市灾害天气预警信号发布试行规定的通知》。2005 年出台了《九台市突发公共事件应急救援体系》。2006 年发布了《九台市气象灾害应急预案》,纳入市政府公共事件应急体系。2005 至 2008 年期间,市政府先后成立了气象灾害应急、防雷减灾工作、人工影响天气三个领导小组,在气象局设立办公室,负责日常管理工作。

党建与精神文明建设

1. 党建工作

党支部组织建设 1959年1月,为加强气象站的领导,组织上派一名党员负责气象站工作,1963年派两名党员任正副站长,组织关系归县水利局支部。1971年气象局体制改为军政双重领导,党员人数达5人,成立气象站第一届党支部。近几年来,对要求进步的积极分子,党支部进行了重点培养,先后发展了3名新党员。

历届党支部书记变更情况

时间	姓名
1971—1974.08	洪秉善、王效民
1974.09—1976.10	李井胜
1976.11—1978.02	赵国才
1978.03—1980	杨绍君
1980—1985	李井胜
1985—1991.10	高卫东
1991.10—2003.10	程国君
2003.10—2005.09	张 波
2005.09—	赵秉霖

党风廉政建设 认真落实党风廉政建设目标责任制,努力建设文明机关和谐机关,开展以"权为民所用,情系民生,勤政廉政"为主题的廉政教育,组织全体党员深入学习实践科学发展观。财务收支、目标考核、基础设施建设、工程招标等都采取职工大会或局公示栏等方式,向职工公开。财务账目每半年公布一次,年底对全年收支、职工奖金、福利发放、领导干部待遇、劳保、住房公积金缴纳等情况向职工详细说明。财务账目,并将结果向职工公布。

精神文明建设 深入开展创建文明单位的活动,做到政治学习有制度、业务学习有笔记、文体活动有场所,职工生活丰富多彩。2006年4月,站内进行了植树、绿化,种植了果园、菜园,美化了环境;改造了观测场,装修了值班室和业务大厅。文化活动得到了加强,乒乓球活动室、图书室成了职工业余活动的阵地,经常组织各种文体比赛,每逢元旦组织文艺汇演,丰富职工的业余生活。2001年至今,九台市气象局连续8年被长春市政府授予"精神文明单位"称号。

荣誉 从1978—2008年,九台市气象局共获得集体荣誉24项。其中2001年至今连续8年被长春市政府授予"精神文明单位"称号。1978年韩玉芬同志出席全国气象部门"双学"代表会议,受到党和国家领导人的接见。

台站建设

九台市气象局占地3000平方米,1964年11月在九台县气象站东北角处建一栋职工宿舍,面积为 99 平方米。1975 年在气象站东 50 米处修建一栋 220 平方米职工宿舍。1979 年修建一栋 250 平方米的办公室和一栋 220 平方米职工宿舍。2000—2008 年期间,省气象局共投资 108 万元,其中 2005 年投入 3 万元,进行办公室维修;2006 年投入 7 万元,进行锅炉改造;2007 年投入 98 万元购买办公楼。2005 年 4 月市政府投入经费 10 万元,2006 年和 2007 年两年又投入 24 万元。

九台市气象局全景

德惠市气象局

　　德惠市地处吉林省中北部,属于温带大陆性季风气候。灾害性天气频发,多干旱、霜冻、寒潮、冰雹、暴雨等灾害性天气。

　　德惠市已有百年历史。清宣统二年四月十六日(1910 年 5 月 24 日),长春府所辖的怀惠乡和沐德乡的部分地方以及"东夹荒之地"合并为德惠县,县治设在大房身,县名取沐德、怀惠两乡之尾字,称德惠县,隶属长春府。康德三年(1936 年 4 月 1 日),县公署县治由大房身迁到张家湾,张家湾遂改名德惠。德惠市现有土地面积 3459 平方千米,所辖 16 个乡镇和 4 个城区办事处,人口 95 万,是国家重点产粮县之一。

机构历史沿革

　　历史沿革　1957 年 9 月建站,站址位于德惠县城西北郊外 3 千米,站名为吉林省德惠县气候站。1959 年与水文站合并,更名为吉林省德惠县水文气象中心站。1963 年与水文站分开,恢复为吉林省德惠县气候站。1966 年 2 月改为吉林省德惠县气象站。1971 年由县武装部管理,更名为德惠县革委会气象站。1980 年恢复为吉林省德惠县气象站。1988 年 2 月将气象站改为气象局。1989 年 1 月被确定为国家一般气象站。1994 年 8 月撤县设市,名称为吉林省德惠市气象局。1998年更名为德惠市气象局。2004年10月,站址迁至长余高速公路德惠收费站北侧,观测场位于北纬44°32′,东经125°39′,海拔高度169.1米。2007年1月至2008年12月被中国气象局定为德惠国家气象观测站二级站,观测发报任务不变。

管理体制 建站初期,由吉林省气象局和德惠县政府双重领导,以省气象局领导为主。1959年1月至1963年11月与县水文站合并,改为德惠县水文气象中心站,归县人民委员会建制。1963年11月至1966年1月与水文站分开,恢复德惠县气候站,由省气象局建制。1966年1月至1971年1月改名为德惠县气象站,仍由省气象局建制。1971年1月至1973年10月实行县革委会和县武装部双重领导,以军队领导为主的体制。1973年10月至1980年7月由县革委会领导,业务归省、市气象局领导。1980年7月实行机构改革,改为部门和地方双重管理的领导体制,由部门领导为主。这种管理体制一直延续至今。

人员状况 1957年建站初期有3名工作人员。现有职工12人,在编职工9人,聘用3人。其中党员6人,县政协委员1人;大学学历5人,大专学历1人;中级职称7人,初级职称2人;年龄50岁以上5人,40～49岁2人,40岁以下5人。

名称和主要负责人变更情况

名称	时间	负责人
吉林省德惠县气候站	1957.09—1957.11	林国斌
吉林省德惠县气候站	1957.11—1959.01	冯祥文
吉林省德惠县水文气象中心站	1959.01—1961.06	刘凤阁
吉林省德惠县水文气象中心站	1961.06—1963.11	吴德才
吉林省德惠县气候站	1963.12—1966.01	吴德才
吉林省德惠县气象站	1966.02—1971	吴德才
吉林省德惠县革命委员会气象站	1971—1973.10	吴德才
吉林省德惠县革命委员会气象站	1974—1980.10	周永德
吉林省德惠县气象站	1981.10—1988.01	李长生
吉林省德惠县气象站	1987.04—1987.12	尹文斌
吉林省德惠县气象局(保留站名)	1988.02—1993.07	尹文斌
吉林省德惠县气象局(保留站名)	1993.08—1998.03	李长生
德惠市气象局	1998.03—	陈富强

气象业务与气象服务

1. 气象业务

①地面气象观测

观测时次 1957年9月至1960年6月期间,每日进行01、07、13、19时4次观测。1960年7月起,每天02、08、14、20时4次观测。1989年1月改为08、14、20时3次观测,夜间不守班。

观测项目 观测项目有云、能见度、天气现象、气压、气温、湿度、风向、风速、降水、雪深、日照、蒸发、地温,2007年4月18日开始草温/雪温观测。

发报内容及时次　1957 年 11 月至 1981 年 12 月,分别向长春、哈尔滨、蛟河等单位预约拍发航危报。1958 年 6 月起,拍发雨量加报、雨量实况报。1982 年至 1983 年,每年 6 月 1 日至 8 月 31 日向省台拍发强天气实验报。1984 年 4 月 1 日至 9 月向省台拍发降水、大风、龙卷、冰雹等重要天气报。1988 年至 2000 年拍发小图报,2000 年起,全年拍发天气加密报。2005 年 4 月 16 日起,每天 08 时 30 分至 09 时之间进行日照及蒸发量实况的发报工作。2008 年 5 月 31 日 20 时起,除 05 时的 24 小时降水量组外,重要天气报的发报项目均为全年拍发,同时增加视程障碍现象和雷暴等发报项目。

气象记录报表　从 1957 年 9 月建站至今,始终编制气象记录月报表(气表-1)和年报表(气表-21)。1959 年 8 月至 1960 年 2 月,编制温度、湿度自记记录月报表(气表-2)和年报表(气表-22)。1957 年 9 月至 1960 年 11 月,编制地温记录月报表(气表-3)和年报表(气表-23);1957 年 9 月至 1960 年 12 月,编制日照、日射记录月报表(气表-4)和年报表(气表-24)。1958 年至 1979 年,每年 5—9 月编制降水量自记记录月报表(气表-5)和年报表(气表-25)。1959 年 12 月至 1960 年 12 月编制冻土记录月报表(气表-7)。分别向国家局、省局、地(市)局各报送 1 份,本站留底本 1 份。1991 年结束了手工抄报表形式,开始利用微机编制。2006 年 1 月起通过网络向市局传输原始资料,停止报送纸质报表。

自动气象站　2004 年 10 月,县局 DYYZ Ⅱ B 型自动气象站建成,10 月 1 日起开始试运行(至 2004 年 12 月 31 日)。自动气象站观测项目有气压、气温、湿度、风向风速、降水、地温、草温和雪温等。观测项目采用仪器自动采集、记录,替代了人工观测。2005 年 1 月,自动气象站正式投入业务运行,2005 年(以人工站为主)和 2006 年(以自动站为主)同时与人工站并轨运行,2007 年 1 月起正式进入自动站单轨业务运行,同时不再保留压、温、湿、风观测仪器。

区域自动气象站　2006 年至 2008 年期间,先后在菜园子、谷家坨子(后迁至天台)、布海、三胜、五台、朝阳、杨树、沃皮(后迁至大青咀)建立两要素(DYYZ-RT 型)区域中尺度加密自动站 8 个;在郭家、达家沟、同太建立四要素(DYYZ-RTF 型)区域中尺度加密自动站 3 个;在岔路口、朱城子建成六要素(DYYZ-(L)型)区域中尺度加密自动站 2 个,分别于建设当年运行使用。

②农业气象

1978 年成立农业气象组,进行玉米、谷子、大豆、高粱四大作物的观测。1989 年被吉林省气象局定为农业气象一般站,停止作物观测,仅在每年 3—5 月逢 3 逢 8 日测定 10～30 厘米深度土壤墒情,并在逢 5、逢 10 的日子拍发候报。全年向省台拍发农业气象旬月报。

③天气预报

1981 年 2 月正式开始天气图传真机接收,接收北京和日本的传真图表,利用传真图表独立分析判断本地天气变化。1982 年配备 117 气象传真机。1984 年 7 月配备 123 型收片机,同年配备 M7 高频电台 1 套。1985 年 1 月配备苹果机 1 台。1995 年 9 月,配备终端设备,可以通过图形工作站调用省局服务器中的卫星云图和传真图等,替代了 123 型传真机设备。1999 年 5 月,地面卫星单收小站建成并正式使用。2006 年 4 月,停止小站的使用,直接登录省台服务器,调用预报用资料。

短期天气预报　1958 年开展单站补充订正预报,1966 年改为单站天气预报,1972 年开展统计预报。1981年利用传真图作预报。1982年在传真天气图基础上开展了模式预报,建立了晴雨预报方程。1983年建立了暴雨、霜冻、大风、寒潮等灾害性天气预报方程。1988年建立大暴雨专家系统、寒潮和霜冻天气模型、大到暴雨天气模型,冷涡、江淮气旋、台风天气模型也相继建立,同时建立各种气象灾害档案。

1999年5月,利用Micaps1.0调用预报用各种资料,2004年5月启用Micaps2.0,2008年10月启用Micaps3.0与Micaps2.0并行使用。2006年,在长春市气象台的指导下,业务软件不断更新,可以通过网络直接收看新一代天气雷达图,预警信息。同年开始灾情直报软件的应用,并由省气象局统一安装了省、市、县可视会商系统。

中期天气预报 1981年通过接收传真图及旬、月天气预报,结合分析本站气象资料、短期形势,再根据五日积值图分析天气过程的周期变化等制作旬天气过程趋势预报。2006年开始,利用欧洲数值预报作旬预报。

长期天气预报 主要是运用数理统计方法和长年代气温降水曲线的变化,结合省、市台的预报结论,作出具有本地特点的补充订正预报。长期预报主要有(3—10月)年景趋势预报、春播(4—5月)预报、汛期(6—8月)预报、秋季(9—10月)预报。

2. 气象服务

德惠市气象局以农业生产服务为重点,把决策服务、公众服务、专业气象服务和气象科技服务应用到各个领域和人民群众的生产生活当中。

公众服务 1959年,每天正式将天气预报在本县有线广播节目中定时向公众播出。1985年10月,开通了甚高频无线对讲通讯电话,实现了与省台天气会商。1996年10月投资4.21万元,建成了多媒体电视天气预报制作系统,将自制节目录相带送电视台播放。1998年12月,电视天气预报节目归电视台制作,气象局每天15时提供24小时预报。2002年8月,气象局与电信局合作正式开通"121"天气预报自动答询电话。2005年1月,"121"电话升位为"12121"。

决策服务 主要通过电话或邮寄的方式,向市委、市政府及有关部门提供气象信息,包括年度趋势预报、春播期天气预报、汛期天气预报、各种灾害性天气预报警报;提供雨情、墒情、重大天气报告等书面材料,为领导机关指导农业生产、防灾抗灾提供气象依据。2008年7月,与移动和联通公司合作开通了手机短信预警业务平台,为直接开通灾害性天气预警系统创造条件。2009年5月,开通了政府办公网,各种服务材料直接发送到网上。例如,2008年6月21日,德惠市菜园子镇出现了历史罕见的短时大暴雨。2小时降雨量达102毫米,导致2845.9公顷农作物受灾,其中650公顷绝收,直接经济损失近3000万元。由于及时发布预警信息,并通过预警业务系统通知市政府、菜园子镇政府、应急办、防汛办,提前采取了相应的防灾措施,菜园子镇无一人伤亡。长春市市长崔杰在视察灾情时,对气象局的服务工作表示非常满意。

专业专项服务 1984年签订专业有偿服务合同6份,收费1800元。根据1985年10月1日国办发(1985)25号文件精神,气象部门在做好公益服务基础上,积极开展有偿专业服务,1986年3月,开展了专业有偿服务,主要承担粮食晾晒期间的气象服务,还为砖厂、保险等相关企事业单位提供中、长期天气预报和气象资料。1987年11月,建成甚高频发射塔,全市 23 个乡(镇)及粮库都配备了气象警报接收机,利用甚高频广播,每天 3 次滚动播出天气预报。1991 年开始施放庆典气球业务。1996 年 10 月至 1998 年 12 月,制作天气预报背景广告。1998—1999 年,在德惠境内修建长余高速公路,气象局与境内 12 个工程处签定了 6 万多元的气象服务合同。1995 年至 2005 年,每年都为烟叶总公司提供气象旬、月预报和资料等专业专项服务。

人工影响天气 2004 年,在省人工影响天气办公室的支持下,配备了第一门高炮,2007 年又配备了第二门高炮。2008 年开始,在春季配合长春市气象局组织的人工增雨机动队伍,进行机动式的人工增雨作业。

防雷减灾 1998 年 7 月,在市气象局成立德惠市防雷办公室,下设防雷检测中心,负责全市防雷安全管理。对全市所有防雷设施实行每年 1 次的防雷设施检测。1999 年至 2008 年每年检测单位均在 100～150 个,对不符合防雷技术规范的单位,责令其进行整改。2003 年开始,防雷工程监审验收进入德惠市政务大厅。

法规建设与管理

1. 气象法规建设

1997 年,德惠市人民政府办公室下发德府办函《关于保护气象探测环境的函》,明确阐明气象探测的重要性,使气象探测环境保护得到地方政府的重视。2002 年由于德惠市国税局建办公楼影响探测环境,长春市、德惠市两级人大进行了联合执法。按照市政建设规划的安排,经省气象局同意,市政府决定,划出合乎气象观测环境要求的地号一块,并投入 150 万元建设经费,将市气象局迁移至现在的新址。2005 年,德惠市建设局下发德建字发〔2005〕30 号《关于德惠市气象局气象探测环境保护技术规定备案的复函》。

1998 年德惠市人民政府办公室下发《德惠市人民政府办公室关于加强雷电防护管理工作的通知》(德府办〔1998〕42 号),1999 年市建设局下发《关于加强各类新建工程防雷设施设计施工规范化管理的通知》(德建工联字〔1999〕1 号),2007 年德惠市安全生产委员会下发《关于进一步做好雷电防御管理工作的通知》(出德安字〔2007〕2 号)等有关文件,规范和加强了德惠市雷电防护设施的管理,提供了有关防雷减灾的执法依据。1999—2008 年,市政府每年都下发文件,要求对各单位的防雷设施进行安全检测。2003 年,德惠市气象局对新建建筑物的防雷装置设计审核和竣工验收等行政许可审批进入德惠市政务大厅,防雷行政许可和防雷技术服务逐步规范化。

2. 管理

行政管理 2003 年,气象行政审批办事程序、气象行政执法依据、气象服务内容、服务承诺、服务收费依据及标准等采取通过政务大厅气象局窗口公示,发放宣传单等方式向社会公开。

局务管理 财务收支、目标考核、基础设施建设工程招投标等内容采取职工大会或上局务公示栏张榜等方式向职工公开。财务收支情况每季度公开 1 次,其它需公示的问题及时向职工公示或说明。建立健全内部规章管理制度,1990 年制定了《德惠县气象局职工考核制度》,由出勤、精神文明、工作任务三部分组成。1997 年重新修订为《德惠市气象局管理运行机制总体方案》,主要内容包括结构调整、管理机制、分配机制、激励机制、监督机制。

党建与精神文明建设

党建 1959—1971 年期间,站内仅有 1~2 个党员,党员组织生活编入水利局系统苗圃党支部。1971 年部队管理期间,经县武装部党委批准建立起党支部。由武装部参谋毕振才任支部书记。1974 年至 1980 年 10 月,周永德任党支部书记,1980 年 10 月由李长生接任党支部书记。1987 年 5 月干部调整,尹文斌由九台气象局调入,任站长兼党支部书记。1993 年由李长生兼任党支部书记,1998 年 3 月由陈富强兼任党支部书记,2006 年 8 月由才福生任专职党支部书记。党组织对政治上要求进步的同志,进行重点培养,条件成熟及时发展,20 年来共发展新党员 5 人。现设党支部 1 个,党员 6 人,其中女党员 1 人。

认真落实党风廉政建设目标责任制,积极开展廉政建设活动,努力建设文明、和谐、廉洁单位。局财务收支每年接受当地审计部门和上级财务管理部门年度审计,并将结果向职工公开。

精神文明建设 坚持以人为本,弘扬自力更生、艰苦创业精神,深入持久地开展精神文明创建工作,文明创建有规划、政治学习有制度、文体活动有场所、职工生活丰富多彩。文明创建工作跻身于全省气象部门先进行列。

德惠市气象局把领导班子自身建设和职工队伍的思想建设作为精神文明创建的主要内容,通过开展经常性的政治理论、法律法规学习,培养高素质的职工队伍,全局干部职工及家属子女无一人违法违纪,无一例刑事民事案件。

加强精神文明基础设施建设。装修了业务值班室,制作局务公开栏、公示栏以及文明创建标语和廉政警示牌等。建立了 16 延长米的气象文化长廊。建设"两室一场"(阅览会议室、文体活动室、小型运动场),拥有图书 2000 余册。

荣誉 1991 年至 2008 年,德惠市气象局共获集体荣誉 60 余项。1998 年被省气象局评为"精神文明建设标兵单位";2007 年被省精神文明建设指导委员会授予 2006—2007 年度"文明单位";2008 年被中国气象局评为 2006—2008 年度"全国气象部门文明台站标兵"。

1995 年在抗洪抢险工作中,德惠市气象局被长春市委市政府评为"抗洪抢险先进单位"。

参政议政 1982—2002 年,冬脉仁同志为德惠县(市)第六届、七届、八届、九届、十届政协委员。2002 年至今,王丽娜同志为德惠市第十一届、十二届政协委员。

台站建设

德惠市气象局办公环境历经 3 次变化。1957 年初建时只有不足 100 平方米的办公室和宿舍,房屋简陋,设备原始。1971 年建设了 230 平方米砖混结构平房,一直到 1980 年才安上自来水和锅炉。2004 年由于城市建设需要,气象局整体迁移,德惠市政府出资征地 8988 平方米、新址建设资金 150 万元,建筑 744 平方米的 3 层独立办公楼,使德惠市气象局办公条件和环境得到了彻底改善。

2006 年,省气象局投资综合改造资金 30.2 万元,对环境基础设施进行了建设。2008 年省气象局又投资道路建设资金 16 万元,建成了 1850 平方米的水泥道路,并对院内 600 平方米路面进行了硬化。

气象局现占地面积 8988 平方米,办公楼 1 栋 744 平方米。2005 年至 2008 年,德惠市气象局分期分批对院内的环境进行绿化美化建设,栽种树木 10 余种,全局绿化面积达到 70% 以上。按照规划整修了道路,院内硬化了 600 平方米路面。在庭院内修建了假山、鱼池、石桌、石凳、羽毛球场地、单杠等。新建了 16 延长米的气象文化长廊,办公楼安装了 LED 楼型灯。2007 年被省气象局评为"标准化台站"。

2004 年的德惠市气象局

2005 年新建的德惠市气象局

吉林市气象台站概况

　　吉林市地处东北腹地长白山脉向松嫩平原过渡地带的松花江畔,三面临水、四周环山。东经 125°40′～127°56′,北纬 42°31′～44°40′,海拔高度 196 米。东接延边朝鲜族自治州,西临长春市、四平市,北与黑龙江省接壤,南与白山市、通化市毗邻。总面积 27120 平方千米。其中市区 3636 平方千米。现辖 4 市 1 县 4 区,人口 460 万。

气象工作基本情况

　　历史沿革　吉林地区最早的气象观测始于 1911 年。吉林海关测候所于 1911 年开始有气象资料,蛟河额木于 1934 年、磐石于 1936 年、桦甸红石砬子于 1938 年、蛟河老爷岭和新站于 1939 年开始有观测记录。新中国成立后,组建了吉林地区的气象台站网。吉林市气象局所辖 8 个县(市)局、站。其中 4 个国家基本站:蛟河站建于 1950 年 1 月;桦甸站建于 1955 年 10 月;磐石站建于 1956 年 11 月;永吉站建于 1977 年 1 月,1996 年 1 月由国家一般站调整为国家基本站。4 个国家一般站:城郊站建于 1951 年 1 月,1996 年 1 月由国家基本站调整为国家一般站;舒兰站建于 1956 年 11 月;烟筒山站建于 1960 年 1 月,1996 年 1 月由国家基本站调整为国家一般站;北大湖滑雪场站建于 2006 年 10 月。

　　领导体制　1950 年—1953 年 7 月,由吉林省军区司令部气象科领导;1953 年 8 月—1954 年 8 月,转为地方建制,隶属于吉林省农业厅气象科管理;1954 年 9 月—1957 年 12 月,由吉林省气象局管理,属省人民委员会建制;1958 年 1 月下放到地、县级人民委员会管理,期间,1959 年 1 月—1963 年 7 月,气象与水文部门合并;1963 年 8 月—1970 年 11 月,体制上收,归吉林省气象局管理,行政、思想教育由地方负责;1970 年 12 月由地方革命委员会与军队管理,以军队为主;1973 年 7 月—1980 年 6 月,回归地方革委会建制;1980 年 7 月实行由气象部门与地方双重领导,以部门为主的管理体制至今。

　　职工队伍　全市气象部门在职职工 1958 年 77 人,1960 年 82 人,1973 年 85 人,1980 年 91 人,1983 年 142 人,2001 年编制 117 人(局机关 18 人,直属单位 29 人,县气象局 70 人),在职 113 人,2008 年编制 119 人,在职 107 人。现有在职职工中大本学历 54 人,大专学历 21 人,研究生学历 3 人;工程师 38 人,高级职称 7 人。

　　党建工作　全市气象部门党建工作均归地方直属机关党工委领导,现有党总支 1 个,党支部 7 个。其中吉林市气象局党总支下设 2 个支部,永吉、桦甸、蛟河、舒兰和磐石各设 1 个党支部。在职正式党员 56 人,预备党员 5 人,离退休党员 13 人。全市气象部门 8 个党组织,均被地方党工委授予先进党组织称号。

精神文明建设 全市气象部门认真落实"中国气象文化建设纲要",积极开展文明行业、文明窗口创建活动,把花园式台站建设、标准化台站建设、文体娱乐活动场所作为创建载体,制定创建方案,明确工作任务,建立保障措施,加大资金投入。2000 年以来在中国气象局和省气象局的大力支持下,蛟河、桦甸、磐石市气象局、北大湖气象站、烟台山气象站、城郊气象局新办公楼都先后建成并投入使用。永吉县气象局旧办公楼也进行了维修改造,办公环境得到改善。各县(市)气象局不断加大园区建设力度,通过绿化庭院、栽种花草、硬化路面、装修大门等举措,美化了外部环境,提升了气象部门的形象。

截至 2008 年底,全市气象部门已创建省级文明单位 1 个、省级先进文明单位 1 个、地(市)级文明单位 4 个,创建率达 100%。标准化建设达标台站有蛟河市气象局、桦甸市气象局、永吉县气象局,其中,蛟河市气象局为全省气象部门标准化台站优秀达标单位。2008 年磐石市气象局已申报标准化台站。

荣誉 据统计,1980—2008 年吉林市各级气象台站获得市以上集体奖励 55 项,其中国家级 1 项,中国气象局奖励 6 项,省级奖励 13 项,市级奖励 35 项;获市级以上个人奖励 68 人次,其中中国气象局奖励 23 人次,省级奖励 9 人次,市级奖励 36 人次。

台站基本建设 自 2004—2008 年,全市气象台站综合改造资金共投入 1 362.5 万元。其中:中国气象局投资 728.5 万元;台站自筹资金 634 万元。

主要业务范围

地面观测 4 个国家基本站承担全国统一观测项目任务,每天 02、05、08、11、14、17、20、23 时 8 次定时观测,向沈阳区域气象中心和省气象台拍发天气报。除此,还承担省定雪压观测任务。4 个国家一般站承担全国统一观测项目任务,每天 08、14、20 时 3 次定时观测,向省气象台拍发省区域天气报。

桦甸、舒兰市气象局承担航空危险天气发报任务。桦甸市气象局每天 06—18 时每间隔 1 小时向长春、柳河军航发报,每天 00—24 时每间隔 1 小时向吉林军航发报。舒兰市气象局 08—18 时每间隔 1 小时向吉林军航发报。

桦甸市气象局增加闪电定位、冬季 CO、电线积冰和森林可燃物观测,吉林市城郊气象局增加闪电定位、紫外线、露天环境温度、草坪、板油路面温度观测和酸雨监测业务,舒兰市气象局增加闪电定位观测,蛟河市气象局增加冬季 CO、森林可燃物观测和酸雨监测业务,永吉县气象局承担电线积冰观测任务。

2003 年 10 月,各县(市)气象局开始建设自动气象站,2004 年 1 月正式运行,实现地面气压、气

位于吉林市朱雀山的区域自动气象站

温、湿度、风向风速、降水、地温(包括地表、浅层和深层)自动记录。2008年,全市建成106个区域自动气象站。其中两要素站57个,四要素站43个,六要素站6个。

气象服务　市、县气象部门开展决策服务、公众服务和专业气象服务。决策气象服务先后以报送文字材料、电话汇报、传真、网络等方式向当地政府提供防灾减灾服务信息;公众气象服务主要通过广播、电视和报纸等媒体向社会发布。2006年以后,各县(市)所辖的乡镇天气预报,均由吉林市气象局气象影视中心统一制作,在当地电视台播报;专业专项气象服务先后采用电话、气象警报接收机和BB机等方式开展服务。1991年起全市各台站建立避雷检测机构,开展防雷设施检测服务,1998年开展防雷工程设计、安装、监审服务。1995年建立"121"天气预报自动答询系统,2006年开展了手机短信气象服务。专业气象服务领域从农业、粮食部门,扩展到工业、水利、电力、建筑、交通、运输、商业、仓储、旅游、种植业、养殖业等行业。

天气预报　各县(市)气象局(站)先后使用看天经验、要素曲线图、数理统计、经验指标等方法制作短期、中期和长期预报。1983年后县级气象站不制作中期、长期预报。1989年开始应用"地区综合预报系统"制作天气预报。1998年建立MICAPS处理系统,以数值预报产品为基础、以人机交互系统为主要工作平台、综合应用各种气象信息和先进预报技术方法,实现了天气预报客观化、定量化。

农业气象　全市有6个气象站承担农气业务。其中:桦甸、舒兰和永吉为国家农气基本站,蛟河、磐石和城郊站为国家农气一般站。桦甸站观测的农作物有玉米、大豆,舒兰和永吉站观测的农作物有玉米、水稻,测定2月下旬—5月末播种期土壤墒情。蛟河、磐石和城郊站测定2月下旬—5月末播种期土壤墒情。春季播种后,各站分别在固定地段和非固定地段测定土壤湿度。

人工影响天气工作　1975年在永吉县桦皮厂镇建立了第一个高炮人工增雨防雹作业点。截至2008年底,全市共建成增雨、防雹作业点21个,装备双管"三七"型人工降雨防雹高炮35门,流动火箭车5部,持证炮手42人。

全市人工影响天气工作实行地、县两级管理。市气象局负责炮弹采购和配送,申请和下达作业指令,配合省军械所对作业设备进行安检,对炮手进行技术培训指导;县(市)气象局负责落实地方财政专项经费,组织作业和日常管理工作。

吉林市气象局

吉林市气象局位于吉林市吉林大街41号,东经126°33′,北纬43°48′,海拔高度196米。

机构历史沿革

历史沿革　1958年8月成立吉林市气象台,1973年7月成立吉林市气象局,为县(处)级单位。

名称及主要领导更替情况

单位名称	主要领导	职务	任职时间
吉林市气象台	郭玉山	台长	1958.08—1958.12
吉林市水文气象台	郭玉山	台长	1959.01—1963.07
吉林市气象台	郭玉山	台长	1963.08—1968.08
吉林市气象台	李国恩	台长	1968.09—1970.12
吉林市气象台（军管）	陶兆生	台长（军代表）	1971.01—1973.06
吉林市气象局	徐中彩	副局长主持工作	1973.07—1974.12
吉林市气象局	王新民	局长	1975.01—1980.10
吉林市气象局	李国恩	副局长主持工作	1980.10—1982.07
吉林市气象局	刘志刚	局长	1982.08—1983.02
吉林市气象局	李国恩	副局长主持工作	1983.03—1984.01
吉林市气象局	李国恩	局长	1984.02—1985.01
吉林市气象局	米成山	局长	1985.02—1986.03
吉林市气象局	耿继增	局长	1986.04—1987.08
吉林市气象局	王宗信	副局长主持工作	1987.09—1989.08
吉林市气象局	王宗信	局长	1989.09—1990.04
吉林市气象局	张子云	副局长主持工作	1990.05—1990.06
吉林市气象局	辛志光	副局长主持工作	1990.07—1991.10
吉林市气象局	张子云	副局长主持工作	1991.11—1993.12
吉林市气象局	张子云	局长	1994.01—1998.04
吉林市气象局	刘宝臣	局长	1998.05—2003.10
吉林市气象局	李国成	局长	2003.11—

机构与人员 吉林市气象局下设办公室、政策法规处、业务科技处等3个职能处室和气象台、气象科技服务中心、市雷电监测与防护技术中心、市人工影响天气中心、财务核算中心等5个直属单位。现有在职职工44人，其中研究生3人，大本学历26人，大专学历11人，中专学历2人；工程师20人，副高7人。

气象业务与服务

气象台业务 吉林市气象台负责天气预报的制作与发布，为地方政府组织防御气象灾害提供决策依据。制作短时、短期、中期天气预报，预报内容有要素预报和形势预报。建台初期的预报工具由天气图加经验的主观定性预报，逐步发展为地方MOS预报、预报专家系统、市级实时预报业务系统。1998年起应用雷达回波、卫星云图、人机交互处理系统等先进工具，根据上级台的数值预报指导产品，制作客观定量的要素预报和分片预报，并制作对下级台站的预报指导产品。承担城市环境气象预报、火险等级预报等专业气象预报和气候可行性论证工作。

气象服务 吉林市气象局始终以公众气象服务为重点，把为当地政府决策气象服务放在首位。服务内容包括短时和短期天气预报，重大灾害性、转折性天气报告（或警报），灾情报告以及专题分析报告。定期向吉林市政府和有关部门报送气象旬报、月报以及短期气候预测等材料。根据政府部门的需求,提供其他气象服务。主要服务方式从口头汇报、电话、文字材料逐步发展为微机终端、传真及互联网。在防汛、抗旱、救灾、应对突发公共事件等关键时期进行现场服务。2005年编制《吉林市气象灾害应急预案》,并升级为市政府专项预案。

公众气象服务通过电视、报纸、广播、手机短信、"12121"天气预报自动答讯系统、街头电子屏幕、网络等渠道发布和传播。1997年开始制作电视天气预报节目,增加了医疗健康指数、空气污染指数、紫外线指数、穿衣指数等贴近群众生活的预报内容。2003年建成吉林市兴农网,面向广大农村群众提供气象信息,普及气象知识。2005年更新了多媒体制作系统,建立了气象影视中心,天气预报节目主持人走上电视屏幕。

专业气象服务起步于1982年,针对重大活动保障、重点工程建设、交通、电力、供水、旅游等需求,提供系列化专业专项气象服务产品。拓展到商务活动现场气象保障服务、气象信息咨询和气象取证服务。

1991年成立吉林市雷电监测与防护技术中心,在全市开展了防雷设施检测、设计审核和竣工验收、雷电灾害评估、防雷工程设计和施工等科技服务。

2007年1月,第六届亚冬会在吉林市北大湖滑雪场举行。在雪场安装了7套气象自动监测设备,开发了"北大湖雪上赛区气象服务系统工作平台",实施雪场火箭人工增雪作业,设计出气象服务材料模板,实现对北大湖赛场和各雪道定时、定点、定量精细化预报和汉英双语服务。共发布气象信息服务材料265期,筹办"气象新闻发布会"。气象服务及时、准确、主动,保证了第六届亚冬会顺利完成,被授予"第六届亚冬会集体三等功"。

2005年6月30日,受冷涡天气影响,吉林市局地暴雨、冰雹、雷雨大风等灾害频发。17时30分至21时,雷雨、大风将市区100多棵大树刮断,多处广告牌、卷帘门等被毁,低洼地带及立交桥处积水深度达到1.5米,上千名群众受到洪水威胁。7月1日上午,暴雨再次袭击,险情最重的桦皮厂镇的幸福、苏登河、董屯、漂洋等村屯2000多名群众被洪水围困,永吉县双河镇大和川村360名群众被困。6月30日下午17时,市气象台发布雷雨大风冰雹蓝色、暴雨黄色预警信号,市防汛指挥部果断做出决策,迅速把20350名被困群众转移到安全地带。烟筒山镇小学接到预警后紧急疏散上千名学生,没有发生一起人员伤亡事件。当年获中国气象局"重大气象服务先进集体"奖励。

通信网络 从20世纪50年代起各气象站观测电报通过当地邮电局发送。1958年吉林市气象台接收无线莫尔斯广播用手工抄报。1976年无线电传打字机取代了手工抄报。1978年起,全市各台站陆续装备了传真接收机。1986年建成市、县甚高频辅助通信网。1993年建成省、市气象台计算机广域网。1997年起建立气象卫星通讯系统VSAT小站、地面单收站。1999年开通省、市、县分组交换网。2004年建成市、县DDN专线网,2006年升级为SDH光纤专线。气象通信实现网络化、自动化。

气象法规建设与管理

气象法规建设 1995年成立法制科,1998年7月成立气象行政执法大队。2001年12月成立政策法规处,气象行政执法大队隶属政策法规处职能部门。

2001年,制定了《吉林市气象局依法行政责任制度汇编》,从2002年起,每年与市人大、安监局、消防支队、教育局等单位联合开展安全执法大检查。

根据防御气象灾害的需求,2003 年提出《吉林市气象灾害防御条例》的立法申请,2004年 7 月进入立法程序,经吉林市人大通过、吉林省人大批准于 2005 年 4 月 1 日实施。

政务公开 2002 年 5 月,推行政务公开制度,吉林市气象局成立政务公开领导小组和政务公开监督小组,建立健全政务公开制度和监督检查机制。将单位年度财务预算决算、经费使用、物资采购、基建项目、招待费用、干部任用、职称评定、评先选优和考核奖惩等项内容,利用单位公示板、信息栏和会议等形式向职工公开。

2005 年,制定了《吉林市气象局政府信息公开目录》,经市法制局审核并在政府政务公开办公室备案。将气象法律法规赋予部门的管理职能、管理权限、审批项目、办事程序、办事时限、收费标准、处罚规定、服务承诺和社会监督等项内容,通过政务大厅公开板和电视媒体形式向社会公开。

社会管理 气象执法人员于 2005 年 10 月进入市政府行政审批大厅,管理项目有:气象探测环境保护、施放气球单位资质审批、施放气球活动审批、防雷装置设计审核、防雷装置竣工验收、防雷装置检测和气象信息传播审查。并将防雷设计审核和竣工验收列入基本建设审批流程,设立企事业防雷岗位安全员,进行规范化培训,对防雷档案实施规范化管理。

制度建设 2005 年 3 月吉林市气象局建立了《党组会议制度》、《行政会议制度》、《党内监督制度》、《实行党风廉政建设责任制》等 34 项规章制度,经过修订和完善,由到 2008年底已制定出台 71 项规章制度,编辑了《吉林市气象局制度汇编》,下发到全市基层气象台站和局机关各处室执行,由人事部门负责检查考核。

党的建设与气象文化建设

党的组织建设 1958 年气象台有 4 名党员,隶属市农林水联合支部。1964 年 4 月成立市气象台党支部,历任党支部书记分别为郭玉山、李国恩和陶兆生。1973 年 7 月更名为吉林市气象局党支部,历任党支部书记分别为徐中彩和王新民。1980 年 10 月吉林市气象局成立党组,李国恩任党组副书记兼党支书记,1982 年 8 月—1983 年 2 月刘志刚任党组书记兼党支部书记,1983 年 3 月—1985 年 1 月李国恩任党组副书记、党组书记兼党支部书记。1985 年设立纪检组,1985 年 2 月—1997 年 3 月由纪检组长张子云兼任党支部书记,1997年 4 月—2007 年 11 月由纪检组长侯广祥兼任党支部书记,2007 年 12 月—2008 年 11 月由纪检组长张文学兼任党支部书记。2008 年 12 月成立市气象局党总支,由纪检组长张文学兼任党总支书记。机关下设 2 个党支部,第一支部书记张博,第二支部书记王殿才。现有在职正式党员 31 人,预备党员 3 人,离退休党员 4 人,其他离退休党员组织关系转到社区党委。

1998—2002 年、2004—2008 年获"先进党组织"称号;2008 年被省气象局党组授予"先进基层党组织"。自 1998 年以来,先后有 20 人次被地方党委授予"优秀党务工作者"、"优秀共产党员"等荣誉称号。

精神文明创建 近年来,吉林市气象局认真贯彻落实"中国气象文化建设纲要",为全面实现精神文明创建工作的奋斗目标,制定了《吉林市气象局社会主义精神文明建设规划》,并开展"做文明市民、树道德新风,创文明行业"的主题活动。围绕地方经济建设,开展了具有气象部门行业特点的精神文明创建活动。先后投入 600 多万元,购置了先进的气象仪器装备、增添办公设备、健身器材和体育设施,安装电子气象信息显示屏幕。全面装修了办公室、会议室、业务平台。建成气象影视中心、气象预警指挥中心。院内设有健身场所，办公楼内有文体活动室、图书室、阅览室，存书 4 万余册。组织职工开展各种文体活动，参加吉林省气象局、吉林市组织的文艺、体育比赛。2004 年获得全省气象部门文艺汇演"一等奖"，2006 年获全省气象人精神演讲比赛"一等奖"。

吉林市气象局注重开展气象文化交流活动，2000 年以来先后与本溪市气象局、松原市气象局、鞍山市气象局、运城市气象局开展精神文明建设结对子活动，互相学习交流党建和精神文明建设工作的经验和做法。吉林市气象局的精神文明创建活动，多次受到省部级、市委、市政府奖励。

主要荣誉　据统计吉林市气象局自 1990 年至 2008 年共获以下奖项：

集体荣誉：国家部级和中国气象局奖励 7 次；省委、省政府奖励 10 次；市委、市政府奖励 18 次；吉林省气象局奖励 18 次；其他部门奖励 20 次。其中：2002 年、2005 年被中国气象局授予"重大气象服务先进集体"；2007—2008 年被中国气象局授予"全国气象部门文明台站标兵单位"；2008 年被中国气象局授予"全国气象部门廉政文化示范点单位"；2005 年被共青团中央授予"青年文明号"；2003 年被共青团省委授予"青年文明号"；2004—2008 年被吉林省委、省政府授予"文明单位"；1997—2004 年被吉林市委、市政府评为"文明单位"；2005 年被吉林市委、市政府授予"抗洪抢险先进集体"；2001 年被吉林市委、市政府授予中国吉林雾凇冰雪节"优质服务奖"；2007 年被吉林市委、市政府授予"诚信建设标兵单位"；2008 年被吉林市妇联授予"巾帼文明岗"；2001 年被吉林省气象局授予"全省气象部门规范化服务示范单位"；2001 年、2002 年被吉林省气象局授予"人工影响天气工作先进单位"；2004 年、2005 年、2006 年、2008 年获"全省气象部门目标考核第一名"。

个人荣誉：中国气象局奖励 8 人次；省委、省政府奖励 5 人次；市委、市政府奖励 20 人次；吉林省气象局奖励 56 人次；其他部门奖励 40 人次。

台站建设

1958 年建台时办公楼面积 500 平方米，地址在松江路 61 号。1988 年新建办公楼 2000 平方米，地址在吉林大街 41 号。2003 年在原楼基础上扩建 2122 平方米，扩建后办公楼建筑面积是 4122 平方米。

1989 年前的吉林市气象局办公楼

2008 年的吉林市气象局办公楼

永吉县气象局

永吉县位于吉林省中东部,松花江上游,距吉林市 18 千米。1929 年设县,为吉林市所辖,总面积 2625 平方千米。总人口 39 万。

机构历史沿革

历史沿革 永吉县气象站始建于 1977 年 1 月,并开始工作。位于县城东郊,距离县城 3 千米。观测场坐标北纬 43°42′,东经 126°31′,海拔高度 229.5 米。承担地面气象观测、天气预报、气象服务、农业气象等业务工作。

1977 年为国家一般站,1996 年 1 月由国家一般站调整为国家基本站。1987 年 7 月增设气象局,局站合一,一个机构两块牌子。2007 年 1 月 1 日至 2008 年 12 月 31 日改为国家一级气象站。

管理体制 1977 年 1 月至 1980 年 9 月隶属地方政府管理,1980 年 10 月实行气象部门和地方政府双重领导,以气象部门为主的管理体制,延续至今。

人员状况 1977 年编制 10 人,在职 10 人;1983 年编制 10 人,在职 11 人;1995 年编制 15 人,在职 14 人;1998 年编制 15 人,在职 9 人;2001 年编制 13 人,在职 10 人;2008 年编制 12 人,在职 10 人。现有在职职工中有在职研究生 1 人,本科学历 3 人,大专学历 4 人。

主要领导更替情况

单位名称	主要领导	职务	任职时间
永吉县气象站	霍德金	站长	1976.01—1979.03
永吉县气象站	张振国	站长	1979.03—1981.10
永吉县气象站	兰绪超	站长	1981.10—1987.07
永吉县气象局	张社生	局长	1987.07—1991.04
永吉县气象局	张裕禄	副局长主持工作	1991.05—1991.07
永吉县气象局	刘明有	局长	1991.07—1992.10
永吉县气象局	张裕禄	副局长主持工作	1992.10—1994.04
永吉县气象局	王凤隆	局长	1994.04—1996.04
永吉县气象局	矫利军	局长	1996.04—1999.04
永吉县气象局	张裕禄	局长	1999.04—

气象业务与气象服务

1. 地面观测

观测时次 观测时制为北京时,以 20 时为日界。1977 年 1 月 1 日至 1995 年 12 月 31 日,承担国家一般站观测任务,每天进行 02、08、14、20 时 4 次定时观测,编发 4 个时次的天气报,夜间不守班。观测项目有风向、风速、气温、气压、云、能见度、天气现象、降水、日照、小型蒸发、地面温度、雪深等。

1996年1月1日承担国家基本站观测任务,每天进行02、05、08、14、17、20时6个时次的观测,夜间守班。观测项目有风向、风速、气温、湿度、气压、云、能见度、天气现象、降水、日照、蒸发、地温、雪深、雪压、电线积冰、冻土等。编发02、05、08、14、17、20时6个时次天气报。2007年增加11、23时2个时次的观测,每天进行02、05、08、11、14、17、20、23时8个时次的观测,从2008年开始增加草温和雪温观测。

自动化观测系统　2003年10月,DYZZ-Ⅱ型自动气象站建成并开始试运行。2004年1月,自动站与人工站并行观测,以人工站观测数据为主。其项目有气压、气温、湿度、风向风速、降水、地温等。2005年1月,继续双轨运行,以自动站观测数据为主。2006年1月,正式运行自动站单轨观测方式。

2003年10月,开始建设区域自动气象站,先后在北大湖、官厅、一拉溪、双河镇、星星哨、三家子、西阳、皓月、春登、岔路河、万昌、金家、大岗子建成13个区域自动气象站。其中:两要素(温度、降水)站9个;四要素(温度、降水、风向、风速)站3个;六要素(温度、降水、风向、风速、湿度、气压)站1个。实现了地面气压、气温、湿度、风向风速、降水、地温(包括地表、浅层和深层)自动记录。

气象报表编制　自1977年1月起编制和报送气象记录月报表气表-1、气表-5、气表-6。相应年报表气表-21、气表-25。1980年气表-5、气表-6并入气表-1,相应年报表并入气表-21。只制作气表-1和气表-21。1977年至1987以人工制作月报表、年报表一式3份,邮寄至省气象局气象资料室、吉林市气象局各1份,本站留底1份。1987年7月正式用微机制作气表,向上级气象部门报送磁盘。2004年12月,气表资料改用专线经网络上传,同时用光盘备份。2006年升级为两兆光纤专线传输。

资料管理　2003年完成1977—2000年气象资料整编,2004年8月,将1976—1998年资料全部移交至省局气象档案馆。2005年,根据《关于进行气象记录档案移交及过期档案销毁工作的通知》(吉气业函〔2005〕25号),每年将全部资料上交省气象局气象档案馆。

报文传输　1977年至1981年通过县邮电局专线电话口传发报。1986年通过甚高频电话向吉林市气象局口传省内小图报,由市气象局传至省气象台。1997年建立信息终端。1999年与省气象台开通X.25协议专线,观测电报通过分组交换网传输到省气象信息中心。2003年市、县间通过DDN专线发报,2006年改为SDH光纤专线发报。

2. 农业气象观测

机构设置　1979年成立农气科,正式开展农业气象工作,为国家一般农气站,1985年至1989年农气工作间断,1990年1月1日由国家一般农气站调整为国家基本农气站。

观测项目　观测项目主要有作物观测、物候观测和土壤水分测定等。作物观测有玉米、水稻;物候观测有苹果、杏、旱柳、蒲公英和车前草;还观测家燕的初见和绝见、青蛙的始鸣和终鸣;土壤冻结和解冻等。土壤水分测定,2月28日至5月31日测定候报墒情,作物播种后到成熟期测定作物地段土壤水分,2月28日至土壤冻结10厘米期间测定固定地段土壤水分。

电报编发　常年编发气象旬(月)报;春季 2 月 28 日—5 月 31 日每候编发农业气象候报;2 月 28 日至土壤冻结 10 厘米期间,每旬逢三在固定地段加测土壤水分,逢五编发土壤湿度加测报。每年 12 月编制农气报表,玉米、水稻生育状况,固定地段和作物地段土壤水分,自然物候各作 4 份,上报中国气象局和省气象局。1996 年开始采用微机发报程序,气象旬(月)报基本段可实现微机自动编报,作物段、灾情段、地方补充段仍需要人工编报,用手工输入,微机发报。

3. 天气预报

短期天气预报　1977 年接收省气象台发布的天气形势广播,绘制简易天气图等基本图表,使用数理统计方法,筛选因子,建立回归方程,制作短期预报。1982 年使用 123 传真机,接收北京和日本的传真预报图,使用地方 MOS 输出统计方法,建立了降水、气温等MOS 预报方程。至 1986 年形成天气模型、MOS 预报、经验指标等三种基本预报工具。1986 年通过 M7-1540 甚高频电话,每日与上级气象台进行天气会商。1997 年建立信息终端,调用吉林省气象台的卫星云图和天气图。2001 年 6 月建成 VSAT 地面卫星单接收站,停收传真图。使用人机交互分析处理系统 Micaps1.0 软件(至 2008 年末升级为Micaps3.0),接收数值预报解释产品及数字雷达等资料。2007 年 5 月开通了市、县气象台站可视会商系统,与吉林市气象台会商天气。天气预报业务以接收数值预报产品、上级气象台的预报指导产品、本站的地方 MOS 方法和天气会商相结合的方式,制作订正预报。

中期天气预报　从 1977 年起使用数理统计、经验指标、周期分析、韵律等方法制作 3至 5 天和旬天气预报。1983 年后不制作中期预报,根据吉林市气象台的旬天气预报,结合分析本地气象资料,进行订正后提供给服务单位。

长期天气预报　1977 年开始制作长期预报,运用数理统计、韵律、模糊数学等方法建立长期预报指标。预报内容有:年景趋势预报、4—5 月春播期、汛期(6—9 月)、秋季预报、冬季气候预测。1983 年以后,不做长期预报,对省、市气象台的预报结果进行订正后进行服务。

4. 气象服务

公众气象服务　1977 至 1980 年通过县广播站有线广播发布天气预报,每天广播 1 次。1981 年通过永吉县电视台以文字形式播报 24、48 小时天气预报,每天播报 1 次。1998 年初,与永吉县电视台合作,开始多媒体电视天气预报节目制作,每天将制作的天气预报送永吉电视台播放。2006 年以后,永吉县及各乡镇天气预报由吉林市气象局气象影视中心统一制作,在永吉县电视台播报,气象节目主持人走上荧屏。天气预报增加了火险等级预报、人体舒适度、紫外线指数、空气洁净度、穿衣指数等贴近群众生活的内容。1999 年建立"121"天气预报自动答讯系统,2004 年 7 月 由吉林市气象局实行集约化经营,对"121"系统统一管理。2005 年升位为"12121"。2001 年增加短信公众气象服务平台,将天气预报发送到用户手机中。

决策气象服务　1977 年以口头汇报、报送材料方式向县委县政府提供决策服务。1990 年开发了旬、月天气实况;旬、月天气预报及农事建议,汛期气象信息等决策服务产品。通过网络、短信等形式及时向县政府和有关部门报送转折性、灾害性、关键性天气预报与警报。

专业专项服务 从 1986 年起开展专项气象服务,针对农业大户、粮库等行业对气象的需求,通过签订服务合同提供专业专项气象服务。至 2000 年累计签订服务合同 18 份。1998 年起,对社会开展气象灾害证明服务。

人工影响天气 1975 年在永吉县桦皮厂镇建立了第一个高炮人工增雨防雹作业点,当年开展人工防雹作业。后在双河镇、官厅、一拉溪建立了三个高炮点,每年春季、秋季开展定点和流动防雹作业。2002 年以前人工防雹作业由吉林市气象局统一指挥管理,2002 年后由永吉县气象局管理。

防雷服务 从 1992 年起开展了防雷设施检测工作,每年对学校、银行、保险、邮政、林业、加油站等建筑物的防雷设施进行检测,向存在安全隐患的单位提出整改意见。截至 2008 年,对全县各种防雷设施累计检测 513 点。

气象法规与社会管理

气象法规建设 2000 年以来,永吉县气象局认真贯彻《中华人民共和国气象法》、《吉林省气象条例》、《人工影响天气管理条例》、《吉林市气象灾害防御条例》等法规,并将上述法规文件报送永吉县人大和法制办备案。2002 年县政府下发永编临字〔2002〕20 号文件《关于成立永吉县人工影响天气领导小组的通知》,在永吉县气象局设立人工影响天气办公室,负责全县"三七"高炮作业的日常管理。1992 年永吉县政府成立雷电防护领导小组,在永吉县气象局设立雷电防护管理办公室,由县气象局负责日常管理。

根据《中华人民共和国气象法》、《吉林省气象管理条例》,永吉县气象局于 2008 年 7 月制定了《永吉县气象台站探测环境保护专项规划》,上报县政府。同年得到县政府批复,并转县城建局备案,为保护气象探测环境提供了依据。

社会管理 2002 年永吉县政府确定了县气象局行政执法资格,共有 3 人取得执法证,建立了气象行政执法队。对永吉县内氢气球施放、防雷设施检测、防雷建筑设计等进行管理。气象执法人员于 2006 年 8 月进入县政府政务大厅,编辑了《永吉县气象局行政执法汇编》。管理项目有:施放气球活动审批、防雷装置设计审核、防雷装置竣工验收、大气环境影响评价、使用气象资料审查、其他行业用于公众的气象要素采集的审批。

2005 年永吉县政府建立突发公共事件预警信息发布平台,永吉县气象局向县政府报送了《突发气象灾害事件应急预案》,承担突发气象灾害事件预警信息的发布与管理。2007 年运行灾情直报 2.0 软件(现已经升级至 2.2),在全县有关单位和各乡镇建立了气象灾害信息员队伍,信息员 230 人。一旦有突发气象灾害,能够做出快速反应,将气象预警信号及灾情进行逐级上报。

政务公开 2002 年永吉县气象局成立"局务公开领导小组",健全政务公开制度和监督检查机制。2006 气象执法人员入驻县政务大厅后,将气象法律法规赋予部门的管理职能、管理权限、审批项目、办事程序、办事时限、收费标准、处罚规定、服务承诺和社会监督等项内容,通过县政务大厅公开板形式向社会公开。在单位内部,将年度财务预算决算、经费使用、物资采购、基建项目、招待费用、干部任用、职称评定、评先选优和考核奖惩等内容,利用单位公示板、信息栏、会议等形式向职工公开。

党建与精神文明建设

1. 党建工作

1977年成立永吉县气象站临时党支部,有党员5人,党建归县科技局党委管理。1978年至1981年党建归县农业局党委管理。1981年正式成立县气象站党支部,党建工作归永吉县直机关党工委管理至今。党支部现有党员8人,其中在职党员7人,退休党员1人。其他退休党员组织关系均转到社区党委。

县气象局领导班子认真落实党风廉政建设目标责任制,1997年起,每年与吉林市气象局签订《党风廉政建设责任书》,建立党风廉政建设连带责任担保制度。自2002年起,每年3月开展党风廉政教育月活动。2004年开展了"保持共产党员先进性"教育活动。自建局以来,没有出现一起违章、违纪和违法现象。2006—2008年被县直机关党工委评为"先进基层党支部"。

历任党支部书记:兰绪超(1981.10—1987.01)、江洪波(1987.01—1995.10)、王凤隆(1995.10—1996.04)、张裕禄(1996.05—2008.12)、陈英柏(2009.01至今)。

2. 精神文明创建

从1988年起,永吉县气象局开展精神文明创建活动。每年3月份开展职业道德教育月活动。先后开展学习"三个代表"、"树新风正气,促各谐发展"等主题教育活动,并与永吉县第一实验小学、永吉县武警部队结对共建,与贫困户结对帮扶。积极参加永吉县"四型机关"(文明型、和谐型、学习型、廉政型)、"青年文明号"创建活动。

1995年以来,先后开展了"花园式台站建设"、精神文明创建规范化建设、标准化台站建设等活动。2004年维修了值班室、观测场。建立了室内文体活动室、图书室,现有图书5000余册。2007年修建了室外篮球场、羽毛球场等体育活动设施。每年组织职工参加气象部门和县级单位举办的歌咏比赛、演讲比赛、乒乓球比赛、篮球比赛、运动会、登山比赛等,丰富了职工的文化生活。

1998—2004年为县级文明单位、2004—2007年为市级文明单位、2006—2008年获永吉县"优秀四型机关"、2005—2008年为市级"青年文明号"集体、2007—2008年建成省级精神文明建设先进单位。2007年1月通过省气象局验收,建成全省标准化建设达标台站。

永吉县气象局坚持开展气象科普宣传活动。在每年"3·23"世界气象日对群众进行气象知识和防雷知识的宣传。每年组织职工到公共场所发放宣传材料2000余份。并实行气象局对外开放日,组织全县中小学生来气象局参观,向学生进行天气预报制作流程演示,普及气象知识。

3. 荣誉

集体受奖 1980年至2000年,永吉县气象局获集体奖项47次。其中获省、部级奖励2项;市级奖励2项;省气象局奖励8项;其余为县级及以下奖励。

个人受奖　1980 年至 2000 年，永吉县气象局个人获奖共 156 人次。其中获中国气象局"质量优秀测报员"2 人次；获省气象局奖项 11 人次；获市级奖项 48 人次；获县级奖项 95 人次。

台站建设

1976 年底始建 524 平方米的办公楼。当时，办公环境及生活环境十分恶劣，一楼全部对外承租，包给食杂店和铁匠铺，仅楼上 90 多平方米供办公、住宿通用。一间 10 平方米大的小屋既当办公室又当值班宿舍。由于年久失修，大部分墙壁涂层和水泥地面脱落。冬季四壁透风，职工宿舍屋顶结成很厚的霜；夏季漏雨，经常是屋外大雨屋内小雨。没有自来水，职工需轮流从 20 多米外的邻居家打井水挑回饮用。2004 年至 2008 年，中国气象局 3 次投资近 50 万元进行办公楼维修和庭院综合改造，为旧楼墙体增加保温层，外墙面贴上瓷砖，地面铺设地热供暖等设施。更换了门窗，增设了厨房、职工宿舍。对院内进行了绿化和路面硬化。通过 2 次维修和改造，永吉县气象局的办公环境焕然一新。

1977 年修建的永吉县气象站办公楼

2008 年改造后的永吉县气象局办公楼

蛟河市气象局

蛟河市位于吉林省东部，长白山西麓，松花湖东岸。松花江、牡丹江水系贯穿其中。属亚温带大陆性季风气候。总面积 6235 平方千米，总人口 45.76 万。蛟河县于 1939 年 10 月设立，1989 年 9 月撤县建市，归吉林市管辖。

机构历史沿革

历史沿革　1950 年 1 月 1 日建立蛟河矿务局气象所，位于蛟河县解放街。1951 年 6 月 26 日扩建为东北军区吉林军事部蛟河气象站。1956 年 7 月迁至蛟河县河南杨木林子村。1965 年 1 月迁至蛟河县河南杨木林子西屯。1990 年 1 月，增设蛟河市气象局，局站合一,一个机构两块牌子。

建站时为国家基本气象观测站,2007年1月1日改为国家气候观象台。观测场位于北纬43°42′,东经127°20′,海拔高度295.0米。

管理体制 1950年1月—1951年5月归地方政府管理;1951年6月—1953年7月归东北军区管理;1953年8月—1954年7月、1959年1月—1963年8月、1968年9月—1970年12月、1973年7月—1980年9月,归地方政府管理。期间,1959年1月至1963年11月,蛟河县气象站与蛟河县水文站合并办公,改称蛟河县水文气象中心站,隶属蛟河县人民委员会建制,由蛟河县水文局代管;1954年8月—1958年12月、1963年9月—1968年8月归气象部门管理,1971年—1973年6月归县革委会和军队管理,以军队为主。1980年7月实行气象部门和地方政府双重领导,以气象部门为主的管理体制,延续至今。

人员状况 1950年建所时有2人,1980年在职10人,2007年定编为14人,2008年底,在编职工12人。现有在编职工中有在读研究生1人,本科学历4人,在读本科3人,大专学历1人,中专学历3人;工程师8人,助理工程师2人,实习生2人;20～29岁有3人,30～39岁有4人,40～49岁有3人,50岁以上有2人。

名称及主要领导变更情况

单位名称	主要领导	时间
蛟河矿务局气象所	白国章	1950.01—1950.12
蛟河矿务局气象所	李 范	1951.01—1951.05
东北军区吉林军事部蛟河气象站	李 范	1951.06—1953.07
蛟河县气象站	杨文举	1953.08—1953.12
蛟河县气象站	李 范	1954.01—1956.12
蛟河县气象站	王凤羽	1957.01—1958.03
蛟河县气象站	孙道衡	1958.04—1958.12
蛟河县水文气象中心站	李 俊	1959.01—1962.11
蛟河县水文气象中心站	申铉国	1962.12—1963.04
蛟河县水文气象中心站	辛树君	1963.05—1963.11
吉林省蛟河县气象站	辛树君	1963.12—1964.09
吉林省蛟河县气象站	韩喜林	1964.10—1969.12
蛟河县革命委员会气象站	韩喜林	1970.01—1972.12
蛟河县气象站	韩喜林	1973.01—1978.12
蛟河县气象站	孙道衡	1979.01—1981.12
蛟河县气象站	张子云	1982.01—1983.09
蛟河县气象站	刘贵林	1983.10—1984.06
吉林省蛟河县气象站	刘贵林	1984.07—1988.06
吉林省蛟河县气象站	刘连海	1988.07—1989.09
蛟河市气象站	刘连海	1989.10—1989.12
蛟河市气象局	刘连海	1990.01—1993.11
蛟河市气象局	徐奉善	1993.12—2005.12
蛟河市气象局	张春红	2006.01—

气象业务与服务

1. 气象观测

地面观测时次 1950年1月—1952年11月以120°E为标准时区,21时为日界;1952年12月1日至1953年12月31日以东经120°为标准时区,0时为日界。每天03、09、15、21时4次观测;1954年1月1日至1960年6月30日,以地方时为标准时区,19时为日界,每日01、07、13、19时4次观测。夜间均守班。1960年7月1日至1958年12月31日,以北京时为标准时区,20时为日界,日照以日落为日界,自记记录以24时为日界。每天02、08、14、20时4次观测,夜间守班。1959年1月1日至2006年12月31日,每天02、05、08、11、14、17、20、23时8次观测;2007年1月1日至2008年12月31日为每小时定时观测。夜间守班。观测项目有:云、能见度、天气现象、气压、空气温度和湿度、风向、风速、降水、雪深、雪压、日照、蒸发、地温和草温。

航危报 1961年11月10日至1994年1月,拍发预约航危报,每天24小时以OBSAV电报向吉林、公主岭、拉林军航发预约航危报。2001年1月至2001年12月,每天06—18时向长春民航发预约航危报。

天气报 1954年1月1日开始编发天气报。发报内容为云、能见度、天气现象、气压、气温、风向风速、降水、雪深、地温。

重要天气报 1984年4月1日开始,大风、累积降水量、冰雹、积雪等现象达到标准时发重要天气报,2008年增加雷暴、视程障碍现象。

特种观测 2006年4月12日进行可燃物观测并发报。2007年1月1日,开展酸雨、干沉降和一氧化碳观测。2007年1月10日开始进行风蚀观测。

报表制作 1951年10月起,制作气表-1(基本地面气象观测记录月报表)、气表-3(地面观测记录月报表)、气表-4(日照观测记录月报表),1954年起,制作气表-2(气压、温度、湿度自记月报表)、气表-5(降水自记记录月报表)、气表-6(风向风速自记记录月报表),相应年报为气表-21、气表-22、气表-23、气表-24、气表-25。表-2于1963年2月停作气气压项目;1966年12月停作温度、湿度项目。1961年,气表-3、气表-4并入气表-1,相应的年报表也并入气表-21。1980年1月起开始执行新规范,气表-5、气表-6并入气表-1,相应的年报也并入气表-21,至此,报表只编制气表-1和气表-21。

1951年起人工制作月报表、年报表,一式4份。1953年8月起以邮寄方式上报中国气象局、吉林省气象局和吉林市气象局各1份,留底1份。1987年7月正式用微机制作气表-1,向上级气象部门报送磁盘。2004年12月,改用话路专线上传。2006年升级为两兆光纤,通过网络传输,同时用光盘备份。

资料管理 1984年完成1956—1980年气象资料整编,1984年基本资料装盒归档。2003年5月将建站以来至2000年的降水自记纸交给省气象局气象档案馆;2004年8月,将1976—1998年资料全部移交至省气象局气象档案馆;2005年起每年将观测原始记录(观测簿,自记纸)上交省气象局气象档案馆。

气象电报传输 建站后,通过蛟河县邮电局专线电话口传发报。1986年,通过甚高频电话向吉林市气象局口传省内小图报、农气报等,由吉林市气象局集中后发往吉林省气象台。发往沈阳区域气象中心的电报仍通过县邮电局发送。1997年建立了信息终端。1999年与省气象台开通了X.25协议专线,观测电报通过分组交换网传输到省气象信息中心。2003年市、县之间开通了DDN专线发报,2006年改为SDH光纤专线发报。

自动化观测系统 1984年配备了PC-1500袖珍计算机,1986年1月1日起使用PC-1500计算机取代人工编报。2003年10月,建成DYYZ-II型自动气象站,对气压、气温、湿度、风向、风速、降水、地温、草面温度等要素进行自动采集、计算和处理。气象电报传输实现了网络化、自动化。2004年1月自动观测与人工观测并行,以人工观测数据为主发报,自动站采集的资料与人工观测资料存于计算机中互为备份。2005年1月,继续实行双轨运行观测方式,以自动站观测数据为主。2006年1月,自动站正式单轨运行。2004年5月1日使用自动雨量计。2006年9月建立了24个区域气象自动观测站,其中六要素站2个,四要素站11个,两要素站11个。2006年10月1日区域气象观测站正式运行。

2. 农业气象观测

1958年1月至1967年12月为一般农气站,1968年1月至1976年12月、1988年1月至1990年农气工作停止。1991年至1993年12月改为农气基本站,1994年起改为农气一般站。配备了JJ200型精密电子秤、取土钻、电烘箱。编发农业气象旬(月)报、候报。发报的内容有温度、平均温度、最高温度、最低温度、距平、降水量、降水量的距平、大风、积雪深度、地温。2004年6月23日,根据吉林省气象局下发的《关于加测土壤墒情的紧急通知》,观测并拍发土壤湿度加测报,发报的时间为每年的3—6月和9月,发报内容为土壤相对湿度、地温(5、10、15、20厘米)。2005年以后采用人工输入计算机编发报。

3. 天气预报

短期天气预报 1958年6月开始收听省气象台发布的天气形势,进行手工描图,绘制简易天气图等基本图表,依据农谚和观测员经验制作补充订正预报,主要提供给矿山、供电局、机场等几个部门使用。1972年开始应用数理统计方法制作短期预报。1981年使用117型传真机,1982年使用123型传真机接收北京、日本传真图,开始使用地方MOS输出统计预报方法,至1986年完成了MOS预报方程等系列工具的业务平台基本建设。建立了不同季节、不同天气类型的MOS预报方程。MOS预报、天气模型和经验指标成为主要预报工具。1986年开始用M7-1540型甚高频电话与吉林市气象台进行天气会商。1996年4月,吉林市气象局会同各县(市)气象局建立了县级业务系统进行试运行。1997年建立了县级气象信息终端。2001年6月建成VSAT单收站,停收传真图。预报所需的数值预报解释产品及上级气象台的预报指导资料从网上调用,开始启用Micaps1.0人机交互处理系统,根据上级台的预报指导产品,结合本地资料制作订正天气预报。2007年5月1日起,开始使用地、县可视会商系统。2008年Micaps版本升级至3.0,应用数值预报解释产品和数字雷达资料、吉林市气象局预报指导产品,结合本地天气情况,制作蛟河市14个乡镇的天气预报。天气预报业务以接收数值预报产品、上级气象台的预报指导产品、本站的地方MOS方法和天气会商相结合的方式,制作订正预报。

中期天气预报 1972 年起使用数理统计方法及检验指标制作中期预报。1982 年 1 月用传真机接收中央气象台、欧洲中心的天气预告图,并根据吉林市气象台的旬天气预报,结合分析本地气象资料,使用周期分析、韵律关系等方法制作 3～5 天以及旬天气趋势预报。1983 年后不承担中期预报业务,根据吉林市气象台的预报,进行订正后开展服务。

长期天气预报 1972 年开始运用数理统计和常规气象资料图表及天气谚语、韵律关系等方法制作中期、长期天气预报。长期预报内容主要有:长期天气趋势预报、春播预报、汛期预报(5—9 月)、农作物产量预报等。1983 年后省气象局对县气象站长期预报不做考核,只结合本地气候变化情况开展服务。

4. 气象服务

公众气象服务 从 1958 年开始,通过蛟河县广播站的有线广播发布 24、48 小时天气预报。1998 年初,开始电视天气预报节目制作,建成了多媒体电视天气预报制作系统,将自制节目录像带送电视台播放。2008 年 1 月,电视天气预报节目统一由吉林市气象局影视中心制作,每日将节目录像带送电视台播放。1999 年 5 月,正式开通"121"天气预报自动答询电话。2003 年实行集约化经营,"121"系统纳入吉林市气象局统一管理。2004 年 7 月 1 日,"121"电话升位为"12121"。2006 年,开展了手机短信服务。2006 年,吉林省气象局同吉林市气象局通过移动通信网络开通了气象商务短信平台,以手机短信方式向全市制订气象信息的用户发送天气预报。

决策气象服务 1980 年开始,以电话口述、文字材料等方式向县委县政府报送旬、月天气实况和天气预报及农事建议、汛期气象信息等服务内容。根据天气变化及时报送转折性、灾害性、关键性天气预报和警报信息。1990 年起每年制做"春播期天气趋势"、"作物生长期天气趋势"、"秋季天气趋势及护林防火"、"汛期天气趋势"等气象服务产品。以《气象信息》和《汛期气象信息》形式向市政府领导机关报送。2003 年起开展保障大型社会活动的气象服务。从 2003 年到 2008 年,蛟河市政府每年都举办"金秋红叶"旅游节。蛟河市气象局每年提前五天做出"红叶节"期间的天气预报,并在之后的五天,每天做好订正预报,保证"红叶节"的顺利进行。

【服务事例】 1989 年 7 月 22 日,蛟河县遭遇百年不遇的洪涝灾害,日降水量达 128.9 毫米,上游龙凤水库决堤,流量达每秒 460 立方米,南北河堤发生溃口。7 月 21 日蛟河县气象局提前做出"7 月 22 日有大到暴雨"的预报,并报送给当地政府和防汛部门,建议尽快组织抗洪抢险、抢排溃水,安排生产自救。县政府领导根据天气预报,及时部署全县抗洪抢险,使灾害损失降到最低。

专业气象服务 1988 年开始进行专业气象服务,主要用户是水库、粮食、烟草、交通运输、养殖户、厂矿企业、砖厂等部门,服务方式是通过签订合同,用电话和文字材料向服务单位发送专项天气预报。1988 年服务用户仅有 4 户,至 2000 年发展为 100 户。平均每年签订服务合同 100 份。1990 年,开始向社会开展气象灾害证明服务。

人工影响天气 2006 年开展人工影响天气工作,配备移动人工增雨、防雹火箭车 1 台。2007 年 6 月,蛟河市出现十年不遇的旱情。蛟河市气象局抓住有利天气条件,在 6 月 27—29 日,进行了两次人工增雨作业,发射增雨火箭 14 发,作业区比非作业区增加雨量 17

毫米,使旱情得到缓解。

防雷服务 1994 年起开展避雷设施检测服务,对学校、银行、保险、邮政、林业、加油站等建筑物的防雷设施进行检测,并向存有安全隐患的单位提出整改意见。每年平均与客户签订合同约 70 份。

法规建设与社会管理

1. 气象法规建设

2000 年以来,蛟河市气象局认真贯彻《中华人民共和国气象法》、《吉林省气象条例》、《人工影响天气管理条例》、《吉林市气象灾害防御条例》等法规,并将上述法规文件报送蛟河市人大和法制办备案。蛟河市政府于 1994 年成立雷电防护领导小组,在蛟河市气象局设立雷电防护管理办公室。根据《吉林省人民政府办公厅关于加强雷电防护管理工作的通知》(吉政办明电〔1998〕50 号)、《吉林市气象灾害防御条例》文件,蛟河市人民政府于 1998 年下发《蛟河市防雷工程设计审核、施工监督和竣工验收管理办法》,将防雷工程从设计、施工到竣工验收,全部纳入气象行政管理范围,使防雷管理和防雷技术服务规范化。

2. 社会管理

2004 年,蛟河市人民政府法制办批复确认蛟河市气象局具有行政执法主体资格,并为 2 名职工办理了行政执法证,蛟河市气象局成立行政执法队伍,依法对雷电防护、施放氢气球等项目实施管理。

雷电防护管理 2007 年,蛟河市气象局被列为市安全生产委员会成员单位,负责全市防雷安全的管理。对防雷设施检测、防雷建筑设计等进行管理。2004—2008 年,每年与市安监局、教育局等单位联合开展安全执法大检查。每年分别对学校、银行、保险、邮政、林业、加油站等建筑进行安全检查、检测,通过检查消除雷电安全隐患,并向存有安全隐患的单位提出整改意见。

施放气球管理 2003 年 7 月 1 日,依据中国气象局第五号令《施放气球管理办法》,对蛟河市施放氢气球、制氢设施进行严格管理。

突发气象灾害事件应急管理 2005 年,蛟河市政府建立突发公共事件预警信息发布平台,蛟河市气象局向市政府报送了《突发气象灾害事件应急预案》,承担突发气象灾害事件预警信息的发布与管理。一旦有突发气象灾害,能够做出快速反应,将气象预警信号及灾情上报给市政府和有关部门。

3. 政务公开

2002 年 6 月,蛟河市气象局成立"政务公开领导小组"和"政务公开监督小组",建立健全政务公开制度和监督检查机制。2005 年制定了《蛟河市气象局政府信息公开目录》,由市法制局审核并备案。2006 年制定了《蛟河市气象局行政执法责任制度》,将气象法律法规赋予部门的管理职能、管理权限、审批项目、办事程序、办事时限、收费标准、处罚规定、服务承诺和社会监督等内容,通过市法制局在市电视台向社会公开。

对单位内部的财务预算决算、财务收支情况、人事安排、重要项目建设、大额度资金使用,以及单位重大决策等,通过职工大会、中层干部会、公告栏等形式向职工公开。2008 年被省气象局授予"局务公开示范点"。

党建与精神文明建设

1. 党建工作

1974 年之前,蛟河县气象站因党员少,与林业局苗圃建立联合党支部。1974 年蛟河县气象站有 4 名党员,正式建立党支部。1974—2008 年,共发展了 8 名党员,现有党员 6 人。党支部定期召开民主生活会,开展民主评议党员活动,健全了党建工作目标责任制、绩效考核制,开展廉政教育和廉政文化建设活动。1997 年开始,每年与吉林市气象局签订《党风廉政建设责任书》,建立党风廉政建设连带责任担保制度。1994—2008 年,被蛟河市机关工委授予"先进党支部"称号 13 次。

1974 年建立党支部,历任党支部书记:韩喜林(1974.7—1978.12)、孙道衡(1979.1—1981.12)、张子云(1982.1—1983.9)、刘贵林(1983.10—1988.6)、刘连海(1988.7—1993.11)、徐奉善(1993.12—2005.12)、张春红(2006.1 至今)。

2. 精神文明与气象文化建设

蛟河市气象局坚持以人为本,弘扬艰苦创业精神,把领导班子的自身建设与职工队伍的思想建设,作为精神文明建设的主要内容。组织职工学习"八荣八耻"、学习和实践科学发展观活动。开展了建设"文明机关、和谐机关、廉政机关、平安机关"活动,制订目标、明确责任、严格考核、逐项兑现。

1995 年以来,先后开展了"花园式台站建设"、精神文明创建规范化建设、标准化台站建设等活动。改造了观测场、装修了业务值班室、统一制作局务公开栏。建立了图书室、文体活动室。组织职工开展文体活动,积极参与气象部门、蛟河市直机关组织的文体活动和比赛,活跃了职工的文化生活。

1999 年被吉林省气象局评为全省气象部门精神文明建设标兵单位;2001 年被吉林省气象局评为全省气象部门规范化服务示范单位;2005 年首批通过吉林省气象局验收,建成吉林省标准化建设达标台站;2006 年被评为吉林省"精神文明创建先进单位"。

3. 荣誉

集体荣誉 1980 年至 2008 年,蛟河市气象局共获得各种集体奖励 71 项。其中,中国气象局、省政府奖励 3 项,省气象局奖励 3 项,市级奖励 9 项,其余为县(市)级及以下奖励。

个人荣誉 1978 年至 2008 年,共获奖 224 人次。其中:1998—2008 年有 7 人次被中国气象局授予"质量优秀测报员",1996 年张春红被吉林团省委授予年度"优秀团员"。

台站建设

台站综合改善 1981 年有三幢砖木房屋,建筑面积 618 平方米。2003 年至 2008 年对环境面貌和业务系统进行了改造。2003年中国气象局投入资金36.40万元,翻盖了办公楼、车库、锅炉房;2007年,中国气象局投入综合改造资金75万元,对办公楼进行装修改造,并配备了JF2GF型发电机,在无市电的情况下,保证了工作时段的用电。蛟河市气象局现占地面积1.1万多平方米,办公楼842平方米。

园区建设 2003至2008年,中国气象局投入55万元,分批对院内环境进行了绿化改造,规划整修了道路,重新装修了围墙,修建装饰了大门。

蛟河市气象局经过58年的发展,已成为具有现代化气象观测装备、先进的网络通信技术、整洁美观的环境、管理措施完善的文明单位,为蛟河市的经济发展做出了应有的贡献。

2006年的蛟河市气象局办公楼

2007年建成的蛟河市气象局办公楼

磐石市气象局

磐石市位于吉林省中南部,总面积3867平方千米。总人口54万。1902年设磐石县,1995年10月磐石撤县设市,归吉林市管辖。

机构历史沿革

历史沿革 1956年11月成立磐石气候站,属国家一般站。站址在磐石镇阜康街7组164号,观测场位于北纬42°57′,东经126°03′,海拔高度331.9米。1984年迁到磐石县磐郊乡蚂蚁村(北纬42°58′,东经126°03′,海拔高度336.7米),距县城中心3千米处,站号不变。1996年1月,由国家一般站调整为国家基本站。2007年1月,由国家基本气象站调整为国家一级气象站。2009年1月恢复国家基本站名称。

管理体制 1956年7月—1958年12月归气象部门管理。1959年1月,体制下放,归磐石县人民委员会建制,与水文部门合并,更名为水文气象中心站。1963年8月,根据吉林省人民政府(63)吉编省字343号文件,体制上收归气象部门管理,改名为磐石县气候站。1966年2月,更名为磐石县气象站。1970年12月,根据国务院、中央军委(70)国发75号文件,管理体制下放,实行军、政双管,以磐石县人民武装部领导为主,业务由吉林省气象局管理,更名为磐石县革命委员会气象站。1973 年 6 月,归地方管理,由地方县农业局领导。1980 年 7 月,根据吉政发 1980(25 号)文件,实行气象部门和地方政府双重领导,以气象部门为主的管理体制至今。1984 年 7 月,改为吉林省磐石县气象站。1991 年,根据磐编字〔1991〕34 号文件,增设磐石县气象局,局站合一,一个机构两块牌子。1995 年 10 月改为磐石市气象局。

人员状况 1956 年在职职工 4 人,1978 年在职职工 13 人。2001 年定编 12 人。2008 年在职职工 11 人,其中本科学历 3 人,中专学历 8 人;中级职称 2 人,初级职称 9 人;汉族 8 人,满族 1 人,朝鲜族 2 人;20~30 岁 2 人,30~40 岁 2 人,40~50 岁 4 人,50 岁以上 3 人。

名称与主要领导更替情况

单位名称	主要负责人	任职时间
磐石县气候站	张忠德	1956.11—1958.12
磐石县水文气象中心	张忠德	1959.01—1959.07
磐石县水文气象中心	丘芹銮	1959.08—1962.04
磐石县水文气象中心	钟相如	1962.05—1963.04
磐石县水文气象中心	张志新	1963.05—1963.12
磐石县气候站	张志新	1964.01—1964.11
磐石县气候站	李春生	1964.12—1967.01
磐石县气象站	张社生	1967.02—1971.02
磐石县革命委员会气象站	张树华	1971.03—1972.03
磐石县革命委员会气象站	庄庆林	1972.04—1972.08
磐石县革命委员会气象站	庄庆林	1972.09—1973.06
磐石县气象站	张树华	1973.07—1975.11
磐石县气象站	李士杰	1975.12—1978.05
磐石县气象站	白云波	1978.06—1979.10
磐石县气象站	杨绍武	1979.11—1980.10
磐石县气象站	张社生	1980.11—1981.08
磐石县气象站	唐骥来	1981.09—1981.10
磐石县气象站	张社生	1981.11—1981.12
磐石县气象站	王明林	1982.01—1983.03
磐石县气象站	金昌学	1983.04—1984.06
吉林省磐石县气象站	金昌学	1984.07—1986.06
吉林省磐石县气象站	李培仁	1986.07—1988.06
吉林省磐石县气象站	张岁祥	1988.07—1989.04
吉林省磐石县气象站	林景森	1989.05—1991.11
磐石县气象局	林景森	1991.12—1995.09
磐石市气象局	林景森	1995.10—2006.10
磐石市气象局	孙立双	2006.11—

气象业务与服务

1. 气象观测

地面观测 1956年11月1日至1960年6月30日,气象观测以地方时为标准时区,19时为日界。1960年7月1日起以北京时为标准时区,观测时间以20时为日界,日照以日落为日界,自记记录以24时为日界。

1956年11月1日起,承担国家一般站观测任务。观测时次为每天01、07、13、19时4次观测。1960年1月1日改为每天07、13、19时3次观测。1961年3月10日改为每天08、14、20时3次观测。1964年1月1日改为每天02、08、14、20时4次观测。1989年1月1日改为每天08、14、20时3次观测。夜间均不守班。

1996年1月1日起,承担国家基本站观测任务。每天02、08、14、20时4次观测,夜间守班。观测项目有云状、能见度、天气现象、气压、气温、湿度、风向风速、降水、雪深、日照、蒸发、地温、冻土。1996年1月1日,增加雪压观测。1998年7月1日增加观测大型蒸发项目,2006年7月1日增加草(雪)温观测。2007年1月1日开始,每天02、05、08、11、14、17、20、23时8次观测。

航危报 1971年9月4日向8364部队拍发06—20时预约航危报。1976年8月19日向长春民航、延吉民航拍发临时预约航危报。1979年3月21日,向明城发临时预约航危报。1980年9月24日,向"AV长春"发预约航危报。1997年1月1日—1997年12月31日,08—20时向吉林OBSAV固定拍发航危报。

编报方式 从1956年至1986年采用人工编报,1986年开始采用PC-1500袖珍计算机编报,1999年采用微机编报至今。

自动化观测系统 2003年8月安装DYYZⅡ型自动气象站并投入业务试运行。2003年12月31日—2005年12月31日进入人工观测与自动观测并行。2006年1月1日自动站单轨运行。2006年4月开始区域自动气象站建设,到2008年6月,共建11个区域自动气象站,其中两要素站5个、四要素站6个。

电报传输 建站之初至1985年,通过县邮电局专线电话口传发报。1986年,通过甚高频电话向吉林市局口传、发省内小图报、农气报等,由市局集中后发往省气象台。1997年建立信息终端。1999年与省台开通了X.25协议专线,观测电报通过分组交互网传输到省气象信息中心。2003年,市县之间开通了DDN专线发报,2006年改为SDH光纤专线发报。

报表制作 1957年1月起,每月编制气表-1、气表-2。1957年5月起编制气表-3,1958年起编制气表-5,1973年1月起编制气表-6。相应的年报表有气表-21、气表-22、气表-23、气表-25。1960年、1965年,气表-2中气压自记、温度和湿度自记相继停作,气表-22停编。1961年,气表-3并入气表-1,相应的年报表也并入气表-21,气表-23停编。1980年1月起气表-5、气表-6并入气表-1,相应的年报也并入气表-21。至此,报表只编制气表-1和气表-21。

从建站开始至1987年,用手工抄写编制气表,一式3份,报省气象局资料室、吉林市气象局各1份,留底1份。从1987年7月开始用微机编制报表,上报磁盘。2000年开始光盘备份,通过分组交换网向吉林省局传输气表资料,停止上报纸质报表。

资料管理 1984 年完成 1956—1980 年气象资料整编,1984 年基本资料装盒归档。2003 年 5 月,将建站以来至 2000 年的降水自记纸交给省气象局气象档案馆。2004 年 8 月,将建站以来至 1998 年的资料交给省气象局气象档案馆,以后每年将气表-1、农气表-21、压、温、湿、风和雨量自计纸等资料上交省气象局气象档案馆。

2. 农业气象

农气观测工作 承担国家农气一般观测站任务,1957 年至 1966 年进行农作物观测,观测项目有高粱、玉米、大豆、谷子、水稻、马铃薯。1966 年至 1979 年停止观测。1979 年至 1984 年进行农作物及物候观测,农作物观测项目有玉米、水稻;物候观测项目中,植物有榆树、柳树、车前草,动物有家燕。1957 年起进行土壤湿度测定。

农气发报工作 1957 年至 1966 年拍发农气旬、月报。1979 年至今拍发农气候、旬、月报。

农气预报工作 1981 年开始制作农作物适宜播种期预报、水田扬花期预报、粮食产量预报。1983 年 12 月,完成磐石县农业气候区划报告。每年 1 月份完成全年气候评价。

3. 天气预报

短期天气预报 1958 年开始收听省台天气形势广播,绘制高空 700 百帕、地面 2 张趋势图,结合本地气象要素变化和经验,制作补充订正预报。1972 年起,使用气象要素曲线图、点聚图、经验指标、数理统计等方法制作单站预报。1984 年 1 月,开始使用 ZSQ-1(123)型传真接收机接收北京和日本的传真图,应用地方 MOS 输出统计方法,建立晴雨、降水、最高、最低气温 MOS 方程 8 个。至 1986 年,建成天气模型、模式预报、经验指标等 3 种基本预报工具。同年,使用甚高频电话与吉林市气象台进行天气会商。1999 年 10 月,PC-VSAT 单收站建成并正式启用,安装人机交互处理系统 Micaps1.0,接收数值预报图和云图、雷达等信息。至 2008 年,Micaps 处理系统已升级为 3.0 版本。2006 年,建立省、市、县气象视频会商系统。天气预报业务以接收数值预报产品、上级气象台的预报指导产品、本站的地方 MOS 方法和天气会商相结合的方式,制作订正预报。

中期天气预报 1972 年起,使用周期分析、韵律、数理统计方法及检验指标制作旬、月预报。1983 年后不承担中期预报业务,根据吉林市气象台的旬、月天气预报,结合分析本地气象资料,订正后提供给服务单位。

长期天气预报 1975 年开始制作长期预报,运用数理统计、韵律、模糊数学等方法建立了长期预报指标。预报内容有年景趋势预报、4—5 月份春播期预报、汛期(6—9 月份)预报、秋季预报、冬季预报。1983 年以后,上级业务部门对长期预报业务不再考核,因服务需要,这项工作仍在继续。

4. 气象服务

公众气象服务 1958 年起,天气预报通过县有线广播发布,每天广播 3 次。2006 年起,乡镇天气预报由吉林市气象局气象影视中心统一制作,在磐石市电视台播报。1998 年开通"121"天气预报电话自动答询系统,每日平均访问量为 500 次。2004 年,全地区"121"自动答询电话实行集约经营,2005 年"121"电话升位为"12121"。2004 年起,开通手机 24 小时气象短信业务,2008 年用户达到 4 万户。2007 年开始通过磐石市政府网站发布未来 24 小时天气预报。每年开展节日气象服务,为磐石市创建文明城、全市运动会、招商引资项目开工等重大活动提供气象保障。

决策气象服务 20 世纪 80 年代,主要以口头汇报或邮寄材料方式向磐石县委、县政府提供决策服务。2001 年后,通过直接送达、传真等方式向市领导报送《重要气象信息》、《气象信息》、《专题气象信息》以及专题气象服务和综合性服务材料等决策服务产品。2007 年,磐石市政府建立突发公共事件预警信息发布平台,磐石市气象局承担突发气象灾害预警信息的发布与管理。

【服务事例】 1991 年 7 月,磐石县发生特大洪水,磐石站降水量 426.3 毫米,为磐石县有史以来最大的一次洪涝灾害。磐石县气象局在暴雨天气过程中,做出准确的转折性天气预报,使县委、县政府做好了防大汛、抗大灾的准备工作。当特大洪水发生时,县、乡、村各级领导指挥得当,保住了 4 个中型水库、22 个小 I 型水库、134 个小 II 型水库,并保住了下游 2 万多公顷的农田、106 个村屯人民群众生命财产的安全,在抗洪抢险中没有发生一起人身伤亡事故。

专业气象服务 1985 年开展气象有偿专业服务。为粮库、砖厂、各乡镇农业站、大型企业提供 24 小时预报、旬预报以及气象情报。1988 年,拓宽气象专业服务领域,建立气象、保险、投保户三位一体的联防制度。1989 年,建立农村气象警报系统,购置安装天气警报接收机 20 台,面向粮库、乡(镇)、村、农业大户和企业,开展天气预报警报信息发布服务。至 2000 年,累计签订服务合同 230 份。

人工影响天气 2004 年,磐石市建立了人工影响天气作业点 4 个,配置防雹"三七"高炮 4 门、流动增雨火箭发射装备 2 套。每年春季和秋季开展人工增雨和防雹作业。至 2008 年,共发射防雹炮弹 250 发、火箭弹 15 枚。

防雷服务 1993 年 6 月,成立避雷设施检测中心,负责全县境内避雷装置安全检测。至 2008 年,累计检测各种避雷设施 500 点。

法规建设与社会管理

气象法规建设 2004 年 6 月,磐石市编委下发了《关于成立磐石市人工影响天气领导小组的通知》(磐编字〔2004〕19 号),明确磐石市辖区内人工影响天气工作由气象部门归口管理。2008 年 10 月,磐石市编委下发了《关于调整磐石市人民政府人工影响天气指挥部成员的通知》(磐编字〔2008〕39 号),扩大指挥部成员,使人工影响天气工作覆盖到乡镇。2008 年 10 月,磐石市编委下发了《关于成立磐石市人民政府雷电管理领导小组的通知》(磐编字〔2008〕38 号),明确磐石市气象局雷电防护管理职能。2007 年绘制《磐石市气象观测环境保护控制图》,2008 年编制《磐石市探测环境保护专项规划》报送市政府备案,为保护气象探测环境提供了依据。

社会管理 2001 年,磐石市气象局和磐石市建设局联合下发文件,将磐石市内新建、改建(扩建)建(构)筑物防雷装置工程施工图纸审查、设施跟踪检测验收工作纳入气象部门管理。2003 年,2 名兼职执法人员通过磐石市政府法制办培训考试,持证上岗,成立行政执法大队。2005 年,磐石市政府将"防雷装置设计审核和竣工验收"工作纳入行政审批大厅管理,并将防雷"建审验收"列入磐石市建筑综合验收的前置验收工作中。2004—2008 年,每年与市安全局、消防大队、教育局等单位联合开展安全执法大检查。

政务公开 2005 年成立政务公开领导机构,制定《磐石市气象局政府信息公开目录》,由市法制办审核并备案。将气象法律法规赋予部门的管理职能、管理权限、审批项目、办事程序、办事时限、收费标准、处罚规定、服务承诺和社会监督等项内容,通过磐石市政务大厅公开板、电视媒体及磐石市政府网站向社会公开。2006 年,制定《磐石市气象局行政执法责任制度》,对执法依据、执法权限、执法程序和考核监督等项内容,通过市法制办在市电视台向社会公布。

在单位内部制作政务公开公示板,公布政务公开机构设置、主要职责、服务承诺、责任追究、监督措施等事项。聘任廉政建设和行风建设监督员,设立意见箱、档案盒。对业务质量、财务收支及党建和重大决策,及时向职工进行公布。

党建与精神文明建设

党建工作 建站初期有 1 名党员。1982 年以前,分别与磐石县直属机关党委、县农业局成立联合党支部,1982—1989 年,与磐石县人防办成立联合党支部。1996 年,与磐石市直属机关党委成立联合支部。2002 年底有党员 3 人,成立磐石市气象局党支部,崔丽杰任党支部书记,党建工作归市直机关党工委管理。党支部现有党员 6 人,其中在职正式党员 3 人、预备党员 1 人、退休党员 2 人。

磐石市气象局领导班子认真落实党风廉政建设目标责任制,组织党员干部学习《中共中央关于加强和改进党的作风建设的决定》《邓小平论党风廉政建设和反腐败》《气象部门党风廉政建设文件选编》。1997 起,每年与吉林市气象局党组签订党风廉政目标责任书,建立党风廉政建设担保连带制度。2003 年起,每年 4 月份开展党风廉政教育月活动。2007 年起,每年开展局领导党风廉政述职报告和党课教育活动。认真研究解决职工福利待遇、离退人员生活待遇等职工关心的热点问题。自建局以来,没有出现一起违章、违纪和违法现象。2003 年在"保持共产党员先进性教育知识竞赛"中,被磐石市市直机关党委授予"优秀奖"。2007、2008 连续 2 年被磐石市直机关党工委评为先进党支部。

精神文明建设 1995 年以来,开展了"花园式台站建设"、精神文明创建规范化建设、标准化台站建设等活动。1998 年开始,开展了"树新风正气,促和谐发展"主题教育活动。与磐石市第四小学、磐石市东宁街平安社区结对开展共建活动。改造了观测场、装修了业务值班室、统一制作局务公开栏。建立了图书室、文体活动室。购买了乒乓球、台球、羽毛球、健身器材等。2006 年起,开展争创"一流台站"活动,经过两年的努力,台站环境得到了很大改善。

坚持经常性的气象科普宣传。1996 年组织气象科技人员下乡,用 2 个月时间,深入到18 个乡镇 45 个村,向农村干部群众宣讲气象知识和科学种田技术。利用电视开展气象科普讲座 80 多次,乡镇及村屯直接或间接听课人数达 3 万多人。2006 年开始,每年"3·23"世界气象日与磐石市科协联合开展气象知识宣传,并通过科普画廊宣传气象科普知识。2007 年 6 月,举行防雷知识宣传周活动,配合市教育局对全市 53 所中小学学生进行防雷知识宣传,印发宣传单 2 千余份。每年"12·4"普法日开展气象法律法规宣传。

荣誉　从 1980 年至 2008 年,磐石市气象局集体获奖 11 次。其中,1986 年被评为吉林市抗洪救灾工作模范集体;1995 年被吉林省气象局评为汛期气象服务先进集体;2004 年被评为吉林市级精神文明建设先进文明单位,;2007 年被评为吉林市级精神文明先进单位。

个人获奖共 156 人(次)。

台站建设

台站综合改善　1956 年始建时,建平房 70 平方米,砖瓦结构。冬季用土暖气取暖,生活用水由职工每天用车拉,工作照明用煤油灯和蜡烛。20 世纪 60 年代初期有了电,但时常停电。1983 年站址迁到现在位置,建成砖瓦结构办公平房 282 平方米,设有观测用值班室、站长室、办公室、职工宿舍、仪器室及资料室等,冬季取暖采用土暖气方式,生活用水为自来水。

2002 年吉林省气象局投资 8 万元,对 282 平方米的办公平房进行了装修改造。2005—2007 年,争取国家资金 49 万元,新建 525 平方米办公楼,修建 50 平方米车库和 40 平方米的锅炉房,装修了业务值班室。

园区建设　磐石市气象局现占地面积 1.6 万平方米。2005 年至 2008 年,争取上级投入资金 34 万元,对院内进行重新规划和改造。对院内 4 户居民的房屋进行拆迁。与电业部门协商,拆除和改造了 2 条供电线路。对观测场护坡进行了回填加固,重新修建、装饰了大门。分批对院内环境进行绿化和硬化改造,办公楼前铺设彩砖 1500 平方米,对办公室至观测场 2200 平方米场地进行了绿化。现已成为环境优雅、整洁美观的文明单位。

磐石建站时照片

磐石市气象局新办公楼

桦甸市气象局

桦甸市位于吉林省东南部,距吉林市 112 千米,距离省会长春市 240 千米。地处松辽平原与长白山区的过渡地带,属大陆性季风气候,灾害性天气以干旱、暴雨、大风、冰雹、雷暴、大雪发生频率较高。总面积 6624 平方千米,总人口 45 万。桦甸县 1908 年 1 月设立,1988 年 5 月撤县设市,归吉林市管辖。

机构历史沿革

历史沿革　桦甸县气象站于 1955 年 10 月建立,同年 10 月 1 日开始观测。站址在桦甸城区东北北大营郊外,距城区中心 1000 米。观测场位于东经 126°43′,北纬 42°58′,海拔高度 266.3 米,属国家基本气象站。1976 年 1 月 1 日,站址迁到现址桦甸县永吉街柳大屯,距城市中心 2000 米。观测场位于东经 126°45′,北纬 42°59′,海拔高度 263.3 米。

1987 年 8 月增设桦甸县气象局,局站合一,一个机构两块牌子。1988 年 5 月改为桦甸市气象局,2000 年 12 月起对外服务,名称为桦甸市气象台。2007 年 1 月 1 日—2008 年 12 月 31 日改为国家气象观测站一级站,2009 年 1 月 1 日又恢复为国家气象基本站。

管理体制　1963 年 7 月以前,行政归地方政府管理,业务归气象部门指导。1963 年 8 月—1968 年 8 月归气象部门管理。1968 年 9 月—1970 年 12 月归地方政府管理。1971 年 1 月—1973 年 6 月归地方政府和部队管理,以军队为主。1973 年 7 月—1980 年 9 月归地方政府管理。1980 年 10 月起实行气象部门和地方政府双重领导,以气象部门为主的管理体制。

人员状况　1955 年建站时 6 人。2006 年定编 11 人。现有在编职工 11 人,聘用 2 人,其中,大学学历 7 人,大专学历 1 人,中专学历 5 人;中级专业技术人员 5 人,初级 4 人;40 岁以下 6 人,41~50 岁 1 人,50~60 岁 6 人。

主要领导更替情况

单位名称	负责人	时间
桦甸县气象站	刘光普	1955.10—1956.08
桦甸县气象站	唐骥来	1956.09—1961.06
桦甸县气象站	刘换喜	1961.07—1966.05
桦甸县气象站	崔少甫	1966.06—1970.11
桦甸县革委会气象站	张振江	1970.12—1971.01
桦甸县革委会气象站	周希云	1971.01—1973.04
桦甸县革委会气象站	崔少甫	1973.04—1974.04
桦甸县革委会气象站	曹树文	1974.04—1978.09
桦甸县气象站	崔少甫	1978.09—1987.08
桦甸县气象局	崔少甫	1987.08—1988.05
桦甸市气象局	崔少甫	1988.05—1989.06
桦甸市气象局	张岁祥	1989.06—2004.03
桦甸市气象局	崔明磊	2004.03—2006.01
桦甸市气象局	陈英柏	2006.01

气象业务与服务

1. 地面气象观测

观测机构　1955 年 10 月 1 日开始正式观测。建站初期有 6 人进行地面观测业务。

1987年8月增设气象局后,设立地面测报科。

观测时次 1955年10月1日至1960年6月30日,观测时次以地方时为标准时区,19时为日界。1960年7月1日起以北京时为标准时区,观测时间以20时为日界,日照以日落为日界,自记记录以24时为日界。

1955年10月—1960年6月31日,每日01、07、13、19时4次定时观测,04、10、16时3次为补充观测。1960年7月1日—1979年12月,每日02、08、14、20时4次定时观测,05、11、17时3次为补充观测。观测项目有云、能见度、天气现象、气温、气压、湿度、风向风速、降水、雪深、日照、蒸发、地温、冻土、电线积冰等。

天气报 1955年10月25日0时正式发气象电报,主要发报地点为沈阳中心气象台、吉林省气象台。定时观测正点后3分钟内发出。

航危报 1956年11月开始向空军机场拍发航危报,OBSAV吉林、柳河、DS通化为固定地点,每小时正点前3分钟内发出,危险天气出现后5分钟内发出。2005年以后,航危报地点几经变动,但是此项工作内容未变。

电报传输 1955年至1985年,通过桦甸县邮电局专线电话发报。1986年配置M7-1540型甚高频电话,向省气象台、吉林市气象台发小天气图报和农气报。发往沈阳区域气象中心的电报和航危报仍通过邮电局报房发出。1999年开通与吉林省气象台之间的X.25协议专线,观测电报通过分组交换网传输至吉林省气象信息中心。2003年开通了市县DDN专线,2006年改为SDH光纤专线发报。

气象报表编制 1955年10月起编制气表-1至气表-4,1956年编制气表-5,相应的年报为气表-21至气表25。1973年编制气表-6。1959—1960年编制气表-7、气表-8,相应的年报为气表-27、气表-28。1961年起气表-3、气表-4、气表-7、气表-8并入气表-1,相应年报并入气表-21。1962年、1965年,气表-2气压自记,温度和湿度自记相继停作,气表-22停编。1980年起气表-5、气表-6并入气表-1,相应年报并入气表-21,只制作气表-1和气表-21。

1955年10月—1991年12月,采用人工编制气象月报表、年报表。一式4份,报送国家气象局、省气象局气候资料室、吉林市气象局各1份,留底1份。1992年1月开始应用计算机制作、校对、审核地面气象报表,向上级气象部门报送磁盘。2004年12月,改用专线经网络上传,同时用光盘备份。2006年升级为2兆光纤专线传输。

气象资料管理 1984年完成1956—1980年气象资料整编,基本资料装盒归档。从2004年7月起,将建站以来的气象记录档案(除日照纸)全部移交到省气象档案馆,站内不再保留气象记录档案。

自动化观测系统 1985年1月,配置PC-1500袖珍计算机,1986年1月1日起用PC-1500袖珍计算机取代人工编报。2004年6月建成DYYZ-Ⅱ型自动气象站,2005年1月正式使用。观测项目有气压、气温、湿度、风向风速、降水、地温、草面温度等。天气现象、能见度、发报降水为人工观测。人工与自动站对比观测2年双轨运行,自动站于2006年正式单轨运行。

2006年分别在榆木、金沙、公吉、苏密沟、夹皮沟、红石等乡镇建立区域自动气象观测站19个,其中两要素站8个、四要素站10个、六要素站1个。

2. 农业气象

观测 1979年,农业气象正式开展工作,确定为国家农业气象基本站。观测项目内容有农作物玉米、大豆观测,土壤水分固定地段观测,土壤水分作物地段观测。动植物候期观测有青蛙、家燕、加拿大杨、榆树、蒲公英、车前等。2006年增加常年森林可燃物观测,每年3—6、9—11月逢2观测。2007年增加杏、旱柳生态项目观测。

发报 1979年起常年编发农气旬、月电报,春季3—5月每候编发农业气象候报。2005年增加每旬逢3加测土壤墒情观测,5日发报。每年12月编制农气报表,玉米、大豆、土壤水分、物候各4份,上报国家气象局和省气象局。1979—1995年,观测主要采用目测、器测和人工计算。1996年开始采用微机发报程序,农气旬、月报基本段可实现微机自动编报。作物段、灾情段、地方补充段仍用人工编报,输入微机发报。

3. 气象预报

短期天气预报 1958年6月开始,收听吉林省气象台天气形势广播,绘制简易天气图制作补充订正天气预报。使用气象要素曲线图、点聚图、经验指标、数理统计等方法制作单站预报。1981年使用117型传真机,1982年使用123型传真机,接收北京和日本的传真预报图,建立温度、降水、晴雨等MOS预报方程。至1986年,形成天气模型、MOS预报、经验指标等三种基本预报工具。1986年用M7-1540甚高频电话与上级气象台进行天气会商。2001年6月,建成VSAT地面卫星单收站,使用人机交互处理系统Micaps1.0。至2008年,建立县级预报业务平台,Micaps软件升级至3.0版本。2007年5月开通市、县气象可视会商系统。天气预报业务以接收数值预报产品和数字化雷达资料、上级气象台的预报指导产品、本站的地方MOS方法和天气会商相结合的方式,制作订正预报。

中期天气预报 20世纪60年代至1983年,先后使用气象要素曲线图、点聚图、韵律、时间序列剖面图、数理统计及检验指标等方法制作3~5天、旬预报。1983年后不制作中期预报,根据吉林市气象台的中期预报进行订正,提供给服务单位。

长期天气预报 1972年开始用数理统计方法制作长期预报,运用数理统计、韵律、模糊数学等方法建立长期预报指标,制作年景趋势预报、汛期6—8月天气趋势预报。1983年以后不做长期预报,使用省、市气象台的长期预报进行订正后提供给服务单位。

4. 气象服务

公众服务 1958年通过广播站,用有线广播向全县发布24小时天气预报。1999年,正式开通"121"天气预报自动咨询电话。2005年电话升位"12121"后,由吉林市实行集约化统一管理。2000年5月,天气预报由桦甸市电视台用字幕形式于每晚18时30分播出。2007年4月,桦甸市电视天气预报节目由吉林市气象局统一制作,在桦甸市电视台播出。

决策服务 1967年开展气象为农业生产服务,主要用电话方式向市政府、乡镇和部门领导提供土壤墒情实况和天气预报服务。1987年开始向市政府领导机关报送《气象信息》和《汛期气象信息》等服务材料。内容有旬、月天气实况,旬、月天气预报及农事建议、汛期气象信息等决策服务产品。根据天气变化及时报送转折性、灾害性、关键性天气预报、预警信号,为各级领导指挥农业生产、防汛、抗旱、森林防火提供决策依据。2005年,建立县级气象灾害突发应急预案,负责突发气象灾害预警信息的发布与管理。

【服务事例】 2007年开展为政府举办的重大社会活动服务。2008年,桦甸市政府第二届白桦节将于9月21日举行,邀请全国知名人士和企业界参加,为桦甸经济发展构建招商大平台。桦甸市气象局分析了天气形势,提出9月21—22日有中雨过程,建议开幕式改在9月23日。大会组委会采纳了预报建议。实况是9月21—22日出现明显降水天气,降水量9.2毫米。9月23日天气晴好,开幕式如期进行。

专业专项服务 1986年开展专业专项服务,对粮食晾晒、城市建设、基建施工、建材生产等行业提供天气预报服务。1992年,开展对各个乡镇农业生产气象服务。专业服务以旬天气预报为主。至2000年累计签定服务合同400份。

防雷服务 2004年开展防雷检测服务,最初检测用户计算机机房的防雷设施。2006年开始进行防雷工程设计、施工、安装和检测。至2008年被检单位每年达到105个。

法制建设与政务公开

气象法制建设 2000年以来,落实《中华人民共和国气象法》、《吉林省气象条例》、《人工影响天气管理条例》、《吉林市气象灾害防御条例》法规,并将上述法规文件及时送交市人大和法制办备案。2005年绘制《桦甸气象观测环境保护控制图》,上报市政府备案。2008年编制桦甸市《探测环境保护专业规划》报送市政府备案,为保护气象探测环境提供了依据。

社会管理 桦甸市政府办公室于1998年11月29日下发桦市政办〔1998〕61号文件,成立桦甸市雷电防护管理办公室,设在桦甸市气象局。将防雷工程从设计、施工、竣工验收全部纳入气象局行政管理范围,并为3人颁发行政执法证。气象执法人员每年定期对液化气站、加油站、矿山火药库等高危行业岗位和非煤矿山防雷设施进行检查,对不符合防雷技术要求的单位责令整改。

政务公开 2006年成立桦甸市气象局政务公开领导小组和政务公开监督小组,建立健全政务公开制度和监督检查机制。将气象法律法规赋予部门的管理职能、管理权限、审批项目、办事程序、办事时限、收费标准、处罚规定、服务承诺和社会监督等项内容,通过市政务大厅公开板向社会公开。对单位内部的年度财务预算决算、经费使用、物资采购、基建项目、招待费用、干部任用、职称评定、评先选优和考核奖惩等项内容,利用公示板、会议等形式向职工公开。

规章制度建设 建站初期建立各项工作制度,经多年实行,逐步健全了内部规章管理制度。2000年以后修订了业务岗位规章制度、财务制度、考勤制度、学习制度、会议制度。各项制度执行情况与年度考核办法同步执行。

党建与气象文化建设

1. 党建工作

1955年建站初期,有党员1人,与水利局大堤管理所组成联合支部。1971年成立气象站党支部,有党员3人,隶属桦甸县水利局党委领导。1988年5月改为桦甸市气象局党支部,隶属市直属机关党工委管理。历任党支部书记:崔少甫(1971.01—1974.03)、曹树文(1974.04—1978.09)、崔少甫(1978.09—1989.06,连续三届)、张岁祥(1989.06—2004.03)、崔明磊(2004.03—2006.01)、陈英柏(2006.01—2008.01)、崔明磊(2008.01至今)。

历届党支部注重发挥战斗堡垒作用和党员模范带头作用。1995年7月下旬,辉发河流域普降大雨,桦甸市受到洪水危害,护城大堤在下游处决口,洪水倒流进入市区,淹没了办公室二楼。在危机时刻,党支部要求共产党员留下坚守岗位,其他职工和家属撤离。全体职工深受感动,仍坚守一线岗位,做好气象服务工作。当年,桦甸市气象局被中国气象局授予"抗洪抢险先进集体"。党支部注重培养积极分子,1974—2008年发展新党员4名。建站50多年来,全局职工、家属、子女无一人违法乱纪,无一刑事民事案件发生。2001—2006年被桦甸市直属机关党工委评为先进党支部。

2. 精神文明建设

1995年以来,开展了"花园式台站建设"、精神文明创建规范化建设、标准化台站建设等活动。发扬"爱岗敬业、团结奋进、求实奉献"的气象人精神。1998年起,每年1月份开展职业道德教育月活动。2000—2008年,先后开展"八荣八耻"、"三个代表"重要思想、"保持共产党员先进性"等教育活动,并与驻地学校、社区结对共建,与贫困村(户)结对帮扶。2006年开始,每年春节给2名贫困户送米、面、油和救济金,并参加地方双日捐活动。2007年,参加地方创建"学习型、服务型、创新型"机关活动。2008年汶川地震后,全站职工家属踊跃捐款捐物救灾。2006年制作了公示栏,建立了会议室、文体活动室、图书室,增添了健身器材,组织职工开展文体活动。2006年以来,先后组织职工到北大湖滑雪场观看亚冬会比赛、赴长白山天池旅游等活动。

2003—2007年建成地(市)级文明单位,2005—2007年为桦甸市文明单位。

3. 主要荣誉

集体荣誉 1978—2008年共获集体奖项35次。其中,获中国气象局奖励1项,吉林省气象局奖励4项,吉林市级奖励1项,桦甸市奖励10项。1995年被中国气象局授予"抗洪抢险先进集体",2007—2008年被评为桦甸市"学习型、服务型、创新型"机关先进集体,2007年建成吉林省标准化气象台站达标单位。

个人荣誉 建站至2008年,个人获奖共有107人次。其中有3人次获得中国气象局"质量优秀测报员"称号。

台站建设

1955年建站初期,办公条件简陋,仅有80平方米平房1栋。冬季室内采用火炉取暖。1976年因观测环境受到严重影响,站址迁到现址柳大屯,建成240平方米的二层办公楼。修建气象大院外围墙、钢筋围栏400延长米。全站职工自己动手修建了自来水,安装供热暖气,办公环境和生活条件得到改善。

　　1995 年,桦甸市气象局办公楼遭受洪水淹浸,受到很大破坏,后进行了维修。2006 年,中国气象局投资 60 万元,在现址新建 500 平方米的二层办公楼,外观采用欧式建筑风格。办公楼内建成 100 平方米预警中心、会议室、健身室、图书室、单身宿舍、职工食堂、仪器室,配置了健身器材、计算机,悬挂了气象徽标。局院内修建 3000 平方米草坪、100 平方米花池,新建塑钢围栏,在大气观测场附近新建农气生态观测场。职工的工作和生活环境得到彻底改善。

1995 年遭到水灾的观测场

1995 年遭到水灾的桦甸市气象局

2005 年的桦甸市气象局办公楼

2006 年建成的桦甸市气象局办公楼

舒兰市气象局

　　舒兰市位于吉林省东北部,地处北纬 43°51′～44°38′,东经 126°24′～127°45′。东北部同黑龙江省五常市接壤,南与蛟河市、永吉县交界,西隔松花江与九台市相望,西北与德惠市毗连,北与榆树市为邻。属中纬度大陆性季风气候,四季分明,土地肥沃,水源充足。幅员面积 4557.05 平方千米,总人口约 67 万人。舒兰县于 1910 年 4 月设立,1992 年 10 月撤县设市,归吉林市管辖。

机构历史沿革

历史沿革 1956 年 7 月建立舒兰县气候站，11 月正式开始观测。站址位于北纬 44°25′，东经 126°56′，海拔高度 250.6 米，属一般气象站。从 1956 年至 2008 年，站址未变，站址名称变更五次：1956 年 7 月—1958 年 5 月为舒兰县启智乡自井屯；1958 年 6 月—1984 年 3 月为舒兰县镇郊乡自井大队自井屯；1984 年 4 月—1992 年 11 月为舒兰县舒郊乡镇郊村；1992 年 12 月—2004 年 12 月为舒兰市舒郊乡镇郊村；2005 年 1 月—2008 年 12 月为舒兰大街 5920 号。1987 年 12 月增设舒兰县气象局，局站合一，一个机构两块牌子。1992 年 11 月改为舒兰市气象局。2007 年 1 月 1 日—2008 年 12 月 31 日改为国家一级气象站。

管理体制 1956 年 7 月—1958 年 12 月归气象部门与地方政府双重领导，以气象部门为主。1959 年 1 月—1963 年 8 月归地方管理，气象与水文部门合并，更名为舒兰县水文气象中心站。1963 年 9 月—1970 年 8 月归气象部门管理。1970 年 9 月—1973 年 11 月归县革委会和部队管理。1973 年 12 月—1980 年 9 月归地方管理。1980 年 10 月起实行气象部门和地方政府双重领导，以气象部门为主的管理体制。

名称及主要负责人变更情况

单位名称	时间	主要负责人
舒兰县气候站	1956.06—1958.03	叶震南
舒兰县气候站	1958.04—1959.03	张社生
舒兰县水文气象中心站	1959.04—1960.07	耿远年
舒兰县水文气象中心站	1960.08—1963.11	耿远年
舒兰县气候站	1963.12—1966.01	耿远年
舒兰县气象站	1966.02—1968.04	耿远年
舒兰县气象站	1968.05—1970.08	纪万荣
舒兰县革命委员会气象站	1970.09—1970.12	纪万荣
舒兰县革命委员会气象站	1971.01—1980.06	孙孟金
舒兰县气象站	1980.07—1986.01	孙孟金
舒兰县气象站	1986.02—1987.11	李昌山
舒兰县气象局	1987.12—1992.10	李昌山
舒兰市气象局	1992.11—1994.06	李昌山
舒兰市气象局	1994.07—1999.08	王殿才
舒兰市气象局	1999.09—2006.03	王仲云
舒兰市气象局	2006.04—	肖庆斌

人员状况 建站时在职职工 3 人，1980 年在职职工 14 人，2008 年底在职职工 10 人。现有在职职工中具有大学学历 3 人，大专学历 2 人，其余为中专或高中学历；职称均为初级；党员 4 人；50～60 岁 3 人，40～49 岁 3 人，30～39 岁 1 人，30 岁以下 3 人。外聘业务人员 2 名；退休人员 5 人。

气象业务与服务

1. 气象观测

观测机构 1979年设立观测组,1985年更名为测报科,2008年测报科职工5人。

观测时次 1956年11月—1960年6月30日观测时次采用地方时,以19时为日界。1960年7月1日起改为北京时,以20时为日界,日照以日落为日界,自记记录以24时为日界。1956年—1957年12月、1961年3月15日—1963年12月31日、1966年4月1日—1971年3月31日、1989年1月1日—2006年12月31日为3次观测,夜间不守班;1958年1月—1961年3月14日、1964年1月1日—1966年3月31日、1971年4月1日—1988年12月31日为4次观测,夜间守班;2007年1月1日—2008年12月31日为8次观测,昼夜守班。

观测项目 云、能见度、天气现象、气压、气温、湿度、风向风速、降水、雪深、日照、蒸发、地温。

天气报 1956年—1960年6月,2次报时为07、13时,3次观测时为07、13、19时;1960年7月1日后4次观测时为02、08、14、20时,8次观测为02、05、08、11、14、17、20、23时。发报内容为云、能见度、天气现象、气压、气温、风向风速、降水、雪深、地温。1985年起用PC-1500袖珍计算机编报,1999年起用计算机编报。

重要天气报 始自1984年2月10日,2008年之前发报内容为降水、大风、龙卷、冰雹,2008年内容增加雷暴、视程障碍现象。

航危报 1962年起开始拍发航危报,服务方式为固定、预约两种,服务单位曾经有牡丹江、吉林、拉林、蛟河、长春、公主岭,电报挂号OBSAV,1994年1月1日调整为OBSAV吉林1份,全年每日08—18时固定航危报。

气表编制 1956年起,编制气表-1至气表-4,从1962年起编制气表-5,从1973年11月起编制气象-6。相应的年报表有气表-21、气表-23、气表-24、气表-25。气表-2于1960年2月气压项目停作;1965年12月温度、湿度项目停作。1961年,气表-3、气表-4并入气表-1,相应的年报表也并入气表-21。气表-23、气表-24停编。1980年1月起气表-5、气表-6并入气表-1,相应的年报也并入气表-21。至此,报表只编制气表-1和气表-21。

1987年前用手工编制气象月报表,一式3份,上报省气象局资料室、吉林市气象局各1份,留底1份。1987年8月起,使用APPLE-Ⅱ型计算机制作气表,打印简易气表与原始气象数据、磁盘一同上报省、市局审核。2006年起气表数据用网络传输,以光盘存储。

资料管理 1984年完成1956—1980年气象资料整编,1984年基本资料装盒归档。2003年5月将建站以来至2000年的降水自记纸交给省气象局气象档案馆,2004年8月将建站以来至1998年的资料交给省气象局气象档案馆。以后每年将前5年温度、湿度、气压、自记风的自记纸,自动站气象观测簿和农业气象观测簿等资料上交省气象局气象档案馆。

电报传输 1956—1985年、1988—2001年1月天气电报用专线电话通过舒兰邮电局发报。1986—1987年用甚高频电话口传至吉林市气象局。1999年2月—2003年使用拨号方式通过分组交换网上传至吉林省气象信息中心。2003年开通市县DNN专线发报,

2006 年升级为光纤专线传输。航空报文始终通过舒兰电信局电报网发报。

自动化观测系统　2003 年 10 月建成 DYYZ-Ⅱ型自动气象站。该系统对气压、气温、湿度、风向风速、降水、地温等要素能自动采集、计算、处理、显示、存储、传输、打印。2003 年 11 月—2004 年 12 月开始试运行;2005 年 1 月—2006 年 12 月对比观测,双轨运行;单轨运行则始于 2007 年 1 月 1 日。自 2006 年至 2008 年建成 14 个区域自动气象站,其中四要素自动站 12 个,六要素站 2 个。

2. 农业气象观测

观测机构　舒兰市气象局农业气象观测开始于 1979 年,1985 年与预报组合并为预报服务科。1979—1991 年为农业气象一般站,1992 年至今为农业气象基本站,编制为 2 人。

业务项目　规定季节固定地段 0～100 厘米土壤湿度,作物地段 0～50 厘米土壤湿度观测;作物观测玉米、水稻;物候观测加拿大杨、紫丁香、马兰、家燕;生态观测为车前草、旱柳、杏、蒲公英。编发农业气象旬、月报、土壤加湿报、候报,制作农气年报表。2005 年以后采用人工输入计算机编发报。

3. 天气预报

短期天气预报　1958 年 4 月 1 月开始短期天气预报业务,接收省气象台天气预报和天气形势广播,结合本站资料,制作 12～72 小时天气预报;1972 年开始用数理统计方法。1981 年开始使用 ZSQ-1(123)型传真接收机接收北京和日本的传真图,使用地方 MOS 输出统计方法,建立 MOS 方程 4 个。至 1986 年建成天气模型、模式预报、经验指标等三种基本预报工具。1999 年 10 月建成 VSAT 地面卫星单收站,使用人机交互处理系统 Micaps1.0,至 2008 年建立了县级预报业务平台,Micaps 软件升级至 3.0 版本。2007 年 5 月开通市、县气象可视会商系统。天气预报业务以接收数值预报产品和数字雷达资料、上级气象台的预报指导产品、本站的地方 MOS 方法和天气会商相结合的方式,制作订正预报。

中期天气预报　1972 年起分析本地气象资料,使用数理统计、检验指标、周期分析、韵律等方法制作旬天气趋势预报。1983 年后不制作中期预报,对上级气象台的预报进行订正后提供给服务单位。

长期天气预报　1959 年开始长期天气预报业务。主要采用分析本地气象资料、天气谚语、使用数理统计方法和韵律关系等方法制作。长期预报内容有:春播预报、汛期(5—9 月)预报、秋收期预报、年景趋势预测等。1983 年以后停止长期天气预报制作,服务则转发经本站订正后的吉林市气象台气象预报信息。

4. 气象服务

公众气象服务　1957—1987 年通过舒兰县有线广播播发短期(12～72 小时)天气预报,1988 年后,通过舒兰电视台用字幕形式播放短期天气预报以及关键性、转折性重大天气过程预报和灾害性天气警报。1998 年与舒兰市电信局合作开通"121"天气预报自动答询系统,2003 年实行集约经营纳入地区管理,2004 年升位为"12121"。

决策气象服务　建站后以电话、口头汇报方法向县政府领导提供气象服务。从 1976

年开始每年制作"春播期天气趋势"、"作物生长期天气趋势"、"秋季天气趋势及护林防火"、"汛期天气趋势"、"年展望等中长期预报",印发给市政府及相关单位,为各级领导指挥农业生产、防汛、抗旱和森林防火服务。

专业气象服务 1985年开展专业专项服务。为粮库粮食晾晒、水库蓄水、房屋建筑、桥梁、公路、铁路、厂矿建设施工提供专业预报及气象资料服务。每年平均签订服务合同31份,至2000年累计签订服务合同497余份。从2006年起开展森林防火等级预报。

防雷服务 避雷设施检测服务始于1992年,经过二十来年的努力,使舒兰市的防雷设施受检率达到95%以上,尤其是炸药库、鞭炮库、加油加气站等重点部位达到100%。每年平均检测62个点。至2008年累计检测各种避雷设施1051点。

人工影响天气 冰雹是舒兰市主要的自然灾害之一。据统计,1957—1985年舒兰县共出现较大雹灾87次,年均3.1次,对粮食及烟叶生产危害很大。1993年吉林市气象局与舒兰市农业局、粮食局等部门联合在雹线上建立了9个"三七"高炮作业点,开展人工防雹作业。2007年,配备了移动人工增雨、防雹火箭发射系统,为抗旱、防雹工作增添了新手段。

法规建设与管理

1. 气象法规建设

2000年以来,舒兰市气象局认真贯彻《中华人民共和国气象法》、《吉林省气象条例》、《人工影响天气管理条例》、《吉林市气象灾害防御条例》等法规,并将上述法规文件报送舒兰市人大和法制办备案。2000年根据《中华人民共和国气象法》以及气象观测规范对气象探测环境的要求,向县政府提交了加强观测环境保护的报告,得到县政府批复并转交舒兰县城市建设局留存备案,为保护气象探测环境提供依据。

1998年根据《关于加强雷电防护管理工作的通知》(舒政办〔1998〕065号)精神,舒兰市政府成立雷电防护领导小组,在气象局设立雷电防护管理办公室,由舒兰市气象局负责雷电防护管理。

2. 社会管理

2001年设立由具有执法证人员组成的行政执法队。2006年行政审批进入舒兰市政务大厅。审批内容有:施放气球审批、防雷装置设计审核、防雷装置竣工验收、其他行业用于公众服务的气象要素采集的审批。

人工影响天气管理 2004年为便于人工影响天气工作管理,吉林市人工影响天气办公室统一规定,县级人工影响天气管理移交给各县(市)气象局管理,舒兰市政府在气象局成立人工影响天气办公室,负责全市人工影响天气工作。舒兰市气象局对炮手进行培训,要求专业人员持证上岗,确保作业环节通讯畅通,建立了一套安全作业、维修保养、炮弹贮运的规章制度。从2005年开始对各炮点进行弹药库、炮库、值班室、炮台的标准化建设,并签订了安全生产责任状。

施放气球管理 舒兰市气象局依照《通用航空飞行管制条例》和《施放气球管理办法》依法行使对施放氢气球的行政管理。

雷电防护管理　舒兰市建设局根据舒政〔1998〕65 号下发《关于加强各类工程防雷设施施工规范化管理的通知》(舒防雷联字〔1999〕03 号),将防雷工程从设计、施工到竣工验收进行全程管理,对易燃、易爆等高危行业进行重点检查管理。

3. 政务公开

舒兰市气象局于 1995 年以来对气象服务承诺、气象服务内容、气象服务时效、服务态度、服务收费标准,以及职工各自承担的责任和义务进行公示。要求气象执法人员增强素质,不断加强自身纪律建设,树立"便民、规范、廉洁、高效"的形象。2005 年以来,气象行政审批项目进入舒兰政务大厅集中办理,将气象法律法规赋予部门的管理职能、管理权限、审批项目、办事程序、办事时限、收费标准、服务承诺和社会监督等项内容,通过县政务大厅公开板向社会公开。

在单位内部,对干部任职考核、目标考核、福利、待遇、财务执行情况等,通过公示栏、职工大会等形式,定期对职工公布。

党建与精神文明建设

1. 党建工作

舒兰市气象局在 1959 年时有一名党员,与县法院建立联合支部。1974 年有 6 名党员,成立了气象站党支部。党支部坚持政治理论和新党章学习,坚持"三会一课"制度,开展了保持共产党员先进性教育等活动。党支部注重对积极分子的培养与教育,从 1987 年至今发展了 6 名党员。

党支部坚持对党员进行党风廉政教育。从 1997 年开始,每年与吉林市气象局党组签订党风廉政建设责任书。将党风廉政建设纳入舒兰市直机关党工委的党风廉政建设目标考核。经舒兰市市直机关党工委进行严格考核,舒兰市气象局被评为达标单位。于 2005 年、2006 年连续 2 年被舒兰市机关党工委评为先进党支部。并于 1987 年成立工会。

舒兰市气象局历届党支部书记:金章玉(1974—1986);李长山(1986—1996);王殿才(1996—1999);王仲云(1999—2006);肖庆斌(2006 至今)。

2. 精神文明建设

舒兰市气象局 1998 年建立精神文明领导小组,坚持精神文明思想教育,提高每个职工对精神文明创建的自觉性。为配合精神文明建设开展了"争做文明市民"、"五好家庭"、"救灾扶贫"、"春蕾计划"等竞赛活动。做到精神文明建设有计划、有目标、有检查、有结果。

1995 年以来,开展了"花园式台站建设"、精神文明创建规范化建设、标准化台站建设等活动。改造了观测场、装修了业务值班室、统一制作局务公开栏。建立了图书室、文体活动室。组织职工开展文体活动,丰富了职工的文化生活。2001—2008 年,连续 8 年被评为地市级精神文明先进单位。

3. 主要荣誉

集体受奖　1980 年至 2008 年获集体奖励共 15 项。其中:获中国气象局奖励 1 次;市级奖励 10 次;县(市)级奖励 4 次。1987 年获得国家气象局颁发的 4—5 月春播期天气预报显著成绩奖;1991 年被吉林市局评为先进单位;1996 年获得吉林省气象局颁发的发展地方气象事业先进奖。

个人受奖 1980 年至 2008 年获奖个人共 64 人次。

台站建设

台站综合改造 建站初期只有 40 平方米砖瓦结构平房的办公室,工作和生活用水靠肩挑手提,取暖用煤炉。1982 年省气象局投资建设 200 平方米砖瓦结构平房办公室,取暖采用地炕。1996 年由省气象局投资和地方匹配方式建成 300 平方米三层办公楼,增设了洗手间、资料库和仪器库,采用锅炉供暖。值班室铺设了防静电地板,购置了沙发等办公设施,并达到观测自动化、办公微机化、传输光纤网络化、会商可视化。自建机井,用上了自来水。1993 年由市气象局和地方政府资助购置北京吉普车,使气象科技服务以及灾情调查方便快捷。2005 年又新购置长城越野车。1971 年至 1992 年由省局投资和个人集资共同建起了户均 50 平方米砖瓦结构职工住宅,本局自筹资金接通了自来水,安装了自供热式水暖气,解决了职工后顾之忧。建站初没有围栏围护,20 世纪 70 年代建起铁丝网围栏,20 世纪 80 年代后期建起钢筋围栏,20 世纪 90 年代换装欧式围栏。

园区建设 1985 年以来,在院内修建花坛,种植花卉,栽种了龙柳、紫丁香、黄槐等树种,绿化、美化了站内庭院环境。

| 1995 年以前的舒兰市气象局办公楼 | 现在的舒兰市气象局办公楼 |

磐石市烟筒山气象站

烟筒山镇地处磐石市东北部,面积 497 平方千米。其中,镇区面积 7 平方千米,人口 8.1 万。属温带季风气候,四季分明,冬季寒冷漫长,夏季酷热短暂,春季多大风。年平均气温 4.4℃,全年降水量为 695.5 毫米,每年 6 月至 9 月为降水集中月份,洪涝时有发生。

机构历史沿革

历史沿革　烟筒山气象站始建于 1959 年。1960 年 1 月 1 日正式开始地面测报工作，承担国家气象基本观测站地面观测任务和向空军及民航部门提供 24 小时航危报服务。1996 年 1 月 1 日，由国家基本站改为国家一般站，1997 年 1 月 1 日改为国家二级气象站，2009 年 1 月 1 日改为国家一般站。

烟筒山气象站原址位于烟筒山镇东南部南庆街(北纬 43°17′，东经 126°01′)，观测场海拔高度 249.7 米。1981 年 1 月 1 日迁至烟筒山镇西郊中和街，观测场位于北纬 43°18′，东经 126°01′，海拔高度 271.6 米。

管理体制　1960 年 1 月—1963 年 7 月，隶属地方政府管理。1963 年 8 月—1968 年 8 月，隶属气象部门管理。1968 年 9 月—1970 年 12 月，归地方政府管理。1971 年 1 月—1973 年 6 月，隶属县革委会和军队管理，以军队为主。1973 年 7 月—1980 年 9 月，归地方政府管理。1980 年 7 月起，实行气象部门和地方政府双重领导，以气象部门为主的管理体制。

人员状况　1960 年至 1979 年，在职职工 5 人，党员 2 人。1980 年至 1995 年在职职工 6 人，其中中专 4 人，大专 1 人；工程师 1 人，助理工程师 3 人，技术员 2 人。1996 年编制设定为 5 人，在职职工 5 人，助理工程师 3 人，技术员 2 人。2001 年编制 3 人，在岗 4 人。2006 年 10 月至今，在岗 3 人，其中工程师 1 人，助理工程师 2 人；大学本科 1 人，中专学历 1 人，高中学历 1 人。

气象站主要领导变更情况

姓名	职务	时间
张忠德	站长	1960.01—1961.11
钟相如	副站长主持工作	1961.12—1962.10
张志新	副站长主持工作	1962.10—1963.10
战魁武	站长	1963.11—1981.12
钟相如	副站长主持工作	1981.12—1983.01
张岁祥	副站长主持工作	1983.02—1984.07
王建国	副站长主持工作	1984.07—1986.01
卢艳华	副站长主持工作	1986.01—1988.12
石　祥	副站长主持工作	1988.12—1989.02
金成江	站长	1989.02—1991.01
石　祥	副站长主持工作	1991.01—1993.02
方桂岭	站长	1993.02—1999.05
杨　梅	站长	1999.05—

气象业务

烟筒山气象站的主要业务是地面气象观测，1960 年 1 月 1 日开始向区域气象中心和省气象台传输气象电报及制作报表。1996 年 1 月 1 日向省气象台传输气象电报及制作报表。

1. 气象观测

烟筒山气象站从 1960 年 1 月 1 日至 1995 年 12 月 31 日为国家基本气象站。建站至 1960 年 6 月 30 日，观测采用地方时制，以 19 时为日界，每日 01、07、13、19 时 4 次观测，昼夜守班。从 1960 年 7 月 1 日起，采用北京时制，观测时间以 20 时为日界，日照以日落为日界，自记记录以 24 时为日界，每日 02、08、14、20 时 4 次观测，昼夜守班。观测项目有风向、风速、气温、气压、云、能见度、天气现象、降水、日照、小型蒸发、地面温度、雪深密度、电线积冰、冻土等。每天编发 02、08、14、20 时 4 个时次的定时绘图报，夜间守班。1996 年 1 月 1 日起改为国家一般站，观测时次为 08、14、20 时，夜间不守班，观测项目不变。

2003 年 10 月，建成 DYYZ-Ⅱ型自动站，观测项目包括温度、湿度、气压、风向风速、降水、地面温度、草面温度。2004 年与人工站对比观测 1 年，2005 年与人工站平行观测 1 年。2006 年 1 月 1 日起，DYYZ-Ⅱ自动站正式单轨运行，观测项目除天气现象、能见度、发报降水为人工观测外，其余均为自动观测。

2. 气象电报及传输

发报内容　1960 年 1 月 1 日至 1966 年 1 月，向沈阳区域气象台、吉林省气象台、吉林市气象台拍发 02、08、14、20 时 4 次定时绘图报、小图报和重要天气报、农业旬报。1996 年 1 月 1 日改为国家一般站，发报时次为 08、14、20 时，内容不变。

航危报　烟筒山气象站从 1960 年 1 月 1 日至 1995 年 12 月 31 日，承担 24 时次定时、预约向空军部队拍发 OBSAV 及民航部门 OBSMH 航空天气报、航空天气危险报的任务，拍发地点有沈阳、长春、丹东、东丰、靖宇、柳河、吉林、延吉、敦化、公主岭等地。1996 年 1 月 1 日，根据中气业发〔1995〕3 号文件规定，将此业务移交给磐石市气象局。

电报传输　1960 年 1 月 1 日起，各类地面报用专线电话经烟筒山镇邮电局发至沈阳区域气象中心和吉林省气象台。1986 年 7 月—1999 年，用 M7-1540 型甚高频电话，通过吉林市气象局发至吉林省气象台。2001 年 3 月 1 日，用异步拨号方式，通过分组交换网（X. 28 协议）上传报文至吉林省气象信息中心。2004 年 12 月，在气象站与吉林市气象局之间安装 DDN 专线传输报文。2006 年 1 月 1 日，自动气象站单轨运行，用 SDH 光纤专线传输资料，每天传输 24 次定时数据及各类报文。气象电报传输实现了网络化、自动化。

3. 气象报表与资料管理

气象报表　1960 年 1 月起，烟筒山气象站每月编制月报表（气表-1 至气表-4）。1962 年起编制气表-5、1973 年 11 月起编制气表-6。相应的年报表有气表-21，气表-23、气表-24、气表-25。1960 年 2 月，气表-2 中气压项目停作。1965 年 12 月，温度、湿度项目停作。1961 年，气表-3、气表-4 并入气表-1，相应的年报表也并入气表-21，气表-23、气表-24 停编。1980 年 1 月起，气表-5、气表-6 并入气表-1，相应的年报也并入气表-21。至此，报表只编制气表-1 和气表-21。气象月报表、年报表，用手工抄写方式编制，一式 4 份，分别上报国家气象局、省气象局气候资料室、吉林市气象局各 1 份，本站留底 1 份。1987 年 1 月开始使用微机打印气象报表，向吉林省气象局报送磁盘并备份。2006 年 1 月 1 日，通过网络传输报表至吉林省气象局,用光盘备份保存。

资料管理 1984 年完成 1956—1980 年气象资料整编,基本资料装盒归档。2003 年 5 月,将建站以来至 2000 年的降水自记纸交给省气象局气象档案馆。2004 年 8 月,将建站以来至 1998 年的资料交给省气象局气象档案馆。2005 年起,每年将观测原始记录(观测簿、自记纸)上交省气象局气象档案馆。

党建与荣誉

党建 1960—1980 年只有战魁武 1 名党员,与烟筒山镇文化站建立联合党支部。1981—1991 年有卢艳华、金成江 2 名党员,与烟筒山镇街道建立联合支部。2007 年 7 月,发展杨梅入党,与烟筒山镇水利所建立联合支部。

荣誉 1977 年,烟筒山气象站被中央气象局授予先进单位、吉林省气象系统先进单位。站长战魁武于 1978 年 10 月出席北京全国气象系统双学表彰大会,与国家领导人合影。

台站建设

1959 年烟筒山气象站始建时,建平房 200 平方米,砖瓦结构,设有观测用值班室、站长室、职工宿舍、库房等。冬季取暖用地产无烟煤,生活用水由职工轮流担水,没有照明设备,工作及生活照明用煤油灯。1965 年 1 月,从烟筒山镇火车站引来供电线路,保障了工作和生活用电。

1981 年 1 月 1 日,站址由镇南迁到镇西,新建 250 平方米二层办公楼及 350 平方米的职工住房。修建围栏 300 延长米,打自压式水井 1 口。办公楼内设有值班室、资料室、会议室、办公室、活动室等,院内修建了篮球场并自制了篮球架。

2008 年,吉林省气象局投入 60 万元,在原办公楼前 30 米新建 230 平方米的韩式平房办公场所,有业务平台、办公室、活动室、卫生间、厨房等,用地热取暖。新建围栏 450 延长米,安装了电控门,新打水井 1 口。烟筒山气象站工作环境和生活环境得到彻底改善,现在已成为具有现代化的气象观测设备、先进的通信技术、整洁的工作环境和完善有序管理的气象台站。

磐石市烟筒山气象站旧办公室

2008 年建成的磐石市烟筒山气象站办公室

吉林市城郊气象局

机构历史沿革

历史沿革　吉林市城郊气象局的前身为吉林省军区气象科所属的吉林气象站,始建于1951年,站址位于吉林市巴虎门外桃园子(北纬 43°52′,东经 126°32′)。在吉林气象站的基础上扩建成吉林气象台,吉林气象站隶属气象台领导。1953 年 8 月转建时,吉林气象台归地方建制,由吉林省农业厅气象科管理。1956 年 12 月,吉林气象台迁移至长春市,观测站也于 1957 年 1 月迁到吉林市昌邑区九站乡,更名为吉林市九站气象站(北纬 43°57′,东经 126°28′),观测场海拔高度 183.4 米,承担国家基本观测站任务。1996 年 1 月,由国家基本站改为国家一般站。2003 年 1 月,迁至吉林市丰满区江南乡永庆村现址,更名为吉林市郊区气象站。观测场位于北纬 43°47′,东经 126°36′,海拔高度 198.8 米。主要承担地面气象观测、农业气象、酸雨观测、紫外线观测、闪电定位探测及特种观测等业务。2007 年 1 月1 日—2008 年 12 月 31 日,改为国家二级气象站,2009 年 1 月 1 日恢复为国家一般气象站。

管理体制　1951 年 12 月,建站时名称为吉林气象站,为军队建制。1953 年 8 月,气象站由军队转为地方建制,至 1963 年 8 月归地方管理。1963 年 9 月—1968 年 8 月体制上收,归吉林省气象局管理。1968 年 9 月—1970 年 12 月由地方管理。期间,1959 年 1 月—1963 年 12 月,气象与水文部门合并,单位名称为吉林市水文气象站。1971 年 1 月—1973年 11 月归县革委会和军队管理,以军队为主。1973 年 12 月—1980 年 9 月归地方管理。1980 年 10 月起,全国实行气象部门与地方双重领导,以气象部门为主的管理体制,单位名称改为吉林市郊区气象站。1992 年 10 月,更名为吉林市气象局观测站,1999 年 1 月,改称吉林市城郊气象站。2000 年 8 月,增设吉林市城郊气象局,局站合一,一个机构两块牌子。

人员状况　吉林气象站刚建站时共有 5 人,其中站长 1 人,观测员 4 人。1957 年改称吉林市九站气象站后,随着管理体制的变化和业务工作的调整,先后有 130 多人在吉林市城郊气象局工作过。

吉林市城郊气象局 2008 年在编职工 4 人,其中局领导 1 人,业务人员 3 人;大学本科学历 3 人,大专学历 1 人;工程师 2 人,助理工程师 1 人,技术员 1 人;中共党员 2 人。

主要负责人变更情况

时间	姓名	职务
1951.12—1953.05	孔庆有	科　长
1953.05—1955.07	李连科	台　长
1955.08—1956.10	关宪有	副台长
1956.11—1957.10	王永基	站　长
1757.11—1958.05	张忠义	站　长
1958.05—1959.01	王永基	站　长

时间	姓名	职务
1959.01—1959.09	汤有才	站　长
1959.09—1960.02	聂开太	副站长
1960.02—1963.06	李春生	副站长
1963.06—1969.12	姜春库	站　长
1969.12—1970.01	王凤羽	站　长
1970.01—1970.12	刘志刚	副站长
1970.12—1981.08	靳家宝	站　长
1981.08—1988.07	孙道衡	站　长
1988.07—1993.07	崔仲吉	站　长
1993.07—1999.01	牟福全	副站长
1999.01—2000.08	李秀全	负责人
2000.08—	王殿才	局　长

气象业务与服务

1. 气象观测

观测时次　1951 年以 120°E 为标准时区,21 时为日界,至 1953 年 12 月 31 日,每天 03、09、15、21 时 4 次观测。1954 年 1 月 1 日至 1960 年 6 月 30 日,以地方时为标准时区,19 时为日界,每日 01、07、13、19 时 4 次观测,夜间均守班。1960 年 7 月 1 日起,使用北京时制,观测时间以 20 时为日界,日照以日落为日界,自记记录以 24 时为日界。每天进行 02、05、08、14、17、20 时 6 个时次的观测。观测项目有风向、风速、气温、湿度、气压、云、能见度、天气现象、降水、日照、蒸发、地温、雪深、雪压、电线积冰、冻土等。编发 08、14 时 2 次天气报、02、20 时 2 次小图报和 05、17 时 2 次补充绘图报,夜间守班。

1996 年 1 月 1 日起承担国家一般站观测发报任务,夜间不守班,每天进行 08、14、20 时 3 次观测。观测项目有风向、风速、气温、气压、云、能见度、天气现象、降水、日照、小型蒸发、地面温度、雪深等。编发 08、14、20 时 3 个时次的天气加密报。

紫外线观测　2005 年 3 月 31 日开始紫外线观测业务,每天 08 点下载前一天的紫外线观测数据,形成数据文件,通过 FTP 传给吉林市气象台。

酸雨观测　2006 年 12 月 1 日开始酸雨观测业务。采集降水样品,当降水量达到 1.0 毫米时,测量降水样品的 PH 值与电导率。每日形成数据文件于 15 时前上传至省气象台。制作年、月报表和观测站环境报告书。

闪电定位探测　2007 年 5 月 31 日开始承担闪电定位探测业务。闪电定位探测资料通过卫星通信系统每 10 分钟传输 1 次。负责对闪电定位设备进行日常维护。

特种观测　2002 年 7 月 1 日开始特种观测业务。连续两年季节性地开展了柏油路面、露天环境温度和草面(雪面)温度的观测工作。从 2003 年起正式开始特种观测项目发报。2004 年 1 月 1 日起,每日 05、08、11、14、17、20 时全年进行柏油路面温度、露天环境温度和草面(雪面)温度的观测发报,并按规定的格式编制月报表,于次月10日前上传到省台CLIM目录下的"特种观测"目录中。

自动化观测系统　1986年1月1日起,使用PC-1500型袖珍计算机取代人工编报。2005年1月1日,建成DYYZⅡ型自动气象站,并投入业务,与人工观测双轨运行。自动站观测项目包括温度、湿度、气压、风向风速、降水、地面温度。除地面温度外,其他项目均进行人工并行观测,2008年以自动站资料为准发报。自动站采集的资料与人工观测资料存于计算机中互为备份,每月定时复制、归档、保存、上报。

气象报表制作　吉林市城郊气象站建站后气象月报表、年报气表,用手工抄写方式编制,一式4份。自1953年8月起,分别上报国家气象局、省气象局气候资料室、市气象局各1份,本站留底1份。从1987年7月开始使用微机打印气表,向上级气象部门报送磁盘。2006年起气象报表用网络上传至市气象局审核,并用光盘备份,保存资料档案。

气象资料管理　1984年完成1956—1980年气象资料整编,基本资料装盒归档。从2004年7月起,将建站以来的气象记录档案(除日照纸)全部移交到省气象档案馆,站内不再保留气象记录档案。

气象电报传输　吉林市城郊气象站建站时用手摇专线电话通过邮局的报房发报,分别传至沈阳区域气象中心和吉林省气象台。1986年配备了甚高频电话,经吉林市气象台传至吉林省气象台。1999年用异步拨号方式,通过分组交换网(X.28协议)上传报文至吉林省气象信息中心。2003年与吉林市气象局之间开通DDN专线发报,2006年改为SDH光纤专线传输电报。

2. 农业气象

吉林市城郊气象站的农业气象工作始于1957年4月,承担国家基本站的观测发报任务。进行农作物的生育状况和土壤湿度(水分)的观测,同时编发气象旬月报、候报。这些项目于1964年7月停止观测,1979年4月重新开始观测。农作物生育状态观测有玉米、大豆、辣椒、茄子等。物候观测有紫丁香、榆树、柏树、苍耳、家燕、杏、蒲公英、布谷鸟、蟾蜍等动、植物。每年从作物播种、发育期到收获期测定固定地段(5～100厘米)、非固定地段(0～50厘米)的土壤湿度及固定地段(0～50厘米)的田间持水量。

1993年4月1日,停止农业气象观测后,除继续编发气象旬月报外,只在每年2月28日至5月31日期间,测定10、15、20、30厘米深度的土壤墒情,并编发候报。

3. 气象服务

吉林市城郊气象局的气象服务开始于1983年,开展气象决策服务和专业专项服务。气象决策服务主要是为郊区政府指导农业生产做好气象服务,内容包括年景预报、土壤墒情、适宜播种期预报、水稻插秧期预报、夏菜定植期预报等农业气象情报、预报,并在农作物的整个生长发育期内,每旬报送1份气象简报。专业专项服务主要是为疏菜种植户、水稻种植户、果树栽植户及奶牛养殖等专业户提供有关气象信息,开展有针对性的气象服务。同时,与区保险公司签订联防合同,为投保户中的大单位安装气象警报接收器,提供气象服务信息。2000年,又增加了防雷检测服务项目,检测范围包括九站开发区和永吉县区划过来的乡镇。2004 年,停止开展气象服务工作。

党建和气象文化建设

党建工作 吉林市城郊气象局 1977 年建立党支部,历任党支部书记:于洪宽(1977.4—1979.8)、崔仲吉(1979.9—1993)。1994 年至今合并到吉林市气象局党支部。

历届党支部都十分重视党建工作。由于单位坐落在偏僻的郊外,给职工的生活带来不便。党支部对党员和群众进行理想主义、爱岗敬业和艰苦奋斗精神教育,帮助职工解决具体困难。在党支部的带领下,党员安心本职工作,带头钻研业务,有些同志成为全省气象部门的业务骨干。历届党支部都十分重视提高党员的政治素养和理论水平,把"三会一课"制度落到实处,每周三进行政治和业务学习。建站以来,党支部注重发展新党员,20 世纪 80年代发展 2 名知识分子入党。1988 年被郊区党工委评为先进党支部。吉林市城郊气象局现有党员 2 名,自 2000 年以来,党员编入市气象局党支部,与市气象局党员一起过组织生活。

气象文化建设 吉林市城郊气象局自成立以来,气象工作者在这里甘于清苦、默默工作,展示了气象人爱岗敬业、无私奉献的精神。张荣俊同志身患癌症仍然坚持忘我工作,直至生命最后一刻。吉林市气象局向全市气象部门宣传了他的事迹,并号召全体干部职工向他学习。近几年来,陆续建起图书阅览室、文体活动室,购置文体活动器材,并组织职工参加系统内和地方组织的各种文体活动,使职工保持良好的身体和精神状态。

台站建设

吉林市城郊气象局建站时,交通闭塞,通讯不畅,办公条件和居住条件艰苦。工作用房是一栋 192 平方米的砖木结构平房。办公室内设施简陋,人员拥挤。家属房 5 栋,共 370平方米,为砖木结构的普通平房。用水不便、烧煤取暖。

2003 年,由吉林市政府投资在现址新盖 500 多平方米办公楼,造型新颖大方。楼内建立现代化的业务平台和宽敞的会议室,设立专用仪器资料室、文体活动室。职工宿舍、卫生间、厨房、车库等设施完备。观测场和周围边界全部安装白色塑钢围栏,美观牢固。职工们用迁站时的房屋补偿款,在市区内购买了住宅楼,彻底改善了居住条件。

2003 年以前的吉林市城郊气象局办公楼

2003 年建成的吉林市城郊气象局办公楼

吉林市北大湖滑雪场气象站

吉林市北大湖地处长白山余脉、松花湖自然风景区内,区域内海拔高度 1200 米以上的山峰有 9 座,主峰南楼山海拔 1404.8 米,为吉林地区最高峰。属温带大陆性气候,春季短暂多风,夏季炎热多雨,冬季漫长寒冷,冬季平均气温零下 10.2℃,积雪日达 160 天左右。由于三面环山,山坡平缓,少陡崖峭壁,风速小,冬季近似静风区,有利于保存积雪,具有滑雪运动的自然环境优势。2005 年在此地建立了高山滑雪场。

机构历史沿革

历史沿革 为保障第六届亚冬会雪上项目的气象服务工作,由吉林省发改委投资,委托吉林市气象局负责,于 2006 年 9 月建立了吉林市北大湖滑雪场气象站,同年 10 月底正式观测。站址位于吉林市永吉县五里河镇南沟村,观测场位于北纬 43°25′,东经 126°37′,海拔高度 537.0 米,属国家一般气象观测站。

管理体制 从建站至今,由吉林市气象局直接管理。

人员状况 现有在编职工 2 人。大专学历 1 人,本科学历 1 人;工程师 1 人,助理工程师 1 人;党员 1 人。

主要领导 站长崔明磊,任职时间为 2006 年 10 月至今。

气象业务与服务

吉林市北大湖滑雪场气象站的主要任务是完成地面一般站的气象观测,不发报。制作地面气象月报表和年报表。

气象观测 吉林市北大湖滑雪场气象站在建站之初就建立了自动气象站,观测采用北京时制,每天进行 08、14、20 时 3 个时次定时地面观测,夜间不守班。观测项目有云、能见度、天气现象、气压、温度、湿度、风向风速、降水、日照、蒸发、雪深、浅层和深层地温、冻土等。自动站与人工观测对比 1 年,将观测的资料存于计算机中互为备份,每月定时复制光盘归档、保存。

气象报表的制作 吉林市北大湖滑雪场气象站每月编制气象月报表、年报气表,上传至吉林市气象局,本站留底 1 份。

气象服务 吉林市北大湖滑雪场气象站主要为吉林市北大湖滑雪场承办各项赛事提供天气监测和预报服务。2007 年 1 月 28 日举办第六届亚州冬运会期间,承担了赛场天气状况的监测和预测任务,并负责在第一时间把准确的实测记录和天气预报通报给各比赛项目的竞赛委员会。为确保赛会期间的气象服务,吉林省气象局抽调了 15 名技术骨干组成气象服务中心,调用了气象应急保障车到现场接收天气预报所需的各种气象图表资料,并在比赛的主要雪道起点和终点建立了四要素自动气象站。沈阳区域气象中心也派来流动气象台到北大湖亚冬会指挥中心进行服务。第六届亚冬会雪上项目从1月28日开幕到2月4日闭幕,气象服务人员在吉林市北大湖气象站现场工作了8天8夜。

　　赛会期间,吉林市北大湖滑雪场气象站的工作包括预报服务和现场观测服务。制作北大湖滑雪场各个雪道的气温、降水、风向和风速等要素预报,以"亚冬会气象服务专报"的形式通报给竞赛委员会。四要素自动气象站随时测量每分钟的气温、湿度、风向、风速以及雪面温度。负责提供现场服务的工作人员到各监测点及时对现场自动观测仪器进行巡视、检查,

及时为5个竞委会报告天气实况数据。在赛会期间,共发布"第六届亚冬会吉林北大湖雪上赛事现场气象服务专报"20期,"第六届亚冬会吉林北大湖雪上赛事现场气象信息专报"106期,"第六届亚冬会吉林北大湖雪上赛事现场气象实况报道"93期。除完成第六届亚洲冬运会服务外,还承担了2006年12月9—10日世界杯自由滑雪,12月21—25日全国单板、自由滑雪和高山滑雪两项赛事以及2007年1月10—13日越野滑雪测试赛的气象服务任务,保证了各项赛事的顺利进行,受到各滑雪赛场组委会的赞扬。

2007年第六届亚冬会气象服务现场

党建与气象文化建设

　　吉林市北大湖滑雪场气象站现有党员1人,编入吉林市气象局事业单位党支部。设立了图书阅览室,订阅了有关气象报刊与杂志。

台站建设

　　2006年总占地面积为8858平方米,建成434平方米的二层办公楼。一楼设有观测值班室、办公室、厨房、车库、贮藏室等,二楼为住宿房间。吉林市北大湖滑雪场气象站已成为环境优雅、宽敞整洁、设备先进,为国际、国内大型滑雪赛事服务的专业气象站。

2008年的北大湖气象站办公楼

延边朝鲜族自治州气象台站概况

延边朝鲜族自治州(以下简称延边州)地处吉林省东南部,同俄罗斯、朝鲜交界。现辖6市(延吉、敦化、和龙、龙井、图们、珲春)2县(安图、汪清),自治州首府延吉市。全州面积42700平方千米,人口218.8万,有汉族、朝鲜族、满族、回族等27个民族组成,其中朝鲜族占总人口的38.4%。延边地区属中温带湿润气候,主要特点是季风明显,春季干旱多风,夏季温热多雨,秋季凉爽少雨,冬季寒冷期长。主要气象灾害有低温冷害、局部干旱、冰雹、雷电灾害等。

延边朝鲜族自治州气象局(以下简称延边州气象局)下辖13个气象局(站)。其中有:一个气象台(延边州气象台)、一个国家基准气候站(敦化)、5个国家基本气象站(延吉、长白山天池、二道、汪清、和龙)、5个国家一般气象站(安图、龙井、图们、珲春、罗子沟)、一个国家一级农业气象试验站(延边州农业气象试验站)。

气象工作基本情况

1. 历史沿革

①新中国成立前的气象设置

延边气象观测始于1914年。新中国成立前,延边地区的气象设施是沙俄、日本殖民机构设立的。经历了三个阶段:沙俄于1914年在延吉、珲春设立气象站点;日本于1931年设立敦化测候所;1932年伪满洲国中央观象台在保留上述测候所外,增加了春化、额穆、春阳、罗子沟、汪清简易观测点。

②新中国成立后延边地区台站设置

台站建立 1950年1月1日建立龙井气候站(地方设置)。1954年吉林省气象局接管。

1952年11月吉林军区司令部气象科建立敦化气象站,同年12月1日开始工作。

1952年吉林军区司令部气象科建立延吉气象站,1953年1月1日开始工作。

1956年1月1日吉林省气象局接管汪清县张家店林业气候站,1959年12月迁至春阳,更名为汪清县春阳气候站。

1956年建立了和龙、汪清气候站,两站于同年12月1日开始工作。

1956 年秋筹建延边朝鲜族自治州气象台,1957 年 1 月 1 日开始工作。

1957 年 7 月建立了安图县松江气象站,同年 10 月 1 日正式工作。

1957 年建立了汪清县罗子沟、敦化县额穆气象站和安图县十骑街气候站,同年 12 月 1 日三站正式开始工作。十骑街气候站于 1959 年 12 月迁至万宝,改名为安图县万宝气候站。

1957 年建立了敦化县大浦柴河气候站,1958 年 1 月 1 日正式工作。

1958 年建立了安图县长白山天池气象站,同年 10 月 1 日正式工作。

1959 年建立了安图县气象站,同年 6 月 1 日开始工作。1960 年 9 月 1 日建立了图们气候站,并开始工作。

1962 年 9 月 30 日撤销额穆气候站。

1973 年 7 月 1 日重建额穆气象站。

1975 年再次建立了图们气象站,于 1976 年 1 月 1 日正式开始工作。

1957 年 1 月成立延边朝鲜族自治州气象台,1959 年 1 月改为延边朝鲜族自治州水文气象总站,1965 年改为吉林省延边地区气象台,1968 年改为延边朝鲜族自治州革命委员会气象台。1973 年 8 月成立延边朝鲜族自治州气象局。

1962—2008 年台站变动情况   1962 年先后撤销延吉县图们、敦化县额穆、敦化县大浦柴河、安图县万宝、汪清县春阳 5 个气候站。

1985 年 5 月 16 日撤销敦化县额穆气象站。

1987 年 1 月 1 日起敦化站由国家基本站改为国家基准气候站,由每天 4 次气候观测改为每天 24 次观测。

1989 年 1 月起,长白山天池气象站改为季节性气象站,非观测季节发报任务由松江气象站(现二道气象站)承担。罗子沟站国家基本站任务由汪清县气象站承担。夜间不守班,每天只做 3 次气候观测。

2004 年 12 月 31 日,安图县松江气象站迁至安图县二道镇,更名为二道气象站。

2. 管理体制

1950 年 1 月—1953 年 7 月,由吉林省军区司令部气象科领导。1953 年 8 月—1954 年 8 月,隶属于吉林省农业厅气象科。1954 年 9 月—1957 年 12 月,隶属于吉林省气象局,属省政府建制。1958 年 1 月下放到延边州人民委员会管理,期间,1959 年 1 月—1963 年 7 月,气象与水文部门合并;1963 年 8 月—1970 年 11 月,体制上收,归吉林省气象局管理,行政、思想教育由地方负责。1970 年 12 月由地方与军队管理,以军队为主;1973 年 7 月—1980 年 6 月,回归地方革委会建制;1980 年 7 月由气象部门与地方政府双重领导,以气象部门为主的管理体制至今。

3. 人员状况

2008 年延边州气象部门人员编制 171 人,其中事业编制 151 人,公务员编制 20 人。在职职工 150 人,其中朝鲜族干部 56 人;大专以上学历 94 人,中专学历 35 人;高级职称 5 人,中级职称 67 人,离退休职工 75 人。

4. 党建与精神文明创建

全州气象部门有 1 个机关党委,14 个党支部,133 名党员。获先进(优秀)党支部称号的有 5 个。

延边州气象局制定了 2003—2007 年《延边气象部门精神文明建设规划》,纳入局目标管理考核内容。截至 2008 年底,全州 8 个县(市)局均为州级精神文明单位。建成省级文明单位 4 个。

延边州气象局发扬党的政治思想工作的优良传统,注重发挥党组织的核心战斗堡垒作用和党员的先锋模范作用,在长期的社会主义建设中,涌现出一批艰苦创业的先进集体和爱岗敬业、献身于气象事业的英雄模范人物。

1959 年 10 月,长白山天池气象站出席全国群英会,即"全国公交、财贸基本建设先进集体、先进个人"表彰大会,获锦旗一面;1978 年 10 月,敦化气象站成为全国气象系统十面红旗之一,获"一心为农猛攻冷害"锦旗;1984 年,长白山天池气象站被延边州政府授予"民族团结模范"单位。

1982 年中共吉林省委树立了优秀共产党员、模范干部金龙浩,优秀共产党员随金堂先进典型;1989 年尤东壁同志出席全国气象部门"双文明"建设表彰大会,被授予国家气象部门劳动模范光荣称号;1984 年长白山天池气象站刘晓林同志被授予"为边陲儿女挂奖章活动"银质奖章;1978 年汪清县罗子沟气象站李永奎同志被授予"全国气象部门先进工作者"称号;1994 年 2 月 3 日,吉林省气象局发出"关于开展向见义勇为好干部金云弼同志学习的通知";1996 年,安图县气象局局长方英武同志出席全国气象系统女干部代表大会,被中国气象局授予"全国气象部门双文明建设先进个人"称号;延边州农业气象试验站高级工程师沈亨文同志,在延边州政府"八五"期间劳动模范表彰大会上,被授予劳动模范光荣称号。

5. 气象法规建设

2004 年 14 项行政审批项目进入市政府政务大厅。《延边州气象灾害防御条例》的地方立法工作于 2007 年正式启动。延边州人大常委会已完成立法调研,列入延边朝鲜族自治州第十届委员会立法计划。2001 年延边州人民政府下发《延边州地方人工影响天气管理办法》(延州政〔2001〕42 号)。

2004 年至 2007 年,延边州气象局与相关部门出台的气象法规文件有,《延边州地面人工影响天气管理办法》、《关于进一步加强人工影响天气安全管理工作的通知》(延州安委发〔2004〕5 号)、《关于加强施放气球安全管理工作的通知》(延州气联发〔2004〕15 号)、《关于进一步加强人工影响天气作业弹药管理的通知》(延州气公联发〔2005〕1 号)、《关于加强雷电防护装置检测工作的通知》(延州气安联发〔2006〕1 号)。

延边州气象局制定的文件有,2006 年 3 月 28 日制定的《延边州气象局突发性气象灾害应急预案》(延州〔2006〕11 号)、《延边州气象局关于加强氢气球安全管理的通知》(延州气发〔2007〕18 号)、2008 年 6 月 23 日制定的《延边州气象局雪灾应急预案》(延州气发〔2008〕22 号)。

2004 年 4 月 19 日,在地方政府支持下,对汪清县法院基建破坏气象探测环境案件实施行政执法。由县政府出资汪清县气象站迁站,依法保护了气象探测环境。

主要业务范围

气象观测 全州有国家基准气候站1个,国家基本气象观测站5个。其中延吉市站参加全球气象情报交换,担负国际气候月报交换任务。国家一般气象观测站5个。农业气象观测站一级2个,二级2个。全州气象台站类别及任务见表一。

2008年10月29日,吉林省气象局转发中国气象局《关于进一步规范地面气象观测站名称的通知》(气发〔2008〕434号),延边州各站站类调整如下,敦化为国家基准气候站;延吉、二道、和龙、汪清、天池为国家基本气象站;龙井、图们、安图、珲春、罗子沟为国家一般气象站。

国家基准气候站、国家发报站和一般气象观测站承担全国统一观测项目的任务。国家基准气候站每日24次观测。国家发报站每天进行02、08、14、20时(北京时)4次定时观测,拍发天气电报,并进行05、11、17、23时补充定时观测,拍发补充天气报告。一般气象观测站每天进行08、14、20时3次定时观测,向省气象台拍发省区域天气加密电报。全州有6个台站承担航空危险天气发报任务,其中敦化向牡丹江、长春、延吉军航发报(固定),汪清向延吉、长春军航发报,珲春、安图、和龙向延吉军航发报。

2003年完成了全州地面自动观测站建设(罗子沟因迁站2008年建成自动站),实现地面气压、气温、湿度、风向、风速、降水、地温(包括地表、浅层和深层)自动记录。2008年建成区域自动气象站(加密站)129个,其中两要素站67个,四要素站48个,六要素站14个。

全州基层台站的气象资料按时按规定上报到省气象局气象档案馆。

表一　延边州气象台站分类及任务情况(截至2008年末)

分类	台站		任务	备注
	台站类别	台站名		
地面气候观测	基准站	敦化	每天24小时气候观测	
	基本站	延吉、汪清、和龙、天池、松江	每天4次定时气候观测,夜间守班	和龙2008年末调整为国家基本气象观测站
	一般站	龙井、珲春、图们、安图、罗子沟	每天3次定时气候观测,夜间不守班	
高空气象探测	高空探测站	延吉	每天2次(压、温、湿、风)观测发报	
航空天气观测	航空天气报告站	敦化、安图、和龙、龙井、珲春、汪清	定时或不定时拍发航空天气报和危险天气报	
农业气象观测	基本站	州农业气象试验站(地址在延吉市)、敦化(国)、和龙、珲春(省)	进行农业气象观测,拍发农业气象情报	州农试站承担农业气象试验任务
	一般站	二道、安图、汪清、龙井、图们	进行农业气象观测,拍发农业气象情报	

续表

分类	台站		任务	备注
	台站类别	台站名		
辐射观测	三级站	延吉	每小时进行一次总辐射观测	
特种观测	露天环境温度	延吉	05、08、11、14、17、20 观测发报(每年5—10月)	省定观测项目。2002年7月1日正式开始观测。
	柏油路面温度	延吉	同上	同上
	草层温度	延吉	同上	2002年9月1日起正式开始观测。
	紫外线	延吉	每小时观测上传数据一次	(吉气发〔2005〕34号)
酸雨观测	酸雨观测站	延吉、二道	采集降水量样品,测量降水样品的PH值与电导率;每日上传观测资料。	2007年1月1日开始观测
闪电定位观测	闪电定位观测站	敦化、和龙、珲春(省)	每小时上传采集数据。	2007年6月起开始启用
干沉降观测	干沉降观测站	二道	每月或出现沙尘暴天气后观测并上传数据	2007年1月1日开始观测
自动气象观测	自动气象观测站	敦化、安图、二道、和龙、龙井、延吉、图们、珲春、汪清、天池	每天24小时自动采集并上传气象数据	2004年1月1日起进入单轨运行第一年。
区域自动气象站	区域自动气象站	全州现有130个观测站点。其中第一期建34个;第二期建59个;第三期建37个。	每天24小时自动采集并上传气象数据	2006年6月第一期自动站正式启用,第二期于2006年12月启用,2008年5月第三期启用。

　　农业气象　延边地区农业气象工作始于1956年。截至2008年,国家一级农试站1个,国家基本站2个,省级基本站2个,省级一般站5个。农气站业务分类及变动情况见表二、表三、表四。

表二　延边州各站农气工作情况(1956—1990年)

时间	站名	工作内容	备注
1956	龙井	开展农气观测	气业第604号文
1957—1961	龙井、珲春、汪清、和龙	开展农气观测	(57)气业第291号
1959	全州各气象(候)站	开展自然现象观测	(59)气业第44号文
1959.12	延吉站	开展苹果梨防寒观测研究	(59)气业第27号文
1960.3	敦化	开展病虫害预测、预报和小气候观测	(60)气业第017号
1960.3	龙井	开展水稻保温育秧试验	(60)气业第021号
1960.11	延吉、龙井	开展果树越冬观测	(60)气业第070号
1962	龙井、珲春、汪清	进行作物丰欠年气象条件的研究	(62)省气业第016号文
1962.4—1963	龙井、敦化、珲春、汪清	进行2~3种农作物物候观测	(62)省气业第014号文

时间	站名	工作内容	备注
1964.3	龙井、敦化、珲春、和龙	定为省农气基本站	(64)吉气管字第 015 号文
1964.4	罗子沟、松江	非农气基本站	(64)吉气管字第 024 号文
1964.4	龙井	定为自然物候观测试点站	(64)吉气管字第 027 号文
1967—1977	敦化等站	文革中敦化等站曾做过不连续的农气工作	1978 年全州各台站社会主义劳动竞赛总结
1978	敦化、龙井、和龙、汪清、图们、延吉、松江	恢复农业观测工作	
1979—1980	敦化、龙井、和龙、汪清、松江、图们、珲春、延吉	开展或恢复农气观测工作	珲春 1979 年开始
1981—1984	敦化、龙井、和龙、汪清、松江、图们、州农试站、珲春	开展农气观测工作	1981 年州农试站成立延吉市站停止工作
1986—1989	州农试站、敦化	进行农气观测工作	
1990	州农试站、敦化(国家基本站)、珲春、和龙(省基本站)	进行农气观测工作	和龙 1990 年开始工作,珲春条件不成熟,推迟一年

表三 延边州农业气象测报工作业务任务情况(截至 2008 年末)

台站名称	任务性质	观测作物名称	土壤水分观测深度(米)				物候观测			发报任务
			固定	作物	辅助		草本植物	木本植物	动物	
					加测	墒情				
延边农试站	国家基本	水稻、大豆	100	50	50	30	蒲公英、车前草	旱柳、杏、紫丁香	蛙、家燕	AB、候、加测
敦化	国家基本	大豆、玉米	100	50	50	30	蒲公英、车前草	小叶杨、榆树、杏、旱柳	蛙、家燕	AB、候、加测
和龙	省级基本	玉米、大豆	100	50	50	30	蒲公英、车前草	小叶杨、榆树、杏、旱柳	蛙、家燕	AB、候、加测
汪清	一般站					30				AB、候
龙井	一般站					30				AB、候
图们	一般站					30				AB、候
安图	一般站					30				AB、候
珲春	省级基本	2005 年开始观测水稻	100		50	30	蒲公英、马兰、车前草	紫丁香、葡萄、杏、旱柳	蛙、豆雁、家燕	AB、候、加测
二道	一般站					30				AB、候

表四　延边州农气工作变化情况

时间	站名	工作内容	备注
2004	延边农试站	关于开展土壤养分测试工作的通知测定日期：4月4日、4月14日、4月24日、10月14日	吉气业函〔2004〕9号
2006	延边农试站	关于调整土壤养分测试有关工作的通知测定日期：4月14日、5月24日、7月24日、8月24日、10月14日	省局业务处
2005	二道	关于扶余等四个台站开展农业气象测报工作的通知二道气象站为农业气象一般站，自06年2月28日起开始编发农业气象候报、06年1月1日开始编发气象旬（月）报	吉气业函〔2005〕26号
2006	农试站、二道	2006年4月12日起开展森林可燃物观测	吉气发〔2006〕48号
2007.1.1	原敦化、农试站，增加珲春、汪清、二道、安图、和龙	关于在国家观象台、国家气象观测站一级站气象旬（月）报中编发地温段的通知	吉气测函〔2007〕5号
2007.7.1	农试站、二道、和龙、珲春、敦化	关于正式开展吉林省生态与农业气象观测（一期）工作的通知自然物候〔原有基础上共同观测项目：木本（杏、旱柳）、草本（车前、蒲公英）、动物（家燕）、地下水位（农试站）〕	吉气测函〔2007〕21号

天气预报　全州气象台站天气预报业务始于1958年的单站补充订正预报；1961年用数理统计，点聚图；1966年起正式改称单站天气预报（即县站预报）。1980—1983年全州各站先后配备了117型（化学湿纸式）和123型传真机，开展地方模式（MOS）输出统计预报方法；1986年使用三种预报工具：天气模型、MOS预报、经验指标；灾害性天气预报专家系统；1998年建立卫星单收站，采用数值预报释用，人机交互处理系统，根据上级气象台的指导预报制作订正预报。

天气预报业务形成以接收数值预报产品、上级气象台预报指导产品、天气会商、本地预报方法相结合的技术路线。

气象服务　1984年前，全州气象公益服务通过广播、电视、印发服务材料、口头汇报等方式，为政府决策、农业生产、社会公众服务。1990年末，建立全州天气预报服务系统和农村天气预报服务网。全州为服务用户提供气象警报器207台（其中州气象局84台）。1990年至今拓宽服务领域，为林业、工业、建筑、电力、旅游、特产等20多个行业的专项专业服务。服务产品通过电视天气预报节目、"121"天气预报答询、手机短信、微机终端、互联网等方式提供给用户。

人工影响天气　延边地区人工影响天气工作始于1975年，在敦化、汪清气象站开展了人工增雨试验作业。1998年成立延边州防雹防雷办公室（地方编制，延州政电〔1998〕22号），由延边州政府办公室和延边州气象局共管，以气象局为主，统一指挥全州防灾减灾及人工影响天气工作，下设管理机构11个。现有"三七"高炮52门，火箭发射架35个，火箭作业车15台，人工增雨、防雹作业点97个，分布在8个县（市）37个乡镇。

全州人工影响天气工作业实行二级管理。州防雹防雷办公室每年作业季前与县（市）局签订责任合同，负责作业设备的采购、配置，请示空域和下达作业指令，负责全州作业设备和安全检查、人员培训。县（市）局防雹办组织作业和日常管理。据不完全统计，2004—

2008 年间,全州增雨、防雹作业计 1345 次。

雷电防护　全州雷电防护工作始于 1991 年,1998 年成立延边州防雷技术检测中心,承担本行政区域内防雷工程设计、审核、监审和避雷装置的安全检测任务。除延吉市气象局由延边州检测中心负责外,其他 7 个县(市)局设检测站,开展防雷检测、防雷工程服务。

延边朝鲜族自治州气象局

机构历史沿革

机构设置　延边朝鲜族自治州气象局(以下简称州气象局)下设办公室、人事监察处、业务科技处、政策法规处等 4 个职能处室;有州气象台、气象科技服务中心、雷电监测防护中心、气象信息技术保障中心、人工影响天气中心、结算中心、后勤服务中心等直属单位;地方编制机构人工影响天气办公室。承担全州预报、网络、测报管理任务。

主要领导变更情况　1957—1959 年姚永奎、何永泰;1959—1964 年金秉律;1964—1973 年刘宝元;1973—1978 年曹志启;1978—1984 年张连元;1984—1992 年全钟星;1992—1994 年金成默;1994—1995 年金明德;1995—1998 年刘恩学;1998—2001 年马冲;2001 年至今邹吉存。

人员状况　现有在职职工 49 人,公务员编制 20 人,事业编制 29 人。其中研究生学历 4 人,大专以上学历 34 人,中专 5 人;朝鲜族 24 人,汉族 24 人,蒙古族 1 人。

气象业务与服务

天气预报　延边气象台建于 1957 年 1 月,负责天气预报、警报的制作与发布、提供公众预报和为地方政府防御气象灾害决策预报。天气预报经历了从天气图、数理统计、地方模式(MOS)、完全预报、专家系统、集成预报,逐步发展为采用天气雷达、卫星云图、计算机人机交互(MICAPS 系统)制作的客观定量定点数值预报的过程。2006 年引进了 MM5 细网格数值模式。2007 年开发了"延边地区乡镇预报系统"。2008 年开发"气象灾害预警信号发布系统"。

气象台制作短时预报、临近预报、短期预报、中长期预报和突发性灾害性天气预报预测;负责向全州县(市)局提供中长期指导预报、精细化预报、灾害性天气落区指数预报。

气象信息网络　1957—1973 年手工抄收莫尔斯电报,1974 年 8 月起改为无线移频电传。1978 年使用传真机(117 型、123 型),接收北京、日本、欧洲天气图和数值预报产品预告图。1985 年配置甚高频电话,1986 年建成州—县辅助通信网。1993 年租用话路专线,与吉林省气象台建立 NAS 广域网,实现了计算机远程联网。1995 年建立局域网,与省气象台联网,为服务用户设置微机终端。1996 年全州地县远程通信网全部开通。1997 年气象卫星综合业务系统投入使用,同年建成地级 VSAT 小站和县级卫星单收站。通过分组交换网实现省地县网络通信,上传气象观测电报和气象资料信息。开发了后台通信软件,保证了雷达信息的自动传递。2004年8月1日起全州地、县可视会商系统投入使用。同年延边州政府出资购置卫星遥感设备(EOS/MODIS系统)、(DVBS系统)为护林防火、生态环境监测提供服务。2005年省、地可视会商开通。2003年起陆续开通"延边气象信息网(朝鲜文、汉文)"、"延边天气在线"、"延边兴农网",2005年完成全州所有乡镇兴农网的制作与链接。2005年"延边气象信息网"被评为全州十佳网站,"延边兴农网"被中国气象局评为气象为农服务优秀奖,2006年被评为延边十佳绿色网站。

1986年配置711雷达(3厘米),2003年建立713雷达站(5厘米),主要监测和预警灾害性天气,探测重点是暴雨及强对流天气系统活动,为人工影响天气、灾害性天气的监测提供服务。现每天常规观测12次(05—17时、20时),有天气时跟踪观测。2007年进入全省天气雷达联网。

气象服务 20世纪80年代,决策气象服务主要以书面文字发送为主,20世纪90年代至今决策产品由电话、传真、信函等向电视、微机终端、手机短信、互联网发展。1998年5月开通气象决策服务系统与决策部门进行微机联网。2006年4月9日、2007年3月4日发生历史上罕见的暴雪。州气象局及时向州政府汇报天气预测结果,并发出暴雪预警信息,州政府据此决策指挥防灾救灾,最大限度减少了暴雪造成的损失。

公众气象服务主要通过电视、广播、报纸、互联网、"12121"声讯电话、手机短信等媒体为广大市民发布天气预报。服务内容有常规预报和情报资料,产品包括天气预报、突发性天气警报、空气质量、穿衣指数、地质灾害、紫外线指数、疾病指数、供暖指数预报等。

专业气象服务从1984年开始,通过电话、信函、无线警报接收机为专业用户提供气象资料和预报服务。1996年后,陆续开展农村乡镇、口岸、旅游景点和域外城市天气预报以及粮食产量、采暖期预报和一氧化碳预警监测服务。开展了林业、湿地、沙化观测。为水库、电站、林业、农业实施人工增雨。开展了电视天气预报主持人播报、"121"朝鲜语信箱集约化经营。2008年7月与州国土资源局合作在延吉、二道、敦化、安图、珲春、和龙、汪清安装了7个GPS卫星定位水汽探测系统,为政府和社会用户提供服务。

专业气象服务技术的开发,促进了气象服务的发展。通过吉林省气象局验收及应用的项目有:"713雷达资料的传输及应用"、"朝鲜语'121'气象自动声讯系统研究"、"丰产速生优质树种的引进试验"、"延边地区乡镇天气预报业务系统"、"延吉市大气污染潜势预报方法研究"、"中朝文气象服务互联网站的建设"。

延边人工影响天气工作始于1975年,在为农业抗旱减灾而开展的人工增雨和防雹作业的基础上,又增加了人工消雨作业。2008年6月28—29日,第十三届"中国北方旅游交易会"在延吉举行。延边州气象局在主会场外围7个区域实施消雨作业,保证了延吉"北交会"主会场开幕式大型广场舞顺利举行。

科学管理与气象文化建设

1. 社会管理与政务公开

社会管理 对防雷工程、专业设计和施工资质管理、施放气球单位资质认定、施放气球活动许可制度实行社会管理。对破坏气象探测环境,建筑物防雷设计、审核,非法制氢、施放氢气球,非法刊播、转载天气预报等行为进行行政执法。

政务公开　利用公示板、电视等形式向社会公开本局行政职能、管理方式、行政执法范围、职责范围和权限、服务承诺、专业有偿服务、行政事业性收费涉及到的收费依据、收费标准、审批权限等内容。公开行政审批事项及法律、政策依据和办理时限、程序,设立监督举报电话。对内公开单位财务支出、干部人事管理、重大决策等。

延边州气象局制定了行政机关执法人员守则、执法工作职责、行政执法错案追究制度、重大政策事项专家论证制度、气象行政执法社会投诉制度。2004 年制定《延边州气象局责任追究办法》,追究内容有交通车辆、人工影响天气、业务人员、行政执法人员、人事管理、财务管理、决策、综合管理等。

2. 党建工作

党组织建设　延边州气象局的前身是延边州气象台。1957 年 10 月建立气象台后由地方派来 1 名党员,组织关系隶属州农业处党支部。1959 年 1 月与延边州水文站组成联合党支部,隶属州水利处。1960 年组建延边州气象台党支部,隶属州政府机关党总支。延边州气象局成立后隶属州直机关党工委。1998 年 4 月,成立延边州气象局机关党总支,下设 5 个支部。2004 年 11 月 24 日延边州气象局成立机关党委。气象局机关有 4 个党支部,在职党员 31 名,退休党员 31 名。有共青团支部 1 个,团员 13 人。

党风廉政建设　延边州气象局党组每年初与各处(室)、全州各县(市)局签订党风廉政建设责任书,每年开展"党风廉政宣传月"活动。出台《延边州气象局党组贯彻落实〈中国共产党党内监督条例〉实施细则》。开展"党员义务奉献日"、"包村联户、实践惠民"、"一助结对子"活动,资助 30 多名贫困学生。

3. 精神文明建设

延边州气象局于 1996 年成立了精神文明创建领导小组,纳入局目标管理考核内容,做到年有计划,月有安排,年终有总结表彰。在气象局机关内建立了图书阅览室、老干部活动室、健身房、花卉栽培室。组织职工参加中国气象局、省气象局组织的运动会、球类比赛。参加延边州直机关田径运动会、足球比赛。代表省气象局参加全国气象系统文艺汇演,获三等奖,并到北京参加慰问演出。参加省局建局 50 周年文艺汇演,获第二名和优秀组织奖。积极为"红十字会"、"慈善总会"、患病职工等捐款捐物。组织离退休老干部到基层局参观、座谈、旅游。举办全州气象人精神演讲比赛。开办网络电子刊物《延边清风》。参加地方"四型机关"(文明型、和谐型、学习型、廉政型)建设活动。开展对外交流合作,与广西柳州市、山西长治市、山东临沂市、牡丹江市、吉林白城市气象局结成友好全方位共建单位。与韩国江源气象厅进行对口交流。

1995—1998 年,延边州气象局连续被延吉市文明办命名为市级"文明单位"。1999—2005 年被州委、州政府、省气象局分别授予州级"文明单位"、"文明标兵单位"、"抗洪抢险先进单位"、"森林防火有功单位"、"全省气象系统目标考核先进单位"、"文明规范示范先进单位"、"州直机关文明单位"。2006—2008 年被省文明委授予省级精神文明建设工作先进单位。截至 2008 年连续保持"精神文明建设先进系统"称号。

4. 荣誉与人物

荣誉 延边州气象局获得的集体荣誉有 1999 年州级文明单位;2000 年抗洪抢险先进单位;2000 年 20 年无重大森林火灾防火先进单位;2001 年全省气象系统目标管理考核先进单位;2002 年省气象局授予文明规范示范先进单位;2003 年州级精神文明标兵单位;2004 年全省气象系统岗位目标优秀达标单位;2005 年全省气象系统岗位目标第一名;2004、2005 年连续受州政府表扬;2006 年连续 25 年森林防火有功单位;全省气象系统"四五"普法先进集体;2006—2008 年省级精神文明建设先进单位。

截至 2008 年底,延边州气象局获省部级以上奖励的个人共 12 人次(见表五);获省部级以下综合表彰个人共 200 多人次。

表五 延边州气象局获省部级以上综合表彰人员情况

姓名	年度	奖励名称	授奖机关
韩光石	1998	1998 年全国优秀值班预报员	中国气象局
朱桂香	1999	1999 年全国优秀值班预报员	中国气象局
朴光日	2000	2000 年全国优秀值班预报员	中国气象局
朴孝国	2000	全国气象部门双文明建设先进个人	中国气象局
王利忠	2001	2001 年全国质量优秀测报员(年鉴中有误)	中国气象局
韩光石	2002	第五届全国优秀气象科技工作者	中国气象局
李基湖	2002	2002 年重大气象服务先进个人	中国气象局
徐昌龙	2004	2004 年全国气象信息网络优秀网络管理员	中国气象局
李今子	2004	2004 年全国优秀值班预报员	中国气象局
董鹤松	2006	2006 年全国优秀值班预报员	中国气象局
杨环宇	2008	记三等功	中国气象局
金基哲	2008	优秀系统管理员	中国气象局

人物 金龙浩(1928.5.29—1981.12.17),吉林省龙井市人,出生于朝鲜族农民家庭,19 岁高中毕业,1947 年 5 月参加革命,1948 年加入中国共产党。1964 年以前在公安战线工作,先后担任侦查员、海外侦查员、州公安处政保科科长等职。1964 年 5 月调延边朝鲜族自治州气象台任副台长、政治处主任等职。1978 年 11 月任气象局副局长。先后被评为政法学院优秀学员、州直机关优秀党员、州模范干部,1981 年 12 月 17 日因患癌症病逝,终年 53 岁。金龙浩同志临终前,再三要求把自己的遗体献给祖国的医学研究事业。

"文化大革命"期间,金龙浩对左倾错误有所抵制,因此蒙受不白之冤,被关进监狱,身心受到严重摧残。他在极度艰难的情况下,对党仍然坚信不疑,并教育子女不要因为眼前不幸对祖国、对

1979 年 3 月金龙浩同志生前视察天池气象站

党、对社会主义产生怀疑和动摇。1978年金龙浩同志冤案得到平反,他不顾身体病残,一心抓紧时间为党多做工作,平反第二天就上班。他抱病走遍了延边12个气象台站,在冰封雪锁长白山的季节,毅然登上山顶去看望天池气象站的同志们,及时解决那里的问题。全州200多名职工,他走访了180多家,把思想政治工作做到同志们的心坎儿上,把党的温暖送到职工家庭中。他胸怀宽阔,不计较个人恩怨,正确对待在运动中犯过错误的同志。他处处以党的利益为重,体谅国家困难,自觉为国分忧,涨工资他不要,受迫害期间自己花的上千元医药费,也不要国家报销。他从不计较个人的荣誉、地位,积极荐贤,甘当配角,热情培养接班人,病重期间依然惦记党的工作。

1982年3月19日,中共延边州委发出《关于向优秀共产党员、模范干部金龙浩同志学习的决定》;3月25日中共吉林省委发出通知,号召全省党员干部向优秀共产党员金龙浩同志学习;4月22日中央气象局党组作出《关于在全国气象部门开展学习金龙浩同志的决定》;《延边日报》、《吉林日报》、《工人日报》、《人民日报》、《支部生活》、《吉林通讯》、《气象工作情况》等报刊杂志,先后报道了金龙浩同志的先进事迹。

20世纪90年代的延边州气象局

敦化市气象局

敦化市地处吉林省东部长白山区腹地,隶属延边朝鲜自治州,面积11957平方千米,人口48万。

机构历史沿革

历史沿革 1931年1月日本南满铁路系统在敦化建立了气象观测站,坐标为北纬43°23′,东经128°22′,海拔高度为498.0米。1952年11月吉林军区司令部气象科建立敦化气象站,同年12月1日开始工作。位于敦化县车站街“郊外”,坐标为北纬43°21′,东经128°11′,海拔高度为500.2米。1957年敦化站参加“国际地球物理年”地面气象观测工作。

1957 年 6 月 1 日迁站至敦化市西环路 8 号,坐标为北纬 43°22′,东经 128°12′,海拔高度为 523.7 米。1961 年 3 月 15 日确定为国家基本气象站。1987 年 1 月 1 日为国家基准气候观测站。2007 年 1 月 1 日改为国家一级气象站。1984 年 8 月增设气象局,局站合一,一个机构两块牌子。

管理体制 1952 年 12 月—1953 年 7 月,由吉林省军区司令部气象科领导。1953 年 8 月—1954 年 8 月,隶属于吉林省农业厅气象科。1954 年 9 月—1957 年 12 月,隶属于吉林省气象局,属省政府建制。1958 年 1 月下放到延边州人民委员会管理,期间,1959 年 1 月—1963 年 7 月,气象与水文部门合并;1963 年 8 月—1970 年 11 月,体制上收,归吉林省气象局管理,行政、思想教育由地方负责;1970 年 12 月由地方与军队管理,以军队为主;1973 年 7 月—1980 年 6 月,回归地方革委会建制;1980 年 7 月由气象部门与地方双重领导,以气象部门为主的管理体制至今。

名称及主要负责人变更情况

单位名称	职务	姓名	时间
敦化县气象站	负责人	刘永昌	1952.12—1954.05
敦化县气象站	负责人	林国斌	1954.06—1955.02
敦化县气象站	负责人	郑胜赞	1955.03—1955.09
敦化县气象站	负责人	孙道衡	1955.10—1957.09
敦化县气象站	负责人	陈炳如	1957.10—1960.04
敦化县水文气象中心站	站长	林绍良	1958.06—1962.10
敦化县水文气象中心站	副站长主持工作	刘 兴	1962.11—1963.08
敦化县气象站	负责人	陈道耕	1963.09—1964.08
敦化县气象站	副站长主持工作	张 贵	1964.09—1970.08
敦化县革命委员会气象站	副站长主持工作	刘 兴	1970.09—1973.03
敦化县革命委员会气象站	站长	刘 兴	1973.04—1984.07
敦化市气象局	局长	宋永才	1984.08—1994.07
敦化市气象局	局长	黄金生	1994.07—2002.10
敦化市气象局	局长	吴庆良	2002.10—

人员状况 1952 年建站时有 5 人。1979 年 4 月 4 日中央气象局为加强边疆台站建设,将敦化定为战备站,编制 14 人。现有在编职工 14 人,地方编制 5 人,聘用 2 人,共有在职职工 21 人。其中大学以上学历 3 人,大专学历 10 人,中专学历 7 人;中级专业技术人员 9 名,初级专业技术人员 9 人;50～59 岁 5 人,40～49 岁 6 人,40 岁以下的有 10 人;少数民族(朝鲜族)1 人。

气象业务与服务

1. 气象观测

观测时次 南满时期以东经 120°为标准时区,21 时为日界,每日 05、13、21 时观测 3 次;1952 年 12 月 1 日至 1952 年 12 月 31 日每天 03、06、09、12、15、18、21、24 时观测 8 次;1953 年 1 月 1 日至 1953 年 12 月 31 日,以 120°E 为标准时区,0 时为日界,每日 1 小时观测

1次,共24次;1954年1月1日至1960年6月30日,以地方时为标准时区,19时为日界,每日01、07、13、19时4次观测;1960年7月1日至1986年12月31日,以北京时为标准时区,20时为日界,每日02、08、14、20时4次观测;1987年1月1日至今,以北京时为标准时区,20时为日界,每日24次观测。

观测项目 自建站到今,按统一要求进行观测,基本观测项目有云、能见度、天气现象、气温、湿度、风、降水、雪深、蒸发、地温等。1953年8月开始观测日照;1954年1月开始观测雪压;1954年9月开始观测冻土;1954年10月开始观测气压;1980年1月1日开始观测电线结冰。

航危报 1954年6月15日至1996年12月31日每日24小时向OBSAV(为军航拍发的航危报报头)牡丹江、OBSAV长春、OBSAV延吉、OBSAV吉林4个单位发固定航空危险报,每小时正点前观测发航空报次,危险报则是当有危险天气现象时,5分钟内及时拍发。1997年1月1日至2008年12月31日航危报改为OBSAV牡丹江、OBSAV长春、OBSAV延吉3个单位发报。

发报内容 天气报的内容有云、能见度、天气现象、气压、气温、风向风速、降水、雪深、地温等;航空报的内容只有云、能见度、天气现象、风向风速等;当出现危险天气时,5分钟内及时向所有需要航空报的单位拍发危险报;重要天气报的内容有暴雨、大风、雨淞、积雪、冰雹、龙卷风等。

电报传输 建站后通过县邮电局专线电话发报。1999年12月与省气象台之间开通了X.25专线,通过分组交换网向省气象信息中心传输报文。2003年7月开通了州—县之间的DDN专线,2006年改为SDH光纤专线发报。

气表制作 1952年12月开始制作气表-1(地面气象记录月报表);1954年6月—1965年12月制作气表-2(温度、湿度、气压自记记录月报表);1956年12月—1960年12月制作气表-3(地温记录月报表);1958年5月—1979年9月制作气表-5(降水量自记记录月报表);1971年1月—1979年12月制作气表-6(风向风速自记记录月报表)。1953年开始制作气表-21(地面气象记录年报表)至今;1955—1965年制作气表-22(气压、气温、相对湿度自记记录年报表),气压自记报表于1962年停作;1957—1960年制作气表-23(地温记录年报表)。

建站至1987年6月,地面气象记录月(年)报表采用手工抄写方式编制一式4份,上报国家气象局、省气象台气候资料室、州气象局各1份,本站留底1份。1987年7月开始使用APPLE-Ⅱ微型计算机编制地面气象月(年)报表一式3份,2份上报省气候资料室,本站留底本1份。完成了气象资料信息化处理,将建站以来的原始资料全部录入微机,用软盘保存。2007年1月份停止报送纸质报表,气表资料通过网络传输上报,采用光盘保存。

资料管理 1984年完成1956—1980年气象资料整编,1984年基本资料装盒归档。2003年5月将建站以来至2000年的降水自记纸交给省气象局档案馆,2004年8月将建站以来至1998年的资料交给省气象局档案馆。以后,每年将气表-1和自记纸(温、压、湿、风向风速)资料上交省气象局档案馆。

自动化观测系统1987年4月1日起正式执行"地面观测程序",用PC-1500微机编报。2003年8月26日建立了CAWS600型自动气象站,并且开始试运行,2004年1月1日起自动气象站正式运行,并且至今人工观测与自动气象站观测双轨运行。2007 年 5 月开展闪电定位观测。2008 年 6 月开展 GPS 卫星水汽监测。2005 年至 2008 年,在敦化行政区域内共建成 23 个区域自动气象观测站。其中两要素站 6 个,四要素站 13 个,六要素站 4 个。

2. 农业气象观测

1960 年 3 月开始开展农气工作,开展了病虫害预测、预报和小气候观测。1964 年 3 月定为省农气基本站。1990 年确定为国家农业基本气象站。

观测项目　木本植物观测,1980 年观测榆树、小叶杨、梨树、沙果;1983 年增加垂柳观测,沙果停止观测;1987 年增加落叶松观测;1994 年梨树、垂柳、落叶松停止观测;2007 年增加杏、旱柳观测。草本植物观测,1980 年进行蒲公英、车前草、姜不辣观测;1981 年姜不辣停止观测;1983 年增加季季菜观测;1986 年增加猫爪菜观测;1994 年季季菜、猫爪菜停止观测。候鸟动物观测,1980 年进行家燕观测;1984 年增加蟾蜍观测;1985 年蟾蜍停止观测,增加青蛙观测。

土壤水分观测,1981 年开始进行固定地段土壤水分观测(1981 年至 2001 年固定地段和作物地段重合);2002 年进行大豆作物土壤水分观测。

作物观测　1980 年开始进行玉米、大豆生育状况观测。气象水文现象观测。

发报　1980 年起常年编发农气旬(月)电报,春季 3—5 月每候编发农业气象候报。2005 年增加每旬逢 3 日加测土壤墒情观测,逢 5 日发报。每年 12 月编制农气报表,玉米、大豆、土壤水分、物候各 4 份,上报国家气象局和省气象局。1980—1995 年观测主要采用目测、器测和人工计算。1996 年开始采用微机发报程序,农气旬月报基本段可实现微机自动编报。作物段、灾情段、地方补充段仍用人工编报,输入微机发报。

3. 天气预报

短期天气预报　1958 年开始收听省气象台的天气形势广播,结合本地气象要素变化和气候特点,采用曲线图、要素时间剖面图以及简易小天气图等工具,对上级气象台预报进行补充订正,制作补充天气预报。从 1972 年开始引进数理统计预报方法,通过对历史气象资料进行相关系数统计分析、检验,筛选出较好的预报因子,建立回归预报方程和聚类分析等统计方法制作天气预报。1978 年配备传真机,开始接收日本、欧洲、北京等数值预报传真图。1982 年下半年使用地方模式输出统计方法,建立了晴雨、降水、最高、最低气温等 MOS 预报方程 11 个,至 1986 年建成了天气模型、MOS 预报方法、经验指标等三种基本预报工具。1999 年建成 PC-VSAT 单收站,完成了县级预报业务平台的安装,Micaps1.0 人机交互处理系统投入业务使用。单收站接收各种数值预报解释产品、卫星云图、数字雷达实时资料以及省、州气象台的分片要素预报指导产品,结合本地天气特点,制作订正预报。人机交互处理系统取代了传统的天气预报作业方式,Micaps 业务软件至 2008 年,已从 1.0 升级为 3.0 版本。2002 年以来先后建成了州—县、省—州—县可视会商系统,增加了森林火险气象等级、空气污染气象等级、紫外线、穿衣指数等预报内容。天气预报业务形成以接收数值预报产品、上级气象台预报指导产品、天气会商、本地预报方法相结合的技术路子。

从 2000 年至今,开展了常规 24、48 小时及旬、月等短、中、长期天气预报以及重要天气报告和灾害性天气预报预警业务等。

中期天气预报 1961 年在省气象台划分的环流型、天气过程模式和地区气象台的雨型的基础上,建立中期降水过程天气模式制作中期降水预报。1983 年后不再制作中期预报,根据州气象台的旬、月天气预报,结合分析本地气象资料,使用周期分析、韵律等方法制作旬、月天气趋势预报,主要提供给服务单位。

长期天气预报 1961 年开始以群众看天经验为线索,经本站的历史资料验证,总结出本地的长期预报经验指标,同时利用本地气象历史资料运用要素演变法、韵律法,找相关相似和周期规律来制作气象站的月、季、年度冷暖、旱涝趋势预报以及农作物各生长时段的预报,1983 年后不再承担长期天气预报业务,使用和订正省气象台和州气象台的预报结果进行服务。

4. 气象服务

1954 年前以为国防建设服务为主。1954 年后为国民经济建设服务为主,以农业服务为重点。1982 年起注重服务社会和经济效益,1984 年 5 月开展了专业有偿服务工作,把公众服务、决策服务和专业服务融入到经济社会发展及人民群众生产生活中。主要气象灾害有低温冷害、霜冻、涝灾、干旱、大风和冰雹。

公众服务 1958 年起通过县广播站用有线广播发布天气预报。1991 年通过当地电视台发布文字形式的电视天气预报。1996 年 12 月建成多媒体电视天气预报制作系统,将自制节目录像带送电视台播放。2003 年 10 月电视天气预报系统升级为非线性编辑系统。2008 年 3 月根据电视台的要求,制作的节目改为刻录 DVD 光盘发送。1999 年开通了"121"天气预报自动咨询电话。2003 年由延边州气象局对"121"答询电话实行集约经营,主服务器由州气象局建设维护。2004 年 10 月,"121"电话升位为"12121"。

决策服务 1956 年至 1990 年,制作年成预报、灾害性天气预报、汛期天气预测、秋收预测等气象信息,通过口头、书面报告或电话形式,向县政府提供决策服务。1990 年逐步开发了《气象信息》、《重要天气报告》、《决策服务信息》、《气象灾害预警信息》等服务产品,通过传真、网络等形式将服务信息报送到政府及有关服务部门。2007 年正式开展突发性气象灾害预警工作,地方政府将《敦化市突发性气象灾害应急预案》(敦政办发〔2007〕55 号文件)列入社会公共事件应急预案之中。

专业专项服务 1984 年 5 月开展了专业有偿服务工作,与农业技术推广站、各乡镇、农业专业户签订了气象服务合同,当年签订服务合同 10 份。1985 年后将气象有偿服务扩展到农、林、水利、商业等领域,截至 2008 年累计签订服务合同近 500 份。1995 年开展了施放气球庆典服务。1998 年开展礼炮庆典服务,自行研制、加工近 40 门庆典礼炮,销售到全国 14 个省。

人工影响天气 1975 年州气象局开始在敦化进行人工增雨试验。1976 年研制、发射"土火箭"进行人工消雹试验,效果不好逐渐被淘汰。后以"三七"高炮进行人工消雹作业。1979 年、1984 年、1985 年进行了人工增雨作业,取得了良好效果。2000 年后,每个作业点平均作业 140 点次,共发射"三七"防雹高炮炮弹 10000 余发,防雹影响区面积达到 8 万公顷。现有 43 个防雹作业点,拥有 43 门"三七"防雹高炮、2 台火箭发射器。

防雷服务 1992 年开展避雷设施安全检测,1994 年正式成立避雷装置检测站,平均每年为地方 100 个企事业和个体单位提供防雷设施检测服务。2004 年开展了防雷工程设计审核、施工监督工作。

科普宣传 20 世纪 80 年代开始参加地方政府组织的科技下乡活动,组织业务人员到乡镇大集,以科技咨询、发放气象知识传单等形式进行气象信息和气象科普宣传活动,同时组织气象老同志、老专家举办农村干部群众讲习班,并且将此活动延续至今。

法制建设与社会管理

法制建设 敦化市气象局认真贯彻《中华人民共和国气象法》、《吉林省气象条例》、《人工影响天气管理条例》等法律法规,并及时送交市人大和法制办备案。1991 年成立避雷装置检测中心,负责地方雷电防护日常管理工作。2003 年敦化市政府下发《敦化市人民政府关于加强各类工程防雷工作的通知》(敦政发〔2003〕24 号)文件,成立雷电防护领导小组,在敦化市气象局设立办公室,负责防雷日常管理,将防雷工程审批、工程施工监督、竣工验收等纳入雷电防护管理程序。2007 年下发《敦化市人民政府办公室关于进一步做好防雷减灾工作的通知》(敦政办发〔2007〕45 号)文件,敦化市气象局具体组织设施,加大行政执法力度。

1992 年市政府成立人工防雹领导小组,在市烟叶公司设立办公室,工作人员由市气象局和烟叶公司组成,由气象局实施管理。1994 年防雹办公室归地方农业局管理。2003 年 5 月 16 日根据国务院 348 号令《人工影响天气条例》精神,防雹办公室由气象局归口管理。

社会管理 2003 年 10 月 15 日气象局进驻市政府政务大厅,设立气象窗口,承担防雷设施年度检测、防雷工程设计审核、施工监督、危害气象探测环境审查、发布天气预报和灾害天气警报审批、升放无人驾驶自由气球或者系留气球活动审批等 8 项气象行政审批职能。2007 年 5 月成立气象行政执法队伍,有两名兼职执法人员通过省政府法制培训考核,持证上岗,实施气象行政执法。2007—2008 年,每年与市消防队、安全监督管理局、教育等部门联合开展安全执法检查。

政务公开 2003 年以来,单位成立"政务公开领导小组"和"政务公开监督小组",建立健全政务公开制度和监督检查机制。将气象法律法规赋予部门的管理职能、管理权限、审批项目、办事程序、办事时限、收费标准、处罚规定、服务承诺和社会监督等项内容,通过市政府政务信息网向社会公开;在单位内部,将年度财务预算决算、经费使用、物资采购、基建项目、招待费用、干部任用、职称评定、评先选优和考核奖惩等项内容,利用单位公示栏、全局职工会议等形式向职工公开。

党建与精神文明建设

1. 党建工作

1952 年至 1970 年期间党员少,先后有 4 名党员隶属县农林水支部。1971 年派现役军人成立第一届气象站党支部,有 5 名党员。党支部重视组织发展工作,重点培养入党积极分子队伍,1971 年至 2008 年先后发展了 11 名党员。党支部现有党员 11 名,由吴庆良任党支部书记。

2000—2008 年,党支部开展了"学习'三个代表'重要思想活动",落实党风廉政建设目标责任制,并且参与气象部门和地方党委开展的党章、党规等知识竞赛 14 次。2002 年起每年开展党风廉政教育月活动。2005 年开展"保持共产党员先进性"教育活动。

1998—2008 年,党支部先后 7 次被市直属机关党工委评为优秀基层党组织。2002 年、2007 年、2008 年有 3 名同志被评为优秀党务工作者和优秀共产党员。

2. 精神文明建设

1988 年以来先后开展了花园式台站建设、精神文明创建、标准化台站建设活动。每年参加"资助贫困学生"、"帮扶特困职工"、"社区文化建设"、"扶持老兵"等社会活动。2006 年开始开展了 9 名党员与社会普通群众结对交友活动,并且 2006 年与吉林省白山市东岗气象局开展对口交流活动。2007 年、2008 年分别组织职工参加了延边州气象系统"气象人精神"演讲比赛和"解放思想、转变观念、推动发展"演讲比赛。2001 年建设了图书阅览室、学习室、会议室、乒乓球室、室内活动室等场所,现拥有图书近 2000 册。每年在"3·23"世界气象日和"12·4"全国法制宣传日组织科技宣传,普及防雷知识和气象法律法规。

1988 年在省气象系统"双文明"建设表彰会上,被评为先进单位。1988 年至 2005 年被地方政府评为"文明建设单位"。1998 年获吉林省气象系统精神文明先进单位。1999 年获吉林省气象系统标兵单位。2006 年被评为州级精神文明单位。2005 年 6 月建成全省第一批标准化达标台站。

3. 荣誉

1978 年 10 月敦化县气象站出席了北京全国气象系统"双学"会议,敦化站被授予全国气象系统十面红旗站之一,获《一心为农猛攻冷害》锦旗一面。

在创建地面气象观测"250 班无错情"活动中,1984 年获集体观测 1 项;1984 年至 2008 年获奖个人共有 15 人次。

台站建设

建站初期办公环境为一近 200 平方米的二层小楼,拥有宿舍和食堂,占地面积约为 1 万平方米。1957 年迁站到现址时修建了 230 平方米的办公室,占地面积约为 6 万平方米。1982 年进行站内道路整修,修建花坛,栽培树木和花草。1995 年投入 8 万余元,进行办公房和环境改善。2001 年利用敦化西环路改造契机,开发并销售门市房,自筹资金新建办公楼 700 平方米。2005 年投资 30 万元进行台站综合改造,栽种各类果树及松树数百棵,拥有果树品种 8 种。气象局现占地面积 2.2 万平方米,办公楼 700 平方米,站内绿化面积 1 万平方米。

1979 年的敦化气象站旧办公室与观测场

2007 年的敦化市气象局办公楼

汪清县气象局

汪清县地处吉林省东北部、长白山东麓,区域面积 9016 平方千米,辖 9 个乡镇,201 个行政村,全县总人口 26.3 万人。属大陆性中温带多风气候,冬长夏短,四季分明。年平均气温 4.4℃,平均降雨量为 551.6 毫米。

机构历史沿革

历史沿革 汪清县气象站始建于 1956 年 9 月,于 12 月 1 日正式开展业务工作,名称为吉林省汪清气候站,位于汪清县汪清镇大川街郊外,北纬 43°17′,东经 129°48′,观测场海拔高度 241.7 米,属国家一般站。1959 年 1 月 1 日地理位置更改为北纬 43°20′,东经 129°46′,观测场海拔高度不变。1989 年 1 月 1 日改为国家基本气象站,承担罗子沟气象站所有观测和发报任务。2002 年 4 月迁到汪清县东光镇五人班村(距原站址 2.2 千米),北纬 43°18′,东经 129°47′,观测场海拔高度 244.8 米,于 2003 年 1 月 1 日正式工作。2007 年 1 月 1 日改为国家一级气象站。

管理体制 自 1956 年建站至 1957 年 12 月,由吉林省气象局管理,归省政府建制;1958 年 1 月下放到汪清县人民委员会管理;1959 年 1 月—1963 年 7 月归汪清县农业局领导,气象与水文部门合并,气象业务由延边朝鲜族自治州水文气象总站管理;1963 年 8 月—1970 年 11 月由吉林省气象局直接管理;1970 年 12 月—1973 年 6 月归汪清县革命委员会与军队管理,以军队为主;1973 年 7 月—1980 年 6 月归地方革委会建制,由汪清县农业局管理;1980 年 7 月实行由气象部门和地方政府双重领导,以气象部门为主的管理体制至今,隶属于延边朝鲜族自治州气象局管理。1989 年 5 月 6 日增设汪清县气象局,局站合一,一个机构两块牌子。

人员状况 建站时有 2 人,1980 年在职职工为 14 人,现有在职职工 11 人,聘用 1 人。大专及以上学历 7 人,中专学历 4 人;中级专业技术人员 5 人,初级专业技术人员 4 人;50

岁以上 4 人,40～49 岁 4 人,39 岁以下 3 人;朝鲜族 1 人,满族 3 人。

名称与主要领导的变更情况

单位名称	负责人	职务	任职时间
吉林省汪清气候站	袁立刚	站　长	1956.12—1959.08
汪清县气象中心站	姚永奎	站　长	1959.09—1960.12
汪清县气象水文站	郑献教	站　长	1961.01—1962.07
汪清县气象中心站	袁立刚	站　长	1962.08—1965.03
汪清县气象中心站	吴义根	站　长	1965.04—1970.11
汪清县革命委员会气象站	吴义根	站　长	1970.12—1973.07
汪清县气象站	吴义根	站　长	1973.08—1985.10
汪清县气象站	刘恩学	站　长	1985.11—1989.05
汪清县气象站	刘恩学	站　长	1989.05—1990.07
汪清县气象局	刘佐龙	局　长	1990.07—2007.03
汪清县气象局	李润根	局　长	2007.03—

气象业务与服务

1. 气象观测

①观测时次

1956 年 12 月 1 日起,地面观测时次采用地方时,01、07、13、19 时 4 次定时观测。1960 年 7 月 1 日改为北京时,02、08、14、20 时 4 次定时观测。1956 年 12 月 1 日—1962 年 3 月 31 日、1964 年 1 月 1 日—1966 年 2 月 28 日、1974 年 1 月 16 日—1988 年 12 月 31 日,每天 02、08、14、20 时 4 次定时观测,夜间不守班;1962 年 4 月 1 日—1963 年 12 月 31 日、1966 年 3 月 1 日—1969 年 12 月 31 日,每天 08、14、20 时 3 次定时观测;1970 年 1 月 1 日—1974 年 1 月 15 日,每天 02、08、14、20 时 4 次定时观测,夜间守班;1989 年 1 月 1 日起,每天 02、05、08、14、17、20 时 6 次定时观测,夜间守班;2004 年 1 月 1 日起,每天 02、05、08、11、14、17、20、23 时 8 次定时观测,夜间守班。

②观测项目

地面观测内容有云、能见度、天气现象、气压、气温、湿度(水汽压、露点温度、相对湿度)、风向风速、降水、雪深(雪压)、日照、蒸发、地温(深层地温)、电线积冰等。

③发报任务

天气报　1956 年 12 月 1 日—1962 年 3 月 31 日、1964 年 1 月 1 日—1966 年 2 月 28 日、1970 年 1 月 1 日—1988 年 12 月 31 日,每天 4 次定时向吉林省气象台和延边朝鲜族自治州气象台拍发小图报;1962 年 4 月 1 日—1963 年 12 月 31 日、1966 年 3 月 1 日—1969 年 12 月 31 日,每天 3 次定时向吉林省气象台和延边州气象台拍发小图报;1989 年 1 月 1 日—2003 年 12 月 31 日每天 4 次(05、08、14、17 时)向沈阳气象中心拍发天气报,每天 2 次(02、20 时)向吉林省气象台和延边州气象台拍发小图报;2004 年 1 月 1 日起每天 8 次(02、

05、08、11、14、17、20、23时)向沈阳区域气象中心拍发天气报。天气报的内容有云、能见度、天气现象、气压、气温、湿度(露点温度)、风向风速、降水、雪深、地温等。

建站初期至1985年采用手工查算、编报,1986年开始使用PC-1500袖珍计算机编报,1997年开始使用联想PⅢ500计算机编报。

航危报 1962年10月6日开始每天06—18时向哈尔滨民航拍发预约航危报。1970年1月1日开始每天固定向朝阳川空军拍发00—24时的航危报,向长春民航拍发01—20时的预约航危报。1992年1月1日开始,每天固定向延吉空军(OBSAV YANJI)拍发00—24时的航危报,向长春空军(OBSAV CHANGCHUN)拍发06—18时的航危报。航空报的内容只有云、能见度、天气现象、风向风速等。当出现危险天气(大风、恶劣能见度、雷雨形势、冰雹、雷暴、龙卷等)时,5分钟内及时向用报单位拍发危险报。

其他报 1989年1月1日起每天采取定时和不定时两种方式向吉林省气象台拍发重要天气报。2008年重要天气报的内容有暴雨、大风、龙卷、积雪、雨凇、冰雹、霾、浮尘、沙尘暴、雾、雷暴等。1957年1月—1964年4月、1977年6月—1984年12月向国家气象中心、省气象台、延边州气象台拍发农业气象候、旬、月报;1985年1月—1997年12月向省气象台、延边州气象台拍发候、旬、月报;1998年1月开始只向省气象台拍发农业气象候、旬、月报。候、旬、月报的主要内容有土壤墒情、平均气温、降水量、日照、大风日数、冻土深度、积温等。

④电报传输

建站之初至1998年,通过县邮电局专线电话口传发报。1986年7月,通过其高频电话向延边州气象台口传发省内小图报、农气报等,由州气象台集中后发往省气象台。向沈阳区域气象中心拍发的天气报仍通过县邮电局发报。1997年建立了信息终端。1999年与省气象台开通了X.25协议专线,电报通过网络传输到省气象信息中心。2003年2月通过GPRS MODEM无线网络向省气象信息中心传输电报和原始资料。2008年4月改用VPN向省气象信息中心传输电报和原始资料。

⑤报表编制

1956年12起,每月制作气表-1至气表-7。1962年、1965年,气表-2气压自记、温度和湿度自记相继停作,气表-22停编。1966年1月起气表-3、气表-4、气表-7并入气表-1,相应的年报并入气表-21,1980年1月起气表-5、气表-6并入气表-1,相应的年报并入气表-21。至此,报表只编制气表-1和气表-21。1989年之前,制作气表一式3份,上报省气候资料室1份、州气象台1份,本站留底本1份。1987年6月以前,所有的报表均采用手工统计、抄写的方式编制,7月开始使用APPLE-Ⅱ微型计算机编制地面气象月(年)报表,并开始进行气象资料信息化处理工作(将建站以来的所有的原始资料全部录入微机,用软盘保存)。2006年1月份停止报送纸质报表,气表通过网络传输上报,采用光盘保存资料。

⑥资料管理

1987年完成1956—1986年气象资料的整编,1987年基本资料装盒归档。2003年5月将建站以来至2000年的降水自记纸交给省气象局气象档案馆,2004年6月将建站以来至1998年的资料交给省气象局气象档案馆。2005年开始将当年前推5年的资料交给省气象局气象档案馆。2008年将2002—2006年的资料交给省气象局气象档案馆。

⑦自动化观测系统

2003 年 8 月,DYYZ-Ⅱ型自动气象站建成,2004 年 1 月 1 日正式投入运行(与人工观测双轨运行)。2006 年 1 月 1 日开始单轨运行。自动站观测的项目有气压、气温、湿度、风向风速、降水(5—9 月)、地温、草(雪)面温度等,数据全部由采集器自动采集完成。2005 年 8 月—2007 年 10 月累计向地方政府争取资金 20 万元,分 3 批在全县范围内建设了 16 个区域自动气象站(六要素的 3 个,四要素的 7 个,两要素的 6 个)。2008 年 5 月建成 GPS 卫星定位水汽观测系统。

2. 天气预报

短期天气预报　1958 年 6 月开始,先后使用收听省气象台的天气形势广播,结合本地气象要素变化和气候特点,采用曲线图、要素时间剖面图以及简易小天气图、数理统计方法等工具,制作补充天气预报、单站预报、气象站天气预报。1983 年配备 123 型传真接收机。开始接收北京、日本以及欧洲气象中心的气象传真图,使用地方模式输出统计方法,建立了晴雨、降水、最高、最低气温等 MOS 预报方程 8 个,至 1986 年建成了天气模型、MOS 预报方法、经验指标等三种基本预报工具。1998 年 7 月建成 PC-VSAT 单收站,Micaps1.0 人机交互处理系统投入业务使用。单收站接收各种数值预报解释产品、卫星云图、数字雷达实时资料以及省、州气象台的分片要素预报指导产品,结合本地 MOS 方程等方法制作订正预报。人机交互处理系统取代了传统的天气预报作业方式,Micaps 业务软件至 2008 年,已从 1.0 升级为 3.0 版本。2008 年完成县级预报业务平台的安装。

中期天气预报　1964 年在省气象台划分的环流型、天气过程模式和地区气象台的雨型的基础上,使用周期分析、韵律等方法制作 3～5 天、旬预报。1983 年后不再制作中期预报,根据州气象台的旬天气预报,结合分析本地气象资料,制作旬预报提供给服务单位。

长期天气预报

1974 年通过验证本站的历史资料,总结出本地的长期预报经验指标,同时运用要素演变法、韵律法,找相关相似和周期规律来制作月、季、年度冷暖、旱涝趋势预报。1983 年后不再承担长期天气预报业务,使用和订正省气象台和州气象台的预报结果进行服务。

1986 年通过甚高频电话与州气象局进行天气会商,2002 年、2005 年分别建成了州—县、省—州—县可视会商系统。天气预报业务形成以接收数值预报产品、上级气象台预报指导产品、天气会商、本地预报方法相结合的技术路子。从 2000 年到至今,开展了常规 24、48 小时及旬、月等短、中、长期天气预报以及重要天气报告和灾害性天气预报预警业务等。

3. 气象服务

公众气象服务　1962 年起,通过汪清县广播站用有线广播发布天气预报,每天广播一次。1987 年天气预报内容由汪清县电视台制作成文字形式对公众发布。2000 年 3 月汪清气象局购置天气预报节目制作设备,应用非线性编辑系统制作图片形式的电视天气预报节目在县电视台播出。2003 年 5 月天气预报节目由县广播电视局制作,县气象局提供天气预报信息。2000 年 4 月正式开通了"121"天气预报自动咨询电话。2003 年 4 月,"121"答询电话业务由延边州气象局实行集约化管理,主服务器由延边州气象台建设和维护。2005

年 1 月"121"电话升位为"12121"。

决策气象服务　1990 年以前的气象服务资料,以口头汇报、电话、邮寄等方式向县政府报送。1990 年后,制作了《重要气象信息》、《春播预报》、《汛期(5—9 月)预报》、《插秧期预报》、《低温冷害预报》、《森林防火期预报》等决策服务产品,以书面汇报、传真或专人送达等方式提供决策服务。按照吉林省气象局的要求,从 2003 年开始,制定了汪清县年度决策服务方案,根据汪清县春、夏、秋、冬不同季节的生产服务需求,制作了针对性的决策服务产品。内容有:年景预报、汛期短时气候预测、三性天气(关键性、转折性、灾害性)以及重大天气过程的气候预测等。目前,主要采用网络、传真等方式向县政府领导和有关部门提供天气预报和灾害性天气警报等决策服务。2008 年在建设吉林省气象灾害预警体系过程中,将辖区内所有的单位、乡镇及村屯纳入突发性气象灾害预警体系,聘用了近 300 名气象灾害信息员,以保障突发性气象灾害的及时预警响应。

专业专项服务　1986 年开展了气象有偿专业服务,与林业局、砖瓦厂、粮库等单位签订服务合同 12 份。每天用电话向服务单位提供天气预报服务内容。1988 年开始为烤烟生产提供试验性气象服务。1989 年 5 月购置了 12 台天气警报接收机,安装到各服务单位。每天广播 2 次,用户定时接收气象预报和预警信息。遇有重要天气时,增加广播时次。截至 2000 年累计签订服务合同 400 余份。

科技服务　1991 年成立避雷设施检测中心,开展了建筑物避雷设施安全检测。1995年开展了庆典气球施放服务。2002 年开展了人工影响天气服务,在全县范围内建设了 8个增雨火箭发射基地和 1 台流动火箭发射车,开展人工增雨和防雹作业。截至 2008 年累计发射增雨火箭弹 230 多枚。2005 年开始为汪清县满台城水电站进行人工增雨服务。2007 年开展了计算机信息系统防雷安全检测工作。

气象法规建设与管理

1. 法规建设与社会管理

1991 年根据《汪清县人民政府批转县公安局等部门关于开展避雷装置检测工作的意见的通知》(汪政发〔1991〕29 号)精神,将办公室设在汪清县气象局,负责日常管理,由县公安局协助。1999 年根据《汪清县人民政府关于加强防雹防雷工作的有关问题的通知》(汪政发〔1999〕8 号)文件精神,成立汪清县防雹防雷指挥部,办公室设在县气象局,负责日全县防雹防雷的日常管理。2000 年后,汪清县气象局贯彻落实《中华人民共和国气象法》、《吉林省气象条例》,重点加强雷电灾害防御工作的依法管理工作,使防雷行政许可和防雷技术服务逐步走向规范化。2000 年起,每年 3 月和 6 月开展气象法律法规和安全生产宣传教育活动。2004 年绘制了《汪清县气象观测环境保护控制图》,并在县政府和规划局备案。2006 年县政府政务大厅设立气象服务窗口,履行气象行政审批职能。2006—2008 年 2 次参与行政审批制度改革。2007 年 6 月开展了建筑物防雷装置、新建建(构)筑物防雷工程图纸审核和竣工验收管理工作。

2. 政务公开

对外政务公开 气象行政审批办事程序、气象服务内容、服务承诺、气象行政执法依据、服务收费依据及标准等通过县政府公示板向社会公开。

内部政务公开 干部任用、财务收支、目标考核、基础设施建设、工程招投标等内容则通过职工大会、公示栏等方式向职工公开。财务收支情况每半年公示一次,年底对全年收支、职工福利、领导干部待遇、住房公积金等情况均向职工作出详细说明。

规章制度建设 2002年制定了《汪清县气象局综合管理制度》,主要内容包括干部、职工脱产(函授)学习和职称申报等,干部、职工休假及福利,业务质量考核制度,值班理制度,岗位责任制度,会议制度,财务制度,档案管理制度等。2007年做了修改。

党的建设与气象文化建设

党建工作 1961年1月为加强党的领导,由当地主管部门调派一名党员任领导职务,编入农业局支部。1971年军队管理期间有2名党员。经县武装部党委批准,与罗子沟气象站的2名党员和1名现役军人党员建立了气象站党支部,由武装部参谋陈福任党支部书记。至1980年10月发展为8名党员,由吴义根任支部书记。党建工作由汪清县直机关党工委领导。1990年有党员7名,尤东壁任支部书记。现有党员10名,由刘左龙任支部书记。

自2000年以来,开展了"三个代表"重要思想教育活动,党风廉政建设得到进一步加强。落实了党风廉政建设目标责任制,严格执行"四大纪律、八项要求",开展了领导干部廉洁自律清查工作。2002年起每年开展党风廉政教育月活动。2004年起每年开展作风建设年活动。2005年开展"保持共产党员先进性"教育活动。要求领导干部认真执行《廉政准则》,管好自己,管好家人,管好身边工作人员。积极开展建设文明机关、和谐机关和廉洁机关活动。

精神文明建设 坚持以人为本,弘扬自力更生、艰苦创业精神,开展精神文明创建活动。做到政治学习有制度、文体活动有场所、电化教育有设施。建设了图书阅览室、学习室、会议室等场所,现拥有图书1000册。每年在"3·23"世界气象日组织科技宣传,普及防雷知识。积极参加地方政府组织的运动会和文娱体育比赛等活动,丰富了职工的文化生活。1988年建成县级文明单位,1998年建成州级文明单位。2005年6月建成全省第一批标准化台站。同时成为汪清县科普教育实践基地。

荣誉 自1978年至2008年,汪清县气象局共获省、州气象局和县政府颁发的集体荣誉30项,个人获奖共85人次。2004年有2人被中国气象局授予"全国质量优秀测报员"称号。

1989年尤东壁同志被中国气象局授予"全国气象部门双文明建设先进个人"称号,《中国气象报》在5月25日第二版以"人生无处不青山"为标题,介绍了尤东壁三留艰苦台站工作的先进事迹。1990年尤东壁被吉林省人民政府人事厅授予"1990年度省直先进工作者"称号。1990—1992年尤东壁当选为汪清县第十二届人大代表。

台站建设

建站初期只有一间80平方米的平房。1985年省局投资6.5万元新建了349平方米的办公室。1987 年省局投资 11.0 万元新建了 440 平方米的职工住宅。1994 年向地方政府争取了 7 万元资金购买了 1 台 202S 吉普车。2002 年 4 月由于城市规划和建设需要,站址迁移,由县政府投资 300 万元新建了 540 平方米的办公楼,1600 平方米的住宅楼,100 平方米的测报值班室和标准化的观测场等。2003 年向地方政府争取到了 10 万元的资金购买了 1 台捷达轿车。近几年,通过多方筹集资金,对院内环境分期分批进行了绿化改造,基本完成了业务系统规范化建设。

汪清县气象站

汪清县气象局办公楼

和龙市气象局

和龙市位于吉林省东南部长白山东麓,隶属延边朝鲜族自治州。全市总面积 5069 平方千米,下辖 8 个镇、3 个街道、79 个行政村、23 个社区,全市总人口 21 万。属于中温带季风半湿润气候,大陆性季风明显,四季分明。

机构历史沿革

历史沿革 和龙气象站始建于 1956 年 9 月,同年 12 月 1 日正式开始工作。始建时位于和龙县和龙镇一街(北纬 42°31′,东经 128°58′),观测场海拔高度 442.9 米,属国家一般气象站。1976 年 1 月 1 日迁至和龙县民乐街 58—17 号(北纬 42°32′,东经 129°00′),观测场海拔高度 475.6 米。2007 年 1 月改为国家一级站,2009 年 1 月改为国家基本站。

管理体制 1956 年 12 月—1957 年 12 月,隶属于吉林省气象局管理,属省政府建制。1958 年 1 月,下放到延边州人民委员会管理。1959 年 1 月—1963 年 7 月,气象与水文部门合并。1963 年 8 月—1970 年 11 月,体制上收,归吉林省气象局管理,行政、思想教育由地方负责。1970 年 12 月,由地方与军队管理,以军队为主。1973 年 7 月—1980 年 6 月,回归地方革委会建制。1980 年 7 月,由气象部门与地方双重领导,以气象部门为主的管理体制至今。

人员状况 和龙气象站建立时,有 2 名业务技术人员,1957 年有 4 人,1958 年增加到 10 人,1979—1989 年在职 10 人。2008 年编制 12 人,在职职工 9 人,其中大学以上学历 6 人,大专学历 1 人,中专 1 人;高级技术职称 1 人,中级技术职称 2 人,初级技术职称 6 人;朝鲜族 2 人,汉族 7 人;50 岁以上 3 人,30～40 岁 1 人,30 岁以下 5 人。

名称与主要领导变更情况

单位名称	时间	负责人
吉林省和龙县气候站	1956.12—1959.12	杨万军
吉林省和龙县中心气象站	1960.01—1961.09	金在成
吉林省和龙县气象站	1961.10—1961.11	赵靖仁
吉林省和龙县气象站	1961.12—1962.06	金棒官
吉林省和龙县气象站	1962.07—1962.12	杨万军
和龙县革命委员会气象站	1963.01—1981.03	柴文启
吉林省和龙县气象站	1981.04—1983.12	金铁钰
吉林省和龙县气象站	1984.01—1987.12	玄秀吉
吉林省和龙县气象站	1988.01—1993.10	金铁岩
吉林省和龙市气象局	1993.11—1998.04	祝吉平
吉林省和龙市气象局	1998.05—2000.08	金龙范
吉林省和龙市气象局	2000.09—2002.05	李明灿
吉林省和龙市气象局	2002.05—2008.03	金英子
吉林省和龙市气象局	2008.03—	徐昌龙

气象业务与服务

和龙气象站以地面气象观测为主,1956 年 12 月 1 日开始地面观测并记录。1957 年 5 月 10 日,开始拍发天气实况报。1957 年,增加农业气象旬(月)报。1962 年 1 月 1 日,开始执行地面观测规范。1979 年 1 月 1 日,开始拍发气象更正报。1980 年 1 月 1 日起,执行新规范。1984 年 4 月 1 日开始增加重要天气报。现在常年担负定时天气报、航空(危)天气报、重要报等任务。

1. 气象观测

地面观测 和龙气象站建站时观测时次采用地方时 01、07、13、19 时每天 4 次定时观测。1960 年 7 月 1 日改为北京时,观测时间以 20 时为日界,日照以日落为日界,自记记录以 24 时为日界。每天 02、08、14、20 时 4 次观测,昼夜守班。1989 年 1 月 1 日改为 08、14、20 时 3 次观测,夜间不守班。2007 年 1 月 1 日改为国家基本站,每天 4 次定时观测,夜间守班。

发报内容 建站初期观测项目有云、能见度、天气现象、气压、温度和湿度、风、降水、积雪深度、积雪密度、日照、小型蒸发、地面状态、地面温度、5～20 厘米曲管地温和温、湿自记。

2007 年 1 月为国家基本气象站至今,发报种类由原来的 08、14、20 时 3 次天气加密报改为现在的 02、08、14、20 时 4 次天气报和 05、11、17、23 时 4 次补充天气报,全年不定时发送雷暴、大风、冰雹、累计降水（≥25毫米等）、积雪、龙卷风等项目重要报。观测项目在原基础上增加40～320厘米直管地温、草面温度、冻土、雨量自记等项目，取消积雪密度、地面状态和温、湿、风自记纸项目。

航危报 1960年5月15日起，承担延吉、长春军航等部门的预约航危报业务。现在每天08—18时每小时向延吉发航危报，内容有云、能见度、天气现象、风向风速等。

自动化观测系统 1987年4月，配置PC-1500袖珍计算机，取代了手工编报。2003年8月，建成DYYZ-Ⅱ型自动气象站并投入业务运行。经过两年时间的人工与自动站并行观测，于2006年1月自动站开始单轨运行。2006—2008年，先后建成24个区域自动气象观测站投入使用，其中四要素站4个、两要素站19个。2008年，安装了GPS卫星定位水汽监测系统。2007年初，安装并投入使用闪电定位仪，能够实时监测和龙市200千米范围内雷电活动情况。

电报传输 建站起使用专线电话通过当地邮电局发报。1986年8月，使用甚高频电话向州气象台拍发天气小图报、农气报和重要天气报，由州气象局转至省气象台。1997年，建立了县级信息终端。1999年，使用拨号方式通过公用分组交换网向吉林省气象信息中心传输报文。2003年开通了州、县间DDN专线发报，2006年改为SDH光纤专线发报。

气表制作 1956年12月起，每月编制的月报表有气表-1（基本气象观测记录月报表）、气表-2（气压、温度、湿度自记记录月报表）、气表-3（地面观测记录月报表）、气表-4（日照观测记录月报表）、气表-7（冻土记录月报表）。1961年起，编制气表-5（降水自记记录月报表）。1974年1月起，编制气表-6（风向风速自记记录月报表），相应的年报表有气表-21、气表-22、气表-23、气表-24、气表-25。1962年、1965年相继停作气表-2的气压、气温、湿度自记，气表-22停编。1961年1月，气表-3、气表-4、气表-7并入气表-1，相应的气表-23、气表-24也并入气表-21，增加月、年简表。1980年1月起，气表-5、气表-6并入气表-1，相应的年报表也并入气表-21，取消月、年简表。至此，报表只编制"气表-1"和"气表-21"。

建站后，通过手工抄写气象报表，一式3份，报送吉林省气象局资料室、州气象局各1份，本站留底1份。1987年7月1日开始用微机制作报表，用微机打印气表，向州气象局报送磁盘。同年，历史资料实现信息化。2005年12月31日20时起，气表资料通过网络传输上报，使用高速打印机打印气象报表，用光盘和U盘保存资料归档。定为国家基本气象站以后，停止向州气象局报送报表，各种气象报表由吉林省气象局气候中心审核科集中审核。

资料管理 1984年完成1959—1980年气象资料整编，1984年基本资料装盒归档。2002年7月，将建站以来至1998年的资料移交延边州气象局业务处。2003年3月，将1999年至2000年的资料移交延边州气象局业务处。2007年3月，将2001年的资料移交延边州气象局业务处。2007年8月，将2002年至2006年的资料移交延边州气象局业务处。

2. 天气预报

短期天气预报 1958年开始收听省气象台的天气形势广播，结合本地气象要素变化和气候特点，采用曲线图、要素时间剖面图以及简易小天气图等工具，制作补充天气预报。从1973年开始引进数理统计预报方法，通过对历史气象资料进行相关系数统计分析、检验，筛选预报因子，建立回归预报方程和聚类分析等统计方法，制作短期天气预报。1983

年,开始用 123 型气象传真机接收北京、日本以及欧洲气象中心的气象传真图,使用地方模式输出统计方法,建立了短期晴雨、一般降水、暴雨、最低气温等各类模式方程 26 个。通过 MOS 预报,总结出大风、台风等灾害性天气预报的指标。至 1986 年建成了天气模型、MOS 预报方法、经验指标等 3 种基本预报工具。1997 年,建成县级远程信息终端。1999 年,建成 PC-VSAT 单收站,完成了县级预报业务平台的安装,Micaps1.0 人机交互处理系统投入业务使用。单收站接收各种数值预报解释产品、卫星云图、数字雷达实时资料以及省、州气象台的分片要素预报指导产品,结合本地天气特点,制作订正预报。人机交互处理系统取代了传统的天气预报作业方式,Micaps 业务软件至 2008 年,已从 1.0 升级为 3.0 版本。

1986 年,通过甚高频电话与州气象局进行天气会商。2004 年,建成了州与县、2005 年建成了省、州、县之间的可视会商系统,增加了森林火险气象等级、空气污染气象等级等预报。2005 年,开始对外发布气象灾害预警信号。天气预报业务形成以接收数值预报产品、上级气象台预报指导产品、天气会商、本地预报方法相结合的技术方法。

中期天气预报 1976 年开始,在省气象台划分的环流型、天气过程模式和地区气象台的雨型的基础上,建立中期降水过程天气模式,制作中期降水预报。1983 年后,不再制作中期预报,根据延边州气象台的旬(月)天气预报,结合分析本地气象资料,使用周期分析、韵律等方法制作旬、月天气趋势预报,主要提供给服务单位。

长期天气预报 1976 年开始通过验证本站的历史资料,总结出本地的长期预报经验指标,同时运用要素演变法、韵律法、找相关相似和周期规律来制作月、季、年度冷暖、旱涝趋势预报。1983 年后,不再承担长期天气预报业务,使用和订正省气象台和地区气象台的预报结果进行服务。

3. 农业气象

1957 年 5 月,开始开展农业气象业务。观测任务有农作物生育状况观测、物候观测、土壤水分状况观测、农业自然灾害观测调查等项目。预报项目有旱田作物适宜播种期预报、水稻插秧期预报、产量预报等。

1979—1983 年,在怀化公社吉地大队、卧龙公社卧龙大队、芦果公社芦果大队建立起 3 个农村气象哨,开展气象和物候观测并提供服务。1976 年,设立农业气象股,向县政府、涉农部门、乡镇寄发"农业气象月报"、"农业产量预报"、"秋季低温预报"等业务产品。1980 年至今,为农业气象观测基本站,工作任务有土壤湿度观测,拍发气象旬(月)报、土壤墒情报、土壤湿度加测报,农作物(水稻、玉米)的生长发育观测,自然物候(草本、木本)观测。对本地主要农业气象灾害、病虫害进行调查,进行本地农业生产需要的其他观测。

4. 气象服务

公众气象服务 建站初期,通过县政府的有线广播,每日定时向社会播报天气预报。2000 年,建设"121"天气预报电话自动答询系统。2002 年开始,由和龙市电视台根据气象局提供的信息制作电视天气预报。2005 年至今,主要通过电视、手机短信、互联网等形式向公众发布短期天气预报、灾害性天气警报以及空气质量等公众服务信息。

决策气象服务 1958 年制作补充订正预报,以农业服务为主。以口头、电话汇报及邮寄专题材料等形式向县政府提供服务。1990 年后编制《重要天气报告》、《气象专报》、《气象信息与动态》、《汛期(5—9 月)天气形势分析》等决策服务产品,以传真、网络等形式向市政府及生产指挥部门提供防灾减灾服务。2006 年 10 月,制定了《和龙市突发性气象灾害应急预案》,并纳入市政府公共事件应急体系。2008 年,依据中国气象局 16 号令《气象灾害预警信号发布与传播办法》重新制定了《和龙市气象局突发性气象灾害预警应急预案》。全市现有气象灾害应急信息员 70 多名。2002 年起,为市政府组织的大型社会活动提供气象保障服务,2008 年,获"和龙市金达莱文化旅游节最佳服务机关"奖励。

科技服务 1984 年 3 月,开展了有偿专业气象服务。利用传真、邮寄、警报系统、声讯、手机短信等手段,向农业、林业、水利、交通、工矿、电力等行业提供专业专项天气预报服务。1991 年起,开展了建筑物避雷设施安全检测。1998 年起,开展庆典气球施放服务。2002 年,开展了人工影响天气工作,在全市配备了人工增雨火箭发射装置 5 套,建立人工增雨作业基地 5 个。

科普宣传 2000 年起在"3·23"世界气象日,利用广播、电视等媒体向群众宣传气象科普知识。2008 年,开展了气象科普知识"进校园、进企业、进社区"活动,发放《气象灾害防范指南》、《气象知识及服务指南》等宣传材料 800 份。2007 年,制作了专题纪录片《风雨气象人》,在和龙电视台的《今日和龙》栏目播出。

气象法规建设与管理

气象法规建设 2002 年—2008 年,先后出台的气象法规文件有《关于在全市范围内进行防雷装置安全检测的通知》(和政办发〔2002〕5 号)、《关于加强雷电防护装置检测工作的通知》(和气安联发〔2004〕1 号)、《和龙市气象局突发性气象灾害应急预案》(和气发〔2008〕4 号)、《和龙市气象探测环境保护专项规划》(和气建联发〔2008〕7 号)。

社会管理 2002 年开始,对全市施放氢气球活动许可制度实行社会管理。对破坏气象探测环境、非法制氢、施放氢气球、非法转载天气预报行为进行了行政执法。2002 年,成立气象行政执法大队,3 名兼职综合执法人员持证上岗。对防雷检测、避雷设施安装、建筑物防雷设施审核、验收等进行管理,对全市新建建(构)筑物,按照规范要求安装避雷装置。在 2002—2008 年期间,与和龙市安监、建设、教育、消防等部门联合进行防雷综合执法检查 60 余次。2002 年,和龙市政府成立防雷防雹办领导小组,办公室设在市气象局,由市气象局负责日常管理工作。

政务公开 对气象行政审批办事程序、气象服务内容、气象行政执法依据、收费依据及标准等,采取了户外公示栏、电视媒体、发放宣传单等方式向社会公开。对内部干部任用、财务收支、目标考核、基础设施建设、工程招投标等内容则采取职工大会、政务公示栏张榜等方式向职工公开。干部任用、职工晋职、晋级等及时向职工通告公示。

党的建设与气象文化建设

党建工作 1956 年气象站初建时期没有党员,政治学习、思想教育和政治运动,由县委农村工作部直接领导。1958 年,由县政府主管部门调派党员任站长。1960 年至 1962 年间有党员1名,参加县农水科党支部活动。1971年,由县人民武装部从退伍军人中调入2名党员、由东城公社调入1名党员,同年10月,经县人武部党委批准,成立县气象站党支部,由玄秀吉任支部书记。1982年至1988年间,先后发展2名业务技术人员入党。现有党员3名,由徐昌龙任党支部书记。

1987年被和龙市直机关党工委评为"先进党支部",2004至2007年被和龙市直机关党工委评为"和龙市先进基层党组织"。

党风廉政建设 2006—2008年,参与地方党委开展的党章、党规、法律法规知识竞赛共4次。2002年起,连续7年开展党风廉政教育月活动。2006年起,每年开展局领导党风廉政述职报告和党课教育活动,并签订党风廉政目标责任书。

制度建设 2003—2008年,和龙市气象局制定了工作、学习、服务、财务、党风廉政、卫生安全等6个方面34项规章制度。

精神文明建设 2004年以来,和龙市气象局,先后开展"三个代表"、"保持共产党员先进性"等教育活动,并与龙城镇合新村、头道镇青龙村结对共建,与贫困村(户)、残疾人结对帮扶。2002年起,每年组织职工春游、摄影、文艺演出、演讲比赛等活动。2007—2008年,在全州气象部门气象人精神演讲比赛中名列第一和第二名。2007年,在和龙市机关党工委组织的"践行十七大、学习新党章"知识竞赛中名列团体总分第二名。

创建精神文明受表彰情况

年份	授奖部门			荣誉称号	先进集体	备注
	省级	地级	县级			
2003			√	市最佳文明窗口单位	√	
2004		√		州级精神文明单位	√	
2005		√		州级精神文明单位	√	
2006		√		州级精神文明单位	√	
2007		√		州级精神文明单位	√	
2008		√		州级精神文明单位	√	
			√	市最佳服务机关	√	

集体荣誉 1956至2008年,受到市、州以上表彰的集体荣誉有32次,个人荣誉64人次。

台站建设

建站时只有100平方米砖瓦结构的办公室,1960年新建办公室100平方米。迁站时由吉林省气象局投资11万元,于1991年新建业务办公楼,面积297平方米。2006年后,省气象局投资30余万元进行环境综合改造,装修改造了原有的办公楼,办公楼面积扩展到480平方米。新建了130平方米仪器库,硬化庭院面积600平方米,在园区栽种了花草树木、修建了道路。现在的和龙市气象局已成为气象装备先进、环境整洁美观的文明台站。

20 世纪 70 年代的和龙气象局　　　　　　2007 年综合改造后的和龙气象局

延吉市气象局

延吉市位于吉林省东部、长白山脉北麓,是延边朝鲜族自治州的首府城市。延吉市历史悠久,地理位置优越。东、南、北三面环山,西面开阔,布尔哈通河、烟集河和海兰江流过境内。全市面积 1748.09 平方千米,户籍总人口 48.9 万。属中温带半湿润季风气候区,其气候特点是春季干燥多风,夏季温热多雨,秋季凉爽少雨,冬季漫长寒冷。

机构历史沿革

历史沿革　延吉气象站建立于 1953 年 1 月,站址在延吉市河南街"郊外",地理位置为北纬42°54′,东经129°31′,海拔高度 172.9 米。1958 年 10 月 1 日迁至延吉市延西街园田胡同 2 号,地理位置为北纬 42°53′,东经 129°28′,海拔高度 176.8 米。2005 年 11 月 29 日,站址迁至延吉市长安街南云胡同 348 号(北纬 42°52′,东经 129°30′,海拔高度 257.3 米),属国家基本气象站,参加全球气象资料交换。1989 年 3 月,增设市气象局,局站合一,一个机构两块牌子。2007 年 1 月 1 日—2008 年 12 月 31 日改为观象台,2009 年 1 月 1 日恢复为国家基本气象站。

管理体制　1953 年 1 月—1953 年 7 月,由吉林省军区司令部气象科领导。1953 年 8 月—1954 年 8 月,隶属于吉林省农业厅气象科。1954 年 9 月—1957 年 12 月,隶属于吉林省气象局,属省政府建制。1958 年 1 月,下放到延边州人民委员会管理,1959 年 1 月—1963 年 7 月,气象与水文部门合并。1963 年 8 月—1970 年 11 月,体制上收,归吉林省气象局管理,行政、思想教育由人民委员会负责。1970 年 12 月,由地方与军队双重管理,以军队为主。1973 年 7 月—1980 年 6 月,回归地方革委会建制。1980 年 7 月,由气象部门与地方双重领导,以气象部门领导为主的管理体制至今。

人员状况　现有在编职工 18 人。其中大学学历 2 人,大专学历 1 人,中专 15 人;高级专业技术人员 1 人,中级专业技术人员 12 人,初级专业技术人员 5 人;50～59 岁 9 人,40～49 岁 3 人,40 岁以下 6 人;朝鲜族 7 人,汉族 11 人。

名称及主要负责人变更情况

名称	时间	负责人
延吉气象站	1953.01—1956.12	王永基
延吉气象站	1957.01—1958.02	姚永魁
延吉气象站	1958.03—1959.03	张魁林
延吉气象站	1959.04—1964.10	金秉律
延吉气象站	1964.11—1965.08	刘宝元
延吉气象站	1965.09—1969.09	王德荣
延吉气象站	1969.10—1970.11	刘宝元
延吉气象站	1970.12—1972.01	方云峰
延吉气象站	1972.09—1976.10	王德荣
延吉气象站	1976.11—1979.01	崔根赞
延吉气象站	1979.02—1980.05	崔凤律
延吉气象站	1980.06—1980.11	金龙洙
延吉气象站	1980.12—1983.12	朴承国
延吉气象站	1983.12—1987.12	朴孝国
延吉气象站	1988.01—1988.08	金秀灿
延吉气象站	1988.09—1989.02	金雄石
延吉市气象局	1989.03—2000.03	朴孝国
延吉市气象局	2000.04—2001.12	文秀吉
延吉市气象局	2001.12—2008.03	金龙范
延吉市气象局	2008.03—	金英子

气象业务与服务

1. 气象观测

①地面观测

1953 年 1 月 1 日至 1953 年 12 月 31 日,以东经 120°为标准时区,0 时为日界。每天 03、09、15、21 时 4 次观测。1954 年 1 月 1 日至 1960 年 6 月 30 日,以地方时为标准时区,19 时为日界,每日 01、07、13、19 时 4 次观测。夜间均守班。1960 年 7 月 1 日至 2007 年 12 月 31 日,以北京时为标准时区,20 时为日界,日照以日落为日界,自记记录以 24 时为日界。每天 02、08、14、20 时 4 次定时观测和 05、11、17、23 时 4 次补充观测,昼夜守班。2008 年 1 月 1 日至 2008 年 12 月 31 日,全天 24 小时每小时观测 1 次,昼夜守班。观测项目有云、能见度、天气现象、气压、气温、湿度、风向、风速、地温、降水量、冻土、雪深、雪压、蒸发量、日照时数等。1962 年起,承担气候月报的发报任务。1998 年 7 月 1 日起,开始进行大型蒸发观测。2008 年 6 月 1 日起,重要天气报的发报项目均改为全年发报,修改重要天气报中积雪、雨凇的发报规定,增加雷暴及视程障碍现象的发报。

②高空观测

高空观测分为测风和探空两部分。高空测风工作始于 1954 年 10 月 1 日,属国家级高空探测站,每日 11、23 时进行 2 次小球测风观测。1956 年 9 月,地面、高空观测由延边气象台分出,成为延吉市气象站的高空组。同年 10 月 12 日,业务变更为 11 时 1 次测风观测,同时开始用 049 型探空仪于 23 时进行 1 次高空探测,至此高空测风和探空业务合并。

测风 每日 07、19 时(北京时,下同)2 次观测。1975 年 3 月 1 日改用 701A 型测风雷达跟踪探空气球观测风向、风速。1984 年 9 月 11 日起,使用 PC-1500 袖珍计算机(程序 SDZF-32YTG)计算整理测风记录。1992 年,配置 701C 型测风雷达。1996 年 1 月 1 日起,改用 59-701C 雷达探空测风系统软件。2006 年 1 月 1 日起,使用 GFEL(1)型二次测风雷达(L 波段),雷达天线海拔高度 261 米。

探空 1957 年 4 月 1 日起,高空观测时间为每日 07 时、19 时。1956 年 12 月 1 日至 1967 年 8 月 31 日,使用"P3-49 型"探空仪,用 402 型收报机接收讯号。1958 年 1 月,使用无线电探空仪进行高空探测。1975 年 3 月 1 日起,改用 701A 型测风雷达跟踪探空气球。1987 年 9 月 1 日起,使用 PC-1500 袖珍计算机(程序名 SBG-32g)计算整理压、温、湿记录。2000 年 1 月 1 日起,59-701C 微机处理系统正式投入业务运行。2006 年 1 月 1 日起,L 波段二次测风雷达正式投入业务运行,其备份设备为 GTC2 型 L 波段雷达探空数据接收机。目前使用 GTS1 型数字探空仪,探空仪检测箱为 JKZ1 型。

制氢 1954 年开始工作以来,高空观测使用氢气球,氢气由观测人员自制,使用苛性钠和矽铁粉及国产制氢缸制氢。2003 年 1 月起,用第 718 研究所生产的 QDQ2-1A 型水电解制氢机制氢。

③日射观测

1960 年 1 月 1 日,建立乙种(即二级)日射观测站,是全国日射观测网点。使用 II 型辐射表,TCA-1 型指针式电流表,每天自日出到日落每小时观测 1 次。1960 年 7 月 1 日,日射观测改用北京时。1964 年 1 月 1 日起至今,改为地方平均太阳时。1988 年 1 月 1 日,使用 PC-1500 袖珍计算机日射观测程序,1989 年 8 月起用 PC-1500 计算机做日射报表。1989 年 12 月,更换 TBQ-2 型辐射表和 DRB-C 型记录器。1990 年 1 月 1 日起,使用 DB-C 日射记录仪自动观测太阳辐射。1993 年起,换用为 TQB-2 总辐射表和 RYJ-2 型全自动辐射记录仪,实现了观测记录计算自动化。1995 年 12 月,更新 RYJ-4 型记录器观测。自 2005 年 1 月 1 日地平时零时起,停止原 RYJ-4 辐射记录仪的工作,气象辐射观测业务由自动气象站替代。

日射记录和报表 辐射观测采用观测簿记录,每日的观测数据从计算机录入光盘或模块上,一个月后由微机直接打印出气表-33,将预审后的报表数据上传给省气象局气候中心,审核后再上报给中国气象局。

④紫外线观测

2005 年 4 月 1 日起,由延吉局正式开始紫外线观测,每小时观测上传 1 次数据。

⑤水汽观测

2008 年建成 GPS 水汽观测系统,并开始工作。

⑥风廓线雷达观测

2009 年 1 月 1 日起开始观测。

⑦酸雨观测

为国家布局观测站,于 2007 年 1 月 1 日开始观测。

⑧特种温度观测

2002 年 7 月 20 日正式开展露天环境温度、柏油路面温度、草层温度、雪面温度观测。

⑨农业气象

延吉市农业气象工作始于 1978 年。1981 年 3 月,农业气象工作业务划归州农业气象试验站。2000 年 10 月至 2002 年 10 月,延边农业气象试验站与延吉市气象局合属办公。

⑩自动化观测系统

2004 年 11 月 25 日,安装自动站并投入业务试运行,同年 12 月 31 日 20 时人工观测与自动站双轨运行。2008 年 12 月 31 日 20 时自动站单轨运行。2006 年,共建成区域自动气象观测站 5 个。2008 年 4 月,由龙井市气象局划入 2 个区域观测站,其中两要素站 5 个,四要素站 2 个。2006 年 10 月 1 日,区域自动气象站的运行时间由每年 5 月至 9 月改为全年运行。

2. 报表制作及电报传输

①报表制作

地面观测报表　1954 年 1 月起制作气表-1、气表-6、气表-21。1986 年 1 月 1 日起,开始用 PC-1500 袖珍计算机进行地面观测编报。1987 年 7 月,改为微机编制气表-1,1991 年起采用微机制作气表-21,两种报表分别报送中国气象局资料室、省气象局资料室、延边州气象局各 1 份,留站 1 份。1999 年 1 月停止使用 PC-1500 机,配置 586 型计算机进行地面测报业务计算、编报、编制气表。

高空观测报表　每月分别编制 07、19 时测风和探空(压、温、湿)记录报表(探空分为规定层和特性层)一式 3 份报中国气象局气候资料室、省气象局资料室各 1 份,自留 1 份。每次观测记录进行计算整理、编报后以 OBS(电报挂号分 AA 报和 BB 报)发至沈阳区域气象中心。2007 年 7 月开始编发气候月报。

②资料管理

1984 年完成 1956—1980 年气象资料整编,1984 年基本资料装盒归档。2003 年 5 月,将建站以来至 2000 年的降水自记纸交给省气象局气象档案馆。2004 年 10 月,将建站以来至 1998 年的资料交给省气象局气象档案馆。以后逐年上报,本局只保留近 5 年的气象资料。

③电报传输

建站之初至 1996 年,通过延吉市邮电局专线电话发报。1997 年建立了信息终端。1999 年与省气象台开通了 X.25 协议专线,通过分组交换网发报。2003 年,与延边州气象局开通 DDN 专线发报。2006 年改为 SDH 光纤专线发报。

3. 气象服务

延吉市气象局没有气象服务任务,主要是开展全市人工影响天气工作。1970 年在北大、新丰、大成、园艺农场等处建立了 4 个气象哨。1986 年至 1999 年,开展水田防雹、人工增雨、消雨试验。2000 年 8 月 19 日,在"中国延吉朝鲜族民俗博览会"活动期间,在延边州气象局统一组织下,统计了建站后 46 年中 8 月 19 日的降水概率,并为政府选择了登长白山的路线图。为避免阴雨天气对博览会的影响,与驻延空军确定了作业时间和地点,进行人工消雨作业。购置移动式火箭发射架 2 部、火箭弹 100 发。先后在和龙的福洞、西城各发射 10 发火箭弹;在土山、龙门、龙水发射 14 发火箭弹;在龙井的铜佛、吉城共发射 10 发火箭弹;在八道发射 3 发火箭弹;在延吉园艺农场发射 2 发火箭弹;在延边华龙果树农场发射"三七"高炮增雨防雹弹 408 发;在龙井市和和龙市交界处发射 7 发火箭弹。取得了良好的消雨效果,保证了博览会顺利举行。

气象法规建设与管理

法规建设与管理 2004 年,由延边州政府考核,批准 3 人取得气象行政执法证,进入延吉市政务大厅,主要对氢气球制氢、施放进行管理。在全市范围内依法管理整顿氢气球市场。

政务公开 对气象行政审批办事程序、审批内容、气象行政执法依据、收费依据及标准等在市政务大厅公示板向社会公开。对单位内部干部任用、财务收支、目标考核、基础设施建设、工程招投标等内容则采取职工大会或本局机关事务公开栏张榜等方式向职工公开。财务每一个季度公示 1 次,年底对全年收支、职工奖金福利发放、住房公积金、医疗保险等向职工详细说明。干部任用、职工晋职、晋级及时向职工公示或说明。

规章制度 2008 年 3 月,延吉市气象局制定《延吉市气象局工作制度》并试行。2008 年 12 月,在原有制度的基础上,制定《延吉市气象局行政合同考核办法》,主要内容有干部职工年休假、职工享受提前一年带薪退休、考核办法与绩效工资挂钩、住房补贴、十三个月工资发放、住房公积金、业务质量考评制度、政务公开制度、季度财务公开制度、人事公开制度、党务公开制度等。财务账目每月上报上级财务部门审计,每季度向职工公布。

党建与气象文化建设

1. 党建工作

1970 年 12 月至 1972 年 1 月,由部队派方云峰任指导员,开始建立党支部。1976 年 11 月至 1979 年 1 月,由崔根赞任党支部书记。1980 年 6 月至 11 月,金龙洙任党支部书记。1999 年至 2005 年 3 月,由韩玉琦任党支部书记。1995 年 4 月至 2008 年 3 月,由金龙范任党支部书记。2008 年 4 月至今,由韩玉琦任党支部书记。2008 年党支部有党员 5 人。2000 年以来,党支部开展了保持共产党员先进性教育活动,组织党员学习新党章,在各项工作中注意发挥党员的先锋模范作用。党支部与领导班子提出"快乐、诚信、和谐、求实、创新、奉献"12 字口号,确定了建成"和谐单位,一流台站"的目标。领导班子做出了"不让大家做的,我们不做;需要大家做的,我们先做;我们有的大家都有,大家没有的我们也没有,人人平等"的承诺及"内强素质、外树形象"的工作思路。

党支部与领导班子注重党风廉政建设,制定目标责任制、财务工作制、局务公开制。

2005 年,建立由局长、副局长、纪检书记组成的三人决策小组,对重大决策、重要干部任免、重大项目安排和大额度资金的使用事项,需经三人决策小组讨论通过,向职工公示。组织党员和职工学习廉政和法制文件,开展了以"为民、务实、清廉"为主题的廉政教育,观看全州警示教育现场会录像、观看《反腐倡廉之窗》等警示教育片。参加地方开展的建设文明机关、和谐机关、廉洁机关活动。2001 年至 2004 年、2006 年被延吉市直机关党工委评为"先进党支部"。

2. 精神文明建设

坚持以人为本,弘扬自力更生、艰苦创业精神,开展文明创建规范化建设。1995 年以来,先后开展了"花园式台站建设"、"标准化台站建设"活动。统一制作了局务公开栏,建立了深入学习实践科学发展观活动专栏和学习园地。参加地方组织的以"千名机关干部牵手千家贫困户,连结干群关系,联系脱贫道路"为内容的"双千双联"扶贫帮困活动。以"机关单位包社区、学校、企业、农村"为内容的"一包四"活动。"讲诚信、讲道德、讲礼貌,爱延吉、爱岗位、爱家庭"的"三讲三爱"等活动。每年"3·23"世界气象日,在时代广场与州气象台共同宣传防雷及气象科普知识。建立了图书室、文体活动室,购置了健身用品以及篮球、排球等。组织职工开展篮球赛、排球赛,每逢年节召开单位职工联欢会,丰富了职工的文化生活。

1987 年、1988 年、1997 年、1998 年被省气象局授予"精神文明标兵单位"。

3. 荣誉

集体受奖　延吉市气象局共获集体荣誉 22 项。2005 年,延吉市气象局被中国气象局授予"局务公开先进单位"。

个人受奖　1987 年至 2008 年获奖个人共 61 人次,其中被国家气象局授予"质量优秀测报员"有 19 人次。2008 年,金英子被市政府评为"市先进领导干部",韩玉琦 2008 年度被延吉市评为"市优秀工作者"。

台站建设

1953 年建站时,站址在延吉市河南街。1957 新建延边州气象台,与气象台同在一处办公。1958 年 10 月,在延吉市延西街园田胡同 2 号新建二层办公楼 580 平方米。2005 年,投入 109 万元新建 776 平方米办公楼、175 平方米制氢库房。2008 年,投入 10 万元对电解水制氢机进行了大修。2008 年,延吉市气象局争取资金 116 万,分期分批对办公室、制氢室用电用水,对机关院内的环境进行了绿化、硬化、美化、亮化改造,修建了宽 5 米、长 600 延长米的水泥路,在庭院内栽种了草坪和树苗,建起了篮球场、排球场等室外运动场所。延吉市气象局现占地面积 6500 平方米,绿化率达到 80%,硬化了 1000 平方米路面,使单位院内变成了环境优雅的花园。

1992 年的延吉市气象局办公楼　　　　　　　　延吉市气象局新办公楼

延吉市气象局观测场

珲春市气象局

珲春市位于吉林省东部,地处中国、朝鲜、俄罗斯三国交界处,素有"鸡鸣闻三国,犬吠惊三疆"之称。与朝、俄两国陆路相联,中、朝、俄、韩、日五国水路相通,是国际客货海陆联运的最佳结合点。全市面积 5145 平方千米,现有 25 万人口,其中朝鲜族占 42.8％。

机构历史沿革

历史沿革　珲春市气象局前身是珲春县气候站,创建于 1956 年 7 月,1957 年 1 月 1 日正式开展业务工作。位于珲春县第五区八连城子国营农场(现三家子乡),北纬 42°54′,东经 130°20′,建站初期未测定观测场海拔高度。属国家一般气象站。1959 年 10 月 1 日,迁站至珲春镇西郊,位于北纬 42°54′,东经 130°17′,观测场海拔高度 36.5 米。1977 年 11 月将观测场西迁 50 米至珲春镇团结街,经纬度不变。2007 年 1 月 1 日—2008 年 12 月 31 日调整为国家一级气象站。

管理体制　1956 年 7 月建站至 1957 年 12 月,由吉林省气象局管理,归吉林省人民委员会建制;1958 年 1 月下放到地方人民委员会管理;1959 年 1 月—1963 年 7 月,气象与水文部门合并,业务工作由延边朝鲜族自治州水文气象总站管理;1963 年 8 月—1970 年 11 月,体制上收,由吉林省气象局直接管理,人员、财务、业务、仪器装备由吉林省气象局领导,行政、政治思想教育由珲春县农业局管理;1970 年 12 月—1973 年 6 月体制下放,由军队(珲春县人民武装部)和地方革命委员会双重领导,以军管为主,更名为珲春县革委会气象站;1973 年 7 月—1980 年 6 月由军队转归地方革委会管理,由珲春县农业局领导;1980 年 7 月实行气象部门和地方政府双重领导,以部门领导为主的管理体制延续至今,隶属于延边朝鲜族自治州气象局管理。

人员状况　1956 年建站时只有 2 人。1959 年增至 10 人,其中,高中学历 2 人,初中学历 3 人,专科 2 人;汉族 4 人,朝鲜族 6 人。2008 年有在职职工 9 人,其中大学以上学历 6 人;汉族 5 人,朝鲜族 4 人;50 岁以上 3 人,30～49 岁 2 人,30 岁以下 4 人。

名称与主要领导变更情况

单位名称	负责人	任职时间
珲春县气候站	付银祥	1956.07—1959.06
珲春县气候站	全鹤善	1959.07—1959.09
珲春县中心气象服务站	全鹤善	1959.10—1963.12
吉林省珲春县气候站	全鹤善	1964.01—1966.03
珲春县气象站	全鹤善	1966.04—1968.11
珲春县革命委员会农林水服务站	全鹤善	1968.12—1969.12
珲春县气象站	全鹤善	1970.01—1970.12
珲春县气象站	蔡福默	1971.01—1971.04
珲春县革命委员会气象站	蔡福默	1971.05—1980.06
珲春县气象站	蔡福默	1980.07—1983.11
珲春县气象站	崔京国	1983.12—1988.07
珲春市气象站	朴钟焕	1988.07—1988.08
珲春市气象局	朴钟焕	1988.08—1997.10
珲春市气象局	金哲浩	1997.11—1998.12
珲春市气象局	金基哲	1999.01—1999.12
珲春市气象局	金哲浩	2000.01—

气象业务与服务

1957 年 1 月 1 日开始地面观测并记录,1962 年 1 月 1 日开始执行地面观测规范,1979 年 1 月 1 日开始拍发气象更正报,1980 年 1 月 1 日零时起执行新规范,1984 年 4 月 1 日开始增加重要天气报。

1. 气象观测

观测时次　1957 年 1 月 1 日至 1960 年 6 月 30 日,观测时次采用地方时,每日 01、07、13、19 时 4 次观测。1960 年 7 月 1 日起改为北京时 02、08、14、20 时观测,以 20 时为日界,日照以日落为日界,自记记录以 24 时为日界。1961 年 3 月 15 日起进行 08、14、20 时 3 次定时观测。1964 年 1 月 1 日恢复 4 次定时观测。1966 年 3 月 1 日再次取消 02 时观测。1971 年 5 月 1 日开始进行 4 次定时观测。1989 年 1 月 1 日至今进行 3 次定时观测。在此期间,1971 年 7 月 10 日—1973 年 3 月 31 日,夜间守班,其它时间夜间不守班。

观测、发报内容　建站初期观测项目有气温、湿度、风向风速、能见度、天气现象、降水量、云、地面温度、5～20 厘米地温、日照、小型蒸发、雪深、积雪密度、地面状态和温、湿自记。现在增加气压、40～320 厘米地中地温、草面温度、冻土、雨量自记等项目,取消积雪密度、地面状态和温、湿自记纸项目。4 月 1 日至 9 月末降水量≥0.5 毫米时编发 05 时定时降水报。不定时发送雷暴、大风、冰雹、累计降水(≥25 毫米)、积雪、龙卷风等重要天气报。

航危报　1957 年 1 月 1 日起承担航危报业务,分别向延吉机场、敦化机场、长春民航、朝阳川、北京、沈阳等地发航危报。2008 年每天 08—18 时每小时向延吉机场发航空(危)报,内容有云、能见度、天气现象、风向风速等。

电报传输　建站之初通过本地邮电局用电话专线发报。1986 年 7 月,通过甚高频辅助通信网,经延边州气象局向吉林省气象台发小图报及农气报。1997 年建立了信息终端。1999 年使用拨号方式,通过公用分组交换网(执行 X.28 协议)向吉林省气象信息中心发报。2003 年开通州—县 DDN 专线发报,2006 年改为 SDH 光纤专线发报。

报表编制　1957 年 6 月起,每月编制月报表,包括"气表-1"基本地面气象观测记录月报表、"气表-3"地面观测记录月报表、"气表-4"日照观测记录月报表",1957 年 6 月—1960 年 2 月、1962 年 4 月—6 月编制"气表-2"气压、气温、湿度记录月报表",1959 年 6 月起编制"气表-7"冻土记录月报表,1962 年 4 月起编制"气表-5"降水自记记录月报表,1974 年 1 月起编制"气表-6"风向风速自记记录月报表。相应的年报表有气表-21、-22、-23、-24、-25。1965 年停编气表-22。1961 年 1 月气表-3、气表-4、气表-7 并入气表-1,相应的气表-23、气表-24 也并入气表-21。增加月、年简表。1980 年 1 月起气表-5、气表-6 并入气表-1,相应的年报表也并入气表-21,取消月、年简表。至此,报表只编制气表-1 和气表-21。

气表制作从 1957 年 6 月—1987 年 7 月用手工编制气象月报表一式 3 份,上报省气象局资料室、州气象局各 1 份,留底 1 份。1987 年 7 月 1 日用 APPLE-Ⅱ 微型计算机制作报表,打印简易气表与原始气象数据、磁盘一同上报到州气象台审核。同年开始进行气象资料信息化处理工作。2006 年 1 月份气表资料通过网络传输上报,使用光盘和 U 盘保存。

资料管理　1984 年完成 1956—1980 年气象资料整编,同年基本资料装盒归档。2004 年 6 月移交建站以来至 1998 年的资料,2005 年 5 月移交 1999 年资料,2006 年 2 月移交 2000 年的资料,2007 年 2 月移交 2001 年的资料,2007 年 8 月移交 2002—2006 年的资料,均移交至延边州气象局业务处。

自动化观测系统　2003 年 12 月 31 日,建成 DYYZ-Ⅱ 型自动气象站并投入业务运行。

2004—2005年自动观测与人工观测双轨运行,互为备份,2006年自动站单轨运行。2006—2008年,先后建成并投入使用12个区域气象观测站(四要素站8个、两要素站2个、六要素站2个),安装了GPS卫星定位水汽监测系统。2007年初安装了闪电定位仪,并投入使用,能够实时监测珲春市200千米范围内雷电活动情况。

2. 气象预报

短期天气预报 1958年开始收听省气象台的天气形势广播,结合本地气象要素变化和气候特点,采用曲线图、要素时间剖面图以及简易小天气图等工具,对上级气象台预报进行补充订正,制作补充天气预报。从1972年开始引进数理统计预报方法,通过对历史气象资料进行相关系数统计分析、检验,筛选预报因子,建立回归预报方程和聚类分析等统计方法,制作短期预报。1984年1月开始用123型传真接收机接收北京、日本以及欧洲气象中心的气象传真图,使用地方模式输出统计方法,建立了晴雨、降水、最高、最低气温等MOS预报方程8个,至1986年建成了天气模型、MOS预报方法、经验指标等三种基本预报工具。1999年建成PC-VSAT单收站,完成县级预报业务平台的安装,Micaps1.0人机交互处理系统投入业务使用。单收站接收各种数值预报解释产品、卫星云图、数字雷达实时资料以及省、州气象台的分片要素预报指导产品,结合本地MOS方程等方法制作订正预报。人机交互处理系统取代了传统的天气预报作业方式,Micaps业务软件至2008年,已从1.0升级为3.0版本。

中期天气预报 1964年在省气象台划分的环流型、天气过程模式和地区气象台的雨型的基础上,使用周期分析、韵律等方法制作3~5天、旬预报。1983年后不再制作中期预报,根据州气象台的旬天气预报,结合分析本地气象资料,制作旬预报提供给服务单位。

长期天气预报 1974年通过验证本站的历史资料,总结出本地的长期预报经验指标,同时运用要素演变法、韵律法,找相关相似和周期规律来制作月、季、年度冷暖、旱涝趋势预报。1983年后不再承担长期天气预报业务,使用和订正省气象台和州气象台的预报结果进行服务。

1986年通过甚高频电话与州气象局进行天气会商,2002年、2005年分别建成了州—县、省—州—县可视会商系统。天气预报业务形成以接收数值预报产品、上级气象台预报指导产品、天气会商、本地预报方法相结合的技术路子。从2000年到至今,开展了常规24小时、48小时及旬、月等短、中、长期天气预报以及重要天气报告和灾害性天气预报预警业务。

3. 农业气象

1957年1月11日开始,承担农气旬、月、候报观测和发报业务。1964年3月24日被定为吉林省农气基本站,1990年4月9日为省级农业气象观测站。建站初期农业气象观测任务有农作物生育状况观测、物候观测、土壤水份状况观测、农业自然灾害观测调查等项目。预报项目有旱田作物适宜播种期预报、水稻插秧期预报、产量预报等。

2008年观测任务有土壤湿度观测、农作物(水稻)的生长发育观测、自然物候(草本、木本)观测。拍发气象旬(月)报、土壤墒情报、土壤湿度加测报。对本地主要农业气象灾害、病虫害进行调查,并进行本地农业生产需要的其他观测。

4. 气象服务

公众气象服务 建站初期,通过县广播站有线广播发布天气预报,每天广播 2 次。2000 年 4 月开通"121"天气预报电话自动答询系统,月平均访问量达到 2778 次。2003 年 4 月,由延边州气象局实行集约化管理,主服务器由延边州气象台建设和维护。2005 年 1 月"121"电话升位为"12121"。2003 年 1 月开始在《图们江日报》刊登天气预报,同年购进电视天气预报制作设备,制作电视天气预报节目,至 2006 年电视天气预报节目由珲春市电视台制作播出。同年增加了森林火险气象等级、空气污染气象等级、紫外线、穿衣指数等公众预报内容。2005 年开始对外发布气象灾害预警信号。

决策气象服务 建站初期主要以邮寄材料方式向县委县政府及有关部门提供中、长期气象预报。遇有重大天气过程时利用电话向县政府汇报。2000 年起逐步利用传真、网络等提供各种决策服务信息。2007 年制定"珲春市气象局决策服务周年方案",定期向市委、市政府及有关部门提供旬、月、季、3—10 月,5—9 月,汛期 6—9 月等天气趋势预报,遇到灾害性、转折性、关键性天气时,提供《重要气象信息》、《灾害性天气预警信息》。1986 年和2000 年被珲春市委、市政府评为抗洪抢险先进集体。1990 年 14 号台风预报服务中,林哲同志得到国家气象局表彰。2008 年 3 月 7 日被珲春市政府评为信息工作先进单位,李善淑被评为优秀信息员。

专业专项服务 1986 年起开展了气象有偿专业服务,与水利局、林业局、砖厂、防火办、粮库、农业局、农业推广站等单位和敬信镇、马川子乡、三家子乡、杨泡乡、哈达门乡等乡镇签订服务合同 30 余份。每天用电话向服务单位提供天气预报服务内容。1989 年购置了天气警报接收机 35 台,安装到各服务单位。每天为用户播发二次气象预报和预警信息。遇有重要天气时,不定时增加广播时次。至 2000 年累计签订服务合同 450 余份。

人工影响天气 1979 年开始进行人工增雨试验,于 6 月 23—30 日,在凉水进行高炮人工增雨作业,取得了较好效果。同年 9 月 16—18 日、23—26 日,与农业局、生产资料公司、农场等单位在马滴达红光大队联合开展了人工烟雾防霜作业,霜冻防护面积达到 50 公顷,使防护区的农作物免受霜冻灾害。2004 年配备了 2 套人工增雨火箭发射装置和作业车,2004 年 4 月、2007 年 6 月两次成功开展人工增雨作业,共发射增雨火箭弹 41 枚。2007 年报送的"人工增雨显成效,喜降甘霖解焦渴"被珲春市委评为年度市直机关最佳实事奖。

防雷服务 1991 年 4 月成立避雷设施检测站,开展了建筑物避雷设施安全检测工作,2001 年开展计算机信息系统防雷安全检测工作,每年平均检测避雷设施 118 个,截至 2008 年累计检测 2115 点(次)。

气象法规建设与管理

法规建设 1991 年 4 月珲春市人民政府下发珲政发〔1991〕21 号文,成立珲春市避雷设施检测站,2001 年 3 月更名为珲春市防雹防雷办公室,办公室设在珲春市气象局,2004年 6 月 21 日珲春市政府下发珲编字〔2004〕16 号文,正式成立珲春市人工影响天气管理指挥部,办公室设在珲春市气象局,负责组织协调全市人工降雨、人工防雹、防霜管理工作。

2005 年 4 月、2007 年 11 月两次向市政府报送了有关探测环境保护的法律、法规、探测环境保护控制图等文件,市政府批示后在规划局、建设局及有关部门进行备案。

2005 年制定《珲春市气象局突发性气象灾害预警应急预案》,2007 年依据中国气象局 16 号令《气象灾害预警信号发布与传播办法》,重新制定了《珲春市气象局突发性气象灾害预警应急预案》,报送到市政府备案,并纳入市政府突发事件应急预案系统。由气象局负责突发气象灾害信息的发布与管理。在各乡镇建立了气象灾害应急信息员队伍,至 2008 年珲春市已有信息员 260 多名。为突发气象灾害及时预警相应提供了保障,基本解决了气象预警信息发布到乡镇的"最后一公里"问题。2008 年制定了雪灾应急预案,于 1 月 22 日,由珲春市政府下发《珲春市雪灾应急预案》(珲政办发〔2008〕7 号),进一步明确了珲春市气象局对气象灾害预警信息的发布与管理职责。

社会管理 2001 年根据《关于进一步加强建设工程防雷设施管理工作的通知》(珲雷建联字〔2001〕01 号)要求,开展了建筑物防雷装置、新建建(构)筑物防雷工程图纸审核、设计审核、施工监督和竣工验收管理工作。2005 年组建了兼职气象行政执法队,2 名执法人员正式持证上岗,实施对全市防雷实施的安全管理,开展对重点单位防雷安全检查,发现不安全问题,要求进行整改。在 2008 年行政执法中,制止了一起破坏气象探测环境的行为。

政务公开 2002 年以来,建立健全局务公开制度和监督检查机制,成立局务公开领导小组,将年度财务预算决算、经费使用、物资采购、基建项目、招待费用、干部任用、职称评定、评先选优和考核奖惩等项内容,利用单位公示板、公开栏和会议等形式向职工公开,实现各项工作的规范化、程序化、公开化。

2005 年 4 月进入珲春市政务大厅,将气象法律法规赋予部门的管理职能、管理权限、审批项目、办事程序、办事时限、气象服务、服务承诺、服务收费依据及标准、处罚规定和社会监督等项内容向社会公开,并坚持上办事窗口的政务公开工作。

党建与气象文化建设

党建工作 建站时有党员 2 人,1970 年发展至 5 人,成立县气象站党支部,蔡福默同志任支部书记,由珲春市直属机关党工委领导。现有党员 8 人,金哲浩同志任支部书记。

2002—2008 年,先后开展了"三个代表"、"保持共产党员先进性"、"解放思想大讨论"等活动,2002 年起,连续 7 年开展党风廉政教育月活动。2004 年起,每年开展作风建设年活动。2006 年起,每年开展局领导党风廉政述职报告和党课教育活动。

2004 年、2007 年,朴钟焕、池龙国被市直机关党工委评为优秀共产党员。

精神文明建设 1995 年以来,先后开展了"花园式台站"建设、精神文明创建、标准化台站建设活动。将精神文明创建内容纳入年度工作考核目标。制定了职业道德、文明用语、"内强素质、外树现象"等规定。组织职工学习发扬气象人精神的先进典型事迹。修建了公示栏、宣传栏。建立文体活动室,1977 年购置了乒乓球台,1978 年建立了图书阅览室,1980 年至 2000 年先后购置排球、足球、羽毛球、拉力器、小杠铃等体育设备。建立了门球场地,供老同志锻炼身体和娱乐。2008 年新建了职工活动室,添置了跑步机、飞镖等健身设备。2008 年搬迁至新办公楼,拥有图书杂志千余册。2004 年 12 月 10 日,参加珲春市直机关理论知识竞赛,获优胜奖,石绍玲被评为优胜个人。2005 年与珲春市春化镇太平村、英安镇高产村结对帮扶。

1998年被珲春市宣传部精神文明办公室评为精神文明先进单位,1999年、2004—2008年6次被延边州精神文明建设委员会评为全州精神文明建设先进单位。

主要荣誉　建站至今,共获州、市级集体奖励56次;获奖个人36人次。1998—2004年连续6次被珲春市政府评为支农工作先进单位;2005年获珲春市农业目标达标单位;2007年4月,被市政府评为2006年度社会治安综合治理先进单位;2007年7月被评为全市政务信息工作先进单位;连续28年被珲春市政府评为市森林防火先进单位。

台站建设

办公环境　建站时修建了4幢21间砖木结构平房,总面积701平方米。1977年,投资4.5万,新建办公室300平方米,职工住宅281平方米。2000年采用锅炉取暖设备。2008年争取资金130多万元,新建了面积700平方米的办公楼,建立了气象预警中心平台,增加了图书阅览室和职工活动室。

园区建设　建站初期,占地面积13522.1平方米。其中,院内菜地300平方米,农气试验地2000平方米,其余面积为观测场、办公室、家属宿舍、庭院及人行道。至2008年占地面积1.4万平方米。1999年,对院内环境进行了综合改造。对办公室进行了修缮,木质门窗改成不锈钢门窗,水泥地改铺地砖,在办公室后面建设65平方米的花坛,铺设了600多平方米地砖路面,使院内环境得到了美化。

1999年的地面测报值班室

2008年新建的办公楼

安图县二道气象站

吉林省安图县二道镇位于吉林省东南部,坐落于长白山北坡,距长白山34千米。东南与朝鲜毗邻,距中朝边境65千米。区域面积52.42平方千米,人口6.3万。素有"长白山下第一镇"、"美人松故乡"之称。二道镇以旅游业和特色农副产品为主要经济来源。属温带大陆季风性气候,全年平均气温2.7℃。

机构历史沿革

历史沿革 二道气象站的前身是安图县松江气象站。松江气象站成立于 1957 年 10 月 1 日,始建时称安图县气象站,1959 年 6 月改称安图县松江气象站。位于安图县松江镇文昌街,地处一小山坡上。观测场位于北纬 42°32′,东经 128°15′,海拔高度 591.4 米。属国家基本气象站。2007 年 1 月 1 日改为观象台。

2004 年经国家气象局批准,松江气象站迁至安图县二道镇白山大街下东岭胡同,改称安图县二道气象站。北纬 42°25′,东经 128°07′,观测场海拔高度 721.4 米。2005 年 8 月长白山保护区开发管理委员会成立(为省政府直属机构,副厅级建制),二道镇划在其管辖范围内,改称池北经济开发区(以下简称池北区)。二道气象站仍用原名。

管理体制 松江气象站成立之初,隶属于延边朝鲜族自治州气象局管理。1958 年 1 月—1958 年 12 月由延边朝鲜族自治州人民管理委员会领导,气象部门归各级政府农口管理。1963 年 8 月 1 日—1968 年 7 月,体制上收,由吉林省气象局直接管理。1968 年 8 月—1970 年 11 月,由县革命委员会领导。1970 年 12 月—1973 年 11 月由安图县武装部领导。1973 年 8 月—1980 年 6 月,转归县政府农口领导。1980 年 7 月起实行吉林省气象局和地方政府双重领导,以部门领导为主的管理体制,松江气象站由州气象局管理。1989 年天池气象站归松江气象站管理,业务不变。1999 年 6 月 24 日,松江气象站、天池气象站、安图气象局三家合并,业务不变,由安图县气象局负责管理。2002 年三站政务分开,天池气象站仍由松江气象站(后为二道气象站)负责管理至今。

主要领导变更情况

任职时间	姓名	职务
1957.10—1959.05	才文启	站长
1959.09—1960.04	王绪奎	站长
1960.05—1960.09	赵崇康	负责人
1960.10—1962.10	才文启	站长
1962.11—1963.03	赵崇康	负责人
1963.04—1971.05	潘锦模	站长
1971.05—1971.10	于利学	指导员
1971.11—1976.04	崔根赞	站长
1976.05—1980.09	潘锦模	站长
1980.10—1981.10	别丹峰	负责人
1981.11—1983.06	潘锦模	站长
1983.07—1995.10	别丹峰	站长
1995.10—1999.05	韩玉琦	站长
1999.06—2002.10	吴庆良	站长
2002.10—	李会彬	站长

人员状况　建站时在职职工 10 人,2008 年在编职工 11 人,临时工作人员 3 人。其中:本科学历 5 人,大专学历 1 人;50 岁以上 3 人,40～50 岁 6 人,30 岁以下 5 人;汉族 13 人,朝鲜族 1 人。

气象业务与服务

1. 气象观测

观测时次　松江气象站建站时采用地方平均太阳时(简称地平时),以 19 时为日界。每日 01、04、07、10、13、16、19、22 时八次观测。自 1960 年 7 月 1 日起改为北京时,以 20 时为日界,日照以日落为日界,自记记录 24 时为日界,每日 02、05、08、11、14、17、20、23 时 8 次观测,昼夜守班。

观测项目　观测内容有云、能见度、天气现象、气压、温度、湿度、风向风速、降水、雪深雪压、日照、蒸发、电线积冰、浅层和深层地温等。重要天气报的内容有雷暴、累积降水量、大风、雾、霾、雨淞、积雪、冰雹、龙卷风等。

发报时次　每天向吉林省气象台和延边州气象台拍发 02、08、14、20 时 4 次小天气图报。1989 年 1 月 1 日起,向沈阳中心气象台拍发 08、14 时 2 次绘图天气报,05、17 时 2 次补助绘图天气报。02、20 时向省气象台拍发小天气图报。并从 4 月 1 日至 9 月 30 日向州气象台拍发 08、14、20 时小天气图报。

航危报　1964 年 12 月起,松江气象站向长春民航和延吉(朝阳川)机场拍发预约航空报和固定危险报。1972 年 1 月 26 日起,每年增加 3 月 20 日—6 月 20 日及 9 月 20 日—11 月 20 日向 OBSMH 敦化(护林站)拍发预约航危报。1974 年 1 月 9 日,吉林省气象局调整有关航危报任务,松江气象站承担的任务有 OBSAV 长春、延吉、靖宇、OBSMH 敦化。1979 年 6 月 1 日起向 86410 部队拍发预约航危报。1996 年取消了航危报业务。

特种观测　2007 年增加了酸雨、干沉降、森林可燃物观测项目。2008 年新增了 GPS 水汽观测设备。

自动化观测系统　二道气象站于 2004 年完成了 DYYZ-Ⅱ型自动气象站建设,当年投入使用。自动观测的项目包括气压、温度、湿度、风向风速、降水、浅层和深层地温等,替代了人工观测。

2008 年在池北区和平滑雪场和长白山北坡山门分别建立了六要素区域自动气象站。对监视区内小尺度天气变化、为政府防御灾害性天气提供观测依据。

电报传输　松江气象站建站初期,通过镇邮电局专线电话发报。1986 年 7 月,小图报及农气报通过甚高频辅助通信网经延边州气象局传至吉林省气象台,发往沈阳区域中心的天气报仍经邮电网传输。1999 年 12 月与省气象台之间开通了 X.25 协议专线,经分组交换网发报。2003 年与延边州气象局开通 DDN 专线发报,2006 年改为 SDH 光纤专线发报。二道气象站现连接了多种网络,包括气象业务网、办公网、互联网等,天气报文实现了双重保障实时传输。

气表制作　建站起,每月制作气表-1 至气表-7,相应的年报表为气表-21 至气表-25。1961 年 1 月起气表-3、气表-4、气表-7 并入气表-1,相应的年报并入气表-21。气表-2 于

1960 年 2 月停作气压项目,于 1965 年 12 月停作温度、湿度项目,气表-22 停编。1980 年 1 月 1 日起气表-5、气表-6、并入气表-1,相应的年报并入气表-21。至此,报表只编制气表-1 和气表-21。

气象月报、年报表都是通过手工抄写方式编制,一式 4 份,分别上报国家气象局、省气象局资料室、州气象局各 1 份,本站留底 1 份。从 1987 年 7 月开始使用微机打印气象报表,向上级气象部门报送磁盘。2005 年完成了历史资料信息化处理,原始资料移交至省气象局资料室。2000 年 1 月停止报送纸质气象报表,2006 年开始气象报表和原始资料通过网络传输上报,使用光盘保存。

资料管理　1984 年完成 1957—1980 年气象资料整编,1984 年基本资料装盒归档。2003 年 5 月将建站以来至 2000 年的降水自记纸交给省气象局气象档案馆,2004 年 8 月将建站以来至 1998 年的资料交给省气象局气象档案馆。2005 年 6 月归档上报 1999 年的记录档案,2006 年 3 月归档上报 2000 年记录档案,2007 年 4 月归档上报 2001 年记录档案,2007 年 9 月将 2002—2006 年气象记录档案上报给省气象局气象档案馆。

2. 农业气象

松江气象站按照农业气象观测规范对农作物进行物候、生长状况、产量结构的观测。观测作物是水稻、大豆和玉米,并观测土壤含水率。2006 年定为农气一般站后,主要负责土壤含水率观测。

1958 年 6 月 13 日起,松江气象站向吉林省气象台拍发农业气象旬报。1958 年 6 月 21 日起,向沈阳中心气象台拍发农业气象旬报。1959 年 2 月 4 日起,向中央气象局农业气象研究室拍发农业气象旬报。1960 年 7 月 1 日,停止向中央气象局农业气象研究室和吉林省气象台拍发农气旬报。1965 年 4 月 8 日起,每年 3 月 31 日—11 月 30 日向吉林省气象台拍发农业气象旬报。1975 年开始每年 3 月 21 日—5 月 31 日向吉林省气象台和延边州气象台拍发农业气象旬报。1984 年 3 月 21 日起,停止向省、州气象台拍发农业气象旬(月、候)报。

自 2006 年 1 月 10 日开始编发气象旬月报。2006 年 2 月 28 日开始编发农业气象候报。

3. 气象服务

旅游气象服务　松江气象站没有气象预报业务,迁至二道镇后根据当地需要开展了气象预报服务。2005 年 8 月长白山管委会成立以后,开展了雷电防护、农业、生态和森林可燃物观测等服务项目。根据旅游业的需要,从 2005 年 10 月开始制作景区天气预报。通过网络调用吉林省气象信息中心的数值预报产品,根据上级气象台的预报指导资料,应用人机交互处理系统(MICAPS),结合本地实况制作订正预报。2006 年建成了与省气象台、延边州气象台之间的"可视天气会商系统"。目前每天为长白山管委会、防火办公室等部门提供中期(旬)预报服务;为长白山电视台提供短期天气预报(包括景区天气预报),由长白山电视台制作天气预报节目并播出。2009 年 7 月建成了 VSAT 单收站,每天接收预报所需的各种预报产品资料。

2008 年吉林省气象灾害预警体系全面建设,二道气象站安排专人参加了全省气象灾害信息员培训,并将池北区内各单位以及学校、医院、村屯纳入到突发性天气灾害预警体系,在各部门聘请了 50 多位气象灾害信息员,保障突发性气象灾害的及时预警响应,加强与各有关部门协作,降低气象灾害损失。

长白山山势陡峭,从山顶到山脚的垂直落差超过 1500 米。景区内山路坡陡弯急,是车辆行驶安全的最大隐患。山区内多大雾、多强风、暴雨雪,山体滑坡、泥石流等次生地质灾害频繁发生。二道气象站针对这种情况加强了景区内气象观测密度,严密跟踪天气变化,不间断向长白山景区旅游管理部门提供临近、实时天气报告,对旅游车辆、人员的安全管理提供气象保障。几年来没有发生一例因天气原因造成的旅游交通事故。

2007 年 3 月,一场特大的暴雪席卷东北地区。二道气象站所在的池北区内有数千棵世界珍稀树种——美人松面临被积雪压断的严重威胁。二道气象站提前发出预报,在向长白山管委会报送的暴雪警报中特别提到了要加强对美人松的防护工作。有关部门及时采取措施,在暴雪来临前指挥部队、武警、消防和林业部门人员进入应急状态。当暴雪来临时各部门协调配合,使用高压水枪等工具清理树上积雪,将损失降到最低。中央电视台对长白山管委会各部门及时抢救美人松的活动做了专题报道。二道气象站因预报预警及时准确,获得了长白山管委会嘉奖。

气象科普宣传　二道气象站每年利用世界气象日,向群众发放《气候变化及气象灾害防范》、《气象知识及服务指南》、《气象与环保》等宣传材料。通过移动公司向当地政府各级领导、各行业和乡镇、村发送了千余条世界气象日主题的手机短信。以上宣传活动使人民群众进一步了解气候变化,提高环境保护意识。

党建与气象文化建设

党建工作　二道气象站历届党支部都注重发挥党支部的战斗堡垒作用和党员的模范带头作用。建站初期气象站位处山坡上,没有自来水,全站职工生活用水都要从山坡下挑上来。冬天没有锅炉取暖,值班室依靠炉子烧柴,室内温度很低,每到冬天值班员的手上都会起冻疮。在这样的艰苦条件下,几名党员主动承担了下山挑水、劈柴等工作。党支部重视组织发展工作,培养积极分子队伍,至 2008 年发展新党员 6 名。定期召开民主生活会,开展民主评议党员活动,认真听取群众意见。制定学习制度和学习计划,学习党的基本知识和英雄模范人物的先进事迹,开展法制教育。保证每年集体学习不少于 100 小时。近几年深入开展学习"八荣八耻"、"十七大"精神、解放思想大讨论以及学习与实践科学发展观等活动,进一步提高了全体职工的积极性。

二道气象站党支部现有 6 名党员。2007 年被长白山管委会池北区评选为优秀党支部,站长李会彬获得了池北区优秀党员称号。

气象文化建设　二道气象站管理的天池气象站,半个世纪以来,有 200 多人在这里默默奉献。2008 年,二道气象站被选为全国气象文化建设示范基地,中国气象局投资 32 万元在二道气象站建设了气象人精神荣誉室,全面展示了隋金堂烈士的先进事迹和气象人艰苦奋斗、无私奉献精神。对位于天池气象站附近的隋金堂烈士墓进行维护、修缮。对园区进行了与现有建筑相协调的个性化设计,绿化了庭院。建立了室内外文体活动场所,购置了文体活动器材,增加了文化氛围。二道气象站以崭新的面貌、优美的环境、浓郁的气象文化氛围,成为宣传吉林气象的窗口。

2007年、2008年先后有2人获得长白山管委会森林防火先进个人称号。二道气象站积极参与地方创建文明单位活动,在池北区创建"绿色单位"活动中,被评为池北区"绿色单位"。2007年1月年通过吉林省气象局验收,建成吉林省标准化台站。

台站建设

二道气象站2004年建成750平方米的办公楼,同时建设了锅炉房和车库。办公楼内铺设了地暖设备,保障了冬季供暖。2006年二道气象站自筹资金建设了独立的收发室和资料库,增添了办公设施。二道气象站和天池气象站实现了办公自动化。

二道气象站占地1万余平方米,院内宽敞、整洁,铺设了水泥道路、修建了单位正门、焊接观测场金属围栏、制作健身器械。在园区建设中,职工们积极参加劳动,自己动手改善了单位的环境面貌。

2006年的二道气象局办公楼

长白山天池气象站

机构历史沿革

历史沿革　长白山天池气象站始建于1958年,同年10月1日正式开始工作。站址位于长白山天池北侧山顶,北纬42°01′,东经128°05′。观测场海拔高度2623.0米。承担国家基本观测站任务。1989年1月天池气象站由长年值守改为季节值守后,每年6月1日—9月30日进行观测,仍属国家基本站。2007年1月1日—2008年12月31日调整为国家一级气象站。

天池气象站地处长白山主峰,天气变化复杂,气候条件恶劣。一年中8级以上的大风有280多天,能见度小于1000米雾日有240多天。最低气温—44℃,最低气压小于700百帕,最大风速大于40米/秒。降雪日数为144天,积雪长达250多天。1963年10月定为一类艰苦气象站,1983年8月定为二类艰苦气象站,2004年1月定为一类艰苦气象站。

天池站的地理位置对天气过程下游气象台站预测天气、气候变化具有参考价值和指标意义。天池站又临国界,对维护边防安全有一定作用。

天池气象站的工作得到各级党政领导的关怀与重视,党和国家领导人多次到天池站视察,勉励气象工作者为地方减灾防灾做出贡献。1983年8月13日邓小平同志登上长白山,亲切看望了气象工作人员,并与天池气象站职工合影留念。他对气象工作人员不畏风雪严寒,长年坚守工作岗位的无私奉献精神大加赞许。他说:吉林是农业大省,而农业受自然条件影响很大,所以搞好天气预报很重要,你们的工作很有意义,希望你们为防灾减害当好参谋。

其他中央领导也分别到天池站视察工作。万里于1981年8月、王任重于1983年7月29日、彭真于1984年7月25日、李德生、王忠禹于1985年7月19日、李铁映于1989年9月2日、宋健于1990年7月24日、贺国强于2008年8月2日先后视察了天池气象站,并向气象工作者表示慰问。

1983年邓小平同志视察天池气象站,并同全体职工合影

1982的天池气象站

管理体制 天池气象站从成立至1968年,由省气象局直接管理。1968年8月—1980年6月先后归安图县革命委员会、安图县武装部领导。1980年7月起实行气象部门与地方双重领导,以部门为主的管理体制,天池站隶属延边朝鲜族自治州气象局管理。1989年天池气象站改为季节值守,由安图县松江气象站管理。1990年6月,由安图县气象局管理,业务工作不变。2002年归松江气象站管理。2004年松江气象站迁站后改称安图县二道气象站,改由二道气象站管理。

人员状况 天池站成立时编制17人,除站长、副站长、观测员、报务员外,还配备了摇机员、管理员、炊事员和医生,后配拖拉机驾驶员。工作人员实行轮换制,先后由吉林省气象局和延边州气象局负责抽调工作人员轮流上山工作,轮换周期为两年。在此期间,全省气象台站先后有 200 多人在天池气象站工作过。1989 年天池气象站改为季节站后,编制 6 人,归属松江气象站(后为二道气象站)管理,业务人员统一调配,不另设站长,上山人员不固定。每年 6 月 1 日—9 月 30 日进行观测期间,派 6 名观测人员上山值守。

主要领导更替情况

任职时间	姓名	职务
1958.10—1961.05	关宪有	站　长
1961.06—1963.04	张魁林	站　长
1963.05—1964.03	郑熙完	站　长
1964.03—1966.04	武立志	站　长
1966.05—1968.06	张玉金	指导员
1968.06—1970.05	王德友	站　长
1969.05—1971.05	刘树礼	指导员
1970.05—1972.08	王国栋	站　长
1971.06—1972.07	张凤林	指导员
1972.08—1973.05	金哲龙	指导员
1973.01—1975.03	邵维富	负责人
1975.03—1976.08	金成默	站　长
1976.08—1978.05	元钟和	站　长
1978.05—1980.08	玄秀吉	站　长
1980.09—1981.09	潘锦模	站　长
1981.10—1983.11	丛会林	负责人
1983.12—1988.12	李奎义	站　长
1988.12—1989.03	董德辉	负责人

注:1989 年 3 月后陆续归松江气象站、安图县气象局、二道气象站等管理,故没设天池站站长一职。

气象业务与服务

天池气象站的主要业务是完成地面基本站的气象观测,每天向沈阳区域气象中心(现为东北区域气象中心)和省气象局传输 8 次定时观测电报,制作气象月报表和年报表。

气象观测　天池气象站自 1958 年—1960 年 6 月 30 日采用地方时制,以 19 时为日界,每天进行 01、04、07、10、13、16、19、22 时 8 个时次地面观测。1960 年 7 月 1 日起实行北京时制,以 20 时为日界,日照以日落为日界,自记记录以 24 时为日界。每天进行 02、05、08、11、14、17、20、23 时 8 个时次地面观测。观测项目有风向、风速、气温、气压、云、能见度、天气现象、降水、日照、小型蒸发、地面温度、草面温度、雪深、电线积冰等。每天编发 02、08、14、20 时四个时次的定时绘图报。除草面温度外均为发报项目。2007 年 9 月 1 日开始使用自动雨量计。

1985 年天池气象站配备了 PC-1500 袖珍计算机,自 1986 年 1 月 1 日起使用 PC-1500 袖珍计算机取代人工编报,提高了测报质量和工作效率,减轻了观测员的劳动强度。2007 年,天池气象站建成 DYYZ-Ⅱ型自动气象站,于 9 月 1 日投入业务运行。自动站观测项目包括温度、湿度、气压、风向风速、降水、地面温度、草面温度。除地面温度和草面温度外都进行人工并行观测,至 2008 年底以自动站资料为准发报,自动站采集的资料与人工观测资料存于计算机中互为备份,每月定时复制光盘归档、保存、上报。

气象电报的传输 天池气象站建站时通信条件困难。每天 4 次地面绘图报的传输,使用 15 瓦无线短波电台,靠手摇发电机给电台供电,报务员用电键发报,由长春市电信局接收后,分别传至沈阳区域气象中心和省气象台。1985 年,天池气象站配备了发电机,基本上保证了工作时段用电。1986 年配备了 M7-1540 型甚高频电话,观测电报用口传方式发至省台,由省台转发至沈阳区域气象中心。1997 年移动通信覆盖长白山主峰,观测电报改用手机向省气象台口传。2007 年建成自动气象站,所采集的数据通过 GGRS 无线网络模块传送至省气象数据网络中心,每天定时传输 24 次。无线网络模块为双机一用一备。气象电报传输实现了网络化、自动化。目前天池与二道气象站之间采用 GM300 型对讲机进行通信联络,如天池气象站的无线网络出现故障,可通过二道气象站的分组交换网进行传递,气象电报的传输得到双重保障。

气象报表的制作与资料管理 天池气象站正式观测后,按照业务规定制作气象观测记录月报表和年报表,用手工抄写方式编制一式 4 份,分别上报国家气象局、省气象局气候资料室、延边州气象局各 1 份,本站留底 1 份。从 1987 年 7 月开始使用微机打印气象报表,向上级气象部门报送磁盘。1989 年天池气象站改为季节站后,只制作月报表,使用高速打印机打印气表。2000 年 1 月不再报送纸质气表资料,2006 年用网络传输上报原始观测资料和气表,用光盘保存资料档案。

从 2004 年 7 月起,将建站以来的原始气象记录档案(日照记录除外)全部移交吉林省气象档案馆,气象站不再保留原始气象记录档案。

气象服务 天池站没有天气预报和气象服务业务,1989 年改为季节站后,与松江、二道气象站合为一处开展气象服务。2006 年长白山保护区管理委员会成立后,开展了针对长白山保护区的雷电防护、森林防火、生态和森林可染物观测、旅游景区天气预报等项服务工作。

党建与气象文化建设

1. 党建工作

天池气象站地处高山,四周荒无人烟,环境恶劣。无水无电,工作艰难,生活艰苦。冬季寒冷雪大,时常把房子埋没,出屋要挖雪洞,去观测场要打雪道,趟过齐腰深的雪,扶着铁丝网行走。维尔达侧风仪经常被碗口粗的雾凇或雨凇冻结,风向标不能转动,风压板不能活动。观测员需要爬上风向杆,用铁棒将雾凇或雪凇敲掉,才能进行观测。夏天打雷时,常把山上的石头劈掉。夜间值班用手电筒,手工编报用蜡烛照明。冬季饮水做饭以雪化水,夏季靠挖坑接雨水。由于运输不便,常年吃不到新鲜蔬菜。平时运送器材、物品需人背肩扛,上山步行要用 5 个多小时。

天池站在建站之初就成立了党支部,关宪有任第一任党支部书记。面对艰苦环境,历届党支部均重视对党员和群众进行荣誉教育、爱岗敬业和艰苦奋斗、团结协作的集体主义教育。坚持每周召开一次党的生活会,组织党员学习政策文件,发挥党支部的战斗堡垒作用和党员的模范带头作用。早期的党支部提出了"不惧艰险,拼命干"的口号,号召党员带头干重活、累活、危险的活。党员干部以身作则,在工作和劳动中作出了表率。一般职工在山上工作两年,许多站长因为工作需要在山上的时间都超过三年,甚至到六年。党支部坚持开展思想政治工作,团结群众完成各项工作任务。注重培养和考察党的积极分子队伍,从1958年至1989年发展了隋金堂等13名新党员。在全站形成了以艰苦为荣、克服困难、努力工作、团结奋斗的风气,培养出一支爱岗敬业、不惧艰险、特别能战斗的队伍。

1989年后天池气象站的党建工作归属松江、二道气象站。党支部现有党员6人,其中党员干部3人。全站重视精神文明建设和党建工作,注重发挥党支部的战斗堡垒和党员的模范带头作用,带动群众完成各项工作任务。党支部定期召开民主生活会,开展民主评议党员活动。制定了学习计划和学习制度,保证一年不少于100小时的集体学习时间。近年来先后开展了学习"八荣八耻"、围绕十七大精神开展解放思想、深入学习实践科学发展观等活动。二道气象站党支部2007年被长白山管委会池北区评选为优秀党支部,站长李会彬获得池北区优秀党员称号。

2. 气象文化建设

天池气象站成立半个世纪以来,气象人员在这里默默奉献,留下了许多可歌可泣的故事。为弘扬气象人精神,建立了"气象人精神荣誉室",展示了隋金堂烈士的先进事迹和长白山气象人不畏艰苦、无私奉献的精神。修缮了在天池气象站附近的隋金堂烈士墓,定期组织职工举行扫墓活动。设立了图书阅览室和室内外文体活动场所,购置了文体活动器材,组织职工开展各项文体活动。

3. 荣誉与人物

荣誉 1959年11月天池气象站出席"全国群英会",被评为全国工交、财贸、基本建设战线先进单位,获奖旗一面。1984年,长白山天池气象站被延边州政府授予"民族团结模范"单位。在全国开展"为边陲儿女挂奖章活动"中,刘晓林同志被授予银质奖章。

人物

隋金堂(1941.1—1981.1.21),吉林省德惠县人,出生于贫农家庭。1962年毕业于吉林农校,先后在扶余、德惠县气象站工作十余年。1977年5月到天池气象站工作,1978年10月在山上入党。1979年两年轮换期满,但因工作需要继续留在天池站工作,后任副站长、党支部书记。

在任职期间,他热爱本职工作,以党的利益为重,严格要求自己,处处以身作则。主动参加值班,带头参加劳动。1980年编写了《地面气象观测规范》教材,帮助新来的同志学习气象观测业务技术。他组织开展对党员和群众进行荣誉教育、艰苦奋斗教育。经常找职工谈心,做思想政治工作,帮助解决实际困难,鼓励职工在艰苦环境中坚定

隋金堂

隋金堂烈士纪念碑

信心,积极工作。制定了全站的作息制度,带领大家开展文体活动。他为了扎根天池气象站,说服亲友,动员家属于 1980 年 3 月从德惠县到长白山下安了家。

1981 年 1 月 21 日,隋金堂在带领全站人员寻找一份被大风刮走的日照自记记录时,为抢救滑下深谷的两名同志,不幸以身殉职,年仅 41 岁。

1981 年 1 月 26 日,中共安图县委举行隆重的隋金堂同志追悼大会,并授予他优秀共产党员称号。吉林省人民政府批准隋金堂为烈士。1981 年 1 月 26 日,中共安图县委授予隋金堂优秀共产党员称号。中共安图县委、延边州委、吉林省委先后发出向优秀共产党员隋金堂学习的通知。同年 9 月 17 日,中央气象局向全国气象部门发出向隋金堂等同志学习的通知。中央气象局《气象工作情况》1981 年第 13 期,以《一个具有社会主义精神文明的人》为题,报道了隋金堂同志的先进事迹。

台站建设

长白山天池气象站地处边防线上,远离边防哨所。建站之初,为了应对边界出现异常事件,防范野兽伤害,保证工作人员安全,地方武装部门为气象站配备了武器弹药。计有轻机枪 2 挺、冲锋枪 2 支、五四式手枪 4 支、7.62 步枪 5 支。所用子弹由驻二道省军区第三师负责提供。第三师师部还派人到站讲军事课,指导射击训练。气象站对武器的使用、保管都有严格规定。这些武器弹药于文革后期全部上交到有关部门。

天池气象站始建平房 250 平方米,石墙木地板,铁皮屋顶。设有观测值班室、办公室、医务室、宿舍、厨房、枪械库房、贮藏室等房间。低温、高湿、强风的天气,对办公室造成很大破坏,房顶被大风掀起了一角。1982 年对房屋进行了翻修,屋顶改为钢筋混凝土。2002 年重建了 320 平方米的二层办公楼,工作和生活环境得到彻底改善。近二年,又对办公楼进行了墙体加厚、作了防水防潮处理、抗风加固、修筑了房屋护坡。通过综合改造,天池气象站办公楼面貌一新,为长白山旅游景区增加了一个亮点。

观测场始建之初与办公室相距 50 米。严冬时每遇大风、大雪天气,行走困难。为保证值班员的安全,沿路修建了一条铁丝网栏,作为行走时的扶手。山上雨雪频繁,观测场围栏、百叶箱腐蚀严重。2002 年将观测场围杆换成大理石材质,百叶箱更换为玻璃钢材料。

建站之初用蜡烛照明,用木伴子烧炕。1964 年配备了 75 马力的履带拖拉机,在夏季运送一年所需的生活物资。2006 年 9 月,山上接通了交流电缆,从根本上解决了工作和生活用电。由于旅游业的发展,长白山保护区在原有的路基上修建了上山的道路。气象站配备了越野车,物资运送和饮用水有了保障。

天池气象站经过 50 年来的建设与发展,走了一条艰苦奋斗的道路。通过几代气象人的努力,天池气象站已成为具有现代化气象观测装备、先进的网络通信技术、整洁美观的环境设施、管理措施完善的高山气象站,为祖国的气象事业、为长白山保护区的发展作出了应有的贡献。

2008 年的天池气象站

安图县气象局

安图县位于吉林省东南部的长白山腹地,延边朝鲜族自治州的西部。全县总面积7444 平方千米,辖 9 个乡镇,人口 22 万。属于中温带大陆性季风气候。全县平均海拔高度800 多米,地形呈东北、西南向的狭长地带,最高处是西南方中朝边境的白云峰,海拔 2691米,最低处是东北部的榆树川,海拔高度仅 290 米。位于县中部的荒沟岭是安图县地理和气候的分界线,把南北分成两个截然不同的气候区。北部气温稍高,降水量稍少,南部气温较低,降水量较多。

机构历史沿革

历史沿革 1959 年 6 月 1 日,成立安图县水文气象中心站,位于吉林省安图县明月沟(现明月镇)中心翁声砬子北山岗上(北纬 43°07′,东经 128°55′),观测场海拔高度为 369.6米,属国家一般观测站。

1979 年 7 月 6 日,迁至原站址南 300 米处,经纬度不变,观测场海拔高度为 368.2 米。1991 年 8 月 24 日,观测场向南移动 41 米,经纬度不变,观测场海拔高度为 366.6 米。2007年 1 月 1 日,改为国家一级站,2009 年 1 月 1 日又恢复为国家一般观测站。

管理体制 1959 年 6 月,由安图县人民委员会管理领导。1964 年 1 月,归吉林省气象局管理。1968 年 10 月,由安图县革命委员会领导。1970 年 12 月,实行军政双管,以安图县人武部领导为主。1973 年 1 月归地方政府管理。1980 年 7 月,实行气象部门与地方政府双重领导,以气象部门为主的管理体制至今。在地方管理期间,于 1979 年 9 月在松江成立安图县气象局,负责管理松江气象站、天池气象站、安图县气象站。1984 年 1 月,安图县气象局撤销。1989 年 3 月安图县气象站增设气象局,局站合一,一个机构两块牌子。1999

年 6 月 24 日,松江气象站、天池气象站,安图县气象局 3 家合并,业务不变,由安图县气象局负责管理,2002 年 3 站分开。

人员状况 安图县气象站成立时有 6 人,1980 年在职 9 人。现有在职职工 10 人,其中本科学历 3 人,大专学历 1 人,中专学历 3 人,高中学历 3 人;工程师 4 人;朝鲜族 4 人,汉族 6 人;50~55 岁 7 人,40~45 岁 1 人,30 岁以下 2 人。

名称及主要负责人变更情况

名称	名称变更时间	负责人	任职时间
安图县水文气象中心站	1959.06	才文启	1959.06—1960.10
		王登科	1960.11—1961.01
		韩宝贵	1961.02—1961.05
		陈宝瑛	1961.06—1961.12
		宋太亨	1962.01—1963.01
		韩宝贵	1963.02—1963.04
		金秉荣	1963.05—1963.12
安图县气候站	1964.01	金秉荣	1964.01—1968.09
安图县农业服务革命委员会气象站	1968.10	唐志红	1968.10—1970.11
安图县明月镇气象站	1970.12	唐志红	1970.12—1972.12
安图县革命委员会明月镇气象站	1973.01	唐志红	1973.01—1980.06
安图县明月镇气象站	1980.07	唐志红	1980.07—1983.12
安图县气象站	1984.01	唐志红	1984.01—1985.10
		冯为民	1985.11—1987.04
		方英武	1987.05—1989.02
安图县气象局	1989.03	方英武	1989.03—1998.07
		吴庆良	1998.08—2002.09
		韩光石	2002.10—2005.03
		韩玉琦	2005.04—2008.03
		刘佐歧	2008.04—

气象业务与服务

安图县气象局主要担负国家一般气候观测站的气象观测、气象预报和气象服务任务。常年担负着定时气候观测、定时小天气图天气观测报告和航空、危险天气的观测报告。2003 年完成自动站建设并投入使用。2008 年新增了 GPS 水汽观测设备。

1. 地面观测

观测时制 安图县气象局建站至 1960 年 6 月 30 日,采用地方平均太阳时,自 1960 年 7 月 1 日起改为北京时制,以 20 时为日界,日照以日落为日界,自记记录 24 时为日界。

观测次数 建站时采用地方时,每天进行 01、07、13、19 时 4 次观测。1960 年 7 月 1 日开始改用北京时制,每天进行 02、08、14、20 时 4 次观测。1962 年 4 月 1 日—1963 年 12 月 31 日、1966 年 3 月 1 日—1971 年 4 月 30 日、1989 年 1 月 1 日至今,取消 02 时观测,改为

08、14、20 时 3 次观测。1964 年 1 月 1 日—1966 年 2 月 28 日、1971 年 5 月 1 日—1988 年 2 月 31 日期间,恢复 02 时观测,每天进行 4 次观测,夜间一直不守班。观测项目有云、能见度、天气现象、气压、气温、湿度、风向风速、降水、雪深、日照、蒸发、地温等。

航危报　1960 年 7 月 23 日起,向延吉机场拍发 0—24 小时预约航危报。1962 年 4 月 5 日起,增加向长春民航台拍发预约航危报。1962 年 5 月 15 日起,向延吉机场拍发 0—24 小时预约航危报,时间改为 06—18 时。1979 年 6 月 1 日起,向 86410 部队拍发预约航危报。1996 年 1 月 1 日起只向延吉机场拍发 08—18 时固定航危报。

发报内容　安图县气象局每天编发 08、14、20 时 3 个时次的天气加密报。天气报的内容有云、能见度、天气现象、气压、气温、风向风速、降水、雪深、地温等。航空报的内容只有云、能见度、天气现象、风向风速等。危险报是在出现危险天气时,5 分钟内及时向所有需要航空报的单位拍发危险报。重要天气报的内容有雷暴、累积降水量、大风、雾、霾、雨凇、积雪、冰雹、龙卷风等。

自动化观测系统　2003 年建成 DYYZ-Ⅱ型自动气象站,于 11 月投入业务运行。自动站观测项目包括温度、湿度、气压、风向风速、降水、地面温度、草面温度。除草面温度外都进行人工并行观测,自动站采集的资料与人工观测资料存于计算机中互为备份。2006 年 1 月,自动站正式单轨运行。每月定时刻录光盘保存资料归档。2006 年 5 月至 12 月,先后建立了 26 个区域自动气象观测站,其中两要素站 20 个,四要素站 6 个。2008 年,对部分区域自动气象观测站观测要素进行调整,现有两要素站 19 个,四要素站 5 个,六要素站 2 个。

电报传输　建站初期,通过安图县邮电局专线电话发报。1986 年 7 月,小图报及农气报通过甚高频辅助通信网经延边州气象局传至吉林省气象台。1999 年 12 月,开始采用拨号方式经分组交换网(X.28 协议)发报。2003 年州县开通 DDN 专线发报,2006 年改为 SDH 光纤专线发报。

报表的编制　1959 年 6 月起,每月编制的月报表有气表-1(基本气象观测记录月报表)、气表-2(气压、温度、湿度自记记录月报表)、气表-3(地面观测记录月报表)、气表-4(日照观测记录月报表)、气表-7(冻土记录月报表)。1961 年起,编制气表-5(降水自记记录月报表)。1974 年 1 月起,编制气象-6(风向风速自记记录月报表),相应的年报表有气表-21、气表-22、气表-23、气表-24、气表-25。1960 年 3 月开始停止编制气表-2 和气表-22。1962 年 4 月至 7 月又编制气表-2 和气表-22。1965 年停作气表-2 和气表-22。1961 年 1 月,气表-3、气表-4、气表-7 并入气表-1,相应的气表-23、气表-24 也并入气表-21。增加月、年简表。1980 年 1 月起,气表-5、气表-6 并入气表-1,相应的年报表也并入气表-21,取消月、年简表。至此,报表只编制"气表-1"和"气表-21"。

资料管理　1984 年完成 1959—1980 年气象资料整编,1984 年基本资料装盒归档。2002 年 7 月,将建站以来至 1998 年的资料移交延边州气象局业务处。2003 年 3 月,将 1999 年至 2000 年的资料移交延边州气象局业务处。2007 年 3 月,将 2001 年的资料移交延边州气象局业务处。2007 年 8 月,将 2002 年至 2006 年的资料移交延边州气象局业务处。

2. 农业气象观测

1960 年 7 月 31 日起,向中央气象局农气室拍发农业气象旬报。1960 年 8 月 8 日起,向延边州气象台拍发农业气象旬报。1962年3月15日—5月31日,改为向省台拍发农业气象旬报。1963年3月16日起,增加向吉林省气象台拍发农业气象候报。1975年开始,改为每年3月31日—5月31日,向省台、州台拍发农业气象候报。现在改为每年2月28日—5月31日向省局拍发农业气象候报。1984年1月起,常年担负向省台、州台拍发农业气象旬(月)报。2000年开始,只担负向省台拍发农业气象旬(月)报。

20世纪60年代初期,根据不同季节的生产要求,开展季节性的农业气象预报,后因"文化大革命"开始而停止。1973年开始,制作农业年景分析及中长期预报。1981年起,利用积温和产量的正相关,制作全县粮食总产量预报。

3. 天气预报

短期天气预报 1960年开始收听省气象台的天气形势广播,结合本地气象要素变化和气候特点,采用曲线图、要素时间剖面图以及简易小天气图等工具,对上级气象台预报进行补充订正,制作补充天气预报。1972年开始引进数理统计预报方法,通过对历史气象资料进行相关系数统计分析、检验,筛选出较好的预报因子,建立回归预报方程和聚类分析等统计方法制作天气预报。1983年11月,配备了气象传真机,开始接收日本、北京和欧洲传真预报图。1984年夏,开始建立短期地方模式预报,建立各种MOS预报方程10个。1986年,通过甚高频电话与延边州气象台进行天气会商。1999年,建设PC-VSAT单收站,完成了Micaps预报业务平台的安装,接收各种数值预报解释产品和省、州气象台的分片和要素预报指导产品,结合本地天气特点,制作订正预报。Micaps业务软件至2008年,已从1.0升级为3.0版本。2002年后,建成了州与县,省、州、县之间的可视会商系统。

中期天气预报 1964年,在省气象台划分的环流型、天气过程模式和地区气象台的雨型的基础上,建立中期降水过程天气模式,制作中期降水预报。1983年后,不再制作中期预报,根据延边州气象台的旬预报,结合分析本地气象资料,使用周期分析、韵律等方法制作旬、月天气趋势预报,主要提供给服务单位。

长期天气预报 1974年,根据本站的历史资料验证,总结出长期预报经验指标,运用要素演变法、韵律法、找相关相似和周期规律来制作月、季、年度冷暖、旱涝趋势预报。1983年后,不再承担长期天气预报业务,使用和订正吉林省气象台和延边州气象台的预报结果,制作大田播种期和年景预报进行服务。1984年起,开展粮食总产量气象预测服务。

天气预报业务形成以接收数值预报产品、上级气象台预报指导产品、天气会商、本地预报方法相结合的技术方法。从2000年至今,开展了常规24小时、48小时及旬月等短、中、长期天气预报以及重要天气报告和灾害性天气预报预警业务等。

4. 气象服务

公众气象服务 安图县气象局从1960年开始,通过安图县有线广播站发布天气预报广播,每天广播1次。1997年开始制作图像电视天气预报节目,每天送录像带由电视台播放,每天播放2次。1996年,与安图县电信局合作正式开通"121"天气预报自动答询电话。2000年,同中国移动安图分公司开通"121"移动电话答询气象信息服务工作。每年开展节日气象服务,还为县里的各种大型活动提供气象保障。

决策气象服务 建站后主要为安图县政府提供农业气象服务,通过信件邮寄、报送等方式向县政府和相关部门提供中、长期天气预报和农业气象信息以及转折性、关键性、灾害性天气预报。1990年,逐步编制了《重要天气报告》、《气象灾害情报》、《气象简报》等产品,以电话、传真、网络等形式向县政府提供决策服务信息。2005年,制订了《安图县气象局突发性气象灾害应急预案》。2007年3月4日,安图县降大暴雪,安图县气象局及时启动应急预案,并通知相关部门做好预防灾害性天气工作,使这次雪灾造成的损失降到最低程度。安图县目前拥有气象灾害应急信息员180多名。

【服务事例】 在1982年13号台风的预报服务中,提前准确预报出台风暴雨的天气过程,县领导根据预报及时做出防灾部署,使全县水灾损失减少到最低程度。安图县气象局被吉林省气象局评为"十三号台风预报服务有功"单位。

专业专项气象服务 1984年开始开展有偿专业气象服务,向林业局、水泥厂、粮库等单位提供相应的专业气象服务,当年签订服务合同7份。1989年购置了16台天气警报接收机,安装到各服务单位,每天广播2次,用户定时接收气象预报和预警信息。遇有重要天气时,增加广播时次。至2000年,累计签订服务合同380多份。

防雷服务 1991年,成立了安图县防雷技术检测中心,开展建筑物避雷设施检测。2004年起,开展防雷工程验收、项目检测验收工作。1997年起,开展庆典气球施放服务。

人工影响天气 2003年8月,开展了人工增雨作业,在全县建立了5个防雹增雨火箭发射基地和2台流动火箭发射车。2004年7月19日,针对两江电站水资源短缺,经济效益减少的实际问题,安图县气象局抓住有利时机实施人工增雨,共发射火箭弹14枚,自然降水与人工增雨平均降水量61.6毫米。2003年至2008年,累计发射增雨火箭弹180多枚。

气象科普宣传 每年3月23日世界气象日,采取发放气象灾害避险指南、展示宣传海报、悬挂宣传条幅和对外开放等方式,对社会各界人士进行气象科普宣传。充分利用"扶贫帮困结对子"、"送科技下乡"等活动与石门镇新丰村结对子,科普人员深入村屯,采用向农村干部群众宣传、讲解气象知识和科学种田技术,发放科普宣传资料的方式把农民所关心的气象知识送到田间地头。2000年至2008年,发放各种气象科普宣传资料6000余份。

气象法规建设与管理

气象法规 2000年,贯彻执行《中华人民共和国气象法》、《吉林省气象条例》等法律法规。2005年,制定了《安图县气象探测环境保护规划》,经安图县政府批复,已纳入当地城乡建设专项规划中备案。

社会管理 2003年8月,根据《安图县人民政府关于同意成立人工影响天气办公室的批复》(安政涵〔2003〕12号)文件,成立安图县人工影响天气办公室,办公室设在气象局,由安图县气象局负责人工影响天气的日常管理工作。2003年,开始贯彻执行《施放气球管理办法》(国审改办函字〔2003〕160号),安图县气象局执法人员多次检查、制止非法施放氢气球事件,规范了氢气球市场秩序。2007年3月2日安图县公安局、安图县安全生产监督管理局和安图县防雷技术检测中心,联合下发《关于对全县各单位计算机信息网络(场地)的雷电防护设施进行安全检查、检测的通知》(公安防联发〔2007〕第1号)。同时,通过教育局对全县25个中小学校进行了雷电防护的检查,对不符合要求的单位下达了整改通知书。

政务公开 2002 年以来,建立健全局务公开制度和监督检查机制。成立局务公开领导小组,将年度财务预算决算、经费使用、物资采购、基建项目、招待费用、干部任用、职称评定、评先选优和考核奖惩等项内容,利用单位公示板、公开栏和会议等形式向职工公开。2004 年 7 月,制定《安图县气象局"阳光政务"工作实施细则》,落实责任制度,实现各项工作的规范化、程序化、公开化。2004 年底,安图县气象局进入安图县政务大厅。将气象法律法规赋予部门的管理职能、管理权限、审批项目、办事程序、办事时限、收费标准、处罚规定、服务承诺和社会监督等项内容,在县政务大厅、计算机网络和气象局服务指南中向社会公开。2005 年被安图县政府政务大厅评为服务窗口满意单位。

党建与气象文化建设

党建工作 1959 年 6 月 1 日建站时有 1 名党员,编入农业局支部。1966 年初,发展 2 名党员,正式成立气象站党支部,由金秉荣任支部书记,隶属安图县委组织部领导。1970 年后历任党支部书记为 1970 年于立学、1973 年朴龙瑞、1979 年唐志红、1986 年方英武、1996 年曲立刚、1998 年吴庆良、2002 年韩光石、2005 年韩玉琦、2008 年刘佐岐。党支部现有党员 4 人。1959 年至 2008 年共发展 6 名新党员。

党支部组织党员学习党章、法律法规,落实党风廉政建设责任制。2002 年开始,每年进行党风廉政教育月活动。2005 年,开展了保持党员先进性教育活动。2008 年,组织党员和职工开展了解放思想大讨论活动。2008 年 8 月,建立了由气象局长、副局长、纪检监察委员组成的三人决策小组,实行"三人决策"制度,对重大事件进行讨论,体现决策民主化。

精神文明建设 安图县气象局从 1995 年起开展建设花园式台站、争创精神文明单位、标准化台站等活动。1996—2008 年开展了"学习孔繁森,争做好公仆"、"双学、三讲、四评、一创"、"学、做、创"等活动。2005 年系统学习了《安图县机关文明礼貌用语 30 句》,树立气象局服务的良好形象。按照"基层台站标准化建设"的标准对办公楼进行了综合改造,营造了干净、整齐、美观、舒适、优雅的办公环境。组织职工义务植树、栽种花草、美化环境。修建了公示栏,建立了图书室、文体活动室,组织职工开展文体活动,丰富了职工的文化生活。

1994—2007 年,建成州级精神文明单位、1999 年被吉林省气象局评为"文明单位"。

主要荣誉 1985—2008 年,连续 23 年被安图县政府评为"防火先进单位"。1996 年,被安图县政府评为"抗洪抢险先进集体"。2008 年,被安图县政府评为"安图县连续 30 年无重大森林火灾有功单位"。

1996 年,安图县气象局方英武同志出席了全国气象系统女干部代表大会,被中国气象局授予"全国气象部门双文明建设先进个人"称号。

台站建设

台站综合改造 1959 年始建 217 平方米的办公室。1978 年因观测场周围环境恶化,在原站址南 300 米处新建了 217 平方米办公室,新站址土地总面积为 8800 平方米。1990 年,在原办公室前 20 米处新建 368 平方米三层办公楼。1991 年 8 月,观测场南移 41 米。2005 年,安图县气象局共投入 31.5 万元对 368 平米办公楼进行了综合改造,改善了办公环境。2007年,争取项目资金8万元,自筹3.7万元,新建了1个锅炉房、2个车库,购置了新锅炉。2008年,吉林省气象局投入20万元对办公楼东侧进行扩建,建立综合业务工作平台,解决了办公面积不足的问题。

园区建设 2005—2008年,安图县气象局分批对院内环境进行了综合改造。新建了铁艺围栏,设立围墙,安装了自动门,把家属房和办公楼区分离。修建112延长米观测场护坡,重新安装了白钢观测场围栏。种植了2300平方米草坪,铺设了1200平方米水泥路面,院内环境得到了美化。

2003年安图县气象局办公楼　　　　　　2007年安图县气象局办公楼

龙井市气象局

龙井市位于吉林省东部,隶属于延边朝鲜族自治州。属中温带湿润季风气候,季风明显,春季干燥多风,夏季湿热多雨,秋季凉爽少雨,冬季寒冷期长。东临日本海、有高山作屏障,具有冬无严寒、夏无酷暑的特点,素有"苹果梨之乡"的美誉。

机构历史沿革

历史沿革 1950年1月,建立延边水田试验农场龙井气候观测站,站址位于龙井镇龙池村(今延边农学院),观测场位于北纬42°47′,东经129°24′,海拔高度255米,为国家一般气象站区。1955年1月1日起开始按中央气象局统一气象技术观测规范开展气候观测。1956年4月开始农业气象观测。1959年搬迁到光新乡兴新村(今延边农科所),观测场位于北纬42°46′,东经129°24′,海拔高度255米。1964年1月更名为吉林省延吉县农业气象试验站。1970年改为延吉县革委会气象站。1978年搬迁至龙井市龙和路579号,北纬42°46′,东经129°24′,观测场海拔高度240.6米。2007年1月1日改为国家二级气象站。1989年6月增设气象局,局站合一,一个机构两块牌子。

管理体制与机构设置演变情况

时间	机构建制沿革	单位名称
1950.01	延边水田试验农场建制	吉林省龙井气候站
1954.11	吉林省气象局管理。行政、政治思想教育由县农村工作部管理	吉林省延吉县龙井气候站
1958.11、1959.01	体制下放归县政府管理,由县农业局领导气象与水文部门合并	吉林省延吉县水文气象中心站
1960.04		龙井气候服务站
1964.01	气象体制上收,归吉林省气象局领导,政治思想由农业局管理	吉林省延吉县农业气象试验站
1970.12	气象体制改革,县人武部和县革委会双重管理,以人武部领导为主	延吉县革委会气象站
1973.07	归地方政府管理,由县农业局领导	延吉县气象站
1980.07	吉林省气象局和地方政府双重领导,以气象部门为主到至今	吉林省延吉县气象站
1983.05	国务院[83]国函43号,县政[83]52号文件,延吉县改为龙井县	吉林省龙井县气象站
1988.08	吉政函[88]111号文件,龙井县改为龙井市	吉林省龙井市气象站
1989.06	龙编字[89]25号文件	吉林省龙井市气象局

人员状况　建站时有3人,1980年职工增加到14人,现有在职职工6人。

名称及主要负责人变更情况

单位名称	负责人	任职时间
吉林省龙井气候站	刘光普	1950.01—1954.10
吉林省延吉县龙井气候站	刘光普	1954.11—1955.04
吉林省延吉县龙井气候站	陆明孝	1955.05—1957.09
吉林省延吉县龙井气候站	柳世明	1957.10—1958.02
吉林省延吉县水文气象中心站	王家新	1958.03—1958.06
吉林省延吉县水文气象中心站	李文吉	1958.07—1959.03
龙井气候服务站	高玉瑾	1959.04—1960.07
龙井气候服务站	李龙瑞	1960.08—1964.06
吉林省延吉县农业气象试验站	卜炳贤	1964.07—1969.11
延吉县革委会气象站	金昌九	1969.12—1971.11
延吉县革委会气象站	金秉荣	1971.12—1971.12
延吉县气象站	李龙瑞	1972.01—1983.11
吉林省延吉县气象站	元钟和	1983.12—1984.07
吉林省龙井县气象站	太仑哲	1984.08—1986.03
吉林省龙井市气象站	李永奎	1986.04—1989.07
吉林省龙井市气象局	李永奎	1989.08—1998.11
吉林省龙井市气象局	金钢铁	1998.12—

气象业务与服务

1. 气象观测

观测时次　自1950年1月1日开始观测,1955年1月1日起正式积累气象资料,以地方时为标准时区,19时为日界,每日07、13、19时3次观测,夜间不守班。1960年7月1日起以北京时为标准时区,20时为日界,日照以日落为日界,自记记录以24时为日界。每天08、14、20时3次定时观测,夜间不守班。

观测项目 云、能见度、天气现象、气压、空气温度和湿度、风向风速、降水、日照、蒸发、地面温度(含草温)、雪深、浅层和深层地温、冻土。

航危报 2006年1月1日—2008年12月31日每天08—18时,向OBSAV沈阳拍发航危报。

发报内容 全年发地面天气加密报和降水、大风、龙卷、积雪、雨凇、冰雹、雷暴、视程障碍现象等重要天气报,每年4月1日至9月30日05时拍发≥0.5毫米雨量报。

电报传输 建站之初至1986年,通过县邮电局专线电话口传发报。1986年7月,与延边州气象局开通TAD M7-1540型甚高频无线电话,在通过邮电局发报的同时,向延边州气象局口传小天气图报。1987年4月1日起正式执行"地面观测程序",用PC-1500微型计算机编发小天气图报。1997年建成了远程终端,5月份投入了业务使用。1999年用拨号电话方式,通过分组交换网(X.28协议)传输到省气象信息中心。2003年州、县之间开通DDN专线发报,2006年改为SDH光纤专线发报。

报表的编制 1955年1月起,每月编制月报表,包括基本地面气象观测记录月报表(气表-1)、气压、温度、湿度自记月报表(气表-2)、地面观测记录月报表(气表-3)、日照观测记录月报表(气表-4),从1962年起编制降水自记记录月报表(气表-5),从1973年11月起编制风向风速自记记录月报表(气象-6)。相应的年报表有气表-21、气表-23、气表-24、气表-25。1960年2月气表-2气压项目停作;1965年12月温度、湿度项目停作。1961年,气表-3、气表-4并入气表-1,相应的年报表也并入气表-21,气表-23、气表-24停编。1980年1月起气表-5、气表-6并入气表-1,相应的年报也并入气表-21,至此,报表只编制气表-1和气表-21。

气表制作从1955年1月—1987年7月用手工编制气象报表一式3份,上报省气象局资料室、州气象局各1份,留底1份。1987年8月起,使用APPLE-Ⅱ型计算机制作气表,打印简易气表与原始气象数据、磁盘一同上报到州气象局审核。2006年起气表数据用网络传输,以光盘存档。

资料管理 1984年完成1955—1980年气象资料整编统计85项;1984年基本数据装盒归档。2003年5月将建站以来至2000年的降水自记纸交给省气象局气象档案馆,2004年8月将建站以来至1998年的资料交给省气象局气象档案馆。以后每年将上一年的气表-1、气压、气温、湿度、风和雨量自计纸等资料上交省气象局气象档案馆。

自动化观测系统 2003年10月18日,建成了DYYZ-Ⅱ型自动气象站,经过两年的人工观测与自动站观测双轨运行,于2005年12月31日20时起正式投入单轨运行。自动气象站观测项目有气压、气温、湿度、风向风速、降水、地温(含草温),采用仪器自动采集、记录,替代了人工观测。2006年5月开始陆续在龙井市7个乡镇建立了13个区域自动气象观测站。其中,两要素站6个,四要素站7个,六要素站2个。初步建成图们江流域地面中小尺度气象自动监测网。

2. 农业气象

从1956年4月开始对水稻、谷子进行物候观测。1959年开始以采取分期播种试验,对水稻、谷子开展农业气象指标鉴定。从 1962 年 3 月 20 日起到 2007 年 5 月 31 日每候向省、州气象台,拍发一次候报,自 2008 年开始发报时间改为 2 月 28 日—5 月 31 日。内容有地中 10 厘米、15 厘米、20 厘米、30 厘米土壤湿度和地中 10 厘米、15 厘米土壤温度以及日平均气温、大风。

农气旬、月报变更情况

调整时间	发报期限	执行的技术电码	收报地址	备注
1957.06.1	整地到收获	农气-01	吉林省气象台	水稻
1958.06.21	整地到收获	农气-02	中央气象台、沈阳气象台、省气象台、延边州气象台	水稻
1961.06.1			吉林省气象台	水稻
1965.04.10	03.31—11.30		省气象台、州气象台	
1980.01.7			省气象台、州气象台	
1983.01.10	全年	HD-2	省气象台、州气象台	水稻、玉米
1984.04.3	全年	HD-2	省气象台、州气象台	增发地方补充段
1985—1986	04.10—9.30	HD-2	省气象台、州气象台	
1987.10—	全年	HD-2	省气象台、州气象台	

1964 年 1 月,更名为吉林省延吉县农业气象试验站,同年 3 月确定为农业气象基本站,并承担器测土壤湿度观测任务,4 月又确定为自然物候观测试点站,正式承担省气象局下达的农业气象试验研究课题任务。1968 年至 1977 年因"文革"开始,农业气象试验研究活动和农气观测工作中止。

1978 年 4 月,恢复对大豆、水稻的农气观测。1978 年至 1979 年,参加州气象局主持的"水稻低温冷害试验"。1983 年 5 月完成"龙井县农业气候资源调查和农业气候区划报告",同年 6 月,经延边州区划办、延边州气象局、龙井县区划办共同验收,颁发了"农业气候区划成果评定证书"。该成果于 1986 年荣获吉林省农业区划委员会优秀奖。

1980 年气象业务调整,定为吉林省农业气象观测站,为农业气象基本站,1985 年在全省站网调整时,不再承担农气观测任务。1985 年起开展了月、季、年气候评价工作。

3. 天气预报

短期天气预报　1958 年开始收听省气象台的天气形势广播,结合本地气象要素变化和气候特点,采用曲线图、要素时间剖面图以及简易小天气图等工具,对上级气象台预报进行补充订正,制作补充天气预报。从 1972 年开始引进数理统计预报方法,通过对历史气象资料进行相关系数统计分析、检验,筛选预报因子,建立回归预报方程和聚类分析等统计方法,制作短期预报。1982 年采用 117 型气象传真机,接收日本数值预报业务模式传真天气图,1984 年 1 月 1 日开始用 ZSQ-IB 型气象图传真收片机、接收机接收北京、日本以及欧洲气象中心的气象传真图,使用地方模式输出统计方法,建立了短期各类模式方程 16 个,可预报晴雨、一般降水、暴雨、最低气温等要素。并通过 MOS 预报,总结出大风、台风等灾害性天气预报的指标。1986 年建成了天气模型、MOS 预报方法、经验指标等三种基本预报工具。1999 年建成 PC-VSAT 单收站,完成了县级预报业务平台的安装,MICAPS1.0 人机交互处理系统投入业务使用。单收站接收各种数值预报解释产品、卫星云图、数字雷达实时资料以及省、州气象台的分片要素预报指导产品,结合本地天气特点,制作订正预报。人机交互处理系统取代了传统的天气预报作业方式,Micaps 业务软件至 2008 年已从 1.0 升级为 3.0 版本。

1986 年通过甚高频电话与州气象局进行天气会商,2002 年、2005 年分别建成了州—县、省—州—县可视会商系统。天气预报业务形成以接收数值预报产品、上级气象台预报指导产品、天气会商、本地预报方法相结合的技术路子。

中期天气预报 1964 年在省气象台划分的环流型、天气过程模式和地区气象台的雨型的基础上,使用周期分析、韵律等方法制作 3～5 天、旬预报。1983 年后不再制作中期预报,根据州气象台的旬天气预报,结合分析本地气象资料,制作旬预报提供给服务单位。

长期天气预报 1982 年开始通过验证本站的历史资料,总结出本地的长期预报经验指标,同时运用要素演变法、韵律法,找相关相似和周期规律来制作月、季、年度冷暖、旱涝趋势预报。1983 年后不再承担长期天气预报业务,使用和订正省气象台和地区气象台的预报结果进行服务。

从 2000 年至今,开展了常规 24 小时、48 小时及旬、月等短、中、长期天气预报以及重要天气报告和灾害性天气预报预警业务等。

4. 气象服务

公众气象服务 建站时期,服务的主要内容是提供气象信息。1958 年,通过县有线广播发布天气预报,10 月在各公社建立了气象哨,组成气象服务网。1973 年 7 月开展了气象预报、信息服务工作。1992 年,通过电视台制作文字形式气象节目向公众发布天气预报。现在主要通过电视、手机短信等形式向公众发布天气预报。1999 年,与电信局合作开通了"121"天气预报自动咨询电话。2003 年 1 月由延边州气象局对"121"自动答询电话业务实行集约经营,主服务器由延边州气象局建设和维护。2005 年 1 月,"121"电话升位为"12121"。

决策气象服务 建站初期主要以邮寄材料方式向县委、县政府及有关部门提供中、长期气象预报。遇有重大天气过程时利用电话向县政府汇报。2003 年逐步开发了《重要气象信息》、《重要天气报告》等预报服务产品,利用传真、网络等形式向市政府提供各种决策服务信息。2007 年制定了"龙井市气象局决策服务方案",定期向市委、市政府及有关部门提供旬、月、季、3—10 月、5—9 月、汛期 6—9 月等天气趋势预报。每年平均印发各类气象信息约 50 期 600 余份,发布各类预警信息约 30 次。

从 2000 年起开展为重大社会活动和重点工程建设提供决策气象服务。2008 年为"龙井市第二届农乐节"、"首届延边黄牛节"、"中国延边梨花节"及龙井热电厂扩建、龙井国家储备粮库改造提供气象保障服务。

专业气象服务 1985 年开始进行专业有偿气象服务,服务领域从农业扩展到粮食、水利等行业,以签订服务合同的形式,向各服务单位提供长、中、短期天气预报、气候分析、气象资料以及农业气象预报等信息,通过电话传递到服务单位。1988 年开始,为用户配备了QX-IC 型和 SQJ-88 型气象警报接收机 25 台。每天广播 3 次,遇有重要天气过程时增加广播时次。每年平均签订服务合同 23 份,至 2000 年累计签订服务合同 320 余份。

气象科技服务 从 1985 年起,每年为延边农学院、延边农科所等科研单位提供气象资料服务。2004 年开始在供暖期为龙井市热力公司提供采暖期气象节能预报服务。1991 年开展避雷设施检测,1999 年成立了防雷检测中心。至 2008 年累计检测各种避雷设施 2280 个点。1999 年起,开展了庆典气球施放服务。2002 年起开展了防雷工程服务,为全市各类新建建筑物设计、安装避雷设施。至 2008 年累计安装避雷针 18 支。

2001 年,建立人工增雨作业基地 5 个,配备人工增雨火箭发射装置 5 套。2004 年 8 月龙井地区旱情严重,仅降水 17.0 毫米,较历年少 104.0 毫米,对林业支柱产业—松茸造成严重威胁。9 月 7 日气象局抓住有利天气条件,实施人工增雨作业,在大麦山、天佛指山、平顶山共发射火箭弹 14 枚,作业区降水量明显增大。9 月 8 日水利局所属 3 个雨量点监测到降水量分别为 20、24、30 毫米。非作业区降水为 8.8 毫米。

气象科普宣传 龙井市气象局每年都在"3·23"世界气象日组织职工进行科技宣传,向社会发放宣传单及防灾手册,普及防雷、气象灾害防御等知识。

气象法规建设与管理

法规建设 1999 年以来,龙井市气象局贯彻《中华人民共和国气象法》、《吉林省气象管理条例》等法规,并将上述法规文件报送市政府备案。1999 年,龙井市人民政府办公室下发《关于加强防雹防雷管理工作有关问题的通知》(龙政办发〔1999〕17 号),市防雹防雷指挥部在市气象局设立办公室,由市气象局负责日常管理。2002 年,在市气象局设立龙井市人工影响天气办公室,负责人工防雹日常管理。

2006 年,根据龙井市政府出台的《龙井市人民政府关于突发公共事件信息报告制度(暂行)的通知》(龙政办发〔2006〕33 号)精神,龙井市气象局制定了《龙井市气象局重大气象灾害预警应急预案》,报送市政府审批。龙井市政府于 2007 年下发《龙井市重大气象灾害预警应急预案》(龙政办〔2007〕58 号),并在龙井市气象局设立气象灾害应急办公室,由气象局负责突发气象灾害预警信息的发布与管理。龙井市现有气象灾害应急信息员 146 名。

行政执法 2005 年有 3 名兼职执法人员通过省政府法制办培训考核,持证上岗。成立了气象行政执法队伍。行政执法的内容有:施放气球资格、防雷检测资格等项目。

政务公开 2002 年成立局务公开工作领导小组,组长由局长担任,副组长由兼职纪检员担任。成立政务公开工作监督小组。实行责任追究制度,由一把手总负责。2004 年制定了《龙井市气象局局务公开实施细则》。对气象行政审批办事程序、气象服务内容、服务承诺、气象行政执法依据、服务收费依据及标准等,通过公示栏向社会公开。对内公开内容包括财务管理公开、每月的财务报表、科技服务和产业经营与效益等,通过单位公示栏、职工大会等形式公示。

党建与气象文化建设

党建工作 建站时期没有党员。1958 年由县主管部门调派党员任站长。1959 年至1971 年党员先后参加延边农科所、县农业局党支部的组织生活。1973 年气象站与水文站建立联合党支部,1975年至1976年发展了两名党员。1981年5月,气象站正式成立党支部,隶属县直机关党工委。2008年底共有党员7名,其中离退休党员4名。

精神文明建设 1995年以来先后开展了花园式台站建设、精神文明创建、标准化台站建设等活动。2000—2008年,开展了"党员进千家"、"局包村"、"创五型机关"等活动,与1个贫困户、1名贫困学生结对帮扶,与山东省苍山县气象局结对共建精神文明。2004年、2005年、2007年先后被评为州级精神文明单位

2005年建立了图书室,有500余册图书;同年建立了活动室,购买了乒乓球台等健身器材;同时还修建了业务平台、装修了值班室、建立了政务公示栏。组织职工开展文体活动。

主要荣誉 截至2008年,受到县、州以上集体表彰奖励18次,先进个人奖励37人次。其中1人荣获中央气象局"先进工作者"称号。

台站建设

建站之初,有办公室50平方米,砖瓦结构。1978年新建250平方米办公室,为平房,无自来水、动力电,取暖靠炉子。占地面积为8815平方米。1999年由龙井市政府在原址投资30万元新建办公楼550平方米,引进了自来水、动力电,采用锅炉取暖。工作和生活环境得到初步改善。2005年由吉林省气象局投资18万、龙井市政府投资3万、龙井市气象局自筹7万元,总计投资28万元,对原办公楼进行了改造扩建。扩充了116平方米的办公面积,建设了60平方米的工作平台,工作环境得到彻底改善。

1999年的龙井市气象局办公楼

2007年的龙井市气象局办公楼

图们市气象局

图们市位于图们江下游,是吉林省最大的边境口岸城市。1965年图们镇从延吉县划出设立图们市(县级),隶属延边朝鲜族自治州管辖。1985年被国家批准为甲类边境开放城市,属中温带半湿润气候区。

机构历史沿革

历史沿革 1976 年 1 月 1 日,图们市气象站成立,位于图们市南山路郊外。观测场位于北纬 42°57′,东经 129°50′,海拔高度 147.5 米。属国家一般气象站。1989 年 5 月 9 日,增设气象局,局站合一,一个机构两块牌子。2007 年 1 月 1 日改为国家气象观测二级站,2008 年 12 月 31 日改为国家气象观测一般站。

管理体制 自 1976 年建站至 1980 年 6 月,归地方革委会建制。党政、人员、编制、财政归地方政府领导,业务归气象部门管理;1980 年 7 月实行由气象部门和地方政府双重领导,以部门为主的管理体制至今,隶属于延边朝鲜族自治州气象局管理。1989 年 5 月增设气象局,局站合一,一个机构两块牌子。

名称及主要负责人变更情况

单位名称	时间	职务	负责人
图们市气象站	1976.01—1978.09	站长	李昌宪
图们市气象站	1978.10—1980.11	站长	金昌九
图们市气象站	1980.12—1985.03	站长	刘宝仁
图们市气象站	1985.04—1988.08	副站长主持工作	池龙国
图们市气象站	1988.09—1989.04	站长	池龙国
图们市气象局	1989.05—1999.08	局长	池龙国
图们市气象局	1999.09—	局长	刘亚林

人员状况 1976 年建站初期有 7 人,2006 年 8 月定编为 7 人。现有在编职工 6 人,聘用 2 人。其中:大学学历 1 人,大专学历 3 人,中专学历 2 人;中级专业技术人员 3 名,初级专业技术人员 3 人;50~59 岁 1 人,40~49 岁 3 人,40 岁以下的有 2 人;朝鲜族 1 人,满族 1 人,汉族 4 人。

气象业务与服务

1. 气象观测

观测时次 1976 年建站起气象观测用北京时制,以 20 时为日界,日照以日落为日界,自记记录以 24 时为日界。1976 年 1 月 1 日至 1988 年 12 月 31 日,每天 02、08、14、20 时 4 次观测。1989 年 1 月 1 日起改为 08、14、20 时 3 次观测,夜间均不守班。

观测项目 云、能见度、天气现象、气压、气温、湿度、风向风速、降水、雪深、日照、蒸发、地温等。加密报的内容有云、能见度、天气现象、气压、气温、风向风速、降水、雪深、地温等;重要天气报的内容有暴雨、大风、雨凇、积雪、冰雹、龙卷风等。

建站开始至 1987 年 3 月用手工查算、编发气象电报,1987 年 4 月 1 日开始使用 PC-1500 袖珍机编发各类气象电报。

电报传输 1976 年 1 月至 1986 年 5 月,通过市邮电局专线电话发报。1986 年 6 月开始,小天气图报用甚高频辅助通信网,经州气象局上传至省气象台。1999 年 10 月采用拨号方式通过公用数据分组交换网（X.28 协议）发报。2003 年州、县开通 DDN 专线发报，2006 年改为 SDH 光纤专线发报。

气表编制　建站开始至 1979 年 12 月制作气表-1、气表-5、气表-6 以及相应年报表气表-21、气表-25。1980 年 1 月起改为只制作气表-1，气表-21。建站至 1996 年，用手工编制气表，一式 3 份。向省气象局资料室、州气象局各报送 1 份，留底 1 份。1996 年 1 月开始用微机打印报表，并上报磁盘。2006 年 1 月开始用网络传输气表资料，使用光盘存档。

资料管理　1984 年完成 1976—1980 年气象资料整编，1984 年基本资料装盒归档。2003 年 5 月将建站以来至 2000 年的降水自记纸交给省气象局气象档案馆，2004 年 8 月将建站以来至 1998 年的资料交给省气象局气象档案馆。以后每年将所有纸质气象资料上交省气象局气象档案馆

自动气象站　2003 年 10 月，建成 DYYZ-Ⅱ型自动气象站，11 月 1 日开始试运行。自动气象站观测项目有气压、气温、湿度、风向风速、降水、地温等，观测项目全部采用仪器自动采集、记录，替代了人工观测。2003 年 12 月 31 日 20 时起，自动气象站与人工并行观测双轨运行。2006 年 1 月 1 日自动站开始单轨运行。

2006—2007 年在庆荣、凉水、石岘、月清、长安、马牌、枫梧等地建立了 7 个区域自动气象观测站。其中，两要素站 5 个，四要素站 2 个。同年 9 月 1 日开始试运行。

2. 天气预报

短期天气预报　1976 年建站后开始积累气象资料，收听省气象台和州气象台的天气形势，借鉴临近气象站的经验，应用数理统计分析方法建立预报方程制作短期天气预报。1983 年开始用 123 型传真接收机接收北京、日本以及欧洲气象中心的气象传真图，使用地方模式输出统计方法，建立了晴雨、降水、最高、最低气温等 MOS 预报方程 4 个。至 1986 年建成了天气模型、MOS 预报方法、经验指标等三种基本预报工具。1997 年建成了远程信息终端，5 月份投入业务使用，能够调用省气象台数据库中预报产品实时资料。1999 年建成 PC-VSAT 单收站，完成了县级预报业务平台的安装，MICAPS1.0 人机交互处理系统投入业务使用。单收站接收各种数值预报解释产品、卫星云图、数字雷达实时资料以及省、州气象台的分片要素预报指导产品，结合本地天气特点，制作订正预报。人机交互处理系统取代了传统的天气预报作业方式，MICAPS 业务软件至 2008 年，已从 1.0 升级为 3.0 版本。1986 年使用甚高频电话与州气象台进行天气会商。2003 年后建成了州—县可视会商系统。天气预报业务形成以接收数值预报产品、上级气象台预报指导产品、天气会商、本地预报方法相结合的技术方法。从 2000 年至今，开展了常规 24 小时、48 小时及旬、月等短、中、长期天气预报以及重要天气报告和灾害性天气预报预警业务等。

中期天气预报　1977 年在省气象台划分的环流型、天气过程模式和地区气象台的雨型的基础上，建立了中期降水过程天气模式制作中期降水预报。1983 年后不再制作中期预报，根据省台的旬、月天气预报，结合分析本地气象资料，使用周期分析、韵律等方法制作旬、月天气趋势预报，主要提供给服务单位。

长期天气预报　1977 年起根据本地气象历史资料，运用要素演变法、韵律法，找相关相似和周期规律来制作月、季、年度冷暖、旱涝趋势预报。1983 年后不再承担长期天气预

报业务,使用和订正省气象台和地区气象台的预报结果进行服务。预报内容主要有春播预报、旱田播种期、水稻插秧期预报、汛期(5—9月)预报、年景趋势预报以及粮食产量预测等。

3. 气象服务

公众气象服务 自1976年起,利用农村有线广播站播报天气预报。2000年6月,与市电信局合作正式开通"121"天气预报自动咨询电话。2003年1月"121"答询电话由州气象局实行集约经营,主服务器由延边州气象局建设与维护。2005年1月,"121"电话升位为"12121"。2003年9月,建成电视天气预报节目制作系统,将自制节目录像带送电视台播放。2007年通过移动通信网络开通了气象商务短信平台,向手机用户发送气象信息。

决策气象服务 建站至1990年以口头汇报、文字材料、电话向市委、市政府提供决策服务。1990年至今,主要以传真、网络、文字材料方式向市政府报送《重要气象信息》《气象信息》《森林防火期预报》等决策服务产品。当遇有灾害性、关键性,转折性天气、重大天气时,由气象局主要领导亲自向市委、市政府汇报。2007年以手机短信方式向全县各级领导发送气象信息。2005年制定了《图们市气象应急灾害预警预案》。2006年图们市政府成立应急办公室,当有灾害性天气发生时,以天气警报形式向市应急办公室发布。

专业气象服务 1984年5月开始有偿专业气象服务。服务领域从农业扩展到水利、林业等部门。以签订服务合同的形式为全县各乡镇(场)、企事业单位提供短期预报、旬预报、气候分析和气象资料。重要灾害天气出现时将及时通过电话传递到服务单位。1988年开始为用户配备QX-IC型和SQJ-88型气象警报接收机,先后购置了30台天气警报接收机,安装到服务单位。至2000年累计签订服务合同240份。

科技服务 1995年起开展建筑物避雷设施检测,至2008年累计检测避雷设施520点。2002年起开展庆典气球施放服务。2003年成立人工影响天气办公室后,设置了2架增雨火箭设备。累计增雨作业16次,火箭弹60发,作业效果明显。

4. 农业气象

图们市气象局为农气一般站,1980年1月1日开始编发旬(月)报。每年3月31日—5月31日,向省台、州台拍发农业气象候报。现在改为每年2月28日—5月31日向省局拍发农业气象候报。1984年1月起,常年担负向省台、州台拍发农业气象旬(月)报。2000年开始只担负向省台拍发农业气象旬(月)报。

1980年起制作农业年景分析及中长期预报。1981年起,利用积温和产量的正相关,制作全县粮食总产量预报。

气象法规建设与管理

气象法规建设 1990年图们市政府印发《图们市人民政府批转市公安局等四个部门关于开展避雷装置安全检测工作的意见的通知》(图政发〔1990〕34号);2005年图们市气象局、图们市建设局联合下发《关于进一步加强建设工程防雷设施及电源线路浪涌保护器管理工作的通知》(图气建联字〔2005〕1号)。将全市雷电防护设施、防雷工程项目纳入规范化程序管理。

2003 年 6 月，图们市人民政府人工影响天气办公室成立，设在市气象局，由气象局负责日常管理。

2008 年完成了《图们市气象探测环境保护专业规划》的编制，报送市政府备案，为气象探测环境保护提供了依据。

社会管理　2000 年 12 月，图们市人民政府法制办批复确认县气象局具有独立的行政执法主体资格，并为 3 名干部办理了行政执法证，气象局成立行政执法队伍。2004 年，气象局被列为市安全生产委员会成员单位，负责全市防雷安全的管理，定期对液化气站、加油站、鸣爆仓库等高危行业和非煤矿山的防雷设施进行检查，对不符合防雷技术规范的单位，责令进行整改。

政务公开　2005 年，图们市气象局对气象行政审批办事程序、气象服务内容、服务承诺、气象行政执法依据、服务收费依据及标准等，采取了通过户外公示栏、电视广告、发放宣传单等方式向社会公开。对单位内部的干部任用、财务收支、目标考核、基础设施建设、工程招投标等内容则采取职工大会或上局公示栏张榜等方式向职工公开。半年公示一次财务收支情况，年底对全年收支、职工奖金福利发放、领导干部待遇、劳保、住房公积金等向职工详细说明。干部任用、职工晋职、晋级等及时向职工公示或说明。

党建与气象文化建设

党建工作　1976 年建站时成立党支部，有党员 5 人，第一任支部书记为李昌宪。现有在职职工 6 人，全部是党员。党支部注重组织发展工作，对要求入党的积极分子进行重点培养，1987 年至 1998 年发展党员 2 人。2002—2008 年组织党员开展了"三个代表"、"保持共产党员先进性"等学习教育活动，建立了党风廉政建设目标责任制。多次组织党员观看警示教育片。

精神文明建设　2000 年以来注重开展精神文明创建活动，制定了创建规划，做到政治学习有制度、文体活动有场所、电化教育有设施。改造观测场，装修业务值班室，统一制作了局务公开栏、设立了活动室，单位职工自行设计制造健身器材。2000—2008 年，与驻图边防武警、社区结对共建，与贫困村（户）、残疾人结对帮扶。2000 年起，每年组织职工进行春游、野炊、演讲比赛等活动，其中 2006 年和 2008 年在州气象局举办的"气象人精神"演讲比赛活动中，分获三等奖。积极参加市里组织的文艺会演和户外健身，丰富了职工的业余生活。

2004 年 2 月被评为州级文明单位。

荣誉　1976 年至 2008 年，共获得各种集体奖励 60 项；获得个人奖励 65 人次。

1994 年金云弼同志勇救两名落水儿童而被评为吉林省气象系统精神文明模范工作者，被省人事厅记大功一次。

台站建设

台站综合改善　建站时只有 80 平方米砖瓦结构的平房。2007 年 8 月投资 75 万元新建业务用房 500 平方米，新建观测场 625 平方米，附属用房 70 平方米，彻底改善了工作和生活环境。

园区建设　2008年,对院内环境进行了绿化改造。在庭院内修建了凉亭和花坛,栽种了果树60棵,风景树50棵,草坪1500平方米,绿化率达到了60%,硬化了800平方米路面。办公楼内窗明几净,室外庭院草绿花红,气象大院成为整洁、优雅的花园。

1998年的图们市气象局办公楼

2008年的图们市气象局

汪清县罗子沟气象站

机构历史沿革

历史沿革　罗子沟气象站始建于1957年5月,该站位于汪清县罗子沟镇三道河子村南面的山坡上,全称为汪清罗子沟气象站(北纬43°42′,东经130°15′)。观测场海拔高度496.4米,同年12月1日开始正式工作,属国家气象站。1961年3月15日,根据[61]气观字007号文件精神,被定为国家基本气象站。1963年3月12日,根据吉林省气象局[63]吉编字343号文件精神,改名为汪清县罗子沟气象站。1983年10月1日,原观测场东移29.4米,南移7.5米,海拔高度变为466.8米。1988年8月与汪清县气象站合并,由汪清县气象局负责管理至今。1989年1月1日起,改为国家一般气象站(只观测不发报),并由宋景泉同志承包该站。2003年3月,宋景泉同志退休,由张福第同志继续承包。2008年6月20日,经省气象局批准,将该站迁到罗子沟镇郊绥芬村(北纬43°42′,东经130°16′),观测场海拔高度384.6米。2007年1月1日改为国家二级气象站,2009年月1日又恢复为国家一般站。

1963年10月,罗子沟气象站被中国气象局确定列入三类艰苦台站,每人每月艰苦津贴为18元。1985年4月,被列为二类艰苦台站,艰苦台站的补贴提高到每人每月27元。

管理体制　罗子沟气象站自1957年5月建站至1957年12月,由吉林省气象局管理,归吉林省人民委员会建制。1958年1月,下放到地方人民委员会管理,归中共汪清县委农村工作部领导。1959 年 1 月—1963 年 7 月,由汪清县水文气象中心站管理,业务工作由延边朝鲜族自治州水文气象总站管理。1963 年 8 月—1970 年 11 月,体制上收,由吉林省气象局直接管理。人员、财务、业务、仪器装备由吉林省气象局领导,行政、政治思想教育由汪清县农业局管理。1970 年 12 月—1973 年 6 月,体制下放,由军队(汪清县人民武装部)和地方革命委员会双重领导,以军管为主,更名为汪清县革委会罗子沟气象站。1973 年 7月—1980 年 6 月,由军队转归地方革委会管理,由汪清县农业局领导。1980 年 7 月,实行气象部门和地方政府双重领导,以部门领导为主的管理体制延续至今,隶属于延边朝鲜族自治州气象局管理。站名同时改为汪清县罗子沟气象站。1988 年 8 月,由汪清县气象站(局)负责管理。

人员状况 罗子沟气象站成立时编制为 7 人(其中 1 名炊事员,工人编制),1959 年定编为 14 人,1961 年定编为 8 人。1979 年 10 月,依据吉林省气象局转发的中国气象局的文件精神,为加强边境气象战备台站建设,罗子沟气象站增加了 4 名报务员编制,有职工 13名。1988 年在职职工 7 人。1989 年 1 月至今,罗子沟站的编制为 3 人,实际只有 1 人坚守工作。

主要领导更替情况

负责人	职务	任职时间
陆明孝	负责人	1957.12—1959.04
刘宝仁	副站长	1959.04—1959.12
	站长	1960.01—1964.06
祁兆周	负责人	1964.07—1972.08
陈 福	指导员	1971.01—1972.03
安成洛	副指导员	1971.05—1973.03
尤东壁	副站长(主持工作)	1980.01—1986.10
	站长	1986.10—1988.07

注:1988 年 8 月与汪清县气象站合并,由汪清县气象局管理至今。

气象业务

罗子沟气象站从建站起至今,主要承担气象观测任务。

观测时次 罗子沟气象站从 1957 年 12 月 1 日开始,采用地方平均太阳时制,每天进行 01、04、07、10、13、16、19、22 时 8 次定时观测,夜间守班。1960 年 7 月 1 日,根据[60]中气技革发字第 12 号文件精神,观测时间由地方时改为北京时制,以 20 时为日界。每天进行 02、05、08、11、14、17、20、23 时 8 次观测,夜间守班。

观测项目 观测项目包括云(云量、云状、云高)、能见度、天气现象、气压、气温、风向风速、降水、地温、日照、雪深、雪压等。1958 年 4 月 5 日开始开展目测土壤湿度,5 月 20 日开展作物物候观测。1972 年 8 月 1 日开始,使用 EL 型电接风向风速计替换了维尔达测风器。1979 年 10 月 13 日,根据[79]吉气业字 66 号文件的要求,罗子沟气象站开始电线积冰的观测。

建站后气象观测的报文一直用手工查算、编报。1986 年 1 月 1 日开始使用 SHARP-

PC-1500 袖珍计算机查算、编报。2003 年 4 月开始使用联想 PⅢ500 计算机查算、编报。

航危报 1959 年 4 月 11 日开始向牡丹江空军机场拍发危险天气报。4 月 25 日开始,每日 05—15 时向沈阳民航台拍发航危报。10 月 17 日开始,向朝阳川空军机场拍发预约航危报。10 月 29 日,向敦化护林航空站拍发预约航危报。1960 年 4 月 16 日开始,向哈尔滨民航台拍发预约航危报。

报表编制 从 1956 年 12 月起,每月制作气表-1 至气表-8。1961 年 1 月起,气表-3、气表-4、气表-7 并入气表-1,相应的年报并入气表-21。1962 年、1965 年,气表-2 的气压、气温和湿度相继停作,气表-22 停编。1980 年 1 月 1 日起,气表-5、气表-6、气表-8 并入气表-1,相应的年报并入气表-21。至此,报表只编制气表-1 和气表-21。

罗子沟气象站自建站到 1987 年 6 月,地面气象月、年报表,均采用手工统计、抄写的方式编制,一式 3 份,上报国家气象中心、省气候资料室各 1 份,本站留底本 1 份。1980 年 1 月起,增加 1 份报至延边州气象台。1987 年 7 月,开始使用 APPLE(苹果)-Ⅱ微型计算机编制地面气象月(年)报表,并进行气象资料信息化处理工作(将建站以来的所有的原始资料全部录入微机,用软盘保存)。1989 年 1 月 1 日,由国家基本站改为国家一般气象站,停止向国家气象中心报送气表。2000 年 1 月,停止报送纸质报表,气表通过网络传输上报,采用光盘保存资料。2003 年 4 月,开始使用联想 PⅢ500 计算机查算、编报和编制地面气象月报表、年报表。现在使用 EPSON 1600KⅢ打印机打印气表,采用光盘保存资料。

资料管理 1987 年完成 1956—1986 年气象资料整编,1987 年基本资料装盒归档。2003 年 5 月,将建站以来至 2000 年的降水自记纸交给省气象局气象档案馆。2004 年 8 月,将建站以来至 1998 年的资料交给省气象局气象档案馆。2005 年开始,将当年前推 5 年的资料移交给省气象局气象档案馆。

气象电报传输 罗子沟气象站自建站以来,一直采用专线电话通过县邮电局将报文发至沈阳区域气象中心和吉林省气象台。

自动气象站 2008 年 7 月 1 日安装 DYYZⅡ型自动气象站,11 月正式建成,开始进行对比观测。人工观测与自动站观测数据存入计算机,互为备份。

党建与气象文化建设

党建工作 罗子沟气象站创建时期没有党员,政治学习、思想教育由当地政府领导。1966 年 6 月发展 1 名党员,党组织隶属于由当地农机站、邮电局、招待所等单位组成的联合党支部。1971 年党员已发展到 3 名,经县人民武装部党委批准,与汪清县气象站共同建立气象站党支部,由武装部参谋陈福同志任支部书记。1972 年 7 月,再次与当地农机站、邮电局、招待所等单位组成联合支部。1988 年 9 月与汪清站合并后经中共汪清县直党工委同意,组织关系也合并到汪清县气象站党支部,由尤东壁同志担任支部书记。

由于罗子沟四周荒无人烟,交通不便,吃水困难,工作和生活条件十分艰苦。党支部建立后,对党员进行艰苦奋斗、爱岗敬业、团结互助以及集体主义教育。号召党员以苦为荣、发挥先锋模范作用,带领职工努力完成各项工作任务。培养出几十年坚守岗位、兢兢业业、不畏艰苦、努力工作的技术骨干。党员尤东壁同志就是其中的优秀代表。

1988 年以来,由于气象站只有 1 人值守,精神文明建设由汪清气象站统一计划安排。

荣誉　1978 年至 1988 年,罗子沟气象站共获省、州气象局和县政府颁发的集体荣誉 4 项,个人获奖共 18 人次,其中,1978 年 10 月 7 日,李永奎被国家气象局授予"全国气象部门先进工作者"称号。1983 年 3 月 19 日,吉林省气象局对长期从事地面观测工作的优秀观测员尤东壁进行表彰。1988 年,吉林省气象局授予尤东壁为吉林省气象部门"双文明建设模范工作者"称号。1983—1987 年、1988—1992 年,尤东壁分别当选为延边朝鲜族自治州第八、第九届人大代表。

台站建设

建站时,罗子沟气象站地处半山坡上,四周荒无人烟,离最近的村屯(三道河子村)也有 1.5 千米,房屋破旧、设施简陋,条件十分艰苦。1957 年 10 月以来,雇佣当地农民的牛车拉水吃。1963 年 8 月,延边州气象台给罗子沟气象站配备了一头黄牛和一台牛车,职工一起赶着牛车去拉水。直到 1975 年 7 月,吉林省气象局为解决罗子沟站生活用水困难的问题,为气象站配备了天津产"铁牛"55 马力拖拉机 1 台,从此结束了牛车拉水的历史。1980 年 3 月,根据战备需要,吉林省气象局为罗子沟气象站配备了 1 台罗马尼亚产 5 吨卡车。1984 年 8 月,省局又为气象站配备了 1 台长春产解放牌 5 吨汽车。1989 年由个人承包后,又恢复到雇佣牛车拉水,一直到 2008 年迁站,才彻底摆脱了拉水吃的历史。

罗子沟气象站始建时,有平房 200 平方米,砖瓦结构,设有值班室、办公室、食堂、宿舍等房间。1973 年,省局投资新建了 150 平方米的职工住宅。随着人员的不断增加,1977 年和 1979 年,又先后新建了 140 平方米办公室和 160 平方米的住宅。1980 年,新建了 319 平方米的办公室。1994 年,办公室年久失修,成为危房。省气象局投资拆除了原来的办公室,新建了 80 平方米的办公室和住宅,直到 2008 年迁站为止。

罗子沟气象站经过 50 多年的不断建设与发展,几代气象人走过了一条艰苦奋斗的道路,为祖国的气象事业做出了应有的贡献。为了弘扬几代气象人走过的艰辛历程和对气象事业的热爱,2007 年初,中央电视台委托华风影视公司专程到罗子沟气象站拍摄了长达 30 分钟的记录片《气象站的守望者》,并在中央电视台的气象频道播出。影片真实再现了几代气象人在那里工作和生活的情景,感人至深。

建站之初的罗子沟气象站

2007 年的罗子沟气象站

延边朝鲜族自治州农业气象试验站

机构历史沿革

历史沿革　延边朝鲜族自治州农业气象试验站始建于 1980 年,现位于吉林省延吉市小营镇仁坪村(北纬 42°53′,东经 129°25′,海拔高度 187.0 米),为国家基本农业气象试验站,现有试验用地 3 公顷。主要负责农业气象测报、农业气象试验和农业气象服务等工作。

建站初期,延边朝鲜族自治州农业气象试验站(以下简称延边农试站)与吉林省延边朝鲜族自治州气象局(以下简称延边气象局)同处办公。1989 年,国家气象局投资 16 万元,在延边气象局院内建了 160 平方米的办公室。1998 年代管长白山天池气象站。2000 年 10 月,与延吉市气象局同处办公(北纬 42°53′,东经 129°28′,海拔高度 176.8 米),2002 年 10 月与延吉市气象局脱离,在延边气象局院内的原址办公。1998 年,经中国气象局批准加挂延边州农业气象研究所牌子,实行一个机构,两块牌子。2005 年中国气象局投资 50 万元,在试验基地新建了 314 平方米办公室。

管理体制　延边朝鲜族自治州农业气象试验站由部门领导,隶属于吉林省延边朝鲜族自治州气象局。党建工作与精神文明创建归延吉市气象局管理

人员状况　建站时定编 14 人,2000 年定编 4 人。现有在职职工 4 人,其中汉族 2 人,朝鲜族 2 人;研究生学历 1 人,大学学历 2 人,大专学历 1 人,均为中级专业技术职称,平均年龄 42 岁。

主要领导变更情况

年份	主要领导	职务	备注
1980	李钟活	站　长	
1981—1985	冯镇南	副站长	主持工作
1986—1987	沈亨文	副站长	主持工作
1988—1990	崔京国	站　长	
1991—1993	南万洙	站　长	
1994—1998	崔相范	站　长	
1999	张凤岐	站　长	
2000—2001	朴　哲	站　长	
2002	金龙范	站　长	
2003—2008	朴　哲	站　长	

农业气象业务与服务

1. 农业气象测报

自建站起,依据《农业气象观测方法》和《农业气象旬月报电码Ⅱ》进行观测和发报,

1993年起,依据《农业气象观测规范》和《农业气象测报电码Ⅲ》进行观测和发报。业务质量每年都能达到省、州规定的农业气象测报质量Ⅰ级标准。2000年、2004年2次接受中国气象局农业气象业务大检查。中国气象局业务检查结论为气簿规范整洁、对各项业务规定理解准确、业务内容掌握的牢、业务素质高。

①作物生育状况观测

观测作物有水稻、大豆;观测的主要内容有观测地段说明及综合平面图、发育期观测、生长状况评定、高度、密度、产量因素、产量结构分析、农业气象灾害、田间工作记载等。

②土壤湿度测定

固定观测地段 每年土壤化冻10厘米至土壤冻结10厘米期间逢8测定,深度1米,4个重复。

1997年,国家气象局统一安装、使用土壤水分中子仪,深度为2米,4个重复,常年观测,1998年停止使用。

作物观测时段 每年作物播种至成熟期间逢8测定,深度50厘米,4个重复。

土壤墒情观测时段 每年2月28日至5月31日期间逢3、8测定,深度30厘米,2个重复。

土壤湿度加测时段 每年3月3日至土壤冻结10厘米期间逢3测定,深度50厘米,2个重复。干旱时期日降水量≥5.0毫米和过程降水量≥10毫米结束后加测。

③自然物候观测

木本植物、草本植物各物候期及动物始、终见(鸣)日期、各种气象水文观测等。

④上报材料

质量统计表、统计各种气象资料和作物发育期资料及上级临时安排的任务。

⑤报表制作

制作农气表-1(水稻、大豆)、表-2(固定观测地段、作物观测地段)、表-3。次年1月底前寄出。

⑥农业气象旬(月)报

在规定的时间内将报文发至吉林省气象台。

农业气象旬(月)报 全年逢旬、月末编发农业气象旬(月)报,当日22时前发出。

农业气象候报 2月28日起至5月31日,每候末编发农业气象候报,当日22时前发出。

土壤湿度加测报 每年3月3日至土壤冻结10厘米期间及干旱时期逢5或降水结束后编发,当日22时前发出。

⑦特种观测

在规定时间将报文发至吉林省气象台。

土壤养分测定 2003年起,开展土壤养分测试试运行工作,2004年起正式开展土壤养分测定工作,每年4—8月、10月的14日采样,17日进行测定并发报。

土壤氨态氮测定 2005年起开展土壤铵态氮测定工作,每年4—8月、10月的14日采样、测试并发报。

自动土壤水分测定 2004年起开展自动投入水分测定工作,3月21日—11月15日每日采集并发报。

森林可燃物观测 2006年起开展森林可燃物观测工作,每年春、秋森林防火期间(4月2日—6月12日、9月12日—11月22日)每旬逢2测定,逢3发报。

地下水位观测 2007年起,开展地下水位观测,常年进行,旬末测定并发报,过程降水量≥10 毫米加测。

⑧农业气象信息

作物播种至成熟期间,每旬制作农业气象信息、土壤墒情分析,出现灾害性、关键性、转折性等天气制作重要农业气象信息。在森林防火期间每旬发布森林可燃物监测信息。制作产量预报等。

2. 农业气象试验

开展农业气象试验,研究、开发、推广农业气象应用技术和气象灾害防御技术,承担本地区农业气象试验和示范工作。从建站伊始,就把农业气象试验工作放在首位,将水稻作为重点,承担了省部级、省气象局级科研项目,开展农业气象科研工作。通过多年的试验研究,找出了水稻生长发育的特点和规律,研究出预测水稻出现低温冷害的方法及其水稻受低温冷害影响形成空壳率的定量方法,先后获得省级科学进步三等奖 1 项、四等奖 1 项;省气象局科学技术进步三等奖、四等奖各 1 项、吉林省气象系统科技开发奖和气象科技创新奖各 1 项。其中"水稻发育情报预报系统"列入吉林省重点推广项目之一,"水稻生产—天气模式"成果在全省气象部门推广,应用于水稻生产实际,取得了良好效益。1988 年以来,在全国和省级专业学术会议、学术刊物上发表论文 13 篇,其中 1 篇合作论文获中国地理学会第四届青年学术讨论会优秀论文一等奖。

农业气象试验成果获奖情况

年份	项目名称	主持人	参加人	获奖、刊物、会议名称
1981—1986	水稻生产—天气模式的建立与使用	沈亨文	许英子 金乐松	省级科学进步三等奖,该项技术列入《中国技术科技大全》(1987)
1988—1989	SFC—水稻发育情报预报系统	沈亨文	许英子 金成学	省气象局科学技术进步三等奖(1989 年)。该项纳入吉林省重点推广项目之一,"全国农业科技成果精选"和"农业气象应用技术材料选编"(4)1991.3 中刊登。
1993—1997	水稻减数分裂期冷害减产评估方法的研究	沈亨文	金乐松 李哲	省级科学技术进步四等奖(1998 年)。该项目业绩被载入《中华劳模大典》第二部,中国科教论文选(4)1997 年。
1998—1999	水稻冷害诊断卡的研制及推广普及	沈亨文 朴哲	玄铁峰 金乐松	气象系统科技开发奖(2001 年)
1998	晒烟生产农业系列化服务系统	南万洙		1991 年省气象局重点科研项目;1998 年获省气象局科学技术进步四等奖
2003—2004.11	丰产速生优质树种的引进试验	邹吉存	朴哲	吉林省气象科技创新奖

农业气象试验论文发表情况

年份	项目名称	主持人	参加人	发表刊物、会议、奖励名称
1988.10	水稻生产发育动态的当量积温反映测定	沈亨文		全国农业气象学术交流会(成都)
1989.09	水稻发育情报预报系列化服务概况	沈亨文		东北三省气象科技应用经验交流会(大连)

年份	项目名称	主持人	参加人	发表刊物、会议、奖励名称
2000.02	关于孟山草晒烟的增产及赤星病预防措施的研究	李相馥朴哲曹红艳		吉林气象（第2期）
1993	寒冷地区水稻高产的气候指标及生产调控技术研究	张凤岐	合作	中国地理学会第四届青年学术讨论会优秀论文一等奖
1993	稻田水管理及气候效应研究	张凤岐	合作	《松辽学刊》1993年第4期
1996	吉林省敦化盆地牡丹江不同河水段水温差异与水稻生产	张凤岐	合作	《松辽学刊》1996年第1期
1998	珲春夏季低温与厄尔尼诺事件的统计分析	张凤岐	独立	《吉林气象》1998第3期
2000	延边地区作物生长季低温冷害的气候特征	张凤岐	合作	《吉林气象》2000第3期
2000	冷凉气候区水稻高产的一种地温调控技术	张凤岐	合作	《气象》2000年第8期
1999	延边地区1998年水稻冷害环流特征分析	南万洙	张纯哲	《吉林气象》1999年增刊,全省预报经验交流会二等奖
2005.01	水稻超稀植栽培气象效应初探	朴哲		《吉林气象》第1期
2007	延边地区的低温冷害	南万洙	韩光石等	《延边气象》2006、2007合刊
2007	速生杨浅插育苗技术	朴哲	金龙范全虎杰蔡俊	《延边气象》2006、2007合刊

3. 农业气象服务

服务方式与内容 延边农试站依托气象产品和农业气象科研成果,为地方政府、农业部门及当地群众开展水稻农业气象专项服务。在延边地区水稻生产期间,把"水稻发育情报预报"监测信息以旬报的形式印发至政府部门、农业部门及科研单位、乡镇,由乡镇转发到村。每期印发1000余份,基本覆盖了延边地区。由于该信息预报准确,体现了水稻生产及其生长发育特征,对年景判别、调节措施等方面提供了较好的参考价值,可随时掌握水稻生产动态,受到了政府和其他用户的重视和肯定。1988年,延边州政府为了使"水稻发育情报预报"项目能够发挥更大的作用,拨专款5万元用于购置微机等设备。

延边地区水稻低温冷害发生频率较高,20世纪80年代后在延边地区出现7次较严重的减数分裂期低温冷害,即1980年、1982年、1986年、1988年、1993年、1998年、2003年,尤其是1993年、1998年、2003年的水稻空壳率达50%～80%,部分地块绝收。1986年开展"水稻发育情报预报"工作以来,发生5次低温冷害,每次均提前1个月准确地预测出水稻受低温冷害影响造成的空壳率,为有效地开展防灾减灾工作提高了理论依据,为地方政府决策起到了参谋作用。

为进一步推广和普及水稻冷害诊断技术,1999年研制了"水稻冷害诊断卡",印制3000余张。水稻冷害诊断卡是携带方便、简单易懂的科技下乡产品,通过农业局、延边气象局发送到农业技术系统、气象系统、部分专业户。

为了使政府机关和广大农民实时了解全年和各个阶段的农业气象条件对作物的影响,在作物生长期间每旬发布"延边农业气象信息"和"土壤墒情分析"。在森林防火期间每旬发布"森林可燃物监测信息"。在出现灾害性、关键性、转折性等天气时,制作并发布重要农业气象信息,提供关键农事活动期预报。

服务效益 延边农试站依靠自行研发的农业气象试验产品,开展农业气象服务工作。在重大农业气象灾害发生年,积极开展服务工作,为地方政府进行防灾救灾等重大决策发挥了重要的作用,取得了良好的社会效益和经济效益。

1988年7月初,根据"水稻生产天气模式"系统提供的预报信息,延边地区将出现历史上罕见的水稻障碍性冷害。7月24日,试验站向州政府呈送了《关于1988年将发生严重水稻障碍性冷害》的专题报告。报告提出,由于受冷害影响,水稻空壳率可达36%,会造成大幅度减产。报告发出后引起了各级政府和有关部门的重视。8月20日,主管农业的副州长亲自到试验站听取关于冷害影响及抗灾自救措施的汇报后,立即召开了紧急会议布置救灾工作,把损失降到最低。全州动员了200名技术人员进行全面调查,证实了农气试验站预测是完全正确的。

1991年6月21日,延边农试站发布"水稻发育期情报预报"第四期,预测水稻营养生长期明显提前,产量结构系数降低,将出现早化现象。同时向延边朝鲜族自治州政府呈报了《增施水稻营养肥增产效果预测》的专题报告,建议及时采取措施,增加常年施肥量的20%。这一建议被州领导采纳,各地及时采取措施增施了水稻营养肥。实践证明,预测和建议是正确的,当年全州水稻增产1万多吨,增加收入400多万元。

党的建设与荣誉

1. 党建工作

建站后至2000年10月,隶属于延边气象局党支部,2000年11月起,归属延吉市气象局党支部,现有党员3人。

2. 荣誉

主要荣誉 1983年荣获延边朝鲜族自治州先进科技集体,先后有2人4次获得农业气象测报"全国质量优秀测报员"称号。

沈亨文几十年如一日试验研究水稻,"八五"期间被延边朝鲜族自治州政府评为劳动模范,1999年东北朝鲜族教育出版社将沈亨文列入《当代中国朝鲜族名人录》(朝文)。

1982的延边农试站办公楼

延边农试站新办公楼

四平市气象台站概况

四平市地处吉林省西南部,东北松辽平原腹地,南倚辽宁省会沈阳,北靠吉林省会长春,东接长白山余脉,西邻内蒙古科尔沁草原,属温暖半湿润气候区,是吉林省和全国的商品粮生产基地。辖公主岭市、双辽市、梨树县、伊通满族自治县和铁东、铁西两个区。幅员14080平方千米,人口330万人。四平市气象局位于铁西区公园北街82号,2004年6月,迁至铁西区海丰大街576号。

气象工作基本情况

1. 历史沿革

四平市气象局辖四平市气象站、双辽县气象局、伊通县气象局、梨树县气象局、公主岭市气象局、梨树县孤家子气象站等6个气象局(站)。在1996年、2001年机构改革中,四平市气象局均为地市级气象局,所辖县(市)气象局(站)不变。

2. 管理体制

1973年前,管理体制经历了从军队建制到地方政府管理,再到地方政府和军队双重领导的演变;1973—1979年为地方同级革委会领导,业务接受上级气象部门指导;1980年实行气象部门和地方政府双重领导,以上级气象部门为主的管理体制至今。

3. 职工队伍

1959年全地区气象职工64人,1965年65人,1971年77人,1979年163人,1985年126人,1996年107人,1997年103人,2001年97人;2008年四平市气象局定编93人;在职人数88人,临时工19人。其中,大专以上学历55人,本科以上40人;中级以上职称38人,高级职称8人。

4. 党建与文明创建

①基层党组织　全市气象部门有党总支1个,党支部7个,党员65人。梨树县孤家子

气象站参加联合支部,其他均为独立支部。按管理体制分工,市局及县(市)局(站)的党的建设由地方党委负责。

1987年,把党风廉政建设纳入目标管理考核内容,年终考评,一票否决。同年,开展部门内部审计工作,领导干部实行离任审计;1991年,市局机关党总支专职副书记列席党组会;1996年,按省局党组要求,县局重大问题要通过党支部集体研究决定;2004年,推行政务公开,接受社会监督和内部职工监督;2006年12月,制定下发了《四平市气象部门效能建设监察工作方案》,在各县气象局公开选拔纪检监察员,推行"三人决策"(局长、副局长、纪检监察员)制度;2008年下发《〈建立健全惩治和预防腐败体系2008—2012年工作规划实施办法〉任务分工意见》。

②精神文明建设 1993年开始建设花园式台站。1997年四平、双辽、梨树、公主岭、伊通、孤家子气象局(站)达到花园式台站标准。其中,双辽局进入全省气象部门花园式台站建设先进行列。

创建文明单位 1996年开始创建文明单位。2000年荣获地市级精神文明建设先进系统,所属气象局(站)全部荣获地市级精神文明建设先进单位;2006年四平市气象局被中国气象局授予全国气象部门"文明台站标兵单位";截至2008年全市共有省级文明单位3个,市级文明单位3个。

文化活动场所建设 1983年市局就建有文化活动室、图书室;2000年以来,各局(站)都相继修建了篮球场和乒乓球活动室,购置了漫步机、扭腰器、单双杠等健身器材,进一步加强文体活动室、图书室建设。

标准化台站建设 1998年开展规范化服务活动,强化职业道德,规范气象服务行为,规范服务用语;2005年开展标准化台站建设,四平、伊通、双辽、公主岭、梨树气象局先后达到省局标准化台站。

文化体育活动 2000年、2004年、2008年四平市气象局三次组队参加全省气象职工运动会,取得团体总分第三名的好成绩,并获优秀组织奖。1994年、2004年两次参加全省气象部门文艺会演。每年的重要节假日,各局都组织文体活动,弘扬了气象文化精神,营造了团结、和谐氛围。

5. 法规建设与管理

气象法规建设 1999年10月31《中华人民共和国气象法》颁布以来,各县(市)都出台了有关加强人工影响局部天气、雷电灾害防护和保护气象观测环境的法规性的文件,授权市(县)气象部门在政府的领导和协调下,管理、指导和组织实施人工影响天气作业;把防雷减灾纳入气象行业管理;给气象人员办理行政执法证,授权气象局负责雷电灾害防御工作的组织管理,并会同有关部门对可能遭受雷击的建筑物、构筑物和其他设施安装的防雷装置进行检测工作;各县(市)气象局在政务大厅设立行政审批窗口,对防雷工程监审和施放气球活动审批;开展上岗培训,颁发执法证,成立执法大队;在地方政府支持下,联合有关部门拆除、砍伐影响气象探测环境的建筑物和树木;市、县两级政府均与气象部门签订了探测环境保护责任书。

气象内部管理 严格的业务质量考核,是气象部门的光荣传统和重要管理措施。观测记录不准字上改字,不准涂改伪造记录,下一班要校对上一班记录,并进行错情登记;更改发布预报必须经带班领导同意,重大灾害性天气预报有领导签发;上级业务主管部门进行月、季、年业务质量考核通报。积极参加全省气象部门开展的测报"百班和二百五十班无错情"、"优秀值班预报员"、通信"三百班无错情"、汛期"百日无差错"等竞赛活动。自 1987 年开始,按省局要求实行目标管理责任制。把各项工作任务都纳入目标管理,层层分解,层层签定目标管理任务书。每年都进行认真考评,把考评结果作为奖惩依据。

主要业务范围

1. 地面观测

四平、双辽国家基本气象站,自建站起,每日进行 8 次观测。1954 年起每日进行 4 次定时气候观测。1960 年 7 月 1 日起,采用北京时,每日进行 02、08、14、20 时 4 次定时气候观测,承担全国统一规定和特定的观测项目。四平气象站每日进行 05、11、17 时 3 次补助绘图天气观测,每日拍发 02、05、08、11、14、17、20 时 7 次天气报,参加亚洲区域气象情报交换。双辽气象站每日进行 05、17 时 2 次补助绘图天气观测,每日拍发 05、08、14、17 时 4 次天气报。从 2007 年 1 月 1 日开始四平、双辽每日拍发 02、05、08、11、14、17、20、23 时 8 次天气报。梨树、公主岭、伊通、梨树孤家子 4 个国家一般气象站,承担全国统一规定的观测项目,自建站起,每日进行 4 次定时观测。由于观测时次的调整,1961 年至 1963 年、1966 年 3 月 1 日至 1971 年 3 月 31 日、1989 年 1 月 1 日起,每日进行 08、14、20 时 3 次定时观测,向吉林省气象台拍发小天气图报。从 1999 年 3 月 1 日起停发小天气图报,开始试拍发"加密气象观测报告"。2001 年 4 月 1 日使用《AHDM4.1》版软件编发报和编制报表,正式拍发"加密气象观测报告"。四平、双辽、梨树、公主岭、伊通气象站,1984 年 4 月 1 日开始编发重要天气报;梨树孤家子气象站,2008 年 6 月 30 日 20 时起,拍发重要天气报。四平、双辽、公主岭 3 个气象站,承担固定、预约航空、危险天气报任务。

现代化观测系统 2003 年 8 月,四平、双辽、梨树、公主岭、伊通、梨树孤家子气象站完成自动气象站建设,2004 年 1 月开始双轨运行,2006 年 1 月 1 日正式单轨运行。

区域自动气象站 2006 年 5 月建立 92 个,2006 年 11—12 月建立 19 个,2008 年 5 月建立 14 个,共计 125 个。其中两要素站 99 个,四要素站 24 个,六要素站 2 个。

全市基层台站的气象资料按时按规定上报到吉林省气象局档案馆。

2. 农业气象观测

梨树、公主岭为国家农业气象基本观测站,其中梨树为国家级农业气象观测站(一级站),公主岭为省级农业气象观测站(二级站),承担作物、自然物候、土壤水分等观测任务。四平、双辽、伊通为农业气象一般观测站,承担土壤湿度观测。梨树、公主岭、四平、双辽、伊通农业气象观测站均承担拍发农业气象旬(月)报和农业气象候报。从 2007 年 7 月 1 日起,公主岭、双辽市气象站增加了地下水位、干沉降、风蚀观测;梨树、四平增加了地下水位观测项目。

3. 气象通信

从 20 世纪 50 年代起各气象站观测电报通过当地邮电局发送。1959 年市气象台接收无线莫尔斯广播用手工抄报。1976 年无线电传打字机取代了手工抄报。1978 年起，全市各台站陆续装备了传真接收机。1986 年组建市、县甚高频辅助通信网。1993 年建成省、市计算机远程通信网络。1997 年起完成气象卫星通讯系统 VSAT 小站、地面单收站建设。1999 年开通了省、市、县分组交换网。2004 年建成市、县 DDN 专线网，气象通信实现网络化、自动化。

4. 天气预报

天气预报业务始于 1958 年，各县（市）气象局（站）先后应用天气图、本地要素、数理统计方法制作短期、中期、长期天气预报。1982—1983 年各县气象站配备无线气象传真接收机，接收日本、北京传真图，开始"MOS"预报方法试验，1984 年 MOS 预报方法投入业务化，至 1986 年各气象台站建立了天气模型、MOS 预报、经验指标等基本预报工具。1984 年吉林省气象局实行天气预报业务改革，县级气象站不承担中期、长期预报业务。1998 年开始建立以数值预报产品为基础、以人机交互系统为技术支持、以上级气象台预报产品为指导的业务平台，综合应用卫星、雷达、自动气象站等气象信息加工、制作、发布本地的短、中期补充订正天气预报。

5. 气象服务

1949 年到 1953 年主要为国防建设和军事服务，1954 年气象服务由为国防建设服务为主转到为国民经济建设服务为主。1958 年后开展以农业为重点的气象服务。市、县两级气象部门每年向当地党委、政府提供农业生产关键期天气分析和预报、气象灾害天气警报、气象情报，并提出生产措施和建议。在农事生产、防汛抢险、抗旱减灾等关键时期，通过当地各种传播媒体发布天气信息，指导广大人民群众应对气象灾害。1982 年起开展专业有偿气象服务和气象科技咨询服务。1995 年开展"12121"气象答询业务。1997 年建立气象影视制作系统，开展电视天气预报服务。2005 年开展手机短信气象服务。1995 年开展避雷设施检测服务，1998 年增加防雷工程设计和安装服务。全市至 2008 年累计检测避雷设施 30 余万处，开展防雷工程设计、安装 400 余项。

6. 人工影响天气

1958 年，开展局部烟雾防霜试验。1972 年后开展人工防霜、人工防雹试验。1977 年在二龙山水库开展"三七"高炮增雨试验。1979 年在公主岭市北部建立作业炮点，应用"三七"高炮开展局部人工防雹。1994 年伊通满族自治县、梨树县相继开展高炮防雹工作。1987 年起，由吉林省人工影响天气办公室对四平市实施飞机抗旱增雨作业。2001 年市、县两级政府投入资金 252 万，购置 14 台车载式移动增雨、防雹火箭设备，建设作业网点 60 个。全市共有双管"三七"高炮 20 门、移动火箭发射车 16 台。人工影响天气作业由四平市人工影响天气中心统一指挥。人工影响天气作业方式形成飞机、车载式火箭、"三七"高炮作业相结合的新局面。2001 年至 2008 年四平市共进行人工增雨作业 59 次,累计发射火箭弹 1500 余枚。

四平市气象局

机构历史沿革

历史沿革与建制 1933 年 12 月 20 日,日本关东厅在四平街(今四平市)设立观测所,开始进行气象观测。伪满中央观象台成立后,于 1937 年从日本关东厅观测所接收了四平观测所,同时四平观测所增加了日射、小球测风观测项目。1945 年 8 月 15 日,日本无条件投降。解放战争期间,停止观测。1948 年底,东北全境解放,气象事业开始筹建。1949 年 4 月 1 日,重建后的四平气象站开始工作。1949 年 3 月至 1953 年归东北军区气象处、辽西省军区气象科直接领导;1954 年大区一级行政机构撤销时,吉林省气象部门从原辽西省接收了四平气象站,归省气象局领导和管理。1958 年 1 月 1 日,全省气象台站的干部管理和财务管理工作下放到各县(市)人民委员会有关单位直接管理和领导,气象业务仍归省气象局管理。1958 年 6 月,吉林省人民政府编制委员会批复,在四平气象站基础上建立吉林省四平专员公署气象台,增设天气预报、农业气象、无线电通讯和填图业务,除开展地区天气预报及服务外,还担负对地区范围内气象台站的管理职能。1960 年 6 月,增设吉林省四平专员公署气象处,与气象台合署办公,一套机构,两块牌子。1963 年 8 月 1 日,全省各地气象台站收归省气象局领导,气象台站的人事、财务、业务技术指导和仪器设备等统一由省气象局直接管理。有关行政、思想教育等由四平专员公署负责。1963 年 12 月 1 日增设吉林省四平地区气象处,与气象台合署办公,一个机构,两块牌子。"文化大革命"期间,改称四平地区革命委员会气象台。1970 年 12 月 18 日,全省气象部门实行党的一元化领导和半军事化管理。四平军分区派现役军人参加四平气象处(台)的领导班子。气象业务由省气象局管理。1973 年 3 月 24 日,四平地区气象处更名为四平地区气象局,县团级建制。1973 年 7 月,四平地区气象局,归同级革委会建制,由革委会农林办公室领导,气象业务仍归省气象局管理。1980 年 7 月起,实行吉林省气象局和地方政府双重领导,以吉林省气象局领导为主的领导管理体制。1983 年 9 月,国务院批准撤销四平地区,设立四平市(地级市),原四平地区所辖的怀德、梨树、伊通、双辽县划归四平市管辖。另设辽源市(地级),将原四平地区的东丰、东辽两个县划归辽源市管辖。同年,全国气象部门机构改革,同年 12 月,中国气象局同意四平市(含辽源市)暂时保留气象局名称,实行局(台)合一。1985 年 6 月 9 日改名为四平市气象局,行政上归四平市政府领导,负责四平市、辽源市及所辖各县气象台站的业务管理和指导。1987 年 11 月 7 日,中国气象局同意,在辽源市气象站的基础上建立辽源市气象台,为县团级单位。1987 年 11 月 20 日,省气象局决定辽源市气象台机构升格为县团级,同时成立辽源市气象局。1988 年 12 月至 1989 年 2 月经当地党委、政府批准,所属各县(市)设立气象局。1990年11月30日,吉林省气象局决定对辽源市所辖市、县气象局(站)管理体制进行调整:自1991年1月1日起,将东丰县气象局(站),由四平气象局管理划归辽源市气象局管理。1991年1月1日起,四平气象局改名为四平市气象局。

人员及机构设置 现有在职人员45人。其中研究生班毕业2人,大学本科学历28人,大专学历7人;党员24人,民进1人;汉族44人,满族1人;副高职称3人,中级职称20人。

1959年,四平专员公署气象台内设预报组、通讯组、观测组、填图组、站哨管理组,共计29人。1980年体制上收时内设办公室、人事科、业务科、预报科、通信科、观测站。1983年机构改革,内设机构为办公室、人事科、业务科、预报科、通讯科、测报科、服务科,共计61人。1986年成立政工办。1988年撤销业务科,相应业务管理任务归口各科室管理。1992年机构改革,内设综合管理办公室、气象台、多种经营办公室。1996年机构改革,内设机构为办公室、气象台、测报科、科技服务科、专业气象台,共计59人。2001年机构改革,内设机构为办公室、政策法规科、业务科技科等3个职能科室和气象台、气象科技服务中心、市雷电监测与防护技术中心、市人工影响天气中心、财务核算中心、观测站等6个直属单位。四平市气象局还承担四平市人工影响天气办公室、四平市雷电防护管理办公室、四平市施放飞艇管理办公室的工作职能。

主要负责人更替情况

年代	职务	姓名
1949—1952	站长	武跃忠
1952.01—1954.05	负责人	苏大镛
1954.06—1956.02	负责人	隋玉帧
1956.03—1959.10	站长	卢康年
1959.11—1961.02	副台长	金正元
1961.02—1964	副台长	金玉钟
1964.01—1969	负责人	孔庆有
1969—1970	军代表	赵启富
1970.04—1971.06	台长	李培华
1971.07—1972.08	军代表	伊大理
1972.08—1973.04	军代表	徐绍文
1973.06—1976.10	局长	宋洪元
1976.11—1984.08	局长	马喜峰
1984.08—2000.11	局长	崔恩政
2000.12—	局长	张晓辉

气象业务与服务

1. 地面气象观测

1949年4月1日建站,1951—1953年每日按北京时进行03、06、09、12、14、18、21、24时8次观测,以24时为日界;1954年1月1日至1960年6月30日,采用地方平均太阳时,每日进行 01、07、13、19 时 4 次定时气候观测,以 19 时为日界。1960 年 7 月 1 日开始,采用北京时,每日进行 02、、08、14、、20 时 4 次定时气候观测,以 20 时为日界,昼夜守班。观测项目有云、能见度、天气现象、气压、空气温度、湿度、风向风速、降水、日照、蒸发(小型)、雪深、雪压、地温、冻土。1998 年开始增加观测 E-601B 型蒸发器。2007 年 4 月中韩沙尘暴监测站投入运行,使用仪器为 FD-12 型能见度仪和 GRIMM180 型颗粒物监测仪。

气象报告　自建站起,每日拍发 7 次天气报,1960 年 7 月开始按北京时,拍发 02、05、08、11、14、17、20 时天气报,参加亚洲气象情报交换。1958 年开始,每年 7 月 1 日至 9 月 10 日向吉林省气象台、四平市气象台拍发雨量加报。1964 年开始改为每年 5 月 1 日—9 月 30 日、1966 年 3 月 21 日起改为每年 6 月 1 日—9 月 30 日拍发。1963 年 5 月开始,向吉林省气象台拍发 06—06 时日雨量报。1970 年日雨量报改为 05—05 时拍发。1984 年 4 月 1 日开始,编发重要天气报,不再拍发日雨量报和雨量加报,发报内容有降水、大风、龙卷、积雪、雨凇、冰雹,2008 年 6 月 1 日开始,增加雷暴、视程障碍现象(霾、浮尘、沙尘暴、雾)的编报。2005 年 4 月 16 日开始,每天 08 时 30 分至 09 时编发日照时数及蒸发量实况报。2007 年 1 月 1 日开始,四平气象站每日拍发 02、05、08、11、14、17、20、23 时 8 次天气报。

1953 年开始承担预约航危报任务,预约时段为 00—24 时。航空报发报内容有云、能见度、天气现象、风向风速,危险报发报内容有恶劣能见度、雷雨形势、冰雹、大风、雷暴、龙卷风。

1986 年 1 月地面测报开始启用 PC-1500 袖珍计算机编报。1987 年开始使用 APPLE 机处理观测记录。1995 年地面测报全部启用 IBM286 计算机进行记录整理,并自动编报。1999 年开始使用奔腾系列计算机。

地面气象报表　1951 年 1 月—1953 年 12 月,气象站编制《气象月总簿》主要统计项目有气压、气温、湿度(包含绝对湿度、相对湿度)、露点温度、饱和差、云、能见度、天气现象、降水、风、地温、冻土、日照、蒸发、积雪、地面状态、最低草温、湿球温度、电线积冰以及压、温、湿、降水、风等自记记录。年末编制《气象年总簿》。

1954 年 1 月 1 日起,每月编制基本地面气象观测记录月报表(气表-1),每年编制地面气象记录年报表(气表-21),一式 4 份,分别向中国气象局、吉林省气象局、四平市气象局各报送 1 份,本站留底本 1 份。

1954 年至 1965 年编制温度、湿度自记记录月报表(气表-2)、1954 年至 1960 年 2 月编制气压自记记录月报表(气表-2)。1954 年至 1960 年 12 月编制地温观测记录月报表(气表-3)、日照记录月报表(气表-4)。1954 年 1979 年编制降水自记记录月报表(气表-5)。1959 年至 1960 年 12 月制作冻土记录月报表(气表-7)、冻结现象观测记录月报表(气表-8);同时相应编制年报表 22、23、24、25、27、28。1954 年至 1961 年、1973 年至 1979 年编制风向风速自记记录月报表(气表-6)。从 1961 年 1 月起,气表-3、气表-4、气表-7、气表-8 并入气表-1,相应的年报表并入气表-21。1980 年 1 月 1 日起,气表-5、气表-6 并入气表-1,降水自记记录年报表(气表-25)并入气表-21。

2000 年 1 月起停止报送纸质气象报表。2006 年 1 月通过气象专线网向吉林省气象局传输原始资料和报表,经吉林省气象局审核后,气象站将原始资料和报表做成光盘,并将报表打印存档。

从 2004 年 7 月起,将建站以来的原始气象记录档案(日照记录除外)移交吉林省气象档案馆,气象站不再保留原始气象记录档案。

自动气象站 2003 年 8 月,建成地面自动气象站,2004 年 1 月 1 日至 2005 年 12 月 31 日双轨运行。自动气象站观测项目有气压、气温、湿度、风向风速、降水、地温(包括地表、浅层、深层)、草温等,观测项目全部采用仪器自动采集、记录,替代了人工观测。2006 年 1 月 1 日起自动气象站正式单轨运行。自 2007 年 1 月 1 日起不再保留气压、气温、湿度、风向风速自记仪器。

区域自动气象站 2006 年 5 月—2008 年 5 月,在四平市各乡镇建成 6 个加密自动站,其中 4 个四要素站、2 个两要素站。

2. 特种观测

根据吉林省气象局的规定,2002 年 6 月开始进行特种观测,观测项目为露天环境、柏油路面温度、草温。2005 年 6 月增设紫外线观测。2006 年 1 月 1 日起自动气象站正式单轨运行,停止草温观测。

3. 酸雨观测

吉林省四平市气象站,是全国首批开展酸雨观测的气象站,1989 年 9 月 1 日起进行酸雨试观测。1990 年 1 月 1 日起正式开展酸雨观测。降水观测记录、降水采样、降水酸度 PH 值和电导率 K 值的测量分析。2008 年 1 月增设生态观测。

4. 农业气象观测

吉林省四平市气象站为农业气象一般观测站,承担土壤湿度观测,每年 3 月 21 日至 5 月 31 日(1994 年起开始时间改为 2 月 28 日),向吉林省气象台拍发农业气象候报。依据国家气象局下发的气象旬(月)报电码(HD-03),常年向吉林省气象台拍发农业气象旬(月)报。从 2007 年 7 月 1 日起,增加了地下水位观测项目。

5. 天气预报业务

四平市气象台建于 1959 年,制作短时、短期、中期、长期天气预报,负责为市、县政府领导部门提供决策气象服务。1984 年不再制作长期预报。建台初期以天气图加经验的主观定性预报为主,1982 年开展地方 MOS 输出统计预报,建立晴雨、极端最高(低)温度、降水分级、大风、寒潮、暴雨等 12、24、48 小时 MOS 预报方程以及中期降水过程、温度变化趋势等天气模型。1986 年应用数值预报释用、物理量诊断分析,建立暴雨、暴雪、大风、寒潮等预报专家系统。1987 年建立天气雷达 711 型(3 厘米),2001 年完成数字化升级改造。用于短时预报和人工影响天气监测。1993 年与吉林省气象台开通 NAS 广域网,调用高空、地面报、卫星云图、雷达回波、各种物理量图表以及数值预报产品等实时资料。1997 年建成地市级天气预报实时业务系统。1998 年建立人机交互系统业务平台,采用数字雷达、卫星云图、计算机网络等先进工具和数值预报产品制作客观定量、分片要素预报,并制作对县站的指导预报,承担城市环境、火险等级、生活指数等专业预报和气候评价、论证工作。

6. 气象服务

自建局后开展公众服务和决策服务,以为农业服务为重点,为地、县政府提供农业防灾减灾、防洪抢险、突发气象灾害应急处理、突发事件气象应急保障等信息服务。定期报送各农事季节天气预报、情报和灾害性天气警报。提供年景趋势预测和粮食产量预测。服务手段由书面文字发送发展到传真、计算机网络传送,2007 年采用四平市政府网站实现服务产品网络传输,为当地领导制定防灾减灾决策提供依据。先后被市委、市政府命名为支农服务、抗洪抢险、森林防火、抗旱保苗、人工增雨、蔬菜服务等先进单位。1986 年制订《四平市决策服务周年服务方案》,1988 年制订《辽河防汛预案》,2006 年建立《四平市突发气象灾害应急服务预案》,信息员有 1700 人。

公众服务始于 1959 年,利用报纸、广播发布天气预报。在关键农事季节,在报纸开辟专题气象服务栏目。1996 年开辟电视天气预报图像节目,2005 年电视天气预报主持人走上荧屏。2006 年统一制作辖区内各县(市)电视天气预报节目,由主持人播报。服务产品包括精细化预报、旅游气象、城市环境、各类生活指数、森林火险等级预报以及灾害性天气警报等。2006 年建成四平兴农网,开辟了天气预报、农业服务、政策法规、气象风采、专项服务等专栏。

专业服务始于 1982 年,服务领域由农业、粮食部门逐渐拓展到工业、能源、交通、运输、建筑、林业、水利、蔬菜、环保、旅游、保险、消防、商业仓储、文化、体育等几十个行业和部门,为用户安装天气警报接收机百余台。至 2008 年累计签订服务合同 600 份。1991 年开展气球广告服务。1996 年开展礼炮服务,开发生产和推广礼炮 50 台。

气象科技服务从气象专用警报接收机、寻呼气象服务逐步发展到气象信息"12121"电话服务、移动通讯气象服务、气象影视及广告服务、雷电防护服务等。

气象法规建设与管理

气象法规建设 四平市人民政府 1998 年下发《关于加强雷电防护工作的意见》,2002年、2005 年分别下发《关于加强全市人工影响天气工作的意见》,2005 年下发《气象观测环境保护备案意见》,同年,四平市建设局承诺,建筑审批时,对探测环境予以保护。2005 年下发《关于进一步加快气象事业发展的实施意见》,2006 年下发《关于印发四平市气象灾害防御办法的通知》,2007 年下发《关于进一步做好防雷减灾工作实施意见》。

依法行政 1998 年,四平市人民政府成立"四平市雷电防护管理领导小组",办公室设在气象局。授权市气象局负责雷电灾害防御工作的组织管理,并会同有关部门对可能遭受雷击的建筑物、构筑物和其他设施安装的防雷装置进行检测工作。2003 年 10 月气象部门进入四平市政务大厅设立行政审批窗口,对防雷装置设计工程进行监审;对施放气球单位资质进行认定和审批施放气象球活动。2001 年设置政策法规科,职能为监督气象工作;对其他部门气象工作实施监督;指导行业管理;依法对气象预报制作与发布;气象探测设施及专业技术装备,防雷装置检测、施工与监审;气象资料使用与服务等进行监督管理;办理气象复议案件;依法查处各类气象违法案件。

党建与气象文化建设

党组织建设 1962 年前挂靠在四平专署水利处党支部，1962 年 5 月，组建四平地区气象台党支部，1980 年四平市气象局成立了党组，1985 年设立了纪检组，1991 年成立了四平市气象局党总支，下辖 3 个党支部，历任党总支书记为：1991—1993 年崔恩政、1994—1998 年柴恒修、1999—2004 年吴文昌、2005 年张静波。2008 年四平市气象局党总支下辖 3 个支部，党员 39 人，其中在职党员 24 人。在四平市直机关党工委的领导下，积极开展"五型"机关和"学、做、创"活动，深入社区，了解百姓疾苦，解决百姓实际困难。1991 年以来，先后有 24 名同志被地方党委授予"优秀党务工作者"、"优秀共产党员"、"双优竞赛先进个人"，四平局党总支连续多年获"先进党总支"，2007 年、2008 年获"模范党总支"称号。2008 年省局党组授予先进基层党组织称号。

党风廉政建设 1990 年被四平市委命名为廉政建设先进系统；2004 年四平市气象局在市政府机关 27 个部门参加的行风测评中排名第二；2005 年四平市气象局被中国气象局授予"局务公开先进单位"；2006 年张静波被中国气象局授予"廉政文化建设先进个人"。

精神文明建设 1982 年起连续被四平市委、市政府评为文明单位、干群共建先进单位、文明楼院、精神文明建设先进单位、精神文明建设模范单位；1988 年 5 月 5 日，吉林日报刊登了四平市气象局家属楼院精神文明建设情况；1996 年建成花园式台站。2001、2002 获得庭院绿化达标单位；2000—2001 年被吉林省委、省政府命名为省级精神文明建设先进单位；2001 年提出"树立内强素质、外树形象，发扬团结拼搏、务实争先"的四平气象精神和"坚持服务于民，贡献于民，立足本职，发挥效能，打造了一支业务过硬、管理科学、技术全面、锐意创新的优秀的人才队伍"的建局方针；2004 年获"星级服务文明窗口"称号；2006 年被中国气象局授予全国气象部门"文明台站标兵单位"；2007 年，以"改革、发展、创新"为主题举办了气象人精神演讲比赛，还与四平市天桥社区建立了帮扶对象，组织党员为群众送去关怀和温暖；每年的"七一"还与社区党支部联合共贺党的生日。2004 年起，先后与通化市气象局、松原市气象局、黑龙江省鸡西市气象局开展了精神文明建设结对子活动，互相学习交流党建和精神文明建设工作的经验和做法。

文化活动场所建设 1983 年完成了文化活动室图书室的建设；2004 年迁入新址后，办公楼内部设有职工图书阅览室、健身房、气象科普馆；气象小区院内建有篮球场、健身广场、职工休闲广场、老干部活动室等活动场所。

气象文化活动 每年的重要节假日，都组织职工自编、自演、自导歌唱气象人精神的歌曲和节目，经常组织篮球赛、田经、拔河、趣味运动会、乒乓球等活动，参加市政府组织的体育活动多次获得道德风尚奖和优秀组织奖；2004 年获四平市创业先锋事业演讲赛优秀组织奖；在 2005 年全国气象系统运动会上，岳春秋获得跳高第三名。

气象科普宣传 2004 年建设了气象科普馆，作为科普教育基地和对外宣传气象的窗口，自开馆以来，已接待参观群众 3000 余人；每年的春播期间都组织参加当地的科普宣传活动，发放气象科技传单和音像制品，利用活动宣传车建立宣传画廊，深入街头、厂矿、社区、学校、田间，应对气象灾害，指导农民科学种田；每年的"3·23"都利用当地的宣传媒体开展纪念活动,开放气象台站,使广大群众认识气象、了解气象;每年还根据不同的特殊天气、气象灾害,制作专题电视节目、访谈节目,深受群众欢迎。

荣誉 1991—2008年累计获得集体奖励91个。其中,中国气象局奖5个,省委、省政府奖2个,省气象局奖39个,四平市政府奖45个。受到奖励的个人有90人,中国气象局奖励7人,国家环保局奖励1人,省政府奖励1人,省气象局奖励30人次,四平市委、市政府奖励51人次。

1992年,中期天气趋势预报准确,为政府指挥防灾减灾决策提供了准确信息,使灾害损失减少到最低程度,被中国气象局命名"重大气象服务先进集体";2006年8月12日,四平市、伊通县境内发生局地特大暴雨,6小时降水超过100毫米有11个乡镇,最大降水208毫米。降水前四平市气象局、伊通县气象局发布了暴雨临近预报及警报,随着降水量的增大启动了应急预案,张晓辉局长带气象服务人员奔到抢险第一线,由于服务到位,避免了人员伤亡的重大损失,被中国气象局授予"重大气象服务先进集体"称号。

四平市气象局局长张晓辉在工作中兢兢业业,以农业服务为重点,狠抓气象防灾减灾基础设施建设,受到吉林省政府的表彰,荣获四平市"劳动模范"。

台站建设

1933年四平气象站在日本人建设的600平方米军舰型办公楼里办公,解放战争中,曾作为解放军"四平战役"指挥部(2004年成为纪念馆),1949年4月又成为四平气象站办公楼。1988年省气象局投资新建1300平方米办公楼,1997年增建业务平台200平方米;1983年前职工没有住房或居住年久失修的小平房,1983年后陆续建了2栋家属楼2500平方米;2004年四平市政府实行整体规划,四平市气象局整体动迁到海丰大街576号,办公楼面积为3500平方米,家属住宅楼8500平方米。办公楼内部设有职工图书阅览室、健身房、大会议室、小会议室、接待室、气象科普馆。气象小区境优美,院内建有篮球场、健身广场、职工休闲广场、老干部活动室等活动场所。

四平市气象局旧办公楼

四平市气象局新办公楼

双辽市气象局

双辽市地处吉林省西部的东、西辽河汇流区,松辽平原与科尔沁草原接壤带,吉林、内蒙古、辽宁三省的交界处,素有"鸡鸣闻三省"之称。南接辽宁省昌图县和吉林省梨树县,东邻吉林省公主岭市,北靠吉林省长岭县,西连内蒙古自治区哲里木盟科尔沁左翼中旗和后旗,隶属于吉林省四平市,属温暖半湿润气候带。幅员面积 3121.2 平方千米,人口 37.7 万。双辽市人民政府驻郑家屯镇,双辽市气象局位于郑家屯消尔沁郊区。

机构历史沿革

历史沿革 双辽市气象观测始于 20 世纪 10 年代。1917 年 1 月,南满铁道株式会社在双辽(郑家屯,北纬 43°31′,东经 123°31′)建立气象观测所。1936 年 4 月在双辽双山建雨量站。其中,双辽(郑家屯)资料年代从 1917 年至 1945 年,长达 29 年。

1952 年 5 月,气象部门在郑家屯镇小东街文庙西城区(东经 123°29′,北纬 43°40′,海拔 116.8 米)建立双辽县气象站。1959 年 1 月,站址迁到原址正西方直线距离 3.7 千米处郑家镇屯消尔沁郊区(东经 123°32′,北纬 43°30′,海拔 114.9 米),属国家基本气象站。

管理体制 双辽市气象站建站初期,归辽西军区司令部气象科建制,业务划归东北军区司令部气象处管理。1953 年 8 月,全国气象部门由军事部门建制转为由各级人民政府建制,划归辽西省财经委员会气象科领导。1954 年 7 月,撤销大区一级行政机构,双辽县从辽西省划归吉林省管辖。1954 年 10 月,辽西省双辽气象站移交给吉林省气象局管理。更名为吉林省双辽县气象站。1956 年 9 月,双辽县归白城专区管辖,1958 年 10 月归四平专区管辖。1958 年 1 月 1 日,全省气象台站的干部管理和财务管理工作下放到各县(市)人民委员会有关单位直接管理和领导,双辽县气象站归双辽县水利局管理,气象业务仍归省气象局和地区气象台管理。1963 年 8 月 1 日,全省气象台站收归省气象局领导,气象台站的人事、财务、业务技术指导和仪器设备等统一由省气象局直接管理。有关行政、思想教育等由双辽县人民政府负责。1970 年 12 月 18 日,全省气象部门实行党的一元化领导和半军事化管理,双辽县气象站归双辽县革委会和武装部领导,以武装部为主,气象业务由省、地气象部门管理。1971 年 6 月,双辽县气象站更名为吉林省双辽县革命委员会气象站。1973 年 7 月,归双辽县革委会建制,由革委会农林办公室领导,恢复双辽县气象站,气象业务仍归省、地气象部门管理。1980 年 7 月 1 日,全省气象部门实行省气象局和地方政府双重领导,以省气象局领导为主的管理体制,省气象局负责领导管理全省气象台站的气象业务、人事、劳动工资、计划财务、仪器装备等。政治思想、党团行政、职工子女就业、基建和生产维修物资供应等,由当地党政部门负责。双辽县气象站既是省气象局和四平市气象局的下属单位,又是双辽县的科局级单位,直属双辽县人民政府领导。1988 年 3 月,增设吉林省双辽县气象局,局站合一,一个机构,两块牌子。1996 年 6 月,国务院批准,撤双辽县,设立双辽市(县级)。同年 6 月,双辽县气象局更名为双辽市气象局。

人员状况 1958 年建站时在编 3 人,1983 年 17 人,1987 年 16 人,1996 年 15 人,2001 年 13 人,2006 年在编 11 人。2008 年底,在编职工 11 人,聘用 3 人,其中大学本科学历 8 人,大专学历 1 人,1 人研究生在读;中级职称 3 人,初级职称 8 人;50～55 岁 5 人,40～49 岁 1 人,40 岁以下 8 人。

机构设置 1959 年建站设测报组,1960 年增设预报组(兼职农业气象)。1976 年 5 月设测报股、预报股、业务股(管理气象哨)。1979 年撤销业务股,设立农气股,1984 年撤销农气股。1989 年内设测报股、预报股。1991 年,增设科技服务股。1999 年,股改科,内设测报科、预报服务科,增设防雷检测中心。2005 年预报服务科改设为气象台,增设办公室。至此,气象局设有气象台、服务科、防雷检测中心、办公室等机构。

主要负责人更替情况

时间	单位名称	主要负责人
1952—1953	双辽县气象站	隋玉祯
1953—1954	双辽县气象站	姚永魁
1954—1957	双辽县气象站	王风羽
1958—1959	双辽县气象站	盛远志
1960—1962	双辽县气象站	刘井贤
1963—1965	双辽县气象站	刘学忠
1966—1967	双辽县气象站	窦朝贵
1967—1969	双辽县气象站	韩明文
1970—1973	双辽县革命委员会气象站	齐 克
1974—1975	双辽县气象站	郎敬山
1976—1977.03	双辽县气象站	王 忠
1977.04—1977.12	双辽县气象站	陈向荣
1978—1979	双辽县气象站	窦朝贵
1980—1981	双辽县气象站	陶春山
1981.05—1983.02	双辽县气象站	毕喜顺
1983.03—1984.04	双辽县气象站	王宇杰
1984.05—1986	双辽县气象站	丁 富
1986—1991	双辽县气象站	王宇杰
1991—2006.11	双辽市气象局	张 伟
2006.11—	双辽市气象局	魏继文

气象业务与服务

1. 气象观测

①地面气象观测

观测时次与日界 1952 年 6 月—1953 年每日按北京时进行 03、06、09、12、14、18、21、24 时 8 次观测,以 24 时为日界。1954 年 1 月 1 日至 1960 年 6 月 30 日,采用地方平均太阳时,每日进行 01、07、13、19 时 4 次定时气候观测,2 次补助绘图天气观测,以 19 时为日界。1960 年 7 月 1 日开始,采用北京时,每日进行 02、08、14、20 时 4 次定时气候观测,05、17 时 2 次补助绘图天气观测,以 20 时为日界,昼夜守班。2007 年开始,每日增加 11、23 时 2 次补助绘图天气观测。

观测项目 观测项目包括云、能见度、天气现象、气压、空气温度、湿度、风向风速、降水、日照、蒸发(小型)、雪深、雪压、地温、冻土,1998 年开始,增加观测 E-601B 型蒸发器。

气象电报 建站开始,每日拍发 05、08、14、17 时 4 次天气报。2007 年 1 月 1 日开始,每日拍发 02、05、08、11、14、17、20、23 时 8 次天气报,参加国内交换。1958 年开始,每年 7 月 1 日至 9 月 10 日向吉林省气象台、四平市气象台拍发雨量加报,1964 年开始改为每年 5 月 1 日—9 月 30 日、1966 年 3 月 21 日起改为每年 6 月 1 日—9 月 30 日拍发。1963 年 5 月起,向吉林省气象台拍发 06—06 时日雨量报,1970 年起,改为拍发 05—05 时日雨量报。1984 年 4 月 1 日起,编发重要天气报,不再拍发日雨量报和雨量加报,发报内容有降水、大风、龙卷、积雪、雨凇、冰雹。2008 年 6 月 1 日起,增加雷暴、视程障碍现象(霾、浮沉、沙尘暴、雾)的编报。从 2005 年 4 月 16 日起,每日 08 时 30 分至 09 时编发日照时数及蒸发量实况报。1953 年 1 月开始,承担固定和预约航危报,发报时段为 24 小时。航空报发报内容有云、能见度、天气现象、风向风速。危险报发报内容有恶劣能见度、雷雨形式、冰雹、大风、雷暴、龙卷。

1986 年 1 月,地面测报开始启用 PC-1500 袖珍计算机编报。1987 年开始使用 APPLE 机处理观测记录。1995 年地面测报全部启用 IBM286 计算机进行记录整理,并自动编报。1999 年开始使用奔腾系列计算机。

地面气象报表 1952 年 6 月—1953 年 12 月,气象站编制《气象月总簿》,主要统计项目有气压、气温、湿度(包括绝对湿度、相对湿度)、露点温度、饱和差、云、能见度、天气现象、降水、风、地温、冻土、日照、蒸发、积雪、地面状态、湿球温度、电线积冰以及气压、气温、湿度、风速风向、降水等自记记录。年末编制《气象年总簿》。

1954 年 1 月 1 日起,每月编制基本地面气象观测记录月报表(气表-1),每年编制地面气象记录年报表(气表-21),一式 4 份,分别向中国气象局、吉林省气象局、四平市气象局各报送 1 份,本站留底 1 份。1954 年至 1965 年编制温度、湿度自记记录月报表(气表-2),1954 年至 1960 年 2 月编制气压月报表(气表-2)。1954 年至 1960 年 12 月编制地温观测记录月报表(气表-3)、日照记录月报表(气表-4)。1956 年至 1979 年编制降水自记记录月报表(气表-5)。1959 年至 1960 年 12 月制作冻土记录月报表(气表-7)、冻结现象观测记录月报表(气表-8),同时相应编制年报表 22、23、24、25、27、28。从 1961 年 1 月起,气表-3、气表-4、气表-7、气表-8 并入气表-1,相应的年报表并入气表-21。1972 年至 1979 年编制风向风速自记记录月报表(气表-6)。1980 年 1 月 1 日,气表-5、气表-6 并入气表-1 中,降水自记记录年报表(气表-25)并入气表-21。

2000 年 1 月停止报送纸质气象报表。2006 年 1 月通过气象专线网向省局传输原始资料和报表,经吉林省气象局审核后,气象站将原始资料和报表做成光盘,并将报表打印存档。

2004 年 7 月起,将建站以来的原始气象记录档案(日照记录除外)移交吉林省气象档案馆,气象站不再保留原始气象记录档案。

自动气象站 2003 年 8 月建成地面自动气象站,2004 年 1 月 1 日自动气象站投入双轨业务运行。自动气象站观测项目有气压、气温、湿度、风向风速、降水、地温(包括地表、浅层、深层)、草温等,观测项目全部采用仪器自动采集、记录,替代了人工观测。2006 年 1 月 1 日起,自动气象站正式单轨运行。自 2007 年 1 月 1 日起不再保留气压、气温、湿度、风向风速自记仪器。

区域自动气象站 2006 年至 2008 年,在双辽市各乡镇建成 12 个加密自动站,其中六要素站 1 个,四要素站 4 个,两要素站 7 个,全部投入运行。

②闪电定位探测

2007 年 5 月 31 日起,正式运行闪电定位系统,探测数据自动传输到吉林省信息技术保障中心。

③农业气象观测

观测时间与项目 双辽市气象站为农业气象观测一般站。1958 年 3 月开始,按照中央气象局编制的《农业气象观测方法》进行玉米作物观测,大雁的物候观测,1961 年 5 月停止观测。1980 年 3 月至 1984 年 5 月进行玉米、高粱作物观测,大雁的物候观测。1960 年开始,进行 5 厘米、10 厘米、15 厘米、20 厘米、30 厘米土壤湿度观测。2006 年开始,进行地下水位、土壤风蚀、干沉降的试观测,2007 年 7 月 1 日起正式观测。

农业气象报表 在农作物、物候观测期间,按照中央气象局下发的《农业气象观测方法》进行农业气象观测资料统计,编制农作物生育状况观测记录年报表(农气表-1)、固定地段土壤水份观测记录年报表(农气表-2)、自然物候观测年报表(农气表-3)。一式 3 份,在次年 1 月底前向吉林省气象局、四平市气象局各报送 1 份,本站留底 1 份。

农业气象情报 1960 年开始,每年从 3 月 16 日—5 月 31 日(1994 年起开始时间改为 2 月 28 日),向吉林省气象台、四平市气象台拍发农业气象候报,常年向吉林省气象台编发农业气象旬(月)报。

④气象电报传输

自建站起,观测电报通过当地邮电局专线电话发报。1997 年建立信息终端。1999 年与省气象台开通 X.25 协议专线,通过分组交换网将报文传输到吉林省气象信息中心。2003 年与四平市气象局开通 DDN 专线发报,2006 年改为 SDH 光纤专线,通过网络传输。

2. 天气预报

短期天气预报 1958 年开始收听省气象台天气形势广播,结合观测资料和群众经验,开展补充订正预报。1964 年后使用小天气图、要素曲线图、时间剖面图等工具制作单站预报。1972 年后应用数理统计预报技术,建立回归预报方程,使用聚类分析等方法制作单站预报。1982 年配备 123 型传真机,接收北京和日本的传真图表。用地方 MOS 输出统计方法,建立晴雨、降水、最高、最低气温等 MOS 预报方程,1984 年投入业务化。1986 年建成天气模型、模式预报、经验指标等 3 种基本预报工具。1999 年 10 月,PC-VSAT 单收站建成并正式启用,接收数值预报图和云图、雷达等信息,利用上级气象台的数值预报指导产品,通过人机交互 MICAPS1.0 处理系统,结合本地资料和部分 MOS 预报方程制作订正预报(2008 年 MICAPS 处理系统已升级为 3.0 版本)。1986 年 7 月使用甚高频电话,实现与四平市气象局及各县气象站的直接会商。2006 年开通市、县天气预报可视会商。

中期天气预报 从 20 世纪 60 年代开始,先后使用韵律、气象要素演变图、点聚图和数理统计等方法制作中期天气预报。1983 年后不再制作中期预报,根据上级气象台的旬预报,结合分析本地气象资料和经验进行订正后提供给服务单位。

长期天气预报 从 20 世纪 60 年代开始制作长期预报。从总结老农经验、历史资料验证入手,运用数理统计、韵律、找相关相似和方差检验等方法建立长期预报指标,制作月、季、年度冷暖、旱涝趋势预报。1983 年以后不再承担长期预报业务,根据服务需要,订正省气象台的长期趋势预报提供给服务单位。

3. 气象服务

公众气象服务 从 1958 年开始由县广播站播发每日天气预报。每天早、午、晚广播 3 次。其中早、午广播 12 小时天气预报,晚间广播 24 小时天气预报。文革期间中断,至 1972 年恢复。1994 年开始,每天向电视台提供 24 小时天气预报,由双辽电视台以文字形式播出 3 次。1997 年建立电视天气预报节目制作系统,制作的电视天气预报节目由电视台每天播出 3 次。2006 年,天气预报节目由四平市气象局统一制作,由双辽电视台播出。1999 年开展"121"天气预报自动答询服务,每月平均访问量 6000 次。2005 年"121"电话升级为"12121"。

决策气象服务 从 1958 年开展天气预报以来,以口头或书面方形式向县委县政府提供适宜播种期、汛期等天气预报服务。1990 年增加《气象情报》、《播种期预报》、《作物生育期预报》、《农事建议》等决策服务产品。通过传真、网络等形式将服务信息报送到政府及有关部门。2003 年制定《双辽县气象局决策服务周年方案》,2005 年制定《双辽县突发气象灾害应急预案》。2006 年,市政府将气象灾害应急工作纳入政府公共事件应急体系。

专业气象服务 1985 年起开展专业专项有偿服务,为农村、仓储、厂矿等部门提供专业天气预报。1986 年建立气象警报系统,购置天气警报接收机 20 台,安装到各服务单位,每天广播 3 次,播出 24、48 小时天气预报。服务内容有强降水、大风、雷暴等短期、短时预报。1985—2000 年累计签订合同 380 份。

人工影响天气 2001 年购置 3 辆人工增雨火箭车及火箭发射架,每年进行人工增雨作业。至 2008 年共发射人工增雨火箭弹 245 枚。

【服务事例】 2007 年 6 月,双辽市发生 50 年一遇的干旱,持续高温少雨天气,使旱情持续发展。6 月 24 日,双辽市气象局预测 6 月 27 日夜间到 28 日有一次降雨过程,30 日仍有明显降水。6 月 29 日至 7 月 1 日连续 3 天 3 夜进行增雨作业,出动人工增雨作业车 3 辆,行程 300 千米,发射火箭弹 30 枚,全市平均降雨量 23.5 毫米,一举解除旱情。

防雷服务 1997 年开展防雷检测工作,每年对市内各单位检测避雷设施。至 2008 年累计检测避雷设施约 10000 点(处)。

气象科普宣传 每年在"3·23"世界气象日发放气象知识宣传单 5000 份。2000 年以来与双辽市中、小学举办科普夏令营 4 届。利用电视讲座、科技大集、防雷挂图等形式宣传气象知识。

法制建设与管理

1. 气象法制建设

2000 年以前,双辽市雷电管理工作混乱。经市政府、市人大与四平市气象局政策法规科多次协调,理顺了隶属关系。2002 年双辽市人民政府下发《关于加强防雷检测工作的通知》,把防雷减灾纳入气象行业管理,授权气象部门负责雷电灾害防御工作的组织管理,并会同有关部门对可能遭受雷击的建筑物、构筑物和其他设施安装的防雷装置进行检测,使双辽市雷电管理工作逐步步入正轨。

2. 气象管理

业务质量考核制度　建站开始,实行了严格的业务考核制度。观测记录不准字上改字,不准涂改伪造记录,下一班要校对上一班记录,并进行错情登记。上级业务主管部门进行月、季、年业务质量考核并通报。1977 年以来,有 3 人获测报"百班无错情"、1 人获"优秀值班预报员"、2 人获农气"百班无错情"等奖励,1 人获吉林省测报表演全能第一名。

目标管理责任制度　1987 年开始,实行目标管理责任制。把各项工作任务都纳入目标管理,层层分解,层层签定目标管理任务书,每年都进行认真考评,把考评结果作为奖惩依据。1998、1999 年连续获得吉林省气象局落实地方气象事业突出贡献奖。

党建与气象文化建设

1. 党建工作

党组织建设　1952 年党员 1 人,编入县政府机关党支部。1959 年党员 2 名归水利局支部。1969 年党员 2 名,归县苗圃支部。1979 年至 1980 年党员 2 名,归农业局支部。1981 年成立支部,支部书记陶春山,1982 年支部书记毕喜顺。1984 年至 1986 年支部书记空缺,与农林党委一个支部。1987 年局党小组组长为王宇杰,1996 年编入市委农研室联合支部。1997 年成立党支部,支部书记任庆田。2001 年后,由张伟担任党支部书记,党员 8 名。

党风廉政建设　1987 年开始,把党风廉政建设纳入目标管理责任制的考核内容,年终进行严格考评。1996 年开始,按省气象局党组要求,建立重大问题由党支部集体讨论决定的制度。2004 年 4 月,设立纪检监察员,制定监督检查机制,开展阳光政务,加强对干部特别是领导干部权利的监督,实行领导干部每年年终述职述廉和任期审计制度,实行政务公开。2006 年以来,单位成立"政务公开领导小组"和"政务公开监督小组",建立健全政务公开制度和监督检查机制,将气象法律法规赋予的管理职能、管理权限、审批项目、办事程序、办事时限、收费标准、处罚规定、服务承诺和社会监督等项内容,通过县政务大厅公开板和电视媒体形式向社会公开。将单位年度财务预算决算、经费使用、物资采购、基建项目、招待费用、干部任用、职称评定、评先选优和考核奖惩等项内容,利用单位公示板、信息栏、会议和建立制度册等形式向职工公开。

2. 气象文化建设

创建文明单位 1993年,按省气象局部署开始建设花园式台站,双辽县气象局当年就进入全省花园式台站建设先进行列。1996年、1997年连续被评为县级精神文明建设先进单位,1998年后被评为四平市市级文明单位。1998年,按省局部署开展规范化服务活动。2005年开展标准化台站建设,2007年1月,双辽县气象局被省局评为2006年标准化台站。1997年开始抓文化设施建设,年内建成了文体活动室,2002年投资5万元建成150平方米科技文化活动室。活动室包括气象学会活动室、老干部活动室和文体活动室。购置健身器材、高档乒乓球案子等。订购报刊杂志15份,各类文化科技图书4000册。每年的重要节假日都组织文体活动。2007年,1名职工参加四平地区气象局代表队,在省气象局乒乓球比赛中,荣获团体第三名。2008年双辽市气象局4名职工代表四平地区参加全省气象部门运动会,荣获团体第二名。同年,双辽市气象局在市直机关运动会上获精神文明奖。2007年,双辽市气象局被四平市总工会授予"工人先锋号"称号。2007年4月,中国气象报图片报道了双辽市气象局科技宣传活动。2008年3月23日,吉林电视台(吉林新闻)对气象日的宣传进行了报道。2008年4月3日,吉林日报图片报道了双辽市气象局下乡科技宣传活动。2008年4月4日,吉林日报图片报道了双辽市气象局为春播服务等内容。

3. 荣誉

获奖情况 1980—2008年,双辽市气象局共荣获集体奖励28项,荣获个人奖励68次(项)。1997年,获国家气象局重大灾害服务奖,1998、1999年连续获得吉林省气象局落实地方气象事业突出贡献奖。

参政议政 崔章启为政协双辽市第八届委员,第九届常委委员。梁如县为第十届政协委员。

台站建设

建站初期,只有5间砖瓦结构平房,四周是土墙。1978年省气象局投资8万元新建办公室155平米。1990年,省气象局投资3.5万元修建围墙500延长米。1996年,省局投资30万兴建办公楼320平方米。2001年,省局投资10万元修建水泥路面200延长米。2005年,省局投资25万元建办公楼215.6平方米。2007年,投资10万元种植各种花卉、树木,修建各类硬化路面200延长米,在观测场和主要路段安装监控设备,在一楼业务大厅安装防盗栅栏。2007年通过吉林省气象局标准化台站验收。2008年,双辽市气象局占地面积9600平方米,办公楼1栋535.6平方米,职工科技文化活动室150平方米,车库2栋200平方米。拥有车载式人工增雨作业车3辆、牵引式人工增雨车1辆、丰田轿车1辆、马自达轿车1辆,固定资产162万元。

双辽市气象局旧办公楼

双辽市气象局新办公楼

梨树县气象局

梨树县位于吉林省西南部,地处东北松辽平原腹地,温暖半湿润气候区。南与辽宁省西丰、开原两县及四平市接壤,北与辽河农垦管理区相邻,北、西隔东辽河与公主岭市、双辽市相望,西临辽宁省昌图县。土地肥沃平坦,是全国重点商品粮基地,素有"东北粮仓"、"玉米黄金带"和"松辽明珠"之美称,人口81万,土地面积4209平方千米。梨树人民政府驻梨树镇,梨树县气象局位于梨树镇西门外"郊外"。

机构历史沿革

历史沿革 梨树县气象观测开始于20世纪30年代末期。1939年6月,伪满中央观象台在梨树小城子、1944年6月在梨树石岭设立雨量站,其中,梨树小城子资料年代为1939年6月至1945年6月,长达5年。

1949年初,东辽河水利局在梨树县榆树台建立榆树台观测所,4月1日开始气象观测。1950年6月,站址改在梨树县孤家子区岳王庙屯。1955年10月,站址改在梨树县第十三区(今辽河农场新鲜分场)三道岗屯,隶属吉林省水利局主管。1958年1月,改为梨树县三道岗气象站,隶属吉林省气象局。1962年,气象台站调整,梨树县三道岗气象站移交梨树灌区,称梨树灌区三道岗气象站,归四平专署水利处主管。1975年7月28日,吉林省气象局接收梨树灌区三道岗气象站。1978年5月,迁到原址三道岗东北,直线距离7.5千米的孤家子镇镇南,站名为梨树县孤家子气象站。

1958年,吉林省气象部门开始在梨树镇筹建气象站,1959年1月1日开始气象观测,站址在梨树镇(镇郊)西南街(北纬43°21′,东经124°18′,海拔高度167.5米)。1960年2月6日,经吉林省人民委员会批准,梨树县人民委员会驻地由梨树镇迁到郭家店镇。1962年,气象台站调整,梨树镇气象站撤销,在郭家店镇筹建新站,站址在郭家店镇北山(北纬43°21′,东经124°34′,海拔高度123.8米),1963年1月1日开始观测。1964年4月23日,经吉林省人民委员会批准,梨树县人民委员会驻地由郭家店镇迁回梨树镇。1966年6月,梨树县气象站迁到梨树镇,站址位于梨树镇西门外"郊外"(北纬43°21′,东经124°18′,海拔高度160.2米),1967年1月1日正式观测,属国家一般气象站。

管理体制　建站初期,称梨树县气候站。1958年1月1日,全省气象台站的干部管理和财务管理工作下放到各县(市)人民委员会直接管理和领导,气象业务仍归省气象局和地区气象台管理。1959年12月与水文站合并,称梨树县水文气象中心站,隶属县水利局。1960年2月,气象与水文分设,改称梨树县农业气象试验站。1962年撤销梨树县农业气象试验站,恢复梨树县气候站。1963年8月1日,全省各地气象台站收归省气象局领导,气象台站的人事、财务、业务技术指导和仪器设备等统一由省气象局直接管理。有关行政、党务工作等由梨树县人民政府负责。1966年4月,吉林省气象局将梨树县气候站更名为梨树县气象站,属国家一般气象站。1970年12月18日,全省气象部门实行党的一元化领导和半军事化管理,气象业务由省、地气象部门管理,气象站划归梨树县人民武装部领导,武装部任命董长贵为梨树县气象站指导员。1973年6月,由梨树县革命委员会建制,由武装部领导改为县农林党委领导,气象业务仍归省、地气象局管理。1976年,由农林党委移交给县农业局领导。1980年7月1日,全省气象部门实行省气象局和地方政府双重领导,以省气象局领导为主的管理体制,省气象局负责领导管理全省气象台站的气象业务、人事、劳动工资、计划财务、仪器装备等工作,政治思想、党团行政、职工子女就业等,由当地党政部门负责。梨树县气象站既是省气象局和四平市气象局的下属单位,又是梨树县的科局级单位,直属梨树县人民政府领导。1989年2月,增设梨树县气象局,局站合一,一个机构,两块牌子。

人员状况　1959年建站初期有10人。1980年体制上收后,定编18人(含孤家子气象站3人)。1987年9人,1996年8人,2001年10人,2006年定编8人。2008年在编职工8人,聘用4人,其中党员6人。现有职工12人,其中大学学历8人,中专学历4人;中级专业技术人员3人,初级专业技术人员4人,行政编制1人;50岁以上4人,40~49岁2人,40岁以下的有6人。

机构设置　1959年建站设测报组,1960年增设预报组(兼农业气象)。1984年,设立测报股、预报股、农气股。1991年,增设科技服务股。1999年,设立观测科、预报服务科,科技服务股改为法规与科技服务科。2005年,预报、测报、农气合并为气象台,法规与科技服务科改为气象科技服务中心,增设办公室。2008年设综合业务科(对外称气象台,负责三项基础业务工作)、气象科技服务中心、办公室3个内设机构。

主要领导更替情况

任职时间	名称	负责人
1959.01—1961.12	梨树县气象站	王选令
1962.01—1963.12	梨树县气象水文中心站	张　恩
1964.04—1968.10	梨树县气候站	于金玉
1969.01—1970.11	梨树县气象站	邓荣家
1971.04—1976.07	梨树县气象站	董长贵

续表

任职时间	名称	负责人
1976.07—1979.03	梨树县气象站	邓荣家
1979.04—1981.01	梨树县气象站	范广禄
1981.02—1985.11	梨树县气象站	丁国香
1985.11—1988.04	梨树县气象站	郑广富
1988.04—1992.01	梨树县气象局	丁　富
1992.01—1996.05	梨树县气象局	宋桂芝
1996.06—2000.12	梨树县气象局	郑志杰
2001.01—2006.12	梨树县气象局	任庆田
2007.01—	梨树县气象局	马　旋

气象业务与服务

1. 气象观测

①地面气象观测

观测时次与日界　1959 年 1 月 1 日至 1960 年 6 月 30 日,采用地方平均太阳时,每日进行 01、07、13、19 时 4 次定时气候观测,以 19 时为日界。1960 年 7 月 1 日,开始采用北京时,每日进行 02、08、14、20 时 4 次定时气候观测,以 20 时为日界,夜间不守班。1961 年 1 月 1 日至 1963 年 12 月 31 日,每日进行 08、14、20 时 3 次定时气候观测,夜间不守班。1964 年 1 月 1 日起,由 3 次定时气候观测改为每日进行 02、08、14、20 时 4 次定时气候观测,昼夜守班。1966 年 3 月 1 日起,由 4 次定时气候观测改为每日进行 08、14、20 时 3 次定时观测,夜间不守班。1971 年 4 月 1 日起,由 3 次定时气候观测改为每日进行 02、08、14、20 时 4 次定时气候观测,夜间不守班。1971 年 7 月 1 日起,每日进行 02、08、14、20 时 4 次定时气候观测,改为昼夜守班。1973 年 4 月 1 日起,仍为每日 4 次定时气候观测,改为夜间不守班。1989 年 1 月 1 日起,由 4 次定时气候观测改为每日进行 08、14、20 时 3 次定时气候观测,夜间不守班。

观测项目　建站时观测项目包括云、能见度、天气现象、气压、空气温度和湿度、风向风速、降水、雪深、日照、蒸发、地温、冻土。1961 年 4 月 11 日,根据四平市气象局决定,停止蒸发量观测,1968 年恢复蒸发量观测。

气象电报　建站起,向吉林省气象台拍发小天气图报,1999 年 3 月 1 日起,停发小天气图报,开始试拍发"加密气象观测报告"。2001 年 4 月 1 日,使用《AHDM4.1》版软件编发报和编制报表,正式拍发"加密气象观测报告"。建站起,每年 7 月 1 日至 9 月 10 日,向吉林省气象台、四平市气象台拍发雨量加报,1964 年开始改为每年 5 月 1 日—9 月 30 日、1966 年 3 月 21 日起改为每年 6 月 1 日—9 月 30 日拍发。1963 年 5 月开始,向吉林省气象台拍发 06—06 时日雨量报,1970 年开始,改为拍发 05—05 时日雨量报。1984 年 4 月 1 日开始,编发重要天气报,不再拍发日雨量报和雨量加报,发报内容包括降水、大风、龙卷、积雪、雨凇、冰雹。2008 年 6 月 1 日起,增加雷暴、视程障碍现象(霾、浮尘、沙尘暴、雾)的编报。2005 年 4 月 16 日起,每日 08 时 30 分至 09 时编发日照时数及蒸发量实况报。

1985 年,气象站配备了 PC-1500 袖珍计算机,1986 年 1 月 1 日起,使用 PC-1500 袖珍计算机取代人工编报。

气象报表　1959 年 1 月起,每月编制地面气象记录月报表(气表-1),一式 3 份,向吉林省气象局、四平市气象局各报送 1 份,本站留底本 1 份。每年编制地面气象记录年报表(气表-21),一式 4 份,向国家气象局、吉林省气象局、四平市气象局各报送 1 份,本站留底本 1 份。

1958 年 11 月至 1960 年 12 月,制作地温记录月报表(气表-3)、日照记录月报表(气表-4)。1959 年 2 月至 1965 年 12 月,制作温度、湿度自记记录月报表(气表-2),1959 年 2 月至 1960 年 2 月制作气压自记记录月报表(气表-2)。1959 年 11 月至 1960 年 12 月,制作冻土记录月报表(气表-7)。1963 年 5 月至 1979 年 9 月,制作降水自记记录月报表(气表-5),同时编制年报表 23、24、22、27、25。1961 年 1 月起,气表-3、气表-4、气表-7 并入气表-1,相应的年报表并入气表-21。1971 年 1 月至 1979 年 12 月,制作风向风速自记记录月报表(气表-6)。1980 年 1 月,气表-5、气表-6 停作,合并到气表-1,降水自记记录年报表(气表-25)合并到气表-21,同年制作月简表。

建站至 1987 年 6 月,气象报表以手工抄写方式编制。1987 年 7 月,开始使用微机打印气象报表,向上级气象部门报送气象报表和磁盘,审核后盖章返回本站。2006 年 1 月开始,通过气象专线网向四平市气象局传输原始资料和报表,经四平市气象局审核后,气象站将原始资料和报表做成光盘,并将报表打印存档。

2004 年 7 月起,将建站以来的原始气象记录档案(日照记录除外)移交到吉林省气象档案馆,气象站不再保留原始气象记录档案。

自动气象站　2003 年 9 月,DYYZ—Ⅱ型自动气象站建成,11 月 1 日开始试运行。自动气象站观测项目有:气压、气温、湿度、风向、风速、降水,地温、草温等,观测项目全部采用仪器自动采集、记录,替代了人工观测。2004 年 1 月 1 日,自动气象站投入双轨业务运行。2006 年 1 月 1 日,自动气象站正式单轨业务运行。自 2007 年 1 月 1 日起,不再保留气压、气温、湿度、风向风速自记仪器。

区域自动观测站　2006 年 5 月至 2008 年,建成 28 个自动气象观测加密站,其中温度、雨量两要素自动加密站 21 个,温度、雨量、风向、风速四要素自动加密站 7 个,全部投入运行。

②农业气象观测

观测时间与项目　1959 年至 1962 年,开展农业气象试验工作,进行玉米、高粮的分期播种、大豆冬播、马铃薯芽栽、作物发育期和目测土壤湿度的观测。1979 年,农业气象观测工作恢复。1980 年定为国家农业气象基本观测站,进行高粱、玉米作物的观测,1997 年停止高粱观测,只进行玉米观测。

观测项目:农业气象要素、农作物发育期和生长状况、土壤水分、自然物候和农业灾害等。土壤水分观测指固定地段和农作物地段土壤墒情,作物地段土壤墒情测定深度为:0～10 厘米、10～20 厘米、20～30 厘米、30～40 厘米、40～50 厘米。固定观测地段土壤墒情测定深度为 0～100 厘米,10 厘米为一层次。物候观测项目中,草本植物有蒲公英、车前草;

木本植物观测有加拿大杨、葡萄;动物观测有蟋蟀、家燕。根据吉林省气象局吉气发〔2006〕266号文件要求,从2006年10月开始,进行生态农业气象、地下水位、旱柳和杏物候的试观测,2007年7月1日起正式观测。

农业气象情报 农业气象旬(月)报依据国家气象局下发的气象旬(月)报电码(HD-03),常年拍发农业气象旬(月)报,编发内容为基本气象段、农业气象段、灾害段、产量段、地方补充段。农业气象候报从每年3月21日至5月31日(1994年起开始时间改为2月28日)向吉林省气象台、四平市气象台编发农业气象候报。土壤湿度加测报从1996年6月1日起每年3—6月和9—11月,每旬逢3以及干旱时期降水量大于等于5毫米天气过程结束后加测土壤湿度,加测土壤湿度的深度为50厘米,2个重复。从1997年5月开始根据中国气象局气象服务与气候司下发的气候发〔1997〕59号文的规定,取消10—11月土壤湿度加测编报工作。

农业气象报表 在农作物观测期间,按照中央气象局下发的《农业气象观测方法》进行农业气象观测资料统计,编制农作物生育状况观测记录年报表(农气表-1)、固定地段土壤水分观测记录年报表(农气表-2)、自然物候观测记录年报表(农气表-3)。1994年开始,按照国家气象局修改后的《农业气象观测规范》编制农业气象观测记录报表,一式4份,在次年1月底前向吉林省气象局、四平市气象局各报送1份,本站留底本1份,省级业务部门审核订正后,次年5月底前上报国家气象中心档案馆1份。

③电报传输

建站起,观测报文通过县邮电局专线电话口传发报。1986年开始通过甚高频电话,经四平市气象局传至吉林省气象台。1997年建立信息终端。1999年用拨号方式通过分组交换网(X.28协议),将观测电报传输到吉林省气象信息中心。2003年5月,与四平市气象局开通DDN专线,通过网络上传电报。2006年改为SDH光纤专线发报。

2. 天气预报

短期天气预报 1959年开始收听省气象台天气形势广播,加看天经验开展补充订正预报。1966年,在绘制小天气图、制作要素演变曲线图、时间剖面图的基础上,制作单站预报。1972年起,使用数理统计、建立回归预报方程和聚类分析等统计方法制作预报。1983年12月配备123型传真图接收机,接收北京和日本的传真图表;使用地方MOS输出统计方法,建立晴雨、降水、最高、最低气温等MOS预报方程。1984年MOS预报方法投入短期预报业务。1986年,建成天气模型、模式预报、经验指标等三种基本预报工具。1986年7月,开通甚高频对讲电话,实现与四平市气象局及各县气象站直接会商。1999年,PC-VSAT地面卫星单收站建成并正式启用,传真接收机停止使用。单收站接收数值预报图和卫星云图、雷达等信息,利用上级气象台的数值预报指导产品,通过人机交互Micaps1.0处理系统,结合本地资料制作订正预报。2006年实现市、县天气预报可视会商。2008年Micaps处理系统已升级为3.0版本。

中期天气预报 1964年开始用韵律法、点聚图和总结群众经验等方法制作中期天气预报。1972年后,应用数理统计方法,采用3～5年降水、气温趋势滑动平均方法制作中期天气预报。1983年后,县气象站不再制作中期预报,根据四平市气象台旬预报结果,结合本地资料以及预报员经验,进行订正后对外服务。

长期天气预报 1965 年开始制作长期天气预报。从总结群众经验、历史资料验证入手,运用数理统计、韵律、找相关相似和周期规律等方法建立长期预报指标,制作月、季、年度冷暖、旱涝趋势预报。1983 年后,不再承担长期预报业务,根据服务需要,订正省气象台的长期趋势预报提供给服务单位。

3. 气象服务

公众气象服务 1959 年开始通过有线广播向全县发布天气预报信息,每天早晚各广播 1 次。1997 年 6 月,建立电视天气预报节目制作系统,每天在电视台播出 2 次。2007年,电视天气预报节目由四平市气象局统一制作(增加气象主持人),传输到梨树气象站,由当地电视台播出。1997 年开通"121"天气预报自动答询系统,每月电话拨打量平均约 6000次。2005 年该系统升级为"12121"。

决策气象服务 从 1960 年开展天气预报以来,以口头或油印材料方式向县委县政府提供天气预报和灾害性天气服务。服务内容有春播期和汛期中、短期预报、墒情、雨情、作物生长关键期预报等。1990 年后增加《重要天气报告》、《气象情报》、《天气预报》、《农作物生育期预报》、《适宜播种期预报》、《汛期(6—9 月)天气形势分析》等决策服务产品,通过传真、电子邮件、网络等形式将服务信息报送到政府及有关服务部门。2006 年制定《梨树县气象局决策服务周年方案》和《梨树县气象灾害突发事件应急预案》。2008 年 1 月,市政府将气象灾害应急工作纳入县政府公共事件应急体系。

专业专项服务 1984 年开展专业专项气象服务,针对粮库粮食晾晒的需要,提供短、中期专项预报,当年签订服务合同 5 份。1985 年后,专业服务拓展到水库蓄水、防汛、房屋建筑、桥梁、公路、厂矿建设施工等行业。1992 年 3 月,购置天气预警接收机 12 台,向厂矿、企业、学校发布天气预报和预警信息。至 2000 年,累计签订服务合同 567 份。

人工影响天气 2001 年购置流动火箭发射装置 3 部,每年 4—8 月开展人工增雨作业。至 2008 年,共进行作业 56 次,累计发射火箭弹 480 枚。2006 年,吉林省人工影响天气办公室下拨给梨树县 4 门"三七双管高炮",建立 4 个防雹作业点。至 2008 年,共开展防雹作业8 次,累计发射炮弹 210 发。

防雷服务 1998 年开始避雷针检测服务,截至 2008 年,共检测避雷针 3560 点(处)。

科普宣传 2001 年开始,每年在 3 月 23 日世界气象纪念日,气象局对外开放,向广大青少年讲解气象知识,同时在市中心向过往行人发放宣传单,利用宣传车到各乡镇宣传气象知识和法律法规,每年发放宣传单约 3500 份。

法规建设与气象管理

1. 气象法规建设

气象法规建设 1998 年,梨树县编委发文成立梨树县防雷中心。2007 年,梨树县人民政府办公室下发《关于进一步加强全县防雷减灾工作的通知》,同年,梨树县气象局和建设局联合下发了《梨树县建筑防雷工程设计审核、施工监督和竣工验收管理办法》,把防雷减灾纳入气象行业管理,授权气象部门负责雷电灾害防御工作的组织管理,并会同有关部门对可能遭受雷击的建筑物、构筑物和其他设施安装的防雷装置进行检测。2001 年 4 月,梨树县人工影响天气办公室成立,办公地点设在气象局,其职责是在县政府的领导和协调下,管理、指导和组织实施人工影响天气作业。2005 年,《梨树县气象观测环境保护控制图》在梨树建设局进行了环境保护备案。2008 年 1 月,《梨树县人民政府关于印发梨树县气象灾害应急预案的通知》将气象灾害应急工作纳入县政府公共事件应急体系,成立了气象灾害应急、防雷减灾、人工影响天气 3 个领导小组,负责日常工作。

依法行政 2007 年,在梨树县政务大厅设立气象窗口,行使气象行政审批职能。成立气象行政执法大队,4 名兼职执法人员均通过省政府法制办培训考核,持证上岗。2006—2008 年,与安监、建设、教育等部门联合开展气象行政执法检查 10 余次。

2. 气象管理

业务质量考核制度 建站开始,实行了严格的业务考核制度。观测记录不准字上改字,不准涂改伪造记录,下一班要校对上一班记录,并进行错情登记;上级业务主管部门进行月、季、年业务质量考核通报。1995 年,赵凤珍获得吉林省气象局举办农业气象业务表演赛第一名;1996 年至 1998 年度,赵凤珍获得吉林省气象局授予的创收能手称号;2001 年郑志杰、2002 年马旋、2007 年卢雪飞被吉林省气象局评为全省优秀值班预报员;1987 年至 1988 年、2006 年至 2008 年,赵凤珍 2 次获得吉林省气象局"百班无错情"奖励。

目标管理责任制度 1987 年开始,实行目标管理责任制。把各项工作任务都纳入目标管理,层层分解,层层签定目标管理任务书。每年都进行认真考评,把考评结果作为奖惩依据。梨树县气象局 5 次获四平市气象局目标管理先进集体奖。

规章制度 1997 年年初开始制定《梨树县气象局综合管理办法》,以后逐年完善和修订,主要内容包括各科室业务工作规章制度、奖罚制度、请消假制度、财务管理制度、办公室管理制度、车辆管理制度、奖金分配制度等。

党建与气象文化建设

1. 党建工作

党组织建设 1959 年至 1964 年有中共党员 3 人,参加水利局党支部。1972 年建立党支部,支部书记董长贵。1973 年发展党员 1 名。1977 年 1 月至 1977 年 12 月,由邓荣家任支部书记,党员人数 3 人。1978 年 1 月至 1979 年 12 月,由于金玉任党支部书记,党员人数5 人。1980 年 1 月至 1981 年 1 月,由范广禄任党支部书记,党员人数 6 人。1981 年 2 月至1985 年 5 月,由于金玉任党支部书记,党员人数 6 人。1985 年 6 月至 1988 年 5 月,由赵凤珍任党支部书记,党员人数 6 人。1986 年至 1989 年,发展党员 3 名。1988 年 6 月至 1992年 2 月,由丁富任党支部书记,党员人数 7 人。1992 年 3 月至 1996 年 5 月,由宋桂芝任党支部书记,党员人数 6 人。1996 年 6 月至 2000 年 12 月,由赵凤珍任党支部书记,党员人数4 人。2001 年至 2007 年,由任庆田任党支部书记,党员人数 4 人。2008 年开始,马旋任党支部书记,党员 6 人。在县直机关党工委的领导下,2003—2005 年,被县直机关党工委评为优秀党支部。2001年至2003年、2005年至2007年,赵凤珍同志、2008年马旋同志、焦溪平同志被县直机关党工委评为优秀党员。

党风廉政建设 1987年开始,把党风廉政建设纳入目标管理责任制的考核内容,年终进行严格考评。1996年开始,按省局党组要求,建立重大问题由党支部集体讨论决定的制度。1999年,制定了《梨树县气象局领导班子党风廉政建设制度》《梨树县气象局领导班子廉洁自律制度》,规定一把手"四个不直接管",即,不直接管财务,不直接管人事,不直接管工程发包,不直接管大宗物资采购,建立自我约束机制。2002年起,连续7年开展党风廉政教育月活动。2004年4月,设立纪检监察员,制定监督检查机制,开展阳光政务,加强对干部特别是领导干部权利的监督,实行领导干部每年年终述职述廉和任期审计制度。实行政务公开,将气象法律法规赋予部门的管理职能、管理权限、审批项目、办事程序、办事时限、收费标准、处罚规定、服务承诺和社会监督等项内容,通过县政务大厅公开板和电视媒体形式向社会公开。将单位年度财务预算决算、经费使用、物资采购、基建项目、招待费用、干部任用、职称评定、评先选优和考核奖惩等项内容利用单位公示板、信息栏、会议和建立制度册等形式向职工公开。2005年起,每年开展局领导党风廉政述职报告和党课教育活动,并层层签订党风廉政目标责任书。2006年,成立政务公开领导小组和政务公开监督小组,建立健全政务公开监督检查机制。2005年,梨树县气象局被中国气象局授予政务公开先进单位。

2. 气象文化建设

梨树县气象局1993年开始花园式台站建设,1997年开始创建文明单位,1998年开展规范化服务活动。2002年,办公楼设立职工图书阅览室,在气象大院内建篮球场、健身广场。2003年,开展创先争优、扶危济困、学做创、包,保助学活动。2004年开展"五个一"(组织一项思想道德实践活动、开展一次技能业务竞赛、健全一套科学的职业道德规范、培养树立一批先进典型、建立一个优美的工作环境)活动。

3. 荣誉

奖励 1980年至2008年,梨树县气象局共获集体荣誉23项、个人获各种奖励34人次。1982年验收完成的"梨树县农业气候区划",获吉林省农业区划委员会区划成果三等奖。2002—2003年度被省委省政府授予精神文明建设先进单位。2004—2006年度,被吉林省精神文明建设指导委员会授予先进单位。2007年被吉林省气象局评为"标准化台站"。2005年,梨树县气象局被中国气象局授予政务公开先进单位。

参政议政 1984年3月,宋桂芝当选为县人大代表。1985年4月,丁国香当选为四平市第一届人民代表大会代表。1987年3月,宋桂芝当选为第七届县政协委员。1998年2月,郑志杰当选为第十届县政协委员,十届二次会议增补为政协常务委员,十一届、十二届、十三届常务委员。

台站建设

台站基本建设 1958年建站时,在梨树镇购买土坯房6间,其中3间做办公室,3间做职工住房。1961年因县政府搬迁,气象站随迁至郭家店镇,省气象局拨付部分经费,县水利局支援大部分木材在郭家店镇北山新站址修建土坯结构办公室5间、职工住房7间。1966年县政府又从郭家店镇迁回梨树镇,省气象局拨款在梨树镇西门外,修建土坯结构办公室5间,在街内修建土坯结构职工住房7间。1975年,省气象局拨款建220平方米砖混结构办公楼。1993年省气象局拨款,在原办公室一层的基础上接第二层,增加办公面积80平方米。2003年,自筹资金在办公室北侧修建100平方米的车库。2004年自筹资金在车库的上面修建了100平方米的会议室和办公室。2008年省气象局下达基建指标65万元,后续追加10万元,共计75万元,对原办楼进行翻建。

1975年的梨树县气象局办公楼   2008年新建的梨树县气象局办公楼

园区建设 2001—2004年梨树县气象局分期分批对机关院内的环境进行了建设和绿化,规划整修了道路,对办公楼和家属楼的前后进行了硬面化,庭院内修建了花池,栽种了树墙,装修了业务值班室,完成了业务系统的规范化建设,2007年建成"标准化台站"。

公主岭市气象局

公主岭市地处吉林省中西部松辽平原腹部,东辽河中游右岸。地势平坦,土地肥沃,耕地面积为23万公顷,是国家商品粮基地和玉米出口基地。幅员4058平方千米,人口107.5万。市境南和东南与伊通满族自治县相连,东和东北分别与长春市郊区、农安县为邻,北与长岭县交界,西与双辽市接壤,隔东辽河与梨树县相望。属温和半湿润气候区。公主岭市气象局位于公主岭市苇子沟乡獾子洞村。

机构历史沿革

历史沿革 公主岭市气象观测开始于20世纪初期。据《满洲农业气象报告》记载:1915年1月1日至1933年,日本南满铁道株式会社公主岭农场在场内设站(北纬43°31′,东经124°48′),每日10时1次观测。1933年11月,伪满中央观象台成立,把公主岭列为简易气象观测之内,由观象台进行技术指导和汇集出刊记录。资料年代从1915—1943年。

1948 底,东北全境解放,1949 年 1 月 1 日公主岭气象站正式成立。1959 年公主岭气象站移交东北农业科学院。1960 年,吉林省气象部门开始在怀德县公主岭镇西郊苇子沟乡獾子洞村(北纬 43°31′,东经 124°48′,海拔高度 200.4 米)建怀德县气候站,1961 年 1 月 1 日开始气象观测,1966 年 4 月,改为怀德县气象站。1970 年 12 月改为怀德县革命委员会气象站。1973 年 7 月又改为怀德县气象站。1985 年 3 月,国务院批准撤销怀德县,设立公主岭市。1985 年 6 月 9 日,怀德县气候站改名为公主岭市气象站。1988 年 1 月增设公主岭市气象局,局站合一,一个机构两块牌子。属国家一般气象站。

管理体制　怀德县气候站建站初期,归属怀德县农林局领导,气象业务归省、地气象部门管理。1963 年 8 月 1 日,全省气象台站收归省气象局领导,气象站的人事、财务、业务技术指导和仪器设备等统一由省气象局直接管理,有关行政、思想教育等由怀德县人民委员会负责。1970 年 12 月 18 日,全省气象部门实行党的一元化领导和半军事化管理,更名为怀德县革命委员会气象站,归怀德县革命委员会和怀德县武装部双重领导,以武装部领导为主,气象业务由省、地气象部门管理。1973 年 7 月 12 日,归怀德县革命委员会建制,由怀德县农业局领导,气象业务仍由省、地气象部门管理。1980 年 7 月 1 日,全省气象部门实行省气象局和地方政府双重领导,以省气象局领导为主的管理体制,省气象局负责领导管理全省气象台站的气象业务、人事、劳动工资、计划财务、仪器装备等工作,政治思想、党团行政、职工子女就业、基建和生产维修物资供应等,由当地党政部门负责。怀德县气象站既是省气象局和四平地区气象局的下属单位,又是怀德县的科局级单位,直属县人民政府领导。

人员状况　1961 年建站 8 人,1983 年 16 人,1987 年 11 人,1996 年 11 人,2001 年 9 人,2006 年定编 8 人,2008 年在编 9 人。现有职工中大学学历 4 人,大专学历 4 人,中专学历 1 人;中级专业技术人员 4 人,初级专业技术人员 5 人;50～55 岁 4 人,40～49 岁 3 人,40 岁以下的 2 人。

机构设置　1959 年建站单位设测报组,1960 年增设预报组(兼职农业气象)。1984 年,测报与预报组改设为测报股、预报股,增设农气股(1986 年撤销)。1991 年,增设科技服务股。1999 年,测报与预报股改设为观测科、预报服务科,科技服务股改设为法规与科技服务科。2005 年预报服务科改设为气象台,法规与科技服务科改设为气象科技应用中心,增设办公室。2008 年,观测与预报合二而一,设综合业务科(对外称气象台)、气象科技应用中心、办公室等机构。

主要负责人更替情况

时间	职务	负责人
1960.06—1962.06	站　长	窦延明
1962.06—1969.11	站　长	李惠民
1969.11—1970.04	负责人	代德泉
1970.04—1972.12	站　长	王云鼎
1973.01—1973.12	站　长	张　庆
1974.01—1977.06	站　长	许太金
1977.06—1985.12	站　长	李大锡

时间	职务	负责人
1985.12—1991.08	局 长	张世居
1991.08—1996.03	局 长	代德泉
1996.03—2005.01	局 长	魏 军
2005.01—	局 长	丁志勇

气象业务与服务

1. 气象观测

①地面气象观测

观测时次与日界 1961 年 1 月 1 日起,采用北京时,每日进行 08、14、20 时 3 次定时观测,以 20 时为日界,夜间不守班。1964 年 1 月 1 日起,每日进行 02、08、14、20 时 4 次定时观测,昼夜守班。1966 年 3 月 1 日起,每日进行 08、14、20 时 3 次定时观测,夜间不守班。1971 年 7 月 1 日起,每日进行 02、08、14、20 时 4 次定时观测,昼夜守班。1973 年 4 月 1 日起,仍为每日 4 次定时观测,改为夜间不守班。1989 年 1 月 1 日起,每日进行 08、14、20 时 3 次定时观测,夜间不守班。

观测项目 观测项目有云、能见度、天气现象、气压、空气温度和湿度、风向风速、降水、雪深、日照、地温、冻土等。1968 年增加蒸发量的观测。

气象报告 建站开始,向吉林省气象台拍发小天气图报告,1999 年 3 月 1 日起,停发小天气图报,开始试拍发"加密气象观测报告",2001 年 4 月 1 日使用《AHDM4.1》版软件编发报和编制报表,正式拍发"加密气象观测报告"。

1963 年 5 月开始,向吉林省气象台拍发 06—06 时日雨量报,1970 年开始,日雨量报改为 05—05 时拍发。

1964 年开始,每年 5 月 1 日—9 月 30 日向吉林省气象台、四平市气象台拍发雨量加报,1966 年 3 月 21 日起,雨量加报改为每年 6 月 1 日—9 月 30 日拍发。

1984 年 4 月 1 日开始编发重要天气报,不再拍发日雨量报和雨量加报,发报内容包括降水、大风、龙卷、积雪、雨凇、冰雹,2008 年 6 月 1 日起,增加雷暴、视程障碍现象(霾、浮尘、沙尘暴、雾)的编报。

2005 年 4 月 16 日起,每天 08 时 30 分至 09 时编发日照时数及蒸发量实况报。

航危报 1970 年 1 月 1 日起,承担固定或预约航空天气报和危险天气报。航空报发报内容有云、能见度、天气现象、风向风速,危险报发报内容有恶劣能见度、雷雨形势、冰雹、大风、雷暴、龙卷。

气象报表 建站开始,每月编制地面气象月报表(气表-1),一式 3 份,向吉林省气象局、四平市气象局各报送 1 份,本站留底本 1 份。每年编制地面气象年报表(气表-21),一式 4 份,向国家气象局、吉林省气象局、四平市气象局各报送 1 份,本站留底本 1 份。

1961 年至 1965 年 12 月制作温度、湿度自记记录月报表(气表-2);1962 年到 1979 年 9

月制作降水自记记录月报表(气表-5)、降水自记记录年报表(气表-25);1971年1月到1979年12月制作风向风速自记记录月报表(气表-6);1980年1月气表-5、气表-6停作,合并到气表-1,气表-25合并到气表-21,同年制作月简表。建站至1987年6月,气象报表用手工抄写方式编制,1987年7月开始使用微机打印气象报表,向上级气象部门报送气象报表和磁盘,审核后盖章返回本站。2006年1月通过气象专线网向四平市气象局传输原始资料和报表,经上级气象部门审核,本站将原始资料和报表做成光盘,将报表打印存档。

资料档案   从2004年7月起,将建站以来的气象记录档案(除日照纸)全部移交到吉林省气象档案馆,站内不再保留气象记录档案。

现代化观测系统   1985年气象站配备了PC-1500袖珍计算机,自1986年1月1日起使用PC-1500袖珍计算机取代人工编报。2003年9月DYYZ-Ⅱ型自动气象站建成,11月1日开始试运行。自动气象站观测项目有气压、气温、湿度、风向、风速、降水、地温、草温等,观测项目全部采用仪器自动采集、记录,替代了人工观测,2004年1月1日自动气象站投入双轨业务运行,2006年1月1日,自动气象站正式单轨业务运行。自2007年1月1日起不再保留气压、气温、湿度、风向风速自记仪器。

乡镇自动观测站   从2006年5月到2008年5月分三期在公主岭区域完成了43个中小尺度自动加密站建设,其中两要素站38个,四要素站4个,六要素站1个。

②农业气象观测

观测时间与项目   建站至1980年,开展农业气象试验工作,没有正式观测记录。1980年至1984年恢复农业气象观测工作,1985年开始停止观测。1990年4月10日开始,吉林省气象局恢复公主岭气象站为省级农业气象观测站,进行玉米、大豆作物观测,由于大豆种植面积小,没有代表性,经上级业务部门批准,只进行玉米作物观测;固定地段和农作物地段土壤墒情观测,测定深度为:0~10厘米、10~20厘米、20~30厘米、30~40厘米、40~50厘米。1997年开始固定观测地段土壤墒情测定深度调整为0~100厘米,10厘米为一层次;物候观测项目包括草本植物有蒲公英、马澜、车前子,木本植物观测有杏、苹果、旱柳,动物观测有蛙、家燕。2006年10月开始,进行地下水位、土壤风蚀、干沉降的试观测,2007年7月1日起正式观测。

仪器设备   配备了普通药物天平、取土钻、铝盒、电烘箱。

农业气象情报   依据国家气象局下发的气象旬(月)报电码(HD-03),常年向吉林省气象台拍发农业气象旬(月)报,编发内容为基本气象段、农业气象段、灾害段、产量段、地方补充段。每年3月21日至5月31日,1994年以后开始时间改为2月28日,向吉林省气象台、四平市气象台编发农业气象候报。

农业气象报表   在农作物观测期间,按照中央气象局下发的《农业气象观测方法》进行农业气象观测资料统计,编制农作物生育状况观测记录年报表(农气表-1)、固定地段土壤水分观测记录年报表(农气表-2)、自然物候观测记录年报表(农气表-3)。1994年开始,按照国家气象局修改后的《农业气象观测规范》编制农业气象观测记录报表,一式3份,在次年1月底前向吉林省气象局、四平市气象局各报送1份,本站留底本1份。

③电报传输

从建站起观测报文通过县邮电局专线电话口传发报。1986年开始通过甚高频电话,经四平市气象局传至吉林省气象台。1997年建立信息终端。1999年用拨号方式通过分组交换网(X.28协议),将观测电报传输到吉林省气象信息中心。2003年5月与四平市气象局开通DDN专线,通过网络上传电报,2006年改为SDH光纤专线发报。

2. 天气预报

短期天气预报 1961年开始先后制作补充订正预报和单站预报。收听省气象台天气形势广播,总结群众经验和谚语,使用小天气图、要素演变曲线图、时间剖面图等工具制作短期预报。1972年起使用数理统计预报方法,建立回归预报方程、聚类分析等工具制作预报。1983年配备123型传真图接收机,接收北京和日本的传真图表,研究经地方MOS输出统计方法,建立晴雨、降水、最高、最低气温等MOS预报方程。1984年MOS预报方法投入短期预报业务,至1986年建成天气模型、模式预报、经验指标等三种基本预报工具。1999年PC-VSAT地面卫星单收站建成并正式启用,传真接收机停止使用。单收站接收数值预报图和云图、雷达等信息,利用上级气象台的数值预报指导产品,通过人机交互Micaps1.0处理系统,结合本站的大雨MOS方程等工具,制作订正预报。至2008年Micaps处理系统已升级为3.0版本。1986年7月开通甚高频对讲电话,实现与四平市气象局及各县气象站直接会商。2006年实现市、县天气预报可视会商。

中期天气预报 1964年开始制作中期预报。使用韵律、点聚图和3~5年降水、气温趋势滑动平均等方法制作中期预报。1983年后不再制作中期预报,根据上级气象台的旬预报,结合分析本地气象资料和经验进行订正后提供给服务单位。

长期天气预报 从1965年开始制作长期预报。从总结群众经验、历史资料验证入手,运用数理统计、韵律、找相关相似和周期规律等方法建立长期预报指标,制作月、季、年度冷暖、旱涝趋势预报。1983年以后,不承担长期预报业务。根据服务需要,订正省气象台的长期趋势预报提供给服务单位。

3. 气象服务

公众气象服务 从1961年开始,通过县广播站用有线广播向全县发布天气预报信息,每天早晚各广播一次。1997年6月建立电视天气预报节目制作系统,每天在电视台播出两次。2006年各县电视天气预报节目由四平市气象局统一制作,气象主持人走上荧屏,由县电视台播出。1997年开通"121"天气预报自动答询系统,每月平均电话访问量约8000次。2005年升级为"12121"。每年为社会大型活动提供气象保障。

决策气象服务 20世纪80年代采用电话汇报、材料寄送等方式向县政府和农业部门提供3—5月春季播种期预报、6—8月汛期降水预报。1990年后增加《重要天气报告》、《气象信息》、《汛期(5—9月)天气形势分析》等决策服务产品,通过传真、电子邮件等形式向县政府报送。2006年制订《公主岭市气象局决策服务周年方案》,对不同季节重要农事活动做出服务安排。同年制订《公主岭市突发气象灾害应急预案》,2008年市政府将气象灾害应急工作纳入市政府公共事件应急体系。

1986年8月公主岭市发生百年不遇洪水。卡伦水库超警戒水位,有发生溃坝的危险。市政府组织抗洪抢险,准备炸掉大坝。公主岭市气象局分析天气形势,做出后期降水明显减弱的预报,向政府建议不要炸坝。市政府领导采纳了气象局的建议,保住了大坝,减少了损失。公主岭市气象局受到市委、市政府表彰,有一人立功。

专业专项服务 1984 年开始开展专业有偿服务,当年与公主岭市粮食局签订合同 1 份,向 32 个粮库提供粮食晾晒期间短期预报。服务领域逐步扩展到水利、种子公司、交通、森林、农电、建筑等部门。1992 年购置气象警报接收机 14 台,在各个粮库安装使用。每天定时播放 2 次 24 小时天气预报,遇有重要天气增加播放次数。

人工影响天气 2001 年配备"三七"防雹高炮 14 门、流动人工增雨火箭作业车 3 台。每年春季开展人工增雨作业,年平均发射"三七"防雹炮弹 400 发、增雨火箭弹 50 发。2001 年至 2008 年累计发射"三七"炮弹 10000 余发、火箭弹 400 发。

避雷设施检测服务 防雷检测服务始于 1998 年,每年为各单位检测避雷针等防雷设施 300 多点(处),截至 2008 年共检测避雷设施约 3000 点。

科普宣传 自 2001 年起,每年在"3·23"世界气象日开展宣传气象知识活动,出动宣传车三辆,在市中心设立宣传板 10 块,发放宣传单 3000 余份。2005 年至 2008 年设立气象知识咨询台。2006 年至 2008 年,每年 3 月 23 日,公主岭市气象局对外开放,向广大青少年和市民讲解气象知识,并在当日公主岭市电视台晚间新闻节目中播出。

法规建设与管理

1. 气象法制建设

气象法规建设 1998 年,市政府成立雷电灾害防护管理办公室,办公室设在气象局,把防雷减灾纳入气象行业管理,授权气象部门负责雷电灾害防御工作的组织管理,并会同有关部门对可能遭受雷击的建筑物、构筑物和其他设施安装的防雷装置进行检测工作。2003 年,市政府成立了人工影响天气指挥部,把人工增雨防雹办公室设在气象局,授权气象部门在政府的领导和协调下,管理、指导和组织实施人工影响天气作业。2006 年公主岭市政府下发《公主岭市人民政府办公室关于印发公主岭市突发性气象灾害应急预案的通知》,把《气象灾害应急预案》纳入市政府公共事件应急体系。2008 年,把气象探测环境保护工作纳入立法计划。

依法行政 2002 年,给 4 名气象人员办理行政执法证,依法履行《中华人民共和国气象法》赋予的法律责任。2003 年 2 月,气象局管理的行政许可项目正式进入公主岭市政府政务审批中心。2005 年,公主岭市气象局在政务大厅设立行政审批窗口。

2. 气象管理

业务质量考核制度 建站开始,就实行了严格的业务考核制度。观测记录不准字上改字,不准涂改伪造记录,下一班要校对上一班记录,并进行错情登记。1977 年以来,有 3 人获测报"百班无错情",1 人获"优秀预报员"。

目标管理责任制度 1987 年开始,实行目标管理责任制。把各项工作任务都纳入目标管理,层层分解,层层签订目标管理任务书,每年都进行认真考评,把考评结果作为奖惩依据。公主岭市气象局 36 次获省、市气象局和公主岭市政府奖励。

规章制度 1980 年开始逐步制定公主岭市气象局综合管理制度,2007 年全面修订各方面制度,健全各项工作领导小组。完善党支部民主生活会制度、党务公开制度;健全行政管理制度、学习制度、财务管理制度、安全保卫制度、局务会制度以及各种值班制度等三十余项。

党建与精神文明建设

1. 党建工作

党组织建设 1960 年建站时有 5 名党员,编入怀德县水电局党支部。1973 年成立怀德县气象站党支部,张庆任支部书记,1974 年许太金任支部书记,1977 年李大锡任支部书记,1986 年施云飞任支部书记,1994 年魏军任支部书记,1996 年施云飞任支部书记,1998—2008 年郑晓光任支部书记。在公主岭市政府机关党工委的领导下,发展 8 人入党,2000—2008 年,连续被公主岭市委党工委评为先进党支部。2000 年被省政府评为"三个代表"在基层先进单位。

党风廉政建设 1987 年开始,把党风廉政建设纳入目标管理责任制的考核内容,年终进行严格考评。1996 年开始,按省局党组要求,建立重大问题由党支部集体讨论决定的制度。1999 年,制定了《公主岭市气象局领导班子党风廉政建设制度》、《公主岭市气象局领导班子廉洁自律制度》。2004 年 4 月,设立纪检监察员,并建立重大事项三人(局长、副局长和纪检监查员)决策制度,实行领导干部年终述职述廉和任期审计制度。2006 年,实行政务公开,成立"政务公开领导小组"和"政务公开监督小组",建立健全政务公开制度和监督检查机制。将气象法律法规赋予部门的管理职能、管理权限、审批项目、办事程序、办事时限、收费标准、处罚规定、服务承诺和社会监督等项内容,通过市政务大厅公开板和电视媒体形式向社会公开;将单位年度财务预算决算、经费使用、物资采购、基建项目、招待费用、干部任用、职称评定、评先选优和考核奖惩等项内容,利用单位公示板、信息栏、会议和建立制度册等形式向职工公开。2005 年,开展建设文明机关、和谐机关和廉政机关活动。

2. 精神文明建设

1993 年开始花园式台站建设,1996 年建成干净、整齐、美观的花园式台站。1996 年开始创建文明单位,1997 年被评为公主岭市精神文明建设先进单位,2001—2002 年度、2003—2004 年度、2005—2006 年度连续三次被评为四平市精神文明建设先进单位。1998 年,完成了文化活动室和图书阅览室建设。迁入新址后,办公楼内部设有职工图书阅览室,购置健身器材和乒乓球台,气象大院建有篮球场、健身广场、职工休闲广场、老干部活动室。2005 年开展"五个一"活动,每年的重要节假日,都和社区开展联手共建结对子活动,开展群众性文体活动,参加市政府组织的文体活动。

3. 荣誉

获奖情况 从 1979 年至 2008 年,公主岭市气象局共获集体荣誉 50 项,个人获省、四平市、公主岭市政府及气象部门奖励 50 人次,其中,2000 年被省政府评为"三个代表"在基层先进单位。

参政议政　刘景贤为政协公主岭市第五届委员,第六届常委委员;戴德泉为第七、第八、第九届委员;魏军为政协公主岭市第十、第十一届委员;丁志勇为政协公主岭市第十二届委员。

台站建设

1960 年建站,占地 6854 平方米,建砖瓦结构办公室 230 平方米,中间有 18 平方米二层楼。1978 年省气象局拨款 8 千元,建砖瓦结构家属房 50 平方米。1980 年省气象局拨款 5 万元,建砖瓦结构家属房 230 平方米。1984 年省气象局拨款 2 万元,建砖瓦结构家属房 120 平方米。1986 年省气象局拨款 5 万元,翻建办公室面积为 230 平方米,新建砖瓦结构家属房 160 平方米。1988 年省气象局拨款 2 万元,修建围墙 290 延长米。2003 年省气象局拨款 8 万元,对原有办公室内外进行装修。2007 年省气象局拨款 78 万元,地方政府匹配 20 万元,自筹 20 万余元,新建 565 平方米二层办公楼一栋,大理石电子门,路面硬化 1732 平方米,绿化面积 4000 平方米,重新修建院内大门墩、电动伸缩门,地面观测场更换白钢围栏,栽植风景树、花草,修建花坛、长廊、凉亭各一个,办公室内设有 90 平方米的气象预警中心业务平台,办公环境彻底得到改善。

建站初期的办公楼

公主岭市气象局新办公楼

伊通满族自治县气象局

伊通满族自治县位于吉林省中南部,东与长春市双阳区接壤,西与公主岭市毗邻,南接东辽、东丰、磐石,北靠长春市。地处长白山脉向松辽平原过渡的丘陵地带,域内有 16 座火山锥体,属温和半湿润气候区。总面积 2523 平方千米;总人口 48 万人,其中满族约占 38%。伊通县历史悠久,为满族发祥地之一。1913 年(民国 2 年)设立伊通县,1947 年 10 月 1 日,伊通全境解放,隶属吉林省,1988 年 8 月 30 日,撤销伊通县,设立伊通满族自治县(以下简称伊通县),隶属四平市。县政府驻伊通镇,伊通满族自治县气象局位于伊通镇东北郊外苗圃地内、长春至东丰公路西侧。

伊通县气象站建站以来,中国气象局领导饶兴、左明、郑国光、孙先健等先后来伊通气象局(站)检查指导工作。

机构历史沿革

历史沿革   伊通县气象观测开始较早,1935 年 5 月伪满中央观象台在伊通设立气象观测所,1936 年在伊通二龙山设立雨量站。其中伊通(北纬 43°32′,东经 125°40′)资料年代从 1935—1940 年、1944—1945 年 4 月、1946 年 8 月—1947 年 4 月。

1957 年夏,伊通县气象站开始筹建,站址选在伊通镇东北郊外的县苗圃地内、长春至东丰公路路西。1957 年 11 月 1 日正式开始气象观测。属国家一般气象站,位于北纬 43°21′,东经 125°17′,观测场海拔高度 248.1 米。

管理体制   1957 年 11 月建站,归吉林省气象局领导。1958 年 1 月 1 日,全省气象台站的干部管理和财务管理工作下放到各县(市)人民委员会有关单位直接管理和领导,伊通县气象站归伊通县农林水利局领导,气象业务仍归省气象局和地区气象台管理。同年夏,与县水文站合并,成立伊通县水文气象中心站。1960 年,农林水利局分成农林局和水利局,归县水利局领导。1963 年 8 月 1 日,全省各地气象台站收归省气象局领导,气象台站的人事、财务、业务技术指导和仪器设备等统一由省气象局直接管理,有关行政、思想教育等由伊通县人民政府负责。1963 年 8 月 19 日改名为吉林省伊通县气候站。1966 年 3 月改为吉林省伊通县气象站。1968 年 6 月归伊通县革命委员会生产指挥部领导。1970 年 2 月改名为伊通县革命委员会生产指挥部气象站。1970 年 12 月 18 日,全省气象部门实行党的一元化领导和半军事化管理,气象业务由省、地气象部门管理,气象站划归伊通县人民武装部领导。1971 年 11 月起又恢复吉林省伊通县气象站称号。1973 年 6 月由武装部交出,归县委办公室领导,气象业务仍归省、地气象局管理。1980 年 7 月 1 日,全省气象部门实行省气象局和地方政府双重领导,以省气象局领导为主的管理体制,省气象局负责领导管理全省气象台站的气象业务、人事、劳动工资、计划财务、仪器装备等工作,政治思想、党团行政、职工子女就业、基建和生产维修物资供应等,由当地党政部门负责。伊通县气象站既是省气象局和四平市气象局的下属单位,又是伊通县的科局级单位,直属伊通县人民政府领导。1988 年 12 月,增设伊通县气象局,局站合一,一个机构,两块牌子。

人员状况   1957 年建站初期有 3 人,1983 年 13 人,1987 年 13 人,1996 年 11 人,2001 年 9 人,2006 年定编 8 人,2008 年在编职工 8 人。现有在职职工中党员 8 人;大学以上学历 3 人,大专学历 1 人;中级专业技术人员 5 人,初级专业技术人员 3 人;年龄 50 岁以上 4 人,40~49 岁 1 人,40 岁以下的有 3 人。

机构设置   1959 年设测报组。1960 年增设预报组(兼职农业气象)。1980 年,测报与预报组改设为测报股和预报股,增设农气股(1986 年撤销)。1991 年,增设科技服务股。1999 年,测报与预报股改设为观测科和预报服务科,科技服务股改设为法规与科技服务科。2005 年预报服务科改设为气象台,法规与科技服务科改设为气象科技应用中心,增设办公室。2008 年,观测与预报合二而一,设综合业务科(对外称气象台)。至此,单位设有综合业务科、气象科技应用中心、办公室等机构。

主要负责人更替情况

年代	职务	负责人
1957.09—1970.02	站长	李长立
1970.02—1971.08	站长	冀 德
1971.08—1971.10	站长	王宪林
1971.11—1972.11	站长	冀 德
1972.12—1975.11	站长	李长立
1975.12—1976.02	站长	王凤鸣
1976.03—1982.04	站长	郑 贵
1982.05—1983.12	站长	李长立
1984.01—1988.08	站长	刘贵江
1988.08—2001.01	局长	刘贵江
2001.01—2003.02	局长	王福祥
2003.02—2005.02	局长	张静波
2005.02—	局长	赵永侠

气象业务与气象服务

1. 气象观测

①地面气象观测

观测时次和日界　1957 年 11 月 1 日至 1960 年 6 月 30 日,采用地方平均太阳时,每日进行 01、07、13、19 时 4 次定时气候观测,以 19 时为日界。1960 年 7 月 1 日开始,采用北京时,每日进行 02、08、14、20 时 4 次定时气候观测,以 20 时为日界,夜间不守班。1961 年 1 月 1 日至 1963 年 12 月 31 日,每日进行 08、14、20 时 3 次定时气候观测,夜间不守班。1964 年 1 月 1 日起,由 3 次定时气候观测改为每日进行 02、08、14、20 时 4 次定时气候观测,昼夜守班。1966 年 3 月 1 日起,由 4 次定时气候观测改为每日进行 08、14、20 时 3 次定时观测,夜间不守班。1971 年 4 月 1 日起,由 3 次定时气候观测改为每日进行 02、08、14、20 时 4 次定时气候观测,夜间不守班。1971 年 7 月 1 日起,每日进行 02、08、14、20 时 4 次定时气候观测,改为昼夜守班。1973 年 4 月 1 日起,仍为每日 4 次定时气候观测,改为夜间不守班。1989 年 1 月 1 日起,由 4 次定时气候观测改为每日进行 08、14、20 时 3 次定时气候观测,夜间不守班。

观测项目　建站时观测项目包括云、能见度、天气现象、气压、空气温度和湿度、风向风速、降水、雪深、日照、蒸发、地温、冻土。根据四平市气象局决定,从 1962 年 8 月 31 日起,停止蒸发量观测,1964 年 1 月 1 日起,恢复蒸发量的观测。

气象电报　建站开始向吉林省气象台拍发小天气图报告,从 1999 年 3 月 1 日起停发小天气图报,开始试拍发"加密气象观测报告",2001 年 4 月 1 日使用《AHDM4.1》版软件编发报和编制报表,正式拍发"加密气象观测报告"。1958 年开始,每年 7 月 1 日—9 月 10 日向吉林省气象台、四平市气象台拍发雨量加报,1964 年开始改为每年 5 月 1 日—9 月 30

日、1966 年 3 月 21 日起改为每年 6 月 1 日—9 月 30 日拍发。1963 年 5 月开始,向吉林省气象台拍发 06—06 时日雨量报,1970 年起,日雨量报改为 05—05 时拍发。1984 年 4 月 1 日开始编发重要天气报,不再拍发日雨量报和雨量加报,发报内容包括降水、大风、龙卷、积雪、雨凇、冰雹,2008 年 6 月 1 日起,增加雷暴、视程障碍现象(霾、浮尘、沙尘暴、雾)的编报。2005 年 4 月 16 日起,每天 08 时 30 分至 09 时编发日照时数及蒸发量实况报。1961 年至 1984 年承担航危报业务。

1985 年气象站配备了 PC-1500 袖珍计算机,自 1986 年 1 月 1 日起使用 PC-1500 袖珍计算机取代人工编报。

气象报表 1957 年 11 月开始,每月编制地面气象记录月报表(气表-1),一式 3 份,向吉林省气象局、四平市气象局各报送 1 份,本站留底本 1 份。每年编制地面气象记录年报表(气表-21),一式 4 份,向国家气象局、吉林省气象局、四平市气象局各报送 1 份,本站留底本 1 份。

1957 年 11 月—1965 年 12 月制作温度、湿度自记记录月报表(气表-2),1957 年 11 月—1960 年 2 月制作气压自记记录月报表(气表-2);1957 年 11 月—1960 年 12 月制作地温记录月报表(气表-3)、日照记录月报表(气表-4);1958 年 5 月—1979 年 9 月制作降水自记记录月报表(气表-5);1959 年—1960 年 12 月制作冻土记录月报表(气表-7);同时编制年报表 22、23、24、25、27。从 1961 年 1 月起,气表-3、气表-4 并入气表-1,相应的年报表并入气表-21。1971 年 1 月—1979 年 12 月制作风向风速自记记录月报表(气表-6)。1980 年 1 月起,气表-5、气表-6 停作,合并到气表-1;降水自记记录年报表(气表-25),合并到气表-21,同年制作月简表。

建站至 1987 年 6 月,气象报表用手工抄写方式编制。1987 年 7 月开始使用微机打印气象报表,向上级气象部门报送气象报表和磁盘,审核后盖章返回气象站。2006 年 1 月开始,通过气象专线网向四平市气象局传输原始资料和报表,经四平市气象局审核后,气象站将原始资料和报表做成光盘,并将报表打印存档。

从 2004 年 7 月起,将建站以来的原始气象记录档案(日照记录除外)移交到吉林省气象档案馆,气象站不再保留原始气象记录档案。

自动气象站 2003 年 9 月 DYYZ-Ⅱ型自动气象站建成,2004 年 1 月 1 日自动气象站投入双轨业务运行,2006 年 1 月 1 日,自动气象站正式单轨业务运行。自动气象站观测项目有气压、气温、湿度、风向、风速、降水、地温、深层地温、浅层地温、草温,观测项目全部采用仪器自动采集、记录,替代了人工观测。自 2007 年 1 月 1 日起不再保留气压、气温、湿度、风向风速自记仪器。

区域自动气象站 2006 年 6 月至 2008 年,建成 36 个自动气象观测加密站,其中温度、雨量两要素自动加密站 31 个,温度、雨量、风向、风速四要素自动加密站 5 个,全部投入运行。

②农业气象观测

观测时间与项目 1959 年开展农业气象观测,进行玉米、高粱、大豆、谷子、春小麦等 5 种作物的物候观测和黄太平、小香水、苹果梨等 3 种果树的物候观测、田间土壤湿度观测。1960 年开始只进行玉米、高粱、大豆、谷子、春小麦 5 种作物的物候观测和土壤湿度观测,1966 年观测停止。1979 年农业气象观测工作恢复,开展玉米、大豆的物候观测和土壤湿度观测,1983年取消玉米、大豆物候观测,保留土壤湿度观测。

1990年4月10日恢复伊通气象站为省级农业气象观测站,进行玉米、大豆作物观测,以及固定地段和农作物地段土壤墒情观测,测定深度为0~10厘米、10~20厘米、20~30厘米、30~40厘米、40~50厘米。1993年4月开始,停止作物生育期、动植物的物候观测、作物地段和固定地段土壤水分的观测,承担农业气象一般站的观测项目。

农业气象情报 依据国家气象局下发的气象旬(月)报电码(HD-03),常年向吉林省气象台拍发农业气象旬(月)报。每年3月21日至5月31日(1994年起开始时间改为2月28日),进行土壤湿度观测,向吉林省气象台、四平市气象台编发农业气象候报。

农业气象报表 在农作物、物候观测期间,按照中央气象局下发的《农业气象观测方法》进行农业气象观测资料统计,编制农作物生育状况观测记录年报表(农气表-1)、固定地段土壤水分观测记录年报表(农气表-2)、自然物候观测记录年报表(农气表-3),一式3份,在次年1月底前向吉林省气象局、四平市气象局各报送1份,本站留底本1份,1993年起停止编制各类农业气象报表。

③气象电报传输

自建站起通过当地邮电局专线电话发报。1986年起通过甚高频电话向四平市气象局发小图报、农气报,由市气象局转发到省气象台。1997年建立信息终端。1999年用分组交换网(X.28协议)拨号方式将报文传输到吉林省气象信息中心。2003年与四平市气象局开通DNN专线发报,2006年改为SDH光纤专线通过网络传输。

2. 天气预报

短期天气预报 1958年开始收听省气象台天气形势广播,加看天经验开展补充订正预报。通过绘制单站气象要素曲线图,使补充订正预报有所提高。1960年积累预报经验,逐个统计过程日历与本站降水的关系,建立订正预报个例档案,形成有自己特点的单站预报。1972年后应用数理统计预报技术,建立回归预报方程、使用聚类分析等方法制作预报。1980年配备56型收报机和123型传真图接收机,接收北京和日本的传真图表,使用地方MOS输出统计方法,建立晴雨、降水、最高、最低气温等MOS预报方程。1983年4月1日将MOS预报方法全面投入短期预报业务。至1986年建成天气模型、模式预报、经验指标等三种基本预报工具。1986年7月使用甚高频电话,实现与四平市气象局及各县气象站直接会商。1999年10月PC-VSAT单收站建成并正式启用,接收数值预报图和云图、雷达等信息,利用上级气象台的数值预报指导产品,通过人机交互Micaps1.0处理系统,结合本地资料和部分MOS预报方程制作订正预报。2006年开通市、县天气预报可视会商。至2008年Micaps处理系统已升级为3.0版本。

中期天气预报 从1964年开始运用自行研制的韵律迭加、分析日平均气压特征等方法制作中期降水过程预报。1983年后不再制作中期预报,根据四平市气象台的旬预报,结合分析本地气象资料和经验,提供给服务单位。

长期天气预报 从1965年开始制作长期预报。从总结群众经验、历史资料验证入手,运用数理统计、韵律、找相关相似和周期规律等方法建立长期预报指标,制作月、季、年度冷暖、旱涝趋势预报。1983年以后,不承担长期预报业务。根据服务需要,订正省气象台的长期趋势预报提供给服务单位。

3. 气象服务

公众气象服务 1958年起,利用有线广播发布天气预报,每天2次播出24小时天气预报。1985年开始每天16时向县电视台提供24小时天气预报,由电视台以文字形式播出。1997年建立电视天气预报节目制作系统,制作的电视天气预报节目由伊通县电视台播出。2007年天气预报节目由四平市气象局统一制作,气象主持人走上荧屏,由县电视台播出。1997年7月正式开通"121"天气预报自动答询系统,2005年升级为"12121"。

2005年开通手机气象短信服务和节日气象服务,同时对南山旅游节、牧情谷旅游节等大型社会活动提供气象保障服务。2008年在伊通农网建立天气专栏开展网络气象服务。

决策气象服务 从1958年开展天气预报以来,以口头或书面方式向县委、县政府提供年景预报、适宜播种期预报服务。1990年开始逐步开发《重要天气报告》、《气象情报》、《天气预报》、《农作物生育期预报》、《适宜播种期预报》、《汛期(6—9月)天气形势分析》等决策服务产品。通过传真、网络等形式将服务信息报送到政府及有关服务部门。2005年制定了《伊通县气象局决策服务周年方案》和《伊通县突发公共事件应急预案》。2008年1月市政府将气象灾害应急工作纳入县政府公共事件应急体系。在2006年"8·12"暴雨洪涝、2007年"8·8"龙卷等气象灾害服务中,启动气象灾害应急预案,及时向县委、县政府和有关部门发出预警信息,提供决策服务。

专业专项服务 1984年起开展专业专项有偿服务,服务领域从农业和粮食部门发展到交通、建筑、商贸等行业和部门。1986年建立气象警报系统,购置天气警报接收机30台,安装到交通、粮食行业以及各乡镇,每天广播2次,播出24、48小时天气预报。1984—2000年累计签订服务合同700余份。

人工影响天气 1993年在五小孤山、板石、西苇四个乡镇开展高炮防雹工作。1994年,撤销五板石、西苇作业点,小孤山镇高炮防雹工作持续进行。至2008年共进行高炮防雹作业30多次,发射炮弹3600余发。2001年伊通县政府拨款40万元,购置3辆人工增雨火箭车及火箭发射架,每年春季进行人工增雨作业。至2008年共发射火箭弹320余枚。

防雷减灾服务 1998年开始防雷减灾工作,每年进行避雷检测服务。至2008年累计检测避雷设施220多处。

法规建设与管理

1. 气象法制建设

气象法规建设 1998年县编委发文成立伊通县防雷中心,把防雷减灾纳入气象行业管理,授权气象部门负责雷电灾害防御工作的组织管理,并会同有关部门对可能遭受雷击的建筑物、构筑物和其他设施安装的防雷装置进行检测工作。2001年4月人工影响天气办公室成立,办公室设在气象局,授权气象部门在政府的领导和协调下,管理、指导和组织实施人工影响天气作业。2005年绘制了《伊通县气象观测环境保护控制图》,并在伊通建设局进行了环境保护备案,为县政府制定气象观测环境保护文件,打下基础。2008年1月以政府办公室名义下发《伊通满族自治县人民政府关于印发伊通满族自治县气象灾害应急预案的通知》,将气象灾害应急工作纳入县政府公共事件应急体系。先后成立了气象灾害应急、防雷减灾工作、人工影响天气三个领导小组,负责日常工作。给气象人员办理行政执法证,把气象探测环境保护工作纳入立法计划。

依法行政 2007年,在伊通县政务大厅设立气象窗口,承担气象行政审批职能,规范天气预报发布和传播,对新建建筑防雷装置设计监审。2004年,成立气象行政执法大队,4名兼职执法人员均通过省政府法制办培训考核,持证上岗;2006—2008年,与安监、建设、教育等部门联合开展气象行政执法检查10余次。

2. 气象管理

业务质量考核制度 建站开始即实行了严格的业务考核制度。观测记录不准字上改字,不准涂改伪造记录,下一班要校对上一班记录,并进行错情登记;上级业务主管部门进行月、季、年业务质量考核通报。1977年以来,有28人次获测报"百班无错情",24人次获"优秀值班预报员",1人获得中国气象局"质量优秀测报员"称号。1982年测报组创造出集体"百班无错情"。

目标管理责任制度 1987年开始,实行目标管理责任制。把各项工作任务都纳入目标管理,层层分解,层层签订目标管理任务书,每年都进行认真考评,把考评结果作为奖惩依据。伊通县气象局18次获省、市气象局和伊通满族自治县政府奖励。

规章管理制度 1980年开始逐步制定伊通县气象局综合管理制度,2007年全面修订各方面制度,健全各项工作领导小组;完善党支部民主生活会制度、党务公开制度;健全行政管理制度、学习制度、财务管理制度、安全保卫制度、局务会制度以及各种值班制度等三十余项。

党建与气象文化建设

1. 党建工作

组织建设 建站时只有李长立同志一名团员,1970年7月县委调党员干部翼德同志为气象站负责人,开始有第一名党员,归农林党支部。1971年4月车青山同志调入为第二名党员,同年9月,王宪林同志到站任站长是第三名党员,建立了党支部,冀德任支部书记。1971年10月经组织部门批准录取试用干部6名,全为党员,1979年5月机关党委批准李长立同志入党,1980年8月农林党委批准张晓辉同志入党。经过数次人事变动,至今气象局8名在职职工全部为中共党员,5名退休职工中有4名党员。历任支部书记有冀德、刘志君、郑贵、刘贵江、王福祥、张静波、赵永侠。

党风廉政建设 1987年开始,把党风廉政建设纳入目标管理责任制的考核内容,年终进行严格考评,并实行一票否决制。1996年开始,按省局党组要求,建立重大问题由党支部集体讨论决定的制度。1999年,制定了《伊通满族自治县气象局领导班子党风廉政建设制度》和《伊通满族自治县气象局领导班子廉洁自律制度》。规定一把手"四个不直接管",即,不直接管财务,不直接管人事,不直接管工程发包,不直接管大宗物资采购;建立自我约束机制,即,一要管住吃喝、二要管住用车、三要不拿创收奖。2004年4月,设立纪检监察员,制定监督检查机制,开展阳光政务,加强对干部特别是领导干部权利的监督,实行领导干部每年年终述职述廉和任期审计制度。2006 年以来,单位成立"政务公开领导小组"和"政务公开监督小组",建立健全政务公开制度和监督检查机制。将气象法律法规赋予部门的管理职能、管理权限、审批项目、办事程序、办事时限、收费标准、处罚规定、服务承诺和社会监督等项内容,通过县政务大厅公开板和电视媒体形式向社会公开;将单位年度财务预算决算、经费使用、物资采购、基建项目、招待费用、干部任用、职称评定、评先选优和考核奖惩等项内容,利用单位公示板、信息栏、会议和建立制度册等形式向职工公开。2001 年,开展建设文明机关和谐机关和廉政机关活动。2002 年起,连续 7 年开展党风廉政教育月活动。2005 年起,每年开展局领导党风廉政述职报告和党课教育活动,并层层签订党风廉政目标责任书。2000 年以来,每年开展党风廉政建设宣传月活动,活动有计划、有目标、有落实,有实效。

2. 精神文明建设

气象文化建设　1996 年,建成干净、整齐、美观的花园式台站,1997 年建成县级文明单位,2001 年晋升为市级文明单位,2004 年晋升为省级文明单位。2005 年被吉林省气象局评为"标准化台站"。逐年完善文化活动室建设,增加各类图书,添置健身器材,建成乒乓球室,气象大院院内建有篮球场、健身广场、职工休闲广场。2001 年开展"五个一"活动,并与河源镇板石村结对共建,成立了结对共建领导小组,帮助制定致富项目,提供优质气象服务。每年的重要节假日,都和社区开展联手共建结对子活动,开展群众性文体活动,参加市政府组织的文体活动

气象科普宣传　近几年通过"3·23"世界气象日、安全生产宣传月、法制宣传日等活动广泛进行气象科普、防灾减灾等知识的宣传。2007 年 6 月 17—22 日,与县安全生产监督管理局联合开展防雷宣传周活动,走进农村、社区、单位、学校、工地,以发放传单和挂图的形式普及防雷知识。

3. 荣誉

从 1959 年至 2008 年伊通县气象局共获集体荣誉 47 项。1997 年晋升县级文明单位,2001 年晋升为市级文明单位。2004 年晋升为省级文明单位。1978 年全国气象系统先进单位,1963、1976、1977、1978 年四次被省委、省政府授予先进单位称号,1978 年省科学大会被评为先进单位,1963、1964、1965、1977 年被省气象局评为先进单位,2005 年被吉林省气象局评为"标准化台站"。从 1958 年至 2008 年,伊通县气象局个人获奖共 89 人次。其中李长立 1965、1977 年获省气象局先进工作者,1981 年获省农业区划先进工作者,1982 年获省科技先进工作者,1959、1980、1981、1982 年四平地区先进工作者。

台站建设

台站建设　1957 年建站时仅有办公室一栋,建筑面积为 60 平方米,1963 年省局拨款 2000 元,建土草结构职工宿舍 5 间,1972 年省气象局批准新建砖瓦结构的办公室一栋 300 平方米,年内竣工投入使用,将原办公室改为职工宿舍。1974 年自筹资金 1700 余元建土

房 4 间做职工宿舍。1977 年建砖瓦结构仓库一栋 72 平方米。1980 年省局投资 30000 元,建家属宿舍 200 平方米,1963、1974 年将土房拆除。2000 年办公室进行了门窗改换装修。2002 年新建了 1040 平方米的办公综合楼。

园区建设 2002 年起陆续投入资金近 20 万元,进行了环境建设,庭院面积由原来的 500 平方米扩大到近 1800 平方米且全部采用水泥方砖硬化,出口道路由原来的 4 米宽沙石路扩大到 8 米宽水泥硬化路,草坪面积由原来的 400 平方米扩大到近 800 平方米并且栽种花草树木,周边用钢筋铸造围栏 320 延长米,临街建有工艺铁栅栏 80 延长米。

伊通县气象局旧办公室　　　　　　　　　伊通县气象局新办公楼

梨树县孤家子气象站

　　吉林省梨树县孤家子镇位于梨树县北部,东辽河南岸,梨树、公主岭、双辽三县(市)交界处,是四平辽河农垦管理区驻地。建站初期,这里人烟稀少,大部分土地尚未开垦,人称北大荒,孤家子地名由此而得。后来国家分批从山东、河南等地调派大批农工支边,此地才得以开发。1950 年建梨树农场,2000 年 6 月建四平辽河农垦管理区(县级),辖五场一镇,面积 522 平方千米,人口 13.8 万,耕地 1.9 万公顷。孤家子气象站位于孤家子镇镇南,地处北纬 43°40′,东经 124°14′,观测场海拔高度 144.2 米(约测)。属国家一般气象站。

　　气象站的工作受到省委和省、市气象局领导的关怀和重视,省委领导李世学、省气象局主要领导张文东、丁士晟、宋玉发、秦元明等先后来站检查指导工作。

机构历史沿革

　　历史沿革 四平辽河农垦管理区气象观测始于 1949 年。1949 年初,东辽河水利局在梨树县榆树台建立榆树台观测所,1949 年 4 月 1 日开始气象观测。1950 年 6 月,站址迁至梨树县孤家子区岳王庙屯。1955 年 10 月站址又迁至梨树县第十三区(今辽河农场新鲜分场)三道岗屯,隶属吉林省水利局主管。1958 年 1 月,隶属吉林省气象局,称为梨树县三道岗气象站。1962 年,台站调整,梨树县三道岗气象站移交梨树灌区,称梨树灌区三道岗气象站,归四平专署水利处主管。

1975 年 7 月 28 日,吉林省气象局接收梨树灌区三道岗气象站(北纬 43°37′,东经124°15′,观测场海拔高度 152.7 米)。1978 年 5 月迁入三道岗东北直线距离 7.5 千米的孤家子镇镇南,站名为梨树县孤家子气象站。

管理体制 建站之初,归梨树县气象站主管,1958 年 1 月至 1962 年归属吉林省气象局;1975 年 7 月以后又归气象部门管理;1992 至今归四平气象局主管,政治思想、党团行政、职工子女就业、基建和生产维修物资供应等,由当地党政部门负责。机构规格正科级。2007 年 4 月 9 日,经四平辽河农垦管理区申报,吉林省气象局批准,增设"四平辽河农垦管理区气象局",局站合一,一个机构,两块牌子。

人员状况 1975 年 7 月省气象局接管后,梨树县气象站曾轮流派多名观测员到三道岗气象站参加观测值班工作,基本保证 2～3 人值班。1979 年定编 3 人,设站领导 1 人,观测员 2 人。现有在职职工 4 人,其中站长 1 人,业务人员 3 人;本科学历 2 人,专科学历 1人;中级专业技术人员 3 人,初级专业技术人员 1 人;年龄结构为 50～60 岁 2 人,40～50 岁1 人,20～30 岁 1 人。

名称及主要负责人更替情况

时间	名称	负责人
1975.07—1978.10	梨树县三道岗气象站	王长贵
1978.11—2006.11	梨树县孤家子气象站	黄永才
2006.12—	辽河农垦管理区气象局梨树县孤家子气象站	徐亚华

气象业务与服务

1. 气象业务

①地面气象观测

观测时次和日界 1978 年 5 月开始正式观测,采用北京时间,每日进行 08、14、20 时 3次定时气候观测,20 时为日界,夜间不守班。

观测项目 云、能见度、天气现象、气压、空气温度和湿度、风向风速、降水、雪深、日照、蒸发、地温、冻土等。

气象电报 2008 年 7 月开始,拍发重要天气报,编报内容为降水、大风、雨淞、积雪、雷暴、冰雹、龙卷风、视程障碍现象等。

自动气象站 2007 年 7 月安装 DYYZ-Ⅱ型自动气象站,2008 年 1 月开始人工站、自动站并行观测,以人工站为主。自动站观测项目为气压、气温、湿度、风向、风速、降水、地温、草温。

②气象报表与电报传输

气象报表 从 1978 年开始,每月编制地面气象记录月报表(气表-1),一式 3 份,向吉林省气象局、四平市气象局各报送 1 份,本站留底本 1 份。每年编制地面气象记录年报表(气表-21),一式 4 份,向国家气象局、吉林省气象局、四平市气象局各报送 1 份,本站留底本1份。1979年5月到1979年9月制作降水自记记录月报表(气表-5)、降水自记记录年报表(气表-25),1978年1月到1979年12月制作风向风速自记记录月报表(气表-6),1980年1月气表-5、气表-6停作,合并到气表-1,气表-25合并到气表-21,同年制作月简表。

1978—1988年为手工编制报表。1989年开始使用微机打印气象报表,向上级气象部门报送气象报表和磁盘审核后盖章返回本站。2006年1月通过气象专线网向四平市气象局传输原始资料和报表,经四平市气象局审核后,气象站将原始资料和报表做成光盘,并将报表打印存档。

资料管理 从2004年7月起,将建站以来的原始气象记录档案(日照记录除外)移交到吉林省气象档案馆,气象站不再保留原始气象记录档案。

气象电报传输 2008年7月开始发重要天气报,通过SDH光纤专线经四平市气象局网络传输到吉林省气象信息中心。

2. 气象服务

孤家子气象站没有天气预报和气象服务业务,为适应地方经济发展和当地政府指挥生产及群众生活需要,从1985年开展公众气象服务和专业专项气象服务。根据四平市气象局和梨树县气象局天气预报以及年度气候趋势预测,结合本站历史数据,做出订正预报,为四平辽河农垦管理区提供旱涝趋势、积温年景、农作物品种布局、防灾抗灾等决策服务。向农场和各农业分厂、辖区各粮库等单位提供农事季节天气预报。通过四平辽河农垦管理区电视台,由气象站提供预报内容,向公众播出24～72小时天气预报和灾害性天气警报,每日播出两次。根据当地政府和社会需要开展重大活动现场气象服务。1986年为梨树农场、各农业分场、粮库、制砖厂等服务单位安装17台天气预报警报接收机,每天广播两次专业天气预报。每年平均签订服务合同20份,至2008年累计签订合同近200份。

1986年7月,本站降水量达480.5毫米,是本站历史同期雨量的3.5倍。7月25—30日6天降水量达379.1毫米,其中7月29日日雨量达179.7毫米。由于连降暴雨,加之东辽河上游二龙湖水库泄洪,东辽河水位猛涨,最大流量达每秒1140立方米,大大超过了东辽河堤设计流量(每秒800立方米),致使东辽河多处决堤,淹没冲毁村庄农田,给东辽河沿岸人民生命财产造成巨大损失。由于灾情迅猛,通讯线路遭到严重损坏,地方灾情无法向上级汇报。气象站通过气象部门的甚高频通信网把当地灾情转报给省、市有关领导,并及时向地方领导汇报上游各地雨情水情,领导部门及时采取抗灾措施,使灾情程度减到最小。当年气象站被评为抗洪抢险先进单位,站长黄永才被评为抗洪抢险先进个人。

法规建设与管理

1. 气象法制建设

2007年11月27日,气象站以《孤家子气象站关于进一步保护气象探测环境和设施的函》致函地方政府和环境主管部门,提出保护气象探测环境要求。地方政府和环境主管部门同意气象站意见,并于2007年11月27日行文复函《四平辽河农垦管理区城建局关于孤家子气象站探测环境保护的复函》。实行政务公开。2006年将气象法律法规赋予气象部门的管理职能、管理权限、审批项目、办事程序、办事时限、收费标准、处罚规定、服务承诺等项内容,通过区政务大厅公示板和电视媒体形式向社会公开,接受社会监督。

2. 内部管理

业务质量考核制度 建站开始,就实行了严格的业务考核制度。观测记录不准字上改字,不准涂改伪造记录,下一班要校对上一班记录,并进行错情登记。1977 年以来,有 16 人次获测报"百班无错情",2 人获得中国气象局"质量优秀测报员"称号。测报工作质量 16 年名列全省前茅。报表预审、仪器维护、资料管理、最佳资料等项工作,多次受到省、市气象局的表彰。

目标管理责任制度 1987 年开始,实行目标管理责任制。把各项工作任务都纳入目标管理,层层分解,层层签订目标管理任务书,每年都进行认真考评,把考评结果作为奖惩依据。

站务管理 将单位年度财务预算决算、经费使用、物资采购、基建项目、招待费用、干部任用、职称评定、评先选优和考核奖惩等项内容,利用单位公示板、信息栏、会议等形式向职工公开,接受职工监督。

党建与气象文化建设

1. 党建工作

党组织建设 1988 年发展党员 1 名,参加当地种子站联合党支部。2003 年又发展 1 名党员,参加当地水利局联合党支部。2008 年,党员 2 人,党员积极分子 1 人,参加当地水利局联合党支部。在地方党委的领导下,站里党员在各项工作中都发挥先锋模范作用,带领全站同志克服很多偏远台站人少任务重的困难,圆满的完成上级下达的各项工作任务。黄永才、姜淑云先后被省气象局评为模范气象工作者。

党风廉政建设 1996 年开始,按省局党组要求,建立重大问题由集体讨论决定的制度。1999 年,制定了《孤家子气象站领导班子廉洁自律制度》。2004 年 4 月,设立纪检监察员,制定监督检查机制,开展阳光政务,实行领导干部每年年终述职述廉和任期审计制度。

2. 精神文明建设

1993 年开始花园式台站建设,1995 年达到干净、整齐、美观的花园式台站的基本要求;1996 年开始创建文明单位,1999—2000 年度被评为梨树县精神文明建设先进单位,2006—2008 年度被四平市评为市级文明单位;1998 年开展规范化服务,2000 年做到各种规划、规章制度、学习园地制板上墙,制作了站务公开公示板、精神文明建设公示板、机关岗位职责板、测报工作一览表、雷电灾害防御展示板,装备了图书阅览柜、文体活动室,购买了羽毛球、乒乓球等体育健身器材。2005 年开始标准化台站建设。1991 年,《中国气象报》以《辽河岸边'二人转'》、《吉林气象》以"花香不在多"为题报道了孤家子气象站的先进事迹;《中国气象报》以"代价"《吉林气象》以"默默工作无私奉献"为题报道了姜淑云同志的先进事迹。

3. 荣誉

1978—2008 年共获得集体荣誉 15 项,其中省级 3 项、市级 7 项、县(区)级 5 项;个人获奖 38 人次。其中 1983 年获省气象局测报工作先进单位奖;1992 年获省气象局目标管理先进集体奖;1993 年获四平市气象局目标管理优秀单位。黄永才、姜淑云 1987 年被省气象局评为模范气象工作者,获晋级奖励。

台站建设

孤家子气象站在 1975 年 7 月省气象局接收时,站址在梨树县孤家子公社三道岗村。1978 年 5 月迁站到梨树县孤家子镇镇郊,办公用房是用搬迁时扒旧房料建成,面积为 96 平方米,征用土地 6300 平方米(1987 年核定面积 7044.5 平方米),周围边界用挖土沟的方法圈定,1979 年把土沟改成土墙。1987 年省气象局投资 1.5 万元修建两户职工宿舍,共 100 平方米。1992 年省气象局投资 4 万元把土围墙改建为砖围墙,院内土路改建为砖铺路,同时对办公室进行了简单修缮。2006 年气象站在现站址北面新征用土地一块,面积为 1021.74 平方米。2007 年站里对环境进行了综合改善,硬化道路庭院 300 平方米,绿化面积 300 平方米。

2007 年的孤家子气象站

2008 年的孤家子气象站

通化市气象台站概况

通化市位于吉林省东南部,现辖梅河口、集安 2 市,辉南、柳河、通化县 3 县,东昌、二道江 2 区,面积为 15195 平方千米,人口 226.39 万。

气象工作基本情况

历史沿革 通化地区气象台始建于 1958 年 8 月 1 日。建台至 1990 年底,所辖辉南、梅河口、柳河、通化县、集安、长白、抚松、临江、靖宇、浑江 10 个县气象站。1986 年 6 月到 1988 年 6 月临江、长白、抚松、靖宇、辉南、梅河口、柳河、通化县、集安气象站相继增设气象局,局站合一,一个机构两块牌子。1991 年 1 月 1 日长白、抚松、临江、靖宇气象站转归浑江市气象局领导管理。1991 至 2008 年底所辖辉南、梅河口、柳河、通化县、集安 5 个县气象站。其中梅河口、集安气象站为国家基本站;辉南、柳河、通化县气象站为国家一般站,梅河口、通化县气象站为国家农业气象一级站,集安气象站为国家农业气象二级站。

管理体制 1949 年至 1953 年 8 月,由辽东军区气象科领导。1953 年 9 月 1 日改制,由辽东省人民政府财经委员会气象科领导。1954 年 9 月 11 日划归吉林省气象局领导管理。1958 年 1 月 1 日起,中共吉林省委和省人委根据中央体制下放的精神将全省气象台站的干部和财务管理下放到各县(市)人民委员会有关单位直接管理和领导,气象业务由吉林省气象局和地区气象台管理。1963 年 8 月 1 日体制上收,气象业务、人事、财务收归吉林省气象局管理,行政、思想教育仍由人民委员会领导管理。1970 年 12 月根据吉革[70]123 号、吉军发[70]164 号文联合通知精神,气象体制下放,归地方革命委员会、人民武装部双重管理,以军队领导为主。1973 年 7 月 12 日省革委会和省军区以吉革发[73]41 号文通知,决定省、地、县三级气象部门仍归同级革委员会建制,由革委会农林办公室领导。1980 年 7 月 1 日起,气象部门实行吉林省气象局和地方政府双重领导,以省气象局领导为主的管理体制。

人员状况 全市气象部门始建时 41 人,1978 年 181 人,2008 年底在编人数 100 人。现有人员中市局 48 人,县局 52 人;工程师 48 人,高级工程师 4 人;大学本科学历 37 人,研究生学历 3 人。

党建与精神文明创建　全市气象部门有党支部 6 个,党员 57 人。截至 2008 年底,通化市气象局创建为市级文明系统,集安市气象局创建为省级文明单位,辉南县、梅河口市、柳河县、通化县气象局创建为市级文明单位。

气象法规　2003 年辉南县、柳河县、通化县气象局,2006 年集安市气象局,2008 年梅河口市气象局,均制定了关于雷电防护管理的专项法规;2000 年辉南县、梅河口市、柳河县、通化县、集安市气象局均制定了关于探测环境保护的专项法规。

探测环境保护　2008 年,在地方政府支持下,经与规划局、建委和设计部门多次协商,有效制止通化市锦绣家园安居工程超高的事件,及时停止其施工,有效保护了气象探测环境。2000 年 4 月,梅河口市气象局依据《中华人民共和国气象法》对通化铁路分局在观测场东侧建家属楼超高的事件进行了行政执法,通化铁路分局赔偿气象局 50 万元用于搬迁观测场,观测场西移 20 米。

主要业务范围

地面气象观测　国家基本站每日进行 02、08、14、20 时 4 次定时气候观测,集安气象站拍发 7 次天气电报,通化、梅河口气象站拍发 4 次天气报。国家一般站每日进行 08、14、20 时 3 次定时气候观测,拍发小天气图报,夜间不守班。1998 年停发小天气图报,从 1999 年至 2000 年试拍发加密天气电报,2001 年开始正式拍发加密天气报。梅河口、通化、集安气象站承担固定航空、危险天气发报任务。

2003 年完成了全市 5 个地面自动气象站建设,2004 年 1 月 1 日双轨运行,2006 年 1 月 1 日正式单轨运行。

区域自动气象站　2006 年建立 70 个,2008 年建立 13 个,其中两要素站 53 个,四要素站 25 个,六要素站 5 个。

天气预报与服务　1958 年,全区气象台站开展补充订正天气预报业务;1961 年用数理统计、点聚图;1979 年开始配备 117 型传真机,1980 年后开始配置 CZ-80 型传真机。1986 年使用三种预报工具:天气模型、MOS 预报、经验指标;灾害性天气预报专家系统;1998 年建立卫星单收站,采用数值预报释用、人机交互处理系统,根据上级气象台的指导预报制作订正预报。

气象服务从 1958 年开始,主要以书面发送为主。20 世纪 90 年代开始,决策气象服务产品由电话、传真、信函等向电视、微机终端、互联网等发展,各级领导可通过电脑随时调看实时云图、雷达回波图、中小尺度雨量点的雨情。1984 年开始拓宽服务领域,开展为林业、工业、建筑、电力、旅游、晒粮、人参经济作物等行业的专项服务。

1993 年开辟电视天气预报节目,服务内容更加贴近生活,产品包括紫外线指数、森林火险等级等,还通过广播、报纸、互联网、电子显示屏、DAB 卫星广播等媒体为广大市民服务。2001 年 5 月,"12121"天气自动答询电话系统建成并投入使用,2005 开通了"通化兴农网",为天气预报信息进村入户提供了有利条件。

通化市气象局

机构历史沿革

历史沿革　1949 年 5 月 1 日建立通化气象站,观测场位于北纬 41°41′,东经 125°54′,海拔高度 402.9 米,为国家基本站,1951 年 1 月 1 日开始正式观测。1952 年 6 月、1956 年 6 月曾两次迁移站址。1958 年 6 月,气象站扩建为气象台,增加无线电通讯、天气预报、农业气象等业务。1973 年 9 月成立通化地区气象局,为局台合一的气象管理部门。1985 年起改称通化市气象局,通化市气象局内设 3 个职能科室,承担全市预报、网络、测报业务管理任务;另设 5 个直属单位。

人员状况　2008 年在职人数 48 人,其中工程师 18 人,高级工程师 4 人;大学本科学历 19 人,大学专科学历 12 人,研究生学历 2 人。

名称及主要负责人更替情况

机构名称	时间	负责人
通化气象站	1955.05—1958.12	刘明祧
通化地区水文气象总站	1959.01—1963.03	杨文濂
通化气象台	1964.01—1968.04	宫玉德
通化地区革命委员会气象台站	1968.05—1970.02	才子和
通化地区革命委员会气象台	1970.03—1970.12	韩元伯
通化地区革命委员会气象台	1971.01—1973.06	陈永清
通化地区气象局	1973.07—1979.03	张铭遇
通化地区气象局	1979.04—1980.07	刘进忠
通化地区气象局	1980.08—1984.02	王安贵
通化地区气象处	1984.03—1985.07	王安贵
通化市气象局	1985.08—1986.09	王安贵
通化市气象局	1987.01—1987.09	王宗信
通化市气象局	1988.01—1991.12	张克选
通化市气象局	1992.01—1995.12	姜福第
通化市气象局	1996.01—2003.10	郭学江
通化市气象局	2003.11—2005.07	叶　青
通化市气象局	2005.08—	李玉华

气象业务与服务

1. 气象业务

①地面气象观测

1951 年至 1953 每日进行 24 次观测,以 24 时为日界,观测项目为空气温度和湿度、风向风速、日照。1952年,增加气压观测,每日06、09、12、14、18、21时观测记录云状和降水量,每日编发电报12次。1954年1月1日至1960年6月30日,采用地方平均太阳时,每日进行01、07、13、19时4次定时气候观测,以19时为日界。1960年7月1日开始,采用北京时,每日进行02、08、14、20时4次定时气候观测,昼夜守班,以20时为日界。

观测项目 云量、云状、能见度、天气现象、气压、空气温度和湿度、风向风速、降水、积雪深度、雪压、日照、蒸发、地温、冻土、电线积冰等气象要素,1986年开始每年5月1日至9月30日增加观测E-601型蒸发器,1997年改为E-601B型蒸发器。2004年执行新的《地面气象观测规范》,全年开展草面温度、柏油路面温度、露天温度等特种观测。

气象电报 建站开始,每日拍发05、08、14、17时4次天气报,02、20时2次小天气图报,从1999年至2000年试拍发加密天气电报,2001年开始正式拍发加密天气报。2007年1月1日开始,增加05、11、17、23时4次补助绘图天气观测,每日拍发02、05、08、11、14、17、20、23时8次天气报。

1958年开始,每年7月1日至9月10日向吉林省气象台拍发雨量加报,1964年开始,改为每年5月1日—9月30日拍发雨量加报,1966年3月21日起,改为每年6月1日—9月30日拍发雨量加报。

1963年5月开始向吉林省气象台拍发06—06时日雨量报,1970年日雨量报改为05—05时拍发。

1984年4月1日开始拍发重要天气报,不再拍发日雨量报和雨量加报,发报内容包括降水、大风、龙卷、积雪、雨凇、冰雹,2008年6月1日增加雷暴、视程障碍现象(霾、浮尘、沙尘暴、雾)。

从2005年4月16日每日按时拍发日照时数及蒸发量实况报。

航危报 1955年开始编发危险天气报,1957年开始承担固定、预约航危报任务,时段为0—24时。航空报发报内容有云、能见度、天气现象、风向风速,危险报发报内容有恶劣能见度、雷雨形势、冰雹、大风、雷暴、龙卷。

1986年1月起,地面测报开始启用PC-1500袖珍计算机编报。1987年开始使用AP-PLE机处理观测记录。1995年使用IBM286计算机、1999年开始使用奔腾系列计算机进行地面气象观测记录整理,并自动编报。

气象报表 1951年1月—1953年12月,气象站编制《气象月总簿》主要统计项目有气压、气温、湿度(包含绝对湿度、相对湿度)、露点温度、饱和差、云、能见度、天气现象、降水、风、地温、冻土、日照、蒸发、积雪、地面状态、最低草温、湿球温度、电线积冰以及压、温、湿、降水、风等自记记录。年末编制《气象年总簿》。

1954年1月1日起,每月编制基本地面气象观测记录月报表(气表-1),每年编制地面气象记录年报表(气表-21),一式4份,分别向中国气象局、吉林省气象局、通化地区气象局各报送1份,本站留底本1份。

1954年至1965年编制温度、湿度自记记录月报表(气表-2),1954年至1960年2月编制气压自记记录月报表(气表-2);1954年至1960年12月编制地温观测记录月报表(气表-3)、日照记录月报表(气表-4);1956年—1979年编制降水自记记录月报表(气表-5);1959年至1960年编制冻土观测记录月报表(气表-7)。同时相应编制年报表22、23、24、25、27。

从 1961 年 1 月起,气表-3、气表-4、气表-7 并入气表-1,相应的年报表并入气表-21。1954 年至 1961 年、1973 年至 1979 年编制风向风速自记记录月报表(气表-6)。1980 年 1 月 1 日,气表-5、气表-6 并入气表-1,气表-25 并入气表-21。

1987 年 7 月开始使用微机打印气象报表,向上级气象部门报送气象报表和磁盘。2000 年 1 月停止报送纸质报表。2006 年 1 月通过气象专线网向吉林省气象局传输原始资料和报表,经审核后由气象站将原始资料和报表做成光盘并将报表打印存档。

资料档案 从 2004 年起,将建站以来的原始气象记录档案(除日照纸)全部移交到吉林省气象档案馆,气象站不再保留原始气象记录档案。

②农业气象观测

通化市农业气象观测站为一般站,1958 年开始观测,观测项目为玉米、水稻、土壤湿度和物候。1962 年停止观测。1982 年调整站网,列入国家级农业气象发报站,常年向北京气象中心、吉林省气象台拍发农业气象旬(月)报;每年 3 月 21 日至 5 月 31 日(1994 年起开始时间改为 2 月 28 日),观测土壤湿度,向吉林省气象台拍发农业气象候报。

仪器配置:取土钻、铝盒、烘干箱和天平。

③气象通信

1958 年 8 月,购置 402 型收报机一部,1964 年,增设 430 型收报机一部,接收莫尔斯气象广播。1976 年开始,开通无线电传接收天气电报。1980 年实现无线移频电传接收,取代莫尔斯通讯。1983 年,配备高频报话机。1986 年,24 点阵输出打印开始在业务中使用,各种预报和服务的工具建设实现微机化。1993 年,开始使用自动填图机,取消人工填图;气象信息使用远程计算机网络传输,部分图表实现计算机屏幕显示。1997 年建成 VSAT 双向卫星通讯网络,实现所有气象资料计算机屏幕显示。2000 年全区建成 PC-VAST 接收系统,2006 年市局建成 DVB-S 接收系统,实现气象资料共享。2005 年建立了省地之间的可视会商,实现每天与吉林省气象台及其它地区气象台视频预报会商和电视会议。

2004 年,713 测雨雷达安装并投入业务使用。每天进行 08、14 时 2 次定时观测。2005 年进入全省雷达观测网。主要监测和预警灾害性天气,探测重点是暴雨及强对流天气系统活动,为人工影响天气、灾害性天气的监测提供服务。

④天气预报

1958 年 9 月 1 日开始对外发布短期天气预报。1961 年开始制作中、长期天气预报。1975 年,气象预报改变了单纯靠绘制天气图和群众经验的做法,增加了数值预报传真图,将指标、模式(MOS)、相关、数理统计等方法引入天气预报。从 1983 年 11 月 1 日起,传真图替代自绘天气图。1994 年停止使用气象传真机接收传真图,开始通过网络传输。1995 年开始使用 T63 数值预报产品,并开始通过网络传输卫星云图。1997 年开始使用气象信息综合处理系统(MICAPS)和 T213 数值预报产品,并建成 VSAT 实现卫星连网,开始大量接收格点、传真图、卫星云图等数值预报产品。2007 年开始使用 T639 数值预报产品。

2. 气象服务

决策气象服务 从 1958 年气象台成立开始,主要以口头、邮寄信函方式为通化市政府进行服务。逐步开发了《气象信息》、《重要气象信息》、《节日天气专报》等决策服务产品。

1995 年 7 月 25 日—8 月 7 日,通化市遭遇百年不遇大洪水,共出现 3 场降水量大于 100 毫米的暴雨过程,过程雨量达 560.8 毫米,由于前期累积降水较多,在"8·7"暴雨过程后,上游又开始出现强降水,冲下大量异物将江面堵塞,导致水流不畅,江水猛涨,情况十分危急。通化市气象局于 8 月 7 日果断做出"未来 24 小时降水明显减弱"的预报,气象局局长立即向市委、市政府领导当面汇报。市政府采纳了气象局的预报及服务建议,立即部署。在是否炸桥泄洪的关键时刻,准确的预报、及时的服务避免了更大损失,将灾情降低到最低限度,避免经济损失 1 亿元。2007 年开展气象灾害预评估和灾害预报服务。同年,建立了决策服务和预警信息发布平台,全面承担突发公共事件预警信息的发布与管理。

公众气象服务 从 1958 年开始,主要通过广播和邮寄旬报方式向社会发布气象信息。1996 年设立了"121"天气预报自动答询系统。1997 年 4 月 1 日开始电视天气预报。2005 年 1 月 1 日起通化市正式对外发布暴雨、冰雹、雷雨大风、雪灾、寒潮等 13 类灾害性天气预警信号,并与国土资源局联合下发《关于开展汛期地质灾害预报预警工作的通知》,制定了通化市汛期地质灾害气象预报预警工作方案,填补了通化市没有地质灾害预报预警工作的空白。2004 年开通"通化兴农网",天气预报信息进村入户。

专业气象服务 1982 年后,开始为能源、交通、财贸、工矿、城建、农林、科研等企事业单位开展有偿服务。1986 年,用气象警报器向服务用户发布天气预报。1990 年后,注意把农业服务放在首位,并将森林防火工作列为服务重点。截至 2008 年共签订合同 460 余份。2008 年签订合同 11 份。

气象科技服务 1993 年成立雷电防护中心,为各单位建筑物避雷设施开展安全检测,每年进行年度安全检测和执法检查。

人工影响天气 人工影响天气工作始于 2003 年。主要任务是为农业抗旱减灾实施人工增雨和防雹作业。现有火箭发射器 1 门,累计作业 3 次,共发射火箭炮 46 发,作业面积近 2000 平方千米,增雨量 2686 万立方米。

法规建设与管理

法规建设 1998 年通化市政府下发了《通化市人民政府办公室关于加强雷电防护管理工作的通知》(通市政办发〔1998〕26 号),1999 年 9 月 15 日通化市人民政府下发了《关于加强各类工程防雷设施设计施工规范化管理的通知》(通市政办函〔1999〕13 号),明确自 1999 年 1 月 1 日起,通化市防雷工作实行归口管理。2001 年与建设局联合下发了《关于进一步加强建设工程防雷设施施工管理工作的通知》,2004 年 7 月 8 日,与刚组建的安全生产监督管理局联合下发了《关于加强全市防雷安全工作的通知》。

中国气象局、国家安全生产监督管理总局、中国民用航空总局、国务院中央军委空中交通管制委员会办公室于 2004 年 5 月 17 日联合下发了《关于加强对气球和风筝等升空物体管理确保航空飞行安全的通知》(气发〔2004〕126 号)。各有关部门和单位按照该文件的精神和各自的职责分工密切协作,使施放气球管理初步形成了齐抓共管的良好局面,施放气球活动混乱无序、安全事故频繁发生的状况得到了有效遏制。

2003 年 12 月 16 日,成立气象执法大队,指导所辖县(市)局的气象行政执法工作。2006 年 3 月,更名为气象执法支队。

政务公开 2003 年成立市气象行政审批中心进驻通化市政务大厅,对防雷工程专业设计审核或施工资质管理、施放气球单位资质认定、施放气球活动许可制度等实行社会管理。财务收支向职工每半年公示一次,干部职工的调资、入党提升、困难补助、职称评聘等,都在局务公开栏公示 7 天,无意见后再执行。

党建与气象文化建设

1. 党建工作

支部组织建设 通化气象站建站起,挂靠在通化专员公署农业处党支部,于 1959 年转入水利处党支部,1962 年 5 月,通化专区水文气象总站组建了党支部。由于受"左"的思想影响,从组建党支部到 1976 年,仅发展 2 名党员,另外在社教工作队和"文革"西山学习班各发展 1 人。随着党建工作的发展,现在市局设党支部 1 个,共有党员 37 名,其中在职党员 24 名,退休党员 13 名,书记由局党组书记李玉华兼任。

自 1983 年起,连续 26 年被通化市直机关党工委评为"先进基层党组织",其中 9 年被通化市委、市政府评为"先进基层党组织标兵"。

党风廉政建设 认真落实党风廉政建设目标责任制,积极开展廉政教育和廉政文化建设活动,努力建设文明机关、和谐机关和廉洁机关。开展了以"树新风正气、促和谐发展"等为主题的廉政教育。组织观看了《大爱铸忠诚》等警示教育片。局财务账目每年接受上级财务部门审计,并将结果向全局公布。

2. 气象文化建设

1998 年起,市局致力于改造业务建设环境,创一流台站,2007 年建设大、小会议室(大会议室可容纳 60 人、小会议室可容纳 12 人),室内、外职工运动场,购置各种运动器械。围绕局中心工作开展以"迎奥运,兴气象"为主题的体育竞赛活动,举办了乒乓球赛、职工羽毛球赛、万米长跑接力赛、登山比赛等,参加省气象局举办的职工运动会;开展以凝炼气象人精神为主题的职工演讲比赛、参加上级气象部门和地方组织的各种知识竞赛活动;发挥职工自主性,自编自导自演春节联欢会等。

通化市气象局坚持以建设和谐机关为目标,围绕业务科技文化、气象服务文化、气象法规文化、气象管理文化等"四化"目标,扎实开展各项文明创建活动。大力宣扬以人为本、自力更生、艰苦创业精神,深入持久地开展各项气象文明创建工作,做到了凝炼精神文化,树立观念文化,健全制度文化,规范行为文化,夯实物质文化。

3. 荣誉

荣誉 从 1983 年至 2008 年通化市气象局共获集体荣誉 82 项。其中 1985 年、1994 年、1999 年被吉林省委评为"先进基层党组织";1987—1988 年被吉林省委、省政府评为"文明单位",被吉林省委、省政府评为"精神文明建设先进单位";1989 年被中国气象局评为"全国气象部门双文明建设先进集体";1999 年被中央文明委评为"全国创建文明行业工作先进单位";2000 年被中国气象局评为"全国气象部门双文明建设先进集体";2002 年被吉林省文明办评为"行业规范化服务示范点",被中国气象局评为"气象部门局务公开先进单位";2002 年被中央文明办、国务院纠风办评为"全国创建文明行业"示范点;1995 年、2001—2002 年、2005—2006 年被吉林省委、省政府评为"军民共建先进单位";1987—1989 年被吉林省政府评为"全省森林防火先进单位";1993—1995 年被吉林省政府评为"森林防火先进单位";1991 年被吉林省委、省政府评为"抗洪救灾模范集体";1994 年被吉林省政府评为"抗洪抢险模范集体"。

个人获省部级以下奖励共 480 人次。其中,2000 年郭学江被中国气象局、人事部评为"气象系统先进工作者"。

参政议政　2000—2002 年,于保刚当选通化市第四届人大代表、人大常委会委员,同时任通化市城乡建设环境资源保护委员会委员。2001 年被评为优秀人大代表。孟刚从 2007 年 12 月起,任通化市第六届政协委员。

台站建设

台站综合改善　1949 年通化气象站建站之初,房屋为砖瓦结构。2008 年,通化市气象局占地面积 17468 平方米,办公楼 1 栋 2779 平方米,车库面积 336 平方米。房屋为砖混结构。

1986 年到 2008 年底,全区共争取吉林省气象局和中国气象局投资 663.05 万元进行台站基础设施建设,改善职工工作、生活环境。其中 2006 年向吉林省气象局和中国气象局争取投资资金 34.2 万元进行供暖管网改造,2007—2008 年向吉林省气象局和中国气象局申请资金 192 万元,地方政府匹配资金 58 万元,接建办公楼 1679 平方米(其中包括 216 平方米的预警中心业务平台)。2009 年向吉林省气象局和中国气象局申请资金 77 万元,进行院区综合改造。

园区建设　逐年对机关院内环境进行绿化改造,规划整修道路,修建了草坪、花坛、凉亭和养鱼池,改造了测报业务值班室,完成了业务系统的规范化建设。院区内绿化面积达 70%,硬化路面 2800 平方米,使机关院区内变成了风景秀丽的气象花园。气象业务现代化建设上也取得了突破性进展,2003 年建起价值 1000 多万元的天气雷达,建起了气象地面卫星接收站、自动观测站、决策气象服务、商务短信平台等业务系统工程。

建于 1984 年的旧办公楼

2008 年新建成的办公楼

梅河口市气象局

梅河口市位于吉林省东南部,地处松辽平原与长白山区的过渡地带。全市幅员 2174 平方千米,城区规划面积 81 平方千米,总人口 62 万,其中城区人口 21 万。

机构历史沿革

历史沿革　梅河口气象站,始建于 1952 年 6 月 1 日,观测场位于北纬 42°26′,东经 125°55′,海拔高度 339.9 米,同年 7 月 1 日起正式观测。单位名称为辽东军区梅河口气象站。1953 年 8 月 21 日,更名为辽东省梅河口气象站。1954 年 2 月列为乙种气象站。1954 年 7 月,从镇内迁至梅河口镇铁北街"郊外",即现梅河口市祥民路 707 号,观测场位于北纬 42°32′,东经 125°38′,海拔高度 340.5 米。1954 年 8 月 21 日,更名为吉林省梅河口气象站。1955 年 5 月 1 日,更名吉林省海龙气象站。1960 年 4 月,更名为海龙县气象服务站。1961 年列为国家基本观测站。1962 年更名为海龙县气象站。1966 年 4 月更名吉林省海龙气象站。1970 年 12 月,更名为海龙县革命委员会气象站。1973 年,更名为海龙县气象站。1980 年 7 月,更名为海龙气象站。1985 年 7 月 20 日,经省政府同意改称梅河口市气象站。1985 年 10 月 11 日,经梅河口市政府和吉林省气象局决定,改为气象台建制,更名为梅河口市气象台。1988 年 3 月 10 日,经通化气象局批准,增设气象局,局台合一,一个机构两块牌子,单位名称为梅河口市气象局(县局级)。2006 年 7 月 1 日定为国家气象观测一级站,2008 年 12 月 31 日又改为国家气象观测基本站。

管理体制　建站至 1953 年 8 月,由辽东军区气象科领导。1953 年 9 月 1 日改制,由辽东省人民政府财经委员会气象科领导。1954 年 9 月 11 日,划归吉林省气象局领导管理。1958 年 1 月 1 日起,由县人民委员会直接领导和管理,业务由气象部门管理。1959 年水文与气象合并,气象业务由通化地区水文气象总站管理。1963 年水文与气象分开,气象业务仍由气象部门管理。1963 年 8 月 1 日体制上收,人事、财务、业务技术收归省气象局领导管理,行政、思想教育仍由县人民委员会领导管理。1970 年 12 月,根据吉革[70]123 号、吉军发[70]164 号文联合通知精神,气象体制下放,归地方革命委员会、人民武装部双重管理,以军队领导为主。1973 年 7 月,归属海龙县革命委员会建制,由水利局领导。1980 年 7 月 1 日起,实行吉林省气象局和地方政府双重领导,以气象部门为主的管理体制。

机构与人员　1952 年,只有地面测报业务,定编 6 人。2006 年定编 13 人。2008 年 6 月,增加 2 个公益事业编,实际人数 15 人(延续至今),其中本科学历 4 人,大专学历 3 人,中专学历 8 人;20～30 岁 2 人,30～40 岁 4 人,40～50 岁 3 人,50 岁以上 6 人;中级职称 7 人,初级 6 人;办事员 2 人,中共党员 6 人。1989 年 3 月,根据省气象局人事处决定,设预报、观测、农气 3 个股。1998 年 8 月增设防雷办。

名称及主要负责人变更情况

单位名称	任职时间	主要负责人
辽东军区梅河口气象站	1952.07—1953.07	费安国
辽东省梅河口气象站	1953.08—1954.08	费安国
吉林省梅河口气象站	1954.08—1955.04	费安国
吉林省海龙气象站	1955.05—1960.03	费安国
海龙县气象服务站	1960.04—1960.05	费安国
海龙县气象服务站	1960.06—1962.01	韩逢春
海龙县气象站	1962.02—1962.04	韩逢春
海龙县气象站	1962.05—1966.03	刘庆发
吉林省海龙气象站	1966.04—1970.11	刘庆发
海龙县革命委员会气象站	1970.12—1972.12	刘庆发
海龙县气象站	1973.01—1974.12	刘庆发
海龙县气象站	1975.01—1979.03	邓士伦
海龙县气象站	1979.04—1980.06	刘庆发
海龙气象站	1980.07—1980.11	刘庆发
海龙气象站	1980.12—1981.08	张明栋
海龙气象站	1981.09—1985.03	张立荣
海龙气象站	1985.04—1985.06	郭学江
梅河口市气象站	1985.07—1985.09	郭学江
梅河口市气象台	1985.10—1986.05	于富海
梅河口市气象台	1986.06—1987.10	郭学江
梅河口市气象台	1987.11—1988.02	陈连友
梅河口市气象局	1988.03—1991.05	陈连友
梅河口市气象局	1991.06—2003.12	马庆波
梅河口市气象局	2004.01—	刘　菊

气象业务与服务

1. 气象业务

①地面气象观测

观测时次和日界　1953 年 12 月末前,采用东经 120°中原时区,每日进行 24 次观测,24 时为日界。1954 年 1 月 1 日至 1960 年 6 月 30 日,采用地方平均太阳时,每日进行 01、07、13、19 时 4 次定时气候观测,以 19 时为日界。1960 年 7 月 1 日开始,采用北京时,每日进行 02、08、14、20 时 4 次定时气候观测,以 20 时为日界,昼夜守班。

观测项目　观测项目包括云、能见度、天气现象、气压、温度和湿度、风、降水、雪深、日照、蒸发、地面温度、草温、雪压、浅层和深层地温、冻土、瞬时极大风速。1998 年开始增加观测 E-601B 型蒸发器。

气象电报　1952 年 7 月起,每日(双时)进行 12 次补助绘图观测发报。1954 年 12 月 1

日起,每日拍发 02、08、14、20 时 4 次绘图报。1958 年开始,每年 7 月 1 日至 9 月 10 日向吉林省气象台、通化地区气象台拍发雨量加报。1964 年开始,改为每年 5 月 1 日—9 月 30 日拍发雨量加报。1966 年 3 月 21 日起,改为每年 6 月 1 日—9 月 30 日拍发雨量加报。1963 年 5 月,开始向吉林省气象台拍发 06—06 时日雨量报,1970 年,改为拍发 05—05 时日雨量报。1984 年 4 月 1 日开始编发重要天气报,不再拍发日雨量报和雨量加报,发报内容有降水、大风、龙卷、积雪、雨淞、冰雹。2008 年 6 月 1 日增加雷暴、视程障碍现象(霾、浮尘、沙尘暴、雾)的编发。2005 年 4 月 16 日起,每日按时拍发日照时数及蒸发量实况报。2007 年 1 月 1 日开始,增加 05、11、17、23 时 4 次补助绘图天气观测,每日拍发 02、05、08、11、14、17、20、23 时 8 次天气报。

航危报　1953 年 1 月 10 日开始承担危险天气报任务,1955 年 7 月 10 日增加航空报任务。航空报内容包括云、能见度、天气现象和风。危险报内容包括大风、恶劣能见度、雷雨形势、冰雹、雷暴和龙卷。

气象报表　1952 年 6 月至 1953 年 12 月,编制《气象月总簿》主要统计项目有气压、气温、湿度(包含绝对湿度、相对湿度)、露点温度、饱和差、云、能见度、天气现象、降水、风、地温、冻土、日照、蒸发、积雪、地面状态、最低草温、湿球温度、电线积冰以及压、温、湿、降水、风等自记记录。年末编制《气象年总簿》。

1954 年 1 月 1 日起,每月编制基本地面气象观测记录月报表(气表-1),每年编制地面气象记录年报表(气表-21),一式 4 份,分别向中国气象局、吉林省气象局、通化地区气象局各报送 1 份,本站留底本 1 份。

1954 年至 1965 年,编制温度、湿度自记记录月报表(气表-2)。1954 年至 1960 年 2 月,编制气压自记记录月报表(气表-2)。1954 年至 1960 年 12 月,编制地温观测记录月报表(气表-3)、日照记录月报表(气表-4)。1954 年至 1979 年,编制降水自记记录月报表(气表-5)。1959 年至 1960 年,编制冻土观测记录月报表(气表-7),同时相应编制年报表-22、23、24、25、27。1954 年至 1979 年,编制风向风速自记记录月报表(气表-6)。1961 年 1 月起,气表-3、气表-4、气表-7 并入气表-1,相应的年报表并入气表-21。1980 年 1 月 1 日起,气表-5、气表-6 并入气表-1,降水自记记录年报表(气表-25)并入气表-21。

2000 年 1 月,停止报送纸质气象报表。2006 年 1 月,通过气象专线网向吉林省气象局传输原始资料和报表,经吉林省气象局审核,气象站将原始资料和报表做成光盘并将报表打印存档。

资料档案　2004 年起,将建站以来的原始气象记录档案(除日照记录外)全部移交到吉林省气象档案馆,气象站不再保留原始气象记录档案。

自动气象站　2003 年 8 月,建成地面自动气象站,2004 年 1 月 1 日至 2005 年 12 月 31 日,双轨运行。自动气象站观测项目有气压、气温、湿度、风向风速、降水、地温(包括地表、浅层、深层)、草温等,观测项目全部采用仪器自动采集、记录,替代了人工观测。2006 年 1 月 1 日起自动气象站正式单轨运行。2007 年 1 月 1 日起不再保留气压、气温、湿度、风向风速自记仪器。

区域自动气象站　2006 年 5 月—2008 年 5 月,在各乡镇建成 11 个加密自动站,其中 1 个六要素站、5 个四要素站、5 个两要素站。

②高空气象探测

1959年10月1日开始,每日07、19时(北京时)进行2次小球测风观测及发报,1961年12月31日停止。

1962年8月,除保留高空测风记录外,其他文件、规范、仪器等移交给吉林省气象局和临江气象站。

③气象信息网络

气象电报传输 建站至1986年,通过县邮电局电话口传发报。1986年4月,通过甚高频电话向市局口传报文,由市局集中后发往省气象台。1997年建立了信息终端。1999年与省气象台开通了X.25协议专线,观测电报通过网络传输到省气象信息中心。2003年,市县之间开通了DDN专线发报,2006年改为SDH光纤专线发报。

气象信息接收 1980年,用国产传真机接收东京气象传真广播。1982年2月开始,增加接收北京数值预报传真天气图。1983年1月,增加接收北京转播的欧洲中心部分数值预报传真图。1983年5月15日,增加接收北京物理量预报传真广播。1984年7月15日,增加接收北京12项物理量实况广播。2000年至今,通过VSAT气象网络接收从地面到高空的各类天气形势图、云图、雷达拼图和数值预报产品。

④天气预报

短期天气预报 1959年1月开始单站补充预报业务。收听吉林省、通化地区气象台的天气形势预报广播,结合本地气象观测要素变化和气候特点,对收听的预报进行补充订正,即"收听加看天"预报阶段。1960年,贯彻中央气象局提出的补充天气预报"八字"措施(听、看、谚、地、资、商、用、管)和三个结合(大中小结合、长中短结合、图资群结合)的预报技术原则,逐渐建立自己的预报工具。1972年起,开展统计预报。1980年配备气象传真机,接收传真天气图和数值预报产品。1982年起,开展模式(MOS)预报。1986年微机启用后,对县专家系统暴雨过程预报方法移植并使用。1994年,并入省气象局ONLAN/PC远程网。1999年,建立起VSAT地面小站。2003年,并入省局域网。通过省局局域网可获得数值预报、卫星云图及预报指导产品。2004年,通过网络可调阅吉林省气象研究所中小尺度数值预报产品。2005年,通过网络可调阅通化市的雷达回波资料。2006年建立起预报可视会商系统。

中期天气预报 1972年引进数理统计预报方法,通过对历史气象资料进行相关系数统计分析、检验,建立多元回归方程,促进了预报客观化。1979年开始进行气象站预报改革,重点抓基本资料、基本工具、基本图表、基本档案建设。1980—1983年,气象站开始应用传真数值预报产品,建立晴雨、降水、最高、最低气温等局地"MOS"预报方程。1999年建立VSAT单收站,接收欧洲中心和日本数值预报,以数值预报释用技术为基础,制作5~7天预报。

长期天气预报 因服务需要,梅河口市气象局从1974年开始制作长期天气预报。主要运用数理统计方法和常规气象资料图表及天气谚语、韵律关系等方法制作。

⑤农业气象观测

观测时间与项目 1958年5月开始农业气象观测,1962年5月停止作物物候观测和目测土壤湿度。1979年4月恢复农业气象观测工作。1980年定为国家农业气象基本观测站。

观测项目 进行水稻、玉米作物的发育期和生长状况、土壤水分、自然物候和农业灾害观测。土壤水分观测指固定地段和农作物地段土壤墒情。作物地段土壤墒情测定深度为0～50厘米。固定观测地段土壤墒情测定深度为0～100厘米,10厘米为一层次。物候观测项目中,草本植物有蒲公英、车前子;木本植物观测有毛白杨、桃;动物观测有蛙、家燕。根据吉林省气象局吉气发〔2006〕266号文件要求,从2006年10月开始,进行气象水文、旱柳和杏物候的试观测,2007年7月1日起正式观测。

农业气象情报 农业气象旬(月)报依据国家气象局下发的气象旬(月)报电码(HD-03),1980年5月上旬起,向北京气象中心、吉林省气象台拍发农业气象旬(月)报,编发内容为基本气象段、农业气象段、灾害段、产量段、地方补充段。农业气象候报从每年3月21日至5月31日(1994年起开始时间改为2月28日)开始,向吉林省气象台、通化市气象台编发农业气象候报。土壤湿度加测报从1996年6月1日起,每年3—6月和9—11月,每旬逢3以及干旱时期大于等于5毫米降水过程结束后加测土壤湿度。加测土壤湿度的深度为50厘米,2个重复。从1997年5月开始,根据中国气象局气象服务与气候司下发的气候发〔1997〕59号文的规定,取消10—11月土壤湿度加测编报工作。

农业气象报表 在农作物观测期间,按照中央气象局下发的《农业气象观测方法》进行农业气象观测资料统计,编制农作物生育状况观测记录年报表(农气表-1)、固定地段土壤水分观测记录年报表(农气表-2)、自然物候观测记录年报表(农气表-3)。1994年开始,按国家气象局修改后的《农业气象观测规范》编制农业气象观测记录报表,一式4份,在次年1月底前向吉林省气象局、四平市气象局各报送1份,本站留底本1份。省级业务部门审核订正后,次年5月底前上报国家气象中心档案馆1份。

仪器、设备配置有取土钻、盛土盒、天平、电子秤、烘干箱、高温表、皮尺、电动自行车和电脑。

2. 气象服务

公众气象服务 1959年1月1日,开始通过县广播站对外发布本地天气预报,与广播站合作开展播报天气预报业务。1989年,在电视台增加本地天气预报节目。1998年10月,同电信局合作开通"121"天气预报自动咨询电话。2005年,全市"121"查询电话实行集约经营,升位为"12121"。2007年,通过移动通信网络开通了气象商务短信平台,以手机短信方式向全市各级领导发送气象信息。

决策气象服务 1985年,主要以口头、邮寄信函方式为梅河口市政府进行服务。1988年开始,以报告材料和专报的形式把有关农时、农事与气候等情况送阅市委、市政府主要领导和主管领导。平均每年送阅材料《农业气象内参》、《气候与农事》、《气象快报》、《重要气象信息专报》达10期以上,100余份。1985年至2008年,共发各种信息专报208期,共计2000余份。农业气象信息、气象旬预报、森林火险预报,平均每年44期共计2800余份。

2007年编制了《梅河口市气象局气象决策周年服务方案》,应用到实际工作中。

1995年8月1日,梅河口市发生百年一遇洪水。梅河口市城区防洪堤坝水位超过警戒线。7月29—30日过程降水总量240.3毫米。期间发布了准确的暴雨预报用于防汛工作。

8月1日,关键时刻报出,未来3~5天无降水的准确预报,并提出"汛情将减弱,无需炸坝"的合理建议,被政府采纳,免去因炸坝带来的损失。

专业专项服务 1985年3月,遵照国务院办公厅《转发国家气象局关于气象部门开展有偿服务和综合经营的报告的通知》(国办发〔1985〕25号)文件精神,专业气象有偿服务开始起步。利用传真邮寄、警报系统、声讯、影视、手机短信等手段,面向各行业开展气象科技服务。主要是为全市各乡镇相关企事业单位提供中、长期天气预报和气象资料,一般以一周天气预报为主。截至2008年共签订合同1200余份,2008年签订合同28份。

气象科技服务 1998年开始了防雷业务,对全市防雷设施进行定期检查,独立检测或与其他部门联检,对不符合标准的防雷设施进行整改。

人工影响天气 2002年开始进行了人工影响天气工作。2007年6月整月无雨,梅河口市出现严重干旱天气。刘菊于6月28日组织了火箭人工增雨作业,发射火箭弹100枚,市区降雨15.7毫米,全市其他地方普遍降了10毫米以上的透雨,解除了旱情。高效科技服务受到梅河口市政府嘉奖,被评为"支农先进单位",同时获奖金1万元。

2007年5月30日到6月24日梅河口市降水仅0.2毫米,出现严重旱情

气象科普宣传 每年在"3·23"世界气象日、"12·4"法制宣传日开展防雷减灾、普法教育、气象法宣传。冬、春季组织送气象科技下乡活动。

法规建设和管理

1. 气象法规建设

气象法规建设 1998年8月17日,梅河口市人民政府办公室下发了《关于加强雷电防护管理工作的通知》(梅政办发〔1998〕42号)。2004年,梅河口市安全生产委员会办公室与梅河口市雷电防护管理中心联合下发了《关于加强全市防雷安全工作的通知》(梅安委办联字〔2004〕2号)。2005年4月20日,梅河口市安全生产委员会办公室下发了《梅河口市关于加强全市雷电防护安全工作的通知》,成立了梅河口市雷电防护安全工作领导小组,组长由市政府副市长刘振贵担任。2008年8月28日,梅河口市建设局依据中国气象局发布的《防雷减灾管理办法》的相关规定,结合梅河口市建设工程特点,下发了《关于加强梅河口市建设工程防雷减灾管理工作的通知》(梅建发〔2008〕55号)。

2000年4月,通化铁路分局在观测场东侧建家属楼(6层),超高。梅河口市气象局依据《中华人民共和国气象法》对其进行了行政执法。执法结果是赔偿气象局50万元用于搬迁观测场。观测场向西移了20米。

规章制度建设 1998年3月,制定了《梅河口市气象局综合管理制度》。2005年5月,经重新修订后下发,主要内容包括计划生育、干部职工脱产(函授)学习和申报职称、干部职工休假及阳光工资、业务值班管理制度、会议制度,财务、学习、考勤制度,安全、卫生、劳动制度等。

2. 社会管理

1998 年 8 月 11 日,成立梅河口市雷电防护管理中心,挂靠气象局,办公室设在气象局。2004 年,梅河口市气象局被列为市安全生产管理委员会成员单位,负责全市雷电安全防护的监督、检查,定期对市域内有关高危行业和非矿山企业进行依法检查。2008 年,编制完成了《梅河口市气象灾害预警应急预案》,参与地方应急工作。

3. 政务公开

2002 年开始,对气象行政审批办事程序、服务内容、服务承诺、气象行政执法依据、服务收费依据及标准向社会公开。气象站的财务收支、目标考核、基础设施建设、工程招投标等全部对站内公开。财务收支向职工每半年公示 1 次,干部职工的调资、入党提升、困难补助、职称评聘等,都在局务公开栏公示 7 天,无意见后再执行。

党建与气象文化建设

1. 党建工作

支部建设 气象站创建时期没有党员,政治学习、思想教育和政治运动由当地政府领导。从 1959 年到 1971 年、1979 年 3 月至 1981 年 9 月,参加农林局党支部或水利局党支部。1971 年 4 月,建立气象站党支部,隋传文任支部书记(1971 年 4 月—1972 年 3 月)。1972 年 4 月—1973 年 8 月,刘向群任支部书记。1974 年 12 月—1973 年 8 月,邓士伦任支部书记。1981 年 10 月—1985 年 3 月,张立荣任支部书记。1985 年 11 月—1986 年 4 月,于富海任支部书记。1986 年 5 月—1987 年 10 月,郭学江任支部书记。1987 年 11 月—1988 年 12 月,张明栋任支部书记。1989 年 2 月—1993 年 4 月,陈连友任支部书记。1993 年 5 月—2000 年 1 月,杨凤慧任支部书记。2000 年 2 月—2007 年 4 月,吴来英任支部书记。2007 年 5 月至今,罗涛任支部书记。1984—1987 年,发展党员 3 名。2003 年发展 1 名党员。到 2008 年共有党员 6 名。1983 年、1986 年被市直机关党工委评为先进党支部。

党风廉政建设 每年与通化市气象局签订《通化市气象局党风廉政建设责任书》。建立副科级以上领导廉政档案,推行领导干部承诺示廉、巡视访廉、个人述廉、群众评廉和组织考廉制度。2006 年以来,开展了以"气象系民情,廉洁促发展"为主题的廉政教育。2007 年,在保持共产党员先进性教育活动中,组织观看了《汪洋湖》、《赂海沉沦》等多部廉政、警示教育片。至 2008 年,领导班子落实党风廉政建设满意率测评中,连续五年满意率达到百分之一百。

2. 精神文明建设

1987 年被吉林省气象局评为"双文明建设先进集体"。2004 年,梅河口市气象局被梅河口市委市政府授予"文明单位"称号。

2005 年,自筹资金 3.2 万元建成 180 平方米健身场、图书室。吉林省气象局投资 30 万元对庭院进行了硬化,并修建了文化长廊。2006 年,自筹资金 8 万元对庭院进行了绿化,以草坪、针叶,阔叶林木、藤蔓架为美化点。同年标准化台站建设通过吉林省气象局验收。

3. 荣誉

建站以来,获得省部级以下综合表彰的先进集体 68 次。获得省部级以下的个人奖励 88 人次。

参政议政 1979 年,张明栋当选海龙县第八届人大代表。1982 年,费安国当选海龙县第九届人大代表。

台站基本建设

1954 年 8 月,辽东军区国家基建投资 1.1 万元建了 134 平方米办公室,房屋为砖瓦结构平房。

1979 年 10 月,吉林省气象局国家基建投资 4.0 万元建了 250 平方米办公室,房屋为砖瓦结构平房。原办公室改成宿舍。

2000 年,吉林省气象局国家基建投资 9 万元在原办公室基础上盖二层楼办公室,同时对整体进行改造。2004 年,吉林省气象局国家基建投资 28 万元、梅河口市财政投资 2 万元新建了 405 平方米气象设施储备库。

2000 年以前的梅河口市气象局　　　　　　　2000 年完工的新气象办公楼

集安市气象局

集安市地处吉林省最南部,原名辑安,又称通沟或洞沟。市界东南隔鸭绿江与朝鲜民主主义人民共和国相望,全市幅员 3217 平方千米。属于亚温带大陆性季风气候,风景秀丽,四季分明,气候宜人,素有吉林省"小江南"之美誉。

机构历史沿革

历史沿革 辑安县气象站始建于 1953 年 7 月,11 月 1 日正式观测。建站时站址位于县城西南角,门牌城关区西城街 14 号(今西盛街 10 号),观测场位于北纬 41°06′,东经126°10′,海拔高度 169.5 米。1958 年 9 月 1 日迁至集安镇胜利村(今光荣路 89 号),观测场位于北纬 41°06′,东经 126°09′,海拔高度 177.7 米,定为国家基本站。1965 年 5 月更名为集安县气象站。1985 年 5 月,增设气象局,局站合一,一个机构两块牌子。

管理体制 建站至 1953 年 8 月为辽东省财委气象科建制,行政由辑安县财委代管。1954 年 8 月,转为吉林省气象局建制。1956 年 6 月由辑安县委农村工作部代管。1958 年11 月,体制由系统下放到地方,属辑安县人民委员会建制,由辑安县农业局领导。1963 年8 月体制上收,属吉林省气象局建制,由通化地区气象台代管。1965 年 5 月辑安县更名为集安县。1970 年 12 月,体制下放到县,由集安县武装部实行半军事化领导。1974 年 7 月转到地方,由集安县水利局领导。1980 年 7 月起实行省气象局和地方政府双重领导,以气象部门领导为主。

名称及主要负责人变动情况

站名变动	时间	负责人
辽东省辑安气象站	1953.11—1954.08	门德忠
吉林省辑安气象站	1954.08—1959.01	门德忠
辑安县气象服务站	1959.01—1963.08	周 清
吉林省辑安县气象站	1963.08—1965.05	门德忠
吉林省集安县气象站	1965.05—1970.04	门德忠
吉林省集安县气象站	1970.04—1970.12	孙长金
集安县革命委员会气象站	1970.12—1972.10	王福德
集安县革命委员会气象站	1972.10—1974.07	阎发经
集安县气象站	1974.07—1980.09	郭希彬
吉林省集安县气象站	1980.09—1987.05	门德忠
吉林省集安市气象站	1987.05—1988.05	赵国臣
吉林省集安市气象局	1988.05—1997.10	赵国臣
吉林省集安市气象局	1997.10—	郭志军

人员状况 1958 年建站时只有 6 人。1978 年在编人数 13 人。2008 年在编人数 9 人,其中大学学历 6 人,大专学历 1 人,中专学历 2 人;中级专业技术人员 6 人,初级专业技术人员 3 人。

气象业务与服务

1. 气象业务

①地面气象观测

观测机构 1963 年设测报组,1987 年设立测报股。

观测时次和日界 1954 年 1 月 1 日至 1960 年 6 月 30 日,每日按地方平均太阳时进行01、07、13、19 时四次定时气候观测,以 19 时为日界。1960 年 7 月 1 日起至今每日按北京时进行 02、08、14、20 时 4 次定时气候观测和 05、11、17、23 时 4 次辅助绘图天气观测,拍发 7

次天气报,以 20 时为日界。

观测项目 云、能见度、天气现象、气压、气温、湿度、风向风速、降水、雪深、雪压、冻土、电线结冰、日照、蒸发、地温等。1998 年开始增加观测 E-601B 型蒸发器。

气象电报 1954 年 1 月 1 日开始,向吉林省气象台拍发 02、08、14、20 时 4 次定时天气报和 05、11、17 时补助绘图天气报告,每日拍发 02、05、08、11、14、17、20 时 7 次天气报,参加亚洲区域交换。1958 年开始,每年 7 月 1 日至 9 月 10 日向吉林省气象台、通化地区气象台拍发雨量加报,1964 年开始,改为每年 5 月 1 日—9 月 30 日,1966 年 3 月 21 日起,改为每年 6 月 1 日—9 月 30 日拍发。

1963 年 5 月起,向吉林省气象台拍发 06—06 时日雨量报。1970 年起,日雨量报改为 05—05 时拍发。1984 年 4 月 1 日开始编发重要天气报,不再拍发日雨量报和雨量加报,发报内容:降水、大风、龙卷、积雪、雨凇、冰雹。2008 年 6 月 1 日增加雷暴、视程障碍现象(霾、浮尘、沙尘暴、雾)。2005 年 4 月 16 日起每天 08 时 30 分至 09 时编发日照时数及蒸发量实况报。从建站起,承担拍发预约和固定航危报。

1986 年 1 月 1 日起用 PC-1500 计算机编发气象电报。1999 年 11 月上数据网,测报编报、发报、编制报表实现计算机网络一体化。

气象报表 每月编制地面气象月报表(气表-1),每年编制地面气象年报表(气表-21),一式 4 份,向中国气象局、吉林省气象局、通化市气象局各报送 1 份,本站留底本 1 份。

1954—1965 年编制气压、温度、湿度自记记录月报表(气表-2),其中气压自记记录月报表从 1960 年 3 月停止;1954—1960 年编制日照记录月报表(气表-4);1956 年 5 月至 1979 编制降水自记记录月报表(气表-5);1971 年 1 月至 1979 年制作风向风速自记记录月报表(气表-6),相应编制年报表 22、24、25。从 1961 年 1 月起,气表-4 并入气表-1,相应的年报表并入气表-21。从 1980 年 1 月 1 日,气表-5、气表-6 并入气表-1,降水自记记录年报表(气表-25)并入气表-21。

1987 年 7 月开始使用微机打印气象报表,向上级气象部门报送气象报表和磁盘。2001 年停止报送纸制气象报表,形成电子版,利用网络传输上报。2006 年 1 月通过气象专线网向吉林省气象局传输原始资料,经审核后由气象站将原始资料和报表做成光盘并将报表打印存档。

资料档案 从 2004 年 7 月起,将建站以来的原始气象记录档案(日照记录除外)移交吉林省气象档案馆,气象站不再保留原始气象记录档案。

自动气象站 2003 年 8 月 DYYZ-Ⅱ型自动气象站建成,11 月 1 日开始试运行。2004 年 1 月 1 日至 2005 年 12 月 31 日双轨业务运行。自动气象站观测项目有气压、气温、湿度、风向风速、降水、地温、草温等,观测项目全部采用仪器自动采集、记录,替代了人工观测。2006 年 1 月 1 日,自动气象站正式单轨业务运行。自 2007 年 1 月 1 日起不再保留气压、气温、湿度、风向风速自记仪器。

2007 年 4 月安装了闪电定位仪并进行观测。

区域自动气象站 2006 年 5 月至 11 月建设安装中尺度加密自动气象站 32 个,其中两要素站 25 个,四要素站 6 个,六要素站 1 个。同年 10 月 1 日,加密站的运行时间由原来的 5—9 月改为全年运行。

②气象信息网络

气象电报传输 1954 年 1 月,通过当地电信局专线发报。1986 年后观测电报通过电信局发报,小图报用甚高频电话发至省、市气象台。1999 年用分组交换网 X.25 拨号方式发报。2003 年用 DDN 专线发报。2006 年改为 SDH 光纤发报。

气象信息接收 1980 年,配备 123 型传真机,接受东京气象传真广播。1982 年 2 月开始,增加接收北京数值预报传真天气图。1983 年 1 月增加接收北京转播的欧洲中心部分数值预报传真图,1983 年 5 月 15 日增加接收北京物理量预报传真广播。1984 年 7 月 15 日增加接收北京 12 项物理量实况广播。1999 年至今通过 VAST 气象网络接收从地面到高空各类天气形势图、云图、雷达拼图和数值预报产品。

③天气预报

短期天气预报 1958 年本站正式开展单站补充预报业务,预报内容有降水、气温、大风、寒潮、霜冻等。预报方法比较简单,主要是抄录吉林省气象台天气趋势预报广播制作简易天气图、通过单站资料分析、天气谚语等,对收听的预报进行补充订正,即"收听加看天"预报阶段。1960 年贯彻中央气象局提出的补充天气预报"八字"措施(听、看、谚、地、资、商、用、管)和三个结合(大中小结合、长中短结合、图资群结合)的预报技术原则,逐渐建立本站气压、气温、水气压、风四种气象要素的曲线图、点聚图、剖面图等自己的预报工具。1963 年在吉林省气象台帮助指导下,总结了台风暴雨预报指标,为报准台风暴雨找到了可靠依据。

20 世纪 80 年代初,本站配备了传真机。从 1982 年起,先后接收日本东京、中国北京的各类天气实况图、天气预告图、数值预告图等图表资料,把时间的和空间的气象要素结合起来,既增加了预报信息,又提高了预报能力。1983 年开始建立模式预报方程(简称 MOS 方程)。采取的数学模型有:"0·1"回归、权重回归等方法,建立了晴雨、降水分级、气温、大风、寒潮、霜冻、暴雨、暴雪等预报方程。1986 年,引进专家系统。目前,已有大雪、寒潮、暴雨等专家系统框图。1999 年 7 月,地面卫星接收小站建成并正式启用,预报所需资料全部通过网上接收和发送,实现了全国气象资料联网,卫星云图随时可调用,使预报准确率有了较大幅度的提高。2006 年建成可视会商系统。

中期天气预报 从 1958 年起,开始制作 3～5 天的中期预报。重点是关键性、转折性、灾害性的天气预报。先后经历了本站气象资料、环流分型、数理统计和数值预报产品应用等阶段。1972 年引进数理统计预报方法,通过对历史气象资料进行相关系数统计分析,检验建立多元回归方程,促进了预报客观化。1979 年开始进行气象站预报改革,重点抓基本资料、基本工具、基本图表、基本档案建设。1980—1983 年气象站开始应用传真数值预报产品,建立晴雨、降水、最高、最低气温等局地"MOS"预报方程。1999 年建立 VAST 单收站,接收欧洲中心和日本数值预报,以数值预报释用技术为基础,制作 5～7 天预报。

长期天气预报 长期预报主要是指月、季、年天气趋势预报,始于 1959 年。预报内容上分为降水、气温、冷害、旱涝趋势、年景分析等。主要运用数理统计方法和常规气象资料图表及天气谚语,韵律关系等方法制作。长期预报的方法与中期预报相似,仅时间尺度不同。

由于长期预报受预报理论机制的限制,以及其他原因,从 1984 年起上级业务部门取消了对长期预报业务的考核。气象站由于有偿服务的需要,仍制作发布专业性质的长期预报。

④农业气象观测

集安气象站为省级农业气象观测站(二级站),主要进行玉米、水稻生育期观测。

观测项目 农业气象要素、农作物发育期和生长状况、土壤水分、自然物候和农业灾害观测等。土壤水分观测指固定地段和农作物地段土壤墒情,作物地段土壤墒情测定深度为:0～10厘米、10～20厘米、20～30厘米。固定观测地段土壤墒情测定深度为0～100厘米,10厘米为一层次。物候观测的项目,草本植物有:蒲公英、车前子。木本植物观测有:加拿大杨、葡萄。动物观测有:蟋蟀、家燕。根据吉林省气象局吉气发〔2006〕266号文件要求,从2006年10月开始,进行气象水文现象、旱柳和杏物候的试观测,2007年7月1日起正式观测。

农业气象情报 农业气象旬(月)报:依据国家气象局下发的气象旬(月)报电码(HD-03),常年向北京气象中心、吉林省气象台拍发农业气象旬(月)报,编发内容为基本气象段、农业气象段、灾害段、产量段、地方补充段。农业气象候报:1964年开始,每年3月21日至5月31日向吉林省气象台、通化市气象台编发农业气象候报,1966年3月停发。1975年5月重新恢复每年3月21日至5月31日(1994年起开始时间改为2月28日),向吉林省气象台、通化市气象台编发农业气象候报。土壤湿度加测报:从1996年6月1日起每年3—6月和9—11月,每旬逢3以及干旱时期大于等于5毫米降水过程结束后加测土壤湿度。加测土壤湿度的深度为50厘米,2个重复。从1997年5月开始根据中国气象局气象服务与气候司下发的气候发〔1997〕59号文的规定,取消10—11月土壤湿度加测编报工作。

农业气象报表 在农作物观测期间,按照中央气象局下发的《农业气象观测方法》进行农业气象观测资料统计,编制农作物生育状况观测记录年报表(农气表-1)、固定地段土壤水分观测记录年报表(农气表-2)、自然物候观测记录年报表(农气表-3)。1994年开始,按国家气象局修改后的《农业气象观测规范》编制农业气象观测记录报表,一式3份,在次年1月底前向吉林省气象局、通化市气象局各报送1份,本站留底本1份。

仪器、设备配置有烘干箱、天平、取土钻、铝盒、皮尺(20米)、卷尺(2米)、新一代电子天平。

2. 气象服务

公众气象服务 1987年7月,架设开通甚高频无线对讲通讯电话,实现与地区气象局直接业务会商。1990年6月,正式使用预警系统对外开展服务,每天上、下午各广播一次,服务单位通过预警接收机定时接收气象服务。

1998年,购置电视天气预报制作系统,开始制作天气预报节目由电视台负责播放。2005年7月,电视天气预报制作系统升级为非线性编辑系统。

1998年6月,同电信局合作正式开通"121"天气预报自动咨询电话。2005年1月,"121"电话升位为"12121"。此后,由于固话受拨号升位和手机短信及手机直接拨打等多重影响,固话"12121"逐显萎缩。

2006年,通过移动通信网络开通了气象短信平台,以手机短信方式向全市各级领导发送气象信息。2008年在全市各乡镇及公共场所安装了电子显示屏,开展气象灾害预警信息发布工作。

决策气象服务 从 1980 年开始,主要以口头、邮寄信函方式为集安县政府进行服务。1987 年开始以报告材料和专报的形式把有关农时、农事与气候等情况送阅县委、县政府主要领导和主管领导。平均每年送阅件材料《农业气象情报》、《气候与农事》、《气象信息专报》、《专题气象信息》等 20 期以上,400 余份。从 1985 至 2008 年,共发各种信息专报 330 期,共计 6600 余份。农业气象信息、气象周、月季预报、森林火险预报等,平均每年 300 期共计 9000 余份。

1960 年 8 月 3—4 日,出现了百年不遇的大洪水,县域受洪水威胁。在暴雨来临之前,7 月 28 日就提前预报出 8 月初有暴雨,县领导据此进行了周密部署与安排。在下暴雨的过程中,及时主动汇报,并果断报出了暴雨结束时间,此次大暴雨过程中无一人死亡,使损失减到了最小程度。中共辑安县委书记黄勋章在这次洪水过后总结大会上说:"这次洪水没有党的领导,全县军民共同奋战和气象站的及时预报,人民生命财产,不知要遭受多么大的灾难,气象站做出了很大的贡献。"1986 年 9 月下旬出现了一场局

1995 年 8 月 8 日集安市发生暴雨灾害

地暴雨,日降水量逾百毫米。当时汛期刚结束,三家子水库水位上涨近警戒线。放水还是不放水? 放水等于放钱,不放水又怕暴雨不停,水位继续上涨,影响下游的群众生命财产安全。在这个关键时刻,我们预报未来降水不超过 50 毫米,提出可以考虑不放水的建议,结果实况下了 40 多毫米雨便停了。水库领导对我们的预报特别满意,称赞气象站对蓄水发电做出了贡献。2005 年 8 月 16 日我局经综合分析预报出 17 日有大到暴雨天气过程,及时通过电视及"12121"等媒介发布了暴雨蓝色预警,并以文字材料的形式报送市委、市政府及防汛部门。17 日下午 16 时,我局再次发布了暴雨蓝色预警,17 时 35 分,暴雨如期而至,由于提前做好了防汛准备,没有造成损失,保护了人民群众的生命财产安全。1995 年汛期出现了集安有记录以来最大的洪灾,在这次抗洪抢险工作中,由于预报准确、服务及时,集安市气象局获"抗洪抢险模范单位"称号。

专业专项服务 1985 年 3 月,遵照国务院办公厅《转发国家气象局关于气象部门开展有偿服务和综合经营的报告的通知》(国办发〔1985〕25 号)文件精神,专业气象有偿服务开始起步,利用传真邮寄、警报系统、声讯、影视、电子显示屏、手机短信等手段,面向各行业开展气象科技服务。主要是为全县相关企事业单位及各乡镇提供中、长期天气预报和气象资料,一般以一周天气预报为主。截至 2008 年共签订有偿服务合同 1150 余份。其中,2008 年就签订有偿服务合同 30 余份。

气象科技服务 1997 年,成立了集安市人工影响天气办公室,挂靠在气象局,主要工作任务履行全市的人工增雨、人工防雹、人工防霜等作业的组织、管理、指导、服务。1998 年,成立了"集安市避雷检测中心",办公机构设在市气象局。

气象科普宣传 每年在"3·23"世界气象日,"12·4"法制宣传日开展防雷减灾、普法教育、气象法宣传。冬、春季组织送气象科技下乡活动。

法规建设与管理

1. 气象法规建设

气象法规建设 2000年随着《中华人民共和国气象法》的贯彻落实,分别向市政府法制办、建设局、规划处等部门进行了《中华人民共和国气象法》及相关法律法规的备案。

集安市人民政府办公室下发了《关于进一步加强各类工程防雷设施设计施工规范化管理的通知》(集政办发〔2003〕18号),与安监部门联合下发了《关于加强防雷安全工作的通知》(集安监联发〔2006〕2号),与集安市教育局联合下发了《关于加强学校防雷安全工作的紧急通知》(集教联发〔2007〕1号)等有关文件。

规章制度建设 1997年12月制定了《集安市气象局综合管理制度》。2006年3月经重新修订后下发,主要内容包括计划生育、干部职工脱产(函授)学习和申报职称等,干部职工休假及阳光工资,业务值班管理制度、会议制度,财务、学习、考勤制度,安全、卫生、劳动制度等。

2. 社会管理

1998年,成立"集安市雷电防护管理领导小组",办公室设在气象局。同时在市气象局加挂"集安市雷电防护管理中心"的牌子。同年,集安市气象局被列为市安全生产管理委员会成员单位,负责全市雷电安全防护的监督、检查,定期对辖区内有关高危行业和非矿山企业进行依法检查。

3. 政务公开

对外:2002年开始,对气象行政审批办事程序、服务内容、服务承诺、气象行政执法依据、服务收费依据及标准,采用公示栏、电视广告、发放宣传单等方式向社会公开,2008年纳入集安市政务大厅。

对内:财务收支、目标考核、基础设施建设、工程招投标等内容则采取职工大会或上局公示栏张榜等方式向职工公开。干部任用、职工晋职、晋级等及时向职工公示或说明。

2005年,评为"全国气象系统局务公开先进单位"。

党建与气象文化建设

组织建设 1972年8月成立党支部,由闫发经任党支部书记,任职时间1972—1974年。1975—1981年,由郭希彬任党支部书记。1981—1985年,由刘大荣任党支部书记。1985—1997年,由赵国臣任党支部书记,1997—2006年,由徐京福任党支部书记,2006—2008年,由金贞姬任党支部书记,2008年有党员7人。

1998年以来认真落实党风廉政建设目标责任制,党支部每半年开展一次党风廉政建设的思想政治教育。在2006年以来,开展了以"廉洁从政、干净干事"为主题的廉政教育。2007年结合地方市委开展的保持共产党员先进性教育活动,组织观看了《汪洋湖》、《贿海沉沦》等多部廉政、警示教育片。财务账目每年都接受上级主管局财务部门年度审计,并将结果向全局干部职工公布。

2001—2004年郭志军连续4年被中共集安市委评为"优秀党员",2003年被市直机关工委评为"好机关干部",2004年被集安市委评为"五星级党员",2005年被集安市委评为"文明市民标兵",1997—2007年连续十年被通化气象局评为先进受到嘉奖。2007年金贞姬被评为优秀"党务工作者"。2008年贾宝山被机关党工委评为"优秀人民公仆"。

气象文化建设 1991年成立精神文明工作领导小组,2003年建立健全精神文明远景规划,文明职工、文明家庭、文明科室评比条件,优质服务优良作风,优硬化环境等一系列规章制度。自制了健身器材,购置了乒乓球、篮球、羽毛球、排球等文体设施,设置了篮球、排球和羽毛球场地及文体活动室。充分利用五一、七一、十一春节等节日,组织职工结合自身工作自编自演了三句半、快板、锣鼓群等喜闻乐见的娱乐节目,2008年组织开展了首届"迎奥运、促和谐"乒乓球比赛,丰富了我局精神文明创建和气象文化建设的内涵,体现了团结、和谐、奋进的精神风貌。

1997—1998、1999—2000、2001—2002年度中,连续3次被评为通化"市级文明单位"。2002—2003、2004—2006年度被评为"省级文明单位"。

荣誉 建站以来集安市气象局共获集体奖励32项。1958年、1962年、1963年被评为"县支援农业生产先进单位"。1960年、1964年荣获通化地区水文气象总站奖励。1959年、1963年被评为"省支援农业生产先进单位"。1995年获"抗洪抢险模范单位"称号。2005年,集安市气象局被评为"全国气象系统局务公开先进单位"。1997—1998年、1999—2000年、2001—2002年度中,连续3次被评为通化"市级文明单位"。2002—2003、2004—2006年度分别获得"省级文明单位"称号。1997—2007年连续十年获得通化气象系统目标考核优秀单位,由于支部建设工作优秀,先后多次被市直机关工委评为"先进基层党组织",2004年被集安市委评为"五星级党支部",在2004—2008年市直机关党建目标责任制考核中我局均被评为第一名。

从1953年至2008年,个人获奖共92人次。

参政议政 门德忠在1960—1966年任辑安县政协委员、1974—1978年任集安县革命委员会委员、1978—1980年任集安县第八届人民代表大会常委会委员、1980—1984年任集安县第九届人民代表大会常委会委员。

台站建设

1953年建站时,占地面积6718平方米。只有一栋办公室,一栋家属房,办公室为平房建筑面积66平方米。房屋为砖瓦结构。

2001—2003年根据"一流台站"建设的要求对办公环境进行了综合改造,现有土地面积7690平方米,办公用房面积244.35平方米,车库面积36.72平方米,锅炉房、卫生间、库房面积34.98平方米,家属住宅780平方米,房屋均为砖混结构。全局实现硬化面积1130平方米,绿化面积1778平方米。

集安市气象局旧办公楼全景

集安市气象局新办公楼全貌

通化县气象局

机构历史沿革

历史沿革 通化县气象站,始建于 1974 年 10 月,地处吉林省东南部,观测场位于北纬 41°40′,东经 125°45′,海拔高度 372.5 米,为国家一般气象站,1975 年 1 月 1 日正式观测。1999 年 11 月,迁至快大茂镇赤柏村 2 队,观测场位于北纬 41°40′,东经 125°44′,海拔高度 384.3 米,2000 年 1 月 1 日正式观测。2008 年 8 月,迁至快大茂镇长征路 1888 号,观测场位于北纬 41°40′,东经 125°44′,海拔高度 380.1 米,2009 年 1 月 1 日正式观测。

管理体制 1974 年 10 月至 1980 年 6 月由地方政府管理。1980 年 7 月,国务院批转中央气象局《关于改革气象部门管理体制的报告》(国发〔1980〕125 号文件),实行以气象部门和地方政府双重领导,以气象部门领导为主的管理体制。1986 年 6 月增设气象局,局站合一,一个机构两块牌子,改称通化县气象局。

名称及主要负责人变更情况

名称	时间	负责人
通化县气象站	1974.10—1975.08	朱如意
通化县气象站	1975.09—1980.07	田志发
通化县气象站(正科)	1980.08—1981.01	田志发
通化县气象站	1981.02—1986.05	金承洛
通化县气象局	1986.06—1988.02	金承洛
通化县气象局	1988.03—1993.04	李国成
通化县气象局	1993.05—2005.07	祁长顺
通化县气象局	2005.08—	张 艺

人员状况 1974 年 10 月建站时 6 人。1978 年 3 月为 12 人。2008 年 12 月在编职工 11 人,临时聘用 3 人,其中研究生学历 3 人,大学本科学历 3 人,中专学历 5 人;中级专业技术人员 7 名,初级专业技术人员 4 名;25～40 岁 4 人,41～50 岁 3 人,51 岁以上 4 人。

气象业务与服务

1. 气象业务

①地面气象观测

观测机构 1975 年 1 月 1 日设立测报组,1987 年 7 月设立测报股,1989 年 5 月设立测报科。

观测时次和日界 1975 年 1 月 1 日至 1988 年 12 月 31 日,按北京时每天进行 02、08、14、20 时 4 次定时气候观测。1989 年 1 月 1 日至今,每天进行 08、14、20 时 3 次定时气候观测。均以 20 时为日界,夜间不守班。

观测项目 观测项目包括云、能见度、天气现象、气压、气温、湿度、风向风速、降水、雪深、蒸发、日照、地温(0～160 厘米)、冻土等。

气象电报 建站开始,向吉林省气象台拍发小天气图报告。1999 年 3 月 1 日起,停发小天气图报,开始试拍发"加密气象观测报告"。2001 年 4 月 1 日,使用《AHDM4.1》版软件编发报和编制报表,正式拍发"加密气象观测报告",拍发 05—05 时日雨量报。每年 6 月 1 日—9 月 30 日向吉林省气象台、通化市气象台拍发雨量加报、。1984 年 4 月 1 日开始编发重要天气报,不再拍发日雨量报和雨量加报,发报内容有降水、大风、龙卷、积雪、雨凇、冰雹。2008 年 6 月 1 日起,增加雷暴、视程障碍现象(霾、浮尘、沙尘暴、雾)的编报。2005 年 4 月 16 日起,每天 08 时 30 分至 09 时编发日照时数及蒸发量实况报。

航危报 1984 年开始承担预约航危报业务,用报单位最多为 2 个。

气象报表 建站开始,每月编制地面气象月报表(气表-1),一式 3 份,向吉林省气象局、通化市气象局各报送 1 份,本站留底本 1 份。每年编制地面气象记录年报表(气表-21),一式 4 份,向国家气象局、吉林省气象局、通化市气象局各报送 1 份,本站留底本 1 份。1975 年 5 月到 1979 年 9 月,制作降水自记记录月报表(气表-5)。1975 年 1 月到 1979 年 12 月,制作风向风速自记记录月报表(气表-6)。1980 年 1 月起,气表-5、气表-6 停作,合并到气表-1,降水自记记录年报表(气表-25)合并到气表-21,同年制作月简表。

建站至 1987 年 6 月,气象报表用手工抄写方式编制。1987 年 7 月开始使用微机打印气象报表,向上级气象部门报送气象报表和磁盘,审核后盖章返回气象站。2001 年 1 月起,停止报送纸质地面气象报表。2006 年 1 月开始,通过气象专线网向通化市气象局传输原始资料和报表,经通化市气象局审核后,气象站将原始资料和报表做成光盘,并将报表打印存档。

资料档案 2004 年 7 月起,将建站以来的原始气象记录档案(日照记录除外)移交到吉林省气象档案馆,气象站不再保留原始气象记录档案。

自动气象站 2003 年 9 月 DYYZ-Ⅱ型自动气象站建成。2004 年 1 月 1 日,自动气象站投入双轨业务运行。2006 年 1 月 1 日,自动气象站正式单轨业务运行。自动气象站观测项目有气压、气温、湿度、风向、风速、降水、地温、深层地温、浅层地温、草温,观测项目全部采用仪器自动采集、记录,替代了人工观测。自 2007 年 1 月 1 日起,不再保留气压、气温、湿度、风向风速自记仪器。

区域自动气象站　2006 年 6 月至 2008 年,建成 14 个乡镇自动气象观测加密站,其中温度、雨量两要素自动加密站 10 个,温度、雨量、风向、风速四要素自动加密站 3 个,六要素站 1 个,全部投入运行。

②气象信息网络

气象电报传输　建站时通过当地电信局专线发报。1986 年后观测电报通过电信局发报,小图报用甚高频电话发至省、市气象台。1999 年,用分组交换网 X.28 拨号方式发报。2003 年,用 DDN 专线发报。2006 年改为 SDH 光纤发报。

气象信息接收　1981 年,采用国产传真机接收东京气象传真广播。1982 年 2 月开始,增加接收北京数值预报传真天气图。1983 年 1 月,增加接收北京转播的欧洲中心部分数值预报传真图。1983 年 5 月 15 日,增加接收北京物理量预报传真广播。1984 年 7 月 15 日,增加接收北京 12 项物理量实况广播。2000 年起,通过 VSAT 气象网络接收从地面到高空的各类天气形势图、云图、雷达拼图和数值预报产品。

③天气预报

短期天气预报　1976 年 1 月县气象站开始作单站天气预报。建站初期,由于资料年代短,基本沿用通化地区气象局观测站资料。到 1982 年,共抄录 8 年 55 项资料和部分简易天气图表,同时对建站后有关气象资料的各种灾害性天气个例进行建档。1980—1983年,气象站开始应用传真数值预报产品,建立晴雨、降水、最高、最低气温等局地“MOS”预报方程。

中期天气预报　1975 年引进数理统计预报方法,通过对历史气象资料进行相关系数统计分析、检验,建立多元回归方程,促进了预报客观化。1979 年开始进行气象站预报改革,重点抓基本资料、基本工具、基本图表、基本档案建设。2000 年以后,建立了 VSAT 卫星单收站,以数值预报、释用技术为基础,制作 5～7 天预报。

长期天气预报　因服务需要,1976 年开始制作长期天气预报。主要运用数理统计方法和常规气象资料图表及天气谚语,韵律关系等方法制作年景、农业气候、春播期预报、农作物生长期预报、农作物产量预测、农作物收获期预报、汛期预报、春秋季“森林防火”预报。

④农业气象观测

1977 年 3 月成立农业气象组。1978 年 9 月编发农业气象旬(月)报。1978 年 3 月,编发农业气候报。1980 年列为国家农业气象一级站。

观测时间与项目　1980 年开始进行水稻、玉米作物发育期和生长状况的观测、固定地段和农作物地段土壤墒情的观测(作物地段土壤墒情测定深度为 0～50 厘米固定观测地段土壤墒情测定深度为 0～100 厘米,10 厘米为一层次)。进行草本植物蒲公英、车前子、木本植物加拿大杨、旱柳、动物豆雁、家燕的自然物候观测和农业灾害的观测。

根据吉林省气象局吉气发〔2006〕266 号文件要求,从 2006 年 10 月开始,进行生态农业气象和杏物候的试观测,2007 年 7 月 1 日起正式观测。

农业气象情报　农业气象旬(月)报依据国家气象局下发的气象旬(月)报电码(HD-

03),常年向北京气象中心、吉林省气象台拍发农业气象旬(月)报,编发内容为基本气象段、农业气象段、灾害段、产量段、地方补充段。农业气象候报:每年 3 月 21 日至 5 月 31 日(1994 年起开始时间改为 2 月 28 日),向吉林省气象台、通化市气象台编发农业气象候报。土壤湿度加测报:从 1996 年 6 月 1 日起每年 3—6 月和 9—11 月,每旬逢 3 以及干旱时期大于等于 5 毫米降水过程结束后加测土壤湿度。加测土壤湿度的深度为 50 厘米,2 个重复。从 1997 年 5 月开始,根据中国气象局气象服务与气候司下发的气候发〔1997〕59 号文的规定,取消 10—11 月土壤湿度加测编报工作。

农业气象报表 在农作物观测期间,按照中央气象局下发的《农业气象观测方法》进行农业气象观测资料统计,编制农作物生育状况观测记录年报表(农气表-1)、固定地段土壤水分观测记录年报表(农气表-2)、自然物候观测记录年报表(农气表-3)。1994 年开始,按国家气象局修改后的《农业气象观测规范》编制农业气象观测记录报表,一式 4 份,在次年 1 月底前向吉林省气象局、四平市气象局各报送 1 份,本站留底本 1 份,省级业务部门审核订正后,次年 5 月底前上报国家气象中心档案馆 1 份。

仪器、设备配置有烘干箱、天平、取土钻、铝盒、皮尺(20 米)、卷尺(2 米)。2009 年,下发新一代电子天平和交通电动车。

2. 气象服务

公众气象服务 建站之初,通过县广播站开展播报天气预报业务。1986 年建立气象警报系统,面向有关部门、乡(镇)、村、农业大户和企业等开展天气预报警报信息发布服务。1992 年 12 月,县广播电台与电视台合并,天气预报停播。1997 年 6 月,与电信局合作正式开通"121"天气预报咨询电话。2005 年 1 月,"121"电话升位为"12121"。2006 年 4 月,和县移动通信公司开通了气象商务信息短信平台,以手机短信方式向全县各级领导和手机用户发送气象信息。同年 11 月,建成气象影视天气预报制作系统,将自制节目光盘送县电视台播报。2008 年 6 月,建成通化县气象局互联网站,实现了气象信息服务网络化。

决策气象服务 2003 年,以报告材料和专报的形式把有关农时与农事、气候与社会等信息送阅县委、县政府主要领导和主管领导。每年送阅《农业气象内参》、《气候与农事》、《气象快报》、《重要气象信息专报》材料达 10 期以上,180 余份。6 年来共发送各种信息专报 68 期共 1220 余份。农业气象信息、气象旬预报、森林火险预报,平均每年 44 期共计 2800 余份。

1995 年 7 月下旬至 8 月上旬,连续出现 4 次暴雨、1 次大到暴雨、1 次大暴雨,降水量达到 488.3 毫米。百年不遇的洪水使喇蛄河堤多处决口,县城进水,街道水深达到 1.5 米。由于预警预报准确,服务保障前移,全县未出现人员伤亡,将损失降到最低限度。2008 年 9 月,观测站和气象台合并,成立气象预警中心。

专业专项服务 1985 年 3 月,遵照国务院办公厅《转发国家气象局关于气象部门开展有偿服务和综合经营的报告的通知》(国办发〔1985〕25 号)文件精神,专业气象有偿服务开始起步。利用传真邮寄、警报系统、声讯、影视、电子屏、手机短信等手段,面向各行业开展气象科技服务。截至 2008 年,共签订合同 1920 份(其中 2008 年签订合同 110 份)。宋晓光、张艺、李国喜等同志先后被省气象局评为"科技服务创收能手"。

气象科技服务 1998 年,公安局、气象局联合成立通化县避雷检测中心(办公机构设在县气象局)。2004 年 4 月,气象局和农业局建立了通化县兴农网,并在全县各乡镇和有关部门开通了气象科技信息站,促进了全县农业产业信息化的发展。2005 年 5 月,"通化县人工影响天气办公室"成立,挂靠气象局,为人工增雨的实施提供了可靠的组织保证和技术保证。

2007 年 6 月,通化县出现百年一遇的大旱,29 天无有效降水。县气象局 3 次人工增雨,共发射人工增雨火箭弹 42 枚,有效缓解了旱情,减少经济损失达 1.4 亿元。县政府为了表彰气象局在人工增雨抗旱、保苗服务中做出的突出贡献,奖励 10 万元。

气象科普宣传 每年在"3·23"世界气象日和"12·4"法制宣传日都开展防雷减灾、普法教育、气象法宣传。冬、春季组织送气象科技下乡活动。

法规建设与管理

1. 气象法规建设

气象法规建设 2000 年 5 月,结合《中华人民共和国气象法》贯彻落实,气象局与县政府法制办联合发布《关于通化县保护气象观测环境的若干规定》的通知,从 2000 年 6 月 1 日起开始实施。

2003 年,通化县政府下发《通化县建设工程防雷项目管理办法》文件,建设局印发《关于加强通化县建设项目防雷装置、防雷设计、跟踪检测、竣工验收工作的通知》有关文件。为规范县域防雷市场管理,提高防雷工程安全性,县政府法制办出台《通化县防雷工程设计审核、施工监督和竣工验收管理办法》,防雷行政许可和防雷技术服务逐步走向规范化。

规章制度建设 1998 年 3 月,县局制定了《通化县气象局综合管理制度》,2005 年 9 月经重新修订后下发。主要内容包括计划生育、干部职工脱产(函授)学习和申报职称、干部职工休假及阳光工资、业务值班管理制度、会议制度,财务、学习、考勤制度、安全、卫生、劳动制度等。

2. 社会管理

1998 年 8 月 13 日,县政府成立通化县雷电防护管理领导小组,办公室设在气象局。同年,通化县政府办公室发文将防雷工程从设计施工到竣工验收,全部纳入气象依法行政管理范围。在通化县气象局加挂通化县雷电防护管理中心的牌子。2002 年 5 月,通化县气象局被列为县安全生产管理委员会成员单位,负责全县雷电安全防护的监督、检查,定期对县域内有关高危行业和非矿山企业进行依法检查。

3. 政务公开

2002 年开始,对气象行政审批办事程序、服务内容、服务承诺、气象行政执法依据、服务收费依据及标准向社会公开。干部任用,财务收支、目标考核、基础设施建设、工程招投标等全部阳光操作。财务收支向职工每半年公示 1 次。干部职工的调资、入党提升、困难补助、职称评聘等,都在局公示栏公示 7 天,无意见后再执行。

党建与气象文化建设

1. 党建工作

支部建设 1974 年 10 月建站时有党员 1 人,编入农业局机关党支部。1976 年 1 月,成立气象站党支部,由田志发任党支部书记。1981 年 2 月由金承洛担任党支部书记。2000 年 2 月由祁长顺任支部书记至今。2008 年有党员 9 人。

党风廉政建设 2004 年以来,认真落实党风廉政建设目标责任制,党支部每半年开展 1 次党风廉政建设的思想政治教育。2006 年以来,开展了以"气象系民情,廉洁促发展"为主题的廉政教育,张艺被通化市局党组评为"特殊贡献奖"、中共通化县委"优秀党员"。张景鹏被省人民政府荣记个人"大功",被中共通化县委、县政府评为首届"通化县十大感恩人物"。

2007 年,结合驻地县委开展的保持共产党员先进性教育活动,组织观看了《汪洋湖》、《贿海沉沦》等多部廉政、警示教育片。财务账目每年都接受上级主管局财务部门年度审计,并将结果向全局干部职工公布。

2. 精神文明建设

1993 年,成立精神文明工作领导小组,建立健全规章制度。1994—1995 年为县级精神文明单位,1996—2008 年为市级精神文明单位。

1997 年,结合香港回归和国庆活动,县局派出 3 名青年职工参加县机关党工委组织的 5000 米公路越野赛。2002 年,县局派出 2 人参加农口系统拔河代表队并取得第 6 名的好成绩。2005—2008 年,每年均参加社区组织的排球、篮球、乒乓球体育活动。

2008 年新办公楼建成后,对机关院区的环境进行了"硬化、绿化、美化"建设,全局绿化面积达到 70%。健身器材有篮球架、划船器、健骑器、漫步器、提拉训练器、推举训练器、肩关节康复器。文体活动室面积达 130 平方米,内有台球桌、乒乓球桌、跑步机、哑铃、拉力器、组全健身器、健身自行车。健身场地、篮球场地共 300 平方米。

3. 荣誉与人物

荣誉 1975—2008 年共获集体荣誉 60 项。先后被中国气象局授予"气象服务先进集体"(1987 年)、"集体科技扶贫三等奖"(1993 年)各 1 次。1996—2008 年,连续 13 年被评为"市级文明单位"。1997—2008 年,连续 12 年被驻地县政府评为"支持县域经济发展先进单位"。1999—2008 年,连续 10 年被县防火办、县防汛办评为"气象服务先进单位"。2007年、2008 年被通化市科协、吉林省科协评为"服务三农先进集体"。

1978—2008 年,获得各级表彰奖励 126 人次,其中李国成被省气象局评为优秀县局局长;祁长顺被评为市级劳动模范。

人物

田志发(1944.1—1981.1),辽宁宽甸县人,生于贫农家庭。1965 年入党,1966 年参加工作,先后任二密公社团委书记、革委会副主任,1975 年 8 月调县气象站工作。他到县站后一手抓基建,一手抓业务,带领全站搞预报会战,学习人工防霜技术,为县域农业发展做出很大贡献,多次受到嘉奖,连续两年被评为省气象系统和通化县委先进工作者、好党员。1977年7月,在全区巡回检查中病痛发作,经检查确诊为骨癌。在截去右下肢的情况下,仍坚持争分夺秒地为党工作,经常吃住在办公室,拄着双拐下乡查看农情,在防霜工作上做出了突出贡献。1980年8月,他预感自己生命到了极限,向党向同志们写下了告别书,把站班子成员请到家里开站务会,并郑重向县领导、上级主管局领导表示:死后一切从简,不买花圈,不开追悼会,节省开支,少浪费同志们的工作时间,并对通化县气象站未来发展提出合理化建议。

田志发同志1981年1月去世后,中共通化县委授予他"优秀共产党员"称号。吉林省气象局和中央气象局在当年3月和9月发出通知,号召全省、全国气象系统向田志发同志学习。中央气象局《气象工作情况》1981年13期,以《身残志更坚,拼命干革命》为题,报道了田志发同志的先进事迹。

参政议政　陈骏骝任通化县第二届政协副主席。金成洛当选通化县第八届人大代表。张艺任通化县第八届政协委员。

台站建设

1974年建站时,占地面积7603.7平方米。办公室的建筑面积218平方米,房屋为砖瓦结构。

1992年,向省气象局申请综合改造资金20万元,新建职工住宅楼450平方米,地面测报、天气预报、锅炉房等办公设施也进行了装修和改造。2003年,因县城综合改造,向地方政府争取地方改造项目,新建观测站办公室120平方米,占地面积4928平方米。局办公室扩建后达到305平方米,办公条件、职工住房有了较大改善。2007年,向中国气象局申请综合改造项目资金100万元,省局配套资金37万元,自筹资金110万元,进行台站标准化建设。新建通化县气象预警中心办公大楼1322平方米。截至2008年,通化县气象局占地面积10239平方米。同时建成DVB地面气象卫星单收站、DYYZ-Ⅱ型地面自动观测站、县级气象服务终端、探测环境保护实施全景视频监控等多项业务工程。

1974年2月建成的气象站办公用房

2008 年 8 月新建成的气象预警中心办公楼

柳河县气象局

机构历史沿革

历史沿革　柳河县气象站始建于 1957 年 11 月,地处吉林省东南部。观测场位于柳河镇南门外"郊外"(北纬 42°15′,东经 125°44′,海拔高度 362.3 米),为国家一般气象站,1958 年 1 月 1 日开始正式观测。

1959 年 3 月起,更名为水文气象中心站。1963 年 8 月起,更名为柳河县气候站。1980 年起,更名为吉林省柳河县气象站。1988 年 3 月,增设气象局,局站合一,一个机构两块牌子,改称柳河县气象局。

管理体制　1958 年 11 月起,归柳河县人民委员会直接领导和管理,气象业务由气象部门管理。1959 年水文气象合并,气象业务归通化地区水文气象总站管理。1963 年水文气象分开,气象业务仍由气象部门管理。1963 年 8 月 1 日体制上收,气象业务、人事、财务收归吉林省气象局管理,行政、思想教育仍由人民委员会领导管理。1970 年 12 月 18 日,根据吉革[70]123 号、吉军发[70]164 号文联合通知精神,气象体制下放,归地方革命委员会、人民武装部双重管理,以军队领导为主。1973 年归属地方革命委员会领导,业务上受通化气象局领导。1980 年 7 月 1 日起,实行吉林省气象局和地方政府双重领导,以气象部门为主的管理体制。

名称及主要负责人变更情况

单位名称	任职时间	主要负责人
柳河县气象站	1958.01—1959.04	于富海
水文气象中心站	1959.04—1962.08	姜石文
柳河县气候站	1962.08—1964.05	于富海
柳河县气候站	1964.05—1967.10	张立荣
柳河县气象站	1967.10—1975.04	于富海

单位名称	任职时间	主要负责人
柳河县气象站	1975.04—1978.08	赵喜文
柳河县气象站	1978.08—1979.04	于富海
柳河县气象站	1979.04—1980.10	朱瑞光
柳河县气象站	1980.10—1986.04	于富海
柳河县气象局	1986.04—1991.12	张树林
柳河县气象局	1991.12—1995.04	闵祥杰
柳河县气象局	1995.04—1996.04	张树东
柳河县气象局	1996.04—2004.04	闵祥杰
柳河县气象局	2004.04—	王善强

人员状况　1958 年建站时只有 3 人,1978 年在编人数 14 人。2008 年在编人数 9 人,其中大学学历 4 人,中专学历 5 人;中级专业技术人员 6 人,初级专业技术人员 3 人。

气象业务与服务

1. 气象业务

①地面气象观测

观测机构　1975 年设测报组,1988 年设立测报股。

观测时次和日界　1958 年 1 月 1 日至 1960 年 12 月 31 日,每日按地方平均太阳时进行 01、07、13、19 时 4 次定时观测,以 19 时为日界,夜间不守班。1960 年 7 月 1 日开始,采用北京时,每日进行 02、08、14、20 时 4 次定时气候观测,以 20 时为日界,夜间不守班。1961 年 1 月 1 日至 1963 年 12 月 31 日,每日进行 08、14、20 时 3 次定时气候观测,夜间不守班。1964 年 1 月 1 日起,由 3 次定时气候观测改为每日进行 02、08、14、20 时 4 次定时气候观测,昼夜守班。1966 年 3 月 1 日起,由 4 次定时气候观测改为每日进行 08、14、20 时 3 次定时观测,夜间不守班。1971 年 4 月 1 日起,由 3 次定时气候观测改为每日进行 02、08、14、20 时 4 次定时气候观测,夜间不守班。1971 年 7 月 1 日起,每日进行 02、08、14、20 时 4 次定时气候观测,改为昼夜守班。1973 年 4 月 1 日起,仍为每日 4 次定时气候观测,改为夜间不守班。1989 年 1 月 1 日起,由 4 次定时气候观测改为每日进行 08、14、20 时 3 次定时气候观测,夜间不守班。

观测项目　观测项目包括云、能见度、天气现象、气压、温度和湿度、风向风速、降水、雪深、日照、蒸发、地温、冻土等。

气象电报　1958 年开始,每年 7 月 1 日至 9 月 10 日向吉林省气象台、通化市气象台拍发雨量加报。1964 年开始改为每年 5 月 1 日—9 月 30 日拍发。1966 年 3 月 21 日起,改为每年 6 月 1 日—9 月 30 日拍发。

1963 年 5 月开始,向吉林省气象台拍发 06—06 时日雨量报。1970 年起,改为拍发 05—05 时日雨量报。

1963年5月,向吉林省气象台拍发02、08、14时实况天气报告。1975年5月起,向吉林省地台拍发小天气图报。1999年3月1日起,停发小天气图报,开始试拍发"加密气象观测报告"。2001年4月1日使用《AHDM4.1》版软件编发报和编制报表,正式拍发"加密气象观测报告"。

1984年4月1日开始编发重要天气报,不再拍发日雨量报和雨量加报,发报内容有降水、大风、龙卷、积雪、雨凇、冰雹。2008年6月1日起,增加雷暴、视程障碍现象(霾、浮尘、沙尘暴、雾)的编报。

2005年4月16日起,每天08时30分至09时编发日照时数及蒸发量实况报。

1985年,气象站配备了PC-1500袖珍计算机。1986年1月1日起,使用PC-1500袖珍计算机取代人工编报。

气象报表 1957年11月开始,每月编制地面气象记录月报表(气表-1),一式3份,向吉林省气象局、通化市气象局各报送1份,本站留底本1份。每年编制地面气象记录年报表(气表-21),一式4份,向国家气象局、吉林省气象局、通化市气象局各报送1份,本站留底本1份。

1958年至1965年12月,制作温度、湿度自记记录月报表(气表-2)。1958年11月到1960年2月,制作气压自记记录月报表(气表-2)。1958年到1960年12月,制作地温记录月报表(气表-3)、日照记录月报表(气表-4)。1958年5月到1979年9月,制作降水自记记录月报表(气表-5)。1959年至1960年12月,制作冻土记录月报表(气表-7),同时编制年报表22、23、24、25、27。从1961年1月起,气表-3、气表-4、气表-7并入气表-1,相应的年报表并入气表-21。1971年1月到1979年12月,制作风向风速自记记录月报表(气表-6)。1980年1月起,气表-5、气表-6停作,合并到气表-1,降水自记记录年报表(气表-25)合并到气表-21,同年制作月简表。

建站至1987年6月,气象报表用手工抄写方式编制。1987年7月开始使用微机打印气象报表,向上级气象部门报送气象报表和磁盘,审核后盖章返回气象站。2006年1月开始,通过气象专线网向通化市气象局传输原始资料和报表,经通化市气象局审核后,气象站将原始资料和报表做成光盘,并将报表打印存档。

2004年7月起,将建站以来的原始气象记录档案(日照记录除外)移交到吉林省气象档案馆,气象站不再保留原始气象记录档案。

自动气象站 2003年9月DYYZ-Ⅱ型自动气象站建成。2004年1月1日,自动气象站投入双轨业务运行。2006年1月1日,自动气象站正式单轨业务运行。自动气象站观测项目有气压、气温、湿度、风向、风速、降水、地温、深层地温、浅层地温、草温,观测项目全部采用仪器自动采集、记录,替代了人工观测。2007年1月1日起,不再保留气压、气温、湿度、风向风速自记仪器。

区域自动气象站 2006年5月至2008年5月,建成9个乡镇自动气象观测加密站。其中温度、雨量两要素自动加密站5个,温度、雨量、风向、风速四要素自动加密站3个,六要素站1个,全部投入运行。

②气象信息网络

气象电报传输 1963年5月,通过当地电信局专线发报。1986年开始小图报用甚高频电话发至吉林省气象台、地区气象台。1999年,用分组交换网 X. 28 拨号方式发报。2003年,用 DDN 专线发报。2006年改为 SDH 光纤发报。

气象信息接收 1981年,配备117型传真机。1983年改用国产滚筒旋转扫描,采用普通白纸记录的123型传真机,接收东京气象传真广播。1982年2月开始,增加接收北京数值预报传真天气图。1983年1月,增加接收北京转播的欧洲中心部分数值预报传真图。1983年5月15日,增加接收北京物理量预报传真广播。1984年7月15日,增加接收北京12项物理量实况广播。2000年4月开始,通过 VSAT 气象网络接收从地面到高空的各类天气形势图、云图、雷达拼图和数值预报产品。

③天气预报

短期天气预报 1959年1月,正式开展单站补充预报业务。收听吉林省气象台的天气形势预报广播,结合本地气象观测要素变化和气候特点,对收听的预报进行补充订正,即"收听加看天"预报阶段。

1960年,贯彻中央气象局提出的补充天气预报"八字"措施(听、看、谚、地、资、商、用、管)和三个结合(大中小结合、长中短结合、图资群结合)的预报技术原则,逐渐建立自己的预报工具。1980—1983年,气象站开始应用传真数值预报产品,建立晴雨、降水、最高、最低气温等局地"MOS"预报方程。1998年9月停收传真图,预报所需资料全部通过县级业务系统进行网上接收,实现远程可视会商系统。

中期天气预报 1972年引进数理统计预报方法,通过对历史气象资料进行相关系数统计分析、检验建立多元回归方程,促进了预报客观化。1979年开始进行气象站预报改革,重点抓基本资料、基本工具、基本图表、基本档案建设。1999年建立 VSAT 单收站,接收欧洲中心和日本数值预报,以数值预报释用技术为基础,制作5~7天预报。

长期天气预报 因服务需要,柳河县气象站从1974年开始制作长期天气预报,主要运用数理统计、常规气象资料图表、天气谚语和韵律关系等方法。1984年开始不参加业务考核。

④农业气象观测

观测时间与项目 建站为农业气象观测一般站。1958年4月开始,按照中央气象局编制的《农业气象观测方法》进行玉米、水稻生育期观测,1964年1月1日停止观测。1964年3月24日起,定为省级农业气象基本站。1990年4月10日起,进行玉米、水稻作物观测,固定地段和农作物地段土壤墒情观测,测定深度为0~10厘米、10~20厘米、20~30厘米、30~40厘米、40~50厘米。1993年4月开始,停止作物生育期、动植物的物候观测,作物地段和固定地段土壤水分的观测。

农业气象情报 1964年开始,每年从3月16日—5月31日向吉林省气象台拍发农业气象候报,常年向吉林省气象台编发农业气象旬(月)报,1966年3月停发。1975年5月恢复,每年3月21日至5月31日(1994年起开始时间改为2月28日),向吉林省气象台、通化地区气象台编发农业气象候报,常年向吉林省气象台编发农业气象旬(月)报。

农业气象报表 在农作物物候观测期间,按照中央气象局下发的《农业气象观测方法》进行农业气象观测资料统计,编制农作物生育状况观测记录年报表(农气表-1)、固定地段土壤水分观测记录年报表(农气表-2)、自然物候观测记录年报表(农气表-3),一式3份,在次年 1 月底前向吉林省气象局、地区气象局各报送 1 份,本站留底本 1 份。

仪器、设备配置有烘干箱、天平、取土钻、铝盒、皮尺(20 米)、卷尺(2 米)、新一代电子天平。

2. 气象服务

公众气象服务 1959 年 1 月 1 日,与广播站合作开展播报天气预报业务。1998 年 10 月,同电信局合作开通"121"天气预报自动咨询电话。2005 年,全市"121"查询电话实行集约经营,升位为"12121"。2007 年,通过移动通信网络开通了气象商务短信平台,以手机短信方式向全县各级领导发送气象信息。2008 年 6 月,建成柳河县气象局互联网站,实现了气象信息服务网络化。

决策气象服务 主要以口头、邮寄信函方式为柳河县政府服务。1988 年开始,以报告材料和专报的形式把有关农时、农事与气候等情况送阅县委、县政府主要领导和主管领导。平均每年送阅件材料《农业气象内参》、《气候与农事》、《气象快报》、《重要气象信息专报》达 10 期以上,150 余份。从 1985 至 2008 年,共发各种信息专报 262 期,共计 3000 余份。农业气象信息、气象旬预报、森林火险预报,平均每年 44 期共计 2800 余份。

1995 年 7 月 29—30 日,本县遭遇百年不遇大洪水,连续 2 天降水量大于 100 毫米,过程雨量达 259 毫米,致使山洪暴发,水库决口,县城被淹。柳河县气象局于 7 月 28—29 日分别作出大到暴雨,局部大暴雨的预报,在和平水库是否炸坝泄洪的关键时刻,准确的预报、及时的服务避免了重大损失,将灾情降低到最低限度,避免经济损失 1 亿元。

专业专项服务 1985 年 3 月,遵照国务院办公厅《转发国家气象局关于气象部门开展有偿服务和综合经营的报告的通知》(国办发〔1985〕25 号)文件精神,专业气象有偿服务开始起步。利用传真邮寄、警报系统、声讯、影视、电子屏、手机短信等手段,面向各行业开展气象科技服务。1988 年 4 月,柳河县人民政府办公室转发《县气象局关于开展气象有偿专业服务报告的通知》,对柳河县气象有偿专业服务的对象、范围、收费原则和标准等内容进行规范。主要是为全县各乡镇相关企事业单位提供中、长期天气预报和气象资料,一般以一周天气预报为主。截至 2008 年共签订合同 1600 余份,2008 年签订合同 30 余份。

气象科技服务 1992 年 6 月,成立柳河县人工影响天气办公室,挂靠气象局,为实施人工增雨提供可靠的组织保证和技术保证。1998 年,成立柳河县避雷检测中心(办公机构设在县气象局)。建立了预警减灾指挥平台和防雹增雨指挥平台等业务系统工程。

2004 年 4 月,气象局和农业局建立了"柳河县兴农网",并在全县各乡镇和有关部门开迪了气象科技信息站,促进了全县农业产业信息化的发展。

2006—2008 年,在县气象局统一指挥、具体部署下,共开展防雹增雨作业 203 次,发射炮弹 12000 多发,有效地防止了冰雹灾害。

气象科普宣传 每年在"3·23"世界气象日,"12·4"法制宣传日开展防雷减灾、普法教育、气象法宣传。冬、春季组织送气象科技下乡活动。

法规建设与管理

1. 气象法规建设

气象法规建设　2000年5月,结合《中华人民共和国气象法》贯彻落实,气象局与县政府法制办联合发布《关于柳河县保护气象观测环境的若干规定》的通知,从2000年6月1日起开始实施。

柳河县人民政府发下了《柳河县建设工程防雷项目管理办法》(柳政办发〔2003〕10号)和《关于加强柳河县建设项目防雷装置、防雷设计、跟踪检测、竣工验收工作的通知》(柳建〔2003〕8号)等有关文件。

规章制度建设　1998年3月,制定了《柳河县气象局综合管理制度》,2005年9月经重新修订后下发。主要内容包括计划生育、干部职工脱产(函授)学习和申报职称、干部职工休假及阳光工资,业务值班管理制度、会议制度、财务、学习、考勤制度,安全、卫生、劳动制度等。

2. 社会管理

1998年,成立"柳河县雷电防护管理领导小组",办公室设在气象局。同时在柳河县气象局加挂"柳河县雷电防护管理中心"牌子。2003年1月,柳河县人民政府办公室发文,将防雷工程从设计施工到竣工验收,全部纳入气象行政管理范围。2003年12月,柳河县人民政府法制办批复确认,县气象局具有独立行政执法主体资格,并为5名干部办理了行政执法证,气象局成立了行政执法队伍。2004年,气象局被列为县安全生产委员会成员单位,负责全县防雷安全,定期对液化气站、加油站、鸣爆仓库等高危行业和非煤矿山防雷设施依法进行检查。

3. 政务公开

对外　2002年,对气象行政审批办事程序、服务内容、服务承诺、气象行政执法依据、服务收费依据及标准通过户外公示栏向社会公开,2008年在政府网站上向社会公开。

对内　干部任用,财务收支、目标考核、基础设施建设、工程招投标等全部公开。财务收支每半年向职工公示1次,干部职工的调资、入党提升、困难补助、职称评聘等,都在局务公开栏公示7天,无意见后再执行。

党建与气象文化建设

1. 党建工作

支部建设情况　1964年与县农场组成联合党支部,党员1人。1975年10月成立气象站党支部,由赵喜文任党支部书记。1979—1980年,由朱瑞光担任党支部书记。1981—1983年,由于富海担任党支部书记。1984—1990年,由张树林担任党支部书记。1991—

1994年,由闵祥杰担任党支部书记。1995—1996年,由张树东担任党支部书记。1997—2008年,由闵祥杰担任党支部书记,2008年有党员6人。

党风廉政建设 2004年以来,认真落实目标责任制,党支部每半年开展一次党风廉政建设的思想政治教育。2006年以来,开展了以"气象系民情,廉洁促发展"为主题的廉政教育。2007年,结合驻地县委开展的保持共产党员先进性教育活动,组织观看了《汪洋湖》、《贿海沉沦》等多部廉政、警示教育片。气象站的财务账目每年都接受上级主管局财务部门年度审计,并将结果向全局干部职工公布。

2. 精神文明建设

1993年成立精神文明工作领导小组,2005年建立健全精神文明目标规划,建立文明职工、文明家庭评比、优质服务、优化环境等一系列规章制度。1994—1995年被评为柳河县精神文明单位,1996—2008年被评为通化市精神文明单位。

1997年,结合香港回归和国庆活动,派出3名青年职工参加县机关党工委组织的3000米公路越野赛。2004年和2006年,分别组织乒乓球代表队参加县直机关党委组织的乒乓球比赛,获得第2名。2005—2008年,每年均参加社区组织的乒乓球和健身操等体育活动。

2007—2008年,分期对院区环境进行整体改造。新建圆型白钢围栏观测场1个,面积660平方米。维修椭圆型养鱼池1个,面积800平方米。硬化院区道路1800平方米,在庭院内种植果树花草,修建喷泉鱼池。新建气象文化长廊、凉亭各1处,全局绿化率达60%。2007年被吉林省气象局评为"标准化建设台站"。

3. 荣誉

1978年至2008年,共获集体荣誉54项。1979年被吉林省革委会评为"先进单位"。1978年被吉林省气象局评为"学大庆、学大寨先进单位"。1982年被吉林省气象局评为"先进集体",1991年被中国气象局评为"先进气象站"。1997—1998年度第一次被通化市委、市政府授予"文明单位",此后又连续多年被评为"市级文明单位"。2001年被吉林省气象局命名为"全省气象系统规范化服务单位"。

1978年至2008年,个人获奖共88人次。迟良勤1978年被中国气象局评为"先进工作者"。1988年,闵祥杰被吉林省气象局评为"双文明先进个人"。

参政议政 王德利任柳河县第十届、十一届、十二届政协委员。

台站基本建设

1958年建站时,占地面积1200平方米,办公室为平房,建筑面积80平方米,房屋为砖瓦结构。

2005年,省局投资27万元,地方政府投资43万元,新建办公楼及车库500平方米,并进行室内装修。2007年,又争取省局投资30万元,进行气象院区综合改造,并建成地面气象卫星接收小站、DYYZ-ⅡB型地面自动观测站、县级气象服务终端等多项业务工程。

2008年,占地面积5300平方米,办公室为二层楼,建筑面积490平方米。房屋为砖混结构。

1957 年 10 月建站时的观测场

现在的柳河县气象局全景

辉南县气象局

机构历史沿革

历史沿革　辉南县气象站地处吉林省东南部,始建于 1958 年 7 月 1 日,观测场位于北纬 42°39′,东经 126°04′,海拔高度为 306.5 米,属于一般气象站,1959 年 1 月 1 日正式观测,正式定名为辉南县气候站。1960 年 3 月,更名为辉南县气象服务站。1963 年 8 月,更名为吉林省辉南县气候站。1971 年 5 月 24 日,更名为吉林省辉南县革命委员会气象站。1979 年 7 月更名为辉南县气象站。1988 年增设气象局,局站合一,一个机构两块牌子,名称为辉南县气象局。1993 年 1 月 1 日搬迁到朝阳镇东朝阳大街东侧,观测场位于北纬 42°41′,东经 126°04′,海拔高度为 299.3 米。

管理体制　1958 年隶属辉南县人民委员会领导和管理,气象业务由气象部门管理;1959 年水文气象合并,气象业务归通化地区水文气象总站管理;1963 年水文气象分开,气象业务仍由气象部门管理;1963 年 8 月 1 日体制上收,气象业务、人事、财务收归吉林省气象局管理,行政、思想教育仍由人民委员会领导管理;1970 年 12 月 18 日根据吉革[70]123号、吉军发[70]164 号文联合通知精神,气象体制下放,归地方革命委员会、人民武装部双重管理,以军队领导为主,1973 年 6 月归属辉南县革命委员会领导;1980 年 7 月 1 日起,实行吉林省气象局和地方政府双重领导,以气象部门为主的管理体制。

名称及主要负责人变更情况

名称	时间	负责人
辉南县气候站	1959.01—1962.09	吴锡奎
辉南县气象服务站	1962.10—1963.07	张忠德
辉南县气候站	1963.08—1966.05	张忠德
辉南县气象站	1966.06—1968.06	张忠德

名称	时间	负责人
辉南县气象站	1968.07—1970.03	齐振海
辉南县气象站	1970.04—1972.09	唐继勤
辉南县气象站	1972.10—1973.09	庄金友
辉南县气象站	1973.10—1977.01	张忠德
辉南县气象站	1977.02—1978.01	张保全
辉南县气象站	1978.02—1978.08	张忠德
辉南县气象站	1978.09—1985.06	朱 元
辉南县气象站	1985.07—1987.05	张元山
辉南县气象局	1987.06—1987.06	张元山
辉南县气象局	1987.07—1988.03	于继发
辉南县气象局	1988.04—1994.05	崔书媛
辉南县气象局	1994.06—2006.10	沈颖辉
辉南县气象局	2006.11—	田 耕

人员状况 1958年建站时只有2人,1978年在编人数为13人,2008年在编为10人。现有在编人员中本科学历5人,大专学历2人,中专学历3人;中级专业技术人员3人,初级专业技术人员6人。

气象业务与服务

1. 气象业务

①地面气象观测

观测机构 1975年设测报组,1988年设立测报股。

观测时次和日界 1959年1月1日至1960年6月30日,采用地方平均太阳时,每日进行01、07、13、19时4次定时气候观测,以19时为日界。1960年7月1日开始,采用北京时,每日进行02、08、14、20时4次定时气候观测,以20时为日界,夜间不守班。1961年1月1日至1963年12月31日,每日进行08、14、20时3次定时气候观测,夜间不守班。1964年1月1日起,由3次定时气候观测改为每日进行02、08、14、20时4次定时气候观测,昼夜守班。1966年3月1日起,由4次定时气候观测改为每日进行08、14、20时3次定时观测,夜间不守班。1971年4月1日起,由3次定时气候观测改为每日进行02、08、14、20时4次定时气候观测,夜间不守班。1971年7月1日起,每日进行02、08、14、20时4次定时气候观测,改为昼夜守班。1973年4月1日起,仍为每日4次定时气候观测,改为夜间不守班。1989年1月1日起,由4次定时气候观测改为每日进行08、14、20时3次定时气候观测,夜间不守班。

观测项目 建站时观测项目有云、能见度、天气现象、气压、空气温度和湿度、风向风速、降水、雪深、日照、蒸发、地温、冻土。

气象电报 建站开始,每年7月1日至9月10日向吉林省气象台、通化市气象台拍发雨量加报,1964年开始改为每年5月1日—9月30日、1966年3月21日起改为每年6月1

日—9月30日拍发。

1963年5月开始,向吉林省气象台拍发06—06时日雨量报,1970年开始,日雨量报改为05—05时拍发。

1975年5月开始,常年向吉林省气象台和通化地区气象台拍发小天气图报。从1999年3月1日起停发小天气图报,开始试拍发"加密气象观测报告",2001年4月1日使用《AHDM4.1》版软件编发报和编制报表,正式拍发"加密气象观测报告"。

1984年4月1日开始,编发重要天气报,不再拍发日雨量报和雨量加报,发报内容有降水、大风、龙卷、积雪、雨凇、冰雹,2008年6月1日起,增加雷暴、视程障碍现象(霾、浮尘、沙尘暴、雾)的编报。

2005年4月16日起,每日08时30分至09时编发日照时数及蒸发量实况报。

1981年4月开始承担拍发预约航危报。

1985年气象站配备了PC-1500袖珍计算机,自1986年1月1日起使用PC-1500袖珍计算机取代人工编报。

气象报表 1959年1月开始,每月编制地面气象记录月报表(气表-1),一式3份,向吉林省气象局、通化市气象局各报送1份,本站留底本1份。每年编制地面气象记录年报表(气表-21),一式4份,向国家气象局、吉林省气象局、通化市气象局各报送1份,本站留底本1份。

1959年1月—1965年12月制作温度、湿度自记记录月报表(气表-2);1959年2月到1960年2月制作气压自记记录月报表(气表-2);1959年1月到1960年12月制作地温记录月报表(气表3)、日照记录月报表(气表-4);1959年5月到1979年9月制作降水自记记录月报表(气表-5);1959年1月至1960年12月制作冻土记录月报表(气表-7);同时编制年报表22、23、24、25、27。从1961年1月起,气表-3、气表-4、气表-7并入气表-1,相应的年报表并入气表-21。1971年1月到1979年12月制作风向风速自记记录月报表(气表-6);1980年1月气表-5、气表-6停作,合并到气表-1,降水自记记录年报表(气表-25)合并到气表-21,同年制作月简表。

建站至1987年6月,气象报表用手工抄写方式编制。1987年7月开始使用微机打印气象报表,向上级气象部门报送气象报表和磁盘,审核后盖章返回本站。2006年1月开始,通过气象专线网向通化市气象局传输原始资料和报表,经通化市气象局审核后,气象站将原始资料和报表做成光盘,并将报表打印存档。

资料档案 2004年7月起,将建站以来的原始气象记录档案(日照记录除外)移交到吉林省气象档案馆,气象站不再保留原始气象记录档案。

自动气象站 2003年9月DYYZ-Ⅱ型自动气象站建成,11月1日开始试运行。自动气象站观测项目有气压、气温、湿度、风向、风速、降水、地温、草温等,观测项目全部采用仪器自动采集、记录,替代了人工观测。2004年1月1日自动气象站投入双轨业务运行,2006年1月1日,自动气象站正式单轨业务运行。自2007年1月1日起不再保留气压、气温、湿度、风向风速自记仪器。

区域自动观测站 2006年5月至2008年,建成12个乡镇自动气象观测加密站。其中温度、雨量两要素自动加密站7个,温度、雨量、风向、风速四要素自动加密站5个,全部投入运行。

②气象信息网络

气象电报传输 1963 年 5 月,通过当地邮电局专线发报。1986 年后观测电报通过邮电局发报,小图报用甚高频电话发至省、市气象台,1999 年用分组交换网 X.28 拨号方式发报。2003 年用 DDN 专线发报。2006 年改为 SDH 光纤发报。

气象信息接收 1980 年,用国产传真机,接收东京气象传真广播。1982 年 2 月开始,增加接收北京数值预报传真天气图,1983 年 1 月增加接收北京转播的欧洲中心部分数值预报传真图,1983 年 5 月 15 日增加接收北京物理量预报传真广播,1984 年 7 月 15 日增加接收北京 12 项物理量实况广播,2000 年至今通过 VSAT 气象网络接收从地面到高空各类天气形势图、云图、雷达拼图和数值预报产品。

③天气预报

短期天气预报 1959 年 1 月本站正式开展单站补充预报业务。收听吉林省气象台的天气形势预报广播,结合本地气象观测要素变化和气候特点,对收听的预报进行补充订正,即"收听加看天"预报阶段。

1960 年贯彻中央气象局提出的补充天气预报"八字"措施(听、看、谚、地、资、商、用、管)和三个结合(大中小结合、长中短结合、图资群结合)的预报技术原则,逐渐建立自己的预报工具。1981 年配备 117 型传真机,1982 年 1 月 1 日正式接收日本数值预报业务模式传真图,开始将传真图预报产品与单站预报方法结合运用。2000 年 4 月地面卫星接收站建立并正式启用,接收各种预报资料,信息大幅增加,短期预报质量有了明显提高。

中期天气预报 1972 年引进数理统计预报方法,通过对历史气象资料进行相关系数统计分析、检验建立多元回归方程,促进了预报客观化。1979 年开始进行气象站预报改革,重点抓基本资料、基本工具、基本图表、基本档案建设。1980—1983 年气象站开始应用传真数值预报产品,建立晴雨、降水、最高、最低气温等局地"MOS"预报方程。1999 年建立 VSAT 单收站,接收欧洲中心和日本数值预报,以数值预报释用技术为基础,制作 5~7 天预报。

长期天气预报 因服务需要,辉南县气象站从 1974 年开始制作长期天气预报。主要运用数理统计方法和常规气象资料图表及天气谚语、韵律关系等方法制作。

④农业气象观测

为农业气象观测一般站,1964 年根据吉林省气象局规定:从 3 月 16 日—5 月 31 日向吉林省气象台拍发农业气象候报,常年向吉林省气象台编发农业气象旬报、月报,1966 年 3 月停发。1975 年 5 月开始,常年向吉林省气象台、通化地区气象台编发农业气象旬、月报、每年 3 月 21 日至 5 月 31 日(1994 年起开始时间改为 2 月 28 日)拍发农业气象候报。

仪器、设备配置有烘干箱、天平、取土钻、铝盒、皮尺(20 米)、卷尺(2 米)、新一代电子天平,配置合理,工作状态正常。

2. 气象服务

公众气象服务 1959 年 7 月 1 日,开展播报天气预报业务。1998 年 8 月,同电信局合作开通"121"天气预报自动咨询电话。2005 年,全市"121"查询电话实行集约经营,升位为"12121"。2007 年,通过移动通信网络开通了气象商务短信平台,以手机短信方式向全县各级领导发送气象信息。2008 年 6 月建成辉南县气象局互联网站,实现了气象信息服务网络化。

决策气象服务 1985 年,主要以口头、邮寄信函方式为辉南县政府进行服务。1988 年开始以报告材料和专报的形式把有关农时、农事与气候等情况送阅县委、县政府主要领导和主管领导。平均每年送阅件材料《农业气象内参》、《气候与农事》、《气象快报》、《重要气象信息专报》达 12 期以上,180 余份。从 1985 至 2008 年,共发各种信息专报 286 期,共计 3100 余份。农业气象信息、气象旬预报、森林火险预报,平均每年 46 期共计 2900 余份。

1994 年 8 月 16 日,辉南县遭遇五十年不遇的大洪水,受台风影响过程雨量达 124.8 毫米,致使山洪暴发,水库决口。辉南气象局于 8 月 13—14 日作出大到暴雨的天气预报,为领导决策提供准确的气象预报,使低洼处群众及时搬迁,企事业单位的物资及时转移,把灾害造成的损失降到最低。1995 年 7 月 30 日—31 日辉南县遭遇百年不遇的洪水袭击,县防洪大堤被冲毁,水库决口,县城平均水深 1.5 米,在是否炸堤分洪的关键时刻,气象预报及时准确地送到县领导手中,使下游近万名群众避免了第二次搬迁。2007 年 3 月 3—4 日辉南县出现了百年不遇的暴风雪,过程降雪量达 41.2 毫米,积雪深度 35 厘米,3 月 2—3 日,辉南县气象局发布雪灾橙色、红色预警信息,县政府启动应急预案,使灾情降到最低。

1995 年辉南县遭遇百年一遇的特大洪水,观测场被冲毁

1995 年 8 月洪灾过后市局领导和县局职工抗灾自救

专业专项服务 1985 年 3 月,遵照国务院办公厅《转发国家气象局关于气象部门开展有偿服务和综合经营的报告的通知》(国办发〔1985〕25 号)文件精神,专业气象有偿服务开始起步,利用传真邮寄、警报系统、声讯、影视、电子屏、手机短信等手段,面向各行业开展气象科技服务。1988 年 5 月辉南县人民政府办公室转发《县气象局关于开展气象有偿专业服务报告的通知》,对辉南县气象有偿专业服务的对象、范围、收费原则和标准等内容进行规范。截至 2008 年共签订合同 1500 余份。2008 年签订合同 30 余份。

气象科技服务 1992 年 6 月"辉南县人工影响天气办公室"成立,挂靠气象局,为此后人工增雨的实施提供了可靠的组织保证和技术保证。2002 年县财政拨专款 20 万元,购买人工降雨指挥车 1 辆,火箭发射器 1 台,增雨火箭弹 30 发,同年实施人工增雨作业 4 次。2004—2008 年在县气象局统一指挥,具体部署下,共开展人工增雨作业 12 次,发射炮弹 68 发,有效地缓解了旱情。

1997 年,成立辉南县避雷检测中心(办公机构设在县气象局)。2004 年,气象局被列为县安全生产委员会成员单位,负责全县防雷安全管理工作,定期对易燃、易爆场所进行检测,对不合格单位责令进行整改。

2004 年 8 月,气象局和农业局建立了"辉南县兴农网",并在全县各乡镇和有关部门开通了气象科技信息站。

气象科普宣传 每年在"3·23"世界气象日,"12·4"法制宣传日开展防雷减灾、普法教育、气象法宣传。冬、春季组织送气象科技下乡活动。

法规建设与管理

1. 气象法规建设

气象法规建设 2000 年 6 月结合《中华人民共和国气象法》贯彻落实,气象局与县政府法制办联合发布《关于辉南县保护气象观测环境的若干规定》的通知,从 2000 年 6 月 1 日起开始实施。

辉南县人民政府下发了《辉南县建设工程防雷项目管理办法》(辉政办发〔2003〕6 号)和《关于加强辉南县建设项目防雷装置、防雷设计、跟踪检测、竣工验收工作的通知》(辉建〔2004〕9 号)等有关文件。

规章制度建设 1998 年制定了《辉南县气象局综合管理制度》,2005 年 9 月经重新修订后下发,主要内容包括业务值班管理制度、会议制度,财务、学习、考勤制度,安全、卫生、劳动制度和四防保卫制度等。

2. 社会管理

1997 年,成立辉南县雷电防护管理领导小组,办公室设在气象局。同时在县气象局加挂辉南县雷电防护管理中心。2004 年,辉南县气象局被列为县安全生产管理委员会成员单位,负责全县雷电安全防护的监督、检查,定期对县域内有关高危行业和非矿山企业进行依法检查。2003 年 4 月,辉南县人民政府办公室,将防雷工程从设计施工到竣工验收,全部纳入气象行政管理范围。2003 年 9 月辉南县法制办批复确认辉南县气象局具有独立行政执法主体资格,有 3 名同志考取了行政执法证,气象局成立了行政执法队伍。

3. 政务公开

2002 年,对气象行政审批办事程序、服务内容、服务承诺、气象行政执法依据、服务收费依据及标准向社会公开。气象站的财务收支、目标考核、基础设施建设、工程招投标等全部对内公开。其中财务收支每半年向职工公示一次,干部职工的调资、入党提升、困难补助、职称评聘等,都在局务公开栏公示 7 天,无意见后再执行。

党建与气象文化建设

1. 党建工作

支部建设情况 建站初期,仅有刘玉明一名党员,辉南县气象站同县原种场属一个党支部。1980 年 9 月建立气象局党支部,朱元担任支部书记。1985 年支部改选,张元山担任支部书记。1987年7月撤销气象站党支部。1992年气象局建立党支部,崔书嫒担任支部书记。1994年至2008年沈颖辉同志任党支部书记,2008年有党员8名。

党风廉政建设 认真落实市局和地方纪委党风廉政建设目标管理责任制,积极开展廉政教育和廉政文化建设活动。努力建设文明机关、和谐机关和廉政机关,开展"情系民生,勤政廉政"为主题的廉政教育,组织观看各种警示教育片,无一例违法违纪事件发生。

2. 精神文明建设

1996—2008年度连续被市委市政府授予"市文明单位"称号。建立图书阅览室、职工学习室,拥有各类图书3000余册。

辉南县气象局设有精神文明建设领导小组,由支部书记负责抓精神文明建设工作,并制定了《辉南县气象局2008—2012年精神文明建设规划》,并先后和通榆县气象局、靖宇县气象局、双辽县气象局结成精神文明共建对子,每年都有共建活动。

3. 荣誉

从1976年至2008年辉南县气象局共获集体荣誉48项,1995年抗洪抢险荣立集体二等功一次;1996—2008年度连续被市委市政府授予"市文明单位"称号;2007年被省局评为"标准化台站"。个人获奖76人次。

台站基本建设

1958年建站时占地面积5000平方米,办公室为平房,建筑面积为180平方米,房屋为砖瓦建设。

2008年占地面积2390平方米,办公室为两层楼房,建筑面积为496平方米,房屋为砖混结构。

1986年以来基本建设投资:2004年吉林省气象局投资20万元,自筹8万元,新建办公楼269平方米,局站合为一处办公,并对室内进行了装修。2006年吉林省气象局投资20.3万元对县气象局的环境进行综合改善,硬化道路1300平方米,新建车库60平方米,修建永久性花坛一处,栽种绿化树50余棵,新建塑钢围栏80延长米,并且改造了供暖设施,安装了自来水。

1975年平安川向阳堡气象站办公室全貌

2005年5月新建的办公楼及家属楼全貌

白城市气象台站概况

白城市地处吉林省西北部,嫩江平原西部,科尔沁草原东部,属温带半干旱气候区。辖镇赉县、通榆县、大安市、洮南市、洮北区 5 个县(市、区)和白城经济开发区、大安经济开发区、民营经济发展区、查干浩特旅游开发区 4 个开发区,总面积 2.6 万平方千米,人口 210 万。白城市气象局位于白城市洮北区三合路 16 号。

气象工作基本情况

1. 历史沿革

1996 年气象部门机构改革,白城市气象局为地市级气象局,下设白城市气象局观测站、大安市气象局、洮南市气象局、通榆县气象局、镇赉县气象局和白城市农业气象试验站等 6 个县(市)气象局、站。2001 年,气象部门机构改革,白城市气象局仍为地市级气象局,所辖县(市)气象局、站不变。

2. 管理体制

1980 年 7 月,全省气象部门实行吉林省气象局和地方政府双重领导,以省气象局领导为主的管理体制。白城市气象局既是吉林省气象局的下属单位,又是白城市人民政府主管气象工作的部门,负责管理白城市行政区域内的气象工作。其下属县(市)气象主管机构,既是白城市气象局的下属单位,又是同级人民政府的职能部门,负责管理本县(市)行政区域内的气象工作。

3. 人员状况

1959 年,建台时全地区气象职工 43 人,1965 年 100 人,1971 年 151 人,1979 年 218 人,1985 年 161 人,1996 年 75 人,1997 年 76 人。2008 年,白城市气象局定编 100 人,在职职工 95 人,临时工 19 人。大专以上学历 78 人,其中,本科学历以上 44 人;中级以上职称 44 人,其中高级职称 8 人。

4. 党建与精神文明建设

党组织建设 1959年成立白城专员公署气象台党支部,党员4人;2008年,全市气象部门有党总支1个,党支部6个,党员52人。按管理体制分工,市局及县(市)局、站的党的建设由地方党委负责。

党风廉政建设 1987年,党风廉政建设纳入目标管理考核内容,年终考评。同年,开展部门内部审计工作,领导干部实行离任审计。1996年,按省局党组要求,县局重大问题要通过党支部集体研究决定。1998年,市局机关党总支专职副书记列席党组会。2007年,推行政务公开,接受社会监督和内部职工监督,在各县气象局公开选拔纪检监察员。推行"三人决策"制度,重大问题由局长、副局长、纪检监督员等三人集体讨论决定。2008年5月,制定下发了《白城市气象部门效能建设监察工作方案》和《党风廉正责任制度》。

精神文明建设 1993年开展"花园式台站"建设,1997年,市局机关、镇赉、洮南、通榆建成"花园式台站",其中,镇赉站进入全省气象部门花园式台站建设先进行列。

创建文明单位 1996年开始创建文明单位,1997年,市局建成同级政府文明单位。1998年至2008年,4个县局建成地市级文明单位,其中,白城市气象局、镇赉县气象局建成省级文明单位。

文化活动场所建设 2000年完成文化活动室、图书室的建设。2005年以来,各局都相继修建篮球、排球、乒乓球场,购置了跑步机、扭腰器、单双杠等健身器材,增加图书,进一步加强文体活动场所和图书室建设。

标准化台站建设 2005年开展标准化台站建设。2006年,镇赉县气象局被省局评为标准化台站。

文化体育活动 每年的重要节假日,各局都组织文体活动,参加所在地政府机关组织的文体活动。2000年、2004年、2008年3次组队参加全省气象职工运动会,取得了较好成绩,获优秀组织奖。1994年、2004年2次参加全省气象部门文艺会演,获得优秀节目和优秀组织奖。

5. 法规建设与管理

气象法规建设 1999年10月31日《中华人民共和国气象法》颁布以来,全区各市县都出台了有关加强人工影响局部天气、雷电灾害防护和保护气象观测环境的法规性的文件。把"人工增雨防雹办公室"设在气象局,在政府的领导和协调下,管理、指导和组织实施人工影响天气作业。把防雷减灾纳入气象行业管理,给气象人员办理行政执法证,授权气象局负责雷电灾害防御工作的组织管理,并会同有关部门对可能遭受雷击的建筑物、构筑物和其他设施安装的防雷装置进行检测工作。各市县气象局在政务大厅设立行政审批窗口,对防雷工程建审和施放气球活动审批。镇赉等站的气象探测环境保护专项规划已纳入城市规划的专项保护规划。

气象内部管理 建站开始,就实行了严格的业务考核制度。观测记录不准字上改字,不准涂改伪造记录,下一班要校对上一班记录,并进行错情登记,上级业务主管部门进行月、季、年业务质量考核并通报;更改、发布天气预报,必须经带班领导同意;重大灾害性天气预报,必须领导签发。1977年起,全省气象部门开展测报"百班和二百五十班无错情"、预报"优秀值班预报员"、通信"三百班无错情"、汛期"百日无差错"等竞赛活动。

目标管理责任制 1987年开始,全省气象部门实行目标管理责任制。把各项工作任务都纳入目标管理,层层分解,层层签定目标管理任务书。每年都进行认真考评,把考评结果作为奖惩依据。

主要业务范围

1. 地面观测

白城气象观测始于20世纪20年代。1923年在洮南,1928年在白城(白城子),1936年在大安(大赉),1934年在镇赉(镇东)、通榆(开通),1936年在大安(安广),1941年在镇赉(东屏)、通榆(双岗)等8处建立气象观测所或雨量站。解放战争期间停止工作。其中,白城简易观测所的资料年代长达14年。

新中国成立后,气象部门先后于1949年12月在白城,1954年1月在通榆,1955年在镇赉五棵树,1956年12月在大安富安,1957年1月在镇赉镇南、通榆瞻榆,1959年1月在大安、7月在镇赉、8月在洮安建立9个气象站。1962年,气象台站调整,镇赉五棵树、大安富安、镇赉镇南、通榆瞻榆等4站被撤并,之后,白城地区始终保持5个地面气象观测站,其中白城站是国家基准气候站,大安站和通榆站是国家基本气象站,镇赉站和洮南(1987年5月,国务院批准撤洮安县,设洮南市)站是国家一般气象站。白城国家基准气候站、大安国家基本气象站、通榆国家基本气象站承担航空天气和危险天气报任务。

自动观测系统 2003年10月,DYYZ-Ⅱ型自动气象站建成,11月1日开始试运行。2004年1月1日,正式投入业务运行。经过2年双轨(自动观测与人工观测并行)运行,2005年12月31日北京时间20时起,除白城市区国家基准气候站实行人工和自动双轨运行外,镇赉、通榆、大安、洮南4个地面气象观测站的自动站正式单轨运行。

区域自动气象站建设 2006年5月至2008年,全市先后建成区域加密自动气象站70个。其中,四要素(温度、雨量、风向、风速)站22个、两要素(温度、雨量)站39个、六要素(温度、雨量、风向、风速、气压、湿度)站9个。2006年1月1日起,全市基层台站的气象资料按时、按规定上报到吉林省气象局档案馆。

2. 农业气象观测

1957年,镇赉五棵树、安广、镇赉镇南、瞻榆等4站开始农业气象观测。1964年,白城、大安两站为吉林省农业气象观测基本站,"文化大革命"时期,农业气象观测工作一度停止,直到1977年才先后恢复观测工作。1980年,重新组织农业气象观测网,白城站为全国农业气象基本观测站,大安、通榆、镇赉、洮南等4站为吉林省农业气象观测站。1981年,白城农业气象试验站建成。1985年,农业气象观测站网调整,白城农业气象试验站为全国农业气象观测基本站,按规定及《农业气象观测方法》进行农业气象试验研究和农业气象观测工作,制作农业气象报表、拍发农业气象电报;通榆站为全国农业气象发报站,只承担拍发农业气象电报任务,不报送农业气象报表。大安、镇赉、洮南等3站为吉林省农业气象发报站,承担向省、地气象台拍发气象旬(月)报及农业气候报任务。1980年,白城农业气象试验站为国家农业气象观测基本站(一级),大安站为吉林省农业气象观测基本站(二级。)

3. 气象通信

从20世纪50年代起,各气象站观测电报通过当地邮电局发送。1959年市气象台接收无线莫尔斯广播用手工抄报。1976年,无线电传打字机取代了手工抄报。1978年起,全市各台站陆续装备了传真接收机。1986年,组建市、县甚高频辅助通信网。1993年建成省、市计算机远程通信网络。1997年,气象台完成了VSAT小站的安装调试工作,并且正式投入业务运行,到1999年4月全区五市、县完成气象卫星通讯系统VSAT小站、地面单收站建设并投入使用。1999年10月,开通了省、市、县分组交换网,2004年建成市、县DDN专线网,气象通信实现网络化、自动化。

4. 天气预报

1958年6月13日,省局决定全省各气象站开展单站补充订正天气预报工作。同年10月,省局在长岭县召开现场会,推广长岭经验,中央气象局副局长饶兴到会并讲话。1960年,按省局要求,大安、镇赉、洮南、通榆等站先后增加预报业务,开始制作单站补充天气预报。1961年,贯彻中央气象局提出的补充天气预报技术原则,各站开始建立预报工具。1964年,开始在省气象台划分的环流型、天气过程模式和地区气象台的雨型的基础上,以群众看天经验为线索,同时利用本站气象历史资料,运用要素演变法、韵律法,找相关、相似和周期、规律来制作旬、月天气过程和季、年度冷暖、旱涝趋势预报,从此补充天气预报发展为单站天气预报。1972年,引进数理统计预报方法,对历史气象资料进行相关系数统计分析、检验,筛选出较好的预报因子,建立回归预报方程。利用时间序列分析、聚类分析等统计预报方法,制作本站天气预报。1981年,配备了无线传真接收机,用来接收天气图、雷达回波图、卫星云图等资料,县站开始以天气图方法独立制作短期天气预报。1984年,省气象局决定,县气象站不再承担中期、长期天气预报业务,重点做好短期和灾害性天气预报。1986年,建立"灾害性天气档案",开展灾害性天气预报,制作大到暴雨高空环流形势和地面形势等6种天气模型预报工具。1997年建成远程终端。1999年建成VSAT卫星通信单收站,人机交互处理系统取代了传统的天气预报工作作业方式。接收各种数值预报解释产品和省、地气象台的分片和要素预报指导产品,结合本地天气特点,用配套的预报技术方法,制作订正预报。2006年,实现市、县天气预报可视会商。

5. 气象服务

白城、通榆2站自建站伊始,就以实时探测的气象信息为民航、军事部门每日每时提供天气预报,特别是灾害性天气和危险天气的报告,对飞行和航运的安全提供气象保障。1960年,县站增加预报业务,通过县广播站、电话、印发服务材料,向领导机关、生产建设部门提供天气预报、雨情、墒情、农情等气象服务。20世纪70年代起,各站开展了专业气候分析工作,如军事气候分析、气候资源分析、农业气候区划、各种灾害性气候的分析以及各种时段和范围的农业气候论断分析、气候评价等,利用气象资料为经济建设服务。进入20

世纪80年代,逐步形成了以决策服务、公众服务、专业专项有偿服务不同层次的服务系列。各站积极主动向领导机关和有关部门提供天气预报、气象情报、气候分析等服务产品,为各级领导指挥生产、防灾减灾提供决策依据。1985年经国务院批准,气象事业单位在做好公益气象服务的前提下,按用户需求,开展专业有偿服务。广大气象职工深入生产第一线,了解各行各业对气象工作的需求,制定气象服务一览表,服务领域由党政机关、农业生产逐步拓展到工业、林业、电力、建筑、旅游、晒粮等领域。1998年,开展"121"电话自动答询服务,2005年由白城市气象局集约管理,并升级为"12121",各县局平均拨打量可达14.3万次/年。2000年以来,1个乡(镇)设立气象服务站、兼职气象协理员,配备微机和电子显示屏;在县局设立气象预报预警信息发布管理平台,初步建立起县乡气象预报预警信息服务网络系统,2008年开始制作发布乡(镇)天气预报。1998年开始雷电防护服务。1999年,白城市及各县区政府都在气象部门建立了管理机构,把新建、扩建、改建的建筑物、构筑物防雷设施进行设计审核和竣工验收纳入气象部门审批范围;每年气象部门定期对重点企业、重点场所进行防雷设施安全检测,雷电灾害明显减少。1998年,吉林省发生了百年不遇的特大洪水,白城地区是重灾区。在抗洪抢险的关键时刻,白城市各级气象部门全力以赴投入抗洪救灾的气象保障的服务之中,主动、及时地提供准确的天气预报和情报,通榆县气象局副局长王洪华冒雨将通榆县上游邻省水库决堤的信息及时报告县领导,为通榆县城及时组织转移、疏散群众赢得了宝贵时间;8月16日,黑龙江省泰来县境内嫩江国堤决口,几十亿方洪水倾泻到镇赉县,18万人被洪水围困,为准确了解洪水淹没情况,镇赉县气象局局长于树赢连夜行程400千米到省气象局汇报,争取到卫星遥感水情资料,为县委、县政府指挥抗洪救灾提供了科学依据。全区从市局到县局都被政府评为抗洪抢险先进集体,受到政府表彰。

6. 人工影响天气

20世纪70年代开始的人工防雹、防霜、增雨等人工影响天气事业发展很快。1983年,白城市及各县区政府在气象部门建立了管理机构,2008年末,全市拥有高炮45门、火箭车5台、炮点45个、作业人员50名。

白城市气象局

机构历史沿革

历史沿革与建制　1959年3月18日,在吉林省白城气象站基础上成立吉林省白城专员公署气象台,除开展地区天气预报及服务外,还担负对地区范围内气象台站的管理职能。其干部管理和财务管理归白城专员公署管理和领导,气象业务归省气象局管理。1960年6月,增设吉林省白城专员公署气象处,与气象台合署办公,一套机构,两块牌子。1963年8月1日,全省各地气象台站收归省气象局领导,气象台站的人事、财务、业务技术指导和仪器设备等统一由省气象局直接管理,有关行政、思想教育等由白城专员公署负责。1963 年 12 月 1 日,更名为吉林省白城地区气象处(台)。1969 年 7 月至 1979 年 7 月,内蒙古自治区兴安盟的突泉县气象站、科尔沁右翼前旗气象站、索伦气象站、阿尔山气象站,划归白城地区气象处管辖。1970 年 12 月 18 日,全省气象部门实行党的一元化领导和半军事化管理。白城军分区派现役军人参加白城市气象处的领导班子,气象业务由省气象局管理。1973 年 3 月 24 日,白城地区气象处更名为白城地区气象局,县团级建制。1973 年 7 月,白城地区气象局归同级革委会建制,由革委会农林办公室领导,气象业务仍归省气象局管理。1980 年 7 月起,实行吉林省气象局和地方政府双重领导,以吉林省气象局领导为主的领导管理体制。1983 年,全国气象部门机构改革,同年 12 月,白城地区设气象处,实行处(台)合一。1989 年 1 月,更名为白城地区气象局。1993 年 6 月,国务院批准撤销白城地区,设立白城市。同年,白城地区气象局更名为白城市气象局。1996 年 6 月 17 日,经中国气象局批准,同意在原扶余气象局的基础上成立松原市气象局。1997 年 1 月,白城市气象局下属的长岭县气象局、三岔河气象局、前郭县气象局、乾安县气象局、扶余县气象局等 5 个县气象局划归松原市气象局管理。1997 年 1 月 1 日起,白城市气象局对下管理大安市气象局、通榆县气象局、镇赉县气象局、洮南县气象局等 4 个县(市)气象局。2000 年,设立白城市洮北区气象局,与白城市气象局人工影响天气办公室合署办公,一个机构,两块牌子,属白城市气象局直属科级单位,负责白城市洮北区气象服务及人工影响天气管理工作;负责白城市洮北区气象事业发展规划、计划的制定及气象业务建设的组织实施;负责白城市洮北区风能、太阳能等气候资源开发应用的论证工作。

人员及机构设置　1959 年,白城专员公署气象台下设办公室、人事科、业务科、预报科、通讯科、观测站,共计 16 人。1981 年,白城农业气象试验站成立。1983 年机构改革,内设机构为办公室、人事科、业务科、预报科、通讯科、测报科、服务科,共计 97 人。1996 年机构改革,内设机构为办公室、人事科、业务科、气象台、科技中心、农气站、基准站,共计 75 人。2001 年机构改革,内设机构为办公室、业务科技科、政策法规科等 3 个职能科室和气象台、农业气象试验站、观测站、白城市防雷中心、白城市气象科技应用中心、白城市洮北区气象局等 6 个直属单位,共计 57 人。2008 年,内设机构为办公室、业务科技科、气象台、基准站、科技应用中心、防雷中心、农业气象实验站、政策法规科、洮北区气象局。2008 年在职职工 54 人,其中研究生学历 2 人,大学本科学历 21 人、大学专科学历 20 人,中专 5 人;中级以上职称 17 人,其中高级职称 4 人。

主要负责人更替情况

任职时间	职务	姓名
1949—1951	所长	刘汉杰
1951—1954	站长	卢宗礼
1954—1956	站长	梁成山
1956—1958	站长	张福元
1959—1969	台长	王国栋、陆德仁
1969—1973	台长	陈永葆
1973—1983	局长	赵文成
1976—1980	局长	杨占林

任职时间	职务	姓名
1980—1983	副局长（主持工作）	廉 毅
1983—1989	处长	李长立
1989—1992	副局长（主持工作）	姜永臣
1992—1996	局长	姜永臣
1996—2001	局长	李德甫
2001—	局长	裴福军

气象业务与服务

1. 气象观测

①地面观测

观测时制及时次 白城气象站是国家基本气候站（二级）、三级地面天气观测站。1950年1月1日，执行东经120度时区，每天（02、06、10、14、18、22时）6次定时观测，日界22时，降水日界10时。1951年1月1日，执行东经120度时区，每天（03、06、09、12、14、18、21、24时）8次定时观测，日界24时。降水日界24时；1954年1月1日，执行地方平均太阳时，每天（01、07、13、19、时）4次定时观测，日界19时，降水日界19时。1960年7月1日，执行北京时，日界20时，每天4次（02、08、14、20时）定时观测。1990年1月1日，每天24次定时观测。

观测项目 观测项目有云、能见度、天气现象、气压、气温、湿度、风向风速、降水、雪深、雪压、日照、蒸发（E-601大型蒸发器）、地温（含1.6米、3.2米深层地温）、冻土、电线积冰。2005年，增加露天温度、柏油路面温度、草面（雪面）温度等3种特种项目观测。2007年，增加酸雨和干沉降观测项目。

地面基本观测报表 1960年1月以前，编制《地面基本气象观测记录月报表》（气表-1）、《压、温、湿自记记录月报表》（气表-2）、《地温记录月报表》（气表-3）、《日照日射记录月报表》（气表-4）、《降水量自记记录月报表》（气表-5）、《冻土记录月报表》（气表-7）、《冻结现象观测记录报表》（气表-8）。相应的还有年报表气表-21、气表-22、气表-23、气表-24、气表-25等。1961年1月起，气表-3、气表-4、气表-7并入气表-1，相应的年报表也并入气表-21。1966年1月起，压、温、湿自记记录月、年报表停编。1950年11月—1965年1月、1970年9月—1979年12月编制《风向风速自记记录月报表》（气表-6）。1980年1月起，气表-5、气表-6、气表-8并入气表-1，相应的年报表也并入气表-21。至此，地面基本观测报表只编制气表-1和气表-21两种。1987年6月以前人工编制报表，"气表-1"每月3份，"气表-21"每年3份，上报省、市气象局各1份，本站留底本1份。1987年7月开始微机制作报表，同时报送纸质报表和资料磁盘；2006年2月起微机制作报表，并向市局上传各种报表数据文件，每月、年将市、省审核修改后的数据文件刻盘存储，永久保存。

地面气象观测电报 白城气象站是国家基本气候站（二级）、三级地面天气观测站，2007年以前，向省气象台拍发小天气图报。承担固定和预约航空天气报和危险天气报任务。2007年1月1日起，拍发8次天气报，承担全天固定航空天气报和危险天气报。1984

年4月1日起,向省台拍发重要天气报,同时原汛期(6—9月)的雨量报、雨量加报、12小时、24小时降水量报、05—05时日降水量报停发。

自动气象站 2003年10月,DYYZ-Ⅱ型自动气象站建成,11月1日开始试运行。2004年1月1日投入业务运行。经过2年双轨(自动观测与人工观测并行)运行,2005年12月31日北京时间20时起,白城市区国家基准气候站实行人工和自动双轨观测。2007年1月1日起,不再保留压、温、湿、风自记仪器。

区域自动气象站 2006年5月—2008年5月,建成6个加密自动站,其中4个四要素站、2个两要素站。

②特种观测

根据吉林省气象局的规定,2002年6月开始进行特种观测,观测项目为露天环境、柏油路面温度、草温。2005年6月增设紫外线观测。

③农业气象观测

1956年,白城气象站开始农业气象观测。观测的作物品种有小麦、大豆、甜菜、谷子、土豆、苞米、高粱、苜蓿等作物,1960年增加马铃薯。1964年白城气象站被确定为吉林省农业气象观测基本站,并作为自然物候观测试点站,观测项目有麻燕、豆雁、蟋蟀、杨树、垂柳、榆树、杏树、紫丁香等,1965年改为只观测大雁、麻燕、蜜蜂、杨树、榆树等5种。1980年被确定为全国农业气象基本观测站。按照新的《农业气象观测方法》要求,在固定观测地段对玉米从播种、出苗直到成熟整个生育期的不同发育阶段的生长状态,进行定期观察并同时对气象要素进行平行观测。自然物候观测主要观测杨柳绿,桃花开,燕南归;观测霜、雪、雷暴、积雪的初、终期,江河结冰、封冻、解冻日期,土壤秋冬冻结及春季解冻日期。1985年,农业气象观测站网调整,白城农业气象试验站为全国农业气象观测基本站,按规定及《农业气象观测方法》进行农业气象试验研究和农业气象观测工作,制作农业气象报表,拍发农业气象电报。1980年,白城农业气象试验站为国家农业气象观测基本站(一级),每年春播期间(3月16日—5月31日),逢5、10、15、20、25日及月末进行土壤湿度观测,观测深度为10、15、20、30厘米。春季播种期过后,土壤湿度百分率的测定分别在固定地段和非固定地段进行,向省气象台编发农业气象候报。

农业气象观测报表 1981年开始编制《农作物生育状况观测记录年报表》(农气表-1)、《土壤水分观测记录年报表》(农气表-2),1982年开始编制《物候观测记录年报表》(农气表-3),一式4份。

农业气象电报 1960年开始,每旬(月)第一日08时向省气象台编发农业气象旬(月)报,1964年4月1日改为每旬、月末20时后编发。1963年开始,每年3月21日(2006年改为2月28日)至5月31日20时后,向省气象台编发农业气象候报。

农业气象试验研究 1981年,白城农业气象试验站建成。同年,被确定为国家一级农业气象试验站(在白城市西郊,试验田面积5万平方米)。主要承担农业气象观测、试验研究及产量预测等工作。1981年,白城农业气象试验站对北方人工草地建设的主要草种紫花苜蓿,进行冻害温度条件分析及其防御措施研究,其成果于1983—1985年在内蒙东部、东北松嫩平原、科尔沁草原、辽河草原等高纬度苜蓿冻害易发区推广应用,1985年获省科技进步奖。1987年,吴承杰主持的"向日葵栽培生态与气象"项目,获吉林省气象局科技进步一等奖。1989年吴承杰主持的"吉林油用向日葵生理生态与栽培技术"项目,获吉林省气象局科技进步三等奖。1991年吴承杰主持的"半牧半舍对草原红牛生产性能的气象效应研究"、"庭院葡萄增产原因和小气候效应及葡萄冻害以及防御措施的研究"项目,获吉林省气象局科技进步三等奖。1993年,宋学钰主持的"优良人工牧草与主要天然牧草气候生态指标与牧草生产力模式"试验,获吉林省气象局科技进步二等奖。1994年吴承杰主持的"引进推广抗旱剂及其系列产品解决吉林省西部干旱"试验获吉林省气象局科技进步二等奖。2000年,《北方寒地植桑养蚕农业气象生态环境条件试验研究》通过专家验收并推广,现已建成桑园850公顷,养蚕1500张,白城市委、市政府已把此项目列为继水稻开发后第二大农业开发项目,计划建园总面积30万亩,为白城地区农业结构调整和农业增收,提供大量可行性实验研究数据。

2. 天气预报

1959年3月18日,在吉林省白城气象站基础上成立吉林省白城专员公署气象台,负责白城地区天气预报的制作、发布,向白城市政府及有关部门及时提供重要天气预报、气象情报、专题气象分析,对县气象站天气预报服务进行指导和提供天气预报指导产品。运用天气图研究天气发展规律是气象台制作短期天气预报的基本方法。1978年后,开始接收日本、北京的各种传真实况天气图和形势预告天气图,结束了用人工自填、自绘、自己分析天气图和预报员主观定性预报的历史。1999年建成VSAT卫星通信单收站。2006年,实现省、地、县天气预报可视会商,逐步发展为制作客观定量定点的精细化预报。

1981年,711型雷达投入使用。2002年11月,建成新一代天气雷达系统(CINRAD/CC)建成,主要监测和预警灾害性天气,探测重点是暴雨及强对流天气系统,为人工影响天气、灾害性天气的监测提供气象保障。2003年,中国气象局安装了FY-2卫星(即风云2号C星)云图接收系统,自主接收卫星云图。

3. 气象服务

白城市气象局从成立初期比较单一的公益气象服务,发展到20世纪80年代的决策服务、公众服务、专业专项有偿服务等不同服务层次,形成了包括各种时效的天气预报、气象信息、气候资料、农业气象、人工影响局部天气、实用气候分析、气象咨询等多种服务方法和途径的全方位多层次的气象服务体系。1998年夏季,白城地区发生了百年不遇的特大洪水,在抗洪抢险的关键时刻,白城市气象局主动、及时、准确地提供的天气预报和情报,为领导指挥抗洪救灾决策,发挥了重要作用。被白城市委、市政府评为"抗洪抢险模范集体"。2007年3月24日11时59分,吉林省白城市华金纸业有限公司芦苇垛发生火灾,造成5万吨左右造纸原料烧毁,初步估计折合人民币约2000多万元,占该厂造纸原料的80%。火灾发生前,白城市气象台发布大风蓝色预警信号,并与白城市防火指挥部联合发布森林火险黄色预警信号,连续提示公众和有关部门注意大风沙尘和高火险气象条件。白城市气象局在接到华金纸业有限公司火警后,相关技术人员迅速赶往现场开展气象服务,从12时起每15分钟提供一次风速、风向、温度实况和未来1~2小时预报,并将11时到12时每15分钟风速、风向实况及时通报给火灾现场。同时,与省气象局应急办、省气象台密切联系,及时向现场提供实况和预报及应急服务,最大限度地减小了火灾损失,现场无人员伤亡,白城市气象局有 3 人获"3·24 华金纸业火灾"抢险先进个人。

科技服务 1974 年 5 月,白城市开展人工影响天气工作,主要目的是基于农业抗旱而实施的人工增雨。2007 年,白城市干旱严重。为减少干旱带来的损失,省、市人民政府共投入资金 103.8 万元,为气象部门配置了 5 部人工增雨火箭车,用于全市范围内的人工增雨作业。当年,在地面火箭、高雹和省人工影响天气办公室飞机的立体作业下,不同程度地缓解了当地旱情,当年白城市农业取得了较好收成。1997 年开辟电视天气预报节目,公众服务内容更加贴近生活,产品包括精细化预报、火险等级等,还通过广播、报纸、互联网等媒体为广大市民服务。同年,"121"天气自动答询电话系统建成并投入使用。2005 年,"121"天气预报自动答询升级为数字系统,全市实行集约化管理,"121"升级为"12121"。白城市气象局通过更改气象内容、加大宣传力度,"12121"拨打量最高可达 214.3 万次/年,平均拨打量可达 178.6 万次/年。2004 年 6 月,开通了"白城兴农网",为天气预报信息进村入户提供了有利条件。1998 年成立白城市防雷中心,依法开展防雷装置检测、防雷工程设计和施工、雷击风险评估、雷电灾害调查和鉴定等技术服务活动,服务范围基本覆盖了社会经济发展和人民群众生活的方方面面。

2008 年 11 月,吉林省气象局和白城市政府共同投资 120 万元建设白城市气象应急服务指挥系统(即气象应急服务指挥车)。建设内容有车载雷达系统、可视会商系统、业务操作平台、六要素自动气象观测系统等。主要应用于抗旱、公共安全气象服务和人工影响天气等各项气象应急服务工作中。这是吉林省市(州)级气象应急服务指挥系统建设中,落实到位的第一部气象应急服务指挥车。

气象法规建设与依法行政

气象法规建设 1999 年,白城市人民政府下发《关于加强雷电防护工作的通知》;2004 年,白城市人民政府下发《转发市气象局关于对施放气球管理意见的通知》;2006 年,白城市人民政府下发《关于进一步加快气象事业发展的实施意见》;2007 年白城市人民政府下发《关于印发白城市气象灾害防御办法的通知》;2007 年,白城市人民政府下发了《关于进一步做好防雷减灾工作实施意见》。

依法行政 1998 年,成立白城市防雷办公室,加强雷电灾害防御工作的组织管理。2003 年 11 月,白城市气象局在白城市政务大厅设立行政审批窗口,对从事防雷装置设计审核与竣工验收、施放气球单位资质认定和施放气象球活动许可制度等实行社会管理。

党建与精神文明建设

党组织建设 白城市气象局党总支下辖 2 个支部,党员 34 人,其中在职党员 26 人,离退休党员 8 人。2003 年以来,白城市气象局机关党总支一直被市直机关党工委评为市直机关先进党总支。

精神文明建设 1997 年,白城市气象局被白城市委、市政府评为精神文明建设先进单位。2000 年起,一直保持省委、省政府授予的省级精神文明建设先进单位。

文化活动场所建设　2004 年,完成了文化活动室和图书室的建设。2007 年以来,相继修建了篮球、排球、网球、门球场,购置了跑步机、扭腰器、单双杠等健身器材。

气象文化活动　2000 年,在吉林省气象局首届运动会中,白城市气象局获得"团体第二名"。2001 年,在吉林省气象局庆祝建党 80 周年摄影和书法比赛中,白城市气象局获得摄影和书法一等奖。2007 年,在吉林省气象局举办"改革、发展、创新"演讲比赛中,白城市气象局获得三等奖。2008 年,在吉林省气象局第三届运动会中,白城市气象局获得团体第三名和"优秀组织奖"。

气象科普基地建设　2004 年 4 月经白城市委宣传部、白城市科协批准成立了由白城市气象台、白城国家气候基准站、白城市农业气象试验站和白城市气象局气象影视制作中心组成的白城市气象科普教育基地,进行气象科普知识和气象防灾减灾知识的普及工作。气象科普展馆于 2006 年 3 月 23 日正式建成并对外开放,被白城市科协命名为"白城市青少年气象科普教育基地"。馆内设有气象科普知识展板、龙卷风模拟仪、防风林模拟仪、静电发生器、雅各布天梯、天文望远镜等。2006 年 5 月通过省科协专家组验收,晋升为吉林省科普教育基地。2006 年 5 月 22 日白城市气象局与白城师范学院签署局校合作协议,白城市气象科普教育基地作为白城师范学院的教学实践基地。2008 年 11 月,白城市气象科普教育基地被吉林省科协、吉林省教育厅、吉林省科技厅、吉林省文明办、吉林省共青团、吉林省妇联等 6 个单位命名为"吉林省青少年校外科技活动示范基地"。

荣誉　1991—2008 年累计获得集体奖励 89 个,其中,中国气象局奖 5 个、省委、省政府奖 3 个、省气象局奖 36 个、白城市政府奖 45 个。受到奖励的个人有 78 人,中国气象局奖励 4 人、省政府奖励 2 人、省气象局奖励 31 人次、四平市委、市政府奖励 41 人次。

台站基本建设

1981 年,建成白城市气象局办公楼,面积 1423 平方米。2003 年,建成新一代雷达办公楼,并与白城市气象局办公楼建在一起,雷达办公楼建筑面积 2250 平方米(含塔楼建筑面积),塔楼 15 层,建筑高度 51.6 米,雷达办公楼为四层,雷达机房在塔楼 15 层,塔楼顶层设观光台,办公楼设办公室、业务平台、4 套标准客房、多功能厅。2004 年修建人工湖,2005 年建成室外健身场。2006 年 8 月,完成室外环境改造,铺设彩色地砖,安设室外健身器材 5 组。新建二层综合楼,设有科普展厅、影视基地和老干部活动中心,总面积 858 平方米。

1979 年建成的办公楼

白城市气象局雷达塔楼

大安市气象局

大安市位于吉林省西北部,地处松嫩平原腹地,属温带半干旱气候区。东与黑龙江省肇源县隔嫩江相望,南与前郭县、乾安县为邻,西与洮南市、通榆县接壤,北与镇赉县以洮儿河为界。幅员 4879 平方千米,人口 43 万。1958 年,大赉县与安广县合并为大安县。1988 年 8月,国家民政部批准,大安撤县建市,称大安市。大安市气象局位于大安市西市郊(郊外)。

机构历史沿革

历史沿革　大安气象观测开始于 20 世纪 30 年代。1939 年 3 月,伪满中央观象台在大安(大赉,东经 124°18′,北纬 45°39′)设立气象观测所,资料年代:1936—1945 年;同年 4 月在大安(安广,东经 123°40′,北纬 45°20′)设立雨量站,资料年代:1936—1939 年、1941—1942 年、1944 年。

1958 年,吉林省气象部门在大安县的大赉镇西郊(东经 124°16′,北纬 45°30′,海拔高度137.4 米)建立气象站。1959 年 1 月 1 日开始观测,属国家一般气象站,称大安县气象水文中心站,1962 年改称大安县气候站。1963 年 3 月 12 日更名为吉林省大安县气候站。1966年 4 月 1 日,又更名为吉林省大安县气象站。1969 年 9 月,更名为大安县水文气象站革命委员会。1970 年,更名为大安县革命委员会气象站。1973 年,更名为大安县气象站。1980年,更名为吉林省大安县气象站。1989 年 6 月 1 日,更名为吉林省大安市气象站。1991 年4 月 28 日,增设吉林省大安市气象局,局站合一,一个机构,两块牌子。2004 年 8 月 15 日,因建自动站需要,将观测场提高 20 厘米,海拔高度由原来 137.4 米变为 137.6 米。2007 年1 月 1 日改为国家基本气象站(一级)。

管理体制　大安县气候站建站初期,归属大安县农林局领导,气象业务归省、地气象部门管理。1963 年 8 月 1 日,大安县气候站的人事、财务、业务技术收归省气象局管理,行政、思想教育仍由大安县人民委员会领导管理。1970 年 12 月 18 日,全省气象部门实行党的一元化领导和半军事化管理,更名为大安县革命委员会气象站,归大安县革命委员会和大安县武装部双重领导,以武装部领导为主,气象业务由省、地气象部门管理。1973 年 7 月 12 日,归大安县革命委员会建制,由大安县农业局领导,气象业务仍由省、地气象部门管理。1980 年7 月 1 日,全省气象部门实行省气象局和地方政府双重领导,以省气象局领导为主的管理体制,省气象局负责管理全省气象台站的气象业务、人事、劳动工资、计划财务、仪器装备等工作。政治思想、党团行政、职工子女就业、基建和生产维修物资供应等,由当地党政部门负责。大安市气象局既是省气象局和白城市气象局的下属单位,又直属市人民政府领导。

人员状况　1959—2008 年,共有 52 人在大安市气象局(站)工作过。1958 年建站时只有 3 名工作人员。2006 年定编 13 人。2008 年在编职工 10 人,其中大学本科学历 5 人,大专学历 3 人,中专学历 2 人;初级职称 5 人,中级职称 5 人;50 岁以上 3 人,40～49 岁 4 人,40 岁以下 3 人。2006 年 9 月,招用编外合同制职工 2 人,均是大专学历。

机构设置　1959 年建站设测报组和农气组,1960 年增设预报组。1984 年,设立测报股、预报股、农气股。1999 年,设立测报科、预报科、农气科,增设雷电防护管理办公室。2005 年,预报科改为气象台,雷电防护管理办公室改为气象科技服务中心,增设办公室。2008 年,设立测报科、气象台、农气科和气象科技服务中心 4 个内设机构。

主要领导更替情况

姓名	任职时间	职务
刘井恩	1958 年筹备建站—1959 年 7 月	负责人
王　德	1959 年 7 月—1973 年 6 月	站长
张凤林	1973 年 6 月—1981 年 3 月	站长
王　德	1981 年 3 月—1983 年 5 月	站长
范起春	1983 年 5 月—1991 年 4 月	站长
范起春	1991 年 4 月—1993 年 5 月	局长
赵井荣	1993 年 5 月—1995 年 7 月	副局长主持工作
曲长波	1995 年 7 月—2001 年 11 月	局长
李　晶	2001 年 11 月—	局长

气象业务与服务

1. 气象观测

①地面气象观测

观测时次与日界　1959 年 1 月 1 日至 1960 年 6 月 30 日,采用地方平均太阳时,19 时为日界,每日进行 01、07、13、19 时 4 次定时气候观测,夜间不守班。1960 年 7 月 1 日开始,采用北京时 20 时为日界,每日进行 02、08、14、20 时 4 次定时气候观测,夜间不守班。1961 年 1 月 1 日起,每日进行 08、14、20 时 3 次定时气候观测,夜间不守班。1964 年 1 月 1 日起,由 3 次定时气候观测改为每日 02、08、14、20 时 4 次定时气候观测,昼夜守班。1966 年 3 月 1 日起,由 4 次定时气候观测改为每日 08、14、20 时 3 次定时观测,夜间不守班。1971 年 4 月 1 日起,由 3 次定时气候观测改为 4 次定时气候观测,夜间不守班。1971 年 7 月 1 日起,每日 4 次定时气候观测,改为昼夜守班。1973 年 4 月 1 日起,仍为每日 4 次定时气候观测,改为夜间不守班。1989 年 1 月 1 日起,由 4 次定时气候观测改为 3 次定时气候观测,夜间不守班。2007 年 1 月 1 日起,调整为国家基本站,每日进行 02、08、14、20 时 4 次定时气候观测,05、11、17、23 时 4 次补助绘图天气观测,昼夜守班。

观测项目　观测项目包括云、能见度、天气现象、气压、温度和湿度、风向风速、降水、雪深、雪压(1980 年 1 月 1 日停止观测)、日照、蒸发(小型)、地温、冻土等。

气象电报　建站开始,向吉林省气象台拍发小天气图报告。1999 年 3 月 1 日起,停发小天气图报,开始试拍发"天气加密观测报告"。2001 年 4 月 1 日,使用《AHDM4.1》版软件编发报和编制报表,正式拍发"天气加密观测报告"。2005 年 1 月 1 日起,自动站双轨运行,自动站使用《0SSMO 2004》版业务软件编发报和编制报表。同年 9 月 1 日,人工站取消《AHDM4.1》版软件的使用,同时使用《0SSMO 2004》版业务软件进行人工站编发报和编制报表。2007 年 1 月 1 日起,大安市气象局由二级站(一般站)变为一级站(基本站),停止拍发天气加密报,正式拍发天气报。

建站开始,每年 7 月 1 日—9 月 10 日向吉林省气象台白城市气象台拍发雨量加报。1962 年 7 月开始,向吉林省气象台拍发 06—06 时日雨量报,1964 年开始改为每年 5 月 1日—9 月 30 日、1966 年 3 月 21 日起改为每年 6 月 1 日—9 月 30 日拍发。1970 年开始,改为拍发 05—05 时日雨量报。

航危报 1960 年 7 月至 1995 年 12 月 31 日,有预约航危报任务。经由邮电部门向白城民航哨、长春民航、郑家屯、7311 部队、白城平台 89870 部队和 89871 部队等部门拍发航危报。1996 年 1 月 1 日,预约航危报调整为每日 08—18 时固定航危报,报文发往长春民航。1999 年1 月 1 日,将航危报发报地址调整为沈阳民航。2008 年,承担的航危报任务为每日 08 时—18 时。

1984 年 4 月 1 日开始,编发重要天气报,不再拍发日雨量报和雨量加报,发报内容有降水、大风、龙卷、积雪、雨凇、冰雹。2008 年 6 月 1 日起,增加雷暴、视程障碍现象(霾、浮尘、沙尘暴、雾)的编报。

2005 年 4 月 16 日起,每日 08 时 30 分至 09 时编发日照时数及蒸发量实况报。

气象报表 1959 年 1 月开始,每月编制地面气象记录月报表(气表-1),一式 3 份,向吉林省气象局、白城市气象局各报送 1 份,本站留底本 1 份。每年编制地面气象记录年报表(气表-21),一式 4 份,向国家气象局、吉林省气象局、白城市气象局各报送 1 份,本站留底本 1 份。

自建站到 1960 年 12 月,制作地温记录月报表(气表-3)、日照记录月报表(气表-4)。1959 年 2 月 1965 年 12 月,制作温度、湿度自记记录月报表(气表-2)。1959 年 2 月到 1960年 2 月,制作气压自记记录月报表(气表-2)。1959 年 11 月至 1960 年 12 月,制作冻土记录月报表(气表-7)。1963 年 5 月到 1979 年 9 月,制作降水自记记录月报表(气表-5)。同时编制年报表 23、24、22、27、25。1961 年 1 月起,气表-3、气表-4、气表-7 并入气表-1,相应的年报表并入气表-21。1971 年 1 月到 1979 年 12 月,制作风向风速自记记录月报表(气表-6)。1980 年 1 月,气表-5、气表-6 停作,合并到气表-1,降水自记记录年报表(气表-25)合并到气表-21,同年制作月简表。

建站至 1987 年 6 月,气象报表用手工抄写方式编制。1987 年 7 月,开始使用微机打印气象报表,向上级气象部门报送气象报表和磁盘,审核后盖章返回本站。2006 年 1 月开始,通过气象专线网向吉林省气象局传输原始资料和报表,经吉林省气象局审核后,气象站将原始资料和报表做成光盘,并将报表打印存档。

资料档案 2004 年 7 月起,将建站以来的原始气象记录档案(日照记录除外)移交到吉林省气象档案馆,气象站不再保留原始气象记录档案。

现代化观测系统 1959 年建站至 1987 年 3 月 31 日,均采用人工观测,手工编发报。1987 年 4 月 1 日至 2000 年 3 月 31 日,使用 PC-1500 计算机编发小图报。1987 年 7 月,开始使用微机系统程序,处理地面气象观测资料制作报表。2000 年 4 月 1 日,正式使用《AHDM4.1》版软件编发报和编制报表,并取消 PC-1500 计算机的使用。2004 年 8 月,县局 DYYZ II 型自动气象站建成,9 月 1 日开始试运行(至 2004 年 12 月)。自动气象站观测项目有气压、气温、湿度、风向风速、降水、地温等,观测项目全部采用仪器自动采集、记录,替代了人工观测。2005 年 1 月 1 日,自动气象站投入双轨业务运行。2007 年 1 月 1 日,自动气象站正式单轨业务运行。此后不再保留气压、气温、湿度、风向风速自记仪器。

区域自动观测站建设 2006 年 4 月—2008 年 6 月分 3 期在大安区域完成了中尺度自动加密气象站建设,先后建成温度、雨量两要素自动加密站 6 个,温度、雨量、风向、风速四要素自动加密站 2 个,温度、雨量、风向、风速、气压、湿度六要素自动加密站 2 个,共计 10 个加密站点,全部投入运行。

②农业气象观测

观测时间与项目 1959 年至 1965 年,开展农业气象试验工作,进行玉米、高粱的分期播种、小麦作物发育期和目测土壤湿度的观测。1966 年—1978 年取消农气观测,只为当地农业生产服务。1979 年农业气象观测工作恢复。1980 年,定为国家农业气象基本观测站,进行小麦、高粱、玉米作物的观测。1990 年,停止小麦、高粱观测,只进行玉米、大豆观测。

观测项目包括农业气象要素、农作物发育期和生长状况、土壤水分、自然物候和农业灾害观测等。土壤水分观测指固定地段和农作物地段土壤墒情,作物地段土壤墒情测定深度为 0～10 厘米、10～20 厘米、20～30 厘米、30～40 厘米、40～50 厘米。固定观测地段土壤墒情测定深度为 0～100 厘米,10 厘米为一层次。物候观测的项目,草本植物有蒲公英、车前子;木本植物观测有小叶杨、葡萄;动物观测有豆雁、家燕。根据吉林省气象局吉气发〔2006〕266 号文件要求,从 2006 年 10 月开始,进行生态农业气象、地下水位、旱柳和杏物候的试观测,2007 年 7 月 1 日起正式观测。

农业气象情报 农业气象旬(月)报:依据国家气象局下发的气象旬(月)报电码(HD-03),常年向吉林省气象台拍发农业气象旬(月)报,编发内容为基本气象段、农业气象段、灾害段、产量段、地方补充段。农业气象候报:每年 3 月 21 日至 5 月 31 日(1994 年起开始时间改为 2 月 28 日),向吉林省气象台、白城市气象台编发农业气象候报。土壤湿度加测报:1996 年 6 月 1 日起,每年 3—6 月和 9—11 月,每旬逢 3 以及干旱时期大于等于 5 毫米降水过程结束后加测土壤湿度。加测土壤湿度的深度为 50 厘米,2 个重复。1997 年 5 月开始,根据中国气象局气象服务与气候司下发的气候发〔1997〕59 号文的规定,取消 10—11 月土壤湿度加测、编报工作。

农业气象报表 在农作物观测期间,按照中央气象局下发的《农业气象观测方法》进行农业气象观测资料统计,编制农作物生育状况观测记录年报表(农气表-1)、固定地段土壤水分观测记录年报表(农气表-2)、自然物候观测记录年报表(农气表-3)。1994 年开始,按国家气象局修改后的《农业气象观测规范》编制农业气象观测记录报表,一式 4 份,在次年 1 月底前向吉林省气象局、白城市气象局各报送 1 份,本站留底本 1 份。省级业务部门审核订正后,次年 5 月底前上报国家气象中心档案馆 1 份。

③电报传输

从建站起,观测报文通过县邮电局专线电话口传发报。1986 年开始,通过其高频电话,经白城市气象局传至吉林省气象台。1997 年建立信息终端。1999 年,用拨号方式通过分组交换网(X.28 协议),将观测电报传输到吉林省气象信息中心。2003 年 5 月与白城市气象局开通 DDN 专线,通过网络上传电报。2006 年改为 SDH 光纤专线发报。

2. 天气预报

短期天气预报 1959 年开始收听省气象台天气形势广播,加看天经验开展补充订正预报。1966年,通过绘制小天气图、制作要素演变曲线图、时间剖面图等方法,制作单站预报。1972年起,使用数理统计预报方法,建立回归预报方程和聚类分析等方法制作预报。1983年12月,配备123型传真图接收机,接收北京和日本的传真图表。使用地方MOS输出统计方法,建立晴雨、降水、最高、最低气温等MOS预报方程。1984年,MOS预报方法投入短期预报业务,至1986年,建成天气模型、模式预报、经验指标等3种基本预报工具。1987年7月,开通甚高频对讲电话,实现与白城市气象局及各县气象站直接会商。1999年7月24日,PC-VSAT地面卫星接收小站建成并正式启用,传真接收机停止使用。单收站接收数值预报图和云图、雷达等信息,利用上级气象台的数值预报指导产品,通过人机交互Micaps1.0处理系统,结合本地资料制作订正预报。2000年以后,省气象信息网络系统开通,气象信息综合分析处理系统Micaps2.0投入业务使用。2006年,实现市、县天气预报可视会商。至2008年,Micaps处理系统已升级为3.0版本。市预报产品种类、数量大幅度增加,同年开始制作发布乡镇天气预报。

中期天气预报 1964年,开始用韵律法、点聚图和总结群众经验等方法制作中期预报。1972年后,应用数理统计方法,采用3~5年降水、气温趋势滑动平均方法制作中期预报。1983年以后,县气象站不再制作中期预报,根据白城市气象台旬预报结果,结合本地资料以及预报员经验,进行订正后服务。

长期天气预报 1965年开始制作长期预报。从总结群众经验、历史资料验证入手,运用数理统计、韵律、找相关相似和周期规律等方法建立长期预报指标,制作月、季、年度冷暖、旱涝趋势预报。1983年以后,不承担长期预报业务,根据服务需要,订正省气象台的长期趋势预报提供给服务单位。

3. 气象服务

公众气象服务 1959年开始,通过有线广播向全县发布天气预报信息,每天早晚各广播1次。1998年12月1日,大安市气象局建成多媒体电视天气预报制作系统,将自制节目录像带送电视台播放,每天播出2次。2005年5月,大安电视台电视播放系统升级,电视天气预报制作系统升级为非线性编辑系统。1999年11月,同电信局合作正式开通了"121"气象信息自动答询台,并开始面向社会开展服务。2005年升级为"12121"。

决策气象服务 从1960年开展天气预报以来,以口头或油印材料方式向县委、县政府提供天气预报和灾害性天气服务。服务内容有春播期和汛期中、短期预报、墒情、雨情、作物生长关键期预报等。1990年后,增加《重要天气报告》、《气象情报》、《天气预报》、《大田播种期预报》、《汛期(6—8月)天气形势分析》等决策服务产品,通过传真、电子邮件、网络等形式将服务信息报送到政府及有关服务部门。2006年,制定《大安市气象局决策服务周年方案》和《大安市气象灾害突发事件应急预案》。

【服务事例】 1998年,出现百年不遇大洪水,流经大安市的嫩江、洮儿河、霍林河相继发生有水文记载以来从未有过的特大洪水,水位之高,流量之大,来势之猛,运行时间之长,都是历史上罕见的。据统计,在抗洪抢险期间,气象局全体干部职工,恪尽职守,共为市委、市政府和防汛指挥部发出各类预报78份,雨情资料15份,向省驻大安市抗洪抢险前线指挥部提供天气预报14期,被吉林省气象局评为气象服务先进集体。

专业专项服务   1985年，按照国务院办公厅国办发〔1985〕25号文通知的精神，开展了专业有偿服务，主要是为全县各乡镇（场）或相关企事业单位提供中长期预报和气象资料。1995年9月，大安市气象局发挥本部门无线通讯优势，在大安市8个乡镇组建了通讯网，彻底解决了这几个乡镇通讯难的问题。1996年底，BP机无限寻呼市场迅猛发展起来，大安气象局通过多次与当地电信局洽谈协调，于1997年4月1日，气象信息通过BP机传遍大安市的每个角落，这在当时的白城地区尚属首例，为科技服务创收带来了新的生机和活力。

人工影响天气   1982年，根据大政发〔1982〕52号文件，成立了大安市防雹指挥部，在部分乡镇设置了"三七"高炮，主要进行人工防雹。最初高炮只有4门，随着经济的迅速发展和农业生产的需要，高炮逐年增多，最多达到全市16门。2002年7月，大安市政府拨专项资金购买人工增雨火箭车2辆，增雨火箭架2个，主要是利用有利天气形势进行人工增雨作业，解决水资源紧缺问题，有效改善干旱状况。

避雷设施检测服务   防雷检测服务始于1998年，每年为各单位检测避雷针等防雷设施。

科普宣传   2001年起，每年在"3·23"世界气象日，开展宣传气象知识活动。在市中心设立宣传板、悬挂条幅、发放宣传单。宣传内容有气象法、"12121"气象答询、防雷常识等。

法规建设与管理

1. 气象法制建设

气象法规建设   1982年，根据大政发〔1982〕52号文件，成立了大安市防雹指挥部，办公地点设在气象局，其职责是在市政府的领导和协调下，管理、指导和组织实施人工影响天气作业。1999年6月29日，根据大安市人民政府的大政办发〔1999〕4号（《大安市人民政府办公室关于加强雷电防护管理工作的通知》）文件和大编字〔1999〕18号（《关于成立大安市雷电防护管理领导小组的通知》）文件，成立了大安市雷电防护管理办公室，办公室设在气象局，把防雷减灾纳入气象行业管理，授权气象部门负责雷电灾害防御工作的组织管理，并会同有关部门对可能遭受雷击的建筑物、构筑物和其他设施安装的防雷装置进行检测。2005年，大安市气象局（大气字〔2005〕1号）"关于气象探测环境保护法律、法规和规章备案的函"分别由大安市法制局、规划处备案。2005年，制定了《大安市气象局政府信息公开目录》，由大安市法制局审核并备案。2006年，制定了《大安市气象局行政执法责任制度》，对执法依据、执法权限、执法程序和考核监督等项内容，向社会公开。2007年，大安市气象局（大气函字〔2007〕1号）"关于气象探测环境和设施保护备案的函"，由规划处备案。2008年，把气象探测环境保护工作纳入立法计划。

依法行政   2004年10月，在大安市政务大厅设立气象窗口，行使气象行政审批职能。成立气象行政执法大队，4名兼职执法人员均通过省政府法制办培训考核，持证上岗。2004年至2008年，每年与安全局、消防大队、教育局等单位联合开展安全执法大检查。

2. 气象内部管理

业务质量考核制度   建站开始，就实行了严格的业务考核制度。观测记录不准字上改字,不准涂改伪造记录,下一班要校对上一班记录,并进行错情登记。上级业务主管部门进行月、季、年业务质量考核通报。1998年以来,有23人次获测报"百班无错情"。

目标管理责任制度 1987年开始,实行目标管理责任制。把各项工作任务都纳入目标管理,层层分解,层层签订目标管理任务书。每年都进行认真考评,把考评结果作为奖惩依据。在2005年度目标管理考核中,大安市气象局被评为优秀县局。2005年,大安市气象局荣获吉林省气象局"首届全省电视气象影视节目观摩评比"县(市)级气象信息二等奖。2007年和2008年在目标管理考核中,大安市气象局都被白城市气象局评为科技服务先进单位。

规章管理制度 1980年,开始逐步制定大安市气象局综合管理制度。2007年,全面修订各方面制度,健全各项工作领导小组。完善党支部民主生活会制度、党务公开制度、行政管理制度、学习制度、财务管理制度、安全保卫制度、局务会制度以及各种值班制度等30余项。

党建与精神文明建设

1. 党建工作

党组织建设 1958年建站期间,大安气象站只有3人,都不是党员。1959年6月,王德(党员)调入大安气象局,党员编到农业局下属单位苗圃党支部。1963年春,气象站党支部成立,党支部书记王德。1973年8月,王德调出,由张凤林接任党支部书记。1982年9月,张凤林调入白城市气象局工作,党支部书记由王德担任。1987年5月,王德离休,由范起春担任气象局党支部书记。1997年10月,由曲长波接任局党支部书记。2001年11月,曲长波调入白城市气象局工作,由李晶接任气象局党支部书记,党员4人。在市直机关党工委的领导下,2006年赵景荣同志、2007年和2008年李艳明同志被市直机关党工委评为优秀党员。

党风廉政建设 1987年开始,把党风廉政建设纳入目标管理责任制的考核内容,年终进行严格考评。1996年开始,按省局党组要求,建立重大问题由党支部集体讨论决定的制度。1999年,制定了《大安市气象局领导班子党风廉政建设制度》《大安市气象局领导班子廉洁自律制度》。规定一把手"四个不直接管",即,不直接管财务,不直接管人事,不直接管工程发包,不直接管大宗物资采购,建立自我约束机制。2004年,实行政务公开,成立"政务公开领导小组"和"政务公开监督小组",建立健全政务公开制度和监督检查机制。将气象法律法规赋予部门的管理职能、管理权限、审批项目、办事程序、办事时限、收费标准、处罚规定、服务承诺和社会监督等项内容,通过市政务大厅公开板向社会公开。将单位干部任用、职称评定、评先选优和考核奖惩等项内容,利用单位公示板、信息栏和会议等形式向职工公开。2007年8月,设立纪检监察员,并建立重大事项三人(局长、副局长和纪检监查员)决策制度,实行领导干部年终述职述廉和任期审计制度。

2. 精神文明建设

1997年度,大安市气象局被评为大安市精神文明建设先进单位。2000—2001年度、2002—2003年度、2004—2006年度、2007—2008年度连续4个年度被评为白城市精神文明建设先进单位。2007年,王琳琳获白城市气象局"改革、发展、创新"演讲比赛第二名。2008年,在"全省气象部门第三届职工运动大会"上,李艳明获得跳高比赛第四名、1500米赛跑第七名、3000 米第八名,任万春获得 1500 米赛跑第七名。

3. 荣誉

1998 年,在全省防汛抗洪气象服务工作中,被吉林省气象局评为气象服务先进集体。
2000—2008 年,连续 4 个年度被评为白城市精神文明建设先进单位。在 2005 年度目标管
理考核中,大安市气象局被评为优秀县局。

台站建设

1958 年建站时,所辖土地总面积 17884 平方米,南北向 136 米,东西向 132 米。其中办
公室面积 121 平方米。1984 年,在院内东侧建炮库,建筑面积 153.52 平方米;1988 年,改
建办公室,共建 8 间砖平房,建筑面积 256 平方米。2002 年 6 月维修炮库,7 月续建围墙,9
月维修办公室。随着气象事业突飞猛进的发展,业务量的增加,办公环境急需改善。

大安市气象局旧貌

大安市气象局新貌

通榆县气象局

通榆县位于吉林省西北部,松辽平原南端,科尔沁草原东陲,属松花江与辽河分水岭洪
积台地,温暖半干旱气候区。东与乾安县相接,西与内蒙古自治区科尔沁右翼中旗为界,南
与长岭县相连,西南与内蒙古自治区科尔沁左翼中旗相交,北与洮南市为邻。幅员 8496 平
方千米。人口 35 万。1958 年 10 月,开通、瞻榆两县合并,取其县名各一字称通榆县。县政
府驻开通镇。通榆县气象局位于通榆镇郊外。

机构历史沿革

历史沿革 通榆县气象观测始于 20 世纪 30 年代。1934 年 5 月,伪满中央观象台在通
榆(开通)建立简易观测所,东经 123°04′,北纬 44°48′,资料年代为 1934 年 5 月—1942 年。
1941 年 4 月,在通榆双岗建立雨量站,东经 122°57′,北纬 44°53′,资料年代为 1941—1942
年、1944—1945 年 5 月。

1954年,吉林省气象部门在开通镇东郊(今通榆镇胜利街一组)"城区"建立吉林省开通气象站,观测场位于东经123°05′,北纬44°49′,观测场海拔高度134.1米,同年12月1日开始气象观测。1956年,吉林省气象部门又在瞻榆镇建立吉林省瞻榆气象站。1962年,气象台站调整,通榆县瞻榆气象站被撤销。1971年,通榆县气象站站址迁移到开通镇"郊外"。观测场位置为东经123°04′,北纬44°47′,观测场海拔高度149.5米。1972年1月1日,在新站址开始正式观测记录。2005年12月31日,将观测场移至东经123°04′,北纬44°48′,观测场海拔高度150.0米。

管理体制 1954年12月建站之初,归吉林省气象局领导,称吉林省开通气象站。1958年1月1日,全省气象台站的干部管理和财务管理工作下放到各县(市)人民委员会有关单位直接管理和领导,气象业务仍归省气象局管理。1958年10月,开通县与瞻榆县合并成立通榆县,吉林省开通气象站随之改名为吉林省通榆县气象站。1959年1月,更名为吉林省通榆县中心气象站。1963年8月1日,全省各地气象台站收归省气象局领导,气象台站的人事、财务、业务技术指导和仪器设备等统一由省气象局直接管理,有关行政、思想教育等仍由各市(州)、县(市)人民委员会和专署负责。1964年1月,更名为吉林省通榆县气象站。1970年12月18日,全省气象部门实行党的一元化领导和半军事化管理,实行通榆县革命委员会和通榆县武装部双重领导,以武装部领导为主,气象业务由省、地气象部门管理的管理体制。1973年1月,气象管理体制由军政双管转为县革命委员会建制,归通榆县农业局管理。1980年7月1日,全省气象部门实行省气象局和地方政府双重领导,以省气象局领导为主的管理体制,省气象局负责领导管理全省气象台站的气象业务、人事、劳动工资、计划财务、仪器装备等工作,政治思想、党团行政、职工子女就业、基建和生产维修物资供应等,由当地党政部门负责。通榆县气象站既是省气象局和白城地区气象局的下属单位,又是通榆县的科局级单位,直属县人民政府领导。1992年,通榆县气象站增设"通榆县气象局",局站合一,一个机构,两块牌子。通榆县气象局既是白城市气象局的下属单位,又是通榆县人民政府的职能部门,负责管理通榆县行政区域内的气象工作。

人员状况 2008年有在职员工11名,离退休人员6名(其中离休1人),临时工4人。中共党员7人;中级职称3人,初级职称8人;大专以上学历6人。

机构设置 通榆县气象局设局长、副局长各1名,内设大气探测科、预报服务科、农业气象科、防雷检测中心、防雹增雨指挥中心、通榆县气象科技咨询服务有限责任公司等机构。

主要领导更替情况

负责人	时间	职务
郑永昌	1954.10—1958.01	站长
李家务	1958.02—1960.03	代站长
焦正有	1960.03—1961.05	站长
徐永太	1961.06—1962.05	站长
李家务	1962.05—1965.07	代站长
刘永才	1965.08—1970.03	站长
周 才	1970.03—1974.01	站长

负责人	时间	职务
王景宜	1974.02—1976.04	站长
赵春雨	1976.05—1978.09	站长
王兴明	1978.10—1984.10	站长
李玉福	1984.10—1998.03	局长
王洪华	1998.03—1999.08	副局长主持工作
祁　林	1999.08—2000.08	局长
陆海涛	2000.08—2001.10	局长
李文平	2001.10—2003.04	副局长主持工作
李文平	2003.04—	局长

气象业务与服务

1. 气象观测

①地面气象观测

观测时次与日界　1954年12月1日至1960年6月30日,采用地方平均太阳时,每日进行01、07、13、19时4次定时气候观测,以19时为日界,昼夜守班。1960年7月1日至2006年6月30日,采用北京时,每日进行02、08、14、20时4次定时气候观测,以20时为日界,昼夜守班。2006年7月1日由四次观测改为02、05、08、11、14、17、20、23时8次定时观测,昼夜守班。

观测项目　主要项目有云、能见度、天气现象、气压、空气温度、湿度、风向风速、降水、日照、蒸发(小型)、雪深、雪压、地温、冻土、草温。1998年开始增加观测E-601B型蒸发器。

地面气象电报　1954年12月1日至1960年6月30日,每日按地方平均太阳时01、07、13、19时编发4次天气报;1960年7月1日至2006年6月30日,按北京时,每日编发02、08、14、20时4次天气报;2007年1月1日开始,每日拍发02、05、08、11、14、17、20、23时8次天气报。国家基本气象站,承担区域气象资料交换和航空地面气象保障任务。

1958年开始,每年7月1日至9月10日向吉林省气象台、白城地区气象台拍发雨量加报,1964年改为每年5月1日—9月30日,1966年改为每年6月1日—9月30日拍发。1963年5月开始向吉林省气象台拍发06～06时日雨量报,1970年,改为拍发05—05时日雨量报。1984年4月1日开始,编发重要天气报,不再拍发日雨量报和雨量加报,发报内容为降水、大风、龙卷、积雪、雨凇和冰雹,2008年6月1日开始增加雷暴、视程障碍现象(霾、浮尘、沙尘暴、雾)的编报,全年定时和不定时拍发到国家局或省局。

2005年4月16日开始,每天08时30分至09时编发日照时数及蒸发量实况报。2007年,承担生态井观测发报任务。

航危报　通榆县气象站承担全天24小时的航危报任务。

地面气象报表　1954年12月1日起,每月编制基本地面气象观测记录月报表(气表-1),每年编制地面气象记录年报表(气表-21),一式4份,分别向中国气象局、吉林省气象局、白城市气象局各报送 1 份,本站留底本 1 份。

1955 年至 1965 年编制温度、湿度自记记录月报表(气表-2);1955 年至 1960 年 2 月编制气压自记记录月报表(气表-2);1955 年至 1960 年 12 月编制地温观测记录月报表(气表-3)、日照记录月报表(气表-4);1955—1979 年,编制降水自记记录月报表(气表-5);1959 年至 1960 年 12 月编制冻土记录月报表(气表-7);同时相应编制年报表 22、23、24、25、27。1970 年至 1979 年编制风向风速自记记录月报表(气表-6)。从 1961 年 1 月起,气表-3、气表-4、气表-7 并入气表-1,相应的年报表并入气表-21。1980 年 1 月 1 日起,气表-5、气表-6 并入气表-1,降水自记记录年报表(气表-25)并入气表-21。

②农业气象观测

农业气象观测任务调整 1957 年,为省级农业气象观测站,开展农业气象观测,编发农业气象旬(月)报,观测牧草等作物。在 1964 年、1980 年、1985 年、1989 年 10 月和 1995 年的 5 次农业气象观测站网的调整中,通榆县气象站始终为农业气象一般站。1990 年 4 月,撤销通榆县气象局省级农业气象观测站和牧草观测任务,为国家农业气象发报站,仅编发旬(月)报及固定地段土壤墒情报(候报),固定地段土壤湿度测定深度为 50 厘米。2007 年开始增加生态气象观测、发报,包括草原生态观测(牧草)、地下水位观测、风蚀(积)观测和干尘降观测。

农业气象电报 依据国家气象局下发的气象旬(月)报电码(HD-03),常年向吉林省气象台拍发农业气象旬(月)报,编发内容为基本气象段和地方补充段;每年 3 月 21 日至 5 月 31 日(1994 年起开始时间改为 2 月 28 日),向吉林省气象台、白城市气象台编发农业气象候报。从 1996 年 6 月 1 日起,每年 3—6 月和 9—11 月,每旬逢 3 以及干旱时期大于等于 5 毫米降水过程结束后加测土壤湿度,并编发土壤湿度加测报。加测土壤湿度的深度为 50 厘米,2 个重复。1997 年 5 月,取消 10—11 月土壤湿度加测报。

仪器设备 配备了普通药物天平、电子天平、取土钻、铝盒、电烘箱等。

③现代化观测系统

自动气象观测 1968 年 4 月,风观测项目用 EL 型电接风向风速计替代维尔达风向风速计。2003 年 10 月,通榆县气象局 DYYZ-Ⅱ型自动气象站建成,11 月 1 日开始试运行,2004 年 1 月 1 日正式投入业务运行(双轨运行以人工观测为主),2005 年双轨运行以自动观测为主,2006 年 1 月 1 日进入自动观测单轨运行,仅保留 20 时人工观测项目。自动气象站观测项目有气压、气温、湿度、风向、风速、降水(发报降水量以人工观测为准)、地温(深层和浅层)。观测项目除云、能见度、天气现象外,全部采用仪器自动采集、记录,替代了人工观测。2007 年 1 月 1 日取消气压、气温、湿度、风等项目的自记纸记录,保留雨量自记纸观测(每年 5 至 9 月)项目。

计算机编发报 1985 年,通榆县气象站配备了 PC-1500 袖珍计算机,1986 年 1 月 1 日起,取代之前的人工编报。1998 年换下 PC-1500 袖珍计算机。之后逐渐更新计算机应用到业务工作中,1997 年用"486"计算机换下 APPLE-Ⅱ计算机。

计算机编制报表 建站后气象月报、年报气表,用手工抄写方式编制,一式 4 份,分别上报国家气象局、省局气候资料室、地区气象局各 1 份,本站留底 1 份。从 1987 年 7 月开始使用微机打印气象报表,向上级气象部门报送纸质报表和资料磁盘。2006 年 2 月,取消纸质资料报送,上报计算机自动生成的数据文件,经吉林省气象局审核后,进行刻盘存储,永久保存。

气象电报的传输 建站时每天报文的传输,主要以电话口传形式通过邮电局报房发报,发送到沈阳区域气象中心和省气象台。2001 年 1 月 1 日正式启用 X.25 分组交换网进行传输报文,电话传报时代结束。2003 年开通了 DDN 专线发报,2006 年升级为 SDH 光纤专线发报。2008 年,开通 VPN 专线,传输线路拓展为局域网与因特网两种,增加了传输率的保障。每天定时传输报文 24 次。同时配备有 UPS 电源及汽油发电机,可在停电时供电。气象电报传输实现了网络化、自动化。

区域加密自动气象站建设 2006 年至 2008 年 5 月,通榆县建成两要素(温度、降水)、四要素(风向、风速、温度、降水)、六要素(风向、风速、温度、降水、气压、湿度),共计 17 个区域加密自动气象观测站。

④资料档案

建站以来气象档案由单位保存,2000 年将该年以前的气象档案移交吉林省气象档案馆,县气象局保存最近 5 年的气象资料,另外保留所有日照自记纸,气象记录年、月报表。以后每年上交上一年的气象档案。2008 年将近 5 年的气象资料全部上交。之后的原始资料自己保存,暂时不再上交。

2. 天气预报

短期天气预报 1959 年开始收听省气象台天气形势广播,加看天经验,开展补充订正预报。1966 年绘制小天气图、制作要素演变曲线图、时间剖面图等方法,制作单站预报。1972 年起应用数理统计预报方法,建立回归预报方程和聚类分析等统计方法制作预报。1983 年 12 月配备 123 型传真图接收机,接收北京和日本的传真图表,应用地方 MOS 输出统计方法,建立晴雨、降水、最高、最低气温等 MOS 预报方程。1984 年 MOS 预报方法投入短期预报业务,至 1986 年建成天气模型、模式预报、经验指标等三种基本预报工具。1999 年 PC-VSAT 地面卫星单收站建成并正式启用,传真接收机停止使用。单收站接收数值预报图和云图、雷达等信息,利用上级气象台的数值预报指导产品,通过人机交互 Micaps1.0 处理系统,结合本地资料制作订正预报。至 2008 年 Micaps 处理系统已升级为 3.0 版本。1986 年 7 月开通甚高频对讲电话,实现与白城市气象局及各县气象站直接会商。2006 年实现市、县天气预报可视会商。

中期天气预报 1964 年开始用韵律法、点聚图和总结群众经验等方法制作中期预报。1972 年后应用数理统计方法,采用 3~5 年降水、气温趋势滑动平均方法制作中期预报。1983 年以后县气象站不再制作中期预报,根据白城市气象台旬预报结果,结合本地资料以及预报员经验,进行订正后服务。

长期天气预报 从 1965 年开始制作长期预报。从总结群众经验、历史资料验证入手,运用数理统计、韵律、找相关相似和周期规律等方法建立长期预报指标,制作月、季、年度冷暖、旱涝趋势预报。1983 年以后,不承担长期预报业务。根据服务需要,订正省气象台的长期趋势预报提供给服务单位。

3. 气象服务

公众气象服务　1959年,开始通过有线广播向全县发布天气预报信息,每天早晚各广播1次。1991年,开始开展农村气象服务网建设,通过在气象局设甚高频发射机,在全县各乡镇和服务单位安装气象警报接收机开展气象服务。1997年6月,建立电视天气预报节目制作系统,每天在电视台播出2次。1997年开通"121"天气预报自动答询系统,每月电话拨打量平均约6000次。2005年升级为"12121"。

决策气象服务　主要以"三性"天气预报为主,向政府及相关部门和上级气象部门发布预报、警报和灾情调查报告,包括《重要气象报告》《全县乡镇雨量图》《春播期预报》《气象服务专报》《汛期天气形势分析》等服务材料。

1998年,通榆县出现了历史上从未有过的特大洪水,面对这场特大洪水,通榆县气象局发挥部门优势,加强区域联合,与上游气象站保持紧密联系,将本县的预报和上游预报以及流域内雨情及时收集上报通榆县委、县政府。8月9日下午16时,在得知霍林河上游溃坝的重要信息后,第一时间报告通榆县委、县政府主要领导,为群众转移赢得了宝贵的时间,15.5万人安全转移,无一伤亡。8月21日,连夜到吉林省气象研究所卫星遥感中心调取卫星遥感资料,并做详细的分析材料上报通榆县委、县政府,保证了灾情数据的准确性。通榆县气象局在这次特大洪水的斗争中作出了突出贡献,受到吉林省气象局的表彰,获"抗洪抢险先进集体",王洪华同志被中共白城市委、市政府和中共通榆县委、县政府分别授予"抗洪抢险三等功"各1次。

专业专项气象服务　1985年,经国务院批准,气象事业单位在做好公益气象服务的前提下,按用户需求,开展专业专项服务。气象职工深入生产第一线,了解各行各业对气象工作的需求,制定气象服务一览表,服务领域由党政机关、农业生产逐步拓展到工业、林业、电力、建筑、旅游、晒粮等领域。

气象科技服务　1986年,配备甚高频无线对讲机及气象警报接收机后,对全县各乡镇粮库进行科技服务。1997年,开通"121"天气预报自动答询系统,使气象服务更贴近生活。1998年,开展建筑物防雷装置检测服务。2000年,开展新建建筑物防雷装置图纸建审服务。2001年始,配备人工增雨火箭发射车及增雨火箭发射架,扩大人工增雨服务。2006年至2008年,人工防雹高炮逐步落户各乡镇,人工防雹受到欢迎。

法规建设与管理

1. 法规建设

气象法规建设　1999年10月《中华人民共和国气象法》颁布以来,通榆县出台了有关加强人工影响局部天气、雷电灾害防护和保护气象观测环境的法规性的文件。授权气象部门在政府的领导和协调下,管理、指导和组织实施人工影响天气作业,把防雷减灾纳入气象行业管理,为气象人员办理行政执法证。授权气象部门负责雷电灾害防御工作的组织管理,并会同有关部门对可能遭受雷击的建筑物、构筑物和其他设施安装的防雷装置进行检测工作。通榆县气象局在政务大厅设立行政审批窗口,对防雷工程监审和施放气球活动审批。县政府在保护气象探测环境方面采取了很多措施,把气象探测环境保护纳入当地城建规划,制定了《通榆县气象探测环境规划》。

气象内部管理 严格的业务质量考核制度,是气象部门光荣的传统和重要的管理措施。观测记录不准字上改字,不准涂改伪造记录,下一班要校对上一班记录,并进行错情登记。上级业务主管部门进行月、季、年业务质量考核通报。

建立目标管理责任制 1997年开始,按省局要求实行目标管理责任制。把各项工作任务都纳入目标管理,层层分解,层层签定目标管理任务书。每年都进行认真考评,把考评结果作为奖惩依据。

党建与精神文明建设

1. 党建工作

党组织建设 通榆县气象局党支部成立于1970年。现有在职党员3人,离退休党员4人。在县直机关党工委的领导下,2000年以来,多次被评为"先进党支部"、"优秀共产党员"及"优秀党务工作者"。

党风廉政建设 1987年开始,把党风廉政建设纳入目标管理责任制的考核内容,年终进行严格考评。1996年开始,按省局党组要求,建立重大问题由党支部集体讨论决定的制度。2006年,实行政务公开,成立"政务公开领导小组"和"政务公开监督小组",建立健全政务公开制度和监督检查机制。将气象法律法规赋予部门的管理职能、管理权限、审批项目、办事程序、办事时限、收费标准、处罚规定、服务承诺和社会监督等项内容,通过市政务大厅公开板和电视媒体形式向社会公开。将单位年度财务预算决算、经费使用、物资采购、基建项目、招待费用、干部任用、职称评定、评先选优和考核奖惩等项内容,利用单位公示板、信息栏、会议和建立制度册等形式向职工公开。2008年9月,设立纪检监察员,并建立重大事项三人(局长、副局长和纪检监察员)决策制度,实行领导干部年终述职、述廉和任期审计制度。

2. 精神文明建设

创建文明单位 2003年,被中共通榆县委、县政府评为精神文明建设先进单位;2005年、2008年2次被中共白城市委、市政府评为精神文明建设先进单位。

文体活动 单位设立了图书室、文娱活动室、老干部活动中心,购置了健身器材,职工有了固定的健身及文化娱乐场所。2008年世界气象日,与鹤乡礼仪公司联合举行歌咏比赛;与开通镇九个社区联合举行庆"七一"乒乓球赛。

标准化台站建设 2005年开始标准化台站建设,2007年通过检查验收。

3. 荣誉

领导关怀 2006年、2007年通榆县连续遭大旱。严重的旱情引起上级领导的高度重视。2007年7月1日中国气象局局长郑国光、2007年8月7日吉林省省长韩长赋在吉林省气象局局长秦元明的陪同下,分别到通榆县气象局视察工作,了解旱情和旱情的发展情况,听取通榆县气象局代表通榆县政府作的灾情报告和分析,亲切看望了气象工作人员,勉励气象工作者为地方减灾防灾做出贡献。

集体荣誉 2005年,被中国气象局授予"政务公开先进单位"。

获得表彰的先进个人 1998年,王洪华被中共白城市委、市政府,中共通榆县委、县政府分别授予"抗洪抢险三等功"各1次。

参政议政 陈和,1986年1月—1992年12月,政协通榆县第六届、第七届、第八届委员、常委、副主席。李玉福,1992年12月—2008年12月,政协通榆县第九届、第十届、第十一届委员、常委。王洪华,1999年12月—2008年12月,政协通榆县第十届、第十一届、第十二届委员;2001年3月—2005年3月,政协白城市第二届、第三届委员、常委。

台站建设

1954年所建办公室为平房。1972年搬迁后,建局部二层办公室,面积323平方米。2005年,在上级气象部门支持和县政府的帮助下,对办公室进行了综合改造,新建了三层综合办公楼,办公室面积696平方米,并建有锅炉房、仓库、炮库、车库等基础设施。新建围墙270米,将办公区和生活区隔离。硬化道路1200平方米,硬化场地1200平方米,绿化面积3000平方米。种植各种树木百余棵,建花坛2个,办公环境得到改善。

20世纪90年代的通榆县气象局

通榆县气象局新办公楼

洮南市气象局

洮南市地处吉林西北部,东北平原和科尔沁大草原交融地带,是黑龙江、吉林、辽宁和内蒙古东部交界的中心,历史悠久,1913年设洮南县,1958年10月与原白城县12个乡合并为洮安县。1987年5月,国务院批准撤县设市,称洮南市。幅员5102平方千米,人口43.9万人。农业资源丰富,属温暖半干旱气候区,是国家确定的商品粮基地县、粮棉大县。洮南市气象局位于洮南镇小南门里。

机构历史沿革

历史沿革　洮南市气象观测开始于 20 世纪 20 年代。1923 年 1 月日本南满铁道株式会社在洮南(东经 122°45′,北纬 45°20′)设立气象观测所。伪满中央观象台成立,把洮南列为简易气象观测之内,由观象台进行技术指导和汇集出刊记录。资料年代为 1923—1942 年、1944—1945 年。

1958 年,吉林省气象部门在原洮安县铁道东甜菜实验站建洮安县气候站(东经 122°49′,北纬 45°20′,海拔高度 150.3 米),1959 年 1 月 1 日开始气象观测。1960 年 1 月 1 日,站址迁至原址西北方向直线距离 3020 米的洮南镇小南门里,是国家一般气象站(二级),占地面积 14700 平方米。1966 年 4 月,改称洮安县气象站。1970 年夏,更名为吉林省洮安县革命委员会气象站。1973 年 7 月又改为洮安县气象站。1987 年 5 月,国务院批准撤县设市,称洮南市。1987 年 7 月 22 日,改称洮南市气象站,同时增设"洮南市气象局",局站合一,一个机构,两块牌子。

管理体制　洮安县气候站建站初期,归洮安县人委农业局领导,气象业务归省、地气象部门管理。1963 年 8 月 1 日,全省气象台站收归省气象局领导,气象站的人事、财务、业务技术指导和仪器设备等统一由省气象局直接管理,有关行政、思想教育等由洮安县人民委员会负责。1970 年 12 月 18 日,全省气象部门实行党的一元化领导和半军事化管理,归洮安县革命委员会和洮安县武装部双重领导,以武装部领导为主,气象业务由省、地气象部门管理。1973 年 7 月 12 日,归洮安县革命委员会建制,归洮安县农业局领导,气象业务仍由省、地气象部门管理。1980 年 7 月 1 日,全省气象部门实行省气象局和地方政府双重领导,以省气象局领导为主的管理体制,省气象局负责领导管理全省气象台站的气象业务、人事、劳动工资、计划财务、仪器装备等工作,政治思想、党团行政、职工子女就业、基建和生产维修物资供应等,由当地党政部门负责。洮安县气象站既是省气象局和白城地区气象局的下属单位,又是洮安县的科局级单位,直属县人民政府领导。

人员状况　1959 年建站 3 人,1983 年 4 人,1987 年 9 人,1996 年 7 人,2001 年 7 人,2006 年定编为 7 人,2008 年在职职工 8 人。现有在职职工中大学本科 4 人,大专学历 2 人;中级专业技术人员 4 人,初级专业技术人员 3 人;地方编制司机 1 人;洮南市政协委员一人;党员 6 人;汉族 7 人,满族 1 人。

机构设置　1959 年建站设测报组;1960 年增设预报组(兼职农业气象);1984 年,测报与预报组改设为测报股、预报股,增设农气股(1986 年撤销);1991 年,增设科技服务股;1999 年,测报与预报股改设为观测科、预报服务科,科技服务股改设为法规与科技服务科;2005 年预报服务科改设为气象台,法规与科技服务科改设为气象科技应用中心,2008 年,观测与预报合二而一,设综合业务科(对外称气象台)、气象科技应用中心、办公室等机构。

主要负责人更替情况

姓名	职务	任职时间
刘永财	站　长	1959.01—1965.08
吴永南	站　长	1965.08—1969.07

姓名	职务	任职时间
曹守信	指导员	1969.11—1977.07
王延昌	站　长	1977.08—1979.06
张　录	书　记	1979.03—1982.08
张凤林	站　长	1982.09—1983.09
张庆仁	站　长	1984.05—1989.06
陆海涛	局　长	1989.08—2001.08
张金山	局　长	2001.08—

气象业务与服务

1. 气象观测

①地面气象观测

观测时次与日界　1959 年 1 月 1 日起,采用地方时,每日进行 01、07、13、19 时 4 次定时观测,昼夜守班。1959 年 11 月 4 日由 4 次观测改为 3 次观测,夜间不守班。1960 年 6 月 27 日,由地方太阳平均时改为北京时。1961 年 3 月 15 日起,每日进行 08、14、20 时 3 次定时观测。1964 年 1 月 1 日全省气候站一律改为 02、08、14、20 时 4 次观测,夜间不守班。1989 年 1 月 1 日起,每日进行 08、14、20 时 3 次定时观测,夜间不守班。

观测与发报　观测项目有云、能见度、天气现象、气压、空气温度和湿度、风向风速、降水、雪深、日照、地温、冻土等。1968 年增加蒸发量的观测。

气象报告:1959 年 4 月 6 日,向吉林省气象台和白城拍发小天气图报告,1999 年 3 月 1 日起,停发小天气图报,开始试拍发"加密气象观测报告",2001 年 4 月 1 日使用 AHDM4.1 版软件编发报和编制报表,正式拍发"加密气象观测报告"。

1963 年 5 月开始,向吉林省气象台拍发 06—06 时日雨量报,1970 年开始,日雨量报改为 05—05 时拍发。

1964 年开始,每年 5 月 1 日—9 月 30 日向吉林省气象台、白城市气象台拍发雨量加报,1966 年 3 月 21 日起,雨量加报改为每年 6 月 1 日—9 月 30 日拍发。

1984 年 4 月 1 日开始编发重要天气报,不再拍发日雨量报和雨量加报,发报内容为降水、大风、龙卷、积雪、雨淞、冰雹,2008 年 6 月 1 日起,增加雷暴、视程障碍现象(霾、浮尘、沙尘暴、雾)的编报。

2005 年 4 月 16 日起,每天 08 时 30 分至 09 时编发日照时数及蒸发量实况报。

航危报:1960 年 7 月—1964 年 7 月承担过预约航空天气报和危险天气报。航空报发报内容有云、能见度、天气现象、风向风速,危险报发报内容有恶劣能见度、雷雨形势、冰雹、大风、雷暴、龙卷。

气象报表　建站开始,每月编制地面气象记录月报表(气表-1),一式 3 份,向吉林省气象局、白城市气象局各报送 1 份,本站留底本 1 份。每年编制地面气象记录年报表(气表-21),一式 3 份,向吉林省气象局、白城市气象局各报送 1 份,本站留底本 1 份。

1961 年至 1965 年 12 月制作温度、湿度自记记录月报表(气表-2);1962 年到 1979 年 9 月制作降水自记记录月报表(气表-5)、降水自记记录年报表(气表-25);1971 年 1 月到 1979 年 12 月制作风向风速自记记录月报表(气表-6)。1980 年 1 月气表-5、气表-6 停作,合并到气表-1,气表-25 合并到气表-21,同年制作月简表。建站至 1987 年,气象报表用手工抄写方式编制,1987 年 7 月开始使用微机打印气象报表,向上级气象部门报送气象报表和磁盘,审核后盖章返回本站。2006 年 2 月通过气象专线网向吉林省气象局传输原始资料和报表,经上级气象部门审核,本站将原始资料和报表做成光盘,将报表打印存档。

资料档案 从 2004 年 6 月起,分批次将建站以来的气象记录档案(除日照纸)全部移交到吉林省气象局档案馆,站内不再保留气象记录档案。

现代化观测系统 1985 年气象站配备了 PC-1500 袖珍计算机,自 1986 年 1 月 1 日起使用 PC-1500 袖珍计算机取代人工编报。1987 年开始人工输入制作报表。2003 年 DYYZ-Ⅱ型自动气象站建成,开始试运行。自动气象站观测项目有:气压、气温、湿度、风向、风速、降水、地温、草温等,观测项目全部采用仪器自动采集、记录,替代了人工观测,2003 年 12 月 31 日自动气象站投入双轨业务运行。2004 年 10 月,自动气象站正式单轨业务运行。自 2007 年 1 月 1 日起不再保留气压、气温、湿度、风向风速自记仪器。

乡镇自动观测站 从 2006 年 6 月到 2008 年 5 月,分三期在洮南区域完成了 12 个中小尺度自动加密站建设,其中两要素站 8 个,四要素站 3 个,六要素站 1 个。

②农业气象观测

观测时间与项目 1980—1982 年,开展农业气象观测工作,但没有正式观测记录。观测作物有玉米、小麦、大豆,土壤测墒为 10、15、20、30 厘米,由于作物种植面积较小,没有代表性,经上级业务部门批准,1983 年停止观测。2006 年 10 月开始,进行地下水位观测。

仪器设备:配备了普通药物天平、取土钻、铝盒、电烘箱。

农业气象情报 依据国家气象局下发的气象旬(月)报电码(HD-03),常年向吉林省气象台拍发农业气象旬(月)报,编发内容为基本气象段、地方补充段。

每年 3 月 21 日至 5 月 31 日,1994 年以后开始时间改为 2 月 28 日,向吉林省气象台、白城市气象台编发农业气象候报。

③电报传输

从建站起观测报文通过市邮局专线电话口传发报,直接发往白城和吉林省气象台。1997 年建立信息终端。1999 年用拨号分组网通过交换网(X.28 协议),将观测电报传输到吉林省信息中心。2003 年 5 月与白城市气象局开通 DDN 专线,通过网络上传电报。

2. 天气预报

短期天气预报 1959 年开始制作补充订正预报,1960 年作单站预报。主要是收听省气象台天气形势广播,总结群众经验和谚语,使用小天气图、要素演变曲线图、时间剖面图等工具制作短期预报。1972 年起使用数理统计预报方法,建立回归预报方程、聚类分析等工具制作预报。1981 年配备 123 型传真图接收机,接收北京和日本的传真图表,研究经地方 MOS 输出统计方法,建立晴雨、降水、最高气温、最低气温等 MOS 预报方程。1984 年 MOS 预报方法投入短期预报业务,至 1986 年建成天气模型、模式预报、经验指标等三种基本预报工具。2000 年 PC-VSAT 地面卫星单收站建成并正式启用,传真接收机停止使用。单收站接收数值预报图和云图、雷达等信息,利用上级气象台的数值预报指导产品,通过人机交互 Micaps1.0 处理系统,结合本站的大雨 MOS 方程等工具,制作订正预报。至 2008 年 Micaps 处理系统已升级为 3.0 版本。1987 年 7 月开通甚高频对讲电话,实现与白城市气象局及各县气象站直接会商。2007 年实现市、县天气预报可视会商。

中期天气预报 1964 年开始制作中期预报。使用韵律、点聚图和 3～5 年降水、气温趋势滑动平均等方法制作中期预报。根据上级气象台的旬预报,结合分析本地气象资料和经验进行订正后提供给服务单位。

长期天气预报 从 1965 年开始制作长期预报。从总结群众经验、历史资料验证入手,运用数理统计、韵律、找相关相似和周期规律等方法建立长期预报指标,制作月、季、年度冷暖、旱涝趋势预报。1983 年以后,虽然不承担长期预报业务,但根据服务当地政府的需要,仍然坚持制作长期趋势预报提供给当地政府和有关服务单位。

3. 气象服务

公众气象服务 从 1960 年开始,通过市中波广播电台向全县发布天气预报信息,每天早、中、晚各广播一次。2002 年 6 月建立电视天气预报节目制作系统,每天在电视台播出两次。1998 年开通"121"天气预报自动答询系统,每月平均电话访问量约 10000 次。2005 年"121"升级为"12121",并入白城气象局"12121"答询系统。每年为社会大型活动提供气象保障。

决策气象服务 20 世纪 80 年代,采用电话汇报、材料寄送等方式向县政府和农业部门提供 3—5 月春季播种期预报、6—8 月汛期降水预报。1990 年后增加《重要天气报告》、《气象信息》、《汛期(5—9 月)天气形势分析》、《年景预报》、《重要气象信息报告》、《雨情公报》、《灾情信息评估》、《预警信号》等决策服务产品,向市委、市政府报送。2005 年制订《洮南市气象局决策服务年度方案》,对不同季节重要农事活动作出服务安排。同年制订《洮南市突发气象灾害应急预案》,2006 年市政府将气象灾害应急工作纳入市政府公共事件应急体系。

专业专项服务 1986 年开始专业有偿服务,当年与洮南市粮食部门签定合同 20 份,向每个粮库提供粮食晾晒期间短期预报。1987 年后服务领域逐步扩展到水利、种子公司、交通、森林、农电、建筑工矿等部门。1988 年购置气象警报接收机 50 台,在各个服务单位安装使用。每天定时播放 2 次 24 小时天气预报,遇有重要天气增加播放次数。

人工影响天气 1975 年配备"三七"防雹高炮 4 门。1996 年洮南市政府又出资购买 4 门,2007 年 9 月省政府拨款 20 万元购买了火箭发射装置和火箭牵引车。每年春夏季开展人工增雨和防雹作业,年平均发射"三七"防雹炮弹 270 发、增雨火箭弹 8 发。1975 年至 2008 年累计发射"三七"炮弹 9180 发、火箭弹 16 发。

避雷设施检测服务 防雷检测服务始于 1996 年,每年为各单位检测避雷针等防雷设施 480 多点(处),截至 2008 年共检测避雷设施约 5760 点。

科普宣传 自 2001 年起,每年在"3·23"世界气象日开展宣传气象知识活动,每次出动宣传车 2 辆,在市中心设立宣传板 15 块,发放宣传单 4000 余份。2002 年至 2008 年设立"6329162"气象知识电话热线。2006 年至 2008 年,每年 3 月 23 日,洮南市气象局对外开放,向广大青少年、在校学生和市民讲解气象知识。

法规建设与管理

1. 气象法规建设

1997年洮南市气象局开始防雷检测工作。2004年气象局行政执法主体资格在洮南市法制办备案,有4名同志依法考取了执法证,同检测机构分离,成立了专职执法队伍。2006年会同洮南市安全生产监督管理局联合下发《关于加强防雷减灾工作的通知》,明确洮南市气象局为全市唯一的防雷安全管理、检测、建审部门,具有独立的行政执法主体资格,其检测机构则负责对全市的液化气站、加油站、鞭炮站、学校、人员密集场所等高危行业进行定期检测。

2006年制定《洮南市气象局行政执法责任制度》,对执法依据、执法权限、执法程序和考核监督等内容在洮南市法制办备案并向社会公开。2005—2008年,每年都与市安全生产监督管理局、教育局、公安局对矿山、学校、易燃易爆、网吧等高危场所联合开展安全执法检查。

2008年12月,洮南市气象局将《洮南市气候探测环境保护专项规划》上报洮南市人民政府,分别由市法制办、市规划管理处备案复函;市气象局会同洮南市规划管理处、洮南市城乡规划勘察设计院依照法定标准,结合城市发展规划,编制出《洮南市气象探测环境保护专项规划》。洮南市政府以洮政函〔2009〕2号文件批复。洮南市气象局正式纳入洮南市城市规划的专项保护规划。

2. 气象管理

业务质量考核制度 建站开始,就实行了严格的业务考核制度。观测记录不准字上改字,不准涂改伪造记录,下一班要校对上一班记录,并进行错情登记;上级业务主管部门进行月、季、年业务质量考核通报。1977年以来,有3人获测报"百班无错情",1人获"优秀预报员"。2006年,段有在吉林省气象局第六次地面测报技术比赛中获计算机操作第五名。2007年,蔡丽丽获得省级"优秀预报员"称号。2007年,杨哲在中国气象局和吉林省气象局组织的气象技能大赛中,取得了个人全能第一名,获吉林省气象局"青年新秀"称号,另获全国团体第七名。

目标管理责任制度 1987年开始,实行目标管理责任制。把各项工作任务都纳入目标管理,层层分解,层层签订目标管理任务书,每年都进行认真考评,把考评结果作为奖惩依据。2007、2008年被白城市气象局评为目标管理考核基础业务先进单位。

3. 政务公开

2006年,洮南市气象局在洮南市政务大厅设立行政审批窗口。6月,成立"政务公开领导小组"并在相关企事业单位聘请16位行风监督员,建立健全政务公开制度和监督检查机制。将气象法律法规赋予部门的管理职能、管理权限、审批项目、办事程序、办事时限、收费标准、处罚规定、服务承诺和社会监督等内容通过公示板向公众公开;单位内部则将单位年度财务预算决算、经费使用、物资采购、基建项目、干部任用、职称评定等内容,用单位公示板向职工公开。

党建与精神文明建设

1. 党建工作

党组织建设 1969年,洮安县气象局成立党支部,曹守信指导员兼支部书记。1977年,邓宝玉副站长兼支部书记。1979年,张录任支部书记。1982年张录调离,由张凤林接任。1986年,陆海涛担任支部书记,有党员4人。2001年8月,陆海涛调离洮南市气象局,支部书记由呼喜森接任。从2002—2008年,先后发展4名党员。现有党员7人,2003年6月,局长张金山转为正式党员,支部换届,张金山当选为支部书记,主持支部全面工作。在县直机关党工委的领导下,1990—2008年连续18年被洮南市机关党工委评为优秀党支部;2004—2005年,领导班子成员张金山、呼喜森2人分别被洮南市党工委评为廉政公仆;党支部成立以来,30余人次被洮南市机关党工委评为优秀党员;1人被吉林省气象局评为优秀党员。

党风廉政建设 1987年开始,把党风廉政建设纳入目标管理责任制的考核内容,年终进行严格考评,并实行一票否决制。1996年开始,按省局党组要求,建立重大问题由党支部集体讨论决定的制度。2004年4月,制定《洮南市气象局党风廉政责任制》、《洮南市领导班子廉洁自律制度》,强化监督机制,开展阳光政务,设立纪检监督员,实行领导干部述职述廉制度和任期审计。2006年,实行政务公开。成立"政务公开领导小组"和"政务公开监督小组",建立健全政务公开制度和监督检查机制。将气象法律法规赋予部门的管理职能、管理权限、审批项目、办事程序、办事时限、收费标准、处罚规定、服务承诺和社会监督等项内容,通过县政务大厅公开板和电视媒体形式向社会公开;将单位年度财务预算决算、经费使用、物资采购、基建项目、招待费用、干部任用、职称评定、评先选优和考核奖惩等项内容,利用单位公示板、信息栏、会议和建立制度册等形式向职工公开。2007年建立"三人决策"制度,重大问题由领导集体讨论决定。

2. 精神文明建设

1993年开始花园式台站建设,1994年建成干净、整齐、美观的花园式台站。1996年开始创建文明单位,1997年建成洮南市文明单位,1998年3月、1999年5月被吉林省气象局授予精神文明标兵单位称号,2000—2001年、2002—2003年度被洮南市政府评为精神文明先进单位,2004—2008年被评为地级精神文明单位,2002年12月被洮南市政府评为支持地方经济建设先进集体。2001年被省气象局评为吉林省气象部门规范化服务示范单位。2004—2008年建设了室外运动场,安装了单双杠等运动器材;室内则设置了乒乓球、台球、棋牌室、图书室、老干部活动室,购买了杠铃、象棋、跑步机等文体器材。2007年,杨哲在全国气象部门职工运动会上获团体第三名;在全省气象部门职工运动会上分别获得1500米第三名和3000米第四名;2008年,在白城气象局职工乒乓球赛中获团体第三名。2007年,蔡丽丽在职工演讲比赛活动中,分别获省气象局三等奖和白城地区气象局一等奖。2007年6月《白城日报》在周末第一版刊登了以洮南市气象局爱岗敬业先进事迹为内容的《身验雨雪风霜,牵扯人间冷暖》文章,洮南市电视台也对洮南市气象局进行相应的专访,并在洮南电视台播出。

3. 荣誉

1990—2008 年洮南市气象局共获集体荣誉 31 项。1990—2008 连续 18 年被洮南机关党工委评为优秀党支部。2007—2008 年度被白城市委、市政府评为地级精神文明先进单位,2006 年 4 月被洮南市文明委授予文明窗口单位称号。2007 年 1 月被省气象局评为标准化台站。

1986 年至 2009 年,洮南市气象局个人获奖 57 人次。

参政议政　吴文明同志为洮南市第十二、十三届政协委员。

台站建设

1959—1962 年台站只有工作室 4 间,面积 57.9 平方米;宿舍 3 间,53.94 平方米。1984 年后,工作用房 5 间,使用面积 70 平方米;生活用房 22 间,面积 206 平方米。2005—2006 年,向吉林省气象局申请项目资金 34 万元,自筹资金 10 余万元,对办公环境和业务系统进行大规模改造。2006 年新办公楼修建完成,建立大型业务平台。1989 年以来,修建围墙 550 延长米,水泥路 120 延长米,改造修建家属房 572 平方米,自来水工程 300 延长米,安装了太阳能热水器,原来的煤炉变成锅炉供热。现在洮南市气象局占地约 1.47 万平方米,办公楼 390 平方米,花坛 275 平方米,人工湖 300 平方米,室外运动场 300 平方米。2004—2007 年,洮南市气象局对外部环境进行大面积绿化、美化、硬化改造,共种植观赏树、果树、葡萄、灌木 1800 余棵,全局绿化面积达 85%。洮南市气象局对内外部环境的优化,促进了职工素质的提高,同时也促进了现代化气象事业的发展。

洮南市气象局旧貌

洮南市气象局新颜

镇赉县气象局

镇赉县地处松嫩平原西部与大兴安岭外围台地相接处,东部与南部有嫩江、洮儿河环绕,属中温带内陆半干旱气候区,面积 4737 平方千米,人口 29.6 万。镇赉县历史悠久,早在 5000 年以前新石器时期便有人类生活居住。1910 年 9 月 6 日设县,原名镇东县。1946 年 2 月 1 日县城解放,1946 年 3 月在大赉县(今大安市)洮儿河以北地区成立赉北县,1947 年 8 月镇东县与赉北县合并为镇赉县。县城坐落在镇赉镇,镇赉县气象局(站)位于镇赉镇团结西路铁道口以西 500 米处。

机构历史沿革

历史沿革　镇赉县气象观测起步较早。1934 年 1 月,在镇赉(镇东)(东经 123°13′,北纬 45°51′)设立简易观测所,隶属伪满中央气象台。资料年代:1934—1942,1944—1945 年 5 月。1941 年 3 月,又在镇赉东屏(东经 123°09′,北纬 46°06′)设简易观测所,资料年代从 1941—1945 年 4 月。

新中国成立后,1955 年 12 月 1 日、1957 年 1 月 1 日,吉林省气象部门分别在镇赉五棵树(东经 123°48′,北纬 45°59′)和镇南(东经 123°09′,北纬 45°49′)设立气象站。1962 年,气象台站调整,镇赉镇南、五棵树两站撤销,资料移交给镇赉县气象站。

1959 年建立镇赉县气象站,站址位于镇赉镇庆生北街变压器厂附近(东经 123°10′,北纬 45°50′,海拔高度 139.0 米),占地面积 15000 平方米。1959 年 7 月 1 日开始气象观测。1980 年 1 月 1 日迁至东经 123°13′,北纬 45°51′,海拔高度 140.9 米,占地面积 17982.3 平方米。新站址位于原站址西北 1500 米处,四周空旷,周围以农田为主,住有少量居民。

管理体制　1959 年建站,站名为镇赉县气象水文中心站,归属镇赉县农林局领导,气象业务归省、地气象部门管理。1963 年 8 月 1 日,收归省气象局领导,气象站的人事、财务、业务技术指导和仪器设备等统一由省气象局直接管理,有关行政、思想教育等由镇赉县人民委员会负责,同年 12 月更名为镇赉县气候站。1966 年 4 月 1 日更名为镇赉县气象站。1970 年 12 月 18 日,全省气象部门实行党的一元化领导和半军事化管理,更名为镇赉县革命委员会气象站,归属镇赉县武装部和镇赉县革命委员会双重领导,以武装部领导为主,气象业务由省、地气象部门管理;1973 年 7 月 12 日,归镇赉县革命委员会建制,由镇赉县农业局领导,气象业务仍由省、地气象部门管理,更名为镇赉县气象站。1980 年 7 月 1 日,全省气象部门实行省气象局和地方政府双重领导,以省气象局领导为主的管理体制,省气象局负责领导管理全省气象台站的气象业务、人事、劳动工资、计划财务、仪器装备等工作,政治思想、党团行政、职工子女就业、基建和生产维修物资供应等,由当地党政部门负责。镇赉县气象站既是省气象局和白城地区气象局的下属单位,又是镇赉县科局级单位,直属县人民政府领导。1991 年 7 月 18 日增设吉林省镇赉县气象局,局站合一,一个机构,两块牌子。

机构设置　1959 年建站设测报组,1960 年增设预报组(兼职农业气象)。1980 年,测报与预报组改设为测报股、预报股,增设农气股(1986 年撤销)。1991 年,增设科技服务股。1999 年,测报与预报股改设为观测科、预报服务科,科技服务股改设为法规与科技服务科;2005 年预报服务科改设为气象台,法规与科技服务科改设为气象科技应用中心,增设办公室。2008 年,观测与预报合二而一,设综合业务科(对外称气象台)。至此,单位设有综合业务科、气象科技应用中心、办公室等机构设置。

人员状况　1959—2008 年,共有 40 人在镇赉县气象局(站)工作过,其中,女同志 8 人;中专学历 11 人,大专学历 4 人,本科学历 2 人;初级职称 3 人,中级职称 7 人,高级职称 2

人;团员 15 人,中共党员 14 人;蒙古族 2 人,满族 1 人,其余为汉族。

2006 年定编 8 人。2008 年底有在编职工 7 人,编外合同制职工 1 人。在编职工中,女同志 2 人;中专学历 2 人、大专学历 3 人、本科学历 2 人;初级职称 2 人、中级职称 4 人、高级职称 1 人;蒙古族 1 人、汉族 6 人;全部是中共党员。

主要领导更替情况

姓名	职务	任职时间
董玉才	站长	从筹备建站至 1959 年 8 月
李春德	站长	1959 年 8 月—1964 年 10 月
邓宝玉	站长	1964 年 10 月—1970 年 3 月
王喜明	站长	1970 年 3 月—1974 年 6 月
周长岱	指导员	1972 年 3 月—1979 年 7 月
周长岱	站长	1974 年 7 月—1979 年 7 月
王占文	副站长(主持工作)	1979 年 7 月—1984 年 12 月
任忠信	站长	1984 年 12 月—1991 年 3 月
陈福海	局长	1991 年 3 月—1998 年 2 月
于树赢	局长	1998 年 2 月—

气象业务与服务

1. 气象观测

①地面气象观测

观测时次 镇赉县气象站是国家一般气象站。1959 年 7 月 1 日开始每天 01、07、13、19 时(地方平均太阳时)4 次观测,夜间不守班。1960 年 7 月 1 日改为 02、08、14、20 时(北京时)4 次定时观测,夜间不守班。1961 年 1 月 1 日起改为每日(08、14、20 时)3 次定时观测,夜间不守班。1964 年 1 月 1 日起改为每日(02、08、14、20 时)4 次定时观测,昼夜守班。1966 年 3 月 1 日起改为每日 3 次定时观测,夜间不守班。1971 年 7 月 1 日起改为每日 4 次定时观测,昼夜守班。1973 年 4 月 1 日起改为每日 4 次定时观测,夜间不守班。1989 年 1 月 1 日改为每日 3 次定时观测,夜间不守班。

观测项目 镇赉县气象站观测项目有云、能见度、天气现象、气压、气温、湿度、风向风速、降水、雪深、雪压(1980 年 1 月 1 日起停止观测)、日照、蒸发、地温、冻土。

自动气象站观测 2004 年 1 月 1 日执行(中国气象局编)相关技术规定,DYYZ-Ⅱ型投入业务运行(即,2003 年 12 月 31 日北京时间 20 时执行新版和《自动气象站规章制度》),开始自动观测与人工观测并行,以人工观测记录为准。2004 年 12 月 31 日北京时间 20 时开始以自动观测记录为准。2005 年 12 月 31 日北京时间 20 时起自动站正式单轨运行。单轨运行分自动观测项目和人工观测项目。自动观测项目有气压、空气温度和湿度、风、降水、地面温度、浅层和较深层地温,采用自动站数据采集器观测记录(降水量仍以人工观测记录为准),每天 24 次定时观测,并实时上传到省气象信息技术保障中心。人工观测项目有云、能见度、天气现象、冻土、日照、蒸发。每天仍在 08(冻土)、14、20 时(日照、蒸发)观测记录。每天

20时仍进行全部项目的人工观测。2007年1月1日起不再保留压、温、湿、风自记仪器。

加密自动气象站建设 2006年5月—2008年10月,开展中尺度加密自动气象站建设。建成12个两要素(温度、雨量)站、6个四要素(温度、雨量、风向、风速)站、1个六要素(温度、雨量、风向、风速、气压、湿度)站,19个加密自动气象站分布在各乡(镇)场和嫩江、洮儿河流域,构成约15千米格距的"地面中小尺度气象灾害自动监测网"。

地面气象电报 1959年12月11日08时至2001年3月31日20时向省气象台和地区气象台编发小天气图报,1987年4月1日起由PC-1500计算机编发小天气图报。2001年4月1日正式使用AHDM4.1版软件编发报和编制报表,同时小天气图报改为天气加密报。每年4月1日至9月30日期间编发05—05时降水报,白天守班期间编发重要天气报。2008年6月起,守班期间全年编发重要天气报。2005年4月16日起,每天08时30分至09时编发日照时数及蒸发量实况报。

②农业气象观测

观测项目 镇赉县气象站是吉林省农业气象观测一般站。1960年3月开始进行农作物物候观测。观测的作物品种有小麦、大豆、甜菜、谷子、土豆、苞米、高粱、苜蓿等。每年春播期间(3月16日到5月31日),逢5、10、15、20、25日及月末进行土壤湿度观测,观测深度为10、15、20、30厘米。

1980年起,按照新的《农业气象观测方法》要求,在固定观测地段对玉米从播种、出苗直到成熟整个生育期的不同发育阶段的生长状态,进行定期观察并同时对气象要素进行平行观测。自然物候观测主要观测杨柳绿、桃花开、燕南归,观测霜、雪、雷暴、积雪的初、终期,江河结冰、封冻、解冻日期、土壤秋冬冻结及春季解冻日期。1985年,按规定,镇赉县气象站停止农业气象物候观测。

农业气象电报 1960年开始,每旬(月)第一日08时向省气象台编发农业气象旬(月)报,1964年4月1日改为每旬、月末20时后编发。

1963年开始,每年3月21日(2006年改为2月28日)至5月31日20时后向省气象台编发农业气象候报。

③气象报表

地面基本观测报表 1960年1月以前,编制《地面基本气象观测记录月报表》(气表-1)、《压、温、湿自记记录月报表》(气表-2)、《地温记录月报表》(气表-3)、《日照日射记录月报表》(气表-4)、《降水量自记记录月报表》(气表-5)、《冻土记录月报表》(气表-7)、《冻结现象观测记录报表》(气表-8)。相应的还有年报表,即气表-21、气表-22、气表-23、气表-24、气表-25等。从1961年1月起,气表-3、气表-4、气表-7并入气表-1,相应的年报表也并入气表-21;1966年1月起,压、温、湿自记记录月、年报表一律停编。1968年7月开始编制《风向风速自记记录月报表》(气表-6)。1980年1月起,气表-5、气表-6、气表-8并入气表-1,相应的年报表也并入气表-21。至此,地面基本观测报表只编制气表-1和气表-21两种。1987年6月以前,人工编制报表,气表-1每月3份,气表-21每年3份,上报省、市气象局各1份,本站留底本1份。1987年7月开始微机制作报表,同时报送纸质报表和资料磁盘。2006年2月起微机制作报表,并向市局上传各种报表数据文件;每月、年将市、省审核修改后的数据文件刻盘存储,永久保存。

农业气象观测报表　　1981年开始编制《农作物生育状况观测记录年报表》(农气表-1)、《物候观测记录年报表》(农气表-3)。1985年,农业气象观测站网调整,镇赉县气象站为省农业气象发报站,不再进行农业气象观测工作,不报送农业气象报表。

④资料档案

2004年10月28日起,将1959年建站以来至2005年的气象记录档案(除日照纸、纸质气表)全部移交到省气象档案馆,县局不再保留气象记录档案。

2. 天气预报

1960年,开始制作补充订正天气预报。最初是收听省气象台的天气形势预报广播,结合本站的天气实况,对省台预报进行补充订正。1961年,开始逐步建立本站的预报工具。当时的主要预报工具有气压、温度、湿度三要素曲线图;要素时间剖面图、点绘地面、高空简易小天气图。1964年,开始在省气象台划分的环流型、天气过程模式和地区气象台的雨型的基础上,以群众看天经验为线索,同时利用本站气象历史资料,运用要素演变法、韵律法,找相关相似和周期规律来制作旬、月天气过程和季、年度冷暖、旱涝趋势预报。1972年,运用数理统计预报方法,对历史气象资料进行相关系数统计分析、检验,筛选出较好的预报因子,建立回归预报方程、利用时间序列分析、聚类分析等统计预报方法,制作本站天气预报。1979年,抓县站天气预报的"四个基本建设"(基本资料、基本工具、基本图表、基本档案)。1981年,配备了无线传真接收机,用来接收天气图、雷达回波图、卫星云图等资料,开始以天气图方法独立制作短期天气预报。应用传真数值预报产品,建立具有地方特色的晴雨、降水、最高最低气温等局地MOS预报方程。1984年,省局决定,县气象站以后可不承担中期、长期天气预报业务,重点做好短期和灾害性天气预报。1986年,建立"灾害性天气档案",开展灾害性天气预报,制作了大到暴雨高空环流形势和地面形势等6种天气模型预报工具。1986年9月,省气象局在镇赉召开预报业务建设现场会,镇赉县气象站作《我站MOS预报开展情况》、《利用本站要素和指标站资料计算综合指标进行暴雨预报》、《建立三级集成预报,提高县站短期晴雨预报确率》的经验介绍。1997建成远程终端。1999年建成VSAT卫星通信单收站,人机交互处理系统取代了传统的天气预报工作作业方式。接收各种数值预报解释产品和省、地气象台的分片和要素预报指导产品,结合镇赉天气特点,用配套的预报技术方法,制作订正预报。2006年,实现市、县天气预报可视会商。

3. 气象信息网络

从1959年建站到20世纪80年代初期,测报发报和办公信息传递主要依靠当地邮电部门电报和电话,预报主要依靠收音机接收天气分析和预报。1981年配备了传真机,接收天气图、雷达回波图、卫星云图等预报产品。1986年配备了M7-1540甚高频电话,解决了部分测报发报和办公信息的传递。1997年县站建成了远程终端,5月份全部投入了业务使用,增强了县站的信息接收、加工、处理能力,强化了省、地气象台对基层台站的技术指导作用。1999年县级气象局(站)建成了VSAT卫星通信单收站,同年11月起,吉林省气象信息网络系统投入业务使用,利用网络传输测报、预报、办公信息。2005年开通Notes网络。2006年开通可视会商(通讯)网络,基本建成了气象业务与办公自动化的网络平台。

4. 气象服务

①公众气象服务

1960年开始,每天通过有线广播发布镇赉县24小时天气预报。1991年开展农村气象服务网建设,在县站设立气象警报发射机,在17个乡(镇)安装气象警报接收机,开通县乡无线服务网络,2000年以来逐步发展为甚高频、微机网络。1998年开展"121"电话自动答询服务,2005年由白城市气象局集约管理,并升级为"12121"。2000年以来与县广电局开展"电视天气预报"服务。2008年,吉林省气象局在镇赉县气象局开展农村气象服务体系建设试点,在11个乡(镇)设立气象服务站、兼职气象协理员,配备微机和电子显示屏,在县局设立气象预报预警信息发布管理平台,初步建立起县乡气象预报预警信息服务网络系统,强化了管理职能,增强了服务能力,提高了服务质量。2008年开始制作发布乡(镇)天气预报。

②决策气象服务

1960年在开展天气预报服务的同时,开展当地主要农作物的农业气象物候观测,主动向县政府和有关部门提供雨情、墒情、农情、气象灾害等气象信息服务,为农业的适时播种、充分利用气候资源、防止农作物病虫害、科学指挥生产提供气象依据。1970开始开展了专业气候分析工作,应用实时气象信息分析气象条件有利和不利因素,为趋利避害、争取农业丰收、发展经济和国防建设服务。先后完成了《吉林省镇赉县军事气候》、《镇赉县农业气候资源分析》、《镇赉县农业气候资源分析及区划》、《镇赉县干旱分析》、《镇赉县农业气候资源分析及利用》等多项成果和文章。

20世纪90年代,开发《重要气象报告》、《气象服务专报》、《汛期(6—9月)天气形势分析》、《森林、草原防火期天气形势分析》等决策服务产品,重点加强防灾减灾服务。1998年7月,镇赉县发生百年不遇特大洪水。镇赉县气象局于6月17日作出"今年汛情已经抬头,可能打破多年以来的枯汛局面,应及早做好防汛的准备工作"的《重要天气报告》,19日县防洪大军开进大堤抢修险工险段。7月12日,再次紧急报告"未来一周降雨继续偏多,并多局地大到暴雨,应进一步做好防大汛的准备。",县委及时组织民工在百里大堤上再筑起1.5米高子堤。准确的预报服务为一次次特大洪峰安全通过赢得了宝贵时间。8月16日,黑龙江省泰来县境内嫩江国堤决口,几十亿方洪水倾泻到镇赉县,18万灾民被洪水围困。为准确了解洪水淹没情况,8月26日晚,县气象局局长连夜行程400千米到省气象局汇报灾情,争取到卫星遥感水情资料,为县委、县政府向国家汇报灾情提供了准确数据。在98'抗洪斗争中,镇赉县气象局准确预报和优质服务被载入《洪水中创造的奇迹》的历史史册,并受到中国气象局的表彰。于树赢、陈英柏同志分别被白城市委市政府、镇赉县委县政府"记功"、"嘉奖"。1998—2008年,镇赉县气象局连年被县委、县政府授予"支持农村经济发展先进单位",2001年被省气象局授予"规范化服务示范单位"。

③气象科技服务

人工影响天气服务 1975年省气象局在镇赉县建平乡利用"三七"高炮进行防雹试点,后又从白城军分区等地借调高炮扩大防雹作业范围。1983年镇赉县人民政府成立"镇赉县人工增雨防雹办公室"设在气象局,开始加大防雹力度。2008年,全县拥有14门双管

"三七"高炮,重点设防在8个乡镇、3条垄线上,保护约8万公顷的农田作物,2部流动车载增雨火箭,重点为中西部约3000多平方千米旱作区实施增雨作业。镇赉县气象局多次被省气象局授予"人工影响天气先进单位"。

雷电防护服务 1998年,镇赉县气象局开始防雷检测服务。1999年3月,镇赉县人民政府办公室"关于加强雷电防护管理工作的通知"下发后,开始对县域内新建、扩建、改建的建筑物、构筑物防雷设施进行设计审核和竣工验收。每年定期对重点企业、重点场所等50多家单位进行防雷设施安全检测,雷电灾害明显减少。

专业(专项)气象服务 1960年,中央气象局提出"服务专业化",以预报服务人员为主深入生产第一线,了解各行各业对气象工作的需求,制定气象服务一览表,使气象服务纳入了业务轨道。1985年经国务院批准,气象事业单位在做好公益气象服务的前提下,按用户需求,开展专业有偿服务。气象服务领域进一步拓宽,先后与铁道部镇赉木材防腐厂、镇赉县粮食仓储公司、镇赉县农业技术推广中心等单位签订服务合同,不仅促进了气象科技向现实生产力转化,提高了用户的经济效益,也在一定程度上弥补了事业经费的不足。1991年起,依托农村气象服务网的建立,为8个农场、15个粮库,15个防雹点和2个驻镇部队农场安装上气象警报接收机,每天提供天气预报(警报)、仓储知识、科普知识及指挥防雹作业等信息。2000年以后随着通讯业快速发展,气象警报接收机相继取缔,服务手段逐步发展成微机网络。2004年,成立"镇赉县气象科技应用中心",法人机构,科技服务进入正规化操作和管理,在巩固原有服务市场基础上,大力开展烟叶防雹和防雷减灾服务,社会效益和经济效益显著提高。多次被省气象局授予"科技服务先进单位",于树赢、陈英柏、邱睦学等同志被授予"创收能手"称号。

法规建设与管理

1. 气象内部管理

业务质量考核制度 建站开始,就实行了严格的业务考核制度。观测记录不准字上改字,不准涂改伪造记录,下一班要校对上一班记录,并进行错情登记,上级业务主管部门进行月、季、年业务质量考核通报。1977年开始,全省气象部门开展测报"百班和二百五十班"竞赛活动,先后有6人次获"百班无错情"奖励,1人获得吉林省气象局"优秀测报员"称号。

目标管理责任制 1987年开始,全省气象部门实行目标管理责任制,把各项工作任务都纳入目标管理,层层分解,层层签定目标管理任务书,每年都进行认真考评,把考评结果作为奖惩依据。镇赉县气象局已连续11年被白城市气象局评为"目标管理先进单位"。

2. 依法行政

依法管理人工影响天气工作 1983年镇赉县人民政府成立"镇赉县人工增雨防雹办公室"设在气象局,在县政府的领导和协调下,管理、指导和组织实施人工影响天气作业。2004年4月27日,县政府委托县气象局长于树赢向镇赉县十五届人大常委会第十次会议作《关于贯彻执行气象法情况的报告》,并认真落实常委会会议提出的"加大对气象工作投入"的意见,把人工增雨防雹管理经费正式纳入县财政预算。

依法管理雷电灾害防御工作　1999 年,镇赉县人民政府成立"镇赉县雷电防护管理领导小组",办公室在气象局。县政府办公室先后下发《关于加强雷电防护管理工作的通知》(镇政办字〔1999〕8 号和镇政办函〔2002〕12 号),把防雷减灾纳入气象行业管理。县法制局(镇府检准字〔2005〕第 2 号)颁发了"镇赉县行政执法准入证书",为 2 名同志办理行政执法证。授权县气象局负责雷电灾害防御工作的组织管理,并会同有关部门对可能遭受雷击的建筑物、构筑物和其他设施安装的防雷装置进行检测工作。

依法保护气象观测环境　2005 年,镇赉县气象局《关于气象探测环境保护法律、法规和规章备案的函》分别由县法制局、县规划处备案复函。2007 年,镇赉县气象局《关于气象探测环境和设施保护备案的函》,由镇赉县规划管理处以镇规函字〔2007〕1 号《关于气象探测环境和设施保护备案的复函》备案。2008 年,镇赉县气象局会同县规划管理处、县城乡规划勘察设计院依照法定标准,结合城市发展规划,编制出《镇赉县气象探测环境保护专项规划》报县政府,县政府以镇政函〔2009〕1 号《关于批准镇赉县气象探测环境保护专项规划的批复》,正式纳入镇赉县城市规划的专项保护规划,使镇赉县气象探测环境得到有效保护。

建立行政执法责任制度　2005 年制定了《镇赉县气象局政府信息公开目录》,由县法制局审核并备案;2006 年制定了《镇赉县气象局行政执法责任制度》,对执法依据、执法权限、执法程序和考核监督等项内容,通过县法制局在县电视台向社会公布。2004—2008 年,每年与县安全局、消防大队、教育局等单位联合开展安全执法大检查。

党建与气象文化建设

1. 党建工作

党支部建设　1959—1970 年,单位先后有 4 名党员,编入农林局党支部。1971 年正式建立镇赉县气象站党支部,王希明任第一任党支部书记。1972 年 3 月周长岱任支部书记。1979 年 7 月王占文任支部书记。1984 年 12 月任忠信任支部书记。1991 年 3 月陈福海任支部书记。1998 年 5 月于树赢任支部书记。2008 年末有党员 7 人,支部书记于树赢。1985 年以前单位没有发展新党员,1986—2008 年共发展 7 名党员。

党风廉政建设　1987 年开始,把党风廉政建设纳入目标管理责任制的考核内容,年终进行严格考评,并实行一票否决制。

1996 年开始,按省局党组要求,建立重大问题由党支部集体讨论决定的制度。

1999 年,制定了《镇赉县气象局领导班子党风廉政建设制度》、《镇赉县气象局领导班子廉洁自律制度》。规定一把手"四个不直接管",即,不直接管财务,不直接管人事,不直接管工程发包,不直接管大宗物资采购。建立自我约束机制,即,一要管住吃喝、二要管住用车、三要不拿创收奖。

2004 年 4 月,设立纪检监察员,制定监督检查机制,开展阳光政务,加强对干部特别是领导干部权利的监督,实行领导干部每年年终述职述廉和任期审计制度。

2006 年以来,单位成立"政务公开领导小组"和"政务公开监督小组",建立健全政务公开制度和监督检查机制,将气象法律法规赋予部门的管理职能、管理权限、审批项目、办事程序、办事时限、收费标准、处罚规定、服务承诺和社会监督等内容,通过县政务大厅公示板和电视媒体向社会公开。将单位年度财务预算决算、经费使用、物资采购、基建项目、招待费用、干部任用、职称评定、评先选优和考核奖惩等项内容,利用单位公示板、信息栏、会议和建立制度册等形式向职工公开。2008年被省气象局授予"局务公开示范单位"。

在开展创优争先活动中,先后有30人次被县委、县直机关党工委授予优秀党务工作者和优秀党员。2008年被省气象局授予"先进基层党组织"。

2. 气象文化建设

精神文明建设 20世纪80年代初期,响应中央号召开展"五讲四美"活动,气象站风气和道德面貌发生了很大改变。1986年党的十二届六中全会通过了《中共中央关于社会主义精神文明建设指导方针的决议》,在地方党委的领导下,开始精神文明建设活动。1988年,省局召开《全省气象系统"双文明"建设表彰大会》,陈福海被评为"双文明"先进工作者。1993年,省局做出"争取用三年左右的时间,把我省各级台站全部建设成'花园式台站'"的决定。镇赉县气象局成立以主要领导为组长的精神文明建设领导小组,下设精神文明建设办公室,制定了《创建精神文明建设先进单位长远规划》。1994年,镇赉县气象局"花园式台站"建设进入先进行列,同年,被省气象局评为"精神文明建设先进集体"。1997年,在《中共中央关于加强社会主义精神文明建设若干重要问题的决议》精神鼓舞下,加大创建力度,同年,被镇赉县委、县政府评为"精神文明建设先进单位"。1998年,高文义被省气象局授予"文明家庭",吴国明被县委、县政府授予"文明职工",1999年,于树赢被省气象局授予"精神文明建设先进工作者",2000年,被白城市委、市政府授予"精神文明建设先进单位"。2002年,于树赢在全省气象部门做先进事迹巡回演讲。2003年被白城市委、市政府授予"精神文明建设标兵单位",2004—2008年被吉林省精神文明建设指导委员会授予"精神文明建设先进单位",2006年12月被中国气象局授予"全国气象系统文明台站标兵"。

文体活动 1999年,开始设立图书室,建设活动场所。藏书1000余册,室内有乒乓球台、室外有篮球场和健身场地。每年在"五一"、"七一"和"十一"之际,组织职工开展球赛、唱歌、诗朗诵和演讲等文体活动。2007年,赵玉新获白城市气象局"改革、发展、创新"演讲比赛第三名。2008年,范生晔和赵玉新分别获"全省气象部门第三届职工运动大会"200、800米赛跑第四、第七名和跳远第五、铅球第六名。

3. 荣誉

集体荣誉 1998年10月被中国气象局授予"98'防汛抗洪气象服务先进集体",2006年12月被授予"全国气象系统文明台站标兵",2004—2008年被吉林省精神文明建设指导委员会授予"精神文明建设先进单位"。

个人荣誉 陈福海多次被评为先进工作者,1992年以来连续被县政府评为"优秀科局长",被选为县人大代表、政协委员。1992年被评为省直先进工作者。1996年12月6日,被中国气象局、人事部授予"全国气象系统先进工作者"荣誉称号,享受省、部级劳动模范和先进工作者待遇。

参政议政 陈福海同志任人民政协镇赉县第十届、十一届委员。于树赢同志任第十一届、十二届、十三届委员,十三届政协经济科学委员会副主任。

台站建设

1959—1979 年期间,建有 126 平方米土瓦结构的办公室,其中 1 间测报值班室和 1 间办公室。60 平方米住宅,只解决 2 户职工住房。主要交通工具是 2 台自行车。20 世纪 80 年代,由省气象局投资建起 350 平方米砖混结构办公室,设有测报、预报、服务、档案室和值班宿舍。300 平方米土木结构家属房,基本解决了职工住房。20 世纪 90 年代,由省气象局投资建起 473 平方米砖混结构住宅,人均居住面积由 10 平方米提高到 15 平方米。修砌 600 延长米气象大院砖围墙,单位有了 1 台北京牌吉普车。1999—2008 年,由省气象局投资和单位自筹资金近百万元进行台站综合改造。维修职工住宅 473 平方米,修筑水泥道路 500 延长米,铺设自来水管道 1500 延长米,硬化美化庭院 3500 平方米。扩建改造办公楼 510 平方米,室内设有阅览室、活动室和 80 平方米标准化业务平台。室外建有 800 平方米休闲广场和 150 平方米健身场地,1 台轿车、1 台商务车和 1 台轿货车。水、电、路、库齐备。职工生活水平不断提高,津贴补贴及福利收入与工资比例平均达到 1∶1 的水平,全部住进楼房,人均居住面积达到 40 余平方米。2006 年被省气象局第一批授予"标准化台站"。

镇赉县气象局旧办公楼　　　　　　　　镇赉县气象局新办公楼

辽源市气象台站概况

辽源市位于吉林省中南部,1952年依据东辽河发源于境内而更名为辽源市,地处东部长白山区向西部松辽平原过渡的低山丘陵地区。周边分别与四平市、吉林市、梅河口市、辽宁省西丰县相邻。辖东丰、东辽两县和龙山、西安、辽源经济开发区管委会3区,面积5139平方千米,总人口约124.7万。辽源市气象局在辽源市人民政府大楼办公。

气象工作基本情况

辽源市气象局辖东丰县气象局、辽源市气象局观测站2个正科级县(市)气象局(站)。

1. 人员状况

全市气象部门1956年在职2人,1957年4人,1958年7人(东丰县气象站1958年11月建站),1974年12人,1986年20人,1996年34人,2001年38人,2006年40人,2008年在编38人。现有职工中具有大专以上学历的29人,研究生学历1人;具有中级以上技术职称的19人,其中高级职称2人。

2. 基层党组织建设

全市气象部门有党支部2个,党员23人。1987年,在地方党工委的领导下,把党风廉政建设纳入目标管理考核内容,年终考评,一票否决。同年,开展部门内部审计工作,领导干部实行离任审计。1996年开始,按省局党组要求,县局建立重大问题由党支部集体讨论决定的制度。2001年开始,辽源市气象局每年与各科室和县局签订《党风廉政建设责任书》。2004年4月,设立纪检监察员,制定监督检查机制。2007年,推行政务公开,接受社会监督和内部职工监督。

3. 气象文化建设

1993年开始花园式台站建设,1996年开始创建文明单位,1998年开展规范化服务,2007年开展标准化台站建设。1996年,东丰县气象局、辽源市气象局观测站达到干净、整齐、美观的花园式台站建设标准。1997年,东丰县气象局建成市级文明单位,辽原市气象局建成省级文明单位。2001年2月,辽源市气象局被评为全省气象部门规范化服务"示范单位"。2007年1月,东丰县气象局被省局评为标准化台站。

4.法规建设与管理

气象业务管理 自建站开始,气象部门即实行严格的业务考核制度。观测记录不准字上改字,不准涂改伪造记录,下一班要校对上一班记录,并进行错情登记。

目标管理责任制 自1987年开始实行目标管理责任制。把各项工作任务都纳入目标管理,层层分解,层层签定目标管理任务书,每年都进行认真考评,把考评结果作为奖惩依据。

气象法规建设 1999年10月31日《中华人民共和国气象法》颁布以来,全市各县都出台了有关加强人工影响局部天气、雷电灾害防护和气象观测环境保护的法规性文件。把人工增雨防雹办公室设在气象局,授权气象部门在政府的领导和协调下,管理、指导和组织实施人工影响天气作业;把防雷减灾纳入气象行业管理,授权气象部门负责雷电灾害防御工作的组织管理,并会同有关部门对可能遭受雷击的建筑物、构筑物和其他设施安装的防雷装置进行检测工作。给气象人员办理行政执法证。把气象探测环境保护工作纳入立法计划。

依法行政 2003年以来,市、县气象局进入市、县政府政务大厅,依法行使气象管理职能。市、县气象部门都给气象人员办理了行政执法证,成立了执法大队,依法履行《中华人民共和国气象法》赋予的法律责任。

主要业务范围

1.地面观测

观测时次 辽源、东丰气象站建站时均为国家一般气象观测站,承担全国统一的观测项目,每日进行4次定时气候观测。1960年7月1日起,采用北京时,每日进行02、08、14、20时4次定时气候观测。由于观测时次的调整,1961年至1963年、1966年3月1日至1971年3月31日、1989年1月1日起,每日进行08、14、20时3次定时气候观测。

气象电报 辽源、东丰气象站均向吉林省气象台拍发小天气图报告,从1999年3月1日起停发小天气图报,开始试拍发"加密气象观测报告",2001年4月1日使用《AHDM4.1》版软件编发报和编制报表,正式拍发"加密气象观测报告"。1984年4月1日开始,辽源、东丰气象站编发重要天气报。2007年1月1日起,辽源气象站调整为国家基本站,增加05、11、17、23时4次补助绘图天气观测,每日拍发02、05、08、11、14、17、20、23时8次天气报。

辽源气象站承担固定、预约航空、危险天气报任务。东丰气象站承担预约航空、危险天气报任务。

自动气象站 2003年8月,辽源、东丰气象站完成自动气象站建设,2004年1月开始双轨运行,2006年1月1日正式单轨运行。

区域自动气象站 2006年5月建立6个站,2006年11—12月建立11个站,2008年5

月建立1个站,共计18个站,其中两要素站13个,四要素站4个,六要素站1个。

2. 农业气象观测

辽源气象站定为国家农业气象基本观测站,即国家级(一级)农业气象观测站,进行玉米、大豆作物的观测。东丰气象站为农业气象观测一般站,按照中央气象局编制的《农业气象观测方法》进行土壤湿度观测,均拍发农业气象旬(月)报和农业气象候报。

3. 天气预报

辽源、东丰气象站天气预报业务始于1958年,以收听省气象台天气形势广播加看天经验制作补充订正预报。1980年先后应用绘制简易天气图、本地要素、数理统计方法等制作短期、中期、长期天气预报。1981—1982年先后配备传真接收机接收日本、北京传真图,开始建立"MOS"预报方程,1984年MOS预报方法投入业务化,至1986年建立了天气模型、MOS预报、经验指标等基本预报工具。1998年开始应用MICAPS平台制作天气预报,以数值预报产品为基础、以人机交互系统为技术支持、以上级气象台预报产品为指导,综合应用卫星、雷达、自动气象站等气象信息加工、制作、发布本地的短、中期补充订正天气预报。

4. 气象服务

始于1958年,各气象站开展以农业为重点的气象服务。每年向当地党委、政府提供农业生产关键期天气分析和预报、气象灾害天气警报、气象情报,并提出生产措施和建议。决策气象服务先后以报送文字材料、口头汇报、传真、网络等方式,向当地政府提供防灾减灾信息。公众天气预报服务主要通过有线广播、电视、报纸等向社会发布。1997年开展"121"气象答询业务。1985年起开展有偿专业气象服务和气象科技咨询服务。1997年建立气象影视制作系统,开展电视天气预报节目广告服务。

5. 人工影响天气

始于2001年,为农业抗旱实施人工增雨作业。建立管理机构2个,人工增雨流动火箭发射装置8部,其中辽源市气象局配备牵引型4部、车载型2部;东丰县气象局配备牵引型1部、车载型1部。人工增雨作业点分布:东辽县7处、东丰县8处。2001—2008年全市共开展人工增雨作业64次,发射增雨火箭弹493枚。

2007年5月辽源市旱情严重。11日下午至12日下午,辽源市气象局抓住有利天气,出动三辆流动火箭增雨作业车、11名作业技术人员,跟踪云的走向进行连续作业,共发射火箭弹34枚,增大雨量缓解旱情。5月21日晚,中央电视台新闻联播节目、吉林卫视晚间新闻以及辽源电视台,先后播出辽源市气象局人工增雨缓解旱情事件。

6. 防雷检测

1993年3月开展避雷装置检测服务,2000年开展防雷工程安装业务。全市气象部门截至2008年累计检测避雷针等设施10000多点、完成防雷工程42项。

辽源市气象局

机构历史沿革

历史沿革　1987年11月7日,国家气象局以国气人发〔1987〕第170号文批复吉林省气象局,同意在辽源市气象站的基础上建立气象台,为县团级单位。1987年11月20日,省局决定辽源市气象台机构升格为县团级,同时成立辽源市气象局,实行局台合一,一个机构,两块牌子。1990年11月30日,省局决定对辽源市所辖市、县气象局(站)管理体制进行调整,自1991年1月1日起,将东丰县气象局(站),由四平市气象局管理划归辽源市气象局管理。东丰县气象局(站)管理体制调整后,辽源市气象局具有地级气象局的管理职能。在1996年和2001年2次气象部门的机构改革中,辽源市气象局均为地级市气象局。

机构设置　1987年11月辽源市气象局成立时,局级领导职数2人,内设预报服务科、办公室、辽源市气象站,科级领导职数4人。1991年1月辽源市气象局具有地级气象局管理职能,局级领导职数2人,内设预报服务科、办公室、人事政工科、测报科(气象观测站)等4个科室。科级领导职数4人。1996年气象部门机构改革,辽源市气象局领导职数3人(含纪检组长),内设办公室、人事政工科、预报科(气象台)、科技服务经营科,市局科级职数6人,全市设东丰县气象局、辽源市气象局观测站2个正科级县(市)气象局(站),东丰县气象局领导职数2人,辽源市气象局观测站领导职数1人。2001年气象部门机构改革,辽源市气象局领导职数5人(含纪检组长),内设办公室(人事政工科)、后勤服务中心(挂靠办公室)、业务科技科、政策法规科、气象台、专业气象台、影视中心、防雷中心、气象站。2008年,辽源市气象局局级领导4人,内设办公室、业务科技科、政策法规科等3个职能科室,科级领导3人,直属单位设核算中心、雷电监测与防护技术中心、气象科技服务中心、人工影响天气中心、市气象台、市观测站等6个科级单位,科级领导3人。

人员状况　1991年21人,1996年24人,2001年29人,2008年末在职干部职工30人。现有职工中具有大专以上学历的24人,研究生学历1人;具有中级以上技术职称16人,其中高级职称2人;中共党员17人,共青团员3人。

主要负责人更替情况

1987年11月—1988年8月刘德福台长主持工作;1988年8月—1991年11月刘德福任副局长(1991年4月任党组副书记)主持工作;1991年11月—2000年8月刘德福任辽源市气象局局长、党组书记。2000年8月—2003年11月李国成任辽源市气象局局长、党组书记。2003年8月—2005年5月刘相佐副局长、党组副书记主持工作,2005年5月至今刘相佐任辽源市气象局局长、党组书记。

气象业务与服务

1. 气象观测

①地面气象观测

观测时次与日界　1957 年 1 月 1 日至 1960 年 6 月 30 日,采用地方平均太阳时,每日进行 01、07、13、19 时 4 次定时气候观测,以 19 时为日界。1960 年 7 月 1 日开始,采用北京时,每日进行 02、08、14、20 时 4 次定时气候观测,以 20 时为日界,夜间不守班。1961 年 1 月 1 日至 1963 年 12 月 31 日,每日进行 08、14、20 时 3 次定时气候观测,夜间不守班。1964 年 1 月 1 日起,由 3 次定时气候观测改为每日进行 02、08、14、20 时 4 次定时气候观测,昼夜守班。1966 年 3 月 1 日起,由 4 次定时气候观测改为每日进行 08、14、20 时 3 次定时观测,夜间不守班。1971 年 4 月 1 日起,由 3 次定时气候观测改为每日进行 02、08、14、20 时 4 次定时气候观测,夜间不守班。1971 年 7 月 1 日起,每日进行 02、08、14、20 时 4 次定时气候观测,改为昼夜守班。1973 年 4 月 1 日起,仍为每日 4 次定时气候观测,改为夜间不守班。1989 年 1 月 1 日起,由 4 次定时气候观测改为每日进行 08、14、20 时 3 次定时气候观测,夜间不守班。

2007 年 1 月 1 日起,辽源市气象站调整为国家基本站,每日进行 02、08、14、20 时 4 次定时气候观测,05、11、17、23 时 4 次补助绘图天气观测,昼夜守班。

观测项目　建站时观测项目有云、能见度、天气现象、气压、空气温度和湿度、风向风速、降水、雪深、日照、蒸发、地温、冻土。根据四平市气象局决定,从 1962 年 8 月 11 日起,停止蒸发量观测,1964 年 1 月 1 日起,恢复蒸发量的观测。

气象电报　建站开始向吉林省气象台拍发小天气图报告,1999 年 3 月 1 日起停发小天气图报,开始试拍发"加密气象观测报告",2001 年 4 月 1 日使用《AHDM4.1》版软件编发报和编制报表,正式拍发"加密气象观测报告"。1958 年开始,每年 7 月 1 日至 9 月 10 日向吉林省气象台、四平市气象台拍发雨量加报,1964 年开始改为每年 5 月 1 日—9 月 30 日、1966 年 3 月 21 日起改为每年 6 月 1 日—9 月 30 日拍发。1963 年 5 月开始,向吉林省气象台拍发 06—06 时日雨量报,1970 年日雨量报改为 05—05 时拍发。1984 年 4 月 1 日开始,编发重要天气报,不再拍发日雨量报和雨量加报,发报内容有降水、大风、龙卷风、积雪、雨凇、冰雹。2008 年 6 月 1 日起,重要天气报增加雷暴、视程障碍现象(霾、浮尘、沙尘暴、雾)的编报。2005 年 4 月 16 日起每天 08 时 30 分至 09 时编发日照时数及蒸发量实况报。2007 年 1 月 1 日起,每日拍发 02、05、08、11、14、17、20、23 时 8 次天气报。

1957 年开始,承担预约和固定航危报任务,夜间不守班的年代,预约和固定航危报的时段为 08—20 时。2007 开始,拍发航危报的时段为 00—24 时。航空报发报内容有云、能见度、天气现象、风向风速,危险报发报内容有恶劣能见度、雷雨形势、冰雹、大风、雷暴、龙卷。

气象报表　1957 年 1 月开始,每月编制地面气象记录月报表(气表-1),一式 3 份,向吉林省气象局、四平市气象局各报送 1 份,本站留底本 1 份。每年编制的地面气象记录年报表(气表-21)和 2007 年开始制作的地面气象记录月报表,均为一式 4 份,向国家气象局、吉林省气象局、四平市气象局各报送 1 份,本站留底本 1 份。

1957 年 1 月到 1960 年 12 月制作地温记录月报表(气表-3)、日照记录月报表(气表-4);1957 年 1 月—1965 年 12 月制作温度、湿度自记记录月报表(气表-2);1957 年 1 月到 1960 年 2 月制作气压自记记录月报表(气表-2);1957 年 5 月到 1979 年 9 月制作降水自记记录月报表(气表-5);1959 年至 1960 年 12 月制作冻土记录月报表(气表-7);同时相应编制年报表 23、24、22、25、27。从 1961 年 1 月起,气表-3、气表-4、气表-7 并入气表-1,相应的年报表并入气表-21。从 1961 年 1 月起,气表-3、气表-4、气表-7 并入气表-1,相应的年报表并入气表-21。1971 年到 1979 年 12 月制作风向风速自记记录月报表(气表-6)。1980 年 1 月停作气表-5、气表-6,合并到气表-1,降水自记记录年报表(气表-25)合并到气表-21,同年制作月简表。

建站至 1987 年 6 月,气象报表用手工抄写方式编制。1987 年 7 月开始使用微机打印气象报表,向上级气象部门报送气象报表和磁盘,审核后盖章返回气象站。2007 年 1 月开始,通过气象专线网向吉林省气象局传输原始资料和报表,经吉林省气象局审核后,气象站将原始资料和报表做成光盘,并将报表打印存档。

从 2004 年 7 月起,将建站以来的原始气象记录档案(日照记录除外)移交到吉林省气象档案馆,气象站不再保留原始气象记录档案。

自动气象站 2003 年 9 月 DYYZ-Ⅱ型自动气象站建成,2004 年 1 月 1 日自动气象站投入双轨业务运行,2006 年 1 月 1 日,自动气象站正式单轨业务运行。自动气象站观测项目有气压、气温、湿度、风向、风速、降水、地温、深层地温、浅层地温、草温,观测项目全部采用仪器自动采集、记录,替代了人工观测。自 2007 年 1 月 1 日起不再保留气压、气温、湿度、风向风速自记仪器。

区域自动气象站 2006 年 6 月至 2008 年,建成 12 个乡镇自动气象观测加密站。其中温度、雨量两要素自动加密站 9 个;温度、雨量、风向、风速四要素自动加密站 3 个,全部投入运行。

②农业气象观测

观测时间与项目 1986 年成立农气股。1989 年 10 月开始,辽源气象站定为国家农业气象基本观测站,即国家级(一级)农业气象观测站。进行玉米、大豆作物的观测。

观测项目有农业气象要素、农作物发育期和生长状况、土壤水分、自然物候和农业灾害观测等。土壤水分观测指固定地段和农作物地段土壤墒情,测定深度为 0～10 厘米、10～20 厘米、20～30 厘米、30～40 厘米、40～50 厘米。物候观测的项目,草本植物有蒲公英、车前子。木本植物观测有紫丁香、旱柳。动物观测有蛙、家燕。根据吉林省气象局吉气发〔2006〕266 号文件要求,2006 年 10 月开始进行地下水位、土壤风蚀、干沉降的试观测,2007 年 7 月 1 日起正式观测。

农业气象情报 依据国家气象局下发的气象旬(月)报电码(HD-03),常年向吉林省气象台拍发农业气象旬(月)报,编发内容为基本气象段、农业气象段、灾害段、产量段、地方补充段。每年 3 月 21 日至 5 月 31 日(1994 年起开始时间改为 2 月 28 日),向吉林省气象台编发农业气象候报。从 1996 年 6 月 1 日起每年 3—6 月和 9—11 月,每旬逢 3 以及干旱时期大于等于 5 毫米降水过程结束后加测土壤湿度,并拍发土壤湿度加测报。加测土壤湿度的深度为 50 厘米,2 个重复。从 1997 年 5 月开始根据中国气象局气象服务与气候司下发的气候发〔1997〕59 号文的规定,取消 10—11 月土壤湿度加测编报工作。

农业气象报表 1990 年开始,在农作物观测期间,按照中央气象局下发的《农业气象观测方法》进行农业气象观测资料统计,编制农作物生育状况观测记录年报表(农气表-1)、固定地段土壤水分观测记录年报表(农气表-2)、自然物候观测记录年报表(农气表-3)。1994 年开始,按国家气象局修改后的《农业气象观测规范》编制农业气象观测记录报表,一式 4 份,在次年 1 月底前向吉林省气象局、四平市气象局各报送 1 份,本站留底本 1 份,省级业务部门审核订正后,次年 5 月底前上报国家气象中心档案馆 1 份。

2. 气象台业务

辽源市气象台成立之前,天气预报由辽源市气象站制作。1958 年开始收听省台的天气预报广播,根据天气实况和看天经验加以订正,通过当地广播站用有线广播发布 24 小时天气预报。1972 年后应用数理统计,建立回归预报方程和聚类分析等统计方法制作预报。1982 年配备 ZSQ-Ⅰ(123)型传真接收机接收北京和日本的传真图,使用地方 MOS 输出统计方法,建立晴雨、降水、极端最高(低)气温、大风、寒潮、暴雨等 12、24、48 小时 MOS 预报方程。1984 年投入业务化,至 1986 年建成天气模型、模式预报、经验指标等三种基本预报工具。

1986 年 4 月 12 日辽源市气象台成立后,负责辽源市辖区天气预报的制作、发布,为地方人民政府组织防御气象灾害提供决策依据。在地方 MOS 预报方法的基础上建立暴雨、寒潮、大雪等预报专家系统。1993 年用拨号电话方式与吉林省气象台开通 NAS 计算机广域网,调用卫星云图、雷达回波、物理量图等实时资料,制作短期、中期预报。1997 年建立地市级实时预报业务系统,完成天气预报会商室改造。1998 年 10 月建成 VSAT 气象卫星通信小站并正式启用,接收各种数值预报产品和云图、雷达等信息,利用上级气象台的数值预报指导产品,通过人机交互 Micaps1.0 处理系统,制作分片、要素预报以及对下级气象站的指导预报产品。至 2008 年 Micaps 处理系统已升级为 3.0 版本。1986 年使用甚高频电话与四平市气象台进行天气会商,1988 年后用甚高频电话与东丰县气象站进行天气会商。2006 年实现与省气象台可视天气会商。

3. 气象服务

1986 年以来主要开展以农业为重点的决策气象服务,向辽源市委、市政府提供重要性天气、转折性天气预报、雨情墒情实况、气象预警信号、突发气象灾害应急处理、突发事件气象应急保障等信息服务。每年定期报送《旬、月、年气候预报》《播种期预报》《水田泡田预报》和《水田插秧预报》,提供年景趋势预测和粮食产量预测以及生产措施和建议。为森林防火指挥部制作气象火险等级预报、森林火险预警信号。在农事生产、防汛抢险、抗旱减灾等关键时期,通过当地各种传播媒体发布天气信息,指导广大人民群众应对气象灾害。1996 年制订《辽源市决策服务周年服务方案》,2006 年制定《辽源市突发气象灾害应急服务预案》,信息员有 800 人。

公众气象服务通过电视、报纸、广播、手机短信、"12121"天气预报自动答讯系统、网络等渠道发布和传播。1997年8月建立电视天气预报节目制作系统,天气预报产品增加精细化预报、紫外线等级、森林火险等级、健康指数等内容,每天播发5次。每日在《辽源日报》上刊播1次天气预报。1998年10月28日开通"121"气象咨询服务。1999年开通BP机天气预报咨询业务。2001年2月27日启动"121"天气自动答询电话系统,月平均访问550次。2003年末开通小灵通短信业务。2004年建立"辽源兴农网",通过网站为群众提供天气预报服务,进行气象科普知识宣传。

专业气象服务始于1985年,先后采用电话、气象警报接收机和BP机方式为粮库、砖厂、供热、交通等行业提供有偿专业气象服务。1988年为用户安装26台天气警报接收机,当年签订有偿专业专项服务合同53份。至2008年累计签订服务合同583份。1993年开展施放气球广告服务,在2002年8月4日东辽县人民政府建县100周年、9月6日辽源市设治100周年大型庆祝活动中,分别提供60个、130个氢气球施放优质服务。

1993年3月开展避雷防装置检测服务。2000年开展防雷工程安装业务,截至2008年累计检测避雷针6570点、完成防雷工程42项。

2007年3月4至5日辽源市普降大到暴雪,降雪量达32.1毫米,是1958年以来最大的一场暴雪。辽源市气象台于3月1日发布大雪趋势和过程预报,提前48小时向市政府报送服务材料,并在电视、广播、手机短信、网站等媒体播出。提前24小时发布"雪灾、道路结冰黄色预警信号",提前12小时发布"雪灾红色预警信号,道路结冰橙色预警信号,大风、寒潮蓝色预警信号",市政府根据气象台提供的预警信息,迅速启动气象防灾减灾应急预案。3月4日市长主持召开紧急会议,安排部署清雪抢险紧急任务,使辽源市50年一遇的雪灾损失降到最低限度,没有一人死亡。

气象法规建设与管理

气象管理 自建站开始,即实行了严格的业务考核制度。观测记录不准字上改字,不准涂改伪造记录,下一班要校对上一班记录,并进行错情登记。1977年以来,有3人获测报"百班"无错情,5人获"优秀值班预报员",2人获通信"三百班无错情",2人获得中国气象局"质量优秀预报员"称号。

目标管理责任制 1987年开始,实行目标管理责任制。把各项工作任务都纳入目标管理,层层分解,层层签定目标管理任务书,每年都进行认真考评,把考评结果作为奖惩依据。市局2004年气象预报服务工作获全省第一名,2006年在全省气象部门目标任务考核中获得九个地区局第一名,2002年、2004年、2005年、2008年气象服务被市政府通令嘉奖。

气象法规建设 雷电防护社会管理始于1993年,1998年9月,辽源市编委批准成立辽源市防雷办公室。2001年11月5日辽源市政府制定了《辽源市防雷减灾管理办法》,2008年5月7日,辽源市人民政府办公室下发《关于加强防雷安全工作的通知》的通知,把防雷减灾纳入气象行业管理,授权气象局负责雷电灾害防御工作的组织管理,并会同有关部门对可能遭受雷击的建筑物、构筑物和其他设施安装的防雷装置进行检测工作。2008年市气象局与市建设局联合下发"关于进一步加强气象探测环境保护工作的通知"的通知。

依法行政 2003年2月,市气象局的各项行政许可项目正式进入辽源市政府政务审批中心,对新建、扩建、改建影响"气象探测环境技术标准"的项目进行审查;对防雷装置设计进行审核和竣工验收;对升放无人驾驶自由气球、系留气球单位资质进行认定;对从事升放无人驾驶自由气球或者系留气球活动服务进行审批。2002 年给 6 名气象人员办理行政执法证。2004 年 9 月 21 日,市气象局将《气象探测环境和设施保护办法》(中国气象局令第 7 号)送市人大、市政府、规划局、建设局、国土资源局进行备案,要求把保护气象探测环境列入整体规划中;在气象站四周设立宣传警示牌;2007 年 11 月 1 日与市气象站周边的三家公司签订气象探测环境保护协议。2005 年 8 月 4 日,辽源市气象局对黑河市宇新防雷有限责任公司辽源分公司违法施工案进行了立案调查,经过调查取证,确定该公司违法事实成立,对其下达了行政处罚告知单,同时对两家违法建设单位下达了限期整改通知。

党建与气象文化建设

机关党组织建设 1991 年成立局机关党支部,党员 9 名,支部书记刘德福,2001 年支部书记李国成,2008 年支部书记刘相佐,党员 17 名。在辽源市政府机关党工委的领导下,2002 年、2004 年被机关工委评为先进党支部,2000 年被市直属机关党工委评为"形象工程"先进单位,2007 年获全省气象部门先进基层党组织称号。

精神文明建设 1996 年首次被评为市级精神文明建设先进单位,1997 年获全省气象部门精神文明建设突出成绩单位奖,2001 年 2 月被评为全省气象部门规范化服务"示范单位",截至 2008 年底四次获全省精神文明建设工作先进单位称号。

党风廉政建设 1987 年,开展部门内部审计工作,领导干部实行离任审计。2001 年开始,辽源市气象局每年与各科室和县局签订《党风廉政建设责任书》。2007 年,推行政务公开,将气象法律法规赋予部门的管理职能、管理权限、审批项目、办事程序、办事时限、收费标准、处罚规定、服务承诺和社会监督等项内容,通过市政务大厅公开板和电视媒体形式向社会公开。将单位年度财务预算决算、经费使用、物资采购、基建项目、招待费用、干部任用、职称评定、评先选优和考核奖惩等项内容,利用单位公示板、信息栏、会议和建立制度册等形式向职工公开,接受社会和内部职工监督。设立政务公开意见箱,保证公开渠道畅通,对职工不清楚的事情及时解答,保障职工的参与权、知情权、表决权、监督权。2007 年 3 月 28 日局党组纪检组创办了《辽源正气苑》廉政电子刊物,2008 年主动公开的政府信息 55 条(全文电子化达 100%)。

文化活动 1998 年,完成文化活动室、图书室的建设,市局相继购置篮球、排球、乒乓球拍,购置了臂力器、腹肌板等健身器材,进一步加强文体活动室、图书室建设。1994 年、1999 年两次参加全省气象部门文艺汇演,2000 年、2004 年、2008 年三次参加全省气象部门职工运动会,都取得较好成绩,获得优秀节目奖和优秀组织奖。2007 年 9 月 13 日市局职工参加辽源市直属机关第四届职工运动会,获得第十名的好成绩。

气象科普宣传 在每年"3·23"世界气象日、"12·4"法制宣传日和防灾减灾宣传周,开展防雷减灾、普法教育、气象法宣传,发放气象科普书籍和影像资料。在党报《辽源日报》气象专栏发表各类宣传文章进行宣传气象。把学校作为宣传教育基地。每年组成气象科技服务小分队,奔赴东辽县 19 个乡镇,利用开犁前大多数农民赶集的时机,开展气象科技下乡活动。

荣誉 1996 年首次被评为市级精神文明建设单位,1997 年获全省气象部门精神文明建设突出成绩单位奖,2001 年 2 月被评为全省气象部门规范化服务"示范单位",1994 年、2002 年两次被中国气象局评为汛期气象服务先进集体,1993—1995 年连续三年获"抗洪救灾先进集体"称号,2004 年气象预报服务工作获全省第一名,2006 年全省气象部门目标任务考核九个地区局中获得第一名,2002 年、2004 年、2005 年、2008 年气象服务被市政府通令嘉奖,截至 2008 年底 4 次获全省精神文明建设工作先进单位称号,获 59 次省局和市政府奖励。

蔡成礼 1982—1990 年连续九年被四平市气象局评为先进工作者,后来又被评为省直先进工作者、优秀工作人员、先进文明职工、优秀党员。

辽源市气象局观测站

历史沿革 1956 年 8 月,吉林省气象部门在辽源市矿务局面包厂西,建立吉林省辽源市气候站,同年 12 月 1 日开始气象观测,归吉林省气象局直接领导和管理。1958 年 1 月 1 日,全省气象台站的干部管理和财务管理工作下放到各县(市)人民委员会有关单位直接管理和领导,辽源市气候站归辽源市政府管理,气象业务仍归省气象局和地区气象台管理。1959 年与市水文站合并,成立辽源市水文气象中心站。1963 年 4 月更名为吉林省辽源市气候站。1964 年 8 月迁到辽源市火车站东南第七中学附近。1963 年 8 月 1 日,全省各地气象台站收归省气象局领导,气象台站的人事、财务、业务技术指导和仪器设备等统一由省气象局直接管理,有关行政、思想教育等由辽源市人民政府负责。1966 年 4 月更名为辽源市气象站。1970 年改为辽源市革命委员会气象站。1970 年 12 月 18 日,全省气象部门实行党的一元化领导和半军事化管理。辽源市气象站归辽源市人民政府和武装部管理,气象业务由省、地气象部门管理。1973 年,恢复辽源市气象站。1973 年 7 月,辽源市气象站归辽源市革委会建制,由革委会农林办公室领导,气象业务仍归省气象局管理。1974 年迁往辽源市西郊工农公社友谊六队附近,地理坐标为东经 125°05′,北纬 42°55′,海拔高度 252.9 米。1976 年 2 月更名为东辽县气象站。1980 年 3 月恢复辽源市气象站。1980 年 7 月 1 日,全省气象部门实行省气象局和地方政府双重领导,以省气象局领导为主的管理体制,省气象局负责领导管理全省气象台站的气象业务、人事、劳动工资、计划财务、仪器装备等工作,政治思想、党团行政、职工子女就业、基建和生产维修物资供应等,由当地党政部门负责。辽源市气象站既是省气象局和四平市气象局的下属单位,又是辽源市的科局级单位,直属辽源市人民政府领导。1983 年,辽源市升格为地级市,辖东丰、东辽两县及龙山、西安两区,并实行带管县体制。1986 年 4 月 12 日,根据辽源市委、市政府的建议,省气象局决定将辽源市气象站改为辽源市气象台建制,辽源市气象台仍为科局级建制。1987 年 11 月 20 日,辽源市气象局成立,辽源市气象站改为辽源市气象局观测站。

主要负责人更替情况

姓名	职务	任职时间
陈永生	站长	1956.08—1958.12
刘元会	站长	1959.01—1963.02
张元贵	站长	1963.02—1969.12
刘笑林	站长	1970.01—1970.12
严文奎	站长	1971.01—1975.06
刘德福	站长	1975.06—1975.10
邱立仁	站长	1975.10—1977.08
刘德福	站长	1977.08—1978.06
尤俊峰	站长	1978.06—1983.12
刘德福	站长	1983.12—1984.11
吴来往	站长	1984.11—1986.06
刘德福	台长	1986.06—1987.11
修加强	观测股长	1987.12—1988.07
李鸿鹏	副站长	1988.08—1993.03
宋淑琴	测报科长	1993.04—1994.04
王　颖	气候监测科长	1994.05—1996.11
王　颖	站长	1996.12—2001.01
李方军	站长	2001.02—

人员状况　1956 年建站时 2 人,1983 年 12 人,1987 年 20 人,1996 年 7 人,2001 年 5 人,2008 年 8 人。现有职工中有临时工 3 人,均为大学本科毕业;具有中级以上技术职称的 3 人;党员 2 人。

党组织建设　建站时有 1 名党员,参加联合党支部。1975 年 3 名党员,开始成立党支部,邱立仁任支部书记,1978 年尤俊峰任党支部书记,1983 年刘德福任党支部书记。1989 年划入辽源市气象局机关党支部。

观测站的基本建设　1956 年 8 月成立吉林省辽源市气候站,当时只有 2 人,办公室 20 平方米。如今辽源市气象站占地面积 1073 平方米,其中办公楼占地面积为 370 平方米(三层),观测场占地面积为 625 平方米,其北面、西面、东面均为外单位的厂房和办公楼,南面为辽源到四平的公路,院内修建了花池、铺设了甬

辽源市气象站

路,电脑、电视齐备,办公和职工工作学习环境优美。2004 年建成了自动气象站观测系统,使得观测数据的准确性、及时性得到了加强,并能得到每分钟的自动观测数据。

东丰县气象局

东丰县位于吉林省中南部,地处长白山分支哈达岭余脉,辉发河上游,是一个五山一水四分田的半山区。东南与梅河口市毗邻,西南与辽宁省清原县接壤,西部与辽宁省西丰县以山为界,北与伊通县隔河相望,属于吉林省辽源市。素有"梅花鹿之乡"的美誉,是全国商品粮生产基地县。幅员总面积 2521.5 平方千米,耕地面积 110 万亩。总人口 40.6 万人,东丰县气象局坐落于东丰镇西门外永青大队五队。

机构历史沿革

历史沿革 东丰气象观测始于 20 世纪 30 年代,1938 年 1 月,伪满中央观象台在东丰(北纬 42°40′,东经 125°27′)建立简易观测所,资料年代:1938—1945 年 5 月。

1958 年 10 月 30 日,吉林省气象部门在东丰镇永青大队七队(北纬 42°41′,东经 125°27′,海拔高度 346.2 米),建立东丰县气候站,占地 1100 平方米,为国家一般气象站。1971 年 10 月,站址迁移到原址西南偏南方向直线距离 843 米的东丰镇永青大队五队(北纬 42°41′,东经 125°31′,海拔高度 343.0 米),占地 5463 平方米。

管理体制 1958 年东丰县气候站建站初期,干部管理和财务管理归东丰县农业局,气象业务归省气象局和四平地区气象台管理。1959 年 3 月,与水文站合并,更名为东丰县水文气象中心站。1960 年 4 月,更名为东丰县气象服务站;1962 年 11 月恢复为东丰县气候站。1963 年 8 月 1 日,全省气象台站收归省气象局领导,气象站的人事、财务、业务技术指导和仪器设备等统一由省气象局直接管理,有关行政、思想教育等由东丰县人民委员会水利科领导。1966 年 3 月,更名为东丰县气象站。1970 年 12 月 18 日,全省气象部门实行党的一元化领导和半军事化管理,更名为东丰县革命委员会气象站,归属东丰县革委会和县人民武装部领导,以人武部为主,气象业务仍由省、地气象部门管理。1973 年 7 月 12 日,归东丰县革命委员会领导,气象业务仍由省、地气象部门管理,改为东丰县气象站。1980 年 7 月 1 日,全省气象部门实行省气象局和地方政府双重领导,以省气象局领导为主的管理体制,省气象局负责领导管理全省气象台站的气象业务、人事、劳资、计划财务、仪器装备等工作,政治思想、党团行政、职工子女就业、基建和生产维修物资供应等由当地党政部门负责。东丰县气象站既是省气象局和四平地区气象局的下属单位,又是东丰县科局级单位,直属东丰县人民政府领导。1988 年 12 月,增设吉林省东丰县气象局,局站合一,一个机构,两块牌子。

人员状况 1958 年建站时 3 人。1983 年 12 人。1987 年 9 人。1996 年 10 人。2001 年 9 人。2006 年,在编 9 人。2008 年年底,在编职工 8 人,聘用 1 人,其中大学本科学历 2 人,大专学历 5 人,中专学历 2 人;中级职称 2 人,初级职称 7 人;50~55 岁 5 人,40~49 岁 1 人,40 岁以下 3 人。

机构设置 1959 年建站单位设测报组,1960 年增设预报组(兼职农业气象)。1980

年,测报与预报组改设为测报股、预报股,增设农气股(1986 年撤销)。1991 年,增设服务
股。1999 年,测报与预报股改设为测报科、预报科,服务股改设为服务科。

名称及主要负责人变更情况

名称	负责人	任职时间
东丰县气候站	王苗仁	1958.07—1959.01
东丰县水文气象中心站	田长清	1959.02—1961.11
东丰县气象服务站	周凤清	1961.12—1962.03
东丰县气象服务站	于金玉	1962.04—1963.11
东丰县气候站	王承库	1963.12—1966.06
东丰县气象站革命领导小组	王苗仁	1966.07—1971.01
东丰县气象站革命领导小组	张新焕	1971.02—1973.02
东丰县气象站	王苗仁	1973.03—1976.08
东丰县气象站	李月亮	1976.09—1977.11
东丰县气象站	王苗仁	1977.12—1978.03
东丰县气象站	赵福荣	1978.04—1978.11
东丰县气象站	卢天成	1978.12—1983.11
东丰县气象站	肖广德	1983.12—1988.11
东丰县气象局	肖广德	1988.12—1990.11
东丰县气象局	刘润富	1990.12—1996.12
东丰县气象局	李福军	1997.01—2007.11
东丰县气象局	李国栋	2007.12—

气象业务与气象服务

1. 气象观测

①地面气象观测

观测时次与日界　1959 年 1 月 1 日至 1960 年 6 月 30 日,采用地方平均太阳时,每日
进行 01、07、13、19 时 4 次定时气候观测,以 19 时为日界。1960 年 7 月 1 日开始,采用北京
时,每日进行 02、08、14、20 时 4 次定时气候观测,以 20 时为日界,夜间不守班。1961 年 1
月 1 日至 1963 年 12 月 31 日,每日进行 08、14、20 时 3 次定时气候观测,夜间不守班。1964
年 1 月 1 日起,由 3 次定时气候观测改为每日进行 02、08、14、20 时 4 次定时气候观测,昼
夜守班。1966 年 3 月 1 日起,由 4 次定时气候观测改为每日进行 08、14、20 时 3 次定时观
测,夜间不守班。1971 年 4 月 1 日起,由 3 次定时气候观测改为每日进行 02、08、14、20 时
4 次定时气候观测,夜间不守班。1971 年 7 月 1 日起,每日进行 02、08、14、20 时 4 次定时
气候观测,改为昼夜守班。1973 年 4 月 1 日起,仍为每日 4 次定时气候观测,改为夜间不守
班。1989 年 1 月 1 日起,由 4 次定时气候观测改为每日进行 08、14、20 时 3 次定时气候观
测,夜间不守班。

观测项目　建站时观测项目有云、能见度、天气现象、气压、空气温度和湿度、风向风
速、降水、雪深、日照、蒸发、地温、冻土。根据四平市气象局决定,从 1962 年起,停止蒸发量

观测。1964年1月1日起,恢复蒸发量的观测。

气象电报 建站开始,每年7月1日至9月10日向吉林省气象台、四平市气象台拍发雨量加报。1963年5月开始,向吉林省气象台拍发06—06时日雨量报,1964年开始改为每年5月1日—9月30日、1966年3月21日起改为每年6月1日—9月30日拍发。1970年改为拍发05—05时日雨量报。1972年6月20日开始,向吉林省气象台拍发小天气图报。1999年3月1日起,停发小天气图报,开始试拍发"加密气象观测报告"。1984年4月1日开始,编发重要天气报,发报内容有降水、大风、龙卷风、积雪、雨凇、冰雹,不再拍发日雨量报和雨量加报。2001年4月1日起,使用《AHDM4.1》版软件编发报和编制报表,正式拍发"加密气象观测报告"。2005年4月16日起每天08时30分至09时编发日照时数及蒸发量实况报。2008年6月1日增加编发雷暴、视程障碍现象(霾、浮尘、沙尘暴、雾)。1971年至1972年、1986年承担预约航危报任务,1987年停止编发。

气象报表 1959年1月开始,每月编制地面气象记录月报表(气表-1),一式3份,向吉林省气象局、四平市气象局各报送1份,本站留底本1份。每年编制地面气象记录年报表(气表-21),一式4份,向国家气象局、吉林省气象局、四平市气象局各报送1份,本站留底本1份。

1958年11月至1960年12月,制作地温记录月报表(气表-3)、日照记录月报表(气表-4)。1959年2月至1965年12月,制作温度、湿度自记记录月报表(气表-2)。1959年2月至1960年2月,制作气压自记记录月报表(气表-2)。1959年11月至1960年2月,制作冻土记录月报表(气表-7)。1965年至1979年9月,制作降水自记记录月报表(气表-5),同时编制相应的年报表22、23、24、25、27。从1961年1月起,气表-3、气表-4、气表-7并入气表-1,相应的年报表并入气表-21。1971年至1979年12月,制作风向风速自记记录月报表(气表-6)。1980年1月,停作气表-5、气表-6,合并到气表-1,降水自记记录年报表(气表-25),合并到气表-21。

建站至1987年6月,气象报表以手工抄写方式编制。1987年7月开始,使用微机打印气象报表,向上级气象部门报送气象报表和磁盘,审核后盖章返回气象站。2006年1月开始,通过气象专线网向辽源市气象局传输原始资料和报表,经辽源市气象局审核后,气象站将原始资料和报表做成光盘,并将报表打印存档。

自动气象站 2003年9月,DYYZ-Ⅱ型自动气象站建成,11月1日开始试运行。自动气象站观测项目有气压、气温、湿度、风向、风速、降水、地温、草温等,观测项目全部采用仪器自动采集、记录,替代了人工观测。2004年1月1日,自动气象站投入双轨业务运行。2006年1月1日,自动气象站正式单轨业务运行。自2007年1月1日起,不再保留气压、气温、湿度、风向风速自记仪器。

区域自动气象站 2006年5月,建成7个乡镇自动气象观测加密站,其中温度、雨量两要素自动加密站5个,温度、雨量、风向、风速四要素自动加密站1个,温度、雨量、风向、风速、气压、湿度六要素自动加密站1个。同年6月,自动加密站投入运行。

②闪电定位探测

从2007年5月31日起,正式运行闪电定位系统,探测数据自动传输到省信息技术保障中心。

③农业气象观测

东风气象站为农业气象观测一般站,按照中央气象局编制的《农业气象观测方法》进行土壤湿度观测。1960 年至 1972 年,进行大豆、玉米农作物观测。1980 年至 1984 年,进行玉米生育期和物候观测。1980 年至 1982 年,进行水稻生育期观测。1983 年至 1984 年,进行大豆生育期观测。在农作物、物候观测期间,编制农作物生育状况观测记录年报表(农气表-1)、固定地段土壤水分观测记录年报表(农气表-2)、自然物候观测记录年报表(农气表-3),一式 3 份,在次年 1 月底前向吉林省气象局、四平市气象局各报送 1 份,本站留底本1 份。

农业气象情报 每年 3 月 21 日至 5 月 31 日(1994 年起开始时间改为 2 月 28 日),进行土壤湿度观测,向吉林省气象台拍发农业气象候报。常年向吉林省气象台、四平市气象台拍发农业气象旬报(月)报。2005 年以后,采用人工输入观测记录,计算机编发报。

④气象电报传输

建站之初至 1985 年,通过县邮电局专线电话口传发报。1986 年至 1989 年,省内小图报、农气报通过甚高频电话,经四平市气象局向吉林省气象台发报。非定时报先通过邮电局发往省台,然后用甚高频电话发往市气象台。航危报通过邮电局专线电话发报。1989年通过县电信局报房发报。1997 年建立了信息终端。1999 年用拨号方式通过分组交换网(X.28 协议),将观测电报传输到吉林省气象信息中心。2003 年 5 月,与辽源市气象局开通DDN 专线,通过网络传输电报。2006 年改为 SDH 光纤专线发报。

2. 天气预报

短期天气预报 1959 年 1 月开始收听省气象台天气形势广播,结合本站资料手工制做简易天气图,制做补充订正预报。1974 年,起使用数理统计预报方法,建立回归预报方程和聚类分析等统计方法制作天气预报。1981 年,配备 ZSQ-I(123)型传真接收机,接收北京和日本的传真图,使用地方 MOS 输出统计方法,建立全年 12 个月降水、最高最低温度MOS 预报方程、夏季 6—8 月暴雨 MOS 预报方程,1984 年投入业务化,1986 年建成天气模型、模式预报、经验指标等三种基本预报工具。1986 年开始用甚高频电话与四平市气象台天气会商,1989 年起与辽源市气象台进行天气会商。1999 年 10 月,PC-VSAT 单收站建成并正式启用,接收数值预报图和云图、雷达等信息,利用上级气象台的数值预报指导产品,通过人机交互 Micaps1.0 处理系统,结合本地气象台站资料制作订正预报。截至 2008 年Micaps 处理系统已升级为 3.0 版本。

中期天气预报 1971 年起制作中期天气预报,使用要素曲线图、点聚图、韵律等方法,并在上级气象台的天气过程模式基础上,制作中期降水和旬预报。1983 年后,根据服务需要继续制作中期天气预报,提供给县政府和服务单位,不做业务质量考核。

长期天气预报 从 1971 年开始制作长期天气预报,运用数理统计、韵律、找相关相似和周期规律、模糊数学等方法建立了长期预报指标,制作气象站的月、季、年度冷暖、旱涝趋势天气预报。1983 年以后,继续承担长期预报业务,订正省气象台的长期趋势预报,为地方政府提供决策服务,不做业务质量考核。

3. 气象服务

公众气象报务　1959 至 1986 年,通过县广播站用有线广播发布天气预报,每天广播 2 次 24 小时天气预报。2001 年 1 月,开始制作电视天气预报节目,由东丰电视台每天播放 1 次,发布全县 8 个乡镇天气预报,并转播西丰、伊通、梅河口等 3 个邻县的天气预报。2007 年 7 月 1 日起,制作全县 14 个乡镇天气预报,由东丰县有线和无线电视台播放。1997 年 8 月,开通“121”天气自动答询电话,每天访问量 500~600 次。1995 年,天气自动答询电话升位为“12121”。2007 年,通过移动通信网络开通气象商务短信平台,以手机短信方式为用户发送气象信息,2008 年用户已达到 8 万户。

决策气象服务　1959 年至 1990 年,通过口头、书面材料、电话形式向县政府领导提供旬、月天气预报,春播期、汛期、年度长期天气趋势预报。1990 年后,决策服务产品增加汛期降雨和暴雨预报、转折性天气预报、农作物生长季(4—9 月)日降雨量≥10 毫米以上全县雨量分布图、年度长期天气趋势预报等。农业气象服务内容有农作物适宜播种期预报、3—5 月土壤墒情分析报告、(4—9 月)农作物生长季气候分析、粮食产量预报等。通过邮件、网络等形式将服务信息报送到政府及农业部门。2006 年制定《东丰县气象灾害突发事件服务预案》,纳入县政府突发公共事件应急预案系统,承担气象灾害预警信息的发布。

【服务事例】　1995 年 7 月 28 日夜间至 7 月 30 日,东丰县受暴雨袭击,全县平均过程降雨量达 213 毫米,横道河镇降雨 295 毫米,造成特大洪涝灾害。东丰县气象局提前 48 小时准确预报出暴雨天气过程,县领导根据暴雨预报紧急布署抗洪抢险工作。7 月 29 日,气象站全体职工,在办公室进水 1 米深、职工家属房进水 1.7 米的情况下,把气象资料和档案转移到安全地方,冒着生命危险把气象传真机架设到办公桌上的凳子上面,坚持接收传真图,继续发布暴雨天气预报,为县领导抗洪抢险决策提供依据。当县城上游安福水库超警戒水位、洪水漫过坝顶,水库大坝发生颤动的关键时刻,县气象局于 7 月 30 日 4 时 30 分向县委阎宝泰书记汇报,强降水天气过程基本结束。阎书记根据预报向坚守在水库大堤的 600 多名解放军官兵发出与大堤共存亡的誓言,继续加固堤坝,避免了水库大坝溃坝,使东丰县城免遭水淹。

专业专项服务　1985 年开始气象有偿专业服务,主要服务于粮库和水库,每年签订合同 27 份。1989 年 3 月,购置 13 部无线对讲机,为全县 13 个粮库发布晒粮天气预报,每天发布 2 次 24 小时天气预报,服务内容有天气状况、风力、风向、最高气温、最低气温。1991 年购置 20 台天气警报接收机,建立农村服务网,主要服务对象是各乡镇政府,每天下午 15 时 30 分广播一次,主要内容是 24 小时短时天气预报,截至 2000 年累计签订服务合同 390 份。

人工增雨　2001 年配备车载型人工增雨火箭设备 2 部,设立人工增雨作业点 8 处。每年 6—8 月组织实施农业抗旱、水库增雨作业。2001—2008 年共开展人工增雨作业 65 次,发射增雨火箭弹 168 枚。

防雷服务　1992 年成立东丰县避雷装置检测站,同年开始防雷检测,平均每年检测避雷设施 200 点,截至 2008 年共检测避雷设施 3500 点。

气象科普宣传　每年于“3·23”世界气象日发放气象科普书籍 300 册,年度气候预测资料 100 份。

法规建设与管理

1. 气象法规建设

气象法规建设 1992 年 3 月 31 日,东丰县人民政府批复县气象局、公安局、劳动局、保险公司 4 个单位《关于开展避雷装置安全检测》的请示,同年开始防雷安全检测工作。1998 年 7 月 28 日,东丰县人民政府批准成立《东丰县雷电防护管理工作领导小组》,办公地点设在气象局。把防雷减灾纳入气象行业管理,授权气象部门负责雷电灾害防御工作的组织管理,并会同有关部门对可能遭受雷击的建筑物、构筑物和其他设施安装的防雷装置进行检测工作。2007 年,绘制了《东丰县气象观测环境保护控制图》,并在东丰县建设局进行了环境保护备案,为东丰县气象观测环境保护提供重要依据。

依法行政 2006 年,在县政务大厅设立气象窗口,承担气象行政审批职能,规范天气预报发布和传播,对新建建筑防雷装置设计严格把关,成立气象行政执法大队,4 名兼职执法人员均通过省政府法制办培训考核,持证上岗。2006—2008 年,与安监、建设、教育等部门联合开展气象行政执法检查 5 次。2004 年 5 月,防雷工程竣工验收全部纳入气象行政管理范围。2005 年,县政府法制办确认县气象局具有独立行政执法主体资格,经培训考核为 4 名干部办理行政执法证,负责全县防雷管理,定期对 90 家全县防雷重点单位安全检测。同年为全县中学、中心小学微机室安装电源防雷器,达到一级防护。对检测不合格单位一律下达整改通知书,整改后报东丰县避雷装置检测站,检测合格后发给防雷安全检测报告。2006 年,东丰县安全生产委员会下发《关于加强防雷减灾工作的通知》,进一步规范全县防雷管理,提高防雷工程避雷装置安全性、可靠性。

2. 内部管理

业务质量考核制度 建站开始,就实行了严格的业务考核制度。观测记录不准字上改字,不准涂改伪造记录,下一班要校对上一班记录,并进行错情登记。上级业务主管部门进行月、季、年业务质量考核通报。1977 年以来,有 4 人获测报"百班无错情"奖,2 人获"优秀值班预报员"称号。

目标管理责任制度 1990 年开始,实行目标管理责任制。把各项工作任务都纳入目标管理,层层分解,层层签定目标管理任务书。每年都进行认真考评,把考评结果作为奖惩依据。1990 年至 2008 年的目标考核中,2 次被省局评为先进集体和成绩突出单位,3 次获四平地区总分第一名,10 次被辽源局评为优秀达标单位。另外,在 1979 年被省革委会评为气象工作先进单位。

党建与精神文明建设

1. 党建工作

党组织建设 1959 年—1966 年 7 月,有党员 1 人,与县水利科联合党支部。1978 年

11月党员增至6人,经党员大会讨论,报上级党组织批准,成立东丰县气象局党支部。截至2008年底,有党员8人,预备党员1人。

党风廉政建设 1996年开始,按省气象局党组要求,建立重大问题由党支部集体讨论决定的制度。2008年,在人员岗位调整、大额支出等重大事项中均实行"三人决策"制度,即局长、支部书记、纪检监察员三人开会研究决定。1977年开始,市气象局把党风廉政建设纳入目标管理责任制的考核内容,年终进行严格考评,并实行一票否决制度。2006年,实行政务公开,在东丰县气象局政务大厅开设服务窗口,对气象行政审批办公程序、气象服务内容、服务承诺、行政执法依据、收费标准,通过公示栏方式向社会公开。将本单位财务收支、目标考核、基础设施建设,采取职工大会和公示栏向职工公开。

2. 精神文明建设

1982年开展精神文明建设工作以来,多次受到表彰和奖励。1983年被县委县政府评为社会主义建设文明单位。1988年被省气象局评为"双文明"建设先进单位,王承库被省气象局评为模范工作者,1989年被国家气象局授予全国气象部门"双文明"建设先进个人称号。1997年,东丰县气象局被评为县级文明单位。1999年被东丰县精神文明建设委员会评为精神文明建设标兵单位。2001年被辽源市政府评为精神文明建设先进集体。2003年被辽源市政府评为精神文明标兵单位。2007年建成标准化台站。2008年被辽源市文明办评为精神文明单位。

3. 荣誉

获奖情况 获集体奖121个,获个人奖76个,获得省部级集体奖2次,获得省部级个人奖4次。1979年被吉林省革命委员会评为"气象工作先进单位"。1991年被国家气象局评为"全国抗洪救灾气象服务先进集体"。1986年肖广德被省委省政府评为"抗洪抢险模范个人"。1989年王承库被国家气象局评为"全国气象部门双文明建设先进个人"。1991年刘润福被省委省政府评为"省直先进工作者"。

参政议政 程锐为政协东丰县第七、八、九届政协委员。王金波为政协东丰县第九、十、十一届政协委员。

台站建设

气象观测站建设 1958年建站之初,只有80平方米1栋砖木结构平房,设备简陋。1971年省气象局投资3.4万元在东丰永青大队建站,占地6亩,建筑面积529.88平方米。观测场按25米×25米标准建设,四周有100延长米的铁制围栏。后因办公楼新建,向后平移12米,抬高1.2米。

气象办公楼建设 1996年经省气象局批准,新建面积为1104.6平方米气象综合楼,其中办公面积196平方米,住宅面积908.6平方米,同时建有车库和锅炉房共76平方米。2006年8月,国家气象局提出"建设标准化规范气象台站"的意见,我局办公楼重建工程开工,11月27日工程竣工并交付使用,建筑面积529.88平方米,新办公楼为二层小楼,内设业务大厅84平方米,会议室40平方米,职工活动室40平方米。同时建有车库和锅炉房共

150平方米,修建围栏95延长米,墙外护坡242平方米,硬化面积1430平方米,绿化面积
2154平方米,建成了一个"标准化规范化"的新气象台站。

东丰县气象局旧貌

东丰县气象局新办公楼

松原市气象台站概况

松原市位于吉林省中西部,松嫩平原南部,幅员22034平方千米,人口276.6万。境内有松花江、第二松花江、嫩江、拉林河、霍林河、查干湖,是吉林省国家商品粮生产基地。松原市气象局位于松原市宁江区新区街。

气象工作基本情况

1. 历史沿革

松原市气象局是1996年5月在原扶余区气象局(站)的基础上组建的,下辖前郭尔罗斯蒙古族自治县(以下简称前郭县)气象局、乾安县气象局、长岭县气象局、扶余县气象局和宁江区气象局(与松原市气象局观测站合署办公,局站合一,一个机构,两块牌子),在2001年机构改革中,松原市气象局仍为地市级气象局,所辖县(市)气象局、站不变。

2. 管理体制

松原市气象局实行吉林省气象局和松原市人民政府双重领导,以吉林省气象局领导为主的管理体制;松原市气象局既是吉林省气象局的下属单位,又是松原市人民政府主管气象工作的部门,负责管理松原市行政区域内的气象工作。其下属县(市)气象主管机构,既是松原市气象局的下属单位,又是同级人民政府的职能部门,负责管理本县(市)行政区域内的气象工作。

3. 人员状况

全市气象部门1996—2005年编制数96人,1996年在编人数83人;2006定编88人;2008年在编人数81人。现有在职职工中研究生学历1人,本科学历62人;高级工程师4人,中级职称及以下38人;25～35岁的25人,36～46岁的28人,47～59岁的28人。

4. 基层党组织建设和精神文明建设

党组织建设 全市气象部门有党支部5个、党员68人,其中,在职党员55人。按管理体制分工,市局及县(市)局党的建设归地方党委负责。长岭1998年以来、乾安1989至1997年、松原市气象局党支部1996—2008年,被当地党工委评为先进党支部;2008年,松原市气象局党支部被省局党组评为先进基层党组织。

党风廉政建设 1996年按省气象局党组要求,县气象局重大问题要通过党支部集体研究决定。1997年,把党风廉政建设纳入目标管理考核内容,年终考评,一票否决;同年,开展部门内部审计工作,领导干部实行离任审计和任期内经济审计。2006年,推行政务公开,接受社会监督和内部职工监督;同年,在各县局公开选拔纪检监察员,在重大问题的决策上,推行"三人决策"(局长、副局长、纪检监察员)制度。2008年下发《〈建立健全惩治和预防腐败体系2008—2012年工作规划实施办法〉任务分工意见》。

精神文明建设 1997年,市局机关、扶余、长岭、乾安、前郭建成"花园式台站"。其中,长岭站进入全省气象部门花园式台站建设先进行列。

1997年,全市所有局(站)全部建成同级政府文明单位。2002—2006年,长岭、乾安、前郭县气象局被评为市级文明单位。扶余县气象局被省文明办评为警民共建先进单位;松原市气象局被吉林省委、省人民政府授予精神文明建设先进单位。2007—2008年,市局开展了精神文明建设结对子活动,分别与吉林市、兴安盟、四平市气象局结成文明创建对子,互相学习交流党建和精神文明建设工作的经验和做法。

文化活动场所建设 1997年,市、县气象局完成文化活动室、图书室的建设;2005年以来,相继修建了篮球、排球、网球、门球场和乒乓室,购置了漫步机、扭腰器、单双杠等健身器材,进一步加强文体活动室、图书室建设。

规范化服务 1998年开展规范化服务活动,规范气象服务行为,2001年2月松原市局、长岭县局被吉林省气象局评为规范化服务先进单位。

标准化台站建设 2005年开展标准化台站建设,2007年1月,扶余、乾安、长岭县气象局被省局评为2006年标准化台站。

文化体育活动 每年的重要节假日,各局都组织文体活动。2000年、2004年、2008年市局三次组队参加全省气象职工运动会,取得了较好成绩,获优秀组织奖。2004年,参加全省气象部门文艺会演,获得优秀节目奖和组织奖。各局还积极参加所在地政府机关组织的文体活动。

5. 法规建设与管理

气象法规建设 1999年10月31日《中华人民共和国气象法》颁布以来,各县(市)都出台了有关加强人工影响局部天气、雷电灾害防护和保护气象观测环境的法规性的文件,授权市(县)气象部门在政府的领导和协调下,管理、指导和组织实施人工影响天气作业;把防雷减灾纳入气象行业管理;给气象人员办理行政执法证,授权气象部门负责雷电灾害防御工作的组织管理,并会同有关部门对可能遭受雷击的建筑物、构筑物和其他设施安装的防雷装置进行检测工作;各市县(市)气象局在政务大厅设立行政审批窗口,对防雷工程监审和施放气球活动审批;市县政府相关部门通过培训,为气象人员颁发执法证,批准成立执法大队。市、县两级政府在保护气象探测环境方面采取了很多措施。1998年,松原市物价局下发《松原市物价局关于避雷设施安全检测收费标准的批复》。2001年12月,松原市人民政府办公室《松原市人工影响天气作业管理办法》下发各县(区)执行。2006年3月29日《松原市防雷减灾管理办法》经市政府22次常务会议通过,2006年4月1日执行。2006年1月18日,松原市政府下发《关于加强气象探测环境保护的通知》。2007年松原市人民政府下发《松原市人民政府关于加快松原气象事业发展的实施意见》和《关于加强防灾减灾工作的通知》。2007年11月8日,松原市政府办公室明传发电《松原市政府办公室关于建立气象灾害信息员队伍的通知》,要求松原市各县(区)人民政府、市政府各有关部门必须做好气象灾害信息员队伍的建设工作。2008年10月12日,松原市政府批准《松原市气象灾害应急预警预案》。

气象内部管理 严格的业务质量考核制度,是气象部门光荣的传统和重要管理措施。观测记录不准字上改字,不准涂改伪造记录,下一班要校对上一班记录,并进行错情登记;更改发布预报必须经带班领导同意,重大灾害性天气预报有领导签发;上级业务主管部门进行月、季、年业务质量考核通报。开展测报"百班和二百五十班无错情"、预报"优秀值班预报员"、通信"三百班无错情"、汛期"百日无差错"等竞赛活动。自1997年开始,按省局要求实行目标管理责任制,把各项工作任务都纳入目标管理,层层分解,层层签定目标管理任务书,每年都进行认真考评,把考评结果作为奖惩依据。

主要业务范围

1. 地面观测

松原气象观测始于20世纪30年代。在1930至1945年间,在扶余陶赖昭、扶余、长岭、扶余蔡家沟、长岭太平川、前郭旗、长岭新安镇、扶余长春岭、前郭旗王府屯等9地建立了雨量站或气象观测所。解放战争期间都停止工作,其中,扶余简易观测所的资料年代长达9年多。

新中国成立后,气象部门于1952年在长岭、陶赖昭(1954年迁到三岔河)、前郭,1955年在长岭洼中高、扶余伊家店,1956年在乾安,1959年在扶余先后建立了7个气象站。1962年,气象台站调整,长岭洼中高、扶余伊家店两站被撤并,之后,松原地区始终保持5个气象站。其中长岭、乾安、前郭、三岔河(1996年更名为扶余县气象站)4个国家基本气象站,自建站起,每日进行8次观测。1954年起每日进行4次定时气候观测,1960年7月1日起,采用北京时每日(02、08、14、20时)4次定时观测,4次(05、11、17、23时)辅助观测,承担全国统一规定和特定的观测项目,编发8次天气报;长岭、前郭、扶余承担固定航危报任务;前郭站资料参加全球交换,长岭站资料参加对外交换,乾安、扶余两站资料参加国内交换。扶余站(1996年更名松原市气象局观测站)是国家一般站,承担全国统一规定的观测项目,每日(08、14、20时)3次或(02、08、14、20时)4次定时观测,向省气象台编发小天气图报,2001年改发加密天气报。

现代化观测系统 2003年10月,县站DYYZ-Ⅱ型自动气象站建成,11月1日开始试运行。2004年1月1日投入业务运行。经过两年双轨(自动观测与人工观测并行)运行,2005年12月31日北京时间20时起自动站正式单轨运行。2007年1月1日起不再保留压、温、湿、风自记仪器。2006年5月至2008年,全市先后建成区域加密自动气象站67个。

其中四要素(温度、雨量、风向、风速)站 22 个,两要素(温度、雨量)站 38 个,六要素(温度、雨量、风向、风速、气压、湿度)站 7 个。

2. 农业气象

1957 年,乾安、前郭旗、长岭洼中高、扶余伊家店等站开始农业气象观测。1964 年,乾安、长岭两站为吉林省农业气象观测基本站。"文化大革命"时期,农业气象观测工作一度停止,直到 1977 年才先后恢复观测工作。1980 年,重新组织农业气象观测网,长岭、扶余两站为全国农业气象基本观测站,乾安、前郭两站为吉林省农业气象观测站。1985 年,农业气象观测站网调整,长岭、扶余两站为全国农业气象观测基本站,按规定及《农业气象观测方法》进行农业气象试验研究和农业气象观测工作,制作农业气象报表,拍发农业气象电报;前郭站为全国农业气象发报站,只承担拍发农业气象电报任务,不报送农业气象报表;乾安站为吉林省农业气象发报站,承担向省、地气象台拍发气象旬(月)报及农业气候报任务。1990 年 1 月 1 日,扶余站改为吉林省农业气象基本站(二级)。

3. 气象通信

从 20 世纪 50 年代起各气象站观测电报通过当地邮电局发送。1959 年市气象台接收无线莫尔斯广播用手工抄报。1976 年无线电传打字机取代了手工抄报。1978 年起,全市各台站陆续装备了传真接收机。1986 年组建市、县甚高频辅助通信网。1993 年建成省、市计算机远程通信网络。1997 年起完成气象卫星通讯系统 VSAT 小站、地面单收站建设。1999 年开通了省、市、县分组交换网,2004 年建成市、县 DDN 专线网,气象通信实现网络化、自动化。1999 年建成 VSAT 卫星通信单收站,人机交互处理系统取代了传统的天气预报工作作业方式。接收各种数值预报解释产品和省、地气象台的分片和要素预报指导产品,结合本地天气特点,用配套的预报技术方法,制作订正预报。2006 年,实现市、县天气预报可视会商。

4. 天气预报

1958 年 3 月,长岭站开始制作补充天气预报。同年 10 月,省局在长岭县召开现场会,推广长岭经验,中央气象局副局长饶兴到会并讲话。1960 年,按省局要求,前郭、扶余、乾安等站先后增加预报业务,开始制作补充天气预报。1961 年,贯彻中央气象局提出的补充天气预报技术原则,各站开始建立预报工具。1964 年,开始在省气象台划分的环流型、天气过程模式和地区气象台的雨型的基础上,以群众看天经验为线索,同时利用本站气象历史资料,运用要素演变法、韵律法,找相关、相似和周期、规律来制作旬、月天气过程和季、年度冷暖、旱涝趋势预报。从此补充天气预报发展为单站天气预报。1972 年,引进数理统计预报方法,对历史气象资料进行相关系数统计分析、检验,筛选出较好的预报因子,建立回归预报方程。利用时间序列分析、聚类分析等统计预报方法,制作本站天气预报。1981 年,配备了无线传真接收机,用来接收天气图、雷达回波图、卫星云图等资料,县站开始以天气图方法独立制作短期天气预报。1984 年省气象局决定,县气象站不再承担中期、长期天气预报业务,重点做好短期和灾害性天气预报。1998 年开始建立以数值预报产品为基础、以人机交互系统为技术支持、以上级气象台预报产品为指导的业务平台,综合应用卫星、雷达、自动气象站等气象信息加工、制作、发布本地的短、中期补充订正天气预报。2008年开始制作发布乡(镇)天气预报。

5. 气象服务

1949年到1953年主要为国防建设和军事服务,1954年气象服务由为国防建设服务为主转化到为国民经济建设服务为主。1960年,县站增加预报业务,通过县广播站、电话、印发服务材料,向领导机关、生产建设部门提供天气预报、雨情、墒情、农情等气象服务。1971年,为适应战备需要,各站先后完成了各县的军事气候分析的编制工作。20世纪80年代又完成了各县的气候分析、农业区划等,利用气象资料为经济建设服务。1985年经国务院批准,气象事业单位在做好公益气象服务的前提下,按用户需求,开展专业有偿服务。气象职工深入生产第一线,了解各行各业对气象工作的需求,制定气象服务一览表,服务领域由党政机关、农业生产逐步拓展到工业、林业、电力、建筑、旅游、晒粮等领域。1987年开始,利用甚高频通讯网为农村、农场、防雹点、粮库等服务用户安装气象警报接收机,每天提供天气预报(警报)、仓储知识、科普知识及指挥防雹作业等信息。1995年开展避雷设施检测服务,1998年增加防雷工程设计和安装服务。1998年开展"121"电话自动答询服务,2005年由松原市气象局集约管理,并升级为"12121"。2000年以来与县广电局开展"电视天气预报"服务。

6. 人工影响天气

从20世纪70年代开始的人工防雹、防霜、增雨等人工影响天气事业发展很快。1996年成立松原市人工影响局部天气指挥部。1996年12月6日,松原市人工影响天气办公室正式挂牌成立。1996年12月16—17日,吉林省人工防雹工作总结大会在松原召开。2001年7月19日,在长春购置5台长城皮卡火箭增雨车,分布四县一区,松原市火箭人工增雨作业系统初步建成,并投入使用;2002年购置4台长城火箭增雨车,分布4县。目前,全市有人工影响天气高炮28门、火箭车9台、炮点25个。

松原市气象局

机构历史沿革

历史沿革与建制　1996年5月3日,中国气象局以中气人发〔1996〕23号文《关于同意成立松原市气象局(台)的批复》,同意在原扶余区气象局(站)的基础上组建成立松原市气象局(台),为正处(县)级事业单位。实行吉林省气象局和松原市人民政府双重领导,以吉林省气象局领导为主的管理体制;松原市气象局(台)既是吉林省气象局的下属单位,又是松原市人民政府主管气象工作的部门,负责管理松原市行政区域内的气象工作,参与当地政府的防灾、减灾决策,并为市、县领导机关及各部门提供气象服务。在机构名称上实行局台合一,一套机构,两块牌子。1996年6月17日,吉林省气象局致函松原市人民政府(吉气字〔1996〕40号),经中国气象局批准,同意在原扶余区气象局的基础上成立松原市气象局。鉴于松原市气象局目前处于建设之中,其所辖各县(市)局(站)的气象业务、人事、财务管理仍由白城市气象局承担,其独立管理职能待全省气象部门机构改革时再与白城市气象局进行交接。1996年12月6日,松原市气象局正式挂牌成立并独立行使管理职能。

人员状况 1996年在编人数28人,本科学历6人,专科学历5人;工程师8人;党员15人。2008年在编人数36人。

机构设置 1996年内设机构3个:办公室、台站管理科、人事政工科;直属单位3个:气象台、观测站、科技服务中心。1996年成立松原市气象学会。2001年,根据吉林省气象局印发《松原市国家气象系统机构改革方案》的通知,进行机构改革。内设机构3个:办公室、业务科技科、政策法规科(人事科);直属单位6个:气象台、观测站、松原市雷电检测中心、气象科技服务中心、天宇防雷工程开发处、人工影响天气中心。职工实行全员聘任制,2001年1月18日,局长姜永臣与全体职工在聘用合同书上签字。

主要负责人更替情况 1996年4月—2002年1月姜永臣任松原市气象局党组书记、局长;2002年1月—2006年5月于保刚任松原市气象局党组书记、局长;2006年5月至今孙海龙任松原市气象局党组书记、局长(其中2006年5月—2007年7月任党组副书记、副局长主持工作)。

气象业务与服务

1. 气象观测

①地面气象观测与电报

观测时次 松原市气象局观测站是国家一般气象站。1959年1月1日开始每天01、07、13、19时(地方平均太阳时,19时为日界)4次定时观测,夜间不守班。1960年7月1日,采用北京时,20时为日界;4次定时观测改为02、08、14、20时(下同)。1961年月1月1日起改为每日(08、14、20时,下同)3次定时观测,夜间不守班。1964年1月1日起,改为每日4次定时观测,昼夜守班。1966年3月1日起改为每日3次定时观测,夜间不守班。1971年7月1日起改为每日4次定时观测,昼夜守班。1973年4月1日起改为每日4次定时观测,夜间不守班。1989年1月1日改为每日3次定时观测,夜间不守班。

观测项目 云、能见度、天气现象、气压、气温、湿度、风向风速、降水、雪深、雪压(1980年1月1日起停止观测)、日照、蒸发、地温、冻土,2006年6月6日增加草面(雪面)温度。

自动气象观测 2004年1月1日,DYYZ-Ⅱ型自动气象站投入业务运行。从2003年12月31日北京时间20时执行新版《自动气象站规章制度》,开始自动观测与人工观测并行,以人工观测记录为准;2004年12月31日北京时间20时开始以自动观测记录为准;2005年12月31日北京时间20时起自动站正式单轨运行。单轨运行分自动观测项目和人工观测项目。自动观测项目包括气压、空气温度和湿度、风、降水、地面温度、浅层和较深层地温、草面(雪面)温度(2006年6月6日增加),采用自动站数据采集器观测记录(降水量仍以人工观测记录为准),每天24次定时观测,并实时上传到省气象信息技术保障中心;人工观测项目包括云、能见度、天气现象、冻土、日照、蒸发。每天20时仍进行全部项目的人工观测。2007年1月1日起不再保留压、温、湿、风自记仪器。

加密自动气象站建设 2006年5月—2008年10月开展中尺度加密自动气象站建设。建成2个两要素(温度、雨量)站、1个四要素(温度、雨量、风向、风速)站、6个六要素(温度、雨量、风向、风速、气压、湿度)站,9个加密自动气象站分布在乡镇和江河流域的村屯,构成约15千米格距的"地面中小尺度气象灾害自动监测网"。

多轨道业务建设 2003年10月在固定地段开展土壤水分自动观测。2004年4月土壤养分测试。2005年4月紫外线自动采集。2007年5月闪电定位系统建成。2008年8月观测场建成全景监测系统。

地面气象电报 1959年1月1日08时至2001年3月31日20时向省气象台和地区气象台编发小天气图报。1987年4月1日起由PC-1500计算机编发小天气图报。2001年4月1日正式使用《AHDM4.1》版软件编发报,同时小天气图报改为天气加密报。建站开始,每年5月1日—9月30日向吉林省气象台、四平市气象台拍发雨量加报。1963年5月开始,向吉林省气象台拍发06—06时日雨量报,1970年开始,日雨量报改为05—05时拍发。

1984年4月1日开始编发重要天气报,不再拍发日雨量报和雨量加报,发报内容有降水、大风、龙卷、积雪、雨凇、冰雹,2008年6月1日起,增加雷暴、视程障碍现象(霾、浮尘、沙尘暴、雾)的编报。

2005年4月16日起,每天08时30分至09时编发日照时数及蒸发量实况报。

1999年1月1日至1999年7月1日、2002年1月1日至2002年12月31日,每天8—18时向双城机场发固定航空(危险)报。

②农业气象观测与电报

1957年,扶余伊家店站开始农业气象观测。1959年建站后扶余站即开始了农业气象观测。观测的作物品种有小麦、大豆、甜菜、谷子、土豆、苞米、高粱、苜蓿等作物。每年春播期间(3月16日到5月31日),逢5、10、15、20、25日及月末进行土壤湿度观测,观测深度为10、15、20、30厘米。1980年,扶站为全国农业气象基本观测站,按照新的《农业气象观测方法》要求,在固定观测地段对玉米从播种、出苗直到成熟整个生育期的不同发育阶段的生长状态,进行定期观察并同时对气象要素进行平行观测。自然物候观测主要观测杨柳绿、桃花开、燕南归。观测霜、雪、雷暴、积雪的初、终期,江河结冰、封冻、解冻日期,土壤秋冬冻结及春季解冻日期。1985年,农业气象观测站又重新调整,扶余站又为全国农业气象观测基本站,按规定及《农业气象观测方法》进行农业气象试验研究和农业气象观测工作,制作农业气象报表,拍发农业气象电报。1990年1月1日调整为吉林省(二级)农业气象基本站,观测项目有土壤水分观测:50厘米(2003年1月1日调整为100厘米);农作物观测有小麦(2008年取消小麦观测)、玉米;物候观测:榆树、小叶杨、车前草、蒲公英;候鸟观测有家燕、豆雁。2007年1月1日增加地下水位观测。

农业气象电报 1960年开始,每旬(月)第1日08时向省气象台编发农业气象旬(月)

报,1964 年 4 月 1 日改为每旬、月末 20 时后编发。1963 年开始,每年 3 月 21 日(1994 年改为 2 月 28 日)至 5 月 31 日 20 时后向省气象台编发农业气象候报。2006 年 2 月 28 日起向中央气象台编发土壤湿度报。

③气象电报的传输

1959 建站后,通过专线电话到邮电局发报。1986 年后,小图报用甚高频电话通过省内辅助通信网发至省气象台。1999 年国家一般站发报用分组交换网 X.28 拨号方式发报。2003 年市、县开通 DDN 专线发报。2006 年改为 SDH 光纤专线发报,每天定时传输 24 次。

④气象资料与档案

地面基本观测报表　1960 年 1 月以前,编制地面基本气象观测记录月报表(气表-1)、压、温、湿自记记录月报表(气表-2)、地温记录月报表(气表-3)、日照日射记录月报表(气表-4)、降水量自记记录月报表(气表-5)、冻土记录月报表(气表-7)。相应的还有年报表,即气表-21、气表-22、气表-23、气表-24、气表-25 等。从 1961 年 1 月起,气表-3、气表-4、气表-7 并入气表-1,相应的年报表也并入气表-21;1966 年 1 月起,压、温、湿自记记录月、年报表一律停编。1968 年 7 月开始编制风向风速自记记录月报表(气表-6)。1980 年 1 月起,气表-5、气表-6 并入气表-1,相应的年报表也并入气表-21。至此,地面基本观测报表只编制气表-1 和气表-21 两种。每月编制地面气象记录月报表(气表-1),一式三份,向吉林省气象局、松原市气象局各报送 1 份,本站留底本 1 份。每年编制地面气象记录年报表(气表-21),一式 4 份,向国家气象局、吉林省气象局、松原市气象局各报送 1 份,本站留底本 1 份。

农业气象观测报表　1981 年开始编制农作物生育状况观测记录年报表(农气表-1)、土壤水分观测记录年报表(农气表-2)、物候观测记录年报表(农气表-3),一式 4 份,分别上报国家气象局、省局气候资料室、地区气象局各 1 份,本站留底 1 份。1990 年变为二级农业气象基本站后,一式 3 份,不再上报国家气象局。

资料档案　1987 年 7 月开始微机制作报表,同时报送纸质报表和资料磁盘;2001 年,停止报送纸质气象报表;2006 年 2 月起,向市局上传各种报表数据文件;每月、年将市、省审核修改后的数据文件刻盘存储,永久保存。

从 2004 年 10 月 28 日起,将 1959 年建站以来至 2005 年的气象记录档案(除日照纸、纸质气表)全部移交到省气象档案馆,县局不再保留气象记录档案。

2. 天气预报

1960 年,扶余站开始制作补充订正天气预报并向当地领导机关和生产建设部门提供预报服务。制定气象服务一览表,通过县广播站、电话、印发服务材料,向领导机关、服务单位提供天气预报、雨情、墒情、农情。1971 年,为适应战备需要,各站先后完成了扶余县军事气候分析的编制工作。20 世纪 80 年代又完成了各县的气候分析、农业区划等,利用气象资料为经济建设服务。1987 年开始,利用甚高频通讯网为农村、农场、防雹点、粮库等服务用户安装气象警报接收机,每天提供天气预报(警报)、科普知识及指挥防雹作业等信息。1965 年、1975 年、1986 年、1989 年春季的大旱,扶余站都提前做出了预测预报,并提出预防措施和建议。政府部门根据预报和建议,动用了一切社会力量坚持了抗旱坐水种,使大灾之年取得了较好收成。1994 年 7 月 13 日部分乡镇出现了 100 毫米以上降水,最大降水量 177.8 毫米,气象局提前 48 小时报出有暴雨部分有大暴雨的预报,使政府在防汛决策上有了准备,避免和缓解了灾害造成的损失。

1996 年 8 月,松原市气象台建立,通过广播和邮寄的方式发布气象信息。1997 年 4 月开始制作并发布松原市天气预报。同时,开始"121"天气自动答询。2003 年 3 月 10 日,天气预报在松原经济频道播出。同年,开发了单收站下行资料接收统计软件、自动统计输出历史资料软件程序、3~5 天滚动预报上传报程序、全省各地区 3~5 天预报自动输入"121"软件程序、自动采集四次定时实况资料、自动转入"121"程序及为市领导决策服务用的网络传全市各乡镇雨情图程序。2004 年,"121"升位为"12121"。2004 年 7 月 13 日,通过手机短信发布气象信息。2005 年 3 月 29 日安装调试了 LF2000 型太阳辐射数据记录仪,并于 4 月 1 日向省局传送数据和发送紫外线预报。2005 年开通了兴农网。2006 年,松原电视第三套节目每天播发一次天气预报。2006 年 1 月建立省、地可视会商系统。2007 年 7 月建立地、县可视会商系统。2006 年 7 月 1 日,开展乡镇天气预报。

3. 气象服务

决策气象服务 1996 年开始,坚持有重要天气过程,向市委、市政府发布《重要天气信息》制度。1997 年 12 月,被中国气象局评为重大气象服务先进单位;1998 年被市委、市政府评为抗洪抢险先进集体;被省局评为全省防汛抗洪气象服务先进集体。2008 年 7 月 15 日,北京奥运火炬在松原传递,市气象局准确预报,圆满完成了奥运火炬接力传递气象保障服务工作,受到市委书记的表扬。8 月 27 日,又接到了来自中国气象局公共气象服务中心的感谢信,表扬了松原市气象局在奥运会火炬传递松原站中出色的公共气象保障服务工作。

气象科技服务 从 1996 年建局开始,先后用微机终端、警报接收机、氢气球庆典等手段,面向各行各业开展气象科技服务。1997 年成立松原市防雷中心。1998 年为各单位建筑物避雷设施开展安全检测;市防雷中心于 2000 年获得了国家防雷施工乙级资质,开展防雷工程工作,同年进行防雷建审。2003 年开展防雷工程。2004 年 5 月,市防雷中心对中国石油吉林油田分公司新建建筑物进行了跟踪检测,这是防雷中心组建以来首次对吉林油田新建建筑物等进行防雷检测。2003 年全省气象部门政策法规与科技服务工作会议在松原召开。

科技开发 2007 年 5 月 25 日,松原市气象局与市环境监测站联合研制的"松原市区空气质量评价及特种预报方法研究项目"课题,在松原通过省级专家组验收,荣获松原市科技进步三等奖。2008 年,"松原市 4—9 月强降水预报和预警服务平台研究"项目顺利通过答辩论证,这是松原市气象局主持的科研项目首次在当地立项。

2007 年 6 月中旬,观测站与市农业部门联合发布了草地螟病虫害未来发生情况的预报,拓展了为三农服务领域。2008 年 12 月 1 日,松原市政府召开农业表彰大会,松原市气象局被评为"农村工作先进单位"。

气象法规建设与管理

气象法规建设 1998年松原市物价局下发《松原市物价局关于避雷设施安全检测收费标准的批复》。2001年12月,松原市人民政府办公室将《松原市人工影响天气作业管理办法》下发各县(区)执行。2006年3月29日,《松原市防雷减灾管理办法》经市政府22次常务会议通过,2006年4月1日执行。2006年1月18日,松原市政府下发《关于加强气象探测环境保护的通知》。2007年松原市人民政府下发《松原市人民政府关于加快松原气象事业发展的实施意见》和《关于加强防灾减灾工作的通知》。2008年10月12日,松原市政府批准《松原市气象灾害应急预警预案》。

依法行政 1998年下发《松原市气象局关于立即贯彻落实〈松原市人民政府批转市气象局、公安消防支队关于加强我市防雷安全工作报告〉的通知》。2003年3月17日,松原市安全生产委员会与市防雷办联合下发了《关于开展防雷装置安全检测工作的通知》,批准气象部门开展防雷检测、监审工作。2003年2月26日,气象局进驻松原市行政审批大厅,正式成立气象审批窗口。《防雷装置设计审核、防雷工程分段检测及竣工验收》、《防雷产品使用许可审批》、《施放充气升空物许可审批》三个审批项目,纳入气象部门审批范围。2003年6月23日松原市气象局成立执法大队。2003年7月,市建筑设计院同意将电源防雷保护装置设计到建筑图纸中,此信息在《中国气象报》登载。获全省气象科技服务创新奖。2007年与市安监局联合下发了《关于加强防雷设施施工管理工作的通知》和《关于加强全市防雷防静电装置安全工作检查的通知》。2007年分别与市教育局、油田教育处联合下发了《关于加强学校防雷安全工作的紧急通知》。

气象内部管理 严格的业务质量考核制度,是气象部门光荣的传统和重要管理措施。观测记录不准字上改字,不准涂改伪造记录,下一班要校对上一班记录,并进行错情登记;更改发布预报必须经带班领导同意,重大灾害性天气预报有领导签发;上级业务主管部门进行月、季、年业务质量考核通报。李长林、杜海信、郭雅琴被中国气象局评为"优秀值班预报员",兰明胜被评为"优秀网络管理员"。1997年、1998年获得全省气象部门农业气象与气候第一名。

自1997年开始,按省局要求实行目标管理责任制,把各项工作任务都纳入目标管理,层层分解,层层签定目标管理任务书,每年都进行认真考评,把考评结果作为奖惩依据。1998年、1999年、2003年、2004年获得吉林省气象局科技服务与综合经营成绩突出、发展地方气象事业先进单位、精神文明建设突出成绩、落实25号文件单项突出奖单位、业务现代化建设与拓展服务领域突出、政务信息先进单位。四五普法先进单位等目标管理奖。获得松原市政府残疾人就业工作成绩显著、政务信息先进单位、抗旱救灾先进集体、农村工作先进集体等奖励。

党建与气象文化建设

1. 党组织建设

1996年,局机关有党员15人,2008年有党员29人,彭国栋任支部书记。在市直机关党工委的领导下,2006年,机关党支部在党员中开展了"四个一"活动,即:党员联系一名职工,做一件好事,参加一次培训,撰写一篇调查报告。1996—2008年,松原市气象局党支部被松原市直机关党工委评为先进党支部;2008年松原市气象局党支部被省气象局党组评为先进基层党组织。

1997年,把党风廉政建设纳入目标管理考核内容,年终考评,一票否决。同年,开展部门内部审计工作,领导干部实行离任审计和任期内经济审计。2000年被省局党组评为纪检工作先进集体。2002年起,连续8年开展党风廉政教育月活动。2007年,推行政务公开,接受社会监督和内部职工监督。2008年下发《〈建立健全惩治和预防腐败体系2008—2012年工作规划实施办法〉任务分工意见》。2007年,松原市气象局创办《碧松清源》廉政电子刊物,获全省气象部门廉政电子刊物创新一等奖。

2. 精神文明建设

1997年建成松原市文明单位。2001年2月被吉林省气象局评为规范化服务先进单位。2002—2006年,吉林省委、省人民政府授予精神文明建设先进单位。2006—2008年开展了精神文明建设结对子活动,分别与吉林市、兴安盟、四平市气象局结成文明创建对子,互相学习交流党建和精神文明建设工作的经验和做法。

文化活动场所建设 1997年完成了文化活动室、图书室的建设。2005年以来,市局修建了篮球、排球、网球、门球场,购置了漫步机、扭腰器、单双杠等健身器材。

文化体育活动 2000年、2004年、2008年3次参加全省气象职工运动会,取得了较好成绩,获优秀组织奖。2004年参加全省气象部门文艺会演获得优秀节目奖和优秀组织奖。每年在"五一"、"七一"和"十一"等重要节假日,组织职工开展球赛、唱歌、诗朗诵和演讲等文体活动,同时积极参加市政府组织的文体活动。

气象科普宣传 2002年3月29日参加了由松原市政协、科协和科技局组织的科技下乡活动,进行科普宣传。2003年3月23日,围绕世界气象日《我们未来的气候》这一主题向市民开展宣传活动。2003年3月23—24日,吉林日报、松原日报分别刊登了《开创松原气象新局面》和《关注未来气候,保护我们的家园》两篇文章。2006年3月23日,松原市气象局紧紧围绕"极地气象,认识全球影响"这一主题,积极采取多种措施开展纪念世界气象日活动,本次活动得到了松原各家媒体的关注,对活动的全过程进行了宣传报道。2008年8月8日,松原市电视台围绕天气监测、预测和预警和气象的发展变化,在松原电视台1套"热点关注"栏目进行专题播出。

3. 荣誉

1996—2008年累计获得集体奖励22个。其中,中国气象局奖1个,省气象局奖17个,松原市政府奖4个。1996年,中期天气趋势预报准确,被中国气象局命名"重大气象服务先进集体"。受到奖励的个人有22人,中国气象局奖励9人次,省气象局奖励30人次,松原市委、市政府奖励4人次。其中,张立华1978年10月,参加全国气象部门"双学"代表会;1993年,因工作质量特别优秀,被省政府记大功一次。

台站基本建设

1996年建局之初,由松原市政府、中国气象局共同筹资,在原扶余县气象局院内修建了办公楼,共计525平方米。由于办公楼面积狭小,2003年向省局申请建筑项目,于2004年11月,在原办公楼西侧对接出823平方米。2005—2006年,体育场、院内路面进行了硬化,硬化面积4042平方米。2008年,对1996年建的办公楼、招待所进行了装修,院内进行了绿化,栽种了圣柳树和红景天花卉树,绿化面积1100平方米。

松原市气象局办公楼

松原市气象局观测站

历史沿革　松原市气象局观测站(原扶余县气象站)1958年建站,1959年1月1日开始工作。站址为松原市宁江区新区街"郊外",北纬45°11′,东经124°50′,海拔高度139.8米,为国家一般气象站,站名为扶余县人民公社联社农业部气象水文中心站。1963年12月,更名为扶余县气候站。1966年4月1日更名为扶余县气象站。1970年12月更名为扶余县革命委员会气象站,1973年7月更名为扶余县气象站。1987年,国务院批准撤销扶余县,设立扶余市。1987年12月更名为扶余市气象站。1990年3月增设吉林省扶余县气象局,与扶余市气象站合署办公,局站合一,一个机构两块牌子。1995年7月20日,国务院批准设立扶余县,县政府驻三岔河镇,松原市扶余区更名为宁江区。1996年6月20日,三岔河气象站更名扶余县气象站,扶余区气象局更名为宁江区气象局,增设扶余县气象局,局站合一,一个机构两块牌子。1996年12月4日,宁江区气象局与松原市气象局观测站合署办公,局站合一,一个机构两块牌子。

管理体制　扶余站建站初期,归扶余县农林局领导,气象业务归省、地气象部门管理。1963年8月1日,全省气象台站收归省气象局领导,气象台站的人事、财务、业务技术指导和仪器设备等统一由省气象局直接管理,有关行政、思想教育等由扶余县人民委员会负责。1970 年 12 月 18 日,全省气象部门实行党的一元化领导和半军事化管理,归属县武装部和县革命委员会双重领导,以武装部领导为主,气象业务由省、地气象部门管理。1973 年 7 月 12 日,归扶余县革命委员会建制,由扶余县农业局领导,气象业务仍由省、地气象部门管理。1980 年 7 月 1 日,全省气象部门实行省气象局和地方政府双重领导,以省气象局领导为主的管理体制,省气象局负责领导管理全省气象台站的气象业务、人事、劳动工资、计划财务、仪器装备等工作,政治思想、党团行政、职工子女就业、基建和生产维修物资供应等,由当地党政部门负责。扶余县气象站既是省气象局和白城地区气象处的下属单位,又是扶余县科局级单位,直属县人民政府领导。1997 年 1 月划归松原市气象局管理。

职工队伍 1958 年,扶余站建站初期有职工 3 人;1959 年定编 10 人;1996 年 7 月,松原市气象局建立之前,在编职工 14 人,改为松原市气象局观测站后定编 4 人;2008 年末 5 人。现有职工中大学学历 3 人,大专学历 2 人;高级专业技术人员 1 人,中级专业技术人员 3 名,初级专业技术人员 1 人。

负责人更替情况

姓名	职务	时间
初汉卿	站长	1958.05—1961.06
吕凤桐	站长	1961.07—1962.11
邵德润	站长	1962.12—1976.10
张 志	站长	1976.11—1979.04
李向阳	站长	1979.05—1980.09
张 志	站长	1980.10—1991.01
孙学彦	局长	1991.02—1994.03
彭国栋	局长	1994.04—1996.06
张立华	站长	1996.07—2004.06
黄式琳	站长	2004.06—

乾安县气象局

乾安县位于吉林省的西北部,西与通榆县接壤,西南与长岭县接壤,西北与大安县接壤,东、南与前郭县交界,属温带半干旱气候区。1928 年定名为乾安县。因其位于吉林西北,是八卦中的乾位,故取名乾安,寓意吉林西北平安。1949 年 4 月,划归吉林省。1954 年 8 月,隶属吉林省白城地区公署。1992 年 7 月,划归松原市管辖。全县幅员面积 3529 平方千米,下辖 10 个乡、镇,164 个行政村,296 个自然屯,名称均取自《千字文》。全县总人口 30 万。县政府驻乾安镇,乾安县气象局位于乾安镇内西南。

机构历史沿革

历史沿革 乾安县气象观测始于 20 世纪 30 年代。1936 年,伪满中央观象台在乾安设立气象观测所(东经 125°05′,北纬 45°00′),资料年代为 1936 年—1945 年 3 月。

1956 年 9 月,乾安县气象局开始筹建,始称吉林省乾安归字井气候站,站址为现在的鳞字特色工业园区归字井(村),具体位置为东经 124°01′,北纬 45°00′。同年 12 月 1 日开始观测。1958 年 4 月,因发生火灾,站址搬迁到现在的水字镇龙字井(村),迁移距离约为 8 千米,具体位置为东经 123°52′,北纬 45°04′。7 月 18 日迁移观测场,19 日在龙字井(村)观测站正式观测。同年 9 月更名为吉林省乾安气候站。1959 年 8 月,根据乾安县人民政府决定,将站址迁至乾安县城西南部,迁移距离约为 4 千米,8 月 3 日站址由龙字井(村)迁至乾安县城镇,9 月 1 日起开始观测。具体位置为东经 124°01′,北纬 45°00′,实测海拔高度为 146.3 米。同年 12 月,更名为乾安县气象水文站。1964 年更名为吉林省乾安县气象站。1971 年更名为乾安县革命委员会气象站。1972 年又改为吉林省乾安县气象站。1977 年 11 月,在原站址西南向约 150 米处建新站址至今,海拔高度、经纬度没有变化。1991 年乾安县政府批准乾安县气象站增设乾安县气象局,局站合一,一个机构,两块牌子,属国家基本气象站(一级站)。

管理体制 1956 年乾安县气象局(站)建站时,归乾安县农业部门领导,为正股级单位,气象业务由吉林省、白城地区气象部门管理。1963 年 8 月 1 日,归属吉林省气象局领导,气象站的人事、财务、业务技术指导和仪器设备等统一由省气象局直接管理,行政、党务由地方政府管理。1970 年 12 月 18 日,全省气象部门实行党的一元化领导和半军事化管理,归乾安县革命委员会和乾安县武装部双重领导,以武装部领导为主,气象业务由省、地气象部门管理。1973 年 7 月 12 日,归乾安县革命委员会建制。1980 年 7 月 1 日,全省气象部门实行省气象局和地方政府双重领导,以省气象局领导为主的管理体制,省气象局负责领导管理全省气象台站的气象业务、人事、劳动工资、计划财务、仪器装备等工作,政治思想、党团行政、职工子女就业、基建和生产维修物资供应等,由当地党政部门负责。乾安县气象站既是省气象局和白城地区气象局的下属单位,又是乾安县的科局级单位,直属县人民政府领导。1997 年 1 月,上级单位由白城市气象局改为松原市气象局,实行松原市气象局和长岭县人民政府双重领导,以松原市气象局领导为主的管理体制。乾安县气象局既是松原市气象局的下属单位,又是长岭县人民政府的职能部门,负责管理乾安县行政区域内的气象工作。

人员状况 1956 年建站之初只有 2 人,至 2008 年,在编职工 12 人。在此期间共有 59 人在乾安县气象局(站)工作过,其中女同志 11 人;本科学历 6 人,大专学历 2 人,中专学历 14 人;中级职称 6 人,初级职称 12 人;党员 18 人。

2006 年业务技术体制改革,定编 12 人。截至 2008 年,乾安县气象局在编职工中有本科学历 4 人,大专学历 2 人,中专学历 3 人;党员 6 人,团员 2 人;初级职称 6 人,中级职称 2 人;蒙古族 1 人,其余为汉族。职工 50 岁以上 1 人,40 岁以上 8 人,30 岁以上 1 人,20 岁以上 2 人。现有退休职工 5 人。2004 年聘用编外合同工 2 人,均为团员,中专学历。

机构设置 1956 年建站时设测报组。1957 年设测报组(兼职农业气象)、预报组。

1984 年设测报股、预报股。1986 年,增设科技服务股。1991 年撤销科技服务股。1993 年预报股分内勤和外勤,外勤人员专职科技服务。1996 年恢复科技服务股。1999 年,设测报科、气象台、防雷中心(兼科技服务职能)。2005 年成立科技服务中心。2008 年,内设气象台、测报科、气象科技服务中心、防雷中心 4 个科室。

主要负责人更替情况

负责人	职务	任职时间
王恒志	副站长(主持工作)	1956.09—1959.09
罗殿文	书记、站长	1959.09—1963.09
王恒志	副站长(主持工作)	1963.09—1965.07
朱辉含	站长	1965.08—1971.05
赵秀珍	指导员	1971.06—1972.02
朱辉含	站长	1972.03—1976.07
刘东汉	书记	1976.08—1979.05
许殿祥	书记	1979.06—1983.08
沈 忠	书记、站长	1983.09—1988.02
董万有	站长、局长	1988.03—1994.05
华景才	书记、局长	1994.06—1997.06
付光极	书记、局长	1997.07—

气象业务与服务

1. 气象观测

①地面气象观测

观测时次与日界 1957 年 1 月 1 日至 1960 年 6 月 30 日,采用地方平均太阳时,每日进行 01、07、13、19 时 4 次定时气候观测,以 19 时为日界,昼夜守班。1960 年 7 月 1 日至 2006 年 6 月 30 日,采用北京时,每日进行 02、08、14、20 时 4 次定时气候观测,以 20 时为日界,昼夜守班。2006 年 7 月 1 日由 4 次观测改为 02、05、08、11、14、17、20、23 时 8 次定时观测,昼夜守班。

观测项目 主要项目有云、能见度、天气现象、气压、空气温度、湿度、风向风速、降水、日照、蒸发(小型)、雪深、雪压、地温、冻土、草温。1998 年开始增加观测 E-601B 型蒸发器。

地面气象电报 1957 年 1 月 1 日至 1960 年 6 月 30 日,每日按地方平均太阳时 01、07、13、19 时编发 4 次天气报。1960 年 7 月 1 至 2006 年 6 月 30 日,按北京时,每日拍发 02、08、14、20 时 4 次天气报,参加国内气象资料交换。2007 年 1 月 1 日开始,每日拍发 02、05、08、11、14、17、20、23 时 8 次天气报。

1958 年开始,每年 7 月 1 日至 9 月 10 日向吉林省气象台、白城地区气象台拍发雨量加报。1964 年开始,改为每年 5 月 1 日—9 月 30 日,1966 年 3 月 21 日起,改为每年 6 月 1 日—9 月 30 日拍发。1963 年 5 月开始,向吉林省气象台拍发 06—06 时日雨量报,1970 年改为拍发 05—05 时日雨量报。1984 年 4 月 1 日开始,编发重要天气报,不再拍发日雨量报和雨量加报,发报内容有降水、大风、龙卷、积雪、雨凇、冰雹,2008年6月1日开始,增加雷暴、视程障碍现象(霾、浮尘、沙尘暴、雾)的编报。

2005年4月16日开始,每天08时30分至09时编发日照时数及蒸发量实况报。2007年,承担生态井观测发报任务。2008年6月,重要报增加发报内容有雷暴、霾、浮尘、沙尘暴、雾等,全年定时和不定时拍发到国家局或省局。

航危报 1964年开始,向北京空军司令部气象部拍发预约航危报。1965年向哈尔滨122厂气象台、长春民航拍发航危报。1966年4至6月04—17时,向通辽拍发预约航危报。1970年5月27日向公主岭、郑家屯、长春机场拍发预约航空报。1979年3月向长春、公主岭、郑家屯拍发战时预约航危报。1981年12月19日,向哈尔滨伟建机器厂拍发预约航危报。1988年1月1日起,改为04—20时向哈尔滨122厂预约航危报,向吉林省民航气象台发06—18时预约航危报。1988年8月1日2时至9月30日17时,向白城拍发02—17时预约航危报。1989年5月3日,向双城拍发预约航危报。1992年,取消航危报。

地面气象报表 1957年1月1日起,每月编制基本地面气象观测记录月报表(气表-1),每年编制地面气象记录年报表(气表-21),一式4份,分别向中国气象局、吉林省气象局、白城市气象局各报送1份,本站留底本1份。1997年,归松原市气象局管理,停止向白城市气象局报送报表。

1957年至1965年编制温度、湿度自记记录月报表(气表-2)、1957年至1960年2月,编制气压自记记录月报表(气表-2)。1957年至1960年12月编制地温观测记录月报表(气表-3)、日照记录月报表(气表-4),1957年、1979年编制降水自记记录月报表(气表-5)。1959年至1960年12月,制作冻土记录月报表(气表-7),同时相应编制年报表22、23、24、25、27。1970年至1979年编制风向风速自记记录月报表(气表-6)。1961年1月起,气表-3、气表-4、气表-7并入气表-1,相应的年报表并入气表-21。1980年1月1日起,气表-5、气表-6并入气表-1,降水自记记录年报表(气表-25)并入气表-21。

②农业气象观测

农业气象观测任务调整 1957年,乾安县气象站开始农业气象观测。1964年乾安站为农业气象观测基本站。"文化大革命"期间,农业气象观测工作一度停止。1980年,重新组织农业气象观测网,乾安站为吉林省的农业气象观测站网。1985年,农业气象观测网又重新调整,乾安站为吉林省农业气象发报站,承担向省、地气象台拍发气象旬(月)报及农业气候报任务。1989年10月,农业气象观测站网调整,乾安站为农业气象一般站。

物候观测 1957年开始农业气象观测。农作物观测包括玉米、谷子、高粱、小麦、大豆、向日葵、甜菜、马铃薯。1980年起,按照《农业气象观测方法》的要求,进行农作物生育状况观测、自然物候观测、农业灾害观测、土壤水分状况的观测。站网调整后,农作物物候观测任务。农业气象电报任务不报送农业气象报表。发报内容包括气候旬月报、土壤湿度加测报、农业气象候报。1985年,农业气象观测网又重新调整,为吉林省农业气象发报站1995年1月1日调整为农业气象观测一般站。

观测项目 1980年起,按照《农业气象观测方法》的要求进行农作物生育状况观测、自然物候观测、农业灾害观测、土壤水分状况的观测。

土壤水份状况观测 每年春播期间(3月16日到5月31日),逢5、10、15、20、25日及月末进行土壤湿度观测,观测深度为 10、15、20、30 厘米。1958 年—1959 年,进行目测土壤湿度观测。1960 年—2008 年进行器测土壤湿度观测,测定深度为 0~10 厘米、10~20 厘米、20~30 厘米、30~40 厘米、40~50 厘米。1997 年,开始固定观测地段土壤墒情测定,深度调整为 0~100 厘米,10 厘米为一层次。2006 年 10 月开始,进行地下水位、土壤风蚀、干沉降的试观测,2007 年 7 月 1 日起正式观测。

农业气象电报   (1)农业气象旬(月)报依据国家气象局下发的气象旬(月)报电码(HD-03),常年向吉林省气象台拍发,编发内容为基本气象段、农业气象段、灾害段、产量段、地方补充段。(2)农业气象候报   每年 3 月 21 日至 5 月 31 日(1994 年起开始时间改为 2 月 28 日),向吉林省气象台、市气象台编发农业气象候报。(3)土壤湿度加测报   1996 年 6 月 1 日起,每年 3—6 月和 9—11 月,每旬逢 3 以及干旱时期大于等于 5 毫米降水过程结束后,加测土壤湿度。加测土壤湿度的深度为 50 厘米,2 个重复。1997 年 5 月,取消 10—11 月土壤湿度加测报。

仪器设备   配备了普通药物天平、电子天平、取土钻、铝盒、电烘箱等。

农业气象报表   按照中央气象局下发的《农业气象观测方法》,进行农业气象观测资料统计。1957 年至 1964 年,上报农作物生育状况观测记录年报表(农气表-1)、土壤水分观测记录年报表(农气表-2)、自然物候观测记录年报表(农气表-3)。1965 年开始,统一在农气表-1 中,上报 1 份,单位留底 1 份。

③特种观测

1999 年,我国与荷兰签订"建立中国的荒漠化及粮食保障的能量及水平衡检测系统"合作项目协议,协议要求,在乾安县建立用于系统参数调整和最后,结果检验的一台大口径闪烁仪数据采集系统(LAS 站)。该系统建成后可提供吉林省西部有代表性的盐碱地地表和大气间的感热通量参数。由吉林省气象科学研究所提供技术支持和经费,乾安县气象局负责日常维护及数据传输。在乾安县建立的 LAS 站是该研究项目在全国建立的 5 个站点之一,数据最为完整,运行时间最长,是为数不多的仍在运行的站点之一。

2000 年,乾安县气象局与吉林省气象科学研究所合作,在乾安县气象局建立大气辐射观测项目,观测场地建在乾安县气象局观测场,进行实现数据自动采集,乾安县气象局负责定时上报,吉林省气象科学研究所负责技术支持和运行经费。

④现代化观测系统

自动气象观测   1968 年 4 月,风观测项目用 EL 型电接风向风速计替代维尔达风向风速计。2003 年 10 月,乾安县气象局 DYYZ-Ⅱ型自动气象站建成,11 月 1 日开始试运行。2004 年 1 月 1 日正式投入业务运行(双轨运行以人工观测为主)。2005 年双轨运行以自动观测为主。2006 年 1 月 1 日进入自动观测单轨运行,仅保留 20 时人工观测项目。自动气象站观测项目有气压、气温、湿度、风向、风速、降水(发报降水量以人工观测为准)、地温(深层和浅层)。观测项目除云、能见度、天气现象外,全部采用仪器自动采集、记录,替代了人工观测。2007 年 1 月 1 日,取消气压、气温、湿度、风等项目的自记纸记录,保留雨量自记纸观测(每年 5 至 9 月)项目。

计算机编发报   1985 年,乾安县气象站配备了 PC-1500 袖珍计算机,1986 年 1 月 1 日起,取代之前的人工编报,计算机逐渐应用到业务工作中。1987 年 7 月,开始使用 APPLE-

Ⅱ计算机制作报表。1997年用"486"计算机换下 APPLE-Ⅱ计算机。1998年换下 PC-1500 袖珍计算机。

计算机编制报表 建站后气象月报、年报气表,用手工抄写方式编制,一式4份,分别上报国家气象局、省气象局气候资料室、地区气象局各1份,本站留底1份。1987年7月,开始使用微机打印气象报表,向上级气象部门报送纸质报表和资料磁盘。2006年2月,取消纸质资料报送,上报计算机自动生成数据文件,经吉林省气象局审核后,进行刻盘存储,永久保存。

气象电报的传输 建站时,每天报文的传输,主要通过电话局报房以口传形式发报,发送到沈阳区域气象中心和省气象台。2001年1月1日,正式启用 X.25分组交换网进行传输报文,电话传报时代结束。2003年开通了 DDN 专线发报,2006年升级为 SDH 光纤专线发报。2008年开通 VPN 专线,传输线路拓展为局域网与 INTER 网两种,保障了传输率。每天定时传输报文24次。同时配备有 UPS 电源及汽油发电机,可在停电时供电。气象电报传输实现了网络化、自动化。

区域加密自动气象站建设 2006年至2008年5月,建成两要素(温度、降水)站5个、四要素(风向、风速、温度、降水)站2个、六要素(风向、风速、温度、降水、气压、湿度)站1个,共计8个区域加密自动气象观测站。

⑤资料档案

建站以来气象档案由单位保存,2000年起,将以前的气象档案移交吉林省气候中心档案馆,乾安县气象局保存最近5年的气象资料,另外保留所有日照自记纸,气象记录年、月报表,以后每年上交上一年的气象档案。

2. 天气预报

1957年秋至1958年秋,乾安县气象局通过乾安县有线广播发布前一天天气实况。1958年12月开始作短期补充订正天气预报。1981年,乾安县气象站开始使用传真机,接收北京、日本的天气实况资料和短期预报资料,开始以天气图方法独立制作短期天气预报。1986年,乾安县气象局配备了甚高频电话,依托该设备,实现了与白城地区气象局的天气会商。1998年后,气象现代化进程加快,随着9210系统工程的全面实施,省、市、县实现网络互通,进行业务交流。1999年,建成 VSAT 卫星通信单收站,人机交互处理系统取代了传统的天气预报工作作业方式。接收各种数值预报解释产品和省、地气象台的分片和要素预报指导产品,结合乾安天气特点,用配套的预报技术方法,制作订正预报。2006年,地县可视会商系统建成,并应用到业务工作中。自1958年以来,每天16时前发布24小时天气预报。进入2000年,开展常规24小时、48小时和旬月报等短、中、长期天气预报。同时,开展灾害性天气预报预警业务和供领导决策的各类重要天气报告等。2006年开始,灾情直报业务展开,直报系统不断升级,灾情报告、预警信息发布等,均通过此系统对外发布及向上级部门上报。

3. 气象服务

公众气象服务 1957年秋至1958年秋,主要通过乾安县有线广播站发布前一天的天气实况。1958年末,通过乾安县广播站向全县广播未来24小时和48小时短期天气预报。1998年,乾安县气象局与乾安县广播电视局联合对外发布乾安县24小时天气预报。2006年,开始制作、发布乾安县24小时乡镇天气预报。天气预报信息由乾安县气象局制作并发送到乾安县广播电视局,乾安县广播电视局负责制作天气预报电视节目,对外发布。2000年4月,开通"121"天气预报声讯服务。2005年升位为"12121",实行集约经营,统一归松原市气象局管理,乾安县气象局负责发布本县24小时和48小时天气预报。

决策气象服务 1958年开始,乾安县在各乡镇所在地开始建立气象哨(当时称观天小组)10个,在1959年,随着大跃进的深入,气象哨达到195个。主要进行雨量测量,部分地方进行订正预报,为各级领导提供气象信息,为指挥农业生产服务。大跃进后,气象哨逐步减少。1965年,为给各级领导提供雨情,各公社保留了气象哨13个。乾安县气象站负责仪器供应及为每位气象哨观测员每月发放8元的补贴。观测员进行常规观测,并制作月简表。1984年,根据有关规定,气象站无条件供应气象哨的仪器设备及气象哨观测员的补贴(自建、自用、自营的方针),各气象哨停止了业务。

20世纪80年代开始,决策服务主要以电话及口头形式向县领导及有关单位提供年景趋势、月、旬等中、长期天气预报,结合预报内容,提出分析意见供领导参考。20世纪90年代开始,服务方式也主要以电话为主,但服务内容更加丰富,主要由春季土壤墒情分析、春播期天气预报、旱情情报、雨情情报、作物生长状态分析、秋季预报、产量预报及综合分析材料。进入汛期,乾安县气象局负责收集上报各地降水量,向县政府领导汇报具体情况及未来天气趋势分析。另有灾情出现时,立即进行灾情调查,并形成调查报告向各级领导汇报。进入2000年,决策服务工作更加规范,服务方式多以纸质材料为主,电话上报及口头汇报为辅。1994年,乾安县发生局地暴雨洪涝灾害,乾安县气象局工作人员通过及时高效的服务,为领导决策和减轻灾害起到了突出作用,乾安县委县政府授予乾安县气象局"抗洪抢险先进集体"称号,授予付光极"汛期抗洪抢险先进个人"称号。2000年,乾安县出现重旱,乾安县气象局决策服务及时准确,表现突出,被县委县政府评为抗旱救灾先进集体,付光极、许德被评为抗旱救灾先进个人,其中付光极荣立三等功一次。

2006年,随着气象科技的进步,加密自动气象站在各地建立,收集每分钟温度、雨量、风向、风度、气压、湿度等要素,在决策服务中发挥了很大的作用。2008年7月9日,乾安县出现强降水,依托该设备,乾安县气象局每10分钟向县领导做一次各地气象实况汇报,为领导决策和抗灾指挥提供有力依据。

专业气象服务 1986年,乾安县气象局配备了甚高频无线对讲机,为各乡镇粮库和部分乡镇政府以及副县长办公室配备了气象警报接收机,定时进行天气预报及气象警报信息发布。随着信息传输手段的不断丰富,至1992年,高频接收机逐步淘汰。1998年开始,乾安县气象局与乾安县林业局协商,制作防火期天气预报产品,并发布火险等级预报,以文字材料的形式为每年的春秋季防火期服务。

气象科技服务 为了总结乾安县气候特点,更好的进行服务,于1971年对1957—1969年的气象资料进行了整编,于1981年对1970—1979年的气象资料进行了整编,并于1983年出版。出于军事需求,1981年编写了《乾安县军事气候》,于1982年出版。为有效抵御农业灾害,合理利用气候资源,于1982年编写了《乾安县农业气候资源调查及其利用》一书,于1983年出版。1986年配备甚高频无线对讲机及气象警报接收机后,对全县各乡镇粮库进行科技服务。1998年,开展庆典气球施放服务。2000年,开展建筑物防雷装置检测服务及新建建筑物防雷装置图纸审核服务。2001年始,配备人工增雨火箭发射车及增雨火箭发射架,开展人工增雨服务。2005年,成立乾安县气象科技服务中心,开展气象科技服务工作。2006年至2009年,人工防雹高炮逐步落户各乡镇。人工增雨和人工防雹工作的开展,在防灾减灾工作中发挥了重要作用,2005年、2006年被乾安县委县政府授予"服务三农先进单位"称号。

法规建设和管理

1. 气象法制建设

2001年以来,乾安县气象局成立行政执法队伍,有4名执法人员,全部经政府法制办培训,考核合格,持证上岗。对违反气象管理的行为进行规范和执法。2005年,根据乾安县人民政府办公室关于进驻临时大厅有关工作的通知精神,乾安县气象局行政审批项目,包括防雷装置设计审核和竣工验收、防雷装置备案和释放气球管理项目审批工作进驻政务大厅。2005年为加强气象探测环境保护工作,根据《中华人民共和国气象法》、《气象探测环境和设施保护办法》、《吉林省气象条例》及吉林省气象局《关于进一步加强气象探测环境保护的通知》等法律法规,乾安县气象局将台站现状图、气象探测环境保护控制范围报送乾安县政府备案,并得到批复。2007年此项工作得以进一步落实,《关于乾安县气象探测环境及设施保护技术规定备案》得到乾安县规划办及乾安县建设局的复函。2006年,乾安县气象局对即将影响探测环境的"富豪花园小区住宅楼"建设项目进行行政执法,探测环境得到保护。2008年完成《探测环境保护专业规划》编制。

2. 气象规章制度建设

业务质量考核制度 气象业务管理方针体现着气象人严谨求实的工作作风,随着气象业务不断成熟,管理体制也不断完善和加强。地面观测业务实行千分率质量考核制度和观测发报基数工作量考核制度。要求不能对气象记录进行涂改,尽量减少勾抹,严禁伪造。实行上下班交接制度,下一班审核校对上一班工作记录,实行错情登记制度。上级部门实行月、季、年审核和检查制度,对工作质量进行考核通报。

目标管理责任制 1987年开始实行目标管理责任制,把各项工作纳入目标管理,层层考核,分解落实,签订目标管理责任书,每年参与考评,考评结果作为奖惩依据。2002年,被松原市气象局评为目标管理先进单位。

规章制度建设 1994年开始逐步建立和实施各项管理制度,完善各项规章制度近30项,内容涵盖业务管理、财务管理、行政事务、党务工作、局务公开、安全保卫等各个方面。

党建与精神文明建设

1. 党建工作

党支部建设 1956 年 12 月至 1959 年 8 月,乾安县气象站没有中国共产党党员,此期间党的活动由乾安县委农村工作部领导。1959 年 9 月,罗殿文同志由部队转业来乾安县气象站任站长,结束了乾安县气象站没有党员的历史,由于只有一人,没有组建党支部,罗殿文参加农业局党支部的活动。1963 年 9 月至 1964 年 5 月,罗殿文调出,党的活动由农业局党支部管理。1964 年 6 月,中共党员朱辉含调来,至 1971 年,参加农业局党支部活动。朱辉含任党支部书记。1971 年 6 月,由于乾安县气象站实行军管,乾安县人民武装部派赵秀珍同志来乾安县气象站任指导员,并兼任党支部书记,朱辉含同志任组织委员。1972 年 2 月,赵秀珍调回人民武装部,朱辉含任乾安县气象局党支部书记。1976 至 1979 年,刘东汉任支部书记。1979 至 1983 年,许殿祥任支部书记。1983 至 1988 年,沈忠任支部书记。1989 至 1997 年,华录才任支部书记。1997 年开始,付光极任支部书记。在县直机关党工委的领导下,乾安县气象局共培养发展 6 名党员。党支部和党员多次被县委、县直机关党委评为先进基层党组织和优秀党务工作者、优秀党员。

党风廉政建设 乾安县气象局组建党支部以来,廉政建设一直常抓不懈,并以多种形式开展。认真开展党风廉政建设的制度建设,制定局内部的廉洁自律制度,并接受群众和上级党组的监督。党员认真执行财务规章制度,从源头上加强廉政建设。多年来深入开展局务公开工作,成立局务公开领导小组,设立行风监督员和廉政监督员。2007 年,根据《松原市气象局局务公开实施办法》,对气象行政审批办事程序、气象服务、服务承诺、气象行政执法依据、服务收费依据及标准对外公开,同时将局务公开领导小组及局务公开内容上墙公示。2008 年 6 月,设立纪检监察员,加强"三人决策"制度。

2. 精神文明建设

创建文明单位 1998 至 2000 年,乾安县气象局被县委、县政府评为"精神文明建设先进单位"。2001 至 2002 年,被松原市委、市政府评为"精神文明建设先进机关"。2003 至 2007 年,连续被松原市委、市政府评为"精神文明建设先进单位"。在乾安县气象局每年开展的"文明职工"及"文明家庭"评选活动中,有多名同志受到奖励。

精神文明活动 乾安县气象局以多种形式开展文体活动,丰富职工文化生活,改善职工精神面貌,单位建立了阅览室,供职工日常学习使用。建设室内活动室和室外活动场、篮球场,购置健身器材。在每年的"五四"、"七一"、"八一"、"元旦"组织开展各项文艺、体育活动。每年"3·23"世界气象日,开展有主题的宣传活动,对外宣传,展示气象精神。

3. 荣誉

集体荣誉 1970 年,因气象资料整编工作完成出色,被吉林省气象局通电表扬,表扬材料先后在光明日报、吉林日报发表,同年被吉林省气象局评为"先进单位"。1972 年,被吉林省气象局评为吉林省气象系统先进单位。2005 年,被中国气象局授予"气象部门局务公开先进单位"称号。2007年,被吉林省气象局授予标准化台站称号。

参政议政　1984年,董万有同志为第四届乾安县人民政治协商会议委员会委员。之后一直担任第五届、第六届乾安县政治协商会议常委工作,兼任政治农村工作组副组长。2006年,付光极同志为第十届乾安县人民政治协商会议委员会委员。

台站建设

1956年,在乾安县麟字乡归字井苗圃建站,有土平房3间,总面积70平方米。1958年站址搬迁到龙字井,办公房为原乡政府房子,建筑面积为240平方米,总面积为5000平方米。1959年站址迁到乾安镇西南,办公房为黄砖瓦房1栋,200平方米,总占地面积7000平方米。1961年盖家属宿舍房1栋,200平方米,土平房2间,40平方米。1977年11月,在原站址西南建新站,总占地面积26250平方米。新建办公楼,建筑面积为250平方米。建家属宿舍土平房3栋12间。1980年又建3栋11间家属宿舍。1988年建家属宿舍28间,为黄砖水泥结构平房,总面积740平方米。近年来,随着社会经济的发展,乾安县气象局台站面貌也焕然一新,办公条件也有了明显改善。2004年,新建办公楼,建筑面积476平方米,业务工作平台、图书阅览室、会议室一应俱全。2006年,硬化地面1500平方米,建篮球场、室外健身场地。2007年,购置办公轿车1辆。同年对院内环境进行绿化。2008年,翻修办公辅助用房,新建单身职工宿舍、活动室、车库等。2007年被吉林省气象局授予"标准化台站"称号。

乾安县气象局办公楼

前郭尔罗斯蒙古族自治县气象局

前郭尔罗斯蒙古族自治县,位于吉林省西部,松原市中部的松辽平原,总面积6980平方千米。1956年建县,县名为郭前旗,1957年更名为前郭尔罗斯蒙古族自治县(以下简称前郭县),隶属于吉林省白城地区行政公署管辖,1991年隶属于前扶经济开发区。1992年成立松原市,前郭县隶属于松原市管辖。全县总人口58.4万,有蒙、汉等25个民族,其中蒙古族人口5.04万,占全县总人口的8.9%。县人民政府设在前郭镇。前郭县气象局位于前郭镇石化街8号。

机构历史沿革

历史沿革　前郭尔罗斯蒙古族自治县气象局(以下简称前郭县气象局)始建于1952年7月12日,1952年9月20日正式观测记录,站名为郭前旗气象站,站址在郭前旗第八区七家子(郊外)(北纬45°01′,东经124°58′,海拔高度为135.2米),属国家基本气象站。1959年12月1日,迁至前郭县前郭镇(郊外)(北纬45°07′,东经124°50′,海拔高度134.7米),更名为前郭县中心气象站。2000年1月1日,迁至前郭县前郭镇石化街8号(北纬45°05′,东经124°52′,海拔高度136.2米)。1966年7月,更名为前郭县气象站。1991年3月,增设前郭县气象局,局站合一,一个机构,两块牌子。

管理体制　建站之初,归吉林省军区气象科建制,业务领导单位为东北军区司令部气象处。1953年8月,全国气象部门由军事建制转为各级人民政府建制,归吉林省农业厅气象科领导。1954年9月27日,归吉林省气象局领导。1958年1月1日,全省气象台站的干部管理和财务管理工作下放到各县(市)人民委员会直接管理和领导,气象业务仍归省气象局管理。1963年8月1日,全省各地气象台站收归省气象局领导,气象台站的人事、财务、业务技术指导和仪器设备等统一由省气象局直接管理,有关行政、思想教育等仍由各市、州、县(市)人民委员会和专署负责。1970年12月18日,全省气象部门实行党的一元化领导和半军事化管理,归前郭县革命委员会和前郭县武装部双重领导,以武装部领导为主,气象业务由省、地气象部门管理。1973年7月12日,归前郭县革命委员会建制,气象业务仍由省、地气象部门管理。1980年7月1日,全省气象部门实行省气象局和地方政府双重领导,以省气象局领导为主的管理体制,省气象局负责领导管理全省气象台站的气象业务、人事、劳动工资、计划财务、仪器装备等工作,政治思想、党团行政、职工子女就业、基建和生产维修物资供应等,由当地党政部门负责。前郭县气象站既是省气象局和白城地区气象局的下属单位,又是前郭县的科局级单位,直属县人民政府领导。1997年1月,上级单位由白城市气象局改为松原市气象局,实行松原市气象局和前郭县人民政府双重领导,以松原市气象局领导为主的领导管理体制。前郭县气象局既是松原市气象局的下属单位,又是前郭县人民政府的职能部门,负责管理前郭行政区域内的气象工作。

人员状况　1952年建站时有职工5人,1991年4月有职工16人,党员7人。2008年定编为13人,现有职工18人,其中在编13人,聘用职工4人(勤杂1人,司机1人,业务人员2人),回聘职工1人。在编职工中(50～59)岁5人,(40～49)岁3人,40岁以下5人;中共党员8人;蒙古族1人,满族1人;本科学历7人,大专学历2人,中级职称6人,初级职称7人。

名称及主要负责人更替情况

名称	负责人	时间
郭前旗气象站	曹殿永	1952.09—1958.04
前郭县中心气象站	叶震南	1958.05—1958.12
前郭县中心气象站	武凤鸣	1959.01—1960.06
前郭县中心气象站	李玉槐	1960.07—1960.08
前郭县中心气象站	冯志林	1960.09—1967.01
前郭县气象站	匡保家	1967.02—1970.02
前郭县气象站	陈广武	1970.03—1977.02
前郭县气象站	匡保家	1977.03—1978.02
前郭县气象站	陈广武	1978.03—1983.01
前郭县气象站	孙学艳	1983.02—1991.02
前郭县气象局	段金生	1991.03—2001.12
前郭县气象局	王洪臣	2002.01—

气象业务与服务

1. 气象观测

观测时次与日界 1952—1953年,每日按北京时进行03、06、09、12、14、18、21、24时8次观测,以24时为日界。1954年1月1日至1960年6月30日,采用地方平均太阳时,每日进行01、07、13、19时4次定时气候观测,以19时为日界。1960年7月1日开始,采用北京时,每日进行02、08、14、20时4次定时气候观测,以20时为日界,昼夜守班。

观测项目 观测的项目有气压、气温、湿度、风向、风速、云、能见度、天气现象、降水、日照、蒸发(小型)、地面温度(深层和浅层)、草面温度、冻土、雪深、雪压。1990年1月1日起正式开展酸雨观测。1998年,开始增加观测E-601B型蒸发器。2002年6月,开始进行特种观测,观测项目为露天环境、柏油路面温度、梯度温度。2006年1月1日起,自动气象站正式单轨运行,停止草温观测。

气象电报 1952年9月开始,每日拍发8次天气报。1954年1月1日起,每日按地方平均太阳时01、07、13、19时编发4次天气报。1960年7月开始按北京时,拍发02、08、14、20时天气报,参加全球气象资料交换。1958年开始,每年7月1日至9月10日向吉林省气象台、白城地区气象台拍发雨量加报,1964年开始改为每年5月1日—9月30日、1966年8月21日起改为每年6月1日—9月30日拍发。1963年5月开始,向吉林省气象台拍发06—06时日雨量报,1970年改为拍发05—05时日雨量报。1984年4月1日开始,编发重要天气报,不再拍发日雨量报和雨量加报,发报内容有降水、大风、龙卷、积雪、雨凇、冰雹。2008年6月1日开始,增加雷暴、视程障碍现象(霾、浮尘、沙尘暴、雾)的编报。2005年4月16日开始,每天08时30分至09时编发日照时数及蒸发量实况报。2007年1月1日开始,前郭县气象站每日拍发02、05、08、11、14、17、20、23时8次天气报。2007年,承担生态井观测发报任务。1953年开始承担固定和预约航空天气报和危险天气报任务。

电报传输　从建站起,观测报文通过县邮电局专线电话口传发报。1997 年建立信息终端(试运行),1998 年用拨号方式通过分组交换网(X.28 协议),将观测资料传输到吉林省气象信息中心,同时将航危报通过专线电话口传发报至松原市电信局。2003 年 8 月,与松原市气象局开通 DDN 专线,通过网络上传电报。2006 年改为 SDH 光纤专线发报。

地面气象报表　1952 年 11 月—1953 年 12 月,编制《气象月总簿》,主要统计项目有气压、气温、湿度(包含绝对湿度、相对湿度)、露点温度、饱和差、云、能见度、天气现象、降水、风、地温、冻土、日照、蒸发、积雪、地面状态、最低草温、湿球温度、电线积冰以及压、温、湿、降水、风等自记记录。年末编制《气象年总簿》。

1954 年 1 月 1 日起,每月编制基本地面气象观测记录月报表(气表-1),每年编制地面气象记录年报表(气表-21),一式 4 份,分别向中国气象局、吉林省气象局、白城市气象局各报送 1 份,本站留底本 1 份。1997 年,归松原市气象局管理,停止向白城市气象局报送报表。

1954 年至 1965 年,编制温度、湿度自记记录月报表(气表-2)。1954 年至 1960 年 2 月编制气压自记记录月报表(气表-2)。1954 年至 1960 年 12 月编制地温观测记录月报表(气表-3)、日照记录月报表(气表-4)。1954 年 1979 年,编制降水自记记录月报表(气表-5)。1959 年至 1960 年 12 月,制作冻土记录月报表(气表-7)。同时编制年报表 22、23、24、25、27。1970 年至 1979 年,编制风向风速自记记录月报表(气表-6)。1961 年 1 月起,气表-3、气表-4、气表-7 并入气表-1,相应的年报表并入气表-21。1980 年 1 月 1 日起,气表-5、气表-6 并入气表-1,降水自记记录年报表(气表-25)并入气表-21。

自动观测系统　20 世纪 80 年代,县级气象局现代化建设开始起步,1985 年配备了PC-1500 袖珍计算机;1986 年 1 月 1 日启用 PC-1500 袖珍计算机,取代人工编报;1987 年 7月开始使用(APPLE-Ⅱ型)微机打印气象报表,并向上级气象部门报送(报表)磁盘。

2003 年 8 月,县局 DYYZⅡ型自动气象站建成,2004 年 1 月 1 日开始对比观测。自动气象站观测项目有气压、气温、湿度、风向风速、降水、地温等,观测项目全部采用传感器自动采集、记录,替代了人工观测。2006 年 1 月 1 日,自动气象站正式单轨运行。自 2007 年1 月 1 日起,不再保留气压、气温、湿度、风向风速自记记录。

区域自动观测站建设　2005 年 8 月至 2008 年 5 月,建成两要素(温度、雨量)加密自动观测站 11 个、四要素(温度、雨量、风向、风速)加密自动站 8 个、六要素(温度、雨量、风向、风速、气压、湿度)加密自动站 2 个,共计 21 个。

2. 农业气象

前郭县气象站农业气象观测是从 1957 年开始的。"文化大革命"期间,农业气象观测工作一度停止。1980 年,重新组织农业气象观测网,为全省农业气象观测站网。1985 年,农业气象观测网又重新调整,前郭为全国农业气象发报站,只承拍农业气象电报任务,不报送农业气象报表。

①物候观测

1980 年 1 月开始,进行了农作物观测和物候观测。1980 年观测农作物是玉米、水稻。1981 年增加了小叶杨、紫丁香、苍耳、蒲公英的物候观测。动物有青蛙、候鸟家燕。1983

年,农作物观测取消了玉米,增加了大豆的观测。1984 年,物候观测增加了马兰、芦苇、车前。1985 年,物候观测取消了苍耳,动物观测增加了蟾蜍。1987 年,物候观测增加了苍耳,取消了小叶杨。1988 年,物候观测增加了小叶杨取消了马兰。1989 年,物候观测增加了马兰。1991 年,物候观测增加了垂柳,取消了紫丁香。1994 年,物候观测将垂柳改为旱柳。1994 年物候观测取消苍耳、芦苇、车前,动物观测取消蟾蜍。2000 年,农作物观测取消大豆,增加了玉米。2007 年物候观测增加杏、车前。

②观测项目

1980 年起,按照《农业气象观测方法》的要求进行农作物生育状况观测、自然物候观测、农业灾害观测、土壤水分状况的观测。

③土壤湿度测定

1958—1959 年,进行目测土壤湿度观测。1980—2008 年,进行器测土壤湿度观测,测定深度为 0～10 厘米、10～20 厘米、20～30 厘米、30～40 厘米、40～50 厘米。1997 年开始固定观测地段土壤墒情测定深度调整为 0～100 厘米,10 厘米为一层次。2006 年 10 月开始,进行地下水位、土壤风蚀、干沉降的试观测,2007 年 7 月 1 日起正式观测。

④农业气象电报

农业气象旬(月)报 依据国家气象局下发的气象旬(月)报电码(HD-03),常年向吉林省气象台拍发,编发内容为基本气象段、农业气象段、灾害段、产量段、地方补充段、农业生产段。

农业气象候报 每年 3 月 21 日至 5 月 31 日(1994 年起开始时间改为 2 月 28 日),向吉林省气象台、市气象台编发农业气象候报。

土壤湿度加测报 1996 年 6 月 1 日起,每年 3—6 月和 9—11 月,每旬逢 3 以及干旱时期大于等于 5 毫米降水过程结束后加测土壤湿度,加测土壤湿度的深度为 50 厘米,2 个重复。1997 年 5 月,取消 10—11 月土壤湿度加测报。

⑤仪器设备

配备了普通药物天平、电子天平、取土钻、铝盒、电烘箱等。

⑥农业气象报表

按照中央气象局下发的《农业气象观测方法》进行农业气象观测资料统计。编制农作物生育状况观测记录年报表(农气表-1)、固定及作物观测地段土壤水分观测记录年报表(农气表-2)、自然物候观测记录年报表(农气表-3)。1994 年开始,按照国家气象局修改后的《农业气象观测规范》,编制农业气象观测记录报表,一式 4 份,在次年 1 月底前向国家气象局、吉林省局、市局各报送 1 份,本站留底本 1 份。

3. 天气预报

短期天气预报 1959 年开始收听省气象台天气形势广播,加看天经验开展补充订正预报。1966 年绘制小天气图、制作要素演变曲线图、时间剖面图等工具,制作单站预报。1972 年起,使用数理统计,建立回归预报方程和聚类分析等统计方法制作预报。1983 年12 月,配备 123 型传真图接收机,接收北京和日本的传真图表,使用地方 MOS 输出统计方法,建立晴雨、降水、最高、最低气温等 MOS 预报方程。1984 年,MOS 预报方法投入短期预报业务,至 1986 年建成天气模型、模式预报、经验指标等三种基本预报工具。1999 年,PC-VSAT 地面卫星单收站建成并正式启用,传真接收机停止使用。单收站接收数值预报图和云图、雷达等信息,利用上级气象台的数值预报指导产品,通过人机交互 Micaps1.0 处理系统,结合本地资料制作订正预报。至 2008 年,Micaps 处理系统已升级为 3.0 版本。1986 年 7 月,开通甚高频对讲电话,实现与白城市气象局及各县气象站直接会商。2006 年实现市、县天气预报可视会商。

中期天气预报 1964 年开始用韵律法、点聚图和总结群众经验等方法制作中期预报。1972 年后,应用数理统计方法,采用 3～5 年降水、气温趋势滑动平均方法制作中期预报。1983 年后,县气象站不再制作中期预报,根据白城市气象台旬预报结果,结合本地资料以及预报员经验,进行订正后服务。

长期天气预报 1965 年开始制作长期预报。从总结群众经验、历史资料验证入手,运用数理统计、韵律、找相关相似和周期规律等方法建立长期预报指标,制作月、季、年度冷暖、旱涝趋势预报。1983 年以后,不承担长期预报业务。根据服务需要,订正省气象台的长期趋势预报,提供给服务单位。

4. 气象服务

公众气象服务 1959 年,通过有线广播向全县发布天气预报信息,每天早晚各广播 1 次。1997 年 6 月,建立电视天气预报节目制作系统,每天在电视台播出 2 次。1997 年开通"121"天气预报自动答询系统,2005 年升级为"12121"。

决策气象服务 1960 年开展天气预报以来,以口头或油印材料方式,向县委县政府提天气预报和灾害性天气服务。服务内容有春播期和汛期中、短期预报、墒情、雨情、作物生长关键期预报等。1990 年后增加《重要天气报告》、《气象情报》、《天气预报》、《农作物生育期预报》、《适宜播种期预报》、《汛期(6—9 月)天气形势分析》等决策服务产品,通过传真、电子邮件、网络等形式将服务信息报送到政府及有关服务部门。2006 年,制定《前郭县气象局决策服务周年方案》和《前郭县气象灾害突发事件应急预案》,2008 年 1 月,市政府将气象灾害应急工作纳入县政府公共事件应急体系。

专业专项服务 1984 年开展专业专项气象服务,针对粮库粮食晾晒的需要,提供短、中期专项预报,当年签订了服务合同。1985 年后,专业服务拓展到水库蓄水、防汛、房屋建筑、桥梁、公路、厂矿建设施工等行业。1992 年 3 月,购置天气预警接收机,向厂矿、企业、学校发布天气预报和预警信息。

人工影响天气 20 世纪 70 年代开展人工影响天气工作,1986 年购进高炮 15 门,在 15 个乡(镇)炮点进行防雹作业,受到了农村各级群众的欢迎。2000 年,县政府成立了前郭县人工防雹指挥部,指挥部办公室设在气象局,授权气象部门在政府的领导和协调下,管理、指导和组织实施人工影响天气作业。2001 年 7 月,购进人工增雨火箭发射车,开始了火箭人工增雨工作。

防雷服务 1998 年开始避雷针检测服务。

法规建设与管理

1. 气象法规建设

法规建设 《中华人民共和国气象法》颁布,前郭县政府将气象探测环境保护纳入城市发展规划。2000年,县政府成立前郭县人工防雹指挥部,指挥部办公室设在气象局,授权气象部门在政府的领导和协调下,管理、指导和组织实施人工影响天气作业。2002年,前郭县人民政府下发《前郭县人民政府办公室关于成立雷电管理领导小组的通知》和2007年下发的《前郭县人民政府办公室关于进一步做好防雷减灾管理工作实施意见》,前郭县雷电防护管理办公室设在前郭县气象局,把防雷减灾纳入气象行业管理,授权气象部门负责雷电灾害防御工作的组织管理,并会同有关部门对可能遭受雷击的建筑物、构筑物和其他设施安装的防雷装置进行检测工作。

依法行政 2007年7月,前郭县人民政府成立了行政审批大厅,气象局在大厅内设立了办事窗口,依法行使气象行业管理职能。对防雷工程进行建审,对施放气球资质进行审批。

2. 气象内部管理

业务质量考核制度 建站开始,就实行了严格的业务考核制度。观测记录不准字上改字,不准涂改伪造记录,下一班要校对上一班记录,并进行错情登记。上级业务主管部门进行月、季、年业务质量考核通报。

目标管理责任制度 1987年开始,实行目标管理责任制。把各项工作任务都纳入目标管理,层层分解,层层签订目标管理任务书。每年都进行认真考评,把考评结果作为奖惩依据。

党建与精神文明建设

1. 党建工作

组织建设 1962—1970年,由于党员人数少,编入县农林党委。1971年成立党支部,由陈广武任支部书记。1983—1991年,由孙学彦任党支部书记。1991年3月后由段金生任党支部书记。2008年有党员11人。

党风廉政建设 1987年开始,把党风廉政建设纳入目标管理责任制的考核内容,年终进行严格考评。1996年开始,按省局党组要求,建立重大问题由党支部集体讨论决定的制度。2004年4月,设立纪检监察员,并建立重大事项三人(局长、副局长和纪检监查员)决策制度,实行领导干部年终述职述廉和任期审计制度。2006年,实行政务公开,成立"政务公开领导小组"和"政务公开监督小组",建立健全政务公开制度和监督检查机制。将气象法律法规赋予部门的管理职能、管理权限、审批项目、办事程序、办事时限、收费标准、处罚规定、服务承诺和社会监督等项内容,通过市政务大厅公开板和电视媒体形式向社会公开。

将单位年度财务预算决算、经费使用、物资采购、基建项目、招待费用、干部任用、职称评定、评先选优和考核奖惩等项内容,利用单位公示板、信息栏、会议和建立制度册等形式向职工公开。

创建文明单位 2003 年成为市级精神文明建设先进单位。

2. 荣誉

建站以来,前郭县气象局集体获奖 20 多次,个人获奖共 70 多人次。

集体荣誉 1955 年末,吉林省气象局授予前郭县气象站"质量优秀红旗";1956 年被评为全国、全省气象部门"先进集体",同年被省政府授予"农业先进集体";2007 年、2008 年县委、县政府授予气象局"特殊贡献奖"。

个人荣誉 1957 年 4 月站长曹殿永被国家气象局授予"气象先进工作者";1994 年、1996 年省人事厅授予段金生"省直先进工作者",1995 年省气象局记三等功一次;2006 年郭立宏被省妇联授予"三八红旗手",模范事迹松原日报给予报道,前郭电视台进行了采访,并制作专题片播放。

台站建设

1952 年 7 月,郭前旗气象站始建于郭前旗第八区七家子"郊外"。1959 年 12 月迁至前郭县前郭镇"郊外",办公室为砖瓦结构起脊 9 间。1980 年,省气象局投资建办公楼 272 平方米,办公区土地面积 12000 平方米。

1999 年迁至前郭县前郭镇石化街 8 号,由政府动迁置换,建办公室面积 600 平方米(其中 100 平方米车库),临街房 750 平方米,四周围墙,总土地面积 13961 平方米。

2008 年,由省气象局投资建办公室两层,建筑面积 583 平方米。经过几次建设,办公条件和职工生活条件得到了改善。

前郭县气象局旧办公楼

前郭县气象局新办公楼

长岭县气象局

长岭县位于吉林省西部,松原市西南部,东与农安县接壤,南与公主岭市、双辽市交界,西与内蒙古科尔沁左翼中旗毗邻,北与通榆县、乾安县、前郭尔罗斯蒙古族自治县为邻。幅员 5728.43 平方千米,人口 64 万,县人民政府驻长岭镇。长岭县气象局位于长岭镇长盛西路 531 号。

机构历史沿革

历史沿革 长岭县气象观测始于 20 世纪 30 年代。伪满中央观象台 1933 年在长岭,1939 年在长岭太平川、长岭新安镇等 3 处建立气象观测所或雨量站。解放战争期间停止工作。其中,长岭简易观测所的资料年代长达 8 年。

1952 年夏,由原吉林气象站观测员李范率领马运嘉、张家榕等 3 人,在吉林省军区气象科有关人员指导下,在长岭县长岭镇西北街(县粮库院内)建站,站址位于北纬 44°15′,东经 123°58′,观测场海拔高度 188.9 米。同年 8 月 21 日,开始正式观测记录。1953 年 12 月 1 日迁至长岭镇北门外姑子庙"城区"(长岭镇长盛西路 531 号),新旧站址直线距离 450 米。1955 年吉林省气象部门在长岭洼中高建立气候站,同年 10 月 1 日开始气象观测。1962 年全省气象台站调整,长岭洼中高气候站被撤销。

建站初期,定名为吉林省军事部长岭气象站。1954 年 2 月 15 日改为吉林省长岭县气象站。1959 年夏,气象与水文合并,站名为长岭县气象水文中心站。1959 年春,成立了长岭县人民委员会气象科,站与科在一起合署办公,同年底气象科撤销。1960 年 9 月,再次成立长岭县人民委员会气象科,1963 年春,再次撤销气象科。1962 年春,经县委批准气象和水文分开,改名为长岭县气象中心站。1966 年 7 月,改称长岭县气象站。1993 年 5 月,增设长岭县气象局,局站合一,一个机构,两块牌子。

管理体制 建站之初,归吉林省军区气象科建制,业务领导单位为东北军区司令部气象处。1953 年 8 月,全国气象部门由军事建制转为各级人民政府建制,归吉林省农业厅气象科领导。1954 年 9 月 27 日,归吉林省气象局领导。1958 年 1 月 1 日,全省气象台站的干部管理和财务管理工作下放到各县(市)人民委员会有关单位直接管理和领导,气象业务仍归省气象局管理。1958 年秋,体制下放到地方,隶属长岭县人民委员会领导。1959 年春至 1963 年秋,设立长岭县人民委员会气象科。1963 年 8 月 1 日,全省各地气象台站收归省气象局领导,气象台站的人事、财务、业务技术指导和仪器设备等统一由省气象局直接管理。有关行政、思想教育等仍由各市、州、县(市)人民委员会和专署负责。1970 年 12 月 18 日,全省气象部门实行党的一元化领导和半军事化管理,归长岭县革命委员会和长岭县武装部双重领导领导,以武装部领导为主,气象业务由省、地气象部门管理。1973 年 7 月 12 日,归长岭县革命委员会建制,由长岭县农业局领导,气象业务仍由省、地气象部门管理。1980 年 7 月 1 日,全省气象部门实行省气象局和地方政府双重领导,以省气象局领导为主的管理体制,省气象局负责领导管理全省气象台站的气象业务、人事、劳动工资、计划财务、仪器装备等工作,政治思想、党团行政、职工子女就业、基建和生产维修、物资供应等,由当地党政部门负责。长岭县气象站既是省气象局和白城地区气象局的下属单位,又是长岭县的科局级单位,直属县人民政府领导。1997年1月,上级单位由白城市气象局改为松原市气象局,实行松原市气象局和长岭县人民政府双重领导,以松原市气象局领导为主的领导管理体制。长岭县气象局既是松原市气象局的下属单位,又是长岭县人民政府的职能部门,负责管理长岭县行政区域内的气象工作。

人员状况 1952年建站时只有3人。1954年9月27日定编8人。1958年秋,交地方管理,编制增加到12人。1971年1月,归县武装部管理,定编10人。1976年开始,编制增加到16人。2005年8月,定编为13人。2008年,在编职工10人,聘用4人。在职14人中,党员10人;大学学历11人,中专学历1人,高中学历2人;中级专业技术人员4人,初级专业技术人员4人;50~60岁3人,40~49岁4人,40岁以下有7人。

机构设置 1952年7月至1958年只设测报组。1958年增加补充订正天气预报和农业气象观测业务,增设预报组及农业气象组。1982年6月,测报、农气与预报组改设为测报股、预报股、农气股。1993年5月,增设科技服务股。1998年,测报、农气与预报股改设为观测科、农气科、预报服务科。2000年,增设人工影响天气办公室、雷电防护办公室、气象局办公室等机构。2005年,预报服务科改设为气象台,同时农气科纳入气象台管理。

名称及主要负责人更替情况

名称	时间	负责人
吉林省军事部长岭气象站	1952.08—1953.12	李 范
吉林省军事部长岭气象站	1953.12—1959.02	吴永南
长岭县人民委员会气象科	1959.02—1960.01	陶相文
长岭县气象水文中心站	1960.09—1963.08	陈海山
长岭县气象中心站	1963.08—1971	王振廷
吉林省长岭县气象站	1971—1975	李康荣
吉林省长岭县气象站	1975—1978.08	宋文郁
吉林省长岭县气象站	1978.08—1981.10	吴永南
吉林省长岭县气象站	1981.10—1985.07	王振廷
吉林省长岭县气象站	1985.07—1986.09	刘玉和
吉林省长岭县气象站	1986.09—1993.05	霍洪生
长岭县气象局	1993.05—1998.04	李荣海
长岭县气象局	1998.04—2005.11	刘东和
长岭县气象局	2005.11—2006.02	孙海龙
长岭县气象局	2006.02—	于长富

气象业务与服务

1. 气象观测

①地面气象观测

观测时次与日界 1952—1953年,每日按北京时进行03、06、09、12、14、18、21、24时8

次观测,以24时为日界。1954年1月1日至1960年6月30日,采用地方平均太阳时,每日进行01、07、13、19时4次定时气候观测,以19时为日界。1960年7月1日开始,采用北京时,每日进行02、08、14、20时4次定时气候观测,以20时为日界,昼夜守班。

观测项目 观测的主要项目有云、能见度、天气现象、气压、空气温度、湿度、风向风速、降水、日照、蒸发(小型)、雪深、雪压、地温、冻土。1998年开始增加观测E-601B型蒸发器。

气象电报 自建站起,每日拍发7次天气报,1960年7月开始按北京时,拍发02、05、08、11、14、17、20时天气报,参加对外气象资料交换。1958年开始,每年7月1日至9月10日向吉林省气象台、白城地区气象台拍发雨量加报。1964年开始改为每年5月1日—9月30日,1966年3月21日起改为每年6月1日—9月30日拍发。1963年5月开始,向吉林省气象台拍发06—06时日雨量报,1970年改为拍发05—05时日雨量报。1984年4月1日开始,编发重要天气报,不再拍发日雨量报和雨量加报,发报内容有降水、大风、龙卷、积雪、雨凇、冰雹,2008年6月1日开始,增加雷暴、视程障碍现象(霾、浮尘、沙尘暴、雾)的编报。2005年4月16日开始,每天08时30分至09时编发日照时数及蒸发量实况报。2007年1月1日开始,长岭县气象站每日拍发02、05、08、11、14、17、20、23时8次天气报。1953年开始承担固定航空天气报和危险天气报任务。

1986年1月,地面测报开始启用PC-1500袖珍计算机编报。1987年,开始使用AP-PLE机处理观测记录记录。1995年,地面测报全部启用IBM286计算机进行记录整理,并自动编报。1999年,开始使用奔腾系列计算机。

地面气象报表 1952年11月—1953年12月,编制《气象月总簿》,主要统计项目有气压、气温、湿度(包含绝对湿度、相对湿度)、露点温度、饱和差、云、能见度、天气现象、降水、风、地温、冻土、日照、蒸发、积雪、地面状态、最低草温、湿球温度、电线积冰以及压、温、湿、降水、风等自记记录,年末编制《气象年总簿》。

1954年1月1日起,每月编制基本地面气象观测记录月报表(气表-1),每年编制地面气象记录年报表(气表-21),一式4份,分别向中国气象局、吉林省气象局、白城市气象局各报送1份,本站留底本1份。1997年,归松原市气象局管理,停止向白城市气象局报送报表。

1954年至1965年,编制温度、湿度自记记录月报表(气表-2)。1954年至1960年2月,编制气压自记记录月报表(气表-2)。1954年至1960年12月,编制地温观测记录月报表(气表-3)、日照记录月报表(气表-4)。1954年1979年,编制降水自记记录月报表(气表-5)。1959年至1960年12月,制作冻土记录月报表(气表-7),同时相应编制年报表22、23、24、25、27。1954年至1965年、1970年至1979年,编制风向风速自记记录月报表(气表-6)。1961年1月起,气表-3、气表-4、气表-7并入气表-1,相应的年报表并入气表-21。1980年1月1日起,气表-5、气表-6并入气表-1,降水自记记录年报表(气表-25)并入气表-21。

自动观测系统 20世纪80年代,县级气象局现代化建设开始起步,1985年配备了PC-1500袖珍计算机。1986年1月1日启用PC-1500袖珍计算机,取代人工编报。1987年7月开始使用(APPLE-Ⅱ型)微机打印气象报表,并向上级气象部门报送(报表)磁盘。2003年8月,县局DYYZⅡ型自动气象站建成,2004年1月1日开始对比观测,自动气象站观测项目有气压、气温、湿度、风向风速、降水、地温等,观测项目全部采用传感器自动采集、记录,替代了人工观测。2006 年 1 月 1 日,自动气象站正式单轨运行。2007 年 1 月 1 日起,不再保留气压、气温、湿度、风向风速自记记录。

区域自动观测站建设 2006 年 5 月—2008 年 5 月,在长岭县乡、镇建立区域自动气象站 13 个,其中两要素(温度、雨量)站 6 个、四要素(温度、雨量、风向、风速)站 5 个、六要素(温度、雨量、风向、风速、气压、湿度)站 2 个。

②农业气象观测

1957 年,长岭洼中高站开始农业气象观测。1958 年开始,长岭开展农业气象业务。1964 年,确定长岭为吉林省农业气象观测基本站。"文化大革命"期间,农业气象观测工作一度停止。1980 年,重新组织农业气象观测网,长岭为全国农业气象基本观测站。1985 年,农业气象观测网又重新调整,长岭仍为全国农业气象观测基本站。

物候观测 1958 年至 1961 年,物候观测项目有高粱、谷子、玉米、春小麦、小叶杨、杏、野草、甜菜、冬黑麦、秋白菜、蒲公英等。1962 年物候观测项目有谷子、玉米、春小麦。1963 年至 1993 年,物候观测项目有燕子、高粱、谷子、玉米。1994 年取消观测谷子。1994 年至 2006 年,物候观测项目有家燕、豆雁、玉米、小叶杨、杏、野草、蒲公英。2007 年,开始增加观测旱柳、车前。

观测项目 1980 年起,按照《农业气象观测方法》的要求进行农作物生育状况观测、自然物候观测、农业灾害观测、土壤水分状况的观测。

土壤湿度测定 1958—1959 年,进行目测土壤湿度观测;1960—2008 年,进行器测土壤湿度观测,测定深度为 0~10 厘米、10~20 厘米、20~30 厘米、30~40 厘米、40~50 厘米。1997 年,开始固定观测地段土壤墒情测定,深度调整为 0~100 厘米,10 厘米为一层次。2006 年 10 月开始,进行地下水位、土壤风蚀、干沉降的试观测,2007 年 7 月 1 日起正式观测。

农业气象电报 依据国家气象局下发的气象旬(月)报电码(HD-03),常年向吉林省气象台拍发农业气象旬(月)报,编发内容为基本气象段、农业气象段、灾害段、产量段、地方补充段、农业生产段。每年 3 月 21 日至 5 月 31 日(1994 年起开始时间改为 2 月 28 日),向吉林省气象台、市气象台编发农业气象候报。1996 年 6 月 1 日起增加土壤湿度加测报,每年 3—6 月和 9—11 月,每旬逢 3 以及干旱时期大于等于 5 毫米降水过程结束后加测土壤湿度,加测土壤湿度的深度为 50 厘米,2 个重复。1997 年 5 月,取消 10—11 月土壤湿度加测报。

仪器设备 配备了普通药物天平、电子天平、取土钻、铝盒、电烘箱等。

农业气象报表 按照中央气象局下发的《农业气象观测方法》进行农业气象观测资料统计,编制农作物生育状况观测记录年报表(农气表-1)、固定及作物观测地段土壤水分观测记录年报表(农气表-2)、自然物候观测记录年报表(农气表-3)。1994 年开始,按照国家气象局修改后的《农业气象观测规范》,编制农业气象观测记录报表,一式 4 份,在次年 1 月底前向国家气象局、吉林省气象局、市气象局各报送 1 份,本站留底本 1 份。

③气表制作

建站至 1987 年 6 月,气象报表用手工抄写方式编制。1987 年 7 月开始使用微机打印气象报表,向上级气象部门报送气象报表和磁盘,审核后盖章返回本站。2006 年 1 月开始,通过气象专线网向吉林省气象局传输原始资料和报表,经吉林省气象局审核后,气象站将原始资料和报表做成光盘,并将报表打印存档。

2004 年 7 月起,将建站以来的原始气象记录档案(日照记录除外)移交吉林省气象档案馆,气象站不再保留原始气象记录档案。

④电报传输

从建站起,观测报文通过县邮电局专线电话口传发报。1997 年建立信息终端(试运行),1998 年用拨号方式通过分组交换网(X.28 协议),将观测资料传输到吉林省气象信息中心,同时将航危报通过专线电话口传发报至松原市电信局。2003 年 8 月,与松原市气象局开通 DDN 专线,通过网络上传电报。2006 年改为 SDH 光纤专线发报。

2. 天气预报

1958 年,长岭县气象站根据预报需要,共抄录整理 1952 年以来的资料 55 项,绘 9 种基本图表。1958 年 3 月,为了配合当地农业生产服务,长岭县气象站开始制作 5~10 天补充天气预报,因服务效果好而受到当地县委和吉林省气象局领导的重视,并于同年 10 月份在长岭县气象站召开了吉林省气象工作现场会,中央气象局副局长饶兴同志到会并讲话。1964 年,根据地方政府的需要,开始做中、长期天气预报。1972 年起,使用数理统计预报方法,建立回归预报方程、聚类分析等工具制作预报。20 世纪 80 年代初期,上级业务部门非常重视基层的业务基本建设,要求每个台站的基本资料、基本图表、基本档案和基本方法(即四基本)必须达标。1981 年 5 月,正式开始使用 117 型天气图传真接收机,同时取缔手工绘制天气图表。1983 年,开始研究 MOS 输出统计方法,建立晴雨、降水、最高、最低气温等 MOS 预报方程。1984 年,MOS 预报方法投入短期预报业务,开始发布专业专项天气预报。至 1986 年,建成天气模型、模式预报、经验指标等 3 种基本预报工具。1990 年 1 月,正式开始使用 123 型天气图传真接收机。在基本档案方面,主要对有气象资料以来的各种灾害性天气个例进行建档,对气候分析材料、预报服务调查与灾害性天气调查材料、预报方法使用效果检验、预报质量月报表、预报技术材料、中央省地各类预报业务会议材料等建立业务技术档案。1999 年,PC VSAT 地面卫星单收站建成并正式启用,传真接收机停止使用。单收站接收数值预报图和云图、雷达等信息,利用上级气象台的数值预报指导产品,通过人机交互 Micaps1.0 处理系统,结合本站的大雨 MOS 方程等工具,制作订正预报。至 2008 年,Micaps 处理系统已升级为 3.0 版本。

短期天气预报 1958 年 3 月,县站开始制作短期天气预报。利用收音机接收吉林省气象台天气形势预报(以数字电码形势播送),然后根据省气象台指导预报,手工绘制天气图,分析槽脊形势,再结合群众经验和谚语,利用小天气图、要素演变曲线图、时间剖面图等工具制作短期预报。对外发布 24 小时及 48 小时天气预报和天气趋势预报。1981 年 5 月正式开始使用 117 型天气图传真接收机,主要接收北京的气象传真和日本的传真图表,利用传真图表独立地分析、判断天气变化。2006 年,实现市、县天气预报可视会商。

中期天气预报 1958 年,春开始制作中期(5~10 天补充订正天气预报)预报。1964年,根据地方政府的需要,开始作中、长期天气预报。使用韵律、点聚图和 3~5 年降水、气温趋势滑动平均等方法制作中期预报。20 世纪 80 年代初,通过传真机接收中央气象台、省气象台的旬、月天气预报,再结合分析本地气候特点、短期天气形势、天气过程的周期变化等制作一旬天气过程趋势预报。后来,此种预报作为专业专项服务内容,上级业务部门不予考核。

长期天气预报 县气象站主要运用数理统计方法和常规气象资料图表及天气谚语、韵律关系等方法,分别作出具有本地特点的趋势预报。县气象站制作长期天气预报在 20 世纪 70 年代中期开始起步,20 世纪 80 年代为适应预报工作发展的需要,进一步贯彻执行中央气象局提出的"大中小、图资群、长中短相结合"技术原则,组织力量,多次会战,建立一整套长期预报的特征指标和方法,这套预报方法一直沿用至今。长期预报主要有:春季(3—5月)预报、汛期(6—8月)预报、秋季(9—10月)预报、年景气候趋势预测、定期或不定期的服务材料等。1984 年开始,上级业务部门对长期预报业务不作考核,但因服务需要,这项工作仍在继续。

3. 气象服务

公众气象服务 1958 年 3 月开始,利用农村有线广播站播报气象消息,每天早晚各广播 1 次。1995 年由县电视台制作文字形式气象节目。1995 年 9 月与县广播电视局协商在电视台播放长岭县天气预报,天气预报信息由气象局提供,电视节目由电视台制作,预报信息通过电话传输至广播局。2000 年 6 月,同电信局合作正式开通"121"天气预报自动咨询电话。2004 年 4 月,根据松原市气象局的要求,全市"121"咨询电话实行集约经营,主服务器由松原市气象局建设维护。2005 年 1 月,"121"电话升位为"12121"。

2004 年 9 月,为更好地为农业生产服务,建起了"兴农网",并在全县各乡、镇开通了信息站。

决策气象服务 1958 年开始,以电话或纸质方式向县委县政府提供决策服务。20 世纪 90 年代,逐步开发定期或不定期的《气象信息》、《重要天气报告》、《汛期(6—8月)天气形势分析》等决策服务产品。及时向县委、县政府及有关部门提供决策服务。2005 年 5 月 10 日(根据中气发〔2005〕96 号文)开展气象灾害预评估和灾害预警服务,并建立突发公共事件预警信息发布平台及应急预案,全面承担突发公共事件预警信息的发布与管理。每年为政府部门发布涉及交通安全、公共卫生、农业病虫害等突发公共事件预警可达 60 余次,相关服务信息资料 3000 余份。2006 年,制订《长岭县气象局决策服务周年方案》,对不同季节重要农事活动作出服务安排。同年制订《长岭县突发气象灾害应急预案》,2008 年,县政府将气象灾害应急工作纳入市政府公共事件应急体系。

专业专项气象服务 1984 年,开始推行气象有偿专业服务。1988 年 6 月,长岭县人民政府办公室转发《县气象站关于开展气象有偿专业服务报告的通知》,对长岭县气象有偿专业服务的对象、范围、收费原则和标准等内容进行规范。初期的有偿专业服务主要是为全县各乡镇(场)或相关企事业单位提供短、中、长期天气预报和气象资料;与县粮食局签定合同,向各粮库提供粮食晾晒期间短期预报。服务领域逐步扩展到水利、种子公司、交通、林场、农电、建筑等部门。1987 年 9 月,购置气象警报接收机 20 台,并在防汛抗旱办公室、县粮食局、仓储公司、粮库及各乡、镇(场)、乡政府等安装使用。建成气象预警服务系统并对外开展信息发布服务,每天定时播放 2 次 24 小时及 48 小时天气预报,服务单位通过警报接收机,定时接收气象预报、警报。

人工影响天气 近年来,人工影响天气工作在抗御农业气象灾害中发挥了越来越显著的作用。2001 年开始,长岭县气象局逐渐配备"三七"防雹高炮 11 门、流动人工增雨火箭作业车 2 辆、多功能车载雷达车 1 辆。每年春季开展人工增雨作业,年平均发射"三七"防雹炮弹 100 发、增雨火箭弹 60 枚。

避雷设施检测服务 防雷检测服务始于 1998 年,每年检测楼房、机房、基站、加油站避雷针等防雷设施 100 多个单位,截至 2008 年共检测避雷设施近万次。

科普宣传 2001 年起,每年在"3·23"世界气象日开展气象知识宣传活动,出动宣传车 3 辆,在长岭镇中心设立宣传板 6 块、发放宣传单 2000 余份。2005 年至 2008 年设立气象知识咨询台,向广大青少年和城、乡居民讲解气象知识,并在当日县电视台晚间新闻节目中播出。

法规建设与管理

1. 气象法制建设

气象法规建设 1988 年 6 月,长岭县人民政府办公室转发《县气象站关于开展气象有偿专业服务报告的通知》,对长岭县气象有偿专业服务的对象、范围、收费原则和标准等内容进行规范。1998 年,县政府成立雷电灾害防护管理办公室,办公室设在气象局,把防雷减灾纳入气象行业,授权气象部门负责雷电灾害防御工作的组织管理,并会同有关部门对可能遭受雷击的建筑物、构筑物和其他设施安装的防雷装置进行检测工作。2001 年,县政府成立了人工影响天气指挥部,把人工增雨防雹"办公室"设在气象局,授权气象部门在政府的领导和协调下,管理、指导和组织实施人工影响天气作业。2005 年,长岭县政府办公室下发《关于印发长岭县突发性气象灾害应急预案的通知》,把《突发性气象灾害应急预案》纳入县政府公共事件应急体系。

依法行政 2002 年,长岭县气象局为 4 名气象人员办理了行政执法证,依法履行《中华人民共和国气象法》赋予的法律责任。按照《中华人民共和国气象法》及国务院 412 号令的要求,加强雷电灾害防御和依法管理工作,严肃查处未经气象部门审核而擅自从事防雷工程的行为,有理、有节、有效地抵制持有违规资质的单位,冲击长岭防雷检测市场,防雷技术及服务逐步走向规范化。

按照《中华人民共和国气象法》的规定,将探测环境保护纳入城市发展规划,有效的保护了探测环境。对防雷工程专业设计或施工资质管理、施放氢气球单位的资质认定、施放气球活动许可制度等实行社会管理。

2. 气象内部管理

业务质量考核制度 建站开始,就实行了严格的业务考核制度。观测记录不准字上改字,杜绝涂改伪造记录,下一班要校对上一班记录,并进行错情登记;上级业务主管部门进行月、季、年业务质量考核通报。建站以来,有 2 人获测报"报表预审百班无错情",有 7 人获测报"连续百班无错情",有 6 人获测报"二百五十班无错情",其中有 1 人获农气"二百五十班无错情"。有 1 人获省级"优秀值班预报员"

目标管理责任制度 1987 年开始,实行目标管理责任制。把各项工作任务都纳入目标管理,层层分解,层层签订目标管理责任书。每年都进行认真考评,把考评结果作为奖惩依据。1999—2005 年中,有 4 年被松原市气象局评为"目标管理优秀达标单位"。

规章管理制度 1980 年开始,逐步制定长岭县气象局综合管理制度,2007 年全面修订各方面制度,完善党支部民主生活会制度、党务公开制度、行政管理制度、学习制度、财务管理制度、安全保卫制度、局务会制度以及各种值班制度。

党建与精神文明建设

1. 党建工作

党组织建设 自建站以来,共发展了 8 名党员。1952 年至 1995 年,由于党员人数少,因此被编入农业党委。1993 年成立党支部,由李荣海同志担任支部书记,至 2008 年共发展了 7 名党员。1998 年以来,在刘东和支部书记的带领下,对支部建设、党风廉政建设、城防体系建设制定相应措施,成立三人决策小组,并聘王彬同志为兼职纪检监察员。2008 年,在岗职工 14 人,其中党员 10 人。1998 年以来,长岭县气象局党支部一直是县党工委所属的"先进基层党组织"。

党风廉政建设 1987 年开始,把党风廉政建设纳入目标管理责任制的考核内容,年终进行严格考评;1996 年开始,按省局党组要求,建立重大问题由党支部集体讨论决定的制度;1999 年,制定了《长岭县气象局领导班子党风廉政建设制度》《长岭县气象局领导班子廉洁自律制度》;2005 年开展建设文明机关、和谐机关和廉政机关活动;2008 年 9 月,设立纪检监察员,并建立重大事项三人(局长、副局长和纪检监查员)决策制度,实行领导干部年终述职、述廉和任期审计制度。

2. 精神文明建设

1993 年开始花园式台站建设,1996 年建成干净、整齐、美观的花园式台站,进入全省气象部门花园式台站建设先进行列。1996 年开始创建文明单位,1987 年被评为长岭县精神文明建设先进单位。1998 年被市气象局评为气象服务"示范单位"。1999 年以来,一直保持市级精神文明建设先进单位的荣誉。

2005 年开展"五个一"活动,每年的重要节假日,都和其他县局开展联手共建结对子活动,开展群众性文体活动,参加省、市局组织的文体活动。

2007 年,完成了文化和图书阅览室建设,办公楼内部设有职工图书阅览室。购置健身器材和乒乓球台。气象大院建有排球场、健身广场、职工休闲广场。同年,通过省气象局标准化台站验收。

3. 荣誉

1958 年 11 月被评为先进单位。观测员詹正行同志参加了全国青年社会主义建设积极分子代表会议,共青团中央授予锦旗一面。同年 12 月,吴永南同志参加全国农业社会主义建设先进单位代表会议,受到周恩来总理亲自接见,并获得表彰,颁发了奖状。1959年被评上先进单位。1963年再次被评为先进单位,吴永南同志代表集体参加了吉林省1963年农业群英会,并得到表彰。

台站建设

1993年开始花园式台站建设。1994年以来,对局机关的环境面貌和业务系统进行了大的改造,重新修建了350平米砖瓦结构的办公室。2004年,向省气象局申请综合改善资金70万元,建办公楼及县级气象服务终端等业务工程。

气象局占地面积9337.5平方米,办公楼480.79平方米,车库1栋142.92平方米。2006年,长岭县气象局分期分批对机关院内的环境进行了绿化改造。规化整修了道路,重新装修了业务值班室,完成了业务系统的规范化建设,修建了1500多平方米草坪、花坛,栽种了风景树。全局绿化率达到了60%,硬化了1100平方米路面。机关院内变成了风景秀丽的花园,办公环境彻底得到改善。

长岭县气象局办公楼

长岭县气象局休闲一角

扶余县气象局

扶余县地处吉林省中北部,属温带半湿润气候区。东隔拉林河,北隔松花江(东流段)与黑龙江省相望,南隔松花江(西流段)与德惠、农安、前郭县为邻,总面积4464平方千米,人口735,727人(2006年),1995年设县,县城驻三岔河镇。1987年10月,撤销县建市(县级)。1992年6月6日,国务院批复,同意撤销扶余市,设立松原市(地级),扶余改为扶余区。1995年7月20日,国务院(国函〔1995〕68号)文件批复,同意恢复扶余县,并将扶余区更名为宁江区。新设立的扶余县辖扶余区的三岔河、蔡家沟、陶赖昭、伊家店等8个镇18个乡,县人民政府驻三岔河镇。

1996年6月,原扶余县三岔河气象站更名为扶余县气象站,同时设立扶余县气象局,局站合一,一个机构,两块牌子。原扶余县气象站更名为松原市气象局观测站;原扶余县气象局,更名为宁江区气象局与松原市气象局观测站局站合一,一个机构,两块牌子。

机构历史沿革

历史沿革 扶余县气象观测机构的历史可追溯到20世纪30年代。1930年,吉林省建设厅在扶余农事试验场建立雨量站;1934年1月,伪满吉林省公署训令在扶余建立简易观测所1处;1935年10月,伪满交通部治水调查处在蔡家沟建成简易观测所;1940年1月,在扶余长春岭建成雨量站;1941年10月,国民政府中央气象局成立后,在陶赖昭设立气象站;1943年9月10日,伪满中央观象台在陶赖昭设立观象台。

1952年7月6日,陶赖昭气象站建立,属国家基本气象站,地址在扶余县第十七区(陶赖昭)小城子街郊外(东经125°54′,北纬45°51′),观测场海拔高度153.8米。1954年9月26日,迁址于第十八区(三岔河镇)西南郊,站址经纬度为东经126°00′,北纬44°58′,观测场海拔高度196.6米。1955年10月,扶余伊家店气象站建成,1962年撤销。

管理体制 陶赖昭气象站归吉林省军区气象科建制,业务领导单位为东北军区司令部气象处。1953年8月,气象部门从军队建制转为地方建制。1954年1月1日起,陶赖昭气象站归吉林省人民政府农业厅气象科领导,站名全称为吉林省陶赖昭气象站。1954年9月,更名为吉林省三岔河气象站,归吉林省气象局领导和管理。1955年5月更名为吉林省扶余县气象站。1958年1月1日,全省气象台站的干部管理和财务管理工作下放到各县(市)人民委员会直接管理和领导,气象业务仍归省气象局和地区气象台管理。1959年2月17日,更名为扶余县人民公社农业部三岔河气象站,归扶余县农业部领导。1963年7月3日,更名为吉林省扶余县三岔河气象站。1970年12月18日,全省气象部门实行党的一元化领导和半军事化管理,归扶余县革命委员会和扶余县武装部双重领导,以武装部领导为主,气象业务由省、地气象部门管理。1971年6月,更名为扶余县革命委员会三岔河气象站。1973年7月12日,归扶余县革命委员会建制,由扶余县农业局领导,气象业务仍由省、地气象部门管理。1980年7月1日,全省气象部门实行省气象局和地方政府双重领导,以省气象局领导为主的管理体制,省气象局负责领导、管理全省气象台站的气象业务、人事、劳动工资、计划财务、仪器装备等工作,政治思想、党团行政、职工子女就业、基建和生产维修物资供应等,由当地党政部门负责。扶余县三岔河气象站既是省气象局和白城地区气象局的下属单位,又是扶余县的科局级单位,直属县人民政府领导。1997年1月,归松原市气象局领导,实行松原市气象局和扶余县人民政府双重领导,以松原市气象局领导为主的领导管理体制。扶余县气象局既是松原市气象局的下属单位,又是扶余县人民政府的职能部门,负责管理扶余县行政区域内的气象工作。

人员状况 1952年7月6日,吉林省气象科指派张春林、叶震南、萧贞敏等3人到陶赖昭建站。1953年编制为6人;1978年编制9人;2008年全局有16人,在编10人(含停薪留职2人),招聘5人,地方编制1人,其中35岁以下职工10人,35至50岁职工4人,50至60岁职工2人;有本科学历7人,专科8人;汉族14人,蒙古族1人,回族1人;工程师4人,助理工程师1人;党员7人。

机构设置 1952年建站时设测报组(1958年兼职预报),1981年增设预报组;1984年,测报与预报组改设为测报股、预报股;1991年,增设科技服务股;1999年,测报与预报股改设为观测科、预报服务科,科技服务股改科技服务科(扶余县防雷检测中心);2005 年预报服务科改设为气象台,增设办公室;2008 年设气象台、测报科、办公室、防雷中心 4 个机构。

主要负责人更替情况

任职时间(年、月)	台站名	主要负责人
1952.07—1958.04	陶赖昭气象站	张春林
	三岔河气象站	
1958.04—1966.06	三岔河气象站	马运嘉
1966.07—1970.02	三岔河气象站	王进忱
1970.02—1971.02	三岔河气象站	卢银衡
1971.03—1973.02	三岔河气象站	安 余
1970.03—1973.02	三岔河气象站	孙学彦
1973.03—1985.09	三岔河气象站	马运嘉
1985.08—1996.06	三岔河气象站	王洪艳
1996.06—2002.11	扶余县气象局	
2002.11—2004.10	扶余县气象局	褚秀英
2004.10—	扶余县气象局	褚秀英

气象业务与服务

1. 气象观测

观测时次与日界 1952—1953 年,每日按北京时进行 03、06、09、12、14、18、21、24 时 8 次观测,以 24 时为日界。1954 年 1 月 1 日至 1960 年 6 月 30 日,采用地方平均太阳时,每日进行 01、07、13、19 时 4 次定时气候观测,以 19 时为日界。1960 年 7 月 1 日开始,采用北京时,每日进行 02、08、14、20 时 4 次定时气候观测,以 20 时为日界,昼夜守班。

观测项目 观测的主要项目有云、能见度、天气现象、气压、空气温度、湿度、风向风速、降水、日照、蒸发(小型)、雪深、雪压、地温、冻土、草温。1998 年开始增加观测 E-601B 型蒸发器。

气象电报 1952 年 9 月开始,每日拍发 8 次天气报。1954 年 1 月 1 日起,每日按地方平均太阳时 01、07、13、19 时编发 4 次天气报,1960 年 7 月开始按北京时拍发 02、08、14、20 时天气报,参加国内气象资料交换。1958 年开始,每年 7 月 1 日至 9 月 10 日向吉林省气象台、白城地区气象台拍发雨量加报。1964 年开始改为每年 5 月 1 日—9 月 30 日,1966 年 3 月 21 日起改为每年 6 月 1 日—9 月 30 日拍发。1963 年 5 月开始,向吉林省气象台拍发 06—06 时日雨量报,1970 年改为拍发 05—05 时日雨量报。1984 年 4 月 1 日开始,编发重要天气报,不再拍发日雨量报和雨量加报,发报内容有降水、大风、龙卷、积雪、雨凇、冰雹,2008 年 6 月 1 日开始,增加雷暴、视程障碍现象(霾、浮尘、沙尘暴、雾)的编报。2005 年 4 月 16 日开始,每天 08 时 30 分至 09 时编发日照时数及蒸发量实况报。2007 年 1 月 1 日开始,扶余县气象站每日拍发 02、05、08、11、14、17、20、23 时 8 次天气报。2007 年,承担生态井观测发报任务。1953 年开始承担固定和预约航空天气报和危险天气报任务。

地面气象报表 1952 年 11 月—1953 年 12 月,编制《气象月总簿》,主要统计项目有气压、气温、湿度(包含绝对湿度、相对湿度)、露点温度、饱和差、云、能见度、天气现象、降水、风、地温、冻土、日照、蒸发、积雪、地面状态、最低草温、湿球温度、电线积冰以及压、温、湿、降水、风等自记记录。年末编制《气象年总簿》。

1954年1月1日起,每月编制基本地面气象观测记录月报表(气表-1),每年编制地面气象记录年报表(气表-21),一式4份,分别向中国气象局、吉林省气象局、白城市气象局各报送1份,本站留底本1份。1997年,归松原市气象局管理,停止向白城市气象局报送报表。

1954年至1965年,编制温度、湿度自记记录月报表(气表-2),1954年至1960年2月编制气压自记记录月报表(气表-2)。1954年至1960年12月,编制地温观测记录月报表(气表-3)、日照记录月报表(气表-4),1954年1979年编制降水自记记录月报表(气表-5)。1959年至1960年12月,制作冻土记录月报表(气表-7),同时相应编制年报表22、23、24、25、27。1970年至1979年编制风向风速自记记录月报表(气表-6)。1961年1月起,气表-3、气表-4、气表-7并入气表-1,相应的年报表并入气表-21。1980年1月1日起,气表-5、气表-6并入气表-1,降水自记记录年报表(气表-25)并入气表-21。

自动观测系统 20世纪80年代,县级气象局现代化建设开始起步,1985年配备了PC-1500袖珍计算机;1986年1月1日启用PC-1500袖珍计算机,取代人工编报;1987年7月开始使用(APPLE-Ⅱ型)微机打印气象报表,并向上级气象部门报送(报表)磁盘。

2003年8月,县局DYYZⅡ型自动气象站建成,2004年1月1日开始对比观测。自动气象站观测项目有气压、气温、湿度、风向风速、降水、地温等,观测项目全部采用传感器自动采集、记录,替代了人工观测。2006年1月1日,自动气象站正式单轨运行。2007年1月1日起,不再保留气压、气温、湿度、风向风速自记记录。

区域自动气象站建设 2005年8月至2008年5月,建成两要素(温度、雨量)加密自动观测站11个、建成四要素(温度、雨量、风向、风速)加密自动站4个、建成六要素(温度、雨量、风向、风速、气压、湿度)加密自动站2个,共计17个。

农业气象 1996年改为扶余县气象局(站)之前,扶余县三岔河气象站没有农业气象观测任务。2005年被确定为农业气象一般站。2006年1月10日起,开始编发气象旬月报。2006年2月28日起,开始编发农业气象候报。

电报传输 建站起,观测报文通过县邮电局专线电话口传发报。1997年建立信息终端(试运行),1998年用拨号方式通过分组交换网(X.28协议),将观测资料传输到吉林省气象信息中心。同时将航危报通过专线电话口传发报至松原市电信局。2003年8月,与松原市气象局开通DDN专线,通过网络上传电报。2006年改为SDH光纤专线发报。

2. 天气预报

1997年以前,扶余县三岔河气象站没有天气预报业务,为了满足社会需求,1958年以后,观测人员开始兼职预报工作。通过收听省台天气形势广播,绘制简易天气图,结合本站天气实况和农谚作出订正天气预报,满足社会咨询。1981年增设预报组,使用ZSQ-Ⅰ天气图传真接收机,接收北京、欧洲、日本的气象传真图。1986年配备了甚高频接收机,实现与白城地区气象局的天气会商。1996年改为扶余县气象局以后,增加了气象预报职责。1997建成远程终端。1999年建成VSAT卫星通信单收站,人机交互处理系统取代了传统的天气预报工作作业方式。接收各种数值预报解释产品和省、地气象台的分片和要素预报指导产品,结合本地天气特点,用配套的预报技术方法,制作订正预报。2006年,灾情直报业务开通,直报系统不断升级,灾情报告、预警信息发布等均通过此系统对外发布,并向国家、省、市等上级业务部门上报。2007年,地县可视会商系统建成。2008年4月,在全省县级气象部门中率先引进TWR-01型小型雷达,用于人工增雨和强对流突发天气监测。

3. 气象服务

①公众气象服务

1958年开始制作补充订正天气预报,主要为地方经济建设和人民生活提供咨询服务。2000年起,通过"121"电话天气自动答讯系统发布天气预报。2005年"121"升位为"12121",实行集约经营,统一归松原市气象局管理。扶余县气象局负责制作本县24小时天气预报、3~5天天气预报、上下班天气预报。2002年,开通手机气象短信天气预报业务。2006年开始制作扶余县24小时乡镇天气预报,通过电视节目的滚动字幕发布预警信号,为重大活动提供气象保障。

②决策气象服务

1996年恢复县制后,正式开展决策服务,以口头或传真方式向县委县政府提供决策服务。2006年制定气象服务周年方案,通过重要天气报告、气象信息、汛期天气形势分析、雨情情报、扶余气象快讯等气象服务产品开展决策气象服务。2008年6月20日、21日发生在增盛镇、社里乡局地强降雨,使部分村屯出现洪涝、泥沙流和冰雹灾害。县委、县政府主要领导及相关部门进驻灾区,气象局灾情调查小组第一时间赶到灾区,协助灾情调查,进行雨情监测、预测,为抗灾救灾提供决策气象服务。在群众撤离与否的关键时刻,准确的预报,为县领导正确决策提供了科学依据,避免了经济损失和人员伤亡。

③专业专项服务

1985年开展专项服务,与各粮库、砖厂签订气象服务合同,服务内容以短时、短期天气预报为主,中长期预报为辅,服务方式为电话咨询和邮寄服务材料2种。1986年陆续购置甚高频无线对讲机和警报接收机,向用户发布各种气象信息。2001年、2002年为长余高速公路建设提供服务。2004—2005年,深入棚菜区及各村屯上门服务。2005年,与引拉管理局签订专业气象服务合同,服务方式为手机短信和电话。2006年开始与烟叶公司签订专业气象服务合同,提供烟叶生长期天气预报。2008年,与哈大专线中交一航局签订气象服务合同,提供生产期天气预报,服务方式为邮箱传递。

④气象科技服务

人工防雹 1974年,在大三家子、榆树沟、五家站设3个防雹试验点,用人工土炮自制防雹炮弹进行作业。1980年,成立扶余县人民政府人工防雹办公室,地点设在原扶余气象站(现松原气象站)。1996年恢复县制后,新成立的扶余县气象局接管防雹工作。全县三条雹线设10个防雹点。2005—2006年,单"三七"防雹高炮换成双"三七"防雹高炮。2008年,进行防雹作业51次,发射防雹炮弹1878枚,保护农作物13.6万公顷。

人工影响天气 2001年,购置人工增雨作业车,配3305工厂双轨弹道火箭发射器1套。2002年,购进人工增雨作业车,配556厂双轨道弹道火箭发射器1套。2003年,成立人工影响天气办公室。配备专人,通过培训,规范作业流程。2007年春夏两季,扶余出现百年不遇的严重干旱,扶余气象局利用高科技手段适时开展人工增雨作业,有效缓解了旱情,为大灾之年粮食增产,农民增收做出贡献。

防雷检测服务 1999年成立防雷检测中心,逐步开展建筑物防雷装置、新建建(构)筑物防雷工程图纸审核、设计评价、竣工验收、计算机信息系统等防雷安全检测。

4.气象科普宣传

气象日宣传 2003年世界气象日,扶余气象局出动2辆宣传车,设立宣传台,悬挂3条过街横幅,全局职工走上街头散发宣传单3000多分。2004—2006年春季,采取地毯式的宣传方式,走遍全县村村屯屯,敲开每一农户的家门,把宣传气象科普知识的资料送到农民炕头上。3年累计发放传单10万张,科普书籍千余册,开展讲座30次。

气象文化长廊 2006年底建成涵盖扶余气象史、气象自然科学知识等9个方面内容的气象文化长廊。

气象科普基地 2007年,扶余县气象局被确定为扶余县中小学气象科普教学基地,3月23日,松原市首个中小学气象科普教学基地落户扶余县气象局,为扶余气象科普宣传搭建了平台。应用贺卡、宣传画册、手机短信、报刊、与社区联合进行文艺汇演等渠道,实现气象科普入村、入企、入校、入社区,全县科普教育受众面达60%以上。

媒体宣传 2003—2008年,在《中国气象报》发表作品3篇,中国气象网发表作品5篇,在《吉林日报》、吉林气象网、《松原日报》、扶余县电视台、扶余宣传网、《扶余报》、《夫余国》等期刊发表作品上百篇。

法规建设与管理

1.气象法规建设

加强防雷法规建设 2001年,扶余县人民政府印发《扶余县人民政府办公室关于开展防雷设施安全检查工作的通知》(扶政办发〔2003〕24号)。2005年,扶余县防雷中心防雷装置设计审核和竣工验收及防雷装置备案2项行政审批工作项目,进驻政务大厅。2007年,扶余县人民政府印发《关于进一步做好防雷减灾工作的通知》(扶政办发〔2007〕42号)。2008年,对全县62所中小学防雷设施进行普查。

气象观测环境保护法规建设 2005,对气象探测环境保护技术规定备案(扶政〔2005〕13号,扶建字〔2005〕9号)。2007年,绘制了《扶余气象观测环境保护控制图》,为气象观测环境保护提供重要依据,同年对气象探测环境进行备案(扶政发〔2007〕49号)。2008年1月10日,完成《扶余国家一级站探测环境保护状况书》编制。

2.依法行政

2003年以来,每年3—6月开展气象法律法规和安全生产宣传教育活动。2004年聘请法律顾问,成立执法领导小组,5名兼职执法人员均通过县政府法制办培训考核,持证上岗,对影响探测环境、易燃易爆场所及存在安全隐患地进行行政执法,取得显著成效。

2006—2008 年,对存在安全隐患的易燃易爆场所进行行政执法 5 次,与公安、消防、教育等部门联合开展气象行政执法检查 20 余次。2006 年 3 月,扶余县政务大厅设立气象窗口,承担气象行政审批职能。

3. 内部管理

业务质量考核制度 建站开始,就实行了严格的业务考核制度。观测记录不准字上改字,杜绝涂改伪造记录,下一班要校对上一班记录,并进行错情登记。上级业务主管部门进行月、季、年业务质量考核通报。建站以来,有 2 人获测报"连续百班无错情",有 1 人获测报"二百五十班无错情",有 3 人获省级"优秀值班预报员"。"文化大革命"期间,扶余县三岔河气象站也受到干扰和破坏,部分干部职工克服人员少、工作量大的困难,顶住压力和干扰,坚持业务工作不放松,在全国气象系统以"没漏一份报,没出一错情"而闻名。

目标管理责任制度 1987 年开始,实行目标管理责任制。把各项工作任务都纳入目标管理,层层分解,层层签订目标管理责任书。每年都进行认真考评,把考评结果作为奖惩依据。1988—2008 年获得省、地气象部门目标管理奖 16 项。

党建与精神文明建设

1. 党建工作

支部组织建设 1971 年扶余县三岔河气象站有 3 名党员,与三岔河镇文化站、书店、电影院成立联合支部,下设 4 个党小组,气象站党小组组长褚宪瑞。1974 年成立气象站党支部,支部书记董焕奎。2008 年有党员 8 人。2003—2008 年,连续 5 年被评为优秀党支部。2004 年,获被县直党工委评为红旗支部,褚秀英、谷凤霞多次被县直机关党工委评为优秀党务工作者和优秀党员。

党支部主要负责人更替情况

职务	姓名	任职时间
支部书记	董焕奎	1974.07—1978.10
支部书记	温令久	1979.03—1981.10
支部书记	王洪艳	1981.10—2002.11
支部书记	褚秀英	2002.11—

党风廉政建设 2004 年成立党风廉政建设领导小组。建立"党风廉政建设责任"、"廉政建设制度"、"领导干部廉政档案制度"、"廉洁自律制度"。每半年组织党员观看 2 次反腐倡廉警示教育专题片。单位设立党风廉政建设宣传栏。2006 年实行政务公开。2007 年设纪检监察员,参加局三人决策小组,重大问题由三人决策小组集体研究决定。2008 年,举办气象廉政建设书法展览,举办廉政文化文艺演唱会。2008 年,获得全省气象部门廉政文化示范单位荣誉称号。

2. 精神文明建设

精神文明建设 2004 年成立"扶余县气象局精神文明建设领导小组"、"扶余气象局思想政治工作领导小组",制定"气象职工道德规范",局机关设立精神文明创建专栏,把胡锦涛总书记提出的"八荣八耻"作为规范职工行为座右铭悬挂上墙。

2002—2008年,被县直党工委评为先进机关称号,2001—2004年,获市委、市政府精神文明建设先进机关称号。2004—2006年度,获吉林省军、警、民共建先进单位。2007年,被吉林省气象局评为标准化台站。1999年,马继伟获中共扶余县委、县政府授予的精神文明先进个人。2007年,扶余县气象局被确定为扶余县中小学气象科普教学基地。

文体活动 2002年起,每年举行1次"天际杯"扶余气象局职工象棋大赛。每年"五四"青年节、"三八"妇女节等节日参加扶余县委、县政府组织的文艺表演活动。2008年举办了气象廉政文化建设书法展览,参展作品30余件。举办扶余县气象文化建设文艺演唱会,以自编自演歌舞、块板、小品等节目为主,弘扬气象文化,讴歌时代精神。省、市气象局领导、县政府主要领导参加观看了节目。

3. 荣誉

奖励 1952年建站以来,共获得集体奖24个、个人获奖36人次。1970年获全国气象工作"双先"会先进单位奖;2004—2006年,被吉林省精神文明指导委员会评为"军、警、民共建先进单位";2001年、2002年、2003年连续3年被松原市委、市政府评为精神文明先进机关。

荣誉 马运嘉曾出席全国农业模范表彰会。孙学彦获1953年省创优争先模范竞赛一等奖、1970年出席全国气象系统"双学"会。王洪艳1983年被评为扶余县劳动模范,1986年被评为白城地区气象局先进工作者,1987年被吉林省气象局评为模范工作者,1988年被授予吉林省气象部门双文明建设模范工作者。

台站建设

1954年站址迁移至三岔河镇,办公室为170平方米的4间半平房。2003年11月,建成代表扶余气象新形象的综合楼,建筑面积1410.8平方米,一层325平方米为办公室,2～4层为职工住宅。2004年,硬化庭院3750平方米。2005年,全局职工自己动手,奋战两个多月,平整庭院土地,绿化庭院3200平方米。

扶余县气象局旧办公楼

扶余县气象局新办公楼

白山市气象台站概况

白山市位于吉林省东南部,现辖 3 县 1 市 2 区,面积 17485 平方千米,人口 130 万。

气象工作基本情况

历史沿革　浑江市气象局始建于 1991 年 1 月 1 日,前身为浑江市气象站,始建于 1980 年 7 月 1 日,隶属通化地区气象局管理。1994 年 4 月更名为白山市气象局。建局时辖长白、抚松东岗、临江、靖宇、浑江等五个气象站,1987 年 4 月到 1988 年 6 月临江、长白、抚松、靖宇气象站相继增设气象局,局站合一,一个机构两块牌子,2004 年 4 月 29 日、2007 年 5 月 9 日经中国气象局批准分别成立江源县气象局、抚松县气象局。截至 2008 年所辖增加江源区气象局、抚松县气象局。其中国家基准气候站 1 个、国家基本气象站 3 个、国家一般气象站 3 个、农业气象一般站 7 个、探空站 1 个。

管理体制　1953 年 8 月 1 日,中央军委和政务院联合发布转建命令,临江气象站由军事部门建制,转为由辽东省人民政府建制。1958 年 1 月 1 日起,中共吉林省委和省人委根据中央体制下放的精神,将全省气象台站的干部和财务管理下放到各县(市)人民委员会有关单位直接管理和领导,气象业务由吉林省气象局和地区气象台管理。1963 年 8 月 1 日体制上收,气象业务、人事、财务收归吉林省气象局管理,行政、思想教育仍由人民委员会领导管理。1970 年 12 月根据吉革[70]123 号、吉军发[70]164 号文联合通知精神,气象体制下放,归地方革命委员会、人民武装部双重管理,以军队领导为主。1973 年 7 月 12 日省革委会和省军区以吉革发[73]41 号文通知,决定省、地、县三级气象部门仍归同级革命委员会建制,由革委会农林办公室领导。1980 年 7 月 1 日起,气象部门实行吉林省气象局和地方政府双重领导,以省气象局领导为主的管理体制。

人员状况　1981 年浑江市气象站在职人数 6 人;1991 年浑江市气象部门编制为 97 人,实有 84 人;2000 年编制 106 人,实有在编人数为 97 人;截至 2008 年年底,定编为 115 人,实有在编人数 105 人。现有公务员编制 16 人,实有 14 人;事业单位编制 99 人,实有 91 人;大专以上学历 84 人,其中本科学历 43 人;中级以上职称有 31 人,其中高级职称 3 人。

党建和文明创建　全市气象部门有 6 个党支部,党员 50 人,均获得先进(优秀)党支部称号。

1992 年开始,白山市气象局将党的建设与文明创建工作列入重要议事日程,1996 年列入各单位的年度工作计划和目标考核,并分解落实到人头。从 1998 年开始每年与各科室和各县局层层签订党风廉政责任状。截至 2008 年底创建市级文明单位 3 个,市级精神文明先进单位 2 个,省级精神文明先进单位 1 个。

气象法规建设 2005 年,白山市人民政府下发了《关于进一步加强防雷减灾工作的通知》(白山政办明电〔2005〕38 号),2006 年下发了《关于加快气象事业发展的实施意见》,2007 年下发《关于加强防雷减灾管理工作的通知》(白山政办明电〔2007〕11 号),2008 年下发《关于印发白山市重大突发性气象灾害预警应急预案的通知》(白山政办函〔2008〕1 号)。

探测环境保护 1989 年临江区林业局建办公室、党校建教学楼,影响临江气象站观测环境,省、市气象部门依据吉林省气象局与吉林省人民政府法制局联合发布的"关于发布《吉林省保护气象台(站)观测环境的若干规定》的通知",多次与临江区政府交涉,由临江区政府出资征用 1000 平方米土地,将观测场南移 40 米;2006 年 9 月白山市气象局协同靖宇县气象局查处了位于靖宇县气象局观测场西南方向的靖宇县宏达运输公司住宅楼影响气象探测环境事件,拆除 3 米超高建筑部分;2007 年 10 月气象部门依法拆除了位于靖宇县气象局观测场西北侧县教育部门修建的教学楼三层超高部分。

主要业务范围

地面气象观测 长白、临江、靖宇为国家基本气象站(以下均简称为气象站),临江气象站自建站每日进行 8 次定时气候观测,1954 年起,改为每日进行 4 次定时气候观测。长白、靖宇气象站每日进行 4 次定时气候观测,1960 年 7 月 1 日起,采用北京时,长白、临江、靖宇气象站,每日进行 02、08、14、20 时 4 次定时气候观测,承担全国统一规定和特定的观测项目,其中临江气象站,每日进行 05、11、17、23 时 4 次补助绘图天气观测拍发 8 次天气报,参加全球气象情报交换,担负国际气候月报交换任务;长白气象站每日拍发 7 次天气报,参加亚洲区域气象情报交换;靖宇气象站每日拍发 4 次小天气图报。2007 年 1 月 1 日开始,长白、靖宇气象站每日拍发 8 次天气报。长白、临江、靖宇气象站均承担固定、预约航空、危险天气报任务。

抚松东岗国家基本站,建站至 1991 年 12 月 31 日每日进行 4 次定时气候观测,拍发 4 次天气报,2 次小天气图报,1992 年 1 月 1 日起,调整为国家基准气候站,每日进行 24 次定时气候观测。2007 年 1 月 1 日开始,每日拍发 8 次天气报,承担预约航空、危险天气报任务。

抚松、江源、白山气象站为国家一般气象站。其中,抚松气象站自建站进行 4 次定时气候观测,由于观测时次的调整,1961 年至 1963 年、1966 年 3 月 1 日至 1971 年 3 月 31 日,每日进行 08、14、20 时 3 次定时观测,1985 年撤销,2007 年重建,尚未进行人工观测;白山气象站自建站进行 4 次定时观测,1989 年 1 月 1 日起,改为每日进行 08、14、20 时 3 次定时气候观测,拍发小天气图报,1999 年改为拍发"加密气象观测报告";江源气象站建站以来未进行人工观测。

1984 年 4 月 1 日开始,承担观测任务的所属气象台站均编发重要天气报。

全市基层台站从 2004 年起将各类气象资料移交到吉林省气象档案馆,站内不再保留气象记录档案。

现代化观测系统 2003 年 8 月完成了全市 5 个地面自动观测站建设,2004 年 1 月 1 日开始投入双轨业务运行,2006 年 1 月 1 日起正式单轨业务运行。

区域自动气象站 2006 年 5 月建立 22 个,2006 年 11—12 月建立 21 个,2008 年 5 月建立 11 个、9 月 16 日建立 1 个,共建 55 个区域自动气象站。其中两要素站 30 个,四要素站 20 个,六要素站 5 个。

高空气象观测 临江气象站从 1955 年 10 月 5 日开始,每日进行 1 次高空探测,1966 年 6 月 1 日开始,每日进行 2 次高空探测。

农业气象观测 长白、临江、靖宇、抚松东岗、抚松、江源、白山气象站均为农业气象一般观测站,承担土壤湿度观测,拍发农业气象旬(月)报和农业气象候报。

天气预报 全区最早开展天气预报业务的是临江气象站,始于 1952 年。1958 年长白、抚松、临江、靖宇气象站正式开展补充订正预报;1961 年开始采用数理统计、点聚图的预报方法;1979 年气象站开始配备 cz-80 型传真机;1980 年至 1983 年气象站开始应用传真数值预报产品,建立晴雨、降水、最高、最低气温等局地 MOS 预报方程;1986 年开始使用天气模型、MOS 预报、经验指标等三种预报工具,以及灾害性天气预报专家系统;1998 年建立卫星单收站,采用数值预报释用、人机交互处理系统,根据上级气象台的指导预报制作订正预报。2008 年预报业务系统为 MICAPS3.0。

气象服务 1958 年临江气象站最早开展气象服务,通过县广播局发布未来 24 小时天气预报,临时增播灾害性天气预报和森林火险预报。1995 年临江气象站最早开展电视天气预报,1996 年开通"121"天气预报答询。2007 年全市普及通过广播、电话、印发服务材料、手机短信、微机终端等手段发布天气预报。1980 年后,拓宽了服务领域,不仅为政府决策、农业生产服务,同时开展为林业、工业、建筑、电力、旅游、水利、人参经济作物等专项服务。

全市气象台站人工影响天气工作始于 2003 年 2 月,普及时间为 2003 年 3 月。管理机构 6 个,现拥有火箭车 4 台、牵引式火箭发射架 9 个。每年均与各县(市、区)人影办公室签定安全责任书;协调空域申请,保障作业安全;每年对所辖作业点实施安全检查;每年组织人员培训、设备检修。2008 年全市增雨防雹作业次数 12 次。

从 1998 年开始全市开展雷电防护工作,先后建立抚松县、长白县、靖宇县、临江市防雷办公室。各县雷电防护管理机构均为各县防雷办公室,拥有避雷设施检测机构 6 个、防雷工程实体 1 个。

白山市气象局

机构历史沿革

历史沿革 浑江市气象站建于 1980 年 7 月 1 日,观测场位于北纬 41°56′,东经 126°26′,海拔高度 520.6 米,为国家一般站,1981 年 1 月 1 日正式观测。1986 年 12 月 1

日,国家气象局以(1986)国气人发字第 424 号文批复,同意成立浑江市气象台,暂定县团级单位,不设立党组,不设立管理机构。1988 年 9 月 9 日,吉林省气象局以(88)吉气字 24 号文批复,同意成立浑江市气象局,局台合署办公,一个机构,两块牌子。1988 年 11 月 7 日实行计划单列,由吉林省气象局和浑江市政府共同领导和管理。1991 年 1 月 1 日,经吉林省气象局批准,由计划单列局调整为辖三县一市(即长白县气象局、抚松县东岗气象站、靖宇县气象局、临江市气象局)的管理局,正式与通化气象局分离,承担各县局管理职能。1994年 4 月,浑江市更名为白山市,同月,浑江市气象局更名为白山市气象局。根据吉林省气象局吉气发〔2006〕182 号文,2007 年 1 月 1 日至 2008 年 12 月 31 日,将国家气象观测一般站调整为国家气候观象台。

机构设置　白山市气象局内设 3 个职能科室,承担全市预报、网络、测报业务的管理任务;另设 5 个直属单位。

人员状况　现有在职人数 42 人,其中大学本科学历 25 人,大学专科 13 人,中专 2 人。

名称及主要负责人变更情况

名称	时间	负责人
浑江市气象站	1981.01—1986.12	赵启平
浑江市气象台	1987.01—1987.03	赵启平
浑江市气象台	1987.04—1988.09	于富海
浑江市气象局	1988.09—1992.06	于富海
白山市气象局	1992.12—1998.02	宋光全
白山市气象局	1998.3—	王茂荣

气象业务与服务

1. 地面气象观测

观测时次与日界　1981 年 1 月 1 日—1988 年 12 月 31 日,进行 02、08、14、20 时 4 次定时气候观测,1989 年 1 月 1 日—2006 年 12 月 31 日,进行 08、14、20 3 次定时气候观测,夜间不守班。2007 年 1 月 1 日—2008 年 12 月 31 日,进行 24 小时定时气候观测,昼夜守班。时制为北京时,以 20 时为日界。

观测项目　云、能见度、天气现象、气压、空气温度和湿度、风向、风速、降水、日照、蒸发(小型)、雪深、冻土、地面温度、5～20 厘米浅层地温、40 厘米及 80 厘米深层地温、草面温度/雪面温度。2005 年 5 月开始紫外线观测,2006 年 1 月 1 日起自动气象站正式单轨运行,停止草温观测。2007 年 1 月开始进行酸雨观测。

气象电报　建站开始拍发 02、08、14、20 时小天气图报;1989 年起,拍发 08、14、20 时小天气图报;从 1999 年 3 月 1 日起停发小天气图报,开始试拍发"加密气象观测报告",2001年 4 月 1 日使用《AHDM4.1》版软件编发报和编制报表,2007 年 1 月 1 日—2008 年 12 月31 日,正式拍发 02、05、08、11、14、17、20、23 时天气报。

气象报表　每月编制地面气象月报表(气表-1)一式 3 份,向吉林省气象局、地区气象局各报送 1 份,存档 1 份;每年编制地面气象年报表(气表-21),一式 4 份,向中国气象局、省、地区气象局各报送 1 份,存档 1 份。2006 年 1 月起,原始记录和报表经市局审核,气象站将原始资料和报表做成光盘,将报表打印存档。

自动气象站 2003 年 9 月 DYYZ-Ⅱ型自动气象站建成,2004 年 1 月 1 日自动气象站投入双轨业务运行,2006 年 1 月 1 日,自动气象站正式单轨业务运行。自动气象站观测项目有:气压、气温、湿度、风向、风速、降水、地温、深层地温、浅层地温、草温,观测项目全部采用仪器自动采集、记录,替代了人工观测。自 2007 年 1 月 1 日起不再保留气压、气温、湿度、风向风速自记仪器。

区域自动气象站 2006 年完成了 7 个中小尺度自动加密站建设,其中两要素站 6 个,四要素站 1 个。

2. 气象网络

气象信息网络 自建站起,观测电报通过电信局发报。2000 年用分组交换网 X.28 拨号方式发报。2004 年用 DDN 专线发报。2006 年改为 SDH 光纤发报。

气象信息接收 1983 年 4 月,气象台站先后用国产滚筒旋转扫描,采用普通白纸记录的 123 型传真机,接收东京气象传真广播、北京数值预报传真天气图、欧洲中心部分数值预报传真图、北京物理量预报传真广播,1984 年 7 月 15 日增加接收北京 12 项物理量实况广播,1999 年 8 月至今通过 VAST 气象网络接收从地面到高空各类天气形势图、云图、雷达拼图和数值预报产品。

3. 农业气象观测

为农业气象一般观测站。承担土壤湿度观测,每年 3 月 21 日至 5 月 31 日(1994 年起开始时间改为 2 月 28 日),向吉林省气象台拍发农业气象候报。依据国家气象局下发的气象旬(月)报电码(HD-03),常年向吉林省气象台拍发农业气象旬(月)报。2006 年 3 月开始森林可燃物观测。仪器、设备配置有烘干箱、天平、铝盒、取土钻。

4. 天气预报与服务

雷达建设 2008 年 8 月完成白山新一代天气雷达建设。雷达型号为 CINRAD/CC 型 C 波段 3830B,主要监测和预警灾害性天气,探测重点是暴雨及强对流天气系统活动,为人工影响天气、灾害性天气的监测提供服务。

天气预报 1990 年开展天气预报、警报的制作与发布,提供公众预报和为地方政府组织防御气象灾害决策预报。1997 年之前用日本数值预报传真图和北京物理量传真图作预报,1997 年通过卫星进行数据传输,利用 T106 数值预报产品预报。从初期的单纯的天气图加经验的主观定性预报,逐步发展为采用气象雷达、卫星云图、并行计算机系统等先进工具制作的客观定量定点数值预报。

决策气象服务 1990 年通过书面文字发送服务产品、当面汇报的方式进行,2000 年开始用电话、2006 年用传真等形式向各级领导、党政机关汇报。2005 年 8 月 11 日下午,卫星云图上发现在辽宁丹东境内有一强对流云团正向东北方向移动,气象台果断做出"未来 2~

3小时白山市将有强雷暴和暴雨天气过程"的预测,白山市气象局局长王茂荣立即向市委、市政府领导汇报。市政府派出抗洪抢险队及时转移3000余名居住在险工险断处的群众,同时在江堤断坝、低坝处紧急加固加强防范。当日20时,阵性降水伴随强雷电袭击白山市,降雨持续了12小时,降水量达84毫米。因预报准确、指挥得力、派出抗洪抢险队及时转移群众,暴雨来临时上万名人民群众安然无恙。

由于服务效果显著,白山市气象局1995年被白山市委、市政府评为"市级抗洪抢险先进集体";1996年、2001年被中国气象局授予"汛期气象服务先进集体"、"重大气象服务先进集体"称号;2005年苟纪伟被中国气象局授予"2004年度重大气象服务先进个人"称号。

公众气象服务　1981年气象服务信息主要是公众天气预报,通过浑江人民广播电台发布;1993年,"121"天气自动电话系统建成并投入使用;1995年5月1日开辟电视天气预报节目对外发布;1999年开始通过互联网对外发布;2004年开通"白山兴农网",为天气预报信息进村入户提供了有利条件。

专业专项服务　1984年开始进行专业专项服务,当年与板石铁矿签订了服务合同。1985年,遵照国务院办公厅《转发国家气象局关于气象部门开展有偿服务和综合经营的报告的通知》(国办发〔1985〕25号)文件精神,全面开展专业专项气象有偿服务。1992年成立气象科技服务中心,通过电话、信函、气象警报接收机发送等方式为专业用户提供气象资料和预报服务。陆续为农业、铁路、林业、电力、工矿企业、水库及仓储、蔬菜大棚用户等开展预报和资料服务。从1984年至2007年底,共与用户签订服务合同260余份,2008年签订30余份。

人工影响天气　人工影响天气工作始于2003年2月,主要任务是降低森林火险等级、水库蓄水、为农业抗旱减灾实施人工增雨和防雹作业。现有移动式人工增雨火箭发射车4台。2008年作业累计次数12次。2006年5月18日抚松荣昌林业公司发生大火,直接威胁600名居民的生命安全,市气象局和抚松县气象局合力开展人工增雨工作,最终扑灭大火。白山市政府领导高度赞誉气象局工作,指示新闻媒体全面宣传报道。

雷电灾害防御　从1991年开始建立了常规检测、设计审核与竣工验收等雷电防护管理运行程序。

1998年9月成立市防雷中心办公室,开展防雷减灾工作。与教育局联合定期开展中、小学校防雷设施检查,加强灾害防御工作。

气象法规建设与社会管理

雷电防护社会管理始于1998年,当年成立了白山市雷电防护管理领导小组。从2005年开始白山市人民政府每年下发《关于加强防雷减灾工作的通知》。2005年7月12日白山市气象局成立了气象行政执法支队,加强执法监督。2006年白山市气象局分别与市安全生产监督管理局、信息产业局等单位联合发文(白山气联发〔2006〕1号)、(白山气信联字〔2006〕1号)加强防雷检查检测。2007年与教育局等单位联合下发通知(白山气联发〔2007〕38号)加强防雷检查检测。

2001年成立市气象行政审批中心进驻白山市政务大厅,对防雷工程专业设计或施工资质管理、施放气球单位资质认定、施放气球活动许可制度等实行社会管理。

党建与精神文明建设

1. 党建工作

1981 年成立浑江市气象站党支部。1991 年成立浑江市气象局机关党支部。1981—1986 年党建工作归浑江市农业局党委直接领导。1987 年至 2008 年底,归浑江市直工委 (1994 年更名为白山市直工委)直接领导。现有党员 29 人,其中在职党员 24 人,离退休党员 5 人,团员 5 人。

党组每年制定《党风廉政建设和反腐败工作安排意见》、《白山市气象局领导班子党风廉政建设责任制重点工作任务分工实施方案》等。适时开展党风廉政建设宣传教育月活动。制定了《党风廉政建设制度》、《党风廉政建设责任制报告制度》等各项制度 20 余项。白山市气象局局长与吉林省气象局、市政府主管气象工作的领导签订"党风廉政建设责任书",市气象局领导也与各科室、各县(市)气象局领导签订了"党风廉政建设责任书",把党风廉政工作纳入年内目标考核。

1997 年、2006 年,被白山市直机关党工委评为"先进基层党组织"称号,2008 年被省气象局评为"先进党组织"。

2. 精神文明建设

1986 年被评为市级文明单位;1996 年成立了以局长为组长的精神文明建设工作领导小组,先后制定了《精神文明建设工作十一五规划》、《气象系统文明建设创建实施计划》、《精神文明建设实施方案》、《全市气象部门精神文明建设和气象文化建设工作要点》。1998 年被白山市委、市政府评为"精神文明建设先进单位";2002 年被白山市委、市政府评为"2000—2001 年度文明系统";1999 年、2001 年、2003 年、2006 年 4 次被吉林省委、省政府授予"省级精神文明先进单位"称号。

3. 文体活动

2004 年、2008 年获得吉林省气象系统第二届、第三届职工运动会团体第一名和优秀组织奖;在吉林省气象局建局五十周年文艺汇演中获二等奖;2007 年参加吉林省气象局乒乓球比赛获得第三名;2008 年参加白山市直机关迎奥运、创四城"国土杯"趣味运动会获得团体第二名。

4. 荣誉

荣誉　1987—2008 年累计获得集体奖励 21 个。其中,中国气象局奖 2 个、省委、省政府奖 4 个、省气象局奖 10 个、白山市政府奖 5 个。获得省部级以上综合表彰的先进个人 30 人先后 47 人次,其中,被中国气象局授予"质量优秀测报员"、"全国气象通信优秀值班员"、"全国优秀值班预报员"、"优秀网络管理员"称号的 29 人,46 人次,省政府奖励 1 人次。

参政议政　王郁彭任白山市第四届、第五届政协委员;刘德福任白山市第六届政协委员。

台站建设

1980 年建家属房 410 平方米;1991 年建家属楼一栋,面积 984 平方米;1995 年设立了党员学习活动室、健身娱乐室、阅览室。从 1998 年起,白山市气象局先后投资 1000 余万元对局容、局貌进行综合整治,1998 年扩建局办公楼 807 平方米(包括住宅 225 平方米);2000 年设立老干部活动室;2002 年到 2005 年,白山市气象局分期分批对机关院内的环境进行了绿化改造,规划整修了道路,在庭院内修建了草坪和花坛,重新修建装饰了门面综合楼,改造了业务值班室,完成了业务系统的规范化建设,修建了 2000 多平方米草坪,栽种了风景树,全站绿化率达到了 70%,硬化了 1000 平方米路面,使站内变成了风景秀丽的花园;2003 年新建办公楼 1200 平方米;2007 建设雷达综合楼 2353.86 平方米,雷达站楼 640 平方米。装修改造办公楼、业务室,建成了图书室、文体活动室、科普宣传栏等。为改善职工住房条件,2007 年建职工集资楼 3 栋,面积为 4300 平方米。

2002 年的白山市气象局

2008 年的白山市气象局

抚松县东岗国家基准气候站

机构历史沿革

历史沿革 抚松县东岗气象站始建于 1956 年 11 月,地处吉林省东南部,观测场位于北纬 42°06′,东经 127°34′,海拔高度 774.2 米,属国家气候观测站,同年 12 月 1 日正式观测。1961 年 3 月调整为国家基本站;1992 年 1 月 1 日调整为国家基准气候站;2007 年 1 月 1 日由国家基准气候站调整为国家气象观测一级站。

1963 年 11 月 1 日根据劳动部和中央气象局制定的《艰苦台站津贴暂行规定》中劳字(1963)第 662 号、中气计字(1963)第 162 号的评定标准,定为四类艰苦台站;1983 年国气人字(83)009 号文定为五类;2004 年调整为四类。

管理体制 1958 年 1 月 1 日起,归抚松县人民委员会直接领导和管理,气象业务由气象部门管理;1959 年水文气象合并,气象业务归通化地区水文气象总站管理;1963 年水文气象分开,气象业务仍由气象部门管理;1963 年 8 月 1 日体制上收,气象业务、人事、财物归吉林省气象局管理,行政、思想教育仍由县人民委员会领导管理;1970 年 12 月根据吉革[70]123 号、吉军发[70]164 号文联合通知精神,气象体制下放,归地方革命委员会、人民武装部双重管理,以军队领导为主。1973 年 7 月归属抚松县革命委员会农业局领导。1980年 7 月 1 日起,实行吉林省气象局和地方政府双重领导,以气象部门为主的管理体制。

人员状况 建站时 2 人,1978 年底 9 人,2008 年在职职工 8 人。在职职工中中专学历6 人,初中生 2 人;中级专业技术人员 4 名,初级专业技术人员 4 人。

名称及主要负责人更替情况

名称	姓名	职务	任职时间
抚松县东岗气象站	虞化龙	副站长	1956.10—1960.09
抚松县东岗气象站	梁承翰	站长	1960.12—1962.09
抚松县东岗气象站	虞化龙	站长	1962.10—1968.01
抚松县东岗气象站	李 魁	负责人	1968.02—1970.12
抚松县东岗气象站	高宝基	指导员	1971.01—1973.06
抚松县东岗气象站	隋永德	副站长	1973.07—1975.08
抚松县东岗气象站	陈洪祯	站长	1975.09—1977.08
抚松县东岗气象站	刘长好	站长	1977.09—1983.08
抚松县东岗气象站	王凤志	站长	1983.09—1992.03
东岗国家基准气候站	李义环	副站长	1992.04—1993.09
东岗国家基准气候站	史殿发	副站长	1993.10—1994.04
东岗国家基准气候站	王树田	副站长	1994.05—1995.10
东岗国家基准气候站	史殿发	副站长	1995.11—1996.04
东岗国家基准气候站	王世耕	局长	1996.04—2006.12
东岗国家基准气候站	张祚谊	局长	2007.01—

气象业务与服务

1. 气象业务

①地面气象观测

观测机构 1973 年设测报组,1988 年设测报股。

观测时次与日界 1956 年 12 月 1 日至 1960 年 6 月 30 日,采用地方平均太阳时,每日进行 01、07、13、19 时 4 次定时气候观测,以 19 时为日界。1960 年 7 月 1 日开始,采用北京时,每日进行 02、08、14、20 时 4 次定时气候观测,从 1959 年 3 月开始昼夜守班;1992 年 1月 1 日起由国家基本站调整为国家基准气候站,每日进行 24 次定时气候观测,均以北京时20 时为日界。

观测项目 云、能见度、天气现象、气压、空气温度和湿度、风向风速、降水、雪深、雪压、日照、蒸发(小型)、地面温度、浅层地温和深层地温、冻土。1992 年开始增加观测 E-601 型蒸发器。

气象电报 1961年1月1日至2006年12月31日,每日拍发02、20时小图报(从1999年起改为加密天气报告);05、08、14、17时天气报。2007年1月1日开始调整为每日拍发02、05、08、11、14、17、20、23时8次天气报。

1963年5月开始,向吉林省气象台拍发06—06时日雨量报,1970年日雨量报改为05—05时拍发。

1958年开始,每年7月1日至9月10日向吉林省气象台、通化地区气象台拍发雨量加报;1964年开始改为每年5月1日—9月30日、1966年3月21日起改为每年6月1日—9月30日拍发。

1984年4月1日开始,编发重要天气报,不再拍发日雨量报和雨量加报,发报内容有降水、大风、龙卷、积雪、雨凇、冰雹,2008年6月1日开始,增加雷暴、视程障碍现象(霾、浮尘、沙尘暴、雾)的编报。

2005年4月16日开始,每天08时30分至09时编发日照时数及蒸发量实况报。

航危报 承担预约航空报和危险报,预约时段为0—24小时。航空报发报内容有云、能见度、天气现象、风向风速,危险报发报内容有恶劣能见度、雷雨形势、冰雹、大风、雷暴、龙卷风。

1986年1月地面测报开始启用PC-1500袖珍计算机编报。1987年开始使用APPLE机处理观测记录。1995年启用IBM286计算机、1999年开始使用奔腾系列计算机进行记录整理,并自动编报。

气象报表 建站开始,每月编制地面气象记录月报表(气表-1),每年编制地面气象记录年报表(气表-21),一式4份,分别向中国气象局、吉林省气象局、通化地区气象局(从1991年起改向白山市气象局)各报送1份,本站留底本1份。

1957年5月到1960年12月制作地温记录月报表(气表-3)、日照记录月报表(气表-4);1957年6月到1979年9月制作降水自记记录月报表(气表-5);1959年9月到1965年12月制作温度、湿度自记记录月报表(气表-2);1959年8月到1960年2月制作气压自记记录月报表(气表-2);1959年至1960年制作冻土记录月报表(气表-7);相应的编制年报表23、24、25、22、27。从1961年1月起,气表-3、气表-4、气表-7并入气表-1,相应的年报表并入气表-21。1971年6月到1979年12月制作风向风速自记记录月报表(气表-6);1980年1月停作气表-5、气表-6,合并到气表-1,同年制作月简表。降水自记记录年报表(气表-25)并入气表-21。

建站至1987年6月,气象报表用手工抄写方式编制。1987年7月开始使用微机打印气象报表,向上级气象部门报送气象报表和磁盘(省局审核后盖章返回本站)。2000年1月开始停止报送纸质报表。2006年1月通过气象专线网向省局传输原始资料和报表,经省局审核本站将原始资料和报表做成光盘并将报表打印存档。

资料档案 从2004年7月26日起,将建站以来的原始气象记录档案(除日照纸)全部移交到吉林省气象档案馆,气象站不再保留原始气象记录档案。

现代化观测系统 2003年11月建立了CAWS600BS型自动气象站。2004年1月1日正式投入业务运行,自动站观测项目包括温度、湿度、气压、风向风速、降水、地面温度、浅层和深层地温、蒸发。同时使用中国气象局下发的地面测报业务软件（OSSMD-HY2002），人工观测和自动站观测双轨运行。

2007年5月安装了闪电定位仪并进行观测。

②气象信息网络

气象电报传输　建站时通过当地电信局专线发报。1986年起，天气报通过电信局拍发，小图报用甚高频电话通过省内辅助通信网发至吉林省气象台。1999年开始气象电报通过与省气象台开通的X.25协议专线传输。2003年开通DDN专线和备份VPN300传输发报。2006年改为SDH光纤专线发报。

气象信息接收　1986—1998年用CZ-80型传真机，接收东京气象传真广播、北京数值预报传真天气图、北京物理量预报传真广播和北京12项物理量实况广播。

③天气预报

1986年至1998年制作长、中、短期天气预报。

短期天气预报　接收东京、北京的各种传真实况、天气图和各种物理量及天气形势的预报天气图，利用统计方法对历史资料和天气图进行统计，找出预报指标，建立预报方程。再将本站气象要素指标、传真图预报的物理量套入方程内，通过计算后，即得出预报结论。建立本站晴雨预报、降水预报、暴雨（雪）预报模式（MOS）方程。

中期天气预报　通过传真接收中央气象台、省气象台的旬、月天气预报，再结合本地气象预报资料、短期天气形势、天气过程的周期变化等制作一旬天气过程趋势预报。还运用数理统计方法和常规气象资料图表及韵律关系等方法做出具有本地特点的补充订正预报。

长期天气预报　根据服务需要制作春播预报、汛期（6—9月）预报、秋季预报、年度预报。此项业务从1984年起主管业务部门不做考核。

④农业气象观测

东岗国家基准气候站属国家农气一般站，每年3月21日至5月31日（1994年起开始时间改为2月28日），测定土壤墒情，向吉林省气象台拍发农业气象候报。常年向吉林省气象台、地区气象台拍发农业气象旬（月）报。主要仪器、设备配置为电烘箱、取土钻、天平、铝盒。

2. 气象服务

公众气象服务　1986年开始制作短期24小时、48小时预报，每天用电话传到县有线广播电台，由县广播电台分早、中、晚三次播出。每年的3月15日至6月15日、9月15日—11月15日（春、秋森林防火期），制做森林火险等级预报，向县广播电台、防火指挥部及县境内省属三大林业局发布。

1994—1997年通过"126"寻呼台向用户发布天气预报。

决策气象服务　用邮信方式将中长期天气预报、农业产量预报、春季人参缓阳冻、春季大风、夏季高温暴雨、秋季降水、冬季积雪等系列预报、春季农作物播种期土壤墒情分析，寄到县有关领导和全县所有乡镇领导。汛期遇有暴雨天气过程时通过电话每小时向主管领导及防汛指挥部提供雨情预报。

1987年8月27日至29日，15号台风影响抚松县，29至31日洪峰刚过境，9月1日下午吉林省防汛指挥部又电话紧急通知抚松县做好防大讯的准备。县领导立即召开紧急电话会议,准备调剂车辆、人力和各种物质,做好防汛工作。东岗气象站根据县境内各林业气象站提供的雨情,经与省、地气象局及临县气象站会商后做出 24 小时抚松县不会有大于 20 毫米降水的预报,及时向县委、县政府领导汇报,建议不需采取防护措施,县领导采纳了建议。事后根据有关部门统计,减少直接经济损失 5～7 万元。

1986 年 5 月 9 日,气象站预报会有一场霜冻出现,县领导听取汇报后,召开紧急电话会议,调动两万多人的防冻大军,气象站派出六人携带仪器到参地进行实地观测,随时上报气温下降情况。由于预报准确,服务到位,使全县已出土的 14598 平方米人参 81.8％免遭冻害。避免直接损失 1194 万元。这次预报服务受到吉林省气象服务中心通报表彰。

气象科技服务　1986 年开始根据吉林省气象局和省物价局联合下发的收费许可及收费标准,按商品交换价值观念、双方受益、合理收费的原则,实行专业有偿气象服务。

1996 年开始开展对全县境内工、矿、企业、液化器站、加油站及各乡镇内所有避雷装置的检测工作。

制度建设和管理

规章建设　1996 年健全内部规章管理制度,包括业务、会议、出勤考核、奖惩、接待、学习、安全、卫生、劳动制度。2003 年建立了目标考核、错情分析上墙公示制度。

政务公开　1997 年开始气象站的财务收支、目标考核、职工奖金福利发放、住房公积金等向职工公示。

党建与气象文化建设

支部建设　1956 年建站至 1970 年没有党员。1971 年党员 1 人,1987 年党员 2 人,参加一人参场党支部组织生活;1991—1994 年党员 3 人,成立了东岗国家基准气候站党支部,史殿发任支部书记;1995—1996 年,王树田任党支部书记;1997—2006 年,王世耕任党支部书记;2007—2008 年底,张祚谊任党支部书记,2008 年党员 2 人。1997 年发展了 1 名党员,结束了建站以来 40 年没有发展党员的历史。

精神文明建设　党支部建立以来,每半年开展一次党风廉政建设的思想政治教育。2005 年,建娱乐室、图书文化室。外部道路硬化,草坪成片,绿篱成排,绿树成荫,还建起一个 400 平方米的养鱼池,环境焕然一新,条件得到彻底改善。2007 年开始,结合地、县委开展保持共产党员先进性教育活动。每年定期召开两次民主生活会,广泛听取群众意见。

荣誉　2004 年史殿发被抚松县委评为优秀党员。

台站基本建设

建站时,气象站占地面积 2 万平方米,办公室建筑面积 30 平方米,房屋结构为土坯结构、木板房顶。1970 年建设 210 平方米砖瓦结构办公室,办公条件得到改善。1994 年重建 140 平方米办公室,外墙贴瓷砖,内部装修,改为烧锅炉取暖,办公条件得到进一步改善。2008 年气象站占地面积 34235 平方米,办公室建筑面积 500 平方米(办公楼),宿舍建筑面积 1200 平方米,房屋结构为砖瓦机构。

1983 年东岗国家基准气候站

2008 年的东岗国家基准气候站

临江市气象局

临江原名猫耳山,因靠近鸭绿江,1902 年改猫耳山为临江。四保临江战役期间,临江为中共中央东北局、辽东分局、辽东军区及辽宁省党、政、军机关所在地。1954 年划归吉林省,1959 年撤临江县成立浑江市,市政府迁到八道江镇,临江成为市属镇。1985 年 4 月,设立浑江市临江区,1992 年 9 月 1 日,临江撤区设为县,1993 年 11 月 28 日,撤县设为临江市。临江市位于吉林省东南部,长白山腹地,鸭绿江畔,属温带大陆性季风气候区。

机构历史沿革

历史沿革 1952 年为抗美援朝战争提供战时气象保障,中国人民解放军辽东军区司令部气象科决定,在临江南围子(现临江林业局附近)建立辽东军区司令部临江气象站。建站时间为 1952 年 6 月 1 日,观测场位于北纬 41°43′,东经 125°55′,海拔高度 332.5 米,6 月 13 日开始观测。1953 年 12 月 24 日被确定为二等一级站。1954 年 8 月,站址由镇内南围子迁至临江镇新市街"城郊",观测场位于北纬 41°48′,东经 126°55′,海拔高度 332.7 米,1954 年 9 月 1 日正式观测。1954 年 9 月 11 日划归吉林省,1955 年改称临江县气象站。1961 年 3 月 15 日被确定为国家气象观测基本站。1987 年 4 月增设气象局,局站合一,一个机构两块牌子。1989 年观测场南移 40 米,经纬度、海拔高度未变。1990 年 1 月 1 日 0 时启用新观测场(现址)。1992 年 9 月更名为临江县气象局,1993 年 11 月更名为临江市气象局。2006 年 7 月 1 日改为国家气象观测站一级站,2009 年 1 月 1 日改为国家气象观测基本站。

管理体制 建站至 1953 年 8 月,由辽东军区气象科领导。1953 年 9 月 1 日改制,由辽东省人民政府财经委员会气象科领导。1954 年 9 月 11 日划归吉林省气象局领导管理。1958 年 1 月 1 日起由县人民委员会直接领导和管理,业务由气象部门管理。1959 年水文与气象合并,气象业务由通化地区水文气象总站管理。1963年水文与气象分开,气象业务仍由气象部门管理。1963年8月1日体制上收,人事、财物、业务技术收归省气象局领导管理,行政、思想教育仍由县人民委员会领导管理。1970年12月,根据吉革[70]123号、吉军发[70]164号文联合通知精神,气象体制下放,归地方革命委员会、人民武装部双重管理,以军队领导为主。1973年7月归属浑江市革命委员会建制,由农业局领导。1980年7月1日起,实行吉林省气象局和地方政府双重领导,以气象部门为主的管理体制。

名称及主要负责人变更情况

名称	时间	负责人
辽东军区司令部临江气象站	1952.05—1953.01	智景和
辽东军区司令部临江气象站	1953.02—1953.08	梁万友
辽东省临江气象站	1953.09—1954.12	孙占元
吉林省临江气象站	1955.01—1956.12	洪身行
吉林省浑江市临江气象站	1957.01—1966.07	张世道
浑江市临江气象服务站	1966.08—1971.01	周 清
浑江市临江气象服务站	1971.01—1973.08	李日焕 黄大德
浑江市临江气象站	1973.09—1979.08	黄大德
浑江市临江气象站	1979.09—1980.07	周 清
浑江市临江气象站	1980.08—1987.03	张子峰
浑江市临江区气象局	1987.04—1992.07	李文国
临江县气象局	1992.08—1993.11	李文国
临江市气象局	1993.12—1995.02	李文国
临江市气象局	1995.02—2008.01	于洪生
临江市气象局	2008.01—	蔡景林

人员状况 1952年建站初期,地面测报编制4人,其中代理主任1人,观测员3人。1954年10月,增加高空观测,人员增加到6人。1956年增至10人,1958年增加单站补充预报,人员达到13人。1961年人员达到21人。1970—1972年军管期间,人员减到16人,文革期间定编27人。2008年,编制19人,在职职工19人,其中本科学历5人,专科学历5人,中专学历3人,高中生6人;中级专业技术人员8人,初级专业技术人员11人。

气象业务与服务

1. 气象业务

①地面气象观测

观测机构 1955年10月设测报组。1987年4月起设测报科(股级)。

观测时次与日界 1952—1953年每日按北京时进行03、06、09、12、14、18、21、24时8

次观测,以 24 时为日界。1954 年 1 月 1 日至 1960 年 6 月 30 日,采用地方平均太阳时,每日进行 01、07、13、19 时 4 次定时气候观测,以 19 时为日界。1960 年 7 月 1 日开始,采用北京时,每日进行 02、08、14、20 时 4 次定时气候观测,05、11、17、23 时补充定时观测,以 20 时为日界,昼夜守班。

观测项目　观测项目包括云、能见度、天气现象、气压、空气温度、湿度、风向风速、降水、日照、蒸发(小型)、雪深、雪压、地温、冻土,1998 年开始增加观测 E-601B 型蒸发器。

气象电报　自建站起,每日拍发 8 次天气报,1960 年 7 月开始,拍发 02、05、08、11、14、17、20、23 时天气报,参加全球气象情报交换。1958 年开始,每年 7 月 1 日至 9 月 10 日向吉林省气象台、通化地区气象台拍发雨量加报。1964 年开始,改为每年 5 月 1 日—9 月 30 日拍发雨量加报。1966 年 3 月 21 日起,改为每年 6 月 1 日—9 月 30 日拍发雨量加报。1963 年 5 月开始向吉林省气象台拍发 06—06 时日雨量报,1970 年改为拍发 05—05 时日雨量报。1984 年 4 月 1 日开始编发重要天气报,不再拍发日雨量报和雨量加报,发报内容有降水、大风、龙卷风、积雪、雨凇、冰雹,2008 年 6 月 1 日增加雷暴、视程障碍现象(霾、浮尘、沙尘暴、雾)。2005 年 4 月 16 日起,每日按时拍发日照时数及蒸发量实况报。

航危报　1957 年 1 月,开始承担固定和预约航危报,发报时段为 24 小时。2008 年承担向长春、沈阳拍发固定航危报,发报时段为 06—18 时,每小时拍发 1 次。航空报发报内容有云、能见度、天气现象、风向风速。危险报发报内容有恶劣能见度、雷雨形势、冰雹、大风、雷暴、龙卷。承担航危报任务以来,用报单位最多时为 5 个。

气象报表　1952 年 6 月—1953 年 12 月,气象站编制《气象月总簿》,主要统计项目有气压、气温、湿度(包含绝对湿度、相对湿度)、露点温度、饱和差、云、能见度、天气现象、降水、风、地温、冻土、日照、蒸发、积雪、地面状态、最低草温、湿球温度、电线积冰以及压、温、湿、降水、风等自记记录。年末编制《气象年总簿》。

1954 年 1 月 1 日起,每月编制基本地面气象观测记录月报表(气表-1),每年编制地面气象记录年报表(气表-21),各一式 4 份,分别向中国气象局、吉林省气象局、通化地区气象局(从 1991 年起改向白山市气象局)各报送 1 份,本站留底本 1 份。

1954 年至 1965 年,编制温度、湿度自记记录月报表(气表-2)。1954 年至 1960 年 2 月,编制气压自记记录月报表(气表-2)。1954 年至 1960 年 12 月,编制地温观测记录月报表(气表-3)、日照记录月报表(气表-4)。1956 年至 1979 年,编制降水自记记录月报表(气表-5),同时相应编制年报表-22、23、24、25。1954 年至 1957 年、1973 年至 1979 年,编制风向风速自记记录月报表(气表-6)。从 1961 年 1 月起,气表-3、气表-4 并入气表-1,相应的年报表并入气表-21。1980 年 1 月 1 日起,气表-5、气表-6 并入气表-1,降水自记记录年报表(气表-25)并入气表-21。

1986 年 1 月起,地面测报开始启用 PC-1500 袖珍计算机编报。1987 年开始使用 APPLE 机处理观测记录。1995 年使用 IBM286 计算机。1999 年开始使用奔腾系列计算机进行地面气象观测记录整理,并自动编报。

2000 年 1 月,停止报送纸质气象报表。2006 年 1 月,通过气象专线网向吉林省气象局传输原始资料和报表,经吉林省气象局审核,气象站将原始资料和报表做成光盘并将报表打印存档。

资料档案　2004 年,将建站以来的原始气象记录档案(除日照记录外)全部移交到吉林省气象档案馆,气象站不再保留原始气象记录档案。

自动气象站　2003 年 8 月,建成地面自动气象站,2004 年 1 月 1 日至 2005 年 12 月 31 日双轨运行。自动气象站观测项目有气压、气温、湿度、风向风速、降水、地温(包括地表、浅层、深层)、草温等,观测项目全部采用仪器自动采集、记录,替代了人工观测。2006 年 1 月 1 日起,自动气象站正式单轨运行。自 2007 年 1 月 1 日起,不再保留气压、气温、湿度、风向风速自记仪器。

区域自动气象站　2006 年 5 月—2008 年 5 月,在临江市各乡镇建成 11 个加密自动站,其中 1 个六要素站、3 个四要素站、7 个两要素站。

②特种观测

根据吉林省气象局的规定,2002 年 6 月开始进行特种观测,观测项目有露天环境、柏油路面温度、草温。2006 年 1 月 1 日起,自动气象站正式单轨运行,停止草温观测。

③高空气象探测

观测时次与日界　建站时为国家二级高空测风站,1955 年 10 月 5 日 11 时起正式开始高空气象观测。采用地方平均太阳时,每日 07 时探测 1 次。1960 年 7 月 1 日起改为北京时。1966 年 6 月 1 日起调为国家一级探空站,每日 07、19 时进行两次探空观测。1983 年 1 月起观测时间改为每日 7 时 15 分和 19 时 15 分。以 20 时为日界。

观测仪器　1955 年—1959 年 11 月使用捷克型德式经纬仪测风。1959 年 12 月—1969 年 6 月,高空探测使用苏式 P3-049 型梳齿探空仪进行综合探测。1969 年 7 月,使用国产 59 型电码式取带梳齿探空仪。1982 年 4 月 1 日用 701 雷达测风。2006 年 11 月使用 GTS (U)400M 电子探空仪。

观测项目　观测项目包括规定层、特性层、零度层、最大风层、对流层顶等层面的气压、气温、湿度、风向、风速。每日 08 时 30 分、20 时 30 分前编发 TTAA 报(100 百帕以下规定层报),每日 10、22 时前编发 TTBB 报(100 百帕以下特性层报)、TTCC 报(100 百帕以上规定层报)、TTDD 报(100 百帕以上特性层报)、PPBB 报(1 万米以下测风)、PPDD 报(1 万米以上测风)。

高空气象探测现代化　1984 年 9 月以前,高空探测以人工方式整理记录。1984 年 9 月,开始用 PC-1500 袖珍计算机整理高空探测记录。1992 年,701 雷达换型为 701-C 雷达,启用 IBM286 计算机整理记录。1995 年 7 月,探空 701C 计算机终端准业务化运行,1996 年 1 月 1 日正式运行。

2004 年 10 月,使用电解水制氢,结束了化学制氢的历史。2006 年 11 月开始使用 GTS (U)400M 电子探空仪。

高空气象报表　建站至 1966 年 5 月 31 日,每月编制 07 时高空测风气象月报表。1966 年 6 月 1 日,开始编制 07、19 时规定层、特性层探空记录月报表。07、19 时测风记录月报表,一式 3 份,分别报送中国气象局、吉林省气象局,本站存档 1 份。

④气象信息网络

气象电报传输　建站至 1998 年,通过当地电信局专线发报。1999 年开始通过与吉林省气象台开通的 X.25 协议专线传输电报。2003 年开通了 DDN 专线发报。2006 年开始改为 SDH 光纤发报。

气象信息接收 1978 年,采用 117 型传真机接收东京的气象传真广播。1979 年起,用国产滚筒旋转扫描,采用普通白纸记录的 CZ-80 型传真机,接收东京气象传真广播。1999 年起,PC-VSAT 单收站投入使用,通过 PCVSAT 气象网络接收从地面到高空各类天气形势图、云图、雷达拼图和数值预报产品。

⑤天气预报

1958 年至 1982 年(1983—1988 年天气预报改由浑江市气象站制作),1988 年开始,恢复制作天气预报。

短期天气预报 1958 年 6 月开展以短期预报为主的"单站补充订正预报",收听吉林省气象台的天气形势预报广播,结合本地气象观测要素变化和气候特点,对收听的预报进行补充订正,即"收听加看天"预报阶段。

1960 年,贯彻中央气象局提出的补充天气预报"八字措施"(听、看、谚、资、地、商、用、管)和三个结合(大中小结合、长中短结合、图资群结合)的预报技术原则,逐渐建立自己的预报工具。1980 开始应用传真数值预报产品,建立晴雨、降水、最高、最低气温等局地"MOS"预报方程。1989 年采用 TDM-1540 型甚高频无线电话,进行天气会商。1994 开始使用 MOS 方程、专家系统等工具制作天气预报。1999 年,Micaps 1.0 气象信息处理系统投入应用,开始应用 T106 数值预报产品作天气预报。2004 年 4 月,Micaps 2.0 气象信息处理系统投入使用,采用 T213 数值预报产品作天气预报。2007 年 4 月,天气预报可视会商系统正式启用,实现与上级气象台可视会商。2008 年 9 月,Micaps 3.0 气象信息处理系统投入应用,开始使用 T639 数值预报产品作天气预报。

中期天气预报 1972 年引进数理统计预报方法,通过对历史气象资料进行相关系数统计分析、检验,建立多元回归方程,促进了预报客观化。1979 年开始进行气象站预报改革,重点抓基本资料、基本工具、基本图表、基本档案建设。1999 年建立地面卫星单收站,采用人机交互系统,制作中期天气预报。

长期天气预报 1990 年以后,根据当地服务需要制作长期天气预报。主要运用数理统计、常规气象资料图表、天气谚语、韵律关系等方法,进行补充订正预报,不参加业务考核。

⑥农业气象观测

1959 年至 1961 年为一般物候观测站,开展 6 种作物物候观测和土壤湿度测定。1980 年被列为省级农业气象观测站,开展农作物生育期和土壤湿度观测。1985 年 12 月农气观测任务停止。1993 年起,重新恢复农业气象观测,为农业气象一般站。每年 3 月 21 日至 5 月 31 日(1994 年以后开始时间改为 2 月 28 日),观测土壤湿度,向吉林省气象台拍发农业气象候报。常年向吉林省气象台、地区气象台拍发农业气象旬报、月报。仪器配置为取土钻、铝盒、烘干箱和天平。

2. 气象服务

公众气象服务 1995 年以前主要通过广播,发布未来 24 小时天气预报,临时增播灾害性天气预报和森林火险预报。1995 年起,开始电视天气预报业务,1996 年开通"121"天气预报自动答询电话,2005年实行集约经营,升位为"12121"。2004年开始通过互联网、手机短信、电子邮箱等渠道发布各类天气预报和预警信息。

决策气象服务 1958年4月—2000年,以口头汇报、邮寄等方式进行决策服务。1995年开始发布重要气象信息,2001—2004年为专人专送,2005年起通过电子邮箱、传真方式传送。针对农事、防汛、森林防火等服务,以报告材料和专报的形式送阅市委、市政府主要领导和主管领导。

1995年7月29日至8月7日,临江市连降暴雨,过程降水量为326.8毫米,鸭绿江水猛涨。为了防止洪水冲破江堤,临江市委、市政府准备炸江心岛浮桥,以利泻洪。临江市气象局通过和省、市气象台紧急会商,作出8月8日后5天内降水量不超过10毫米的预报,市政府最后决策不炸桥,保住了价值一百万的江心岛浮桥。当年,气象局被市政府评为"抗洪抢险先进单位"。

专业专项服务 1989年开始,根据1985年国务院下发的25号文件,针对特产业、林业、公路、交通等开展专业专项有偿气象服务,为全市各乡镇相关企事业单位提供中、长期天气预报和气象资料,以旬天气预报为主(1989年后以周天气预报为主)。截至2008年共签订合同100余份,2008年签订10份。

气象科技服务 1995年,根据临江市人民政府下发的临政办发〔1995〕26号文件,成立了"临江市避雷装置检测中心",开展防雷检测、防雷工程设计服务。2005年,制订了《人工影响天气预案》,开展人工影响天气服务工作。

气象科普宣传 每年"3·23"世界气象日,"12·4"法制宣传日,开展防雷减灾、气象常识、灾害天气、普法教育、气象法宣传,发放气象科普材料。

2007年,成立了临江市气象信息员队伍,分布在全市各行各业及农村乡镇,负责气象信息宣传与传播。全市现有气象信息员172名。

法规建设和管理

1. 气象法规建设

2001年6月,结合《中华人民共和国气象法》,将气象探测环境保护纳入市城镇规划。2004年,临江市建设局、雷电防护管理办公室下发了临联发〔2004〕1号《关于进一步加强各类工程防雷设施设计施工规范化管理的通知》,文件规定,临江市建设项目防雷装置防雷设计、跟踪检测、竣工验收工作归口管理。2007年,临江市政府下发了临政办发〔2007〕7号《临江市人民政府关于印发重大突发性气象灾害预警应急预案的通知》,气象灾害应急预案升为临江市政府专项应急预案。

依法保护气象观测环境 1989年,观测场西侧120—150米处林业局、党校新建办公、教学楼影响探测环境。省、市气象局依法与政府有关领导协调处理,最后政府出资将观测场南移40米,新增土地1000多平方米。

2. 规章制度建设

1995年5月制定了《临江市气象局综合管理制度》。2000年重新修订,主要内容包括计划生育,干部、职工脱产(函授)学习和病、事假、年假及奖励工资,业务值班管理制度、会议制度、财务制度、目标考核制度等。

3. 政务公开

对外　对气象行政审批办事程序、气象服务内容、服务承诺、气象行政执法依据、服务收费依据及标准等,采取了电视广告、发放宣传单等方式向社会公开。

对内　财务收支、目标考核、基础设施建设、工程招投标等内容则采取职工大会或上局公示栏张榜等方式向职工公开。财务每月公示1次,年底对全年收支、职工奖金福利发放、住房公积金等向职工作详细说明。

4. 社会管理

依法管理人工影响天气工作　2005年,临江市政府成立了临江市人工影响天气办公室,设在气象局。在县政府的领导和协调下,管理、指导和组织实施人工影响天气作业。

依法管理雷电灾害防御工作　1998年,临江市机构编制委员会下发了临编办发〔1998〕21号《关于成立临江市雷电防护领导小组的通知》,成立了临江市雷电防护管理办公室。2001年4月,临江市人民政府下发了临政办发〔2001〕32号文件,规定临江市气象局为临江市建设工程竣工验收委员会成员单位。2003年,下发了临联发〔2003〕1号《关于进一步加强防雷安全管理工作的通知》,指出临江市建设项目防雷装置防雷设计、跟踪检测、竣工验收工作归口管理,由雷电防护管理办公室具体负责。

2005年7月,成立了气象行政执法大队,执法人员持有吉林省人民政府颁发的行政执法证。先后与市人大法制办、安监、建设部门等联合开展气象行政执法检查多次。2008年有兼职执法人员4名。

党建与精神文明建设

1. 党建工作

党支部建设　1952年6月至1958年10月期间没有成立党支部,先后有中共党员3人(智景和、梁万友、孙占元),编入县委办公室党支部。1958年11月至1967年2月与海关、水文站成立联合党支部,有中共党员2人(周清、姜云)。1967年3月至1971年4月"文化大革命"期间,党支部被砸烂。1971年4月军管期间,经浑江市人民武装部党委批准,成立气象站党支部,共有党员5名,党支部书记由现役军人李日焕担任。1973年9月至1979年8月由黄大德任支部书记,归浑江市农林党委领导。1979年9月至1980年7月,由周清担任支部书记。1980年8月,由张子峰任支部书记。1987年4月成立临江区气象局党支部,归属区机关党委领导。1989年3月,李文国任支部书记。1995年2月由王福松任局党支部书记。1999年10月至2005年3月,党支部书记由李鹏飞担任。2005年4月至今,书记由王福松担任。2008年底,党支部有中共正式党员8人。1994年起,年年被地方机关党工委评为"先进党支部"。

1974 年发展 1 名党员,1986—1987 年发展党员 3 名,1990—2000 年发展党员 3 名,2000 年后发展党员 5 名。

党风廉政建设 2006 年重新制定气象局党风廉政建设目标责任制。参加"讲政治、讲学习、讲正气"学习,开展解放思想大讨论,参加党员先进性教育,连续 8 年开展党风廉政教育月活动。积极开展廉政教育和廉政文化建设活动,经常开展警示廉政教育。局财务账目每年接受上级财务部门年度审计,并将结果向职工公布。局领导班子实行"三人"决策。2000 年开始建立局领导班子成员廉政建设档案。

2. 精神文明建设

1995 年起购置了篮球、排球、乒乓球、单双扛、健身器、跑步机等多项健身器材。积极参加地方政府及省气象系统举办的各种文体活动,开展了电化教育,积极争创文明单位,开展文明创建规范化建设。2006 年至 2007 年,分期分批对院内的环境进行了绿化改造,规化整修了道路,修建了草坪和花坛,重新修建装饰了综合楼门面,改造了业务值班室,完成了业务系统的规范化建设。修建了 1500 多平方米草坪、花坛,栽种了风景树,全局绿化率达到了 60%,硬化了 500 平方米路面。制作局务公开栏、学习园地、法制宣传栏和文明创建标语等宣传用语牌。建设"两室一场"(图书阅览室 20 平方米、职工学习室 20 平方米、小型运动场 40 平方米)。经常开展向先进人物学习,开展爱国主义和社会主义教育活动。

3. 荣誉

荣誉 1981 年至 2008 年气象局共获集体荣誉 82 项。1993 年起,连续 15 年被临江市政府评为"林业工作先进单位"。1995 年起,白山市气象局年终综合考评连续十一年获第一名、全省前五名。1994 年、1999 年获吉林省气象局"精神文明示范单位"。1995 年被临江市政府评为"抗洪抢险先进单位"。1998 年起,连续 8 年被临江市委市政府授予"支农突出贡献单位"。2002 年被白山市政府授予"林业工作先进单位"。1988 年至 2008 年,个人获奖共 152 人次。其中,1989 年温艳被中国气象局授予"双文明建设先进个人"。

参政议政 王福松任临江市第四届、第五届政协委员;于洪生任临江市第四届政协委员;张子峰任浑江市临江区第一届人民代表大会人大代表。

台站基本建设

1952 年建站时,办公室、宿舍 50 多平方米,占地面积 1000 多平方米。1954 年迁到现址时,办公室、宿舍 352 平方米,占地面积 2000 多平方米,房屋为砖瓦结构。1979 年吉林省气象局投资 6 万元,建设办公室 400 平方米。1991 年,吉林省气象局投资 50 万元建设家属楼 1000 多平方米,改善了职工居住条件。2008 年占地面积 6975.83 平方米,办公楼 1312.91 平方米,职工宿舍楼 1043 平方米,房屋为砖混结构。

1980 年的临江市气象局原办公楼一角　　　　2008 年的临江市气象局办公楼

靖宇县气象局

　　靖宇县原名蒙江县。1946 年 2 月,为纪念在此牺牲的东北抗日联军总司令杨靖宇将军,易名为靖宇县。现隶属吉林省白山市,地处吉林省东南部。

机构历史沿革

　　历史沿革　　靖宇县气象站始建于 1954 年 12 月 1 日并开始观测,观测场位于北纬 42°21′,东经 126°49′,海拔高度 549.2 米。1954 年 12 月 1 日至 1957 年 5 月 31 日。1957 年 6 月 1 日起。1954 年 12 月 1 日至 1961 年 3 月 14 日被列为国家乙种观测站,1963 年 3 月 15 日起,调为国家基本观测站。

　　1959 年 4 月更名为靖宇县中心气象站。1962 年 2 月,靖宇县气象站与靖宇县水文站合并,更名为靖宇县水文气象中心服务站。1964 年 2 月,更名为吉林省靖宇县气象站。1973 年 7 月 12 日,更名为吉林省靖宇县革命委员会气象站。1974 年 4 月,更名为吉林省靖宇县气象站。1988 年 6 月增设气象局,局站合一,一个机构两块牌子。2007 年 1 月 1 日,由国家基本气象站调整为国家气象观测站一级站,2009 年 1 月 1 日,由国家气象观测一级站调整为国家气象观测基本站。

　　1983 年,根据国气人字(83)009 号文,靖宇气象站定为 5 类艰苦台站,2004 年调整为 4 类艰苦台站。

　　管理体制　　1954 年 12 月 1 日—1957 年 12 月 31 日由吉林省气象局领导管理。1958 年 1 月 1 日归县人民委员会直接领导和管理,气象业务由气象部门管理。1959 年水文与气象合并,气象业务归通化地区水文气象总站管理,行政由靖宇县农业局管理。1963 年水文与气象分开,气象业务仍由气象部门管理。1963 年 8 月 1 日体制上收,气象业务、人事、财务收归吉林省气象局管理,行政、思想教育仍由人民委员会领导管理。1970 年 12 月,根据吉革[70]123 号、吉军发[70]164 号文联合通知精神,气象体制下放,归地方革委会、人民武装部双重管理,以军队领导为主。1973 年 7 月 12 日至 1980 年 6 月由靖宇县水利局领导,业务工作由通化地区气象局管理。1980 年 7 月 1 日起,气象体制上收,实行吉林省气象局和地方政府双重领导,以气象部门为主的管理体制。

名称及主要负责人变更情况

名称	负责人	任职时间
靖宇气象站	杨德贵	1954.12—1959.01
靖宇县中心气象站	杨德贵	1959.02—1962.02
靖宇县水文气象中心服务站	杨德贵	1962.03—1962.04
靖宇县气象站	金顺祚	1962.05—1968.01
靖宇县气象站	许俊德	1968.02—1970.11
靖宇县气象站	金升云	1970.12
靖宇县气象站	许俊德	1971.01—1971.08
靖宇县气象站	唐殿武	1971.09—1973.06
吉林省靖宇县革命委员会气象站	唐殿武	1973.07—1973.08
吉林省靖宇县革命委员会气象站	谭春圃	1973.09—1974.04
靖宇县气象站	谭春圃	1974.05—1983.12
靖宇县气象站	王郁彭	1984.01—1987.04
靖宇县气象站	李爱军	1987.05—1988.06
靖宇县气象局	李爱军	1988.07—1989.12
靖宇县气象局	刘锡臣	1990.01—1991.08
靖宇县气象局	金昌国	1991.09—1993.02
靖宇县气象局	高建旗	1993.03—1999.11
靖宇县气象局	费殿楼	1999.12—2008.11
靖宇县气象局	范泽进	2008.12—

人员状况 1954 年建站时有 6 人,编制 6 人。1978 年人数为 12 人。2008 年,编制 12 人,现有在职职工 15 人,其中本科学历 6 人,专科学历 5 人,高中学历 4 人;中级专业技术人员 5 人,初级专业技术人员 4 人。

气象业务与服务

1. 气象业务

①地面气象观测

观测机构 1973 年设测报组,1988 年设立测报股。

观测时次和日界 1954 年 12 月 1 日至 1960 年 6 月 30 日,采用地方平均太阳时,每日进行 01、07、13、19 时 4 次定时气候观测,以 19 时为日界。1960 年 7 月 1 日开始,采用北京时,每日进行 02、08、14、20 时 4 次定时气候观测,昼夜守班,以 20 时为日界。

观测项目 观测项目包括云、能见度、天气现象、气压、空气温度和湿度、风向风速、降水、雪深、雪压、日照、蒸发(小型)、地面温度、浅层低温和深层低温、冻土。1997 年开始观测 E-601B 型蒸发器。

气象电报 1954 年 12 月 1 日—2006 年 12 月 31 日拍发 02、08、14、20 时小图报,1999 年 3 月 1 日起停发小天气图报,开始试拍发"加密气象观测报告"。2001 年 4 月 1 日,使用《AHDM4.1》版软件编发报和编制报表,正式拍发"加密气象观测报告"。

1958 年开始,每年 7 月 1 日至 9 月 10 日向吉林省气象台、通化地区气象台拍发雨量加报。1964 年开始,改为每年 5 月 1 日—9 月 30 日拍发雨量加报。1966 年 3 月 21 日起,改为每年 6 月 1 日—9 月 30 日拍发雨量加报。

1963 年 5 月开始,向吉林省气象台拍发 06—06 时日雨量报,1970 年改为拍发 05—05 时日雨量报。

1984 年 4 月 1 日开始拍发重要天气报,不再拍发日雨量报和雨量加报,发报内容有降水、大风、龙卷、积雪、雨淞、冰雹,2008 年 6 月 1 日增加雷暴、视程障碍现象(霾、浮尘、沙尘暴、雾)。

2005 年 4 月 16 日起,每日按时拍发日照时数及蒸发量实况报。2007 年 1 月 1 日开始,增加 05、11、17、23 时 4 次补助绘图天气观测,每日拍发 02、05、08、11、14、17、20、23 时 8 次天气报。

航危报 1955—1995 年,承担预约航危报,预约时段为 0—24 时。1996 年起,承担固定航危报,固定时段为 0—24 时。承担航危报以来,用报单位最多为 7 个。航空报发报内容有云、能见度、天气现象、风向风速。危险报发报内容有恶劣能见度、雷雨形势、冰雹、大风、雷暴、龙卷。

1986 年 1 月起,地面测报开始启用 PC-1500 袖珍计算机编报。1987 年开始使用 APPLE 机处理观测记录。1995 年使用 IBM286 计算机、1999 年开始使用奔腾系列计算机进行地面气象观测记录整理,并自动编报。

气象报表 建站开始,每月编制地面气象记录月报表(气表-1),每年编制地面气象记录年报表(气表-21),一式 4 份,分别向中国气象局、吉林省气象局、通化地区气象局(从 1991 年起改向白山市气象局)各报送 1 份,本站留底本 1 份。

1954 年 12 月,开始编制气压、温度、湿度自记记录月报表(气表-2)、地温观测记录月报表(气表-3)、日照记录月报表(气表-4)。1955 年 5 月至 1979 年 9 月编制降水自记记录月报表(气表-5),编制相应的年报表 22、23、24、25。气压自记记录月报表从 1960 年 3 月停作。地温观测记录月报表(气表-3)、日照记录月报表(气表-4)1961 年停作,气表-3、气表-4 观测记录合并到气表-1,年报表 23、24 合并到气表-21。温度、湿度自记记录月报表 1965 年停作。1971 年 2 月至 1981 年 12 月,制作风向风速自记记录月报表(气表-6),1980 年 1 月起,气表-5、气表-6 停作,合并到气表-1,气表-25 合并到气表-21。1987 年 7 月,开始使用微机打印气象报表,向上级气象部门报送气象报表和磁盘。2000 年 1 月开始,停止报送纸质报表。2006 年 1 月,通过气象专线网向吉林省气象局传输原始资料和报表,经审核后由气象站将原始资料和报表做成光盘并将报表打印存档。

资料档案 从 2004 年起,将建站以来的原始气象记录档案(日照记录除外)全部移交到吉林省气象档案馆,气象站不再保留原始气象记录档案。

自动气象站 2003 年 8 月,DYYZ-Ⅱ型自动气象站建成。2004 年 1 月 1 日至 2005 年 12 月 31 日双轨运行。自动气象站观测项目有气压、气温、湿度、风向风速、降水、地温、草温等,观测项目全部采用仪器自动采集、记录,替代了人工观测。2006年1月1日,自动气象站正式单轨业务运行。

区域自动气象站 2006年5月—2008年5月,分三期完成8个加密自动气象站建设,其中3个两要素(温度、降水)站和5个四要素(风向、风速、温度、降水)站。

②气象信息网络

1954年12月,通过当地电信局专线发报。1986年后,观测电报通过电信局发报。2000年,用分组交换网X.25拨号方式发报。2004年用DDN专线发报。2006年改为SDH光纤发报。

气象信息接收 1983年4月,用国产滚筒旋转扫描,采用普通白纸记录的123型传真机,接收东京气象传真广播、北京数值预报传真天气图、欧洲中心部分数值预报传真图、北京物理量预报传真广播。1984年7月15日,增加接收北京12项物理量实况广播。1999年8月至今,通过VSAT气象网络接收从地面到高空各类天气形势图、云图、雷达拼图和数值预报产品。

③天气预报

短期天气预报 1959年4月,本站正式开展单站补充订正预报。收听吉林省、通化地区气象台的天气形势预报广播,结合本地气象观测要素变化和气候特点,对收听的预报进行补充订正,即"收听加看天"预报阶段。

1960年,贯彻中央气象局提出的补充天气预报"八字"措施(听、看、谚、地、资、商、用、管)和三个结合(大中小结合、长中短结合、图资群结合)的预报技术原则,逐渐建立自己的预报工具。1983年4月,本站配备安装了123型无线电传真机,从4月15日起,正式接收北京、东京所发送的各类传真天气图。每天按县站需要收图8张,层次有地面、850百帕、700百帕、500百帕高度的物理量和预报数据。同年开始应用传真数值预报产品,建立晴雨、降水、最高、最低气温等局地"MOS"预报方程,并应用于预报业务。1983年7月,配备了XP-D2A型单边带15瓦电台一部,同年配备了TDM-1540型甚高频无线电话一部,实现与地区气象局直接业务会商。

1999年8月,地面卫星单收站建成并正式启用,停收传真图。预报所需资料全部通过地面卫星接收小站接收。2007年4月,天气预报可视会商系统建成,实现与地区气象台可视会商。

中期天气预报 1972年引进数理统计预报方法,通过对历史气象资料进行相关系数统计分析、检验、建立多元回归方程,促进了预报客观化。1979年开始,进行气象站预报改革,重点抓基本资料、基本工具、基本图表、基本档案建设。1983年,采用人机交互系统,制作中期天气预报。

长期天气预报 1990年以后,根据当地服务需要制作长期天气预报,主要运用数理统计、常规气象资料图表、天气谚语、韵律关系等方法,进行补充订正预报,从1984年起不参加业务考核。

④农业气象观测

1958年5月,开始进行玉米、大豆作物和物候观测,目测土壤湿度。1962年5月,停止农作物、物候观测和目测土壤湿度观测。1979年4月,恢复玉米、大豆作物、物候观测。1982年4月撤销观测。1990年4月10日,恢复靖宇气象站为省级农业气象观测站,进行玉米作物观测、固定地段和农作物地段土壤墒情观测,测定深度为 0～10 厘米、10～20 厘米、20～30 厘米、30～40 厘米、40～50 厘米。1993 年 4 月开始,停止作物生育期、动植物的物候观测、作物地段和固定地段土壤水分的观测,承担农业气象一般站的观测任务。在农作物观测期间,编制农业气象报表 3 份,向吉林省气象局、通化市气象局各报送 1 份,本站留底本 1 份。

主要仪器、设备配置为电烘箱、取土钻、天平、铝盒

农业气象报表　农作物、物候观测期间,编制农气表-1、农气表-2、农气表-3 各 4 份。1982 年 4 月停止编制。

农业气象情报　每年 3 月 21 日至 5 月 31 日(1994 年以后开始时间改为 2 月 28 日),向吉林省气象台拍发农业气象候报。常年向吉林省气象台、地区气象台拍发农业气象旬(月)报。

2. 气象服务

公众气象服务　1959 年 4 月 1 日,与广播站合作,开展播报天气预报业务。1998 年 10 月,同电信局合作开通"121"天气预报自动咨询电话。2000 年 4 月,靖宇县天气预报在靖宇县电视节目中播放。2005 年,全市"121"天气预报自动咨询电话实行集约经营,升位为"12121"。2007 年,通过移动通信网络开通了气象商务短信平台,以手机短信方式向全县各级领导发送气象信息。

决策气象服务　1959 年 4 月—2000 年,以口头、邮寄方式进行决策服务。2001—2004 年为专人专送,2005 年起为电子邮箱或传真方式传送。针对农事、防汛、森林防火以报告材料和专报的形式送阅县委、县政府主要领导和主管领导。2008 年 4 月 30 日下午 14 时,靖宇县那尔轰镇富家沟屯失火,当时风速较大,火借风势,迅速向四周山坡林地蔓延。14 时 30 分,气象局领导带领相关人员亲临火灾现场,开展现场天气保障服务。4 名气象技术人员进行实地观测和预报服务,20 时成功实施人工增雨,20 时 30 分天降小雨,21 时火势得到有效控制。此次森林火灾气象服务为县领导和有关部门决策救火方案、指挥扑救提供了科学依据,被县政府授予"4.30 火灾扑救先进单位"。

专业专项服务　1984 年 6 月,根据吉林省物价局、吉林省财政厅、吉林省气象局联合下发《关于提供气象预报、情报、资料和服务收费标准》的通知,开始进行气象有偿专业服务。1985 年 3 月,根据国务院 25 号文件精神,进一步明确气象有偿专业服务。主要针对特产业、林业、公路、交通等开展专业专项服务,为全县各乡镇相关企事业单位提供中、长期天气预报和气象资料,以旬天气预报为主(2000 年后以周天气预报为主)。截至 2008 年,共签订服务合同 240 份,2008 年签订服务合同 15 份。

气象科技服务　1988 年 9 月,将 7 部无线通讯接收装置分别安装到县防汛办公室和有关乡镇(场),建成气象预警服务系统。1990 年 6 月,正式使用预警系统对外开展服务。每天上、下午各广播 1 次,用户通过预警接收机定时接收气象服务,主要开展气球庆典、避雷检测、人工增雨服务。

2008 年,在市气象局的统一指挥下,为白山电站库区蓄水实施人工增雨作业,发射火箭弹 24 枚。

气象科普宣传 每年在"3·23"世界气象日,"12·4"法制宣传日开展防雷减灾、普法教育、气象法宣传,发放气象科普材料。

法规建设与管理

气象法规建设 2004年5月,认真贯彻落实《中华人民共和国气象法》,将气象探测环境保护纳入县城镇规划。

2006年9月和2007年11月,在市执法支队的配合下,通过气象执法,有效制止了县宏达运输公司建住宅楼和县教育局职教中心建教学楼,超高破坏气象探测环境的违法行为,拆除超高部分,依法保护探测环境。

规章制度建设 2002年制定了《靖宇县气象局综合管理制度》。2005年9月重新修订,完善了政务公开、接待、业务工作、会议、财务、学习、考勤、安全、卫生、劳动制度。

社会管理 1999年成立"靖宇县防雷办公室",办公室设在气象局。2005年6月,成立"靖宇县人工影响天气办公室",办公室设在气象局。2005年7月,成立气象行政执法大队,2008年有执法队员2名。

政务公开 2004年,对气象行政审批办事程序、气象服务内容、服务承诺、气象行政执法依据、服务收费依据及标准,采取了户外公示栏、电视广告、发放宣传单等方式向社会公开。财务收支、目标考核、基础设施建设、工程招投标等内容采取职工大会或在局内公示栏张榜向职工公示。住房公积金、医疗保险年底向职工公示。干部任用、职工晋职、晋级等及时向职工公示。

党建与气象文化建设

党支部建设 1961年,党员1人,挂靠县农业局党支部。1972年7月成立气象站党支部。2008年有党员7名。1987年至2008年,先后发展党员6人。

2004年,制定党风廉政建设目标责任制,党支部每半年开展1次党风廉政建设的思想政治教育。2006年,开展以"情系民生,勤政廉政"为主题的廉政教育。2007年,结合地县委开展保持共产党员先进性教育活动,组织观看了《汪洋湖》、《贿海沉沦》廉政、警示教育片。

精神文明建设 2002年开始进行庭院综合改造和标准化台站建设,改造观测场,装修业务值班室,统一制作局务公开栏、学习园地、法制宣传栏、宣传用语牌。2005年新建办公楼,绿化率达60%。建设"两室一场"(图书阅览室20平方米、职工学习室20平方米、小型运动场600平方米),拥有图书1000册。截至2007年,靖宇县气象局完成了业务系统的规范化建设。修建了3000多平方米草坪、花坛,安置路灯,院内硬覆盖1700平方米,机关院内变成了风景秀丽

1988年靖宇县气象局团支部被共青团吉林省委授予"优秀青年之家"

的花园。

荣誉　1954 年至 2008 年,共获集体荣誉 32 项。1983 年被吉林省人民政府授予"农业区划"先进单位。1984 年获得吉林省人民政府气候区划成果二等奖。1985 年被省气象局授予"先进预报组"。1987 年,靖宇气象站团支部被共青团吉林省委授予"优秀青年之家"。2004 年、2007 年被县委授予"先进基层党组织"。2005—2007 年度,靖宇县气象局被白山市委、市政府授予"文明单位"。2007 年,靖宇县气象局被吉林省气象局授予"标准化台站"。1984 年至 2008 年,靖宇县气象局个人获奖共 86 人次。

台站建设

1954 年建站时,占地面积 5814 平方米,办公室的建筑面积为 160 平方米,房屋为砖瓦结构。

2008 年,占地面积 14760.2 平方米,办公室建筑面积 500 平方米,房屋为砖混结构。

2008 年靖宇县气象局办公楼全景

长白朝鲜族自治县气象局

机构历史沿革

历史沿革　长白县气象站始建于 1956 年 3 月,地处吉林省东南部,长白山南麓,与朝鲜民主主义人民共和国隔江相望。观测场位于北纬 41°21′,东经 128°12′,海拔高度为 1013.1 米,属国家基本站。1956 年 11 月 1 日正式开始观测。

1962 年 12 月 5 日更名为长白朝鲜族自治县气象站。1967 年 6 月,长白朝鲜族自治县气象站由西岗山顶迁到长白镇民主街,观测场位于北纬 41°21′,东经 128°12′,海拔高度为 771.2 米,1968 年 1 月 1 日正式开始观测。

1972 年 1 月,长白朝鲜族自治县气象站由长白镇民主街迁到长白镇西岗山顶,观测场位于北纬 41°21′,东经 128°10′,海拔高度为 1016.7 米,1973 年 1 月 1 日开始正式观测。

1970 年 12 月,气象站更名为长白朝鲜族自治县革命委员会气象站。1973 年 12 月更名为长白朝鲜族自治县气象站(简称长白县气象站),1988 年 1 月增设气象局(简称长白县气象局),局站合一,一个机构两块牌子。

1997 年 5 月,长白朝鲜族自治县气象局由西岗山顶迁到长白镇东安路 2 号,观测场位于北纬 41°25′,东经 128°11′,海拔高度为 775 米。1998 年 7 月 1 日新站建成并开始对比观测,1999 年 1 月 1 日正式开始观测。

1963 年 11 月 1 日,根据劳动部、中央气象局制定的《艰苦气象台站津贴暂行规定》中劳字〔1963〕第 662 号、中气计字〔1963〕第 162 号的评定标准,定为三类艰苦台站。2004 年调整后仍为三类艰苦台站。

管理体制　1958 年 1 月 1 日起,归长白朝鲜族自治县人民委员会直接领导和管理,气象业务由气象部门管理。1959 年水文与气象合并,气象业务归通化地区水文气象总站管理。1963 年水文与气象分开,气象业务仍由气象部门管理。1963 年 8 月 1 日体制上收,气象业务、人事、财务收归吉林省气象局管理,行政、思想教育仍由人民委员会领导管理。1970 年 12 月 18 日,根据吉革[70]123 号、吉军发[70]164 号文联合通知精神,气象体制下放,归地方革命委员会、人民武装部双重管理,以军队领导为主。1973 年归属地方革命委员会农业局领导。1980 年 7 月 1 日起,实行吉林省气象局和地方政府双重领导,以气象部门为主的管理体制。

人员状况　建站时 5 人,1978 年底 17 人。2008 年在职职工 12 人,其中本科学历 4 人,专科学历 6 人,中专学历 2 人;中级专业技术人员 4 名,初级专业技术人员 7 人,技术员 1 人。

主要领导人更替情况

名称	职务	姓名	任职时间
长白县气象站	站长	孙洪山	1956.01—1958.12
长白朝鲜族自治县服务中心站	业务负责	徐德艳	1959.01—1962.03
长白朝鲜族自治县气象站	站长	王滋璞	1962.04—1965.06
长白朝鲜族自治县气象站	业务负责	江玉宝	1965.07—1966.05
长白朝鲜族自治县气象站	站长	张永山	1966.06—1971.05
长白朝鲜族自治县革命委员会气象站	站长	张宝荣	1971.06—1973.11
长白朝鲜族自治县气象站	站长	王滋璞	1973.12—1977.09
长白朝鲜族自治县气象站	站长	王德生	1977.10—1979.02
长白朝鲜族自治县气象站	站长	王滋璞	1979.03—1981.09
长白朝鲜族自治县气象站	副站长主持工作	关中礼	1981.10—1983.10
长白朝鲜族自治县气象站	站长	唐继勤	1983.11—1986.03
长白朝鲜族自治县气象站	副站长主持工作	李守义	1986.04—1987.06
长白朝鲜族自治县气象局	局长	常万欣	1987.07—1989.02
长白朝鲜族自治县气象局	局长	李钟云	1989.03—1989.08
长白朝鲜族自治县气象局	局长	何昌发	1989.09—1993.02
长白朝鲜族自治县气象局	局长	范泽进	1993.03—2008.11
长白朝鲜族自治县气象局	局长	董　刚	2008.12—

气象业务与服务

1. 气象业务

①地面气象观测

观测机构 1973年设地面测报组,1980年更名为地面测报股,1988年为地面测报科(股级)。

观测时次与日界 1956年11月1日至1960年6月30日,采用地方平均太阳时,每日进行01、07、13、19时4次定时气候观测,以19时为日界。1960年7月1日开始,采用北京时,每日进行02、08、14、20时4次定时气候观测,昼夜守班,以20时为日界。

观测项目 观测项目包括云量、云状、能见度、天气现象、气压、空气温度、湿度、风向风速、降水、积雪深度、雪压、日照、蒸发、地温、冻土、电线积冰等气象要素,1998年开始增加观测E-601B型蒸发器。

2006年7月1日酸雨观测试运行,2007年1月1日正式观测,观测报表上报吉林省气象台。

气象电报 建站开始,每日拍发02、05、08、11、14、17、20时7次天气报,参加亚洲区域交换。1958年开始,每年7月1日至9月10日向吉林省气象台、通化地区气象台拍发雨量加报。1964年开始,改为每年5月1日—9月30日,1966年3月21日起,改为每年6月1日—9月30日拍发。1963年5月起,向吉林省气象台拍发06—06时日雨量报,1970年起,改为拍发05—05时日雨量报。1984年4月1日开始编发重要天气报,不再拍发日雨量报和雨量加报,发报内容有降水、大风、龙卷、积雪、雨凇、冰雹,2008年6月1日增加雷暴、视程障碍现象(霾、浮尘、沙尘暴、雾)。2005年4月16日起,每天08时30分至09时编发日照时数及蒸发量实况报。

1957年1月至2008年承担拍发预约和固定航危报。2008年固定向长春、沈阳拍发航空(危险)报。

气象报表 建站开始,每月编制地面气象记录月报表(气表-1),每年编制地面气象记录年报表(气表-21),一式4份,分别向中国气象局、吉林省气象局、通化地区气象局(从1991年起改向白山市气象局)各报送1份,本站留底本1份。

1956—1965年编制气压、温度、湿度自记记录月报表(气表-2)(其中气压自记记录月报表从1960年3月停作)。1956—1960年编制日照记录月报表(气表-4)。1957年5月至1979年,编制降水自记记录月报表(气表-5)。1967年1月至1979年制作风向风速自记记录月报表(气表-6),相应编制年报表22、24、25,均为一式4份。从1961年1月起,气表-4并入气表-1,相应的年报表并入气表-21。1980年1月1日,气表-5、气表-6并入气表-1,降水自记记录年报表(气表-25)并入气表-21。

1987年7月开始使用微机打印气象报表,向上级气象部门报送气象报表和磁盘。2000年停止报送纸制气象报表,形成电子版,利用网络传输上报。2006年1月通过气象专线网向吉林省气象局传输原始资料,经审核后由气象站将原始资料和报表做成光盘并将报表打印存档。

资料档案 从 2004 年 7 月起,将建站以来的原始气象记录档案(日照记录除外)移交吉林省气象档案馆,气象站不再保留原始气象记录档案。

现代化观测系统 1993 年,中国气象局投资 70 万元,引进并安装意大利全套自动气象站设备,1994 年 8 月 1 日自动气象站投入准业务化运行。为确保观测记录完整,自动气象站准业务化运行后,一直与常规观测站双轨运行,1996 年 7 月因仪器故障停止工作。

2003 年 7 月,建成 DYYZ II 型自动气象站,2004 年 1 月 1 日至 2005 年 12 月 31 日双轨业务运行。自动气象站观测项目有气压、气温、湿度、风向风速、降水、地温、草温等,观测项目全部采用仪器自动采集、记录,替代了人工观测。2006 年 1 月 1 日,自动气象站正式单轨业务运行。自 2007 年 1 月 1 日起,不再保留气压、气温、湿度、风向风速自记仪器。

2007 年 5 月,安装了闪电定位仪并进行观测。

区域自动气象站 从 2006 年 5 月至 2008 年 5 月,分三期完成了 12 个中小尺度自动加密站建设,其中两要素站 6 个,四要素站 4 个,六要素站 2 个。

②气象信息网络

气象电报传输 1956 年 11 月至 2000 年 4 月,通过电信局专线发出。2000 年 5 月,通过与吉林省气象台开通的 X.25 协议专线传输。2005 年利用 DDN 专线和备份 VPN300 传输。2006 年开始改为 SDH 光纤发报。

气象信息接收 1983 年 4 月,用国产滚筒旋转扫描,采用普通白纸记录的 CZ-80 型传真机,接收东京气象传真广播、北京数值预报传真天气图、欧洲中心部分数值预报传真图、北京物理量预报传真广播。1984 年 7 月 15 日增加接收北京 12 项物理量实况广播。1999 年建成了 VSAT 卫星通信单收站,从 8 月份开始通过 PC-VSAT 气象网络,接收从地面到高空各类天气形势图、云图、雷达拼图和数值预报产品。

③天气预报

预报机构 1973 年设预报组,1980 年更名为预报股,1988 年设预报科(股级),1999 年设立气象台(股级)。

短期天气预报 1958 年 6 月开始收听吉林省气象台的天气形势预报广播,结合本地气象观测要素变化和气候特点,对收听的预报进行补充订正,即"收听加看天"制作补充天气预报。

1960 年,贯彻中央气象局提出的补充天气预报"八字"措施(听、看、谚、地、资、商、用、管)和三个结合(大中小结合、长中短结合、图资群结合)的预报技术原则,逐渐建立自己的预报工具。1983 年配备 XP-D2A 型单边带电台,1986 年配备 TDM-1540 型甚高频无线电话,实现与地区气象台会商。1982 年开始应用传真数值预报产品,建立晴雨、降水、最高、最低气温等局地"MOS"预报方程。1998 年 8 月 14 日 PC-VSAT 卫星小型接收站、MI-CAPS 系统正式投入使用,人机交互处理系统取代了传统的天气预报工作作业方式。2004 年 4 月,用升级后的 Micaps2.0 系统制作天气预报,2008 年 11 月,用升级后的 Micaps3.0 系统制作天气预报。2007 年 4 月,天气预报可视会商系统建成,实现与地区气象台可视会商。2008 年 5 月开始制作精细化预报。

中期天气预报 1972 年引进数理统计预报方法,通过对历史气象资料进行相关系数统计分析、检验建立多元回归方程,促进了预报客观化。1979 年开始进行气象站预报改革,重点抓基本资料、基本工具、基本图表、基本档案建设。1984年实现了MOS预报业务化。1990年,建立以专家系统为主的预报工具并制作天气预报。

长期天气预报 1973年以后,根据当地服务需要制作长期天气预报,主要运用数理统计、常规气象资料图表、天气谚语、韵律关系等方法,进行补充订正预报,1984年开始不参加业务考核。

④农业气象

农业气象观测 长白气象站为一般农业气象观测站,观测土壤湿度。1958年4月开始,按照中央气象局编制的《农业气象观测方法》,进行大豆、玉米、谷子农作物观测,1964年1月1日停止观测。2006年4月增加了森林可燃物的观测。

农业气象候报、旬(月)报 1958年6月1日开始,常年向吉林省气象台、地区气象台拍发农业气象旬(月)报。1975年开始,每年3月21日至5月31日(1994年起开始时间改为2月28日,长白县气象站自2006年起执行),向吉林省气象台拍发农业气象候报。

主要仪器、设备配置为取土钻、铝盒、电烘箱和天平。

2. 气象服务

公众气象服务 1959年4月1日,与广播站合作开展播报天气预报业务。1984年开始,每年3月15日—6月15日、9月15日—11月15日(春、秋森林防火期),制作森林火险等级预报,向县电视台、防火指挥部、森林经营局防火办公室发布。

1998年10月,同电信局合作开通"121"天气预报自动咨询电话。2000年4月开展电视天气预报业务。2005年,全市"121"天气预报自动咨询电话实行集约经营,升位为"12121"。2007年,通过移动通信网络开通了气象商务短信平台,以手机短信方式向全县各级领导发送气象信息。

决策气象服务 1959年4月—2000年,通过电话、邮寄信函方式进行决策服务。1981年7月4日,根据13号台风移动路径,预报本县将出现暴雨,站领导及时向县领导、防汛部门及有关单位汇报,结果5、6日过程降水量为61毫米,八道沟贮木场和胶合板厂由于及早采取措施,免遭洪水灾害,减少损失50万元。气象站受到吉林省气象局和县政府嘉奖。2001—2004年开发《重要气象信息报告》产品,以专人专送的形式为县委、县政府主要领导和主管领导决策服务。

2004年8月17日,长白县气象台预报未来48小时、72小时将有连续暴雨天气,通过电话直接向主管副县长刘猛同志及防汛指挥部报告。在此期间,每小时向防汛指挥部报告一次天气实况和未来天气发展趋势。实况是19日降水量59.9毫米,20日降水量55.5毫米,是长白县有气象记录以来首次出现的连续两天的暴雨天气,由于动员及时,各部门通力协作,没有造成人员伤亡,减少经济损失7亿元。2004年被县人民政府授予"抗洪抢险、抗灾自救模范集体"。2005年开始利用计算机网络向县委、县政府、各乡镇传输年、季、月天气预报、气象情报、重要气象信息报告及关键性、转折性、灾害性天气预报、信息,发布预警信号。

专业专项气象服务 1984年6月,根据吉林省物价局、吉林省财政厅、吉林省气象局联合下发《关于提供气象预报、情报、资料和服务收费标准》的通知,开始实行气象有偿专业服务。1985 年 3 月,贯彻国务院 25 号文件精神,进一步明确气象有偿专业服务。并主要针对特产业、林业、公路、交通等开展专业专项服务,为全县各乡镇相关企事业单位提供中、长期天气预报和气象资料,以旬天气预报为主(2006 年后以周天气预报为主)。截至 2008 年,共签订服务合同 204 份,2008 年签订服务合同 18 份。

气象科技服务 1999 年开始开展气球庆典服务、防雷检测、防雷监审和人工增雨等服务工作。

气象科普宣传 每年在"3·23"世界气象日,"12·4"法制宣传日开展防雷减灾、普法教育、气象法律法规宣传,发放气象科普材料,悬挂条幅。

法规建设与管理

气象法规建设 2004 年 5 月,结合《中华人民共和国气象法》,将气象探测环境保护纳入长白县城建设规划。

1999—2006 年,长白朝鲜族自治县人民政府先后下发了《关于加强雷电防护管理工作的通知》(长政办发〔1999〕4 号)、《关于开展防雷、防静电检测工作的通知》(长政办发〔2000〕17 号)、《关于进一步加强建设工程防雷设施管理工作的通知》(长政办发〔2006〕27 号),对全县防雷减灾工作进行规范化管理。2009 年完成了《探测环境保护专项规划》。

规章制度建设 1998 年制定了《长白县气象局综合管理制度》,2005 年进一步完善了业务制度 7 项、行政管理制度 22 项、行政执法制度 10 项、人工影响天气工作制度 4 项。

社会管理 1999 年 3 月成立长白朝鲜族自治县防雷办公室,办公室设在气象局,对防雷装置设计、竣工验收、防雷安全技术设施的技术检测、防雷产品使用的许可、雷电灾害防御工作依法进行管理。2004 年 6 月,通过气象执法,有效制止了部队通讯站违法建站的行为,依法保护了气象探测环境。

2005 年 6 月,成立长白县人工影响天气办公室,办公室设在气象局。2005 年 7 月,成立气象行政执法大队,执法队员 2 名。对施放气球单位资质审批、刊播、转播、转载气象预报许可、从事施放充氢气飞行器服务的批准六项行政许可和非行政许可等行使管理职能。

政务公开 对外,从 2007 年 3 月,气象行政审批进入县政务大厅。对气象行政审批办事程序、气象服务内容、服务承诺、气象行政执法依据、服务收费依据及标准等,通过政府公示栏、电视广告和网上发布等方式向社会公开。对内,干部任用、职工晋职、晋级、财务收支、目标考核、基础设施建设、工程招投标等采取职工大会或在公示栏张榜等方式向职工公开。财务收支每半年公示 1 次,年底对全年收支、职工奖金福利发放、领导干部待遇、劳保、住房公积金等向职工公示。2007 被中国气象局授予"气象部门局务公开先进单位"。2008 年被中国气象局授予"全国气象部门局务公开示范单位"。

党建与气象文化建设

党支部建设 1962 年 4 月至 1971 年 5 月,党员 1 人,编入县农委党支部。1971 年 6 月至 1973 年 11 月,成立了党小组,站长张宝荣任组长,归农业局党支部领导。1973 年 12

月开始成立党支部,王滋璞任支部书记。1977年至1979年,王德生任党支部书记。1980年至1987年,唐继勤党支部书记。1988年至1993年,何昌发任党支部书记。1994年至2008年11月,范泽进任党支部书记。2008年12月起,董刚任党支部书记,党员9人。

2004年,制定党风廉政建设目标责任制,认真开展党风廉政建设宣传教育月活动,经常性地开展党风廉政建设的思想政治教育。2006年,开展以"情系民生,勤政廉政"为主题的廉政教育。2007年结合开展保持共产党员先进性教育活动,组织观看了《汪洋湖》、《贿海沉沦》、《从政提醒》等廉政警示教育片和书籍,多次被地方党委授予"先进基层党组织"称号。

精神文明建设 长白县气象站从建站到1999年,地处高山,四周荒无人烟,野兽出没,环境恶劣。无饮用水,冬季化雪水,夏季用车拉水,工作和生活环境十分艰苦。职工上班要步行2小时30分。从1972年至2008年,吉林省气象局先后为气象站配备了东方红55型胶轮拖拉机、南京嘎斯69型、北京212吉普车,负责通勤和拉水。

2002年开展文明创建活动,弘扬自力更生、艰苦创业精神,改善办公环境,统一制作局务公开栏、学习园地、法制宣传栏和文明创建标语等宣传用语牌。2005年扩建办公楼,进行标准化台站建设,绿化面积2600平方米,硬化庭院和道路1700平方米,建设"两室一场"(图书阅览室25平方米、学习室25平方米、小型运动场600平方米),拥有图书1200(套)册。

2000—2001年度被吉林省白山市委、市政府授予"精神文明建设先进单位"。2002—2004年度、2005—2007年度又连续两次被白山市委、市政府授予"文明单位"称号。2007年1月通过了吉林省气象局"标准化台站"验收。

荣誉 1957年至2008年共获集体、个人荣誉43项。其中1980年取得全省第一个"地面测报集体二百五十班无错情"的优异成绩。1人被中国气象局授予"质量优秀测报员"称号。1957年4月,第一任站长孙洪山同志被中央气象局授予"全国气象先进工作者"称号,出席了全国气象先进工作者代表大会,受到了毛泽东、朱德、邓小平等党和国家领导人的接见并合影留念,是当时全省唯一获得此项荣誉的气象工作者。

参政议政 关中礼在1988—1998年任长白县第三届、四届、五届政协委员。

台站建设

长白朝鲜族自治县气象站地处中朝边境,边境线长260.5千米。站区位于山顶,方圆十几里内无人烟。为了保护单位和人员的安全,1957年县武装部给配发了2支7.62步枪,1968年1月将武器弹药上交县武装部。

1956年建站时,占地面积5000平方米,办公室、宿舍等建筑面积192平方米,砖瓦结构,设有观测值班室、办公室、宿舍、资料室、仪器库、仓库等。2003年全自动站建成并投入使用,新建60平方米自动观测站。1999年迁站后,新建办公平房196平方米,2005年又将平房改建成二层392平方米的综合办公楼,增加了酸雨室、活动室、会议室、学习室、附属房(包括制氢室、人影器材仓库、车库、锅炉房、资料档案室、仓库)。截至2008年,占地面积4000平方米。办公室、宿舍等建筑面积539平方米,为砖混结构。2008年中国气象局为长白县气象站配备了北京现代越野车1台。

1956 年长白县气象站站貌

长白县气象局新貌

抚松县气象局

抚松县地处吉林省东南边陲,松花江上游,白山市东北部。幅员面积为 6148 平方千米,全县人口 32 万。2005 年以前全县设 18 个乡镇,153 个村,到 2005 年合并为 14 个乡镇,128 个村。抚松县气候属温带大陆性季风气候,四季分明,冬季漫长而严寒,夏季短促而温热,春秋两季冷暖交替,气温多变。

机构历史沿革

历史沿革 抚松县气象站始建于 1958 年,位于抚松镇西南城区,观测场位于东经 127°15′,北纬 42°16′,海拔高度 430.2 米,为国家一般站,1959 年 2 月 1 日正式观测。

建站时站名为抚松县水文气象中心站,1963 年更名为抚松县气候中心站,1966 年更名为抚松县气象站,1985 年 12 月 31 日抚松县气象站撤销。

1998 年 5 月,在抚松镇成立抚松县气象局。2007 年 5 月中国气象局以中气发〔2007〕136 号文批复,恢复抚松县气象局地面气象测报工作,新建观测场位于东经 127°16′,北纬 42°20′,海拔高度 435.0 米,由于观测环境不完全符合要求,未能正式观测。

1963 年 11 月 1 日根据劳动部、中央气象局制定的《艰苦气象台站津贴暂行规定》中劳字〔1963〕第 662 号、中气计张字〔1963〕第 162 号的评定标准,定为四类艰苦台站。2004 年国家气象局对艰苦台站分类进行调整,仍定为四类艰苦台站。

管理体制 1958 年隶属抚松县人民委员会领导和管理,气象业务由气象部门管理;1959 年水文气象合并,气象业务归通化地区水文气象总站管理;1963 年水文气象分开,气象业务仍由气象部门管理;1963 年 8 月 1 日体制上收,气象业务、人事、财务收归吉林省气象局管理,行政、思想教育仍由人民委员会领导管理;1970 年 12 月 18 日根据吉革〔70〕123 号、吉军发〔70〕164 号文联合通知精神,气象体制下放,归地方革命委员会、人民武装部双重管理,以军队领导为主;1973 年 6 月归属抚松县革命委员会农业局领导;1980 年 7 月 1 日起,实行吉林省气象局和地方政府双重领导,以气象部门为主的管理体制。

名称及主要负责人情况

名称	职务	姓名	任职时间
抚松县水文气象中心站	站长	毕锡祯	1959—1961.07
抚松县水文气象中心站	站长	杨玉春	1961.08—1962.10
抚松县水文气象中心站	站长	梁承翰	1962.11—1962.12
抚松县气候中心站	站长	梁承翰	1963.01—1965.12
抚松县气象站	站长	梁承翰	1966.01—1971.01
抚松县气象站	指导员	高宝基	1971.02—1973.06
抚松县气象站	站长	张俊峰	1973.07—1980.02
抚松县气象站	站长	刘明桃	1980.03—1981.09
抚松县气象站	站长	张俊峰	1981.10—1983.03
抚松县气象站	站长	马英武	1983.04—1984.12
抚松县气象站	副站长	赵建国	1985.01—1985.12
抚松县气象局	局长	王世耕	1998.05—2006.12
抚松县气象局	局长	张祚谊	2006.12—

人员状况 建站时有职工9人。1978年有职工8人。2008年有职工7人,其中本科学历1人,专科学历5人,高中生1人;中级专业技术人员4名,初级专业技术人员2人。

气象业务与服务

1. 气象业务

①地面气象观测

观测机构 1959年至1985年设立测报组。

观测时次与日界 1959年2月1日至1960年6月30日,采用地方平均太阳时,每日进行01、07、13、19时4次定时气候观测,以19时为日界;1960年7月1日开始,采用北京时,每日进行02、08、14、20时4次定时气候观测,以20时为日界,夜间不守班;1961年1月1日至1963年12月31日,每日进行08、14、20时3次定时气候观测,夜间不守班;1964年1月1日起,由3次定时气候观测改为每日进行02、08、14、20时4次定时气候观测,昼夜守班;1966年3月1日起,由4次定时气候观测改为每日进行08、14、20时3次定时观测,夜间不守班;1971年4月1日起,由3次定时气候观测改为每日进行02、08、14、20时4次定时气候观测,夜间不守班;1971年7月1日起,每日进行02、08、14、20时4次定时气候观测,改为昼夜守班;1973年4月1日至1985年12月31日(抚松站撤销),每日进行02、08、14、20时4次定时气候观测,夜间不守班。

观测项目 云、能见度、天气现象、气压、空气温度和湿度、降水、风向风速、蒸发、雪深、地温、冻土、日照。

气象电报 建站至1985年,进行4次定时观测时,编发02、08、14、20时4次小天气图报;进行3次定时观测时,编发08、14、20时3次小天气图报。

1963 年 5 月开始,向吉林省气象台拍发 06—06 时日雨量报,1970 年起,日雨量报改为 05—05 时拍发。

1958 年开始,每年 7 月 1 日至 9 月 10 日向吉林省气象台、四平市气象台拍发雨量加报;1964 年开始改为每年 5 月 1 日—9 月 30 日、1966 年 3 月 21 日起改为每年 6 月 1 日—9 月 30 日拍发。

1984 年 4 月 1 日开始编发重要天气报,不再拍发日雨量报和雨量加报,发报内容有降水、大风、龙卷、积雪、雨凇、冰雹。

1971 年 1 月至 1972 年 12 月,承担拍发 00—24 时预约航空报、危险天气报告的任务。1981 年 1 月至 1985 年 12 月承担拍发 08—20 时预约航空报、危险天气报告的任务。承担航危报任务以来用报单位最多为 3 个。航空报发报内容有云、能见度、天气现象、风向风速,危险报发报内容有恶劣能见度、雷雨形势、冰雹、大风、雷暴、龙卷风。

气象报表 建站至 1985 年,每月编制地面气象月报表(气表-1),一式 3 份,向吉林省气象局、通化市气象局各报送 1 份,本站留底本 1 份。

每年编制地面气象年报表(气表-21),一式 4 份,向国家气象局、吉林省气象局、通化市气象局各报送 1 份,本站留底本 1 份。

1959 年 2 月到 1961 年 1 月制作地温记录月报表(气表-3);1959 年 2 月到 1965 年 12 月制作温度、湿度自记记录月报表(气表-2);1959 年 2 月到 1960 年 2 月制作气压自记记录月报表(气表-2),1964 年 6 月到 1979 年 9 月制作降水自记记录月报表(气表-5),相应制作年报表 23、25;从 1961 年 1 月起,气表-3 并入气表-1,相应的年报表并入气表-21;1971 年 6 月到 1979 年 12 月制作风向风速自记记录月报表(气表-6);1980 年 1 月 1 日,气表-5、气表-6 并入气表-1 中,降水自记记录年报表(气表-25)并入气表-21,同年制作月简表。

资料档案 从 2004 年 7 月起,将建站以来的原始气象记录档案(日照记录除外)移交吉林省气象档案馆,气象站不再保留原始气象记录档案。

自动气象站 2007 年 11 月 DYYZ-Ⅱ型自动气象站建成,观测项目有气压、气温、湿度、风向风速、降水、地温、草温等,观测项目全部采用仪器自动采集、记录,由于观测环境不完全符合国家局和省局要求,至今仍未正式投入业务运行。

区域自动气象站 从 2006 年 5 月到 2008 年 5 月分三期完成了 13 个中小尺度自动加密站建设,其中 2006 年建成两要素站 2 个、四要素站 1 个;2007 年建成两要素站 2 个,四要素站 4 个;2008 年建成两要素站 1 个,四要素站 1 个,六要素站 2 个。

②气象信息网络

气象电报传输 建站时通过当地电信局专线发报。2003 年开通 DDN 专线,2006 年改为 SDH 光纤专线。

气象信息接收 1980 年配备国产滚筒旋转扫描、采用普通白纸记录的 CZ-80 型传真机,接收东京气象传真广播。1982 年 2 月开始,增加接收北京数值预报传真天气图,1983 年 1 月增加接收北京转播的欧洲中心部分数值预报传真图,1983 年 5 月 15 日增加接收北京物理量预报传真广播,1984 年 7 月 15 日增加接收北京 12 项物理量实况广播,1999 年建成了 VSAT 卫星通信单收站,从 2000 年开始通过 PCVSAT 气象网络接收从地面到高空各类天气形势图、云图、雷达拼图和数值预报产品。

③天气预报

建站至 1985 年抚松气象站撤销,开展单站补充订正天气预报工作。1998 年 5 月重建抚松县气象局,恢复预报服务工作,

短期天气预报 1959 年主要收听吉林省气象台的天气形势预报广播,结合本地气象观测要素变化和气候特点,对收听的预报进行补充订正,即"收听加看天"预报阶段。

1960 年贯彻中央气象局提出的补充天气预报"八字"措施(听、看、谚、地、资、商、用、管)和三个结合(大中小结合、长中短结合、图资群结合)的预报技术原则,逐渐建立自己的预报工具。1980 年配备传真机,接收北京和日本传真图,应用传真数值预报产品,建立晴雨、降水、最高、最低气温等局地"MOS"预报方程。1980 开始应用传真数值预报产品,建立晴雨、降水、最高、最低气温等局地"MOS"预报方程。1989 年采用 TDM-1540 型甚高频无线电话,进行天气会商。1994 开始使用 MOS 方程、专家系统等工具制作天气预报。1999 年 MICAPS1.0 气象信息处理系统投入应用,开始应用 T106 数值预报产品做天气预报。2004 年 4 月 MICAPS2.0 气象信息处理系统投入使用,采用 T213 数值预报产品做天气预报。2007 年 4 月天气预报可视会商系统正式启用,实现与上级气象台可视会商。2008 年 9 月 MICAPS3.0 气象信息处理系统投入应用,开始使用 T639 数值预报产品做天气预报。

中期天气预报 从 1972 年引进数理统计预报方法,通过对历史气象资料进行相关系数统计分析、检验建立多元回归预报方程。1979 年开始进行预报改革,重点抓基本资料、基本工具、基本图表、基本档案建设。

长期天气预报 1998 年开始针对当地服务的需要,根据地区气象台的预报制作长期天气预报,1984 年开始不参加业务考核。

④农业气象观测

1959—1963 年、1978—1981 年为省级农业气象观测站,进行玉米、大豆作物观测和物候观测,编制农业气象气表-1、气表-2、气表-3。1982 年开始调整为农业气象一般站,建站至 1985 年每年 3 月 21 日至 5 月 31 日,1994 年以后开始时间改为 2 月 28 日,向吉林省气象台拍发农业气象候报。常年向吉林省气象台、地区气象台拍发农业气象句(月)报。

主要仪器、设备配置为取土钻、铝盒、电烘箱和天平。

2. 气象服务

公众气象服务 1959 年单站补充订正天气预报列入抚松县有线广播电台播送节目。1998 年 6 月,由电信局投资,建成了"121"气象信息自动答询系统,2003 年 8 月进行了系统升级,由原来的模拟系统设备升级为数字化系统,同时另购置了一套数字化答询设备开通了铁通"121"气象信息自动答询系统,2004 年 1 月"121"集约化到市局,2005 年 1 月"121"升位为"12121";1999 年开始在电视上以滚动字幕的形式播出天气预报;2006 年 6 月由县政府投资购置了电视天气预报制作设备,电视天气预报由原来的滚动字幕形式改为固定时间的天气预报栏目。2007 年抚松建成政府门户网站,设置了天气预报查询的内容。

决策气象服务 1959—1985 年为口头汇报、邮寄的方式进行决策服务;1983 年开始利用抚松县农业气候区划成果,进行产量预报。1998—2003 年采取专人专送、电话、传真方式给领导提供服务,2004 年起通过微机终端、电子邮箱、传真、电话等方式传输各类年、季、

月、日天气预报、气象情报、重要气象信息报告及关键性、转折性、灾害性天气预报、信息,及时发布预警信号提供服务。1998 年开始,每年的 3 月 15 日—6 月 15 日、9 月 15 日—11 月 15 日(春、秋森林防火期),制作森林火险等级预报,向县电视台、防火指挥部、县林业局防火办公室发布;每年的 6—8 月向县防汛指挥部提供未来 72 小时天气预报、重大灾害性天气预报、《汛期天气预报》《汛期天气形势分析》服务。2009 年 6 月建立了抚松县气象灾害应急机制,建成了重大气象灾害应急响应系统,明确了政府各部门在应急工作中的具体任务。

1982 年 8 月 26 日准确预报出受 13 号台风影响,27—28 日会出现大暴雨,实况是 27—28 日过程雨量达 183.1 毫米,在江堤大坝即将过流、全县被准备迁移的关键时刻,向县政府防汛指挥部准确预报出了台风即将移出,28 日晚有小到中雨天气(实况 5.9 毫米),不必迁移。当年被县委、县政府授予抗洪抢险先进集体,被吉林省气象局、国家气象局授予"汛期气象服务先进集体"。

专业专项服务 1984 年 6 月根据吉林省物价局、吉林省财政厅、吉林省气象局联合下发的《关于提供气象预报、情报、资料和服务收费标准》的通知,开始推行气象有偿专业服务。1985 年 3 月贯彻国务院 25 号文件精神,明确开展气象有偿专业服务。服务主要针对特产业、林业、公路、交通、粮库晒粮、砖厂、水库、电厂等部门开展专业专项服务,为全县各乡镇相关企事业单位提供短、中、长期天气预报和气象资料,以周预报为主。截至 2008 年共签定服务合同 500 余份。

气象科技服务 1996 年开始开展了建筑物防雷检测工作;1998 年外聘了防雷专业工程师,完成了抚松县地震台和抚松县建设银行的防雷工程,这是本局完成的第一批防雷工程;1999 年 1 月经抚松县编制委员会同意(抚编发〔1999〕1 号)成立抚松县雷电防护领导小组,由李宇忠副县长担任组长,领导小组下设办公室,办公室设在气象局,张祚谊担任办公室主任。几年来,在全县完成了十几个单位的防雷工程,2007 年对全县教育系统中小学的防雷设施进行了初步完善,此项工作走在了全省最前列;近几年重点对一类防雷单位(如:油库、加油站、氧气站、炸药库、液化气站、雷管库)加强了防雷检测;重视并加强了对防雷专业人员的培训,每年都参加省、市局举办的相关学习班,参加培训人员 20 余人次,先后有 5 人取得防雷检测、设计审核资格证。

人工影响天气 2004 年吉林省气象局给抚松县气象局配备了火箭发射专用车和火箭发射架,开始开展人工影响天气服务。10 月 27 日抓住有力时机适时进行人工增雨雪,降低了火险等级。

气象科普宣传 每年在"3·23"世界气象日,"12·4"法制宣传日以发放气象科普材料和读物、张贴宣传标语、公示板、电视讲话、专题讲座、电视专题片等形式开展防雷减灾、普法教育、气象法宣传。每年春季参加县科协组织的"科技下乡"活动。

制度建设与管理

社会管理 1999 年成立"抚松县雷电防护领导小组",下设办公室,办公室设在气象局,加强雷电灾害防御工作的依法管理工作。2005 年 7 月成立气象行政执法大队。2008 年 6 月,成立"抚松县人工影响天气办公室",办公室设在气象局,编制三人,由县财政开支。

规章制度建设 2000 年制定了《抚松县气象局综合管理制度》,包括预报工作制度 9

项、党建工作制度 5 项、行政管理制度 15 项、行政执法制度 5 项、责任制 8 项、人工影响天气工作制度 9 项。2005 年 9 月重新修订了业务值班制度、会议、财务、学习、考勤、安全、卫生、劳动制度。

政务公开 建立健全政务公开制度和监督检查机制。

对外,将气象法律法规赋予部门的管理权限、审批项目、办事程序、气象服务内容、服务承诺、服务收费依据及标准,通过户外公示栏、电视广告、发放宣传单等方式向社会公开。

对内,财务收支、目标考核、基础设施建设、工程招投标等内容采取职工大会或在公示栏张榜向职工公开。财务一般每半年公示一次,年底对全年收支、职工奖金福利发放、领导干部待遇、劳保、住房公积金等向职工作详细说明。干部任用、职工晋级、职称评定及时向职工公示。

党建与气象文化建设

党支部建设 1959—1969 年 12 月与抚松县农业局成立联合党支部,1970 年建立抚松县气象站党支部,军代表高宝基任党支部书记。1973 年 7 月成立气象畜牧联合党支部,马春有任党支部书记。1977 年 12 月建立抚松县气象站党支部,张俊峰任党支部书记。1998 年至 2006 年王世耕任党支部书记。2006 年至 2008 年底,张祚谊任党支部书记。1998 年发展两名党员。

从 2000 年至 2008 年连续 9 年被抚松县机关党委评为"先进党支部";从 2000 年至 2008 年王世耕、李先强、张祚谊先后被抚松县机关党委评为"先进党务工作者",李先强在 2000 年、2004—2008 年被抚松县机关党委评为"优秀党员"。

精神文明建设 2004 年制定党风廉政建设目标责任制,党支部每半年开展一次党风廉政建设的思想政治教育。2006 年,开展以"情系民生,勤政廉政"为主题的廉政教育。2007 年结合地县委开展保持共产党员先进性教育活动,组织观看了《汪洋湖》、《贿海沉沦》廉政、警示教育片。开展文明创建活动,弘扬自力更生、艰苦创业精神,改善办公环境,统一制作局务公开栏、学习园地、法制宣传栏和文明创建标语等宣传用语牌。建设"两室一场"(图书阅览室、职工学习室、小型运动场),丰富职工的业余生活。2008 年被白山市委、市政府授予精神文明先进单位。

荣誉 从 1959 年至 2008 年共获集体荣誉 65 项。1982 年被国家气象局、吉林省气象局授予"汛期气象服务先进集体";2000—2002 年度、2002—2004 年度、2005—2007 年度连续 3 次被白山市市委、市政府授予"精神文明建设先进单位"。1998—2008 年连续被县政府授予"防汛先进集体"、"森林防火先进集体"称号。从 1959 年至 2008 年,抚松县气象局个人获奖共 88 人次。

参政议政 张作谊任抚松县第八届政协委员。

台站建设

1959 年建站时,办公室的建筑面积 74 平方米,房屋为砖瓦结构。2008 年,在县政府办公楼内拥有 240 平方米办公室,钢筋水泥结构,在政府楼后的观测场占地面积 589 平方米。

1975 年抚松县气象局全貌

2008 年的抚松县气象局业务平台

江源区气象局

江源区地处中纬度内陆山区,属北温带大陆性东亚季风气候。冬季漫长而寒冷,多偏北风;春季时间短,昼夜温差大,多西南风;夏季湿热多雨;秋季凉爽,多晴朗天气。由于受寒潮的影响,初霜来得早,无霜期 120 天左右。年最高气温 37℃,年最低气温 -38℃,年平均气温 4℃左右。年平均降水量 850 毫米左右。辖区面积 1348 平方千米。

机构历史沿革

历史沿革　2004 年 4 月成立江源县气象局,办公地点位于江源县政务大厅内。2006年 12 月,迁至江源县孙家堡子爱民村廉家窑,定为国家气象观测二级站,观测场位于北纬42°03′,东经 126°35′,海拔高度 544.4 米,2007 年 1 月 1 日正式开始观测。2008 年 5 月,根据中国气象局气发〔2008〕204 号文件,江源县气象局更名为江源区气象局。

管理体制　自建站起实行上级气象主管机构与地方人民政府双重领导,以上级气象主管机构领导为主的管理体制。

主要领导人更替情况

名称	负责人	任职时间
江源县气象局	周玉华	2004.3—2004.10
江源县气象局	吴志华	2005.2—2006.12
江源区气象局	董　刚	2007.1—2007.12
江源区气象局	费殿楼	2008.1—

人员状况　建站时定编为 6 人。现有职工 5 人,其中在职职工 3 人,地方编制 2 人;本科学历 4 人,专科学历 1 人。

气象业务与服务

1. 气象业务

①地面气象观测

观测机构　2007年1月1日,设测报科(股级)。

观测时次与日界　2007年1月1日开始,时制为北京时,以20时为日界。每日进行08、14、20时3次定时气候观测,夜间不守班。

观测项目　云、能见度、天气现象、气压、空气温度和湿度、风向风速、降水、雪深、日照、蒸发、地温。

气象电报　自建站起,每日拍发08、14、20时3次加密天气报,不定时拍发重要天气报,重要天气报的发报内容有降水、大风、龙卷、积雪、雨凇、冰雹,2008年6月1日起,增加雷暴、视程障碍现象(霾、浮尘、沙尘暴、雾)的编报。2005年4月16日起,每天08时30分至09时编发日照时数及蒸发量实况报。

地面气象报表　用微机制作地面气象记录月报表(气表-1)和地面气象记录年报表(气表-21)。地面气象记录月报表一式3份,向吉林省气象局、白山市气象局各报送1份,本站留底本1份;地面气象记录年报表,一式4份,向国家气象局、吉林省气象局、白山市气象局各报送1份,本站留底本1份。2006年1月开始,通过气象专线网向白山市气象局传输原始资料和报表,经市气象局审核后,气象站将原始资料和报表做成光盘,并将报表打印存档。

资料档案　从2004年7月起,将建站以来的原始气象记录档案(日照记录除外)移交到吉林省气象档案馆,气象站不再保留原始气象记录档案。

自动气象站　2006年建立自动气象站,2006年12月31日20时起,自动气象站正式运行,观测项目有气压、气温、湿度、风向风速、降水、地温、草面(雪面)温度,观测数据全部自动采集、记录。

区域自动气象站　从2006年6—12月完成了4个中小尺度自动加密站建设,2007年1月1日正式运行,均为两要素(降水量、温度)站。

②气象信息网络

气象电报传输　自建站起,采用SDH光纤专线发报。

气象信息接收　2006年5月通过FTP方式开始天气图接收工作,主要接收日本的传真图、T213、欧洲传真图。

③天气预报

江源区气象局天气预报业务始于2006年5月,利用MICAPS2.0系统制作天气预报,2007年4月实现与白山市气象局可视会商。2008年11月使用升级后的MICAPS3.0系统制作天气预报。上级业务部门对江源区气象局预报业务不作考核,天气预报主要为地方政府服务。

④农业气象观测

江源区气象局属农业气象一般观测站,2007年1月1日开始,依据中气发〔1994〕007

号文下发的《气象旬(月)报电码(HD-03)》向吉林省气象台拍发农业气象旬(月)报。每年2月28日至5月31日进行土壤墒情观测,向吉林省气象台、白山市气象局拍发农业气象候报。仪器、设备配置有烘干箱、天平、铝盒、取土钻。

2. 气象服务

公众气象服务 2006年5月,江源区气象局购置非线性编辑系统,用于天气预报影视制作,并将自制节目录相带送往电视台,由电视台播放江源区24小时、48小时天气预报。

决策气象服务 2006年12月30日开始制作周的天气预报,为地方政府决策服务。2007年3月4日(19.2毫米)、3月5日(11.9毫米)普降暴雪之后,又预报出在3月10日仍有一次暴雪过程,并上报政府应急办公室,建议相关部门尽快组织作好清雪准备、安排生产自救,将灾害损失降到最低。2008年9月26日—10月5日江源区举办首届松花石文化旅游节。气象局在9月19日初步做出预报,文化节期间基本无雨,可以按原定计划进行。

气象科技服务 2005年成立江源县防雷检测中心,开始定期对液化气站、加油站、鸣爆仓库等高危行业的防雷设施进行检查,对不符合防雷技术规范的单位,责令进行整改。

气象科普宣传 每年在"3·23"世界气象日、"12·4"全国法制宣传日组织科技宣传,普及防雷知识。

法规建设和管理

气象法规建设 2006年结合《中华人民共和国气象法》贯彻落实,将气象探测环境保护纳入区城镇规划。

规章制度建设 2007年制定了《江源区气象局综合管理制度》,包括政务公开、接待、业务值班管理、会议、财务、学习、考勤、安全、卫生、劳动等目标考核制度。

社会管理 2005年5月,成立"江源区防雷办公室",办公室设在气象局,将防雷工程从设计、施工到竣工验收,全部纳入气象行政管理范围。

2006年4月,江源区人民政府人工影响天气办公室成立,办公室设在气象局,编制3人,对人工增雨工作进行管理。

政务公开 2006年10月在区政府政务大厅设立了行政审批窗口,主要负责防雷装置设计审核;防雷装置设计竣工验收;雷电防护设施安全检测;从事释放氢气飞行器服务的批准;防雷产品使用的认可;刊播、转播、转载气象预报的许可。对气象行政审批办事程序、气象服务内容、服务承诺、气象行政执法依据、服务收费依据及标准,采取了户外公示栏、电视广告、发放宣传单的方式向社会公开。

从2006年10月对干部任用、财务收支、目标考核、基础设施建设、工程招投标等内容采取职工大会或上局公示栏张榜向职工公开。住房公积金、医疗保险年底向职工公开。干部任用、职工晋职、晋级等及时向职工公示。

党建与精神文明建设

支部建设情况 建站时党员2人,挂靠白山市气象局党支部,2008年11月成立江源区气象局党支部,由董刚任支部书记,党员人数 3 人。2008 年 12 月费殿楼任支部书记,党员 3 人。

精神文明建设　2007 年制定党风廉政建设目标责任制,党支部每月进行一次党支部学习,每半年开展一次党风廉政建设的思想政治教育。

2006 年新建办公楼,绿化率达 60%。并进行标准化台站建设,统一制作局务公开栏、学习园地、法制宣传栏、宣传用语牌。

2008 年被白山市人民政府评为 2005—2007 年度精神文明建设先进单位。

台站基本建设

江源区气象局占地 0.2309 公顷,二层办公楼一栋 360 平方米,车库 40 平方米,锅炉房 20 平方米。2008 年江源区气象局对办公环境进行了绿化改造,对院内草坪、办公楼进行了改造,改善了围栏和护坡建设。

江源区气象局全貌

附录

本书主要执笔人员

吉林省气象局（杭彤）

长春市气象局（李秀珍）

长春国家基准气候站（张俊茹）

农安县气象局（张悦）

长春市双阳区气象局（王明学）

榆树市气象局（张铁林）

九台市气象局（崔兴义）

德惠市气象局（王丽娜）

吉林市气象局（侯广祥）

永吉县气象局（马小涵）

蛟河市气象局（梁颖）

磐石市气象局（孙立双）

桦甸市气象局（冯学洪）

舒兰市气象局（许彦令）

磐石市烟筒山气象站（杨梅）

吉林市城郊气象局（张裕禄）

吉林市北大湖滑雪场气象站（任芳婷）

延边朝鲜族自治州气象局（赵志江）

敦化市气象局（金春荣）

汪清县气象局（张洪权）

和龙市气象站（王录）

延吉市气象局（韩玉琦）

珲春市气象局（郭婧芝）

安图县二道气象站（李瑾）

长白山天池气象站（郭树森　李瑾）

安图县气象局（李义兰）

龙井市气象局(柴荣娟)

图们市气象局(佟永晶)

汪清县罗子沟气象站(张洪权)

延边朝鲜族自治州农业气象试验站简史(邓奎才)

四平市气象局(王立国)

双辽市气象局(张玉山)

梨树县气象局(郑志杰)

公主岭市气象局(郑晓光)

伊通满族自治县气象局(王月影)

梨树县孤家子气象站(黄永才)

通化市基层气象台站概况(王松华)

梅河口市气象局(王长学)

集安市气象局(徐正爱)

通化县气象局(张景鹏)

柳河县气象局(闵祥杰)

辉南县气象局(沈颖辉)

白城市气象局(祁林)

大安市气象局(李艳明)

通榆县气象局(王洪华)

洮南市气象局(呼喜森)

镇赉县气象局(于树赢)

辽源市气象局(曹亚杰)

东丰县气象局(范玉鑫)

松原市气象局(张景辉)

乾安县气象局(马明奎)

前郭县气象局(段今生)

长岭县气象局(王志伟)

扶余县气象局(褚秀英)

白山市气象局(王晓乐)

抚松县东岗国家基准气候站(史殿发)

临江市气象局(王福松)

靖宇县气象局(李继宝)

长白朝鲜族自治县气象局(王成)

抚松县气象局(郭晓燕)

白山市江源区气象局(李佳奇)